PRODROME DE GÉOLOGIE.

DROIT DE TRADUCTION RÉSERVÉ.

BESANÇON, IMPRIMERIE DE J. ROBLOT.

PRODROME

DE

GEOLOGIE

PAR

ALEXANDRE VÉZIAN

DOCTEUR ÈS-SCIENCES

PROFESSEUR DE GÉOLOGIE A LA FACULTÉ DES SCIENCES DE BESANÇON

MEMBRE DE LA SOCIÉTÉ GÉOLOGIQUE DE FRANCE

ETC.

> Ite, filii, emite calceos; montes accedite; valles,
> solitudines, littora maris, terræ profundos sinus
> inquirite; mineralium ordines, proprietates, nascendi
> modos notate : ita enim ad corporum proprietatumqu
> cognitionem pervenietis; alias non.
> WALLERIUS, *Systema mineralogicum.*

TOME DEUXIÈME

PREMIÈRE PARTIE.

PARIS

F. SAVY, ÉDITEUR

LIBRAIRE DE LA SOCIÉTÉ GÉOLOGIQUE DE FRANCE

24, RUE HAUTEFEUILLE, 24.

1863

Droit de traduction réservé.

LIVRE CINQUIÈME.

PHÉNOMÈNES GÉOLOGIQUES

DONT LE SIÉGE EST DANS L'INTÉRIEUR DE L'ÉCORCE TERRESTRE.

CHAPITRE I.

CONSIDÉRATIONS GÉNÉRALES SUR LES PHÉNOMÈNES INTÉRIEURS ; CIRCULATION PROFONDE DE L'EAU.

Idée générale des phénomènes qui s'accomplissent dans l'intérieur de l'écorce terrestre. — Structure de l'écorce terrestre dans ses rapports avec l'action pyrosphérique.— Circulation profonde de l'eau ; comment l'eau pénètre dans l'intérieur de la croûte du globe et comment elle revient à son point de départ. — Limite qu'elle ne peut dépasser. — Pénétration de l'eau par voie de capillarité : expériences de M. Daubrée. — Ejaculations de vapeur d'eau. — Circulation profonde des substances autres que l'eau. — Composition de la zone cristalline ou ignée. — L'action pyrosphérique pendant l'ère neptunienne, l'ère tellurique et l'ère jovienne. — Analogie des phénomènes geysériens, éruptifs et sédimentaires au début des temps géologiques.

Idée générale des phénomènes qui s'accomplissent dans l'intérieur de l'écorce terrestre. — J'ai déjà fait l'énumération des phénomènes dont le siége, sinon la cause première, est dans l'intérieur de la croûte du globe. Ces phénomènes peuvent se classer de la manière suivante :

1° Phénomènes d'éruption (*plutonisme, vulcanicite*), consistant dans le transport de la matière pyrosphérique qui, à l'état fluide ou pâteux, pénètre dans les fissures de l'écorce terrestre et vient s'épancher à la surface du globe ;

2° Phénomènes nombreux et variés (*sources thermales, filons, formation des roches résultant d'une précipitation chimique*, etc.), que nous avons réunis sous la dénomination d'action geysérienne, et qui ont pour caractère commun de se manifester sous l'influence de l'eau portée à une haute température ;

3° *Actions métamorphiques*, d'où résultent les changements que les courants de matière éruptive et d'eau geysérienne apportent à la composition et à la texture des roches sédimentaires placées sur leur passage ;

4° Oscillations brusques, de peu de durée, se manifestant, à divers intervalles, dans l'enveloppe solide du globe et désignées sous le nom de *tremblements de terre*.

Ce cinquième livre sera consacré à la description des phénomènes que je viens de mentionner. Dans leur étude, de même que dans celle des phénomènes qui s'accomplissent à la surface du globe, je me placerai à un point de vue tout à la fois géogénique, géognostique et chronologique. Je rechercherai quelles sont leurs conditions de développement et quelles traces ils laissent après eux ; je dirai comment ils interviennent dans l'édification de l'écorce terrestre et quelles sont les principales roches que plusieurs d'entre eux ont pour mission de créer ; je devrai également examiner comment, d'une époque à une autre, ils ont varié dans leur mode de manifestation, et trouver, dans cet examen, de nouvelles indications propres à nous conduire à une classification naturelle des époques géologiques. Quant aux causes de ces phénomènes, après avoir démontré le peu de fondement de celles que l'on a successivement proposées pour expliquer chacun d'eux considéré isolément, j'essaierai de convaincre le lecteur qu'elles doivent, en dernière analyse, se ramener à une seule : la différence de température et de manière d'être entre la pyrosphère, fluide, incandescente, jamais en repos, et l'écorce terrestre, comparable à un radeau formé de parties mal rattachées les unes aux autres.

Nous avons vu les phénomènes multiples qui se manifestent à la surface du globe se résumer dans un seul et dernier résultat : la formation de strates successivement déposées au sein des eaux douces et salées. L'étude des phénomènes dont le siége est dans l'intérieur de l'écorce terrestre nous montrera, au contraire, une seule cause se manifestant par des effets souvent de nature diverse, effets qui deviennent causes à leur tour et donnent naissance à des phénomènes spéciaux. Aussi, aurais-je pu placer pour épigraphe, en tête de ce cinquième livre, les mots de Leibnitz : *in varietate unitas :* unité dans la cause, variété dans les effets.

Structure de l'écorce terrestre. — Avant d'aborder l'étude des phénomènes qui vont attirer notre attention, il est nécessaire de rappeler et de compléter ce que nous avons dit sur la structure de l'écorce terrestre.

a) La température va en croissant à mesure que la profondeur augmente; cet accroissement est soumis à des lois qui nous sont complétement inconnues. On admet généralement un accroissement par progression arithmétique, mais nous avons cru devoir donner la préférence à l'hypothèse d'un accroissement par progression géométrique. Quelquefois, ces deux différentes manières d'apprécier le mode d'accroissement de la température ne conduisent pas à des résultats contradictoires : l'appréciation de la puissance de la croûte du globe nous en a fourni un exemple. Dans d'autres cas, ces résultats sont loin d'être concordants, et lorsque ces cas se présentent, c'est au lecteur à choisir l'hypothèse qui lui semble la plus naturelle. Il ne faut pas non plus perdre de vue que, dans le voisinage des volcans, l'accroissement de la température, quelle que soit sa loi, devient plus rapide, sans que l'on puisse nécessairement en conclure une moindre épaisseur dans les parties de l'écorce terrestre où l'action volcanique se fait sentir de préférence. Les conduits que la lave met à profit pour arriver à la surface du globe peuvent être comparés à des trous de sonde pratiqués à travers une nappe de glace recouvrant un lac ou une rivière.

b) Depuis les premiers temps géologiques jusqu'à notre époque, l'écorce terrestre n'a cessé de croître de bas en haut par suite de la superposition des terrains stratifiés, et de haut en bas par la solidification des zones successivement empruntées à la pyrosphère. Son épaisseur actuelle peut être évaluée à 20 kilomètres.

c) L'écorce terrestre passe insensiblement à la pyrosphère ; elle n'en est pas séparée par une atmosphère sous-corticale dont la notion tient plutôt du roman que de la science. Elle est entièrement dépourvue de cavités considérables. Des vides, d'une étendue relative très restreinte, se montrent seulement vers la partie la plus superficielle, c'est-à-dire dans une zone où ils ne peuvent jouer aucun rôle dans les phénomènes dont nous allons nous occuper. Le mode d'accroissement de l'écorce terrestre, tel que nous l'avons décrit, s'oppose à la formation de cavités. La croûte du globe est comme un immense remblai dont toutes les parties tendent sans cesse à se tasser et où les vides sont, à chaque instant, comblés par les courants d'eau et de matière pyrosphérique qui circulent dans toute sa masse.

d) Quoique l'écorce terrestre ne présente pas de vides ou de cavités, elle ne forme pourtant pas une masse continue. Elle est divisée en fragments prismatiques placés les uns contre les autres et séparés par des fentes ou failles qui la traversent dans le sens vertical. La matière pyrosphérique, qui forme au-dessous de l'écorce terrestre une zone non interrompue, tend à pénétrer entre chacun des fragments de cette écorce, exactement comme l'eau qui, tout en soulevant un radeau, s'insinue entre les troncs d'arbre dont il est composé.

La densité de l'écorce terrestre est de 3 environ, tandis que celle de la pyrosphère peut être évaluée à 4; le rapport entre ces deux nombres est 3/4. Par conséquent, l'écorce terrestre, en vertu de son seul poids, plonge dans la pyrosphère d'une quantité égale aux trois quarts de sa puissance totale, c'est-à-dire à $\frac{20000^m \times 3}{4} = 15000$ mètres. La pression exercée par l'écorce terrestre fait remonter la matière pyrosphérique dans les fentes que celle-ci trouve devant elle: par suite de cette pression, la matière pyrosphérique atteint une zone qui n'est séparée de la surface du globe que par un intervalle de 5000 mètres environ. Plus tard, nous rechercherons quelles sont les causes qui, lors des éruptions, lui font franchir cet intervalle.

Qu'adviendrait-*il* si la pyrosphère et l'écorce terrestre étaient livrées à un calme absolu? La matière pyrosphérique injectée dans cette écorce finirait par se mettre en équilibre de température avec elle et par se solidifier. Une fois solidifiée, elle fonctionnerait comme une soudure entre les fragments qu'elle séparait d'abord, et ferait ainsi de l'enveloppe solide du globe une masse continue. Mais la pyrosphère n'est jamais entièrement immobile; le moindre de ses mouvements suffit pour disloquer l'écorce terrestre; à la suite de ces dislocations, les fragments dont celle-ci se compose sont de nouveau séparés ; de nouvelles failles ou fissures se produisent dans sa masse. Nous verrons comment ces mouvements ont encore pour résultat d'imprimer à la matière pyrosphérique des impulsions suffisantes pour qu'elle puisse franchir la distance qui la sépare de la surface de la terre; elle vient ainsi s'épancher autour des cratères volcaniques.

e) Outre les fentes verticales ou failles dont il vient d'être question, l'écorce terrestre présente des fissures moins larges, se dirigeant dans tous les sens et constituant deux réseaux compliqués mis à profit par deux courants. L'un de ces courants est formé par les émanations métalliques ou pierreuses qui s'élèvent de la pyrosphère à l'état gazeux et pénètrent dans l'écorce terrestre sans pouvoir atteindre la surface du globe. L'autre courant résulte de la circulation de l'eau qui pénètre également dans l'écorce terrestre sans pouvoir atteindre la pyrosphère, ainsi que je vais le démontrer.

Circulation profonde de l'eau ; comment elle pénètre dans l'écorce terrestre. — Il me paraît nécessaire de donner une idée exacte de la manière dont l'eau circule dans l'écorce terrestre, parce qu'elle intervient dans presque tous les phénomènes intérieurs. Elle est un des principaux agents métamorphiques ; sans elle, l'action geysérienne n'existerait pas ; enfin, si elle ne constitue pas, ainsi que le prétendent quelques géologues, la cause essentielle des phénomènes volcaniques, il n'en est pas moins vrai qu'elle donne à ces phénomènes un accroissement d'énergie et un caractère particulier.

J'ai déjà dit comment l'eau et la chaleur avaient confondu leur action et leur domaine pendant la formation et la solidification du magma granitique ; j'ai dit aussi comment leurs centres d'activité s'étaient insensiblement éloignés l'un de l'autre, et comment ces deux grands agents géologiques avaient tendu à déterminer des phénomènes distincts. Pourtant, ce serait une erreur de supposer que, depuis le commencement de l'ère neptunienne jusqu'à notre époque, l'eau et la chaleur aient tout-à-fait cessé d'opérer d'une manière concomittante. Il en est ainsi au-delà de la zone où l'eau peut pénétrer ; mais dans cette zone, s'observent des phénomènes où l'on retrouve le concours de la chaleur et de l'eau. Ce concours s'établit encore à la surface du globe 1° lorsque les courants de lave apparaissent au fond de l'océan ou se répandent dans les régions occupées par les glaciers et par les neiges ; 2° lorsque les cendres ou les débris volcaniques sont reçus dans des lacs et l'océan, ou entraînés par les cours d'eau dans les vallées.

C'est surtout à la faveur du réseau dont je viens de parler que l'eau pénètre jusqu'à une assez grande profondeur. Dans son trajet souterrain, elle s'éloigne de la surface du globe jusqu'à ce qu'elle passe à l'état de vapeur et tende alors à remonter. La profondeur qu'elle peut atteindre dépend, par conséquent, de son point d'ébullition. Sous la pression atmosphérique ordinaire, au bord de la mer, l'eau bout à 100 degrés. Mais, à mesure que l'eau pénètre dans l'intérieur du globe, la pression sans cesse croissante qu'elle subit a pour résultat de retarder son degré d'ébullition ; une autre cause concourt au même but : c'est le mélange des substances dont elle se charge de plus en plus dans son trajet souterrain. Il n'y a pas exagération à supposer que, sous l'influence de ces circonstances, le degré d'ébullition de l'eau peut être retardé jusqu'à 150 degrés. Cela posé, si l'on consulte le tableau de la page 110, tome I, pour constater à quelle profondeur règne cette température, on voit que les deux colonnes de ce tableau ne présentent pas le même accord que nous avons reconnu en recherchant le point de fusion de la lave, et, par suite, l'épaisseur de la croûte du globe. Dans le cas d'un accroissement de température suivant une progression arithmétique, cette profondeur se trouve à 5,000 mètres seulement; il est à 12,500 mètres dans le cas d'un accroissement de température par progression géométrique. Ce désaccord ne nous paraît pas avoir une grande importance; qu'il nous suffise de constater que l'eau ne peut pas pénétrer indéfiniment dans l'intérieur de l'écorce terrestre et atteindre la zone pyrosphérique, à la faveur des fissures qui existent dans cette écorce terrestre. Elle le peut d'autant moins que les actions qui tendent à faire pénétrer l'eau dans l'intérieur du globe sont en partie contrariées par celles qui ont pour résultat de la ramener vers les parties supérieures de l'enveloppe solide de notre planète.

Retour de l'eau vers la surface du globe. — Recherchons maintenant comment l'eau, une fois qu'elle a pénétré dans l'intérieur de l'écorce terrestre, revient vers son point de départ. Dans cette recherche, il faut distinguer deux cas : celui où l'eau, dans son trajet souterrain, atteint la zone où la température est assez élevée pour la faire passer à l'état de vapeur, et celui où elle reste en deçà de cette zone.

Premier cas. — Supposons une fissure qui, sans subir de solution de continuité, pénètre dans la zone où la chaleur est suffisante pour vaporiser l'eau. Dans cette fissure, il s'établira une lutte entre la colonne d'eau qui tendra à descendre, et la colonne de vapeur qui tendra à remonter. Mais cette lutte devra se terminer à l'avantage de la colonne de vapeur qui s'échauffera de plus en plus et prendra une tension sans cesse croissante, surtout si la fissure pénètre profondément dans l'intérieur du globe. La colonne d'eau, au contraire, s'échauffera progressivement, d'abord dans sa partie inférieure, puis dans toute sa masse : la pression exercée par elle ira donc en diminuant. La ligne de séparation entre la colonne d'eau et la colonne de vapeur remontera, et il viendra un moment où celle-ci s'échappera avec violence, tantôt d'une manière continue comme pour les soufflards de la Toscane, tantôt d'une manière intermittente comme pour les geysers de l'Islande.

Les cas d'éjaculation de l'eau sous forme de vapeur sont assez rares; ils ne s'observent que dans le voisinage des foyers volcaniques qui, en se rapprochant de la surface du globe, ont pour conséquence de diminuer la longueur de la fissure par où la vapeur d'eau doit s'échapper, et de simplifier en même temps l'appareil qui doit déterminer le jet de vapeur.

Par conséquent, chaque fois que l'eau atteint la zone où sa vaporisation s'effectue nécessairement, elle remonte vers la surface du globe, mais elle n'y apparaît pas à l'état gazeux. Elle se condense ou se mêle aux sources et aux nappes d'eau souterraines dont elle élève la température. C'est ainsi qu'il est possible de s'expliquer la thermalité de certaines sources sans admettre qu'elles proviennent d'une grande profondeur.

Deuxième cas. — Si une fissure, partant de la surface du globe, n'atteint pas la zone où la chaleur est assez élevée pour déterminer l'ébullition de l'eau, celle-ci s'échauffera, mais bientôt un certain équilibre de température s'établira dans toute sa masse; évidemment, elle ne pourra être projetée par l'orifice de la fente qu'elle remplira. Mais si cette fente est en communication avec des fissures latérales, celles-ci donneront une issue à l'eau qui, après avoir pénétré dans l'intérieur de l'écorce terrestre en vertu de la pesanteur, pourra revenir vers la surface du globe par trois voies différentes.

a) Si le niveau où se trouve une des issues latérales aux-quelles je viens de faire allusion est au-dessus des points les plus profonds de l'océan, l'eau prendra son écoulement en vertu des lois d'hydrodynamique qui président au jaillisse-ment des sources ordinaires.

b, Elle pourra encore, dans son trajet souterrain, rencontrer un courant ascendant de vapeur d'eau, et, en obéissant à l'im-pulsion de ce courant, remonter avec lui pour constituer des sources thermales.

c) Enfin, elle pourra se diriger vers un courant de lave dans lequel elle se dissoudra, en quelque sorte, pour s'échap-per ensuite par les cratères, surtout pendant les éruptions volcaniques.

C'est à tort que l'on a supposé que l'eau, maintenue à l'état liquide par la pression des parties supérieures de l'écorce ter-restre, pouvait pénétrer à une profondeur considérable. Cette pression ne s'exerce que dans le cas où nulle communication n'est établie entre la cavité où l'eau est tenue prisonnière et les parties supérieures de l'écorce terrestre. Mais n'est-il pas évi-dent que, sauf des circonstances exceptionnelles, s'il n'y a pas de fissures pour permettre à l'eau de remonter sous forme de vapeur, il n'y en aura pas pour la faire descendre à l'état liquide? Il existe donc une limite que l'eau ne saurait dépasser dans son mouvement de pénétration à travers l'écorce terrestre; cette limite se trouve à une profondeur de 5,000 mètres ou de 12,500 mètres environ, suivant la loi que l'on adopte pour l'ac-croissement de la température intérieure.

Pénétration de l'eau par voie de capillarité. — L'eau peut encore pénétrer à travers l'écorce terrestre, mais c'est alors par voie de capillarité et de porosité. Les expériences de M. Daubrée ont démontré que, dans ce cas, la chaleur intérieure, au lieu d'être un obstacle à l'action capillaire, la favorise. L'appareil dont M. Daubrée s'est servi est décrit dans le *Bulletin de la Société géologique*, tome XVIII, page 193. Dans cet appareil, la roche soumise à l'expérience est un grès bigarré, à grains fins, formant une plaque circulaire de deux centimètres d'épaisseur. Cette plaque occupe le fond d'un petit récipient en partie rempli d'eau et communiquant avec l'air libre. Elle est superposée à une chambre bien close, de 3 centimètres de profondeur, destinée à recevoir la vapeur. Le récipient à eau ne peut absolument communiquer avec la chambre inférieure qu'à travers l'épaisseur de la plaque de pierre. A cette chambre est adapté un tube aboutissant à un manomètre à mercure à air libre. Tout l'appareil est disposé dans une caisse rectangulaire dont la température intérieure est portée à 160 degrés. L'eau du récipient traverse la pierre malgré la contre-pression de la chambre à vapeur; sa marche à travers la roche atteint, par l'action de la chaleur, des proportions tout autres et incomparablement plus grandes que par l'imbibition et la transsudation simples. La vapeur, en pénétrant dans la chambre inférieure, agit sur le manomètre, et fait acquérir à la colonne de mercure une hauteur de 68 centimètres, correspondant à peu près à 1,9 atmosphères. L'absorption de l'eau à travers les pores de la roche chauffée s'opère lors même que l'eau vaporisée, ayant acquis une forte tension par son emprisonnement, tendrait par sa contre-pression à faire obstacle à l'arrivée ultérieure du liquide. La différence de pression sur les deux parois de la plaque, loin de refouler le liquide, ne l'empêche pas de marcher avec rapidité, de la région relativement froide à la région relativement chaude, en vertu d'une sorte d'appel capillaire, favorisé d'ailleurs par l'évaporation rapide et le dessèchement de la paroi chaude de la roche. Un fait à remarquer, c'est que si l'on fait l'expérience inverse, que l'on mette de l'eau dans la chambre inférieure, laissant la capacité supérieure à sec, et que l'on chauffe l'appareil, la vapeur, douée d'une pression de plusieurs atmosphères qui se produit alors, ne paraît pas s'échapper dans l'atmosphère à travers le disque.

Plus tard, nous apprécierons le rôle que cette pénétration de l'eau par voie de capillarité joue dans les éruptions volcaniques. Je dois me borner à déclarer que ce phénomène ne peut reculer la limite de la zone où l'eau circule librement dans l'intérieur de l'écorce terrestre. L'expérience de M. Daubrée a été faite sur une plaque d'une épaisseur de quelques centimètres; il n'est guère possible d'en conclure que l'action qu'elle met en évidence se manifesterait à travers des masses ayant une puissance considérable. Remarquons aussi que cette expérience exige l'emploi de substances poreuses dont on ne saurait admettre l'existence dans la partie moyenne et inférieure de l'écorce terrestre. Au-dessous de la zone stratifiée existent des masses analogues au granite et dont la faculté d'imbibition ou de pénétration par l'eau est très-faible. D'après les recherches de M. Delesse, cent parties de granite n'absorbent que 0,06 ou 0,12 parties d'eau, tandis que cent parties de grès servant au pavé de Paris, de calcaire grossier ou de craie blanche absorbent respectivement 13, 21 ou 24 parties d'eau.

Circulation profonde des substances autres que l'eau. — Les détails dans lesquels je suis entré relativement à la circulation de l'eau s'appliquent à toutes les substances qui font partie de l'écorce terrestre. Pour chacune d'elles, il existe une première zone où elle est à l'état liquide, une deuxième zone où elle ne se présente qu'à l'état gazeux, et, enfin, une troisième zone où elle ne peut pénétrer, si ce n'est accidentellement et à l'état de combinaison avec d'autres corps. A ces trois zones, on doit en ajouter une quatrième, qui est encore rudimentaire pour l'eau ; c'est celle où une substance existe à l'état solide.

La circulation de ces substances se déplaçant à l'état liquide ou gazeux s'effectue à des profondeurs qui varient pour chacune d'elles et qui sont évidemment en raison de leur degré de fusion et de volatilisation. La zone de cette circulation est, par exemple, plus profonde pour le mercure que pour l'eau, et plus profonde pour le plomb que pour le mercure.

Indiquons maintenant le mécanisme en vertu duquel presque toutes les substances, quoique prenant l'état solide avant d'arriver dans les parties supérieures de l'écorce terrestre, atteignent pourtant la surface du globe. Disons, par exemple, comment le plomb, dont la volatilité n'est pas assez grande pour qu'on puisse le distiller et qui ne fond qu'à la température de 335°, a été amené dans les filons où il est exploité sous forme de galène. Le soufre entre en ébullition à une température de 400 degrés, la zone où il prend l'état gazeux coïncide donc en partie avec celle où le plomb est à l'état liquide. Le soufre se combine avec le plomb et tend à l'entraîner avec lui, parce que les corps volatilisables ont la propriété de rendre plus volatiles les corps avec lesquels ils se combinent. Une fois ramené à l'état de vapeur, le soufre, seul ou combiné avec le plomb, est doué d'une force d'expansion qui lui fait dépasser la zone où il est naturellement à l'état gazeux, de même que l'eau, une fois vaporisée, s'élève plus haut que le niveau auquel correspond la température où son passage à l'état liquide

doit s'effectuer. Rappelons-nous d'ailleurs que les matières
volatiles émettent des vapeurs sensibles à des températures
très inférieures à celle de leur point d'ébullition ; l'eau est un
exemple vulgaire du fait que je signale. Pourtant, le sulfure
de plomb, une fois formé, ne saurait arriver jusqu'à la surface
du globe sans le concours de l'eau qui joue à l'égard du sulfure de plomb le même rôle que le soufre à l'égard de substances moins volatiles que lui.

Ce que je viens de dire du soufre s'applique aussi aux corps,
généralement volatiles, que l'on a jadis désignés sous le nom
de minéralisateurs ; tels sont l'oxygène, le chlore, l'iode, le
phosphore, l'arsenic, le sélénium, etc., et la plupart de leurs
combinaisons. Pour mieux faire comprendre ma pensée, j'em-
ploierai une expression vulgaire et je dirai qu'ils se donnent
mutuellement la main pour atteindre la surface du globe.

On peut encore déduire des considérations précédentes une
autre conclusion générale : c'est que l'écorce terrestre, comme
je l'ai déjà dit, constitue un immense laboratoire où la nature
est sans cesse à l'œuvre. La stabilité n'existe nulle part dans la
croûte du globe, au point de vue chimique, et l'un des progrès
les plus remarquables que la science est en voie d'accomplir,
résulte de la connaissance de plus en plus complète des combinaisons qui ne cessent de s'effectuer, de se détruire et de se
transformer dans l'enveloppe solide de notre planète.

Composition de la zone cristalline ou ignée. — Les roches éruptives
ont varié d'aspect et de composition à chaque époque géologique ; en même temps, les circonstances qui ont accompagné
leur arrivée à la surface du globe ont subi des changements
considérables. Plus tard, je rechercherai en quoi ces changements et ces variations ont consisté ; il est un fait général que

je dois énoncer dès à présent, parce qu'il nous aidera à comprendre quelle est la composition du globe à des profondeurs où l'observation directe ne peut atteindre.

On a vu (tome I, page 215) que le point de départ des phénomènes éruptifs a toujours été la zone de contact entre l'écorce terrestre et la pyrosphère, et qu'il a dû, par conséquent, se rapprocher du centre de la terre à mesure que la croûte du globe a crû de puissance. On peut donc partager l'enveloppe solide de la terre en zones superposées et à peu près concentriques qui ont successivement constitué la pyrosphère et servi tour à tour de point de départ aux phénomènes éruptifs. A mesure que chaque zone a été complétement solidifiée, la zone sous-jacente a dû alimenter les courants de matière interne qui, pendant tous les temps géologiques, se sont dirigés vers la surface du globe. Si toutes ces zones successivement solidifiées s'étaient ressemblées sous le rapport de leur composition et de leur nature, il en aurait été de même pour toutes les roches éruptives. Mais nous venons de dire qu'à chaque époque géologique les roches éruptives avaient varié d'aspect et de composition ; il faut donc que les zones où elles ont pris naissance aient également offert une composition différente. Voici maintenant le fait général, je dirai presque l'axiome, que j'ai voulu mentionner : *une roche éruptive vient d'une profondeur d'autant plus grande qu'elle est plus récente, et, réciproquement, une roche est d'autant plus récente, qu'elle vient d'une plus grande profondeur.* L'âge des roches éruptives étant connu, on peut deviner ainsi la composition de l'écorce terrestre.

Les roches éruptives se partagent en deux grandes classes : les roches hydro-thermales et les roches volcaniques. Les unes sont plus anciennes que les autres ; elles proviennent, par con-

séquent, d'une moindre profondeur. La partie de l'écorce terrestre située au-dessous de la zone stratifiée se partage donc en
deux grandes zones, liées entre elles par un passage insensible :
l'une formée de masses analogues ou semblables aux granites,
aux porphyres, aux diorites et aux euphotides ; l'autre composée
de masses se rattachant aux trachytes, aux basaltes et aux laves.

A mesure que l'époque de l'apparition des roches éruptives
est plus moderne, ou, si l'on veut, à mesure que le point d'où
elles sont venues est plus profond, on les voit subir des variations qui ont été constatées par l'observation directe, et dont
quelques-unes, telles que l'accroissement de la densité, pouvaient, pour ainsi dire, être indiquées *a priori*. Non seulement
la densité, mais aussi la fusibilité et la chaleur spécifique des
roches qui constituent l'écorce terrestre vont en augmentant.
La quantité d'oxygène et d'eau entrant dans la composition de
ces roches diminue à mesure que la profondeur augmente,
parce que les sources d'où proviennent cette eau et cet oxygène, c'est-à-dire l'océan et l'atmosphère, se trouvent de plus
en plus éloignées. Presque toute l'eau d'origine est revenue
vers la surface du globe ; les parties profondes de l'écorce terrestre n'ont conservé que l'eau d'hydratation, ou celle que le
microscope nous montre prisonnière dans les petites cavités
dont le granite est criblé. La proportion de la silice diminue en
même temps que celle de l'eau et de l'oxygène, tandis que la
quantité d'alumine ou de fer va croissant. L'augmentation de
la quantité de fer vient à l'appui de notre hypothèse d'un nucléus ferrugineux.

L'action pyrosphérique pendant l'ère neptunienne. — Avant de terminer ce chapitre qui est, en quelque sorte, une introduction
à l'étude des phénomènes intérieurs, jetons un regard d'en-

semble sur les modifications générales que ces phénomènes ont subies pendant la durée des temps géologiques. Ces modifications ont été la conséquence directe : 1° de l'augmentation de l'épaisseur de l'écorce terrestre ; 2° de la différence dans la composition de chaque partie de la pyrosphère mise successivement en contact avec la face inférieure de la croûte du globe ; 3° de la température de plus en plus élevée de la zone d'où naissaient les courants de matière éruptive. De même, nous avons vu les phénomènes extérieurs se coordonner, dans leurs variations, à des faits généraux tels que l'abaissement de la température à la surface du globe et l'extension des masses continentales.

Pendant l'ère neptunienne, l'écorce terrestre, encore assez mince et d'ailleurs aisément disloquée sous l'impulsion des masses sous-jacentes, livrait un facile passage à la matière pyrosphérique. Les éruptions s'effectuaient indifféremment tantôt sur un point, tantôt sur un autre, parce qu'elles trouvaient partout une issue facile. Les matières éruptives étaient à l'état plutôt pâteux que fluide et ne donnaient pas origine à des nappes et à des coulées. Les circonstances qui favorisaient partout les phénomènes éruptifs tendaient aussi à rendre plus nombreuses et plus abondantes les émanations intérieures ; l'eau superficielle pénétrait facilement dans le voisinage de la pyrosphère et s'en éloignait de même. D'ailleurs la pyrosphère, dans sa partie voisine de l'écorce terrestre, renfermait les futurs éléments des roches hydro-thermales et contenait une certaine quantité d'eau d'origine. L'action geysérienne se développait avec une grande énergie, ainsi que nous l'avons constaté dans le livre précédent. Mais le trait le plus saillant de l'action pyrosphérique, pendant l'ère neptunienne, c'est la grande analogie qui existait entre des phénomènes qui ont

maintenant des caractères distincts. Les phénomènes éruptifs
et geysériens se ressemblaient beaucoup. Il n'y avait entre les
uns et les autres d'autre différence que celle qui résultait
d'une plus grande proportion dans les substances tenues en
suspension ou en dissolution dans l'eau qui formait, ainsi que
je l'ai dit maintes fois, un des éléments du magma granitique.

Au commencement de l'ère neptunienne, la partie supérieure de ce magma était solidifiée et constituait déjà une
écorce terrestre rudimentaire. Au-dessus de cette écorce se
plaçait l'océan, ayant dès ce moment à peu près la même
composition que de nos jours, mais offrant un moindre degré
de salure. Cet océan allait voir se former dans ses eaux les
premiers dépôts de sédiment, et les éléments de ces premiers
dépôts allaient être fournis par la masse sous-jacente à la
croûte du globe. Supposer que l'océan des premiers âges géologiques tenait en suspension ou en dissolution les éléments
des roches stratifiées qui allaient se produire, c'est formuler
une hypothèse insoutenable sous tous les rapports; c'est faire
reculer la science de près d'un siècle et la ramener à l'époque
où Werner admettait un fluide chaotique primitif, d'où s'é-
taient successivement dégagés les terrains stratifiés. Il y a
eu jadis un fluide chaotique, mais ce fluide, ou plutôt ce
magma, n'existait plus quand l'ère neptunienne a commencé;
du moins au lieu d'être placé au-dessus de l'écorce terrestre, il
se trouvait au-dessous d'elle et constituait, comme aujourd'hui,
la zone pyrosphérique.

Les premières roches qui ont été formées au sein de l'océan
et qui ont recouvert l'écorce primitive du globe, ont reçu tous
leurs éléments de la partie du magma granitique non encore
solidifiée et constituant la pyrosphère de l'ère neptunienne
(voir tome I, page 600 et suivantes). Ces éléments, ainsi que je

l'ai dit plusieurs fois, leur sont arrivés par voie geysérienne. Mais c'est également dans ce magma granitique qu'ont pris naissance les masses éruptives qui se sont épanchées les premières à la surface du globe. La similitude de composition qui existe entre les plus anciennes roches stratifiées et les plus anciennes roches éruptives ne doit donc pas nous étonner.

Les plus anciennes roches stratifiées et les plus anciennes roches éruptives peuvent même se ressembler quelquefois sous le rapport de leur structure. Les roches éruptives, en arrivant à la surface du globe, se trouvaient à l'état pâteux; elles étaient plastiques, non seulement par suite de la haute température qu'elles avaient subie, mais aussi et surtout en vertu de leur pénétration par l'eau; elles constituaient une espèce de boue très épaisse; elles se trouvaient soumises, au fond de l'océan, à une pression énorme; enfin, les mouvements répétés de l'écorce terrestre, encore très souple et peu épaisse, devaient les soumettre à une sorte de laminage. Les causes que j'ai invoquées, en m'appuyant sur les expériences de M. Daubrée, pour expliquer la schistosité de certaines roches sédimentaires, ont pu agir également sur beaucoup de masses éruptives de l'ère neptunienne. Parfois, celles-ci se sont trouvées dans les conditions favorables pour prendre la structure schistoïde. « L'influence exercée par le degré de plasticité sur la formation des feuillets fait comprendre les transitions fréquentes que l'on observe dans un même massif de roches partiellement schisteuses. C'est ainsi, pour n'en citer qu'un exemple, que le porphyre de Mairus, près de Deville, dans les Ardennes, devient graduellement schisteux. » Daubrée, *Études sur le métamorphisme*.

Non seulement les phénomènes éruptifs avaient une grande analogie avec les phénomènes geysériens, mais en outre les

roches édifiées par voie éruptive ressemblaient souvent a⟨x⟩ ⟨⟩
roches résultant de l'action sédimentaire. Comme des fleuves
dont les sources sont voisines, mais dont les eaux se dirigent
dans des sens opposés, les phénomènes géologiques ont divergé
de plus en plus dans leurs caractères, leurs centres d'action et
leurs effets, à dater de la fin de l'ère neptunienne. (Voir tome I,
page 200).

L'action pyrosphérique pendant l'ère tellurique et l'ère jovienne. —
Résumons en peu de mots les modifications générales que les
phénomènes intérieurs ont subies depuis la fin de l'ère neptunienne jusqu'à notre époque. 1° L'accroissement de la puissance de l'écorce terrestre a eu pour premier résultat de loca-
liser de plus en plus les phénomènes éruptifs. Il est venu un
moment où la matière pyrosphérique, ne pouvant trouver une
issue par tous les points de la croûte du globe, a tendu à s'é-
chapper par les mêmes ouvertures ; cette tendance a eu pour
effet l'apparition des volcans à cratère ; elle a d'ailleurs été
favorisée par la fluidité de plus en plus grande de la matière
pyrosphérique. On conçoit que, à l'époque où celle-ci avait une
consistance pâteuse, les conduits où elle pénétrait étaient plus
facilement obstrués. Nous verrons que les volcans à cratère ne
se sont produits que pendant l'ère jovienne qu'ils caractérisent,
au même titre que les dunes, les deltas et les glaciers. 2° Les
roches plutoniques ou hydro-thermales sont les seules qui se
soient formées, par voie éruptive, pendant l'ère neptunienne.
Peu après le commencement de l'ère tellurique, les premières
roches volcaniques se sont montrées sous forme de trapp, mais
c'est pendant la période tertiaire qu'elles sont devenues plus
abondantes que les roches plutoniques L'ère jovienne n'a pas
été témoin d'éruptions de roches hydro-thermales ; les roches

volcaniques sont les seules qui, pendant cette période, aient surgi à la surface du globe. 3° Les phénomènes geysériens, qui avaient pris un si grand développement pendant l'ère neptunienne, ont perdu insensiblement de leur importance; maintenant ils ne se manifestent que sur une très petite échelle. Ce ralentissement est dû à ce que l'eau, dans son trajet souterrain, peut, de moins en moins, se rapprocher de la pyrosphère, tandis que les substances provenant de la pyrosphère par voie de volatilisation peuvent de moins en moins se rapprocher de la surface du globe. 4° La nature chimique des substances amenées soit par les phénomènes éruptifs, soit par les phénomènes geysériens, a également varié. L'ère neptunienne a été l'âge de la potasse et de la soude, tandis que l'ère tellurique a été celui de la chaux et de la magnésie. L'ère jovienne semble commencer une période qui sera l'âge du fer, si l'on en juge par le rôle important que cette substance joue dans la composition des roches éruptives actuelles. Les mots âge du fer, servent ici à désigner une période dans l'histoire physique de la terre; plus tard, nous les emploierons en leur donnant une acception différente : nous les verrons mis en usage pour désigner une période dans le développement de l'humanité. C'est une remarque que j'ai cru devoir faire pour éviter toute équivoque.

Les transformations dont je viens de tracer l'esquisse auront pour résultat définitif de donner à notre planète la constitution qui est actuellement propre à son satellite. L'activité volcanique de la lune (le mot volcanique étant ici employé dans le sens que nous avons adopté page 215, tome I) est bien plus grande que celle de la terre; les phénomènes geysériens ont complétement cessé de s'y manifester. Il en sera de même pour notre planète, dans un avenir plus ou moins éloigné.

CHAPITRE II.

Composition générale des roches éruptives. — Substances anhydres,
hydratées; cristallines, amorphes. — Formules atomiques. — Caractères distinctifs des minéraux. — Groupe de la silice : quartz. —
Groupe des feldspaths : orthose, ryacolite, albite, oligoclase, labradorite, anorthite, saussurite, pétrosilex. — Groupe des micas : micas
potassiques, micas magnésiens. — Groupe de l'amphibole, du pyroxène et de l'hyperstène : hornblende, smaragdite, cornéenne, augite,
hyperstène, bronzite; diallages. — Groupe de la chlorite, du talc, de
la stéatite et de la serpentine. — Epidote, pinite, amphigène, grenat,
péridot. — Zéolites.

**Substances minérales qui entrent dans la composition des roches
éruptives.** — La composition des roches éruptives est bien plus
simple que ne pourrait le faire supposer leur variété d'aspect. Les substances dont elles sont essentiellement formées se
bornent à la silice, tantôt seule sous forme de quartz, tantôt
combinée avec une ou deux des bases suivantes : alumine,
potasse, soude, chaux, magnésie, oxyde de fer. Dans la composition des roches éruptives, les silicates jouent le rôle important qui, parmi les roches stratifiées, appartient aux carbonates
et surtout au carbonate de chaux.

Il n'entre pas dans ma pensée de décrire les substances accidentelles qui apparaissent au milieu des roches éruptives,
comme les fossiles au sein des roches sédimentaires. Mon seul

but, dans ce chapitre, est de mentionner les minéraux que l'on peut mettre au nombre des éléments constitutifs des roches éruptives. En retraçant leurs principaux caractères, j'insisterai sur les moyens les plus pratiques pour les faire reconnaître avec facilité; les détails qu'exigerait leur étude complète ne sauraient trouver place dans un traité, et encore moins dans un prodrome de géologie; c'est dans un ouvrage de minéralogie que le lecteur devra les chercher, si les considérations qui suivent ne lui paraissent pas suffisantes.

Substances minérales anhydres, hydratées; formules atomiques. — Les silicates sont tantôt anhydres, tantôt hydratés. Dans les silicates hydratés, l'eau n'existe pas à l'état de simple mélange, ou, si l'on veut, d'eau d'imbibition ou de carrière; elle intervient directement dans leur composition (1).

Deux substances pourront être entièrement distinctes si leurs éléments, tout en étant les mêmes, existent dans l'une ou dans l'autre en proportions différentes (2). Ces différences dans la nature des corps peuvent encore s'observer lorsque leurs éléments sont les mêmes, et s'y trouvent dans la même proportion (3). D'autres fois, une substance, sans perdre son identité

(1) La présence de l'eau à l'état de combinaison peut complétement changer l'aspect, la nature et les propriétés d'une substance. Je citerai, comme exemple, le gypse et la karsténite qui sont des sulfates de chaux, l'un hydraté, l'autre anhydre. Le talc se distingue du péridot, non seulement parce qu'il contient des proportions différentes de chaux et de magnésie, mais aussi parce qu'il renferme de l'eau combinée.

(2) Pour mettre ce fait en évidence, j'emprunterai un exemple à la chimie organique, et je rappelerai que le sucre, l'alcool et l'éther, dont les propriétés sont si distinctes, se composent des mêmes éléments, hydrogène, oxygène, carbone.

(3) Le cinabre de la nature est d'un beau rouge et cristallisé; celui que l'on produit dans les laboratoires est noir et amorphe; l'un et l'autre sont pourtant constitués par un atome de soufre et un atome de mercure.

et sans changer de nom, voit des éléments étrangers se mettre à la place d'une partie de ceux dont elle est normalement composée (1). Aussi ne doit-on pas s'étonner de la valeur que les minéralogistes attachent à la manière dont la composition d'une substance doit être représentée et à la forme de ses cristaux. Quant au géologue, il n'a pas à se préoccuper de ce problème, peut-être insoluble, de la constitution intime de la matière. Aussi, dirons-nous avec M. Des Cloizeaux, la construction des formules laisse, en général, une large place à l'arbitraire lorsqu'il s'agit des silicates et surtout des silicates doubles; à son exemple, nous renoncerons à ces formules pour n'indiquer que les rapports, indépendants de toute hypothèse, qui existent entre l'oxygène des divers éléments (2).

(1) L'orthose est un silicate d'alumine et de potasse; mais sa forme, ses propriétés et sa désignation ne changent pas, quand une partie de la potasse est remplacée par de faibles quantités de soude ou de chaux; pour les substances minérales, de même que pour les corps organisés, la forme, dans une certaine mesure, importe plus que la composition. Il est permis de comparer chaque agrégation d'atomes, ou chaque molécule qui entre dans la composition d'un minéral, à un édifice dont l'usage et l'ordonnance ne subissent pas de modifications, lorsque quelques-uns des matériaux destinés à sa construction sont remplacés par d'autres. Ajoutons que, dans cet édifice, ce qui offre le plus d'importance, ce n'est pas la nature des matériaux employés, mais le plan adopté par l'architecte.

(2) La formule généralement adoptée pour l'orthose, est dans les ouvrages de chimie: $KO.SiO^2 + AL^2O^3.3SiO^3$; on considère donc l'orthose comme formé par la réunion de deux silicates, un silicate neutre de potasse et un trisilicate d'alumine. Dans les formules minéralogiques, on se borne, pour plus de simplicité, à indiquer le rapport entre les quantités d'oxygène de l'acide et de la base; on supprime la lettre O, ainsi que les exposants qui représentent le degré d'oxydation. La formule précédente devient $KSi^3 + ALSi^3$. Mais, ainsi transformée, elle n'indique pas que la quantité d'oxygène contenue dans le second terme est trois fois plus considérable que dans le premier; on place alors devant le second terme le coefficient 3 et la formule devient $KSi + 3\overline{AL}Si^3$. Cette formule indique que l'orthose renferme de la potasse, de l'alumine et de la silice, qui possèdent des quantités d'oxygène respectivement repré-

Substances cristallines, substances amorphes. — La texture des substances minérales dépend surtout de la manière dont leurs molécules constitutives se trouvent groupées entre elles. Lorsque rien ne vient troubler ces molécules dans leurs mouvements, au moment où elles s'attirent mutuellement, elles se placent, les unes par rapport aux autres, de façon à former une trame identique dans toutes ses parties, parfaitement régulière, toujours la même pour une même substance, mais différente pour des substances de nature diverse.

Dans la formation des corps à structure cristalline, il semble que toutes les molécules soient douées d'intelligence et que chacune d'elles connaisse instinctivement la place qu'elle doit occuper dans l'édifice en voie de construction. Si nulle cause perturbatrice ne les détourne de leur tendance, elles se disposent de manière, non seulement à dessiner une trame uniforme et régulière, mais aussi à déterminer la création d'un corps cristallisé ou cristal, c'est-à-dire d'un polyèdre dont les faces peuvent être représentées par des figures géométriques et sont placées dans un ordre déterminé et symétrique par rapport à des axes intérieurs.

La structure cristalline peut exister sans la forme cristalline; il en est ainsi toutes les fois qu'une substance s'est accumulée dans un espace limité; je citerai l'exemple du quartz dont la solidification et la cristallisation, dans le granite, ont suivi celles du feldspath et du mica; dans cette roche, le quartz semble

---

sentées par 1, 3 et 12, d'où l'expression que nous avons adoptée pour l'orthose, K^4, $\overline{AL}^3$, Si^{12}. Dans la potasse, un équivalent de potassium se combine avec un équivalent d'oxygène; mais l'alumine renferme deux équivalents d'aluminium et trois équivalents d'oxygène : de là le coefficient 2 qui existe dans la formule primitive à la droite de AL, et qui est remplacé, dans les formules minéralogiques, par un signe particulier : nous adopterons le signe — placé au-dessus de AL.

faire fonction de guangue ou de mortier. Je citerai encore le cas où un cristal a été brisé ; la structure cristallime persiste dans chacun de ses fragments, mais la forme cristalline a complétement disparu.

La forme cristalline, au contraire, dénote toujours un corps à structure cristalline, sauf les cas exceptionnels de pseudomorphose.

La structure cristalline d'un corps n'est pas toujours indiquée par son aspect vitreux. Certains cristaux sont complétement opaques, tandis que le verre n'est pas une substance cristalline. Afin de reconnaître les substances qui ont une structure cristalline sans se présenter sous la forme d'un cristal, le minéralogiste met à profit : 1° les propriétés optiques des corps ; 2° le clivage (1).

Presque tous les cristaux et presque toutes les substances cristallines ont une tendance à se fendre ou à se *cliver*, suivant une ou plusieurs directions, faisant entre elles et avec les faces du cristal des angles constants et déterminés pour une même substance : les faces du clivage sont planes, nettes, polies ; la cassure, en dehors du clivage, est, au contraire, inégale, grenue ou esquilleuse. Le clivage est donc encore un indice que nous pouvons mettre à profit pour reconnaître non seulement si une substance a une texture cristalline, mais encore à quelle espèce elle appartient.

---

(1) Pour donner une idée des procédés empruntés à l'optique, je rappellerai que certains cristaux et certaines substances cristallines convenablement taillées, montrent, lorsqu'on les place sur un objet (un trait noir tracé sur une feuille de papier, par exemple), une double image de cet objet. Cette propriété n'existe pas pour les substances appartenant au système cubique et pour celles qui ne sont pas cristallisées. Je rappellerai encore qu'un rayon de lumière polarisée a été comparé à une sonde déliée qui peut pénétrer dans l'intérieur d'une substance et nous en dévoiler la constitution intime.

Un corps amorphe est celui dont la texture n'est pas cristalline.

Les roches sont fréquemment formées de matériaux où la texture est en partie amorphe, en partie cristalline. Certains calcaires amorphes, à texture compacte, offrent des parties cristallines sous la forme de lamelles ou de grains miroitants, qui se présentent quelquefois en grand nombre et finissent par constituer une roche se rapprochant plus ou moins, par son aspect, du calcaire saccharoïde. Cette roche n'est pas à texture cristalline, dans le sens rigoureux de ce mot; mais elle résulte de l'agglomération de parties cristallines.

Caractères distinctifs des minéraux. — Le caractère essentiel de l'espèce minérale nous est fourni tout à la fois par sa forme cristalline et par sa composition chimique. Mais la recherche de la formé cristalline et celle de la composition chimique ne peuvent pas s'opérer par des procédés assez expéditifs pour être fréquemment employés par le géologue. Celui-ci préfère avoir recours aux moyens plus prompts que lui fournit la connaissance des propriétés de chaque substance, propriétés qui constituent, pour ainsi dire, son signalement. S'il met en usage les moyens chimiques, c'est rarement pour faire l'analyse quantitative d'une substance; il lui suffit presque toujours de constater l'absence ou la présence de certains éléments. Bientôt même l'habitude lui vient en aide, et il ne faut pas beaucoup de temps pour apprendre à reconnaître, dans le granite, le quartz à son éclat vitreux, le feldspath à son aspect mat et à sa texture lamelleuse, le mica à ses reflets nacrés et à ses vives nuances.

Parmi les propriétés des minéraux dont le géologue peut se servir, je citerai : 1° La *couleur*, l'*éclat* et l'*aspect*, ce dernier mot étant pris dans le sens le plus général.

2° Les différences de densité, parmi les substances dont je vais parler, ne varient pas assez pour être facilement constatées sans le secours de l'aréomètre. Il n'en est pas de même pour la dureté, qui nous aide à reconnaître le quartz qui raye l'acier, le mica et le talc qui sont rayés par l'ongle. etc.

3° *Chalumeau.* — L'emploi du chalumeau nous dit si une substance est fusible ou infusible. Les substances fusibles ne le sont pas au même degré et leur fusion peut exiger plus ou moins de temps et de chaleur. Les circonstances dans lesquelles s'opère cette fusion varient; l'obsidienne se fond sans boursoufflement, les rétinites et les zéolites avec boursoufflement. Les verres obtenus des substances fusibles et ceux qui résultent des substances infusibles dont la fusion s'est opérée au moyen d'un fondant, présentent des couleurs et un aspect qui varient pour chaque substance.

4° *Action des acides.* — Certaines substances sont complétement insolubles dans les acides; d'autres s'y dissolvent avec plus ou moins de facilité et d'une manière plus ou moins rapide, tantôt à chaud, tantôt à froid. La solubilité du carbonate de chaux dans les acides aide à constater son existence dans les roches éruptives, lorsqu'il s'y montre soit comme élément accidentel, soit comme partie essentielle. Le basalte étant soumis à l'action des acides, son pyroxène devient vert, le feldspath blanc et le fer titané conserve sa couleur noire. Le phonolite se compose de deux parties que l'action des acides permet de séparer parce que l'une d'elles est seule soluble dans les acides.

Groupe de la silice; quartz. — La silice est de l'oxyde de silicium, offrant la composition suivante : silicium, 46, 66; oxygène, 53, 33. La silice est infusible au chalumeau; avec la soude, fusible avec bouillonnement en un verre clair; insoluble dans les acides, excepté dans l'acide fluorhydrique ; soluble dans les acides et la potasse caustique, après avoir été fondue avec la soude. Elle raye le verre et l'acier, mais est rayée par la topaze : dureté = 7,5. On a vu (tome I, page 175), qu'il existe deux variétés de silice : 1° la silice cristalline ou cristallisée, ayant pour densité 2,6 ; 2° la silice amorphe, dont la densité est 2,2. Dans la nature, la silice amorphe est toujours plus ou moins hydratée ; elle résulte ordinairement d'une action geysérienne mise en relation plus ou moins directe avec l'action volcanique ; dans ce cas, elle constitue des substances dont il sera question dans un des chapitres suivants. La silice amorphe n'est pas au nombre des éléments constitutifs des roches. C'est à l'état cristallin ou cristallisée qu'elle joue un rôle important dans la composition des roches éruptives ou sédimentaires.

Dans les roches sédimentaires la silice se présente tantôt comme une agrégation de grains cristallins, sans structure cristalline bien déterminée, exemple : le quartzite qui me paraît jouer parmi les roches siliceuses le même rôle pétrologique que le calcaire saccharoïde parmi les roches calcaires ; tantôt comme un mélange de parties amorphes ou de parties cristallines, exemple : la calcédoine ; tantôt, enfin, comme de la silice entièrement cristalline et quelquefois même en cristaux.

La silice à l'état nettement cristallin constitue le *quartz*. Le quartz forme un des éléments essentiels du terrain granitique. Rarement, il s'y montre seul en grandes masses, si ce n'est dans les filons. Dans le granite, il s'intercalle comme un mortier, entre les cristaux de feldspath ou d'autres silicates ; dans les roches strato-cristallines, il forme des feuillets plus ou moins distincts alternant avec les feuillets de mica, de talc, etc.

Nous verrons que les roches éruptives contiennent d'autant moins de quartz qu'elles sont plus modernes; nous avons fait une remarque absolument semblable pour les roches sédimentaires.

Les cristaux de quartz se rencontrent dans les porphyres dits quartzifères et dans les géodes des roches éruptives ou sédimentaires. Ils se présentent en prismes hexagonaux terminés par des pyramides à six faces; quelquefois le prisme n'existe pas et les deux pyramides sont accolées par leur base. Le rhomboèdre est la forme primitive du quartz, mais les cristaux de quartz avec leur forme primitive sont excessivement rares. Les cristaux de quartz, sous leur forme habituelle, présentent beaucoup d'altérations; la plus commune résulte du développement excessif de trois faces du prisme aux dépens des trois autres. Ces cristaux n'ont aucune tendance au clivage; ils sont souvent incolores, d'un aspect vitreux; ils constituent alors le cristal de roche, ou quartz hyalin.

Groupe des feldspaths. — Sous le nom de *feldspath* (en allemand, pierre des champs; *feld*, champ; *spath*, pierre), on réunit des minéraux que leurs caractères empêchent de confondre avec d'autres substances minérales, mais qu'il est souvent difficile de distinguer les uns des autres. La définition de chaque espèce de feldspath est basée sur son système cristallin, sur sa composition et sur sa formule atomique. Mais les formes cristallines, quoique différentes sous le rapport du système auquel elles appartiennent, sont très rapprochées par leurs angles. Quant à la composition chimique, on voit le feldspath à base de potasse passer insensiblement au feldspath à base de soude, et celui-ci au feldspath à base de chaux. Enfin, la formule atomique est loin de fournir un caractère distinctif,

puisque, ainsi que je l'ai déjà rappelé, les formules des silicates
doubles laissent une large place à l'arbitraire.

Toutefois, en combinant les trois caractères que je viens de
mentionner, la minéralogie parvient à limiter assez exactement
quelques espèces types que les données géologiques achèvent
de caractériser; ainsi que Dufrénoy le fait remarquer, malgré
le mélange que l'on observe entre eux, les feldspaths constituent des roches différentes par leur nature, ou du moins par
leur âge, et ce caractère souvent conduit à la distinction de ces
minéraux.

Tous les feldspaths sont des silicates à deux bases. L'une de
ces bases est l'alumine; l'autre varie pour chaque espèce de
feldspath, mais est toujours la potasse, la soude ou la chaux.
L'analyse des feldspaths dénote encore la présence de l'oxyde
ferrique, de la chaux et de la magnésie intervenant, en très
petites quantités, comme isomorphes soit de l'alumine, soit de
la seconde base, quelle qu'elle soit. Ainsi que l'indiquent les
formules que je vais reproduire, les proportions de l'alumine
et de la seconde base renfermées dans les feldspaths sont constamment les mêmes : la quantité d'oxygène contenue dans la
seconde base étant représentée par 1, celle de l'oxygène de
l'alumine est 3 ; le nombre représentant l'oxygène de la silice
est le seul qui varie. La formule générale des feldspaths est
donc : Si^n, B^1, AL^3.

Les feldspaths qui doivent être considérés comme éléments
essentiels des roches éruptives sont: l'orthose, le ryacolite,
l'albite, l'oligoclase, le labradorite, l'anorthite et la saussurite.

Orthose. — (ὀρθός, droit, à cause du clivage. — *Spath fusible,
adulaire, orthoclase, feldspath* proprement dit). C'est un feldspath de potasse dont la formule est Si^{12}, $\overline{AL}^3$, K^1.

L'orthose est blanc laiteux ou blanc tirant sur le vert, le gris ou le rose; quelquefois, il est rouge de chair. Son éclat est souvent un peu mat. C'est une substance tantôt opaque, tantôt limpide comme dans l'adulaire du Saint-Gothard. L'adulaire présente des reflets nacrés qui sont encore plus développés dans la variété d'orthose appelée *pierre de la lune*.

Ryacolite. — (*Feldspath vitreux*). C'est un feldspath de potasse sodique dont la formule est Si^{12}, $\overline{Al}^5$, $(K, Na)^4$.

Les cristaux de ryacolite ont un éclat vitreux; ils sont fendillés comme une substance qui aurait été subitement refroidie [1].

Albite. — (*Cleevelandite, schorl blanc, péricline*, etc.) C'est un feldspath de soude qui a pour formule Si^{12}, $\overline{Al}^5$, Na^4.

L'albite est ordinairement blanc de lait (d'où son nom), quelquefois légèrement nuancée de gris, de rouge ou de vert; très rarement transparente, souvent translucide; éclat vitreux.

Oligoclase. — (ὀλίγος, peu; κλάω, je brise, à cause de la difficulté du clivage. — *Natron spodumen*.) C'est un feldspath de soude calcique, qui a pour formule Si^9, $\overline{Al}^5$, $(Na, Ca)^4$.

La couleur de l'oligoclase est le gris clair, le gris laiteux, quelquefois le gris verdâtre. Lors même qu'il est associé à

---

[1] M. G. Rose avait donné le nom de ryacolite au feldspath vitreux du Mont-Dore, du Drachenfels et de la Somma, qu'il avait considéré comme formant une espèce particulière. Des observations postérieures lui ayant appris que ce feldspath ne différait de l'adulaire ou orthose vitreux du Saint-Gothard (*Adula*) que parce qu'une certaine quantité de potasse était remplacée par de la soude, M. Rose ne conserva le nom de ryacolite qu'à des cristaux provenant de la Somma qu'il avait associés au feldspath vitreux. En outre, l'analyse du ryacolite ayant été faite, par erreur, sur un mélange d'orthose et de néphéline, M. Des Cloizeaux en conclut que ce nom devait être rayé de la nomenclature minéralogique. Mais les géologues continueront à se servir du mot ryacolite parce qu'il désigne pour eux une substance qui, tout en se rattachant à l'orthose par la plupart de ses caractères, s'en distingue par son aspect et son gisement.

l'orthose rouge de chair, il conserve ordinairement sa couleur grise; exceptionnellement il est rougeâtre ou rosé. Il est ordinairement translucide, rarement demi-transparent. Sur les faces du clivage, son éclat est vitreux passant à l'éclat perlé; sur les cassures inégales, l'éclat est gras.

Labradorite. — (du Labrador, où ce feldspath a été recueilli pour la première fois. — *Feldspath opalin*). C'est un feldspath de chaux sodique, ayant pour formule Si^6, $\overline{Al}^5$, $(Ca, Na)^4$. En masses lamelleuses, le labradorite est gris de cendre; il offre souvent des reflets chatoyants très vifs, souvent métalloïdes où dominent le bleu, le vert, le rouge et le jaune. Son éclat est vitreux, un peu nacré sur les faces du clivage facile; résineux dans la cassure. Les cristaux de labradorite sont très petits; on les trouve disséminés dans certaines roches, et, notamment, dans le basalte et les laves.

Anorthite.— (α, privatif; ὀρθὸς, droit; à cause de l'absence de clivage à angle droit). C'est un feldspath de chaux magnésienne ayant pour formule Si^4, $\overline{Al}^5$, $(Ca, Mg)^4$. L'anorthite est transparente ou translucide; incolore ou blanche. Ses cristaux sont ordinairement limpides, d'un éclat vitreux analogue à celui du quartz.

Saussurite. — (*Jade*, de Saussure, mais non le *jade néphrite ; feldspath tenace*). La saussurite est blanc grisâtre, verdâtre ou rougeâtre. Elle n'a pas été rencontrée en cristaux; pourtant sa cassure esquilleuse offre quelquefois des traces de clivage. Son éclat est gras et luisant; les fragments minces sont faiblement translucides. On peut la considérer comme un feldspath de chaux magnésienne. Sa composition et sa solubilité dans les acides la rapprochent du labradorite.

Sous le rapport cristallographique, les feldspaths se partagent en deux groupes. Les uns appartiennent au cinquième

système cristallin et ont pour forme primitive le prisme rhomboïdal oblique ; ce sont l'orthose et le ryacolite. Les autres se
rattachent au sixième système et ont pour forme primitive le
prisme doublement oblique ; ce sont l'albite, l'oligoclase, le labradorite et l'anorthite, que l'on réunit quelquefois sous le nom
d'anorthose. Les valeurs des angles correspondants diffèrent
peu les unes des autres. D'ailleurs, les diverses espèces de feldspaths entrent ordinairement dans la composition des roches à
l'état de masses lamelleuses ou de cristaux imparfaits. Quand on
veut se servir du caractère cristallographique pour les distinguer, il faut surtout avoir recours : 1° au clivage des cristaux ou
des masses lamelleuses ; 2° à la manière dont ces cristaux et ces
lamelles sont maclés, c'est-à-dire accolés les uns aux autres.

Dans l'orthose, il y a 3 clivages, dont 2 assez nets et se rencontrant à angle droit. — Dans l'albite, 3 clivages qui ne sont
pas à angle droit et dont 1 plus facile que les autres. Dans
l'oligoclase, le labradorite et l'anorthite, il y a aussi 3 clivages
obtus, mais un seul est facile. (1)

(1) Quant à la manière dont les cristaux maclés sont accolés les uns aux
autres, et aux variations que la différence de système cristallographique apporte à l'hémitropie de ces cristaux, je me bornerai à rappeler que dans l'orthose, les cristaux maclés déterminent une ligne qui divise la surface observée
en deux parties également miroitantes. Dans certains cas, l'accolement de
deux cristaux est indiqué par les clivages qui, bien qu'en se prolongeant d'un
cristal à l'autre, s'arrêtent sur le plan de jonction. Dans d'autre cas, les deux
surfaces séparées par la ligne de jonction sont l'une brillante, et l'autre mate.
Dans les cristaux de feldspath du sixième système, l'hémitropie détermine des
angles rentrants, que l'on peut facilement apercevoir lorsque les cristaux sont
assez gros ; lorsqu'ils sont petits, on reconnaît l'hémitropie par la réflexion de
la lumière : tandis qu'une partie de la gouttière formée par l'accolement des
cristaux réfléchit la lumière, l'autre est complétement obscure. Souvent, les
cristaux maclés sont au nombre de plus de deux ; alors, au lieu d'une gouttière, on observe une série de stries nettes, profondes et très rapprochées les
unes des autres.

Au chalumeau, tous les feldspaths se comportent à peu près de la même manière. L'orthose devient d'un blanc vitreux et fond difficilement sur les bords en un verre bulleux, demi-transparent. La fusion du labradorite s'opère un peu plus facilement. L'orthose, le ryacolite, l'albite et l'oligoclase sont inattaquables par les acides : le labradorite, l'anorthite et la saussurite, au contraire, se dissolvent dans l'acide chlorhydrique.

Si l'on range les feldspaths dans l'ordre suivant : orthose, albite, oligoclase, labradorite, anorthite, on forme une série où l'on voit croître la densité et la fusibilité, tandis que la proportion de silice et d'oxygène diminue. On voit, en même temps, les bases se succéder dans un ordre régulier : la potasse apparaître la première, puis céder la place à la soude, à laquelle succède la chaux ; l'intervention de la magnésie dans la composition de l'anorthite semble annoncer un dernier terme qui serait un feldspath magnésien. Or, l'ordre dans lequel les feldspaths viennent d'être énumérés est précisément celui de leur ancienneté ; en d'autres termes, un feldspath est d'autant plus dense et plus fusible, il contient d'autant moins de silice et d'oxygène qu'il est plus moderne. Ces faits sont complétement en harmonie avec ce qui a été dit, dans le premier volume, relativement à la structure du globe.

L'orthose entre dans la composition des roches granitiques et de la plupart des porphyres. — Le ryacolite ne se rencontre jamais dans les roches granitiques ; il constitue le feldspath des roches trachytiques. — L'albite peut se présenter en filons ou en petits cristaux dans le granite ; elle n'en devient jamais l'élément dominant ; les diorites sont, au contraire, des roches albitiques. — L'oligoclase existe dans les roches granitiques, les porphyres, les basaltes et quelques dolérites. — Le labradorite ne se montre pas dans les roches granitiques ; étant peu chargé de silice, il ne se présente pas dans les roches qui renferment du quartz; en général, il n'entre que dans la composition des roches basiques, telles que le basalte et les laves. — L'anorthite se montre en cristaux dans les blocs rejetés de la Somma, dans les laves de l'Islande, de Java, etc., dans la pierre météorique de Juvenas. — La saussurite entre dans la composition des euphotides.

La dureté des feldspaths est de 6 environ. Quant à leur densité, elle est indiquée dans le tableau suivant qui donne aussi leur composition chimique.

FELDSPATHS	COMPOSITION						Densité.
---	Si	Al	K	Na	Ca	Mg	
Orthose	64,6	18,5	16,9	»	»	»	2,56
Ryacolite.	64,6	18,5	» 16,9 »		»	»	2,56
Albite.	68,6	19,6	»	11,8	»	»	2,59
Oligoclase.	62,1	23,7	»	» 14,5 »		»	2,68
Labradorite.	53,1	30,4	»	» 16,5 »		»	2,72
Anorthite.	45,0	56,9	»	»	» 20,1 »		2,72
Saussurite	50,5	29,2	»	» 19,7 »		»	5,08

Pétrosilex. — (*Petra,* pierre; *silex,* caillou. — *Feldspath compacte,* de Haüy. *Feldstein,* des Allemands. *Hornstein fusible,* de Werner; l'*hornstein infusible* est du quartz agate). — A la suite des feldspaths, il faut citer une substance qui joue un rôle important dans la composition des porphyres, et dont je vais résumer les principaux caractères : cassure esquilleuse, rarement conchoïde; translucide sur les bords; éclat mat ou légèrement luisant à la manière des corps gras; ordinairement gris rougeâtre ou gris verdâtre, gris de cendre et blanc grisâtre; le pétrosilex de Salberg (Suède), dont Beudant a fait l'*adinole* (ἄδινος, compacte), est rouge de sang. Fusible en émail blanc, avec plus ou moins de difficulté. Rarement bien homogène; ordinairement mélangé de quartz. Composition se rap-

prochant de celle de l'orthose, mais s'en distinguant pourtant
par une plus grande abondance de silice (voir le tableau de la
page 80.)— La variété terreuse est le *thonstein* des Allemands.

Groupe des micas. — Sous la désignation de *micas*, on comprend un grand nombre de substances que certains caractères
très prononcés rapprochent entre elles et ne permettent pas de
confondre avec d'autres minéraux, mais que d'autres caractères
empêchent de considérer comme formant une seule espèce.
Pourtant, dans l'état actuel de la science, il n'est pas possible
de partager le groupe des micas en espèces, ainsi qu'on l'a fait
pour le groupe des feldspaths.

Le caractère essentiel des micas, celui qui les fait reconnaître au premier abord, est leur structure éminemment lamelleuse; ils se divisent, parallèlement à la base des cristaux, en
feuillets excessivement minces que la pression de l'ongle suffit
pour séparer les uns des autres. Ces feuillets, doux au toucher
sans être onctueux, sont élastiques et se déchirent plutôt qu'ils
ne se brisent. Les micas offrent des nuances très variées; ils
ont un éclat métalloïde, doré, argentin ou bronzé qui leur a
valu leur nom.

J'ai déjà dit (tome I, page 172) que les micas pouvaient se
partager en deux groupes : 1° les micas alumineux potassiques
(micas à axes optiques écartés); 2° les micas ferro-magnésiens
(micas à axes très rapprochés ou confondus), où le fer et la
magnésie semblent remplacer respectivement l'alumine et la
potasse. Les micas potassiques sont ordinairement blancs, quelquefois bruns ou verts; les micas magnésiens sont, la plupart,
d'un vert foncé, bruns ou noirs.

La composition des micas est très variable et n'a pu être
exprimée par une formule satisfaisante. Tous les micas potas-

siques et presque tous les micas magnésiens renferment du fluor, ce qui a conduit à les considérer comme des fluo-silicates ; dans le matras, ils dégagent, en plus ou moins grande quantité, de l'eau chargée d'acide fluorhydrique.

Les minéralogistes ne sont pas d'accord non plus sur la forme primitive du mica : M. Des Cloizeaux pense que les cristaux de toutes les variétés doivent être rapportés à un prisme rhomboïdal droit.

Au chalumeau, les micas magnésiens fondent difficilement en verres gris ou noirâtres. Les micas potassiques fondent plus ou moins facilement en verre bulleux gris ou jaunâtre. Tous sont difficilement attaqués par l'acide chlorhydrique ; mais les micas magnésiens sont complétement décomposés par l'acide sulfurique qui laisse la silice sous la forme de petites écailles blanches et nacrées.

Le mica potassique forme un des éléments essentiels des roches granitiques ; il persiste dans le gneiss et les micaschistes, où il alterne en lames minces avec le quartz ou le feldspath. Plus haut, dans la série des terrains, il ne se montre plus que sous forme de paillettes détritiques, dans le grès micacé, par exemple. Dans les roches éruptives, le mica potassique est remplacé par le mica magnésien (voir tome I, page 172).

Groupe de l'amphibole et du pyroxène. — Les substances minérales que nous réunissons sous cette double désignation forment un groupe qui donne lieu aux mêmes remarques qui ont été faites à propos des feldspaths. Elles constituent des espèces très voisines les unes des autres que G. Rose avait jadis proposé de réunir en une seule. Pour bien faire saisir les caractères qui les distinguent entre elles, il faudrait entrer dans des détails que la nature de cet ouvrage ne comporte pas. Je vais m'efforcer de donner, en aussi peu de mots que possible, une idée de leurs rapports et de leurs différences.

Ces substances sont quelquefois blanches ; mais lorsqu'elles entrent dans la composition des roches, elles sont presque constamment vertes ou noires. Elles constituent des silicates à plusieurs bases ; le rôle que jouent ces bases et l'alumine qui les accompagne souvent n'est pas bien défini. D'après de nouvelles recherches de M. Rammelsberg, leur composition peut être exprimée par la formule générale $S^2 B^4$; par conséquent le rapport de l'oxygène de la silice à celui des bases réunies est comme 2 est à 1. Elles se partagent en trois groupes reconnaissables à leur clivage, à quelques caractères extérieurs, et, enfin, à leurs propriétés optiques.

1° *Amphibole* (ainsi nommée à cause de sa ressemblance avec d'autres minéraux). — Forme primitive : prisme rhomboïdal oblique de 124° ; cet angle est celui que font les deux clivages très nets qui divisent la hornblende en masses lamelleuses.

Les trois principales sous-espèces d'amphibole sont la *trémolite* ou amphibole blanche avec magnésie et chaux ; l'*actinote* ou amphibole verte avec magnésie, chaux et fer ; la *hornblende* ou amphibole noire avec fer et magnésie.

La *hornblende* (*horn*, corne ; *blenden*, trompeur) est la variété d'amphibole qui joue ordinairement un rôle important au point de vue pétrogénique. Elle se rencontre dans quelques roches strato-cristallines et dans un grand nombre de roches éruptives depuis le granite jusqu'aux laves modernes. Elle est opaque ; elle fond facilement en émail noir ; les acides l'attaquent avec difficulté. C'est un silicate de chaux, de fer et de magnésie, avec des quantités très variables d'alumine ; sa formule peut être écrite de la manière suivante : $Ca^4, (Mg, Fe)^5, Si^8$.

La *smaragdite* de Saussure ou *diallage verte* de Haüy est

une substance translucide, à éclat soyeux, offrant les clivages de l'amphibole, vert olive ou vert d'herbe tacheté de blanc, fondant au chalumeau en un verre jaune verdâtre. La variété vert d'herbe se compose d'un entrelacement de lames de pyroxène et de lames d'amphibole. — La smaragdite entre dans la composition de la roche dite *verde di Corsica*.

La variété compacte d'amphibole a reçu le nom de *cornéenne;* elle est d'un vert foncé, à cassure unie, sonore, très résistante au marteau; elle donne au chalumeau un émail noir.

2° *Pyroxène* (de πυρ, feu; ξένος, étranger, parce qu'on supposait qu'il appartenait exclusivement aux terrains volcaniques).— Forme primitive : prisme rhomboïdal oblique de 87°. Les principales sous-espèces de pyroxène sont le *diopside,* ou pyroxène à base de chaux et de magnésie, ordinairement blanc ou vert clair; l'*hedenbergite,* ou pyroxène de chaux et de fer, ordinairement noir ou vert foncé; l'*augite,* ou pyroxène de chaux, de fer et de magnésie, appelée aussi pyroxène noir ou pyroxène des volcans. C'est l'augite (αὐγή, splendeur) qui entre dans la composition des roches. Elle se trouve surtout dans les roches volcaniques anciennes et modernes et se forme fréquemment dans les scories des hauts-fourneaux. C'est un silicate de chaux, de magnésie et de fer, pouvant être représenté par la formule $(Ca, Mg, Fe)^4, Si^2$. Comme la hornblende, elle contient des proportions variables d'alumine. L'augite est ordinairement noire, opaque, fondant au chalumeau en verre noir, faiblement attaquable par les acides.

3° *Hyperstène; bronzite.*— Ces deux espèces que, à l'exemple de M. Des Cloizeaux, nous réunissons en une seule, ont pour forme primitive le prisme rhomboïdal droit de 93° 30'. Elles ont un éclat nacré, soyeux, ou métalloïde sur le clivage le plus facile, résineux ou vitreux sur les autres clivages. Apre

au toucher. L'hyperstène est noir grisâtre ou noir verdâtre ; la
bronzite est brun verdâtre ou jaunâtre. L'une et l'autre fondent
très difficilement au chalumeau en un émail noir verdâtre,
inattaquable par les acides. Formule atomique : Si^2, $(Mg, Fe)^4$.
L'hyperstène fait partie de la roche appelée hypérite ; la bronzite est répandue dans les serpentines.

Le nom de diallage a été appliqué à des minéraux différents,
et, notamment, à quelques variétés d'amphibole et de pyroxène.
La bronzite reçoit quelquefois aussi cette désignation. On donne
encore le nom de diallage métalloïde à une variété de serpentine qui paraît distinguer le granitone de l'euphotide.

Groupe de la chlorite, du talc et de la serpentine. — Toutes ces
substances se rapprochent les unes des autres par leur composition : ce sont des silicates hydratés de magnésie.

Chlorite (χλωρὸς, vert). — J'ai indiqué déjà quelques-uns des
caractères des substances que l'on désigne sous le nom de
chlorite (tome I, page 464). J'ajouterai que ces substances se
distinguent : 1° du mica, par la présence de l'eau et par l'absence du fluor ; 2° du talc, parce qu'elles contiennent de l'alumine. Les travaux récents permettent de séparer dans ce
groupe trois espèces bien définies liées entre elles par de nombreuses variétés. Ces trois espèces sont : 1° la *pennine* ou mica
triangulaire, dont la forme primitive est un rhomboèdre aigu
et qui a pour formule atomique : Mg^7, $\overline{AL}^5$, $Si^8 + H^5$. — 2° La
chlorite *hexagonale* ou *schisteuse*, qui a pour forme primitive
le prisme rhomboïdal oblique, et pour formule : $(Mg^4, Fe^5)^9$,
$\overline{AL}^6$, $Si^{10} + H^7$. — 3° La *ripidolite* ou chlorite *écailleuse*, dont la
forme primitive est indéterminée et qui paraît avoir la même
formule atomique que l'espèce précédente. Ces trois espèces
s'exfolient au chalumeau, blanchissent et fondent sur les bords

en émail blanc; elles sont complétement attaquables par l'acide chlorhydrique à l'aide d'une ébullition prolongée.

Talc; stéatite. — A ce que j'ai déjà dit relativement à ces deux substances (tome I, page 464), j'ajouterai qu'elles paraissent avoir respectivement pour formules : Mg^4, $Si^8 + H^4$ et Mg^6, $Si^5 + H^2$. Au chalumeau, le talc jette un vif éclat, s'exfolie, et fond très difficilement sur les bords : il est en partie attaquable par une ébullition prolongée avec les acides concentrés. La stéatite noircit d'abord au chalumeau, puis blanchit et fond sur les bords en émail blanc.

Serpentine. — « Les nombreux minéraux qu'on peut ranger sous cette dénomination ont reçu une foule de noms particuliers, fondés en général sur des différences peu marquées; leurs principaux caractères physiques et chimiques offrent, au contraire, une grande ressemblance. Structure schisteuse, feuilletée, fibreuse ou amorphe; la plupart des cristaux qu'on avait regardés comme originaux sont des pseudomorphoses de péridot, de pyroxène ou d'amphibole. Cassure conchoïdale, esquilleuse ou inégale. Substance transparente, translucide ou opaque. Éclat généralement faible, résineux ou gras. Vert de diverses nuances; jaunâtre ou grisâtre. Dans le tube, noircit et donne de l'eau. Au chalumeau, blanchit et fond facilement en émail sur les bords les plus minces. En poudre, se dissout complétement dans l'acide sulfurique ou chlorhydrique. La plupart des analyses conduisent à la formule Mg^3, $Si^4 + H^2$. » Des Cloizeaux, *Manuel de Minéralogie.*

Épidote, pinite, amphigène, grenat, péridot. — Je vais, en terminant ce chapitre, mentionner quelques autres substances qui jouent, au point de vue pétrographique, un rôle bien moins important que celles dont il vient d'être question, mais qui interviennent quelquefois dans la composition de quelques roches éruptives pour leur imprimer leur caractère distinctif.

Epidote. (*Thallite, schorl vert.*) — C'est un silicate double dont la forme primitive est le prisme rhomboïdal oblique et qui a pour formule : Ca', ($\overline{AL}$, $\overline{Fe}$)², Si⁵. Au chalumeau, fond sur les bords, se gonfle et devient noire; les variétés riches en fer sont seules facilement fusibles. Peu attaquable par les acides. L'épidote se rencontre quelquefois dans la plupart des roches plutoniques dont plusieurs variétés sont dites épidotifères.

Pinite, (de Penig, en Saxe). — La composition et le système cristallin de cette substance sont encore imparfaitement connus. La pinite paraît être un silicate d'alumine, de fer, de potasse et de magnésie; elle est opaque, sans éclat; noirâtre, grisâtre, gris rougeâtre ou gris verdâtre; au chalumeau, elle fond sur les bords en émail blanc; l'acide chlorhydrique l'attaque difficilement. La pinite caractérise le kersanton, roche granitique de Bretagne.

Amphigène, (ainsi nommée par Haüy, parce qu'il avait cru que ce minéral était du nombre de ceux qui se rattachent à deux formes primitives différentes : *leucite; leucolite : grenat du Vésuve*).—C'est un silicate d'alumine et de potasse, appartenant au système cubique et constamment cristallisé en trapézoèdre. Sa formule est K¹, $\overline{AL}$³, Si⁸. — Couleur blanc laiteux, d'où le nom de *leucite* (λευκὸς, blanc), que Werner lui avait donné. Le mélange de l'oxyde de fer imprime quelquefois aux cristaux d'amphigène une nuance grise ou rouge de chair. Eclat éminemment vitreux. Infusible au chalumeau; complétement inattaquable par les acides. L'amphigène existe dans les roches volcaniques anciennes et modernes de l'Italie, des bords du Rhin, etc.; il fait partie des roches volcaniques de la Somma.

Grenat. — Les minéraux réunis sous le nom de grenat, dit

Dufrénoy, présentent une des plus belles applications de la théorie de l'isomorphisme; la diversité de couleur des grenats, la grande différence de pesanteur spécifique qui existe entre leurs variétés, et qui est presque en rapport avec leurs couleurs, conduisent naturellement à les classer en plusieurs espèces. Mais quand on étudie la forme et la composition des grenats, on est au contraire persuadé qu'ils appartiennent à un seul et même minéral qui affecte des teintes différentes, suivant qu'un des éléments isomorphes domine.

Tous les cristaux de grenat appartiennent au système cubique; presque toujours leur forme est celle du dodéocaèdre rhomboïdal ou du trapézoèdre. Les grenats fondent plus ou moins facilement en verres diversement colorés, et sont plus ou moins attaqués par l'acide chlorhydrique.

Les grenats ont pour symbole général B^3, $\overline{B}^3$, Si^6, c'est-à-dire que les quantités d'oxygène sont entre elles comme 1, 1 et 2. Les trois espèces qui entrent dans la composition des roches, sont : le *grossulaire*, Ca^3, $\overline{AL}^3$, Si^6, l'*almandine*, Fe^3, $\overline{AL}^3$, Si^6 et la *mélanite*, Ca^3, $\overline{Fe}^3$, Si^6. Les grenats peuvent s'observer dans la plupart des roches strato-cristallines et dans les roches éruptives depuis le granite jusqu'aux laves modernes; leur nature est presque toujours en rapport avec celle des roches dans lesquelles ils sont enclavés.

Péridot, (olivine, chrysolite). — Forme primitive : prisme rhomboïdal droit; cassure conchoïdale; substance transparente ou translucide; éclat vitreux; vert, jaune ou brun. Infusible au chalumeau; soluble dans les acides, lorsqu'il est réduit en poudre très fine. Formule atomique : Mg^4, Si^4, dans laquelle le rapport de l'oxygène de la base à celui de l'acide est comme 1 est à 1. La magnésie est quelquefois remplacée par un peu d'oxyde ferreux. Le péridot s'observe dans les basaltes et

SUBSTANCES MINÉRALES.	COMPOSITION							Dureté.	Densité moyenne.
	Silice.	Alumine.	Potasse.	Soude.	Chaux.	Magnésie.	Fer.		
Mica vert du Vésuve.	44,6	19,0	7,0	2,1	»	20,9	4,9		
Mica vert noirâtre du Vésuve.	40,9	17,8	10,0	0	0,3	19,0	11,0	2,5	2,9
Mica blanc, état du Maine.	44,6	36,2	6,2	4,1	0,5	0,4	1,3		
Mica jaune d'or de Suède.	47,5	37,2	9,6	»	»	»	3,2		
Hornblende, syénite des Vosges.	47,4	7,2	» 3	»	10,8	15,3	15,4	5,5	3,2
Hornblende noire de Suède.	53,5	4,4	»	»	4,7	11,4	22,9		
Augite noire de la Somma.	50,3	3,7	»	»	12,2	10,5	20,7	6	3,3
Augite de l'Etna.	47,4	5,5	»	»	19,1	15,3	11,7		
Hyperstène du Tyrol.	55,8	1,1	»	»	»	30,4	10,8	5,5	3,4
Pennine du Valais.	33,6	10,6	»	»	»	35,0	8,8	2,5	2,7
Chlorite hexagonale.	30,0	19,1	»	»	»	33,2	4,8	2,5	2,7
Chlorite écailleuse, S.-Gothard.	25,1	22,3	»	»	10,7	17,4	24,2	1,5	2,8
Talc de Chamouni.	62,5	»	»	»	»	35,4	2,0	1,2	2,7
Talc S.-Gothard.	61,5	0,8	»	»	3,7	31,0	0,1		
Serpentine du Piémont.	41,6	2,6	»	»	»	36,8	7,2	3	2,6
Epidote du Rosenlaui.	38,1	26,4	»	»	23,6	»	9,7	6,5	3,4
Amphigène de la Somma	56,1	23,0	20,4	1,0	»	»	»	5,7	2,5
Almandine de Fahlun.	40,6	20,6	»	»	»	»	39,7	7,2	3,9
Olivine de Langeac.	40,8	»	»	»	»	41,6	16,4	6,7	3,4
Mésotype d'Auvergne.	48,2	26,5	»	16,1	0,2	»	16,4	5,7	2,2

dans les laves; on l'a également rencontré dans les pierres
météoriques.

Zéolites. — Les divers minéraux confondus autrefois sous le
nom de *zéolites* (ζέω, bouillir; λίθος, pierre), se gonflent en
bouillonnant lorsqu'on les expose à la flamme du chalumeau;
ce sont tous des silicates alcalins hydratés, généralement blancs,
dont la dureté varie entre 4 et 6, et la densité entre 2 et 2, 5;
ils se décomposent facilement par les acides en donnant un
dépôt de silice. Mais, à part ces caractères communs, les zéolites
diffèrent sous le rapport de leur composition et de leurs formes
cristallines; il est donc impossible de les réunir en une seule
espèce.

L'espèce que l'on rencontre le plus fréquemment dans les
roches est la *mésotype*, substance ordinairement blanche, à
éclat vitreux. Sa formule est $Si^6 \overline{Al^5} Na^4$. La mésotype existe
principalement dans les amygdaloïdes, les basaltes, les dolérites et les phonolites; elle est très rare dans les roches pluto-
niennes.

CHAPITRE III.

Caractères généraux, composition et détermination des roches éruptives.
— Causes qui ont imprimé aux roches éruptives une texture plus ou
moins cristalline. — Texture compacte, vitreuse, granitique, porphyrique. — Texture globuleuse, variolitique. — Texture celluleuse,
bulleuse, scoriacée. — Roches amygdalaires, remplissage des géodes.
— Structure des roches éruptives; clivage prismatique, structure
sphéroïdale. — Circonstances qui ont accompagné l'épanchement des
laves : nappes et coulées, cheires, scories, culots, laves panniformes, etc. — Densité, dureté, fusibilité et coloration des roches
éruptives.

Caractères généraux des roches éruptives. — Les roches éruptives
se distinguent, sous tous les rapports, des roches sédimentaires.
Elles ne sont jamais formées aux dépens des masses préexistantes; on n'en rencontre pas qui soient analogues par leur
origine à celles que nous avons désignées sous le nom de roches
détritiques. Elles ont toujours une texture plus ou moins cristalline; la texture terreuse est très rare chez elles, et résulte ordinairement d'une transformation postérieure à leur apparition.
Jamais elles ne sont stratifiées; dans certains cas seulement, et
sous l'influence de causes qui n'ont aucune relation avec l'action
sédimentaire, elles prennent une structure schistoïde.
Elles ne renferment pas de débris de corps organisés. Enfin,
avant de se solidifier, elles ont possédé une plasticité complète
qui leur a permis de se mouler sur les masses voisines et de

4

pénétrer dans toutes les fissures qu'elles ont rencontrées en se dirigeant vers la surface du globe.

Composition minéralogique et détermination des roches éruptives. — Dans la recherche de la composition minéralogique des roches, il y a trois cas à considérer, suivant que la roche est homogène, phanérogène ou adélogène.

Une roche est simple ou homogène (ὁμὸς, semblable; γένος, nature) lorsqu'elle est formée d'un seul et même élément minéralogique. Exemple : parmi les roches sédimentaires, le calcaire, quand il est à peu près pur de tout mélange avec des matières ferrugineuses ou argileuses; le pétrosilex, parmi les roches éruptives. Celles-ci sont d'ailleurs rarement simples ou homogènes. La recherche de la nature minéralogique d'une roche simple ou homogène s'effectue par les procédés mis en usage pour la détermination des minéraux.

Une roche phanérogène (φανερὸς, apparent) est celle dont les éléments sont visibles et discernables à l'œil nu. Exemples : le grès et le sable, parmi les roches sédimentaires; le granite, parmi les roches éruptives. Dans les roches phanérogènes, la recherche de la composition minéralogique se ramène à celle des éléments dont elles se composent.

Dans une roche adélogène (ἄδηλος, non apparent) les éléments ne sont plus discernables à l'œil nu; il faut recourir, pour leur étude, aux instruments grossissants, la loupe ou le microscope. L'emploi du microscope a été imaginé par Cordier, et constitue, pour ainsi dire, une analyse mécanique des roches. Pour employer ce procédé, on écrase, à l'aide de la simple pression, les fragments de la roche que l'on veut examiner; la trituration ne doit pas être mise en usage parce qu'elle dépolirait les petits grains cristallins qui en résulte-

raient, et ne permettrait pas d'étudier leurs caractères physi_
ques. Sous le champ du microscope, ces caractères sont aussi
apparents que dans de grands échantillons; tout, jusqu'aux
incidences des faces du clivage, se reconnaît distinctement.
Chaque grain de poussière obtenue par la pression peut être
soumis à la flamme du chalumeau dont l'action, en s'exerçant
différemment sur chaque espèce de grain, fournit de nouveaux
indices.

' Il existe d'autres moyens indirects d'arriver à la connaissance de la composition d'une roche adélogène. Un de ces
moyens est quelquefois fourni par la présence de cristaux au
milieu d'une pâte adélogène; il est, dans ce cas, permis de
penser que la composition des cristaux et celle de la pâte sont
les mêmes ou se ressemblent beaucoup; c'est ainsi que des
cristaux d'orthose disséminés dans la pâte d'une roche feldspathique font présumer que cette roche est à base de potasse et
constitue, par conséquent, un pétrosilex. D'autres fois, la roche
adélogène passe à une roche phanérogène; dans ce cas, on
peut supposer que la roche offre partout la même composition;
seulement, les éléments indiscernables sur certains points deviennent visibles sur d'autres. Nous avons vu que ce mode
d'investigation pouvait également être mis à profit dans la détermination de certaines roches détritiques (tome I, page 463).
Enfin, si, le plus souvent, la connaissance de la composition
minéralogique d'une roche doit nous conduire à sa détermination, on peut quelquefois, sans tourner dans un cercle vicieux,
s'appuyer sur la détermination d'une roche parfaitement
connue pour arriver à la connaissance de ses éléments minéralogiques.

J'ai déjà dit que l'étude des substances minérales est du ressort de la minéralogie; le géologue a presque toujours à sa

disposition des moyens pratiques pour constater sans effort la composition des roches éruptives. Pour discerner les trois éléments du granite, pas plus que pour nommer une roche calcaire, il n'a pas besoin de recourir aux procédés compliqués du laboratoire. Cette facilité qu'il rencontre dans ses recherches provient du nombre restreint de combinaisons que la nature a mises en jeu dans la formation des roches. « De même qu'il n'existe dans la nature qu'un très petit nombre d'espèces minérales, comparé à celui qui aurait pu résulter de la combinaison infinie des corps simples, de même aussi le nombre des diverses sortes de roches est infiniment moins considérable qu'on ne pourrait le supposer théoriquement, d'après la multitude de leurs éléments minéralogiques. En effet, l'observation a démontré que, sur environ 400 espèces distinctes de minéraux qu'on a reconnues dans l'écorce terrestre, il n'y en a guère qu'une trentaine qui entrent comme *éléments essentiels* ou *constituants* dans la composition des roches; les autres espèces n'y figurent, pour ainsi dire, que comme parties accessoires ou accidentelles; elles y sont disséminées en petite quantité sous diverses formes; ou bien elles tapissent les parois de fentes, de cavités, de géodes, etc. Néanmoins, par les mélanges divers de ces trente éléments, la nature aurait pu former un nombre immense de combinaisons distinctes; mais il n'en est point ainsi : les roches ne sont ordinairement composées que de deux, trois ou quatre éléments, et quelquefois même d'un seul. Enfin, sur ces trente espèces de minéraux, il n'y en a qu'une dizaine qui se présentent abondamment dans la nature. » Cordier, article *Roches* rédigé par M. Ch. d'Orbigny dans le *Dict. des Sciences naturelles.*

« Les caractères d'une roche, dit M. Ch. Deville, dépendent non seulement de sa composition chimique, mais aussi de son origine. L'examen comparatif des analyses de ces roches apprend que, lorsqu'elles ont même composition chimique, elles peuvent cependant présenter des caractères physiques très différents. Ainsi, la composition est quelquefois la même dans le trachyte et le granite, dans le basalte et le trapp, dans le granite et l'eurite. Mais le trachyte se distingue entièrement du granite par sa structure celluleuse et par l'éclat vitreux de son feldspath. Si la composition chimique d'une roche exerce une grande influence sur ses caractères, les causes qui ont présidé à sa formation exercent une influence qui paraît encore plus grande. »

Nous pouvons donc poser en principe que la composition minéralogique ne saurait être seule invoquée dans la détermination et dans la classification des espèces pétrogéniques.

Causes qui ont imprimé aux roches éruptives une texture plus ou moins cristalline. — Quelques-unes des désignations que nous avons employées pour dépeindre la texture et la cassure des roches sédimentaires sont également applicables aux roches éruptives. Les expressions texture grossière, compacte, cristalline, terreuse, fibreuse....., et cassure unie, grenue, esquilleuse, conchoïde......, s'appliquent aux roches éruptives de même qu'aux roches de sédiment.

La texture terreuse, mate ou argiloïde, si commune parmi les roches stratifiées, ne s'observe, parmi les roches éruptives, que dans des cas peu fréquents et, notamment, lorsqu'il y a altération, comme pour le kaolin et l'argilolite. La texture cristalline qui, au contraire, apparaît assez rarement parmi les roches sédimentaires, et surtout parmi celles des périodes tellurique et jovienne, constitue presque l'état normal des roches éruptives.

Si l'on veut se rendre compte des causes qui ont imprimé aux roches éruptives leur texture plus ou moins cristalline, il faut remonter à leur origine, et se rappeler, en même temps, les circonstances favorables à la cristallisation des corps.

Pour qu'une masse quelconque cristallise, ses éléments doivent être ramenés au volume de la molécule chimique ; des grains de sable ou d'argile ne sauraient déterminer la formation d'un cristal. Il faut ensuite que les molécules puissent se déplacer librement et soient, par conséquent, à l'état gazeux, ou à l'état fluide, ou en dissolution dans un liquide. La cristallisation par le passage direct de l'état gazeux à l'état solide est excessivement rare dans la nature inorganique, et ne s'observe que dans le voisinage des évents volcaniques. C'est par voie de fusion ou de dissolution dans l'eau qu'elle s'opère dans les roches éruptives ou sédimentaires.

Parmi les roches stratifiées, celles qui se sont déposées à la suite d'une sédimentation chimique ont été seules susceptibles de prendre une texture plus ou moins cristalline ; mais diverses circonstances se sont opposées à ce que leur cristallisation s'effectuât. Au nombre de ces circonstances, je placerai le mélange de matériaux grossiers d'origine détritique dans les roches sédimentaires, et l'agitation du milieu où ces roches se sont déposées.

Les roches sédimentaires qui, telles que le gypse et le sel gemme, offrent habituellement une texture cristalline, ne jouent qu'un rôle très peu important dans la composition de l'écorce terrestre. En énonçant ce fait général, je fais abstraction des roches de la période neptunienne, et je n'ai en vue que les roches autres que les schistes cristallins. Celles-ci ne présentent la texture cristalline que sur des points restreints, tels que les géodes et les fissures que l'on observe dans les roches calcaires; ces fissures et ces géodes se sont ordinairement produites postérieurement au dépôt de la roche où elles se rencontrent, et, plus tard encore, se sont remplies de spath calcaire par voie de sécrétion et de déplacement moléculaire. Je vais mentionner quelques exemples pour démontrer que les corps peuvent cristalliser après leur solidification plus ou moins complète. On a signalé la formation de cristaux de quartz sur des échantillons de silice amorphe conservés dans les collections. Le fer soumis à des ébranlements prend quelquefois une structure non seulement grenue, mais entièrement cristalline. Le verre, recuit et chauffé à une température bien inférieure à celle de sa fusion, se dévitrifie et devient cristallin. On a dit avec raison que, dans le règne minéral, l'état amorphe est un état contre nature que les corps tendent toujours à abandonner. Mais lorsqu'une masse a pris une texture cristalline, ses molécules restent en repos tant que l'équilibre de température persiste dans le milieu qui les environne. Cette remarque nous fait comprendre pourquoi les cas de cristallisation d'un corps à l'état solide doivent exister plutôt parmi les roches sédimentaires que parmi les roches éruptives.

Les roches éruptives ont été placées dans les circonstances les plus favorables à la cristallisation ; les matériaux qui les constituent se sont primitivement trouvés à l'état de fusion ou de suspension dans l'eau ; leurs molécules ont pu se mouvoir avec facilité et obéir aux impulsions en vertu desquelles la matière, lorsque rien ne vient contrarier sa tendance, prend toujours la texture cristalline.

L'expérience démontre que la cristallisation s'opère d'une manière plus facile et plus complète par voie de dissolution dans un liquide quelconque, l'eau, par exemple, que par voie de fusion. Une masse fondue, telle que la lave, ne passe pas

ROCHES ÉRUPTIVES.	Silice.	Potasse.	Soude.	Chaux.	Magnésie.	Fer. (1)	Alumine.
Granite très feldspathique.	74,0	(...7,8...)		(....2,5...)		»	14,1
» normal.	72,5	(...7,4...)		(....5,5..)		»	15,5
» très micacé.	68,1	(.. 6,4...)		(....5,5...)		»	18,5
Protogyne.	75,2	4,6	»	0,5	9,5	1,1	6,6
Eurite de Nantes.	75,2	5,4	»	1,2	2,4	»	15,0
Minette des Vosges.	41,2	8,0	1,5	1,6	19,0	11,2	13,4
Globules de la Pyroméride. (2)	88,1	(...2,5...)		0,5	1,7	0,6	6,0
Pétrosilex de Nantes.	75,2	5,4	»	1,2	2,4	»	15,0
Eurite de Reichenstein.	75,5	6,5	»	1,0	»	1,5	15
Thonstein.	76,5	6,6	»	»	»	0,9	14,9
Lherzolite.	45,0	»	»	19,5	16,0	12,0	0,1
Spilite de Faucogney (Hte-Sne).	54,4	0,9	4,5	3,6	3,9	10,5	20,6
» d'Aspre-les-Corps. (5)	22,5	(.........10,7			.........)		0,6
Pierre ollaire de Norwège.	27,5	»	»	1,5	(....59,0.....)		
Serpentine de Finlande.	42,7	»	»	5,2	58,1	1,5	»
Variolite de la Durance.	52,8	1,7	5,1	5,9	9,0	11,1	11,8
Phonolite.	57,7	6,1	7,0	1,0	1,5	5,9	20,0
Trachyte du Drachenfels.	65,1	4,4	4,8	2,7	0,7	5,2	16,1
Globules du trachyte d'Islande.	74,4	2,6	5,6	0,9	0,6	5,2	13,8
Dômite du Puy-de-Dôme.	51,0	4,7	»	2,1	7,8	8,5	24,0
Dolérite.	52,6	1,6	4,5	8,4	6,2	10,0	15,5
Basalte (abstraction faite du fer oxydulé).	41,6	0,6	5,4	11,9	7,0	10,0	16,8
	45,1	1,6	3,0	11,1	6,0	14,6	17,2
Basalte du Vogelsgebirge.	46,4	1,6	5,2	12,9	8,1	15,4	12,9
Obsidienne de Lipari.	74,1	5,1	4,1	0,1	0,5	2.7	13,0
» de la Guadeloupe.	74,1	1,2	4,9	2,1	0,4	7,7	10,4
Rétinite du Cantal.	64,4	5,4	»	1,2	1,2	4,5	15,6
» d'Islande.	67,5	1,4	2,9	5,0	»	2,0	13,4
Perlite de Saxe.	68,5	(...5,4...)		8,5	1,5	6,0	11,0
» d'Islande.	74,2	1,4	5,5	»	0,1	2,5	13,2
Tuf ponceux du Pausilippe.	54,5	6,9	7,0	1,0	1,5	3,9	20,0
Ponce du commerce.	70,0	6,5	»	2,5	»	0,5	16,0
Lave du Vésuve, grise, cristall.	47,5	0,5	8,9	8,6	1,9	10,0	20,0
Lave noire, subvitreuse. (4)	50.5	0,2	5,4	4,7	2,6	10,9	23,7
Lave du Vésuve, 1651.	48,0	7,1	5,7	10,2	1,7	8,0	20,8

(1) A l'état d'oxyde ou de sesquioxyde.
(2) Wuenheim.
(3) Hautes-Alpes.
(4) Eruption de 1855, de même que la précédente.

directement de l'état fluide à l'état solide ; avant de se solidifier, elle prend l'état pâteux, qui est bien moins favorable que l'état liquide aux mouvements des molécules en voie de se grouper par voie de cristallisation. La différence que je viens de signaler entre les deux modes de cristallisation par voie de fusion et par voie de dissolution est surtout sensible lorsque les molécules qui doivent cristalliser appartiennent à des espèces minérales différentes. Les diverses substances renfermées dans un dissolvant peuvent cristalliser en même temps, tandis que dans une masse fondue, l'ordre de cristallisation varie pour chaque substance de même que son degré de solidification. Il faut remarquer enfin que, dans un magma rendu fluide par la chaleur, le refroidissement, dont la cristallisation doit être la conséquence, peut s'effectuer d'une manière assez rapide pour amener la solidification de ce magma avant sa cristallisation totale ou partielle.

Les considérations précédentes ont surtout pour but d'expliquer pourquoi les roches plutoniques, prises dans leur ensemble, sont bien plus cristallines que les roches volcaniques. Les unes ont cristallisé par voie de dissolution dans l'eau, les autres par voie de fusion.

Texture compacte, vitreuse, granitique, porphyroïde, porphyrique. — Si nous voulons retrouver les causes sous l'influence desquelles une roche éruptive a pris la texture qui la caractérise, il faut : 1° nous la représenter, à son origine, comme un magma formé de silice et de silicates ; le tableau de la page 56 a pour objet de donner une idée de la composition chimique de ce magma ; 2° rechercher dans quelles circonstances le refroidissement et la solidification de ce magma se sont opérés.

Si le refroidissement et la solidification de ce magma se sont effectués rapidement, il se sera transformé en une roche homogène, amorphe, qui sera, suivant sa nature, un pétrosilex, une obsidienne, une eurite, etc. Les granites talqueux ou protogynes de l'Oisans, dit M. Elie de Beaumont, perdent presque complétement leur cristallinité et se réduisent à peu près à des eurites dans les points où elles sont en contact avec les roches sédimentaires, à travers lesquelles elles ont fait éruption; c'est l'effet évident du refroidissement causé par le contact de ces dernières qui, elles-mêmes, portent les traces de l'action exercée par la chaleur de la protogyne et ont passé à l'état métamorphique jusqu'à une très petite distance. Hall, en 1798, ayant pris une lave coulante du Vésuve, la laissa refroidir d'une manière assez rapide; elle devint vitroïde, tant à l'intérieur qu'à l'extérieur; mais, refondue artificiellement et refroidie lentement, elle prit le caractère d'une lave pierreuse.

Si le magma, en se refroidissant et en se consolidant, a conservé une partie de l'eau qu'il renfermait à l'origine ou dont il s'est pénétré en atteignant la zone où l'eau peut circuler, il présentera un éclat analogue à celui de la poix ou de la résine, ainsi qu'on l'observe dans le pechstein ou le rétinite.

Mais, dans le cas où le refroidissement et la solidification du magma éruptif se seront opérés d'une manière plus ou moins lente, les éléments de ce magma auront pris une texture plus ou moins cristalline. En même temps, si ce magma s'est trouvé susceptible de donner naissance à des éléments minéralogiques différents, la séparation de ces éléments se sera effectuée, et les substances de même nature se seront réunies pour former des amas d'autant plus volumineux que le refroidissement aura été plus lent. C'est ainsi que certaines roches ont pris une texture *granitoïde* qui peut d'ailleurs être à petits grains, à gros grains ou porphyroïde.

Le caractère de la texture *porphyrique* proprement dite consiste dans la présence de cristaux plus ou moins nets, parsemés dans une pâte adélogène, telle que le pétrosilex. D'après ce qui vient d'être dit, la pâte d'un porphyre indiquerait un refroidissement rapide, tandis que la présence de cristaux semblerait accuser une solidification lente. Il y a là une contradiction apparente qui disparaît lorsqu'on réfléchit que les cristaux des roches porphyriques ou porphyroïdes sont presque toujours du feldspath. Le feldspath est, parmi les substances dont les roches éruptives se composent, une de celles qui cristallisent avec le plus de facilité et de rapidité; dans le granite, par exemple, on reconnaît parfaitement que le feldspath a cristallisé avant le quartz. Il est probable que, dans les porphyres, le refroidissement a été complet après la formation des cristaux de feldspath, et avant la cristallisation des autres éléments de la roche.

Texture globuleuse et variolitique. — On désigne sous le nom de roches *globuleuses* celles dans lesquelles certains minéraux sont réunis en globules. La couleur de ces globules est très variable; leur densité, toujours peu élevée, varie de 2, 1 à 2, 6 Ils sont formés de feldspath ou pâte feldspathique et de quartz; leur teneur en alcalis, en oxyde de fer, en magnésie et en chaux est toujours assez faible. Les roches globuleuses ont toutes un caractères commun, qui est une richesse en silice exceptionnelle et notablement supérieure à celle des feldspaths qui leur servent de base; quelquefois même, elles sont entièrement pénétrées par des filons de silice; l'excès de silice de ces roches a donc été la cause principale du développement des globules. Lorsque la roche était à l'état liquide, les molécules de feldspath ont dû commencer par se réunir entre elles, en vertu de l'attraction qu'elles exerçaient les unes sur les autres. Dans les roches ordinaires, ces molécules auraient formé des cristaux de feldspath ; dans les roches globuleuses, elles ont formé des globules, c'est-à-dire des groupements plus ou moins réguliers d'aiguilles feldspathiques. La présence d'un excès de silice dans une roche, qui est déjà très riche en silice lorsque sa composition est normale, a dû gêner nécessairement la cristallisation du feldspath ; par suite, lorsque cette roche s'est solidifiée, il s'est passé quelque chose d'analogue à ce que l'on observe dans les dissolutions salines, qui se prennent en masse radiée ou globuleuse, quand elles sont mélangées à d'autres substances.

Aux détails qui précèdent et que j'emprunte à un mémoire de M. Delesse, j'ajouterai que la formation des globules s'observe aussi dans les verreries. Lorsqu'on laisse refroidir la masse vitreuse, il s'y produit des groupes de globules se pénétrant mutuellement ; ces globules sont opaques, d'un blanc un peu nuancé par la couleur du verre ; ils présentent des rayons divergents coupés par des couches concentriques.

Les roches stratifiées nous ont également offert des exemples de texture globuleuse. Nous avons vu que, chez elles, cette texture se produisait de deux manières différentes : tantôt par voie mécanique, lorsque la matière pétrogénique se déposait dans une eau doucement agitée, tantôt par voie d'action moléculaire et après le dépôt de la roche où s'observe la texture oolitique ou globuleuse. C'est ce dernier procédé qui se rapproche le plus de celui que la nature emploie lorsqu'elle veut imprimer la texture globuleuse à une roche éruptive. Ce procédé implique chez les molécules un mouvement en vertu

duquel elles s'agglomèrent en masses plus ou moins arrondies :
la forme sphérique est celle que la matière tend à prendre
lorsqu'elle n'est pas sollicitée soit par les forces vitales, soit par
les forces cristallines : on ne voit pas pourquoi, en effet, la
matière se porterait dans un sens plutôt que dans un autre.

Lorsque les globules peuvent prendre tout leur développement, ils acquièrent une forme plus ou moins sphérique;
mais lorsqu'ils sont très rapprochés les uns des autres, ils se
pénètrent mutuellement de manière à former des masses tuber-
culeuses, limitées par des lignes courbes qui, selon l'expression
de Brongniart, dérivent du cercle avec plus ou moins de régularité. Ainsi s'explique la forme plus ou moins mamelonnée de
la malachite, de l'hématite, des rognons siliceux de la craie,
des concrétions calcaires, des stalactites, des pisolites, etc.

Dans leurs déplacements, les molécules se rangent les unes à
la suite des autres, de manière à donner une texture fibreuse à
la masse qu'elles constituent. D'autres fois, l'attraction mutuelle
qu'elles subissent peut éprouver des moments de suspension,
de là les couches concentriques qui se présentent dans les
globules, quelle que soit l'origine de la roche où on les rencontre. Dans certains cas, enfin, les globules offrent une texture
qui est en même temps concentrique et rayonnée.

Texture amygdalaire; remplissage des géodes. — Les roches qui
offrent des cavités ou des fissures sont souvent le siége de phénomènes analogues à ceux qui viennent d'être décrits. Ces
cavités constituent le centre d'une sorte de sécrétion, en vertu
de laquelle les molécules de la roche pénètrent dans leur intérieur. Ces molécules y déterminent la formation d'une masse
à texture cristalline; il peut même s'y constituer des cristaux
très nets, qui dirigent leur extrémité vers le centre de cette

cavité, en adhérant par leur base à sa paroi ; c'est ainsi que se forment les géodes. L'action qui amène l'apparition de ces cristaux peut être troublée, de même que celle qui tend à déterminer la formation de cristaux dans une roche éruptive. Au lieu d'un groupement de cristaux, il se produit, dans la cavité géodique, une masse ou noyau offrant une *texture* et une disposition qui varient comme celles des globules dont il vient d'être question ; par conséquent, cette masse est tantôt amorphe, tantôt en couches concentriques, tantôt à texture radiée. Entre les globules et les masses remplissant les cavités, il n'y a d'autre différence que celle qui résulte du mode d'accroissement des uns et des autres ; les globules vont en croissant de dedans en dehors, les géodes, au contraire, se remplissent de dehors en dedans.

La texture *amygdalaire* (ἀμυγδάλη, amande) est celle d'une roche qui présente des cavités plus ou moins volumineuses, ordinairement remplies de noyaux en forme d'amande. Ces noyaux sont formés d'agate, de calcédoine, de spath calcaire, de zéolite. La texture amygdalaire s'observe dans les roches trappéennes et basaltiques, plus rarement dans les roches dioritiques. Les roches offrant cette texture reçoivent le nom d'*amygdalite* ou d'*amygdaloïde*, sans qu'on puisse distinguer parmi elles des espèces bien définies et susceptibles de prendre rang dans les familles dont l'étude fera l'objet du chapitre suivant.

Texture celluleuse, bulleuse, scoriacée. — Les roches éruptives, et surtout celles qui appartiennent à la classe des roches volcaniques, offrent souvent des vides ou cavités dont le nombre et le volume varient beaucoup. Ces cavités sont dues quelquefois à des mouvements de contraction et à des déplacements moléculaires. Mais, presque toujours, elles reconnaissent une autre cause. Les masses éruptives contiennent de l'eau et des gaz qui, lorsqu'ils parviennent à surmonter la pression exercée sur eux, se distendent et amènent l'apparition de cavités ou de vacuoles. Il se produit un effet semblable à celui que l'on observe dans la fabrication du pain, lorsque les gaz auxquels la fermentation donne origine déterminent la formation des vides de la mie.

Si la texture cristalline est plus développée dans les roches plutoniques que dans les roches ignées, celles-ci présentent bien plus souvent que les premières la texture celluleuse. En admettant que la texture celluleuse soit le résultat de la cause que nous venons d'invoquer, on peut tirer de ce fait la conclusion suivante dont nous apprécierons bientôt toute l'importance : c'est que les roches plutoniques sont arrivées à la surface du globe sans être pénétrées de substances gazeuses ; du moins, si ces substances gazeuses existaient, leur force d'expansion était entièrement équilibrée par la pression que la masse éruptive exerçait sur elles.

Dans quelques basaltes et dans certaines laves, les cavités sont petites et plus ou moins espacées ; la texture de la roche rappelle celle des travertins et peut être dénommée par l'épithète de *celluleuse* ou de *vacuolaire*. Dans la ponce, ces cavités sont assez grandes et séparées par des intervalles très amincis ; la texture est *bulleuse*. La ponce est une obsidienne dont la texture s'est transformée, tantôt par l'expansion des substances qu'elle renfermait, tantôt par son simple contact avec l'eau. De très jolies ponces peuvent être obtenues par la simple projection de l'eau sur certains laitiers. D'un autre côté, la plupart des obsidiennes, ainsi que le fait remarquer M. Ch. Deville, recèlent encore de l'eau, du chlorure de sodium, des matières bitumineuses ou ammoniacales, et, si elles sont chauffées bien au-dessous de leur point de fusion, elles se boursoufflent, deviennent poreuses, passent, en un mot, à l'état de pierre ponce.

Les vides des laves à texture dite *scoriacée* sont presque aussi rapprochés que dans la pierre ponce, mais plus étendus ; ils donnent à la roche un aspect plus ou moins spongieux. La texture scoriacée s'observe surtout à la partie supérieure et à la partie inférieure des nappes laviques et basaltiques ; les points où se présente cette texture sont, en quelque sorte, l'écume (σκὼρ, ordure, d'où scorie) des courants de lave ; la nuance des scories est ordinairement le noir, le gris ou le brun-rougeâtre. On sait qu'en métallurgie, on donne le nom de scorie au produit de la vitrification des terres qui accompagnent le minerai ; le laitier des hauts fourneaux est une scorie. Les cavités de certaines roches éruptives sont quelquefois pénétrées de chaux spathique ; la texture de ces roches est alors tout à la fois scoriacée et amygdalaire.

Structure et clivage des roches éruptives. — *Structure sphéroïdale.*— L'idée qu'il faut attacher au mot structure, dans l'étude des roches éruptives, est la même que lorsqu'il s'agit des roches sédimentaires. En outre, pour les roches éruptives, de même que pour les roches sédimentaires, il y a un passage insensible entre les deux choses que l'on distingue par les mots de texture et de structure. Les globules acquièrent quelquefois un volume assez considérable pour que le mot de texture ne puisse plus être employé pour exprimer l'aspect général de la roche où ces globules existent. Afin d'éviter toute équivoque, il est convenable de réserver l'épithète de globuleuse au cas où l'on veut définir la texture d'une roche, et de se servir du mot sphéroïdal lorsque l'on veut parler de la structure. La structure *sphéroïdale* est, du reste, la conséquence d'un même ordre de phénomènes que la texture globuleuse ; dans un cas et dans l'autre, on constate des centres d'attraction autour desquels la matière s'est disposée en couches concentriques. Par suite de ce mode de formation, la compacité et la texture cristalline des masses sphéroïdales vont en augmentant de la circonférence vers le centre.

La structure sphéroïdale, que l'action destructive des agents atmosphériques contribue à mettre en évidence, s'observe parmi les roches granitiques ; mais elle se montre bien plus développée dans les roches basaltiques ; celles-ci se délitent quelquefois de manière à ressembler à des accumulations de gros boulets de canon. .

Structure schistoïde, fissile. — On a vu que la schistosité n'était pas tout à fait spéciale aux masses stratifiées ; les masses éruptives prennent quelquefois une structure schistoïde; mais, je le répète, cette structure n'est pas le résultat de la stratification ; elle s'est produite sous l'influence de causes distinctes de celles qui se rattachent à l'action sédimentaire.

Structure prismatique, colonnaire. — J'ai déjà dit que par clivage il fallait entendre la propriété qu'ont les roches de se laisser diviser en fragments plus ou moins réguliers par des fissures dirigées suivant des surfaces planes. Les roches éruptives, de même que les roches sédimentaires, peuvent posséder une structure prismatique. Le granite est parfois divisé en fragments superposés dont la forme se rapproche du cube ; mais c'est dans les roches volcaniques, et surtout les basaltes, que le clivage prismatique se montre avec le plus de développement, de netteté et de régularité.

Le basalte se présente fréquemment en prismes dont le nombre des côtés varie de trois à douze, mais est plus souvent compris entre cinq et sept. On remarque que plus leur pâte

est fine et compacte, plus ils approchent du prisme hexagonal
régulier. Leur longueur varie de 3 centimètres à 120 mètres,
et leur diamètre de 2 centimètres à près de 3 mètres. Les
prismes sont ordinairement perpendiculaires aux surfaces de
refroidissement; dans les roches en nappes, ils sont verticaux;
dans les dykes, ils sont plus ou moins horizontaux; enfin, si
les surfaces de refroidissement sont courbes, les prismes se
dirigent dans tous les sens.

« Leur position la plus ordinaire est verticale; un assemblage de prismes ainsi posés présente l'aspect de colonnes prismatiques dressées les unes contre les autres. C'est ainsi qu'ils
forment les fameuses colonnades basaltiques que l'on voit en
plusieurs endroits du Vivarais, de l'Auvergne, de la Saxe, de
l'Irlande, etc. ; une de celles de ce dernier pays est célèbre
sous le nom de *Chaussée des Géants.* Quelquefois les prismes
sont horizontaux, placés et empilés les uns sur les autres,
comme des bûches dans un chantier. D'autres fois, ils vont en
divergeant, comme autant de rayons autour d'un centre; ils
forment ainsi une portion de sphère, et quelquefois même une
sphère entière. Ailleurs je les ai vus courbés, disposés et pliés,
de part et d'autre d'une ligne verticale, exactement comme les
feuilles le sont dans une branche de palmier. Ils sont très
souvent traversés par des fissures perpendiculaires à leur axe,
et qui les divisent en tronçons, et même en dalles lorsqu'elles
sont très rapprochées. Quelquefois ces fissures sont convexes,
et alors une extrémité d'un des tronçons offre une convexité
qui s'emboîte dans la concavité de l'extrémité adjacente du
tronçon voisin; il en résulte des prismes articulés. » Daubuisson, *Traité de Géognosie.*

Le clivage des roches, qu'elles soient éruptives ou sédimentaires, est toujours la conséquence d'un retrait. Ce retrait peut

se produire de plusieurs manières; tantôt, il résulte de la disparition de l'eau conténue dans la roche avant le clivage; tantôt, il provient d'une action moléculaire qui accroît la densité de cette roche sur certains points; enfin, surtout parmi les roches éruptives, il est quelquefois le résultat du refroidissement de la masse fissurée.

Quant aux causes qui déterminent la disposition des lignes de clivage, il est difficile d'en donner une appréciation exacte. Dans certains cas, on est porté à penser que les fissures tendent à se rencontrer à angle droit, exactement comme le font les lignes stratigraphiques qui se croisent à la surface du globe; la combinaison de ces fissures avec les plans de stratification détermine l'apparition de la forme cubique, doublement caractérisée par sa simplicité et sa régularité; (voir tome I, page 518). D'un autre côté, la forme rhomboédrique des fragments des roches calcaires semble trahir l'influence de la cristallisation. Enfin, la tendance que présentent les fissures de l'argile desséchée et du basalte à se rapprocher de l'hexagone régulier paraît résulter de ce que ce polygone est celui qui, sous le même périmètre, offre la plus grande surface.

Structure et texture des laves. — « Le mot de lave ne désigne pas une roche d'une composition particulière; il désigne une roche d'une composition variable, mais dont la forme extérieure et intérieure annonce une matière plus ou moins visqueuse qui a coulé. Le propre d'une pareille matière lorsqu'elle suit la ligne de plus grande pente, sur une surface irrégulière, sur laquelle elle rencontre successivement des dépressions larges où elle s'étend en restant presque stationnaire, et des parties étranglées et inclinées où elle coule plus rapidement, est de se modeler sur les sinuosités qu'elle parcourt, et d'en refléchir, pour ainsi dire, en elle-même toutes les irrégularités. Une fois refroidie, elle reste comme la peinture immobile d'un phénomène d'hydrodynamique : et c'est là ce qui donne aux coulées des volcans anciens et modernes ce cachet particulier qui frappe si vivement l'œil le moins exercé.

» L'influence du sol inférieur se manifeste, non seulement par cette forme générale extérieure à laquelle on reconnaît tout d'abord une lave, lorsqu'on la voit même à une certaine distance; elle se fait encore sentir dans les irrégularités de la structure cristalline intérieure, qui sont dans un rapport nécessaire avec les formes de la surface, parce que les mêmes causes, des causes dynamiques, constamment agissantes presque en chaque point, pendant toute la durée du mouvement, ont déterminé à la fois les contours extérieurs et la répartition intérieure des parties plus ou moins tiraillées, plus ou moins rapidement solidifiées. De là, il résulte que deux tranches, prises en des points plus ou moins éloignés, diffèrent souvent presque autant par l'association des textures qu'elles offrent, que par le profil qu'elles présentent, ce qui décèle, dans l'ensemble, une grande hétérogénéité. Une pareille coulée est même nécessairement hétérogène dans celles de ses parties qui ont parcouru une surface unie, mais sensiblement inclinée, à cause de la manière dont la lave roule pour ainsi dire sur elle-même, toutes les fois qu'elle suit une déclivité tant soit peu sensible.

» Ainsi, le mot de *lave* désigne des masses dans lesquelles on trouve combinés les effets d'un phénomène de mouvement et d'hydrodynamique; et dont, par suite, une certaine forme de contours, une certaine inégalité de texture, une hétérogénéité générale, sont les caractères essentiels. — Le mot de basalte désigne, au contraire, une roche qui joint à une composition déterminée, que beaucoup de laves présentent aussi, une

manière d'être constante, et qui, à cause de cette constance
même, cesse de réfléchir, dans sa structure intérieure et dans
la forme de sa surface supérieure, les contours des masses sur
lesquelles elle s'appuie. Le mouvement s'est, pour ainsi dire,
solidifié dans les laves, tandis que le basalte offre un caractère
général d'uniformité qui exclut toutes ces traces de mouvement.
L'observateur n'y reconnaît plus que les effets du refroidissement, combinés avec ceux des lois de l'hydrostatique. Si le
basalte, répandu dans une vallée, rappelle par sa forme celle
d'un liquide, c'est celle d'un liquide en repos, et non, comme
la lave de Volvic, par exemple, celle d'un torrent instânta-
nément congelé.

» Ce qui caractérise, en général, les coulées basaltiques, c'est
l'uniformité que chacune d'elles présente dans toute son étendue. Le grain de la roche y varie de l'intérieur à la superficie.
La surface est bulleuse et le centre ne l'est pas; mais des tranches
prises dans les parties éloignées présentent la même association
de textures diverses. Si une même coulée de basalte remplit
un filon, et forme un épanchement superficiel, la texture du
basalte du filon, et celle du basalte de l'épanchement, diffèrent
à peine par un peu plus ou un peu moins de cristallinité. Les
basaltes ne s'écartent de leur uniformité habituelle que dans
des cas dont l'examen fait presque toucher au doigt la cause de
cette uniformité. C'est celui, par exemple, où, sortis d'un cône
encore subsistant, ils ont laissé, sur les flancs de ce cône, une
traînée de leur propre substance, comme cela se voit sur la
pente du cône de Thueys qui regarde Montpezat, dans le département de l'Ardèche. Cette espèce d'arrière-garde présente une
texture scoriacée qui lui ferait refuser le nom de basalte par la
plupart des géologues, si on la voyait isolément; et cette texture scoriacée et tiraillée fait voir que la texture basaltique

uniforme ne s'est développée que dans la partie de la coulée qui, reçue sur un terrain plat, ne s'y est refroidie qu'après s'être arrêtée. Ainsi, quoique les basaltes ne soient qu'une forme particulière des laves, puisque beaucoup de coulées de laves sont de vrais basaltes dans quelques unes de leurs parties, le seul choix que l'on fait du mot basalte ou du mot lave pour exprimer une matière fondue et solidifiée exprime une idée très précise, qui se réduit à dire que, dans le premier cas, on ne reconnaît que l'effet combiné des lois du refroidissement et de l'hydrostatique, tandis que dans l'autre on voit intervenir aussi les résultats des phénomènes dynamiques. Ce n'est pas d'après les échantillons réunis dans une collection qu'une pareille distinction peut être établie, mais d'après l'examen fait sur place de l'ensemble. » Elie de Beaumont, *Des cratères de soulèvement*.

La fluidité de la lave et la manière dont elle a coulé à la surface du sol ont pour conséquence, non seulement de lui communiquer une texture plus ou moins scoriacée, mais aussi de lui imprimer une structure également caractéristique.

Les laves, par suite de l'inégalité de la vitesse d'un même courant ou des obstacles que ce courant rencontre, prennent des formes contournées, tordues, et offrent quelquefois l'apparence de cordages. Sur d'autres points, elles sont *panniformes* et se présentent, soit comme des draperies grossièrement ondulées et festonnées, soit comme des pièces de draps enroulées sur elles-mêmes.

Une traînée de lave se refroidit et se solidifie rapidement à sa surface; elle se construit ainsi une espèce de sac ou de conduit dans lequel elle continue son mouvement de progression. — Lorsque la source qui alimente le courant de lave est tarie, le sac ou conduit s'affaisse sur lui-même en laissant un bourrelet sur chacun de ses bords ; cette disposition générale rappelle involontairement celle des moraines sur les bords d'un glacier. Plus loin, le courant s'arrête en formant un renflement ou *culot*. — Mais si la pente suivie par un courant de lave est rapide, ou si ce courant augmente de volume, il exerce une forte pression contre les parois du conduit qu'il s'était formé. Ces parois sont bientôt brisées, disloquées et séparées en fragments de tout aspect et de tout volume, se redressant et s'entassant les uns sur les autres, pour se souder ensuite. La traînée offre alors l'aspect d'une rivière qui, dit Daubuisson, viendrait à se prendre au moment où elle charrie des glaçons. Ces traînées, qui présentent l'aspect du chaos et que l'on ne franchit qu'avec fatigue, sont désignées en Sicile sous le nom de *schiarra*, et, en Auvergne, sous celui de *cheire*, qui a cours dans la science.

Dureté, densité, coloration des roches éruptives. — Pour compléter ces considérations générales sur les roches éruptives, il me reste à dire quelques mots de leur dureté, de leur densité, de leur fusibilité et de leur coloration. Evidemment, ces caractères dépendent surtout de la nature des éléments minéralogiques qui entrent dans la composition de ces roches.

Un échantillon de roche phanérogène n'offre pas sur tous ses points la même dureté. Dans un fragment de granite, par exemple, les parties quartzeuses sont plus dures que les parties micacées. Dans une roche adélogène, la dureté dépend non seulement de celle des éléments dont cette roche se compose, mais aussi du degré d'adhérence qui existe entre ces divers éléments. Enfin, les roches éruptives sont susceptibles de subir des altérations diverses qui les rendent plus ou moins tendres et friables.

Si l'on consulte, dans le chapitre précédent, les tableaux où se trouve indiquée la densité des principales substances qui font partie des roches éruptives, on voit que ces roches doivent presque toujours avoir une pesanteur spécifique comprise entre 2,5 et 3. La densité d'une roche éruptive, dont la texture est bulleuse ou scoriacée, peut descendre au-dessous de 2,5 et, quelquefois même devenir moindre que celle de l'eau, ainsi que cela s'observe pour la pierre ponce, pour certaines scories volcaniques et pour quelques scories de forge; la densité des laitiers vitreux est, en moyenne, 1,5. Les basaltes ont, au contraire, une densité souvent supérieure à 3. En effet, ils se composent normalement de labrador et d'augite, dont la densité est respectivement représentée par les nombres 2,7 et 3,3; ils renferment en outre du péridot, du fer titané et du fer oxydulé dont la densité peut aller jusqu'à 3,4 pour la première de ces substances, 4,8 pour la seconde et 5,1 pour la troisième.

Les roches éruptives qui ont le feldspath ou le quartz pour éléments dominants offrent des nuances plus ou moins claires. Leur coloration devient de plus en plus foncée à mesure que l'amphibole ou le pyroxène jouent un rôle plus important dans leur composition. Ordinairement, les roches volcaniques possèdent une couleur plus sombre que les roches plutoniques.

Ce que nous avons dit, page 96, des feldspaths est également vrai pour les roches éruptives; elles sont d'autant plus denses et d'autant plus fusibles qu'elles sont plus anciennes. La plus grande fusibilité des roches volcaniques paraît être en relation avec leur origine ignée; la fusion de matériaux hétérogènes a pour conséquence ordinaire de les transformer en d'autres substances plus fusibles.

CHAPITRE IV.

NOMENCLATURE ET CLASSIFICATION DES ROCHES ÉRUPTIVES ET DES ROCHES VOLCANIQUES NON ÉRUPTIVES.

Classification des roches éruptives : roches hydro-thermales ou plutoniques, et roches ignées ou volcaniques. — Division de chacune de ces deux classes en roches feldspathiques et en roches magnésiennes. — Subdivision en huit familles : roches granitiques, porphyriques, dioritiques, ophiolitiques, trappéennes, trachytiques, basaltiques et laviques. — Roches volcaniques non éruptives : conglomérats, tufs et cendres volcaniques, rapilli, etc.

Classification des roches éruptives. — Dans la classification que j'ai adoptée, je me suis inspiré des principes qui constituent la méthode naturelle; j'ai tenu compte de tout ce qui devait attirer l'attention du géologue dans l'étude d'une roche éruptive. J'ai pensé que la classification naturelle des roches devait avoir pour bases leur composition minéralogique, leurs divers caractères physiques, leur âge et même leur distribution géographique.

Le tableau de la page 56 nous montre d'abord les roches éruptives partagées en deux grandes classes : 1° les roches *hydro-thermales* ou *plutoniques*; 2° les roches *ignées* ou *volcaniques*. Le lecteur trouvera à la page suivante un tableau synoptique, résumant les caractères distinctifs des unes et des autres.

ROCHES

Platoniques ou hydro-thermales.	Volcaniques ou ignées.
Moins facilement fusibles.	Plus facilement fusibles.
Texture rarement amygdaloïde ou celluleuse , jamais scoriacée.	Texture ordinairement celluleuse , quelquefois amygdaloïde, souvent scoriacée.
Texture cristalline plus prononcée; jamais éclat vitreux.	Texture cristalline moins prononcée , éclat quelquefois vitreux.
Plus ou moins douces au toucher.	Apres au toucher.
Structure quelquefois schistoïde , rarement prismatique.	Structure jamais schistoïde, souvent prismatique.
Renferment plus d'oxygène et de silice, d'où l'épithète de roches *acides* qu'on leur a donnée. Contiennent fréquemment de la silice à l'état de quartz.	Renferment moins d'oxygène et de silice, d'où l'épithète de roches *basiques* qu'on leur a donnée. Ne renferment presque jamais de quartz.
Sont plus riches en soude et en potasse. L'amphibole est plus abondant que le pyroxène.	Sont plus riches en chaux , magnésie et fer. Le pyroxène est plus abondant que l'amphibole.
Moins denses.	Plus denses.
Sont devenues fluides sous l'influence de la chaleur et de l'eau.	Sont devenues fluides sous la seule influence de la chaleur.
En arrivant à la surface du globe, avaient une fluidité moindre; n'ont pas formé de nappes ou de coulées.	En arrivant à la surface du globe , avaient une fluidité plus grande ; ont formé des nappes et des coulées.
Proviennent d'une moindre profondeur.	Proviennent d'une plus grande profondeur.
Leur règne est fini; il ne s'en formera plus à la surface du globe.	Leur règne continue.

Chacune de ces deux classes se partage à son tour en deux sous-classes, comprenant, l'une, les roches *feldspathiques*, l'autre, les roches *magnésiennes*. Enfin, ces deux sous-classes se divisent en groupes ou familles naturelles au nombre de sept : roches *granitiques*, *porphyriques*, *dioritiques*, *ophiolitiques*, *trappéennes*, *trachytiques* et *basaltiques*. Une huitième famille comprend les roches *laviques*, que leur composition très variable ne permet pas plus de ranger parmi les roches feldspathiques que parmi les roches magnésiennes.

Les espèces dont chacune de ces familles se compose, et ces familles elles-mêmes, passent insensiblement des unes aux autres ; j'ai cru inutile de mentionner ces passages à propos de chaque roche ; le lecteur comprendra aisément comment le granite passe insensiblement à la syénite en remplaçant peu à peu son mica par la hornblende ; comment la syénite passe, à son tour, à la diorite par la perte du quartz, et comment la diorite, en se dépouillant du feldspath, après avoir perdu le quartz, devient une amphibolite, sans que, dans chacune de ces transformations, il soit possible d'indiquer, d'une manière précise, quel est le moment où une roche doit changer de nom. Une espèce quelconque étant donnée, un grand nombre d'autres viennent se grouper autour d'elle, en se rattachant intimement les unes aux autres, de sorte que le mot espèce, ainsi que je l'ai déjà dit, n'a, en pétrologie, qu'une signification très vague. Certains auteurs critiquent l'usage de donner des désignations différentes à des roches qui ont beaucoup d'analogie et qui ne sont que des transformations ou des *dégénérescences* les unes des autres. Si l'on tenait compte de ces critiques, on serait bientôt conduit à n'employer qu'une seule désignation pour toutes les roches qui entrent dans la composition de l'écorce terrestre.

Pour mettre la nomenclature pétrologique à l'abri d'une trop grande complication, il suffit, dans la détermination des espèces, de n'attacher de la valeur qu'à la constance des caractères. Un changement qui sera apporté dans le caractère d'une roche devra exiger une désignation différente, si ce changement, quelque minime qu'il soit, persiste sur une grande étendue; au contraire, une variation entièrement locale et accidentelle, quelque changement qu'elle apporte dans l'aspect d'une roche, ne pourra constituer une espèce spéciale, et sera, si l'on veut, une *monstruosité*.

On ne trouvera pas, dans la nomenclature suivante, de désignations nouvelles; celles qui existent me paraissent suffisantes dans l'état actuel de la science. Les espèces dont j'ai fait l'énumération sont généralement admises. J'ai cru devoir en donner la synonymie, afin de faciliter la lecture des ouvrages de géologie descriptive.

Les familles que je mentionne successivement correspondent assez exactement à ce que l'on désigne quelquefois sous le nom de terrain; les roches dont chacune d'elles se compose se trouvent toujours très rapprochées les unes des autres; on les rencontre dans la même localité, et, dans chaque localité, elles ont été amenées à peu près en même temps à la surface du globe. Si l'expression *famille granitique* nous représente un groupe formé de granite, de syénite, de pegmatite, etc., il en est de même pour l'expression *terrain granitique*. Quand nous trouvons employés les mots *terrain ophiolitique* ou *serpentineux*, nous devons penser qu'il s'agit d'un ensemble où la serpentine n'est pas seule et se trouve accompagnée des roches qui constituent la famille des roches ophiolitiques. L'étude de ces terrains trouvera sa place dans le volume suivant.

		Série feldspathique.	Série magnésienne.

ROCHES ÉRUPTIVES

VOLCANIQUES OU IGNÉES.

Roches laviques.

(Groupe renfermant des roches très variables
d'aspect et de composition).

Roches trachytiques.

Trachyte.
Domite.
Phonolite.
Obsidienne.
Ponce.
Rétinite.
Perlite.
Téphrine.

Roches basaltiques.

Dolérite.
Mimosite.
Amphigénite.
Basalte.
Basanite.
Vake.
Gallinace.
Pumite.

Roches trappéennes.

Trapp.

PLUTONIQUES OU HYDROTHERMALES.

Roches porphyriques.

Pyroméride.
Argilophyre.
Elvan.
Porphyre.
Minette.
Argilolite.
Leptynite.
Pechstein.
Pétrosilex.
Eurite.

Roches granitiques.

Kersanton.
Hyalomicte.
Pegmatite.
Protogyne.
Syénite.
Granite.

Roches ophiolitiques.

Serpentine.
Euphotide.
Granitone.
Eclogite.
Hypérite.
Variolite de la Durance.

Roches dioritiques.

Spilite.
Diorite orbiculaire.
Porphyre vert.
Mélaphyre.
Amphibolite.
Aphanite.
Lherzolite.
Ophite.
Sélagite.
Diorite.

ROCHES GRANITOÏDES.

Roches ayant le feldspath-orthose pour élément essentiel et constant. Les autres éléments qui peuvent entrer dans leur composition sont : le feldspath-oligoclase qui se joint quelquefois à l'orthose; le quartz; le mica potassique; le mica magnésien; le talc et l'amphibole. — Les roches de ce groupe ont presque toujours une couleur claire; le feldspath est lamelleux, opaque, blanc ou blanc rosé; le mica est nacré, tantôt blanc, tantôt de couleur sombre; les parties foncées appartiennent au mica magnésien, au talc et à l'amphibole. — Ces roches sont toujours phanérogènes. — Texture granitoïde; rarement globuleuse.

GRANITE. (De l'italien *granito*.)

Sous le rapport de la composition, on peut distinguer : 1° le granite à un seul feldspath et à un seul mica : le feldspath qui se joint au quartz, un des éléments constants du granite, est l'orthose; le mica est potassique; 2° le granite à un seul feldspath, qui est l'orthose, et à deux micas, l'un potassique, l'autre magnésien; 3° le granite à deux feldspaths et à deux micas; le second feldspath est l'oligoclase; cette dernière variété, qui existe notamment dans l'île d'Elbe, a reçu de M. Fournet l'épithète d'*ilvaïte*. Dans la variété connue en Finlande sous le nom de *rapakivi*, les grains d'orthose sont entourés par l'oligoclase.

Sous le rapport de la texture, on peut distinguer : 1° un granite à petits grains; 2° un granite à gros grains, renfermant quelquefois des fragments de la variété précédente; 3° un granite porphyroïde.

Le granite forme la masse principale du terrain granitique

ou, pour mieux dire, de la zone cristalline. Il existe aussi sous forme éruptive; enfin, il peut quelquefois être stratifié.

D'après Durocher, les proportions relatives des éléments du granite sont susceptibles de beaucoup de variations. C'est le quartz qui éprouve les variations les moins étendues; elles sortent rarement des limites de 30 à 40 pour 100 de la masse totale ; le feldspath et le mica varient en sens inverse. Le feldspath s'élève jusqu'à 50 et même 55 pour 100, et alors le mica descend jusqu'à 15 pour 100. Tantôt, au contraire, le mica forme 50 pour 100 du granite, et le feldspath n'y entre que dans le rapport de 15 à 20 pour 100. (Voir le tableau de la page 56 pour la composition du granite.)

SYÉNITE, Werner, (de Syène, où se trouvaient les carrières exploitées par les anciens en Egypte). — Syn. : *granitel*, Saussure; *granite amphibolique*.

La syénite est un granite où l'oligoclase se mêle, dans certains cas, à l'orthose et où l'hornblende cède la place au mica. — Quelquefois schistoïde. — Vosges, Norwège, Haute-Egypte.

PROTOGYNE, Jurine (πρῶτος, premier; γενεά, origine; ce nom lui avait été donné parce qu'on l'avait considérée à tort comme étant la roche la plus ancienne). — Syn. : *granite talqueux*.

La protogyne est un granite où le talc, la serpentine ou la chlorite remplacent le mica. — Souvent schistoïde et quelquefois stratiforme. — Alpes : forme la partie centrale du Mont-Blanc.

PEGMATITE, Haüy (πῆγμα, concrétion). — Syn. : *aplite*, Retzius.

La pegmatite est un granite à très gros grain, dont le mica a disparu ou s'est concentré sur certains points par grandes lames. — La *pegmatite graphique* (*Schrifft-granit* des Allemands) est une variété où le quartz forme des lignes brisées imitant des caractères hébraïques. — C'est la décomposition des pegmatites qui produit principalement le *kaolin* exploité pour la fabrication de la porcelaine. Le *petuntzé*, employé pour la couverture des porcelaines, est une pegmatite où le quartz ne forme que des grains dans le feldspath.

HYALOMICTE, Brongniart. — Syn. : *greisen*, Werner.

L'hyalomicte est formée de quartz dominant et de mica disséminé. — Souvent schistoïde, quelquefois stratiforme.

KERSANTON (nom que l'on donne en Bretagne à cette roche). — Syn. : *diorite granitoïde micacée.*

Granite avec mica, amphibole et pinite. — Cette roche est abondante en Bretagne; elle existe également à Wisembach (Vosges) où, d'après M. Delesse, son feldspath est de l'oligoclase, ce qui nous engage à la placer parmi les granites et non parmi les diorites, ainsi qu'on le fait généralement. C'est avec cette roche, qui est très tenace, qu'on a construit le piédestal et le soubassement de l'obélisque de Louqsor.

DEUXIÈME FAMILLE.

ROCHES PORPHYRIQUES.

Roches formées par une pâte d'eurite ou de pétrosilex, tantôt seule, tantôt avec des cristaux ou des globules de feldspath. — Le quartz joue, dans la composition des roches porphyriques, un rôle bien moins important que dans la composition des roches granitiques. — Le mica et l'amphibole n'interviennent que comme éléments accessoires, excepté dans la minette. — Le feldspath est tantôt l'orthose, tantôt l'oligoclase. — La pâte des porphyres est brune, verdâtre et plus souvent rougeâtre. Les cristaux, implantés dans cette pâte, sont feldspathiques et se détachent en blanc ou en couleur claire sur le fond de la roche. — Les roches porphyriques sont tantôt adélogènes, tantôt adélogènes et phanérogènes à la fois. Souvent elles présentent une texture globuleuse.

A. — Texture adélogène.

EURITE, Daubuisson.

J'adopte pour cette roche la définition de Daubuisson. C'est un granite dont les éléments sont très atténués et qui tend à devenir adélogène. La définition que je vais donner du pétrosilex démontre l'analogie qui existe entre ces deux roches; dans certains cas, la distinction devient très difficile à établir entre elles. Aussi, les mots d'eurite et de pétrosilex sont-ils fréquemment mis en usage l'un pour l'autre, et leur emploi simultané donne lieu à une confusion que les progrès de la science pourront seuls faire disparaître.

PÉTROSILEX, Dolomieu (*Petra,* pierre; *silex,* caillou.)

La composition du pétrosilex (voir le tableau de la page 57), et notamment la forte proportion de silice qu'il renferme, ne permet pas de considérer cette roche comme un feldspath. C'est, pour ainsi dire, un granite en masse, ou, selon l'expression de Dufrénoy, un magma granitique dans lequel la cristallisation n'a pu se développer. On voit ainsi que la ligne de démarcation entre le pétrosilex et l'eurite peut souvent devenir illusoire; pourtant, comme l'eurite est un magma granitique où la cristallisation a commencé à s'effectuer, elle doit offrir une texture moins compacte et un aspect moins homogène que le pétrosilex.

Puisque le pétrosilex n'est, selon l'expression de M. Fournet, qu'un granite ou un porphyre avortés, il doit renfermer les éléments tantôt de l'orthose, tantôt de l'oligoclase; son alcal n'est donc pas nécessairement la potasse et peut quelquefois être la soude.

Le pétrosilex offre une cassure esquilleuse, rarement conchoïde ou unie. Ses nuances, tantôt unies, tantôt bigarrées, se
rapprochent du gris, du brun, du verdâtre ou du rougeâtre.
— Il forme des nœuds et des amas dans le granite ; il se montre
en filons dans les terrains cristallins ou strato-cristallins ; il
sert de base aux porphyres ; enfin, il est quelquefois stratifié :
aux environs de Thann (Vosges), il renferme même des fossiles
végétaux.

PECHSTEIN. — Voir page 70.

LEPTYNITE, Haüy (λεπτὸς, atténué). Syn. : *feldspath grenu ;
granulite ; weistein*, Werner. — Le nom de leptynite a été créé
par Haüy pour distinguer le feldspath en roche. Brongniart avait
restreint son acception au mélange de cette substance avec
d'autres minéraux, et Cordier, au seul mélange avec le mica.
A l'exemple de M. d'Omalius d'Halloy, nous adoptons la définition de Haüy.

Rarement le feldspath forme à lui seul des masses considérables ; ce fait est surtout admissible quand on ne considère
pas le pétrosilex comme du feldspath en roche. Le feldspath en
roche est désigné, lorsque sa texture est grenue, sous le nom
de leptynite ; il peut d'ailleurs être isolé ou mélangé de quelques-unes des substances qui entrent dans la composition du
granite, mais qui ne se montrent dans le leptynite qu'à titre
d'éléments accessoires. — Le nom d'*harmophanite* (αρμὸς, join-
ture ; φαίνομαι, paraître) a été employé par Cordier pour désigner le feldspath en roche, dans le cas où il conserve sa texture
lamelleuse.

ARGILOLITE. — Syn. : *argile endurcie ; verhœrterthon*
des Allemands ; *claystone-porphyr* des Anglais.

Roche d'apparence simple, dont la composition n'est pas bien
connue, et que l'on considère comme provenant de l'altération

des roches pétrosiliceuses et euritiques. — Friable, rude au toucher, assez dure pour user le fer, ne faisant point pâte avec l'eau; jaunâtre, verdâtre, grisâtre, rougeâtre, blanchâtre. — En couches, amas ou filons dans les terrains cristallins ou volcaniques.

B. — Texture porphyrique.

MINETTE. — Syn. : *porphyre micacé; fraidronite.*

La minette, dit M. Delesse, à qui j'emprunte ce que je vais dire relativement à cette roche, est très répandue dans les Vosges. Le mica ferro-magnésien est le minéral le plus constant et le plus caractéristique de la minette. Cette roche renferme encore de l'orthose en petites lamelles peu visibles. L'orthose et le mica sont disséminés dans une pâte feldspathique qui, le plus souvent, contient aussi de la hornblende. Les caractères géologiques et minéralogiques de cette roche montrent que c'est une variété de porphyre, dans lequel le mica est devenu très abondant, tandis que le quartz a disparu. La minette est à grain fin et on distingue seulement ses paillettes de mica; cependant elle prend quelquefois une texture tantôt porphyroïde, tantôt variolitique. — Elle forme des filons dans le granite ou la syénite, et c'est seulement par exception qu'elle paraît stratifiée.

PORPHYRE. — (πορφύρα, pourpre). Syn. : *hornstein-porphyr,* Werner; *porphyre* proprement dit.

Le porphyre proprement dit est formé par une pâte de pétrosilex dans laquelle sont implantés des cristaux de feldspath. La pâte pétrosiliceuse est brune, verdâtre, plus souvent rougeâtre. Les cristaux de feldspath sont blancs ou d'une nuance plus claire que celle de la roche; ils appartiennent à l'orthose et plus souvent à l'oligoclase. — Une variété à pâte rouge et à petits cristaux blancs a été employée comme pierre d'orne-

ment sous le nom de *porphyre rouge antique* : elle a son gisement en Egypte.

ELVAN (nom employé par les mineurs de Cornouailles
pour désigner cette roche). — Syn. : *porphyre quartzifère.*

Porphyre à pâte brune, verdâtre ou rougeâtre, avec cristaux
d'orthose, tantôt seuls, tantôt accompagnés de quelques cristaux d'oligoclase. Ce porphyre est caractérisé par la présence
de cristaux dodécaédriques de quartz.

ARGILOPHYRE. — Syn. : *porphyre argileux; thonpor-
phyr* des Allemands.

C'est un porphyre à pâte d'argilolite.

C. — Texture globuleuse.

PYROMÉRIDE, Montéiro. — Syn. : *porphyre orbiculaire.*
Cette roche est formée d'une pâte feldspathique (eurite ou
pétrosilex) avec quartz très abondant. Sa texture est grenue ; sa
couleur est brun rougeâtre tachetée. Elle offre des noyaux à
texture radiée. — En masses peu étendues à Girolata (Corse),
dans l'île de Jersey, à Wuenheim (Vosges).

TROISIÈME FAMILLE.

ROCHES DIORITIQUES.

Roches formées de hornblende noire ou verte avec feldspath ;
le pyroxène se mêle quelquefois à l'amphibole ; le feldspath
est tantôt l'albite, tantôt l'anorthite. Dans ce groupe, le quartz
joue un rôle encore moins important que dans le groupe précédent. — Texture très variable, granitoïde, adélogène, porphyroïde, globuleuse.

A. — Texture granitoïde.

DIORITE, Haüy. — (διὰ ὁράω, je vois au travers, je distingue, c'est-à-dire formée de parties se distinguant facilement

les unes des autres). — Syn. : *granitel*, Galitz; une partie des *grünstein*, Werner; *diabase*, Brongniart; *greenstone* des Anglais.

Cette roche est composée de hornblende verte ou noire et de feldspath blanc ou verdâtre; la hornblende et le feldspath sont à peu près également disséminés. Le feldspath est à base tantôt de soude, tantôt de chaux. — Texture granitoïde, porphyroïde ou schistoïde.

SÉLAGITE, Haüy, mais non celle de Cordier.

C'est une diorite avec quartz et mica noir brillant.

OPHITE, Palassou (ὄφις, serpent).

C'est une diorite très riche en hornblende et dont la couleur est d'un vert foncé. — Cette roche est très répandue dans les Pyrénées.

LHERZOLITE. — (Etang de Lherz, dans le département de l'Ariége).

Roche d'un vert olive assez clair, à cassure esquilleuse. — Charpentier et Dufrénoy l'ont décrite comme étant essentiellement composée de pyroxène. M. Damour a reconnu que cette roche était formée de trois éléments distincts : 1° péridot-olivine; 2° bisilicate de magnésie et de protoxyde de fer connu sous le nom d'*enstatite*; 3° diopside en grains arrondis, de couleur vert émeraude. A ces trois substances qui constituent les éléments essentiels de la roche, on voit assez fréquemment associée une substance en très petits grains noirs (*picotite*) qui paraît être un spinelle chromifère. — D'autres roches semblables à la lherzolite des Pyrénées, ont été signalées à Beyssac (Haute-Loire) et dans la vallée d'Ulten, dans le Tyrol.

B. — Texture adélogène.

APHANITE, Haüy. — (ἀφανὴς, qui disparaît, par allusion à l'état imperceptible des éléments de la roche). — Syn. : *grün-*

stein ou *pierre verte*, Werner; *cornéenne*, Dolomieu; *diorite compacte*.

C'est une diorite dont les éléments, intimement confondus, ne sont pas discernables à l'œil nu. — Texture compacte ou grenue.

AMPHIBOLITE.

L'aphanite, par la prédominance de la hornblende, passe à l'amphibolite ou à l'amphibole en roche; la hornblende y est ordinairement à l'état lamelleux.

C. — Texture porphyrique.

MÉLAPHYRE. — (μέλας, noir). Syn. : *Porphyre noir*.

On peut définir le mélaphyre en disant que c'est une roche à pâte noire d'amphibole pétrosiliceux enveloppant des cristaux de feldspath.

PORPHYRE VERT. — Syn. : *grün-porphyr* des Allemands.

C'est un mélaphyre où la hornblende est verte.

D. — Texture globuleuse.

DIORITE ORBICULAIRE. — Syn. : *granite globuleux de Corse*.

Diorite à petits grains, formant une pâte où sont répandus de gros noyaux sphéroïdaux dans lesquels la hornblende et le feldspath sont disposés par couches concentriques. D'après M. Delesse, on peut rattacher à l'anorthite le feldspath de la diorite orbiculaire, malgré son excès de silice et sa faible teneur en chaux.

SPILITE, Brongniart (σπίλος, tache).

Pâte d'aphanite, renfermant des noyaux et des veines calcaires. Texture globuleuse ou amygdaloïde. — La *variolite du Drac* est une spilite.

ROCHES OPHIOLITIQUES.

Roches formées de serpentine, de smaragdite et d'autres silicates hydratés de magnésie précédemment décrits; ces silicates sont tantôt seuls, tantôt réunis avec le feldspath qui, dans ce groupe, est ordinairement le labradorite ou la saussurite; le quartz n'entre jamais dans leur composition comme élément essentiel; à peine s'il se montre quelquefois comme élément accessoire. — Ces roches se laissent ordinairement rayer par l'acier; quelques-unes d'entre elles sont assez tendres pour être travaillées au tour, et, comme elles peuvent supporter l'action du feu, on les emploie fréquemment comme *pierre ollaire*. — Les roches ophiolitiques sont les seules roches éruptives qui renferment nécessairement, et en assez grande quantité, de l'eau à l'état de combinaison. — Texture tantôt adélogène, tantôt en partie adélogène et en partie phanérogène. Sous le nom de *gabbro*, Targioni désignait, à la fin du siècle dernier, les diorites et toutes les roches qui appartiennent au groupe ophiolitique; le *gabbro rosso* est une roche métamorphique dont il sera question plus tard.

A. — Texture non globuleuse.

SERPENTINE. — Syn. : *ophite*, mais non celle de Palassou; *ophiolite*, des géologues italiens.

La serpentine est essentiellement formée par le minéral que nous avons décrit sous ce nom; elle est ordinairement opaque, grisâtre, vert clair ou vert foncé. Quelquefois, elle est d'un vert taché de bandes d'une couleur plus tendre ou plus brune, qui lui donnent l'apparence d'une peau de serpent. La *serpentine noble* de Corse est homogène sous le rapport de la couleur.

Le *marbre vert antique* est une serpentine traversée de veines de calcaire blanc.

EUPHOTIDE, Haüy. (εὖ, bien ; φῶς, lumière).

Roche à fond blanc de saussurite avec taches de smaragdite ; texture granitoïde. — La roche désignée sous le nom de *verde di Corsica* est une euphotide.

GRANITONE (nom que l'on donne à cette roche en Toscane). — Syn. : *gabbro* de G. Rose.

Cette roche me paraît pouvoir être définie en disant que c'est une euphotide où la smaragdite est remplacée en totalité ou en partie par des lamelles de bronzite, ou de diallage d'un brillant métallique argentin.

ECLOGITE, Haüy.

Roche formée de grenat et de smaragdite, renfermant quelquefois du quartz. — Texture granitoïde. Très peu répandue.

HYPÉRITE, syn. : *hypersténite,* G. Rose; *Sélagite* de Cordier, mais non celle de Haüy.

Roche à texture granitoïde formée de saussurite et d'hypersténe. — Très rare.

B. — Texture globuleuse.

VARIOLITE de la Durance.

On désigne sous ce nom une roche glanduleuse à base de labradorite, présentant des globules de la grosseur d'une petite noix, en apparence homogène, d'un vert grisâtre, à éclat gras dans la cassure.

CINQUIÈME FAMILLE.

ROCHES TRACHYTIQUES.

Roches essentiellement composées de feldspath qui peut être le ryacolite, l'oligoclase ou le labradorite. — Texture très variable, tantôt grenue, comme dans le trachyte, tantôt compacté, comme dans le phonolite, tantôt vitreuse, comme dans l'obsidienne. Ces roches sont toujours âpres au toucher, excepté lorsque leur texture est vitreuse.

A. — Texture grenue, plus ou moins phanérogène.

TRACHYTE, Haüy (τραχὺς, rude). Syn.: *masegna* et *nécrolite* des géologues italiens.

Le trachyte est essentiellement formé de feldspath à base tantôt de potasse (ryacolite), tantôt de soude ou de chaux. Le feldspath forme une pâte rude au toucher, celluleuse, blanchâtre, grisâtre ou rougeâtre. Cette pâte renferme des cristaux très nets de ryacolite, de mica ferro-magnésien et de hornblende : le trachyte contient rarement du quartz et ne présente jamais de mica blanc alumino-potassique. — Le trachyte est fusible au chalumeau. Certaines variétés offrent une texture granitoïde ou porphyroïde. Beudant a donné le nom de *porphyre molaire* à un trachyte abondamment pénétré de silice.

DOMITE, L. de Buch.

Variété de trachyte dont le Puy-de-Dôme est exclusivement formé. — Cette variété est à grains fins, faiblement agrégés ; elle a une nuance blanc-grisâtre et un aspect vitreux ; vue à la loupe, elle se montre composée d'une multitude de petits cristaux. D'après G. Rose, les cristaux engagés dans cette roche ont été considérés à tort comme appartenant à l'orthose, car ils portent des stries sur les faces du clivage le plus facile, et sont en réalité de l'oligoclase. Je dois pourtant faire observer que les analyses de dômite indiquent que l'alcali existant de cette roche est la potasse et non la soude.

TÉPHRINE, Delamétherie (τέφρα, cendre).

Cordier réserve le nom de téphrine à une roche qu'il considère comme résultant de la décomposition du trachyte ou du phonolite, et qui est formée par une pâte argiloïde, friable, grisâtre, terne, seule altérée, et dans laquelle les cristaux originaires ont persisté. Cette roche est remarquable par son peu de consistance, à moins que la pâte décomposée n'ait été infiltrée par des matières calcaires, siliceuses ou zéolitiques.

B. — Texture adélogène, compacte ou vitreuse.

PHONOLITE. Dauhuisson (φωνέω, retentir, λίθος, pierre). — Syn.: *pierre sonore; pétrosilex fissile;* roche *tuilière;* partie des *leucostines,* Brongniart; *klingstein* des Allemands; *clinkstone* des Anglais.

Le phonolite est une roche gris verdâtre ou gris noirâtre, devenant blanchâtre par l'altération; à cassure esquilleuse; fusible en émail blanc grisâtre; à texture rarement porphyroïde; se laissant diviser en feuillets et en plaques qui résonnent sous le choc du marteau. Certains phonolites ne sont pas solubles dans les acides et se rapprochent alors des pétrosilex par leurs divers caractères. La plupart se composent en réalité d'un feldspath insoluble, analogue au feldspath vitreux et d'une partie soluble, hydratée, qui est une zéolite à base de soude, (*mésotype*).

OBSIDIENNE. (Ainsi nommée parce qu'elle fut pour la première fois apportée d'Ethiopie par Obsidius.) Syn.: *verre de volcan.*

Cassure largement conchoïde. Eclat vitreux très prononcé, un peu gras dans certaines variétés. Noire, vert noirâtre, grise, brune, quelquefois présentant des zones noires et grises. Fusible au chalumeau en émail ou en verre bulleux. A peine attaquable par les acides. L'obsidienne (voir page 58) est un verre ou laitier naturel, formé aux dépens des mêmes éléments que le trachyte. Quelquefois, l'obsidienne empâte de petits cristaux de ryacolite et passe ainsi à une sorte de porphyre vitreux.

PONCE. (Ainsi nommée parce que cette substance existe en grande abondance dans les îles Ponces). — Syn. : *obsidienne scoriforme*, Haüy ; *Pumice* des Anglais.

Substance poreuse, légère, à pores souvent allongés et donnant à la masse une structure fibreuse. Eclat vitreux ou gras, quelquefois soyeux. Blanche, grise, jaunâtre ; brunâtre ou verdâtre. Apre au toucher. Plus ou moins fusible en scorie ou en émail blanc. En poudre, la pierre ponce est aussi dense que l'obsidienne, mais en masse, elle nage ordinairement sur l'eau. On doit la considérer comme une obsidienne boursoufflée par la chaleur et par la vapeur d'eau.

RÉTINITE. Syn. : *pechstein* (pierre de poix) *fusible*, Werner ; *feldspath résinite*, Haüy ; *pitchstone* des Anglais.

Le quartz, le pétrosilex et l'obsidienne, en se pénétrant d'eau combinée, prennent un éclat semblable à celui de la cire et se transforment en autant d'espèces que l'on confond sous le nom de *pechstein* et de *rétinite*. Le quartz résinite se distingue du pechstein provenant du pétrosilex ou de l'obsidienne par une moindre ténacité, et par son infusibilité ; aussi Werner le distinguait-il sous le nom de *pechstein infusible*.

Le *pechstein fusible* se distingue, soit du pétrosilex, soit de l'obsidienne, par son éclat cireux et par le dégagement d'eau ammoniacale lorsqu'on le soumet à la calcination. Quant à la séparation entre le pechstein du pétrosilex et celui de l'obsidienne, elle n'est pas toujours facile à établir. Pour ne pas les confondre, il faut consulter leur gisement et rechercher si le terrain auquel ils se rattachent est porphyrique ou trachytique.

La cassure du pechstein est conchoïde : sa couleur est un

mélange de gris, de vert, de jaune, de rouge et de brun. Au chalumeau, il fond, avec bouillonnement, en un verre écumeux ou en émail gris. Il est inattaquable par les acides. Sa composition (voir le tableau de la page 57), le rapproche des feldspaths; pourtant il renferme une plus grande proportion de silice.

C. — Texture globuleuse.

PERLITE. Syn. : *perlstein,* Hausmann; *stigmite,* Brongniart; *pearlstone* des Anglais.

Pâte de rétinite ou d'obsidienne, offrant souvent des taches ou des bandes irrégulières d'un gris de perle, formées de couches concentriques. Le mélange de cristaux de feldspath donne parfois à cette roche la texture porphyrique.

L'obsidienne se présente quelquefois en boules de diverses grosseurs éparses à la surface du sol ou empâtées dans les laves. Une boule d'obsidienne de l'Inde analysée par M. Damour a éclaté avec sifflement et détonation pendant qu'on la sciait; elle contenait au centre des cavités sphéroïdales de la grosseur d'un pois; il est probable, dit M. Des Cloizeaux, que cette boule avait subi, pendant qu'elle était en fusion, une trempe analogue à celle des larmes bataviques.

SIXIÈME FAMILLE.

ROCHES TRAPPÉENNES.

Il est impossible, dans l'état actuel de la science, de donner de ce groupe une idée exacte et une définition généralement acceptée. Dans la nomenclature pétrologique, il n'est pas de mot qui ait été employé dans des sens aussi divers que celui de trapp; c'est le nom de trapp que le géologue embarrassé donne souvent à la roche éruptive dont il ne peut pas bien apprécier la composition et les caractères. Quelques auteurs réunissent sous la désignation de roches trappéennes la majeure partie de celles que nous avons classées dans la famille des roches dioritiques, plus quelques serpentines, quelques trachytes et quelques basaltes. D'autres, au contraire, contestent même l'existence de roches méritant d'être spécialement désignées sous le nom de trapp. Je pense qu'il faut, dans cette question, se tenir sur la réserve et s'en remettre à l'avenir du soin de déterminer la valeur réelle du mot trapp. Beaucoup de roches qui ont été ainsi désignées trouveront sans doute leur place parmi les diorites, les mélaphyres, les basaltes, etc., lorsqu'elles auront été mieux étudiées; mais, après des amoindrissements successifs, il est probable que le groupe des roches trappéennes sera considéré comme formant une famille indépendante, intermédiaire entre les roches dioritiques et basaltiques.

TRAPP. (Du suédois *trappa*, escalier.) — Syn. : la majeure partie des *toadstone* et des *whistone* des Anglais.

Le trapp est une roche à texture compacte; complétement adélogène; fusible au chalumeau en émail noir; noire, brune, ou verdâtre-foncé; douce au toucher, mais très tenace. Le trapp paraît être formé de feldspath anorthose, avec amphibole ou pyroxène. Il ne contient pas de péridot, ce qui le distingue du basalte; il s'en distingue, en outre, parce qu'il prend moins souvent la texture bulleuse et la structure prismatique.

Les roches trachytiques et basaltiques sont relativement modernes; les trapps paraissent avoir été les roches volcaniques des temps anciens. Ils se sont montrés dans un état de fluidité qui leur a permis de se répandre en nappes stratiformes; ces nappes alternent, en Suède, avec des strates proprement dites, et leur mode de désagrégation donne à ces alternances l'apparence d'escaliers, d'où leur nom. Cette fluidité ne permet pas non plus de les confondre avec les roches dioritiques. — Les principales masses de trapp existent dans le nord de l'Amérique, où elles renferment de riches gisements de cuivre, en Suède, en Angleterre, dans l'Inde, etc.

SEPTIÈME FAMILLE.

ROCHES BASÁLTIQUES.

Roches formées de feldspath-labrador et de pyroxène (augite), et renfermant souvent du fer titané et du péridot. La plupart des roches basaltiques, de même que les laves, présentent une partie soluble formée par la matière zéolitique et par le péridot : la partie soluble comprend quelquefois la moitié de la roche.— Structure souvent prismatique ; texture très variable, quelquefois vitreuse ou amygdaloïde, le plus souvent compacte. — (Voir page 67 pour les caractères distinctifs des basaltes et des laves).— Couleur plus ou moins foncée, souvent noire.

A. — Texture phanérogène ou adélogène.

AMPHIGÉNITE. Syn. : *lave amphigénique, leucitophyre.*

Roche consistant en une pate de pyroxène et d'amphigène, renfermant des cristaux blancs d'amphigène et des cristaux noirs de pyroxène. La Somma est presque exclusivement constituée par cette roche.

DOLÉRITE, Cordier (δολερὸς, incertain ; à cause de la ressemblance que cette roche offre quelquefois avec certaines variétés de diorite). Syn. : *graustein*, Werner; *greystone* des Anglais.

Feldspath-labrador ordinairement de couleur blanche et augite de couleur noire. — Texture granitoïde.

MIMOSITE, Cordier.

Mêmes éléments que pour la dolérite, mais plus ténus ; le labrador est plus ou moins teint en verdâtre.

BASALTE (étymologie douteuse).

Roche de couleur noire, ou noir bleuâtre ; très résistante ; formée de feldspath-labrador et d'augite, c'est-à-dire des mêmes éléments que la dolérite ; seulement, ces éléments y sont complétement imperceptibles. Le basalte présente fréquemment la structure prismatique ou la structure sphéroïdale ; sa texture est grenue ou compacte ; il est fusible en émail noir.

BASANITE, Brongniart (βάσανος, pierre de touche).

C'est une roche formée d'une pâte de basalte avec des cristaux disséminés de pyroxène ou de tout autre substance.

B. — Texture vitreuse.

VAKE.

Roche tendre, à texture terreuse, grisâtre, brunâtre ou rougeâtre ; fusible en émail noir. Sous le nom de vake, on peut réunir les roches plus ou moins décomposées qui jouent, dans la famille des roches trappéennes et surtout dans celle des roches basaltiques, le rôle qui est rempli par l'argilolite dans le groupe des roches porphyriques.

GALLINACE.

La gallinace est une roche formée des mêmes éléments que le basalte, mais offrant un aspect vitreux. La gallinace est ordinairement noirâtre ou rougeâtre : elle n'est jamais translucide comme l'obsidienne ; son éclat se rapproche davantage de celui de l'émail. Elle peut prendre une texture globuleuse, scoriacée ou amygdalaire, sans changer de nom. Ces variations de texture sont trop accidentelles pour avoir amené, dans la nomenclature pétrologique, des désignations spéciales.

PUMITE, Cordier. (*Pumex*, pierre ponce) : syn. : *lave vitreuse*.

Roche à pâte vitreuse, poreuse, fibreuse, grisâtre, enveloppant des cristaux de feldspath vitreux et de mica. — Mont-Dore, pied du Vésuve, Guadeloupe.

HUITIÈME FAMILLE.

ROCHES LAVIQUES.

Sous la désignation de laves, on réunit toutes les roches qui ont été amenées par les volcans, pendant l'époque actuelle, à l'état de liquéfaction ignée. Leur composition est très variable ; mais elles contiennent toujours du pyroxène et du feldspath ; celui-ci peut être le labrador, l'oligoclase ou l'albite. Les laves sont ordinairement noires ; dans d'autres cas, elles sont grisâtres ou rougeâtres ; quelquefois compactes, elles sont plus souvent bulleuses ou scoriacées : leur texture est fréquemment amygdalaire.

On n'a pas introduit dans la science de désignations spéciales pour les diverses roches dont l'ensemble constitue le groupe lavique. Quelquefois seulement on applique à des laves modernes des noms qui appartiennent plus particulièrement à des roches du groupe des basaltes ou des trachytes ; c'est ainsi que Brongniart considère comme une téphrine la lave de l'éruption du Vésuve de 1820. La création de noms spéciaux pour les diverses formes de laves aurait l'inconvénient de surcharger inutilement la nomenclature pétrologique. Le mot de lave offre un sens vague qui est en relation avec la nature très variable et très polymorphe des masses éruptives auxquelles il s'applique ; les variations qu'une roche lavique peut subir doivent être indiquées par des épithètes empruntées à la couleur, à la texture et à l'aspect de cette roche.

Roches volcaniques non éruptives. — Les roches qui entrent dans la composition d'un volcan ou d'un terrain volcanique n'ont pas toutes une origine éruptive; en outre, parmi celles qui ont une origine éruptive, il en est dont les éléments sont arrivés à la surface du globe, non à l'état de liquéfaction ignée, mais sous la forme de matériaux pulvérulents. Je vais indiquer les noms de ces roches dont la place naturelle se trouve à la suite des roches volcaniques, car, à vrai dire, le groupe des roches plutoniques n'en présente pas de semblables.

Cendres volcaniques; cinérite. — Les cendres volcaniques ne constituent nullement le produit d'une combustion, comme leur nom semble l'indiquer; elles paraissent être la substance même des laves, réduite, à la suite de circonstances dont il est assez difficile d'apprécier la nature, à un terme extrême de division mécanique. La comparaison des cendres volcaniques et de la poussière résultant de la trituration des laves démontre qu'il y a ordinairement, entre les cendres volcaniques et les laves d'un même volcan, identité de composition. Sous le microscope on reconnaît que ces cendres se composent, comme la plupart des laves elles-mêmes, de parties cristallines très atténuées.

Lapilli ou *rapilli.* — Sous l'une ou l'autre de ces deux désignations on peut réunir les cendres, les fragments de scories, les débris de pierre ponce, et tous les matériaux incohérents qui ont un faible volume et s'accumulent autour des volcans, surtout près de leur cratère.

Tufs et conglomérats volcaniques. — Ce mot s'applique d'une manière générale aux roches dont les éléments ont une origine volcanique et dans la formation desquelles l'eau a joué un rôle plus ou moins important, ainsi que nous le verrons dans le sixième chapitre.

7

Les tufs volcaniques passent aux conglomérats volcaniques par l'accroissement du volume de leurs éléments.

Les roches désignées sous le nom de *moya* en espagnol, de *trass* et de *wacke* en allemand, de *tufa* et de *peperino* en italien, et de *pépérite* en français, sont des tufs et des conglomérats volcaniques. Les Italiens réservent le nom de tufa aux tufs feldspathiques et celui de peperino aux tufs qui, par leur composition, se rapprochent des basaltes.

Bombes volcaniques : scories. — On appelle bombes volcaniques des lambeaux de laves qui, pendant une éruption, sont projetés dans l'atmosphère, retombent après avoir pris une forme ellipsoïdale, et s'aplatissent plus ou moins, suivant leur degré de solidification, en rencontrant le sol ; leur surface est ordinairement frittée ou scoriacée. — Les scories éparpillées autour d'un volcan ont souvent la même origine.

Pouzzolane, thermantide, etc. — Ce sont des roches résultant d'une action métamorphique produite par les phénomènes volcaniques : il en sera question lorsque nous nous occuperons du métamorphisme des roches.

CHAPITRE V.

Définition d'un volcan. — Cratères d'explosion et cratères lacs. — Cônes et cratères d'éruption. — Cônes et cratères de soulèvement. — Cratères d'affaissement. — Controverse relative aux cratères de soulèvement et d'éruption; L. de Buch, Elie de Beaumont, C. Prévost, sir Lyell. — Volcans simples, volcans composés. — Volcans centraux. — Chaînes volcaniques. — Hypsométrie et distribution géographique des volcans. — Exemples de cratères de soulèvement : îles de Palma, de Barren, de Santorin. — Description du Vésuve et de l'Etna.

Définition d'un volcan. — Une fissure qui se produit tout à coup pour livrer passage à un courant de lave, à un jet de gaz et de vapeur d'eau, ou, enfin, à un amas de matières pulvérulentes, et qui se referme ou s'obstrue immédiatement après pour ne plus se rouvrir, cette fissure, dis-je, n'est pas un volcan.

On ne saurait, par exemple, donner le nom de volcan à chacun des mille points éruptifs de basalte que M. Lecoq a signalés dans sa carte géologique du Puy-de-Dôme.

Le caractère essentiel d'un volcan est d'*établir une communication permanente entre la pyrosphère et l'extérieur du globe.* Un volcan se compose toujours au moins de deux parties : 1° le *conduit* ou *cheminée volcanique*, c'est-à-dire la fissure qui traverse l'écorce terrestre dans le sens vertical et que la lave parcourt en se dirigeant vers la surface du globe; 2° le *cratère* ou orifice par où se termine le conduit volca-

nique. Nous allons voir qu'un volcan offre ordinairement une
structure plus compliquée.

Cratères d'explosion. — On appelle *cratères d'explosion* des dépressions en forme de cuves pratiquées dans un terrain ordinairement non volcanique, par exemple, dans le schiste dévonien, pour l'Eifel. Lorsque des cratères d'explosion isolés,
situés à de médiocres hauteurs, sont remplis d'eau, comme on
l'observe dans l'Eifel, en Auvergne, et dans l'île de Java, ils
peuvent aussi être appelés *cratères lacs;* mais on ne saurait
prendre cette dénomination comme synonyme de celle de
cratère d'explosion. Les cratères d'explosion de l'Eifel sont entourés de fragments de schiste dévonien, de monceaux de
sables gris et d'une enceinte de tuf volcanique; ce qui les
caractérise principalement, c'est le manque absolu de scories
de lave, leur faible élévation, et l'absence, sur leurs bords,
de couches inclinées.

La formation d'un cratère d'explosion a été comparée à
l'effet d'une mine que l'on fait sauter. Elle s'explique en admettant que chaque éruption a été favorisée par la faible résistance de la croûte du globe et déterminée par l'expansion
subite de masses gazeuses momentanément comprimées. La
cause première de l'éruption est bien la lave qui se soulève,
mais celle-ci n'atteint pas la surface du globe; elle n'opère
qu'en déterminant l'expansion de l'eau ou des gaz renfermés dans les cavités de la partie supérieure du conduit
volcanique.

La figure 38 représente un cratère d'explosion; la lave, indiquée, ainsi que dans les figures suivantes, par la couleur noire,
n'atteint pas le cratère : autour de ce cratère sont éparpillés
les matériaux rejetés par le volcan. Les strates à travers les-

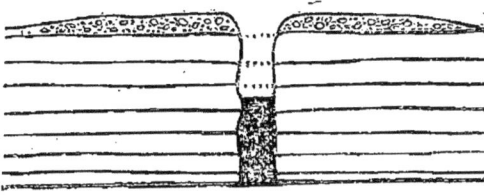

FıG. 38. — Cratère d'explosion.

quelles le conduit volcanique est pratiqué ont conservé leur
situation primitive : dans la figure, elles sont supposées horizontales; des traits ponctués représentent la partie de ces
strates qui a été enlevée par l'explosion volcanique.

Cônes et cratères d'éruption. — Lorsque la lave vient s'épancher
à la surface du globe sans rencontrer de forte résistance de la
part de l'écorce terrestre, elle ne tend pas à soulever et à disloquer les strates qui entourent le point par où elle s'échappe.
Elle s'accumule autour de l'orifice de la cheminée volcanique
pour édifier un cône et un cratère dits d'*éruption*, parce que
l'un et l'autre sont le résultat d'éruptions successives. Le cône
est formé par la superposition des coulées de laves et des amas
de matériaux pulvérulents qui se produisent chaque fois qu'un
volcan entre en activité.

Un cône et un cratère d'éruption peuvent succéder à un cratère d'explosion, lorsque celui-ci persiste, pendant un certain
temps, à livrer un passage à la lave et aux autres matériaux
d'origine volcanique.

La figure 39 représente un cratère d'éruption ; les strates que
le conduit volcanique traverse sont horizontales; le cratère est
placé au sommet d'un cône tronqué où les parties marquées
de traits horizontaux indiquent la lave, tandis que les parties

ponctuées correspondent aux accumulations de matériaux pulvérulents.

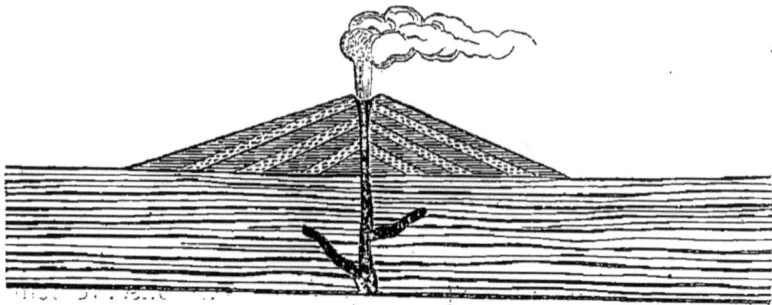

FIG. 39. — Cratère d'éruption.

Le propre d'un cône d'éruption est d'offrir une grande instabilité ; un cône de cette nature peut changer de forme ou de hauteur à chaque éruption. A l'époque où Saussure mesura le Vésuve, en 1773, les deux bords du cratère, au nord-ouest et au sud-est, lui parurent d'égale hauteur. L'éruption de 1794 établit, entre les deux bords, une différence en faveur du bord septentrional, la *Rocca del Palo*, qui devint le point culminant. Cette différence, mesurée en 1805 par Gay-Lussac, L. de Buch et Humboldt, était de 147 mètres. L'éruption de février 1822 amena l'apparition, au milieu du cratère d'éruption, d'un cône qui dépassait de 37 mètres la *Rocca del Palo*, mais qui s'écroula avec un horrible fracas pendant le mois d'octobre de la même année. L'éruption de 1850 a produit une sommité qui est devenue le point culminant; cette sommité, d'après les mesures de M. Ch. Deville, dépasse la *Rocca del Palo* d'une quantité qui était de 56m,6 au mois de juin 1855, et qui n'est plus que de 48m,9 depuis le mois de septembre de la même année.

Cônes et cratères de soulèvement. — Quelquefois, la matière

lavique ou les vapeurs qu'elle pousse devant elle ne peuvent
rompre l'écorce terrestre ; elles se bornent alors à soulever la
croûte du globe et à déterminer l'apparition de bossellements
ou d'ampoules sous forme de dôme ou de cloche, ainsi que
l'indique la figure 40. Ces bossellements sont désignés sous le

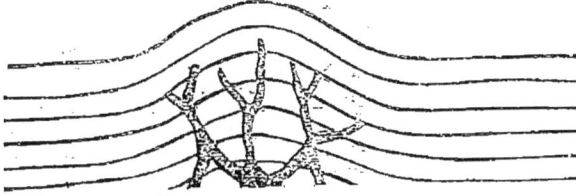

FIG. 40. — Cône de soulèvement.

nom de *cônes de soulèvement*. Les meilleurs exemples de
cônes de cette nature sont le Chimborazo, dans l'Amérique
méridionale, le Sarcouy et le Puy-de-Dôme, en Auvergne.

Lorsque l'effort intérieur parvient à rompre et à disloquer
la croûte du globe, après l'avoir exhaussée sous forme de
dôme, il se produit un *cratère de soulèvement* (figure 41). Les
couches et les masses stratiformes constituées par certaines
roches éruptives qui se présentent en nappes superposées sont
alors dérangées de leur situation primitivement horizontale.
Le cratère de soulèvement consiste en une cavité ronde où
ovale, entourée d'une enceinte escarpée, sorte de rempart circulaire, démantelé çà et là et ordinairement interrompu par
une où plusieurs échancrures.

Dans le Vésuve, il faut distinguer le Vésuve proprement dit,
qui peut être, en partie, un cratère d'éruption, de la Somma
qui est certainement et en totalité, un cratère de soulèvement.
La Somma qui, du temps de Strabon, avait la forme d'un cône
complet et régulièrement tronqué, ne forme plus une enceinte
continue ; la partie de cette enceinte, placée du côté de la mer,

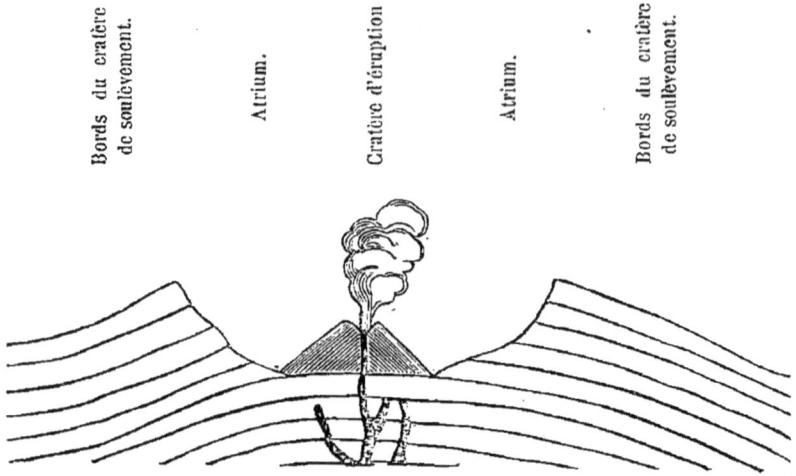

FIG. 41. — Cratère de soulèvement.

s'est éboulée à une époque qui paraît coïncider avec la fameuse éruption de l'an 79 ; ses débris se retrouvent dans la masse de matières ponceuses sous laquelle Stabia, Herculanum et Pompéï ont été ensevelis.

La formation d'un cratère de soulèvement est indépendante de la nature du terrain. Un cratère de soulèvement peut être formé par du basalte (Cantal), du trachyte, de la dolérite, de l'amphigénite (Somma), etc.

Quelquefois, la lave ne s'exhausse pas au-dessus du fond d'un cratère de soulèvement. D'autres fois, elle s'échappe par des fissures latérales. Dans l'Etna, la lave s'est même épanchée par les bords du cratère, et a recouvert tout ce volcan ; l'Etna résulte de la pénétration de deux cônes, l'un de soulèvement, l'autre d'éruption ; ces deux cônes ne sont pas concentriques, c'est-à-dire que l'ancien centre de soulèvement ne coïncide pas avec le centre actuel d'éruption; le *Val del Bove* est le seul point où la masse primitivement soulevée apparaisse. Un volcan peut résulter de la combinaison d'un cratère de soulèvement et d'un cratère d'éruption plus ou moins concentriques et parfaitement distincts; il peut provenir aussi de la réunion de deux cratères de soulèvement. Le Vésuve est un exemple classique de cette disposition : l'espace à peu près circulaire qui sépare les deux cratères est désigné sous le nom d'*atrium* ou de *circonvallation* : au Vésuve, il constitue l'*atrio del Cavallo* [1].

Humboldt appelait les cratères d'éruption des volcans sans échafaudage; les volcans avec échafaudage étaient, pour lui, ceux qui ont un cratère de soulèvement.

Cratères d'affaissement ou d'effondrement. — Certains cratères ou cavités cratériformes sont tellement vastes que l'idée d'un soulèvement ne suffit plus pour rendre compte de leur formation. Leur origine ne s'explique qu'en supposant un affaissement ou un effondrement du sol dont on connaît, d'ailleurs, plus d'un exemple.

Les parois qui entourent la cavité intérieure d'un volcan se trouvent soumises à une destruction incessante; elles sont fondues, usées, corrodées, démantelées par les flots de lave qui montent à chaque éruption. Pendant que ces parois s'amincissent de plus en plus et deviennent moins résistantes, le poids de la masse qu'elles ont à supporter, et qui résulte de l'accumulation des matériaux rejetés par le volcan, augmente sans cesse. Il vient un moment où elles s'affaissent et sont remplacées par une vaste cavité qui est un cratère d'affaissement ou d'effondrement.

Quelques-uns des cratères dits d'explosion de l'Eifel me paraissent, à cause de leurs vastes proportions, mériter le nom

---

(1) La figure 42 est la reproduction d'une coupe du Vésuve et de la Somma dressée par Dufrénoy; cette coupe montre quels sont le relief de ce volcan et sa composition pétrogénique. (Voir *postea*, chap. VI et VII.)

de cratère d'affaissement. Tel est celui d'Immerath qui n'a pas
moins de 200 pieds de profondeur, dont le sol est à sec et cul-
tivé, et dans lequel se trouvent deux villages. Le *Val del Bove*
est une vaste cavité elliptique, placée à la partie supérieure de
l'Etna, au pied et un peu à l'est du point culminant et du
principal cratère de ce volcan. Les pentes intérieures de cette
cavité sont abruptes et souvent même presque perpendiculaires sur des hauteurs de plusieurs centaines de mètres. Le
Val del Bove a neuf mille mètres de longueur sur une largeur à peu près de moitié moindre. Presque tous les géologues
qui ont visité l'Etna s'accordent à voir dans le *Val del Bove* le
résultat de l'affaissement du sol. On doit également considérer
comme s'étant formés par voie d'affaissement les cratères que
M. Pissis mentionne, dans les Andes, à cause de leurs vastes
dimensions; tel est celui de la lagune de la Maule qui, d'après
cet éminent géologue, a cinq lieues de diamètre.

Parmi les événements qu'on peut invoquer comme exemples
de la formation de vastes cratères d'effondrement, je citerai
l'écroulement du volcan de Papandayang, dans l'île de Java,
qui s'abîma avec 40 villages bâtis sur ses flancs, et fut remplacé par un lac de plusieurs mille de diamètre.

**Controverse relative aux cratères de soulèvement et aux cratères
d'éruption.** — La théorie des cratères de soulèvement a été
émise pour la première fois par L. de Buch dans des lettres
écrites d'Auvergne en 1802. Elle a été reproduite par le même
géologue dans un ouvrage publié en 1825. Cet ouvrage, intitulé
Description physique des Canaries, est le fruit d'un voyage
effectué par L. de Buch, en 1815, aux îles Canaries et à Madère.
La théorie des cratères de soulèvement, défendue par M. Elie
de Beaumont, attaquée par C. Prévost et sir Lyell, a fait l'objet

d'une controverse qui me paraît à peu près terminée. Les limites
où je suis obligé de me renfermer ne me permettent pas de ra-
conter toutes les péripéties de cette lutte entre les partisans et
les adversaires de la théorie des cratères de soulèvement, lutte
qui, à un certain moment, a rappelé, par sa vivacité, celle qui
s'était jadis établie entre les vulcanistes et les neptunistes. Je
devrai me borner aux considérations générales qui suivent.

Résumons d'abord les principaux arguments invoqués par
M. Elie de Beaumont dans ses mémoires sur les volcans :

1º Après avoir insisté sur les caractères distinctifs des basaltes
et des laves (voir page 67), et après avoir démontré que les
basaltes se sont primitivement disposés en nappes horizontales,
M. Elie de Beaumont en conclut que les basaltes qui se
montrent en nappes inclinées ont été dérangés de leur situation primitive, et que la cause de ce dérangement ne peut être
autre que la force qui a soulevé le cône volcanique auquel ces
nappes appartiennent. Il exprime cette manière de voir par
l'aphorisme suivant : *Un cône revêtu de basalte est nécessairement un cône de soulèvement.*

2º Des masses renfermant des coquilles marines, et dont
l'origine sédimentaire est également attestée par leur stratification et les galets qu'elles contiennent, entrent dans la composition de certains cônes volcaniques. Lorsque ces masses, évidemment stratifiées malgré l'origine volcanique de leurs
matériaux, sont plus ou moins inclinées, elles portent le
témoignage d'une impulsion de bas en haut. C'est ce qui a lieu
pour la Somma, dont une partie est formée d'un tuf qui a été
régulièrement déposé au sein des eaux et qui se présente en
couches inclinées.

3º La structure générale du Cantal et du Mont-Dore ne peut
s'expliquer qu'en voyant dans ces massifs volcaniques des cra-

tères de soulèvement et non des cratères d'éruption. L'emploi
de la théorie des cratères de soulèvement peut seule faire comprendre l'égalité d'épaisseur des nappes de trachyte et de basalte, la régularité de leur pente, leur redressement uniforme
vers le centre de massif, et la disposition étoilée des profondes
vallées qui se dirigent du centre du Cantal vers sa circonférence.

4° Les cônes volcaniques sont trop aigus pour que les matériaux rejetés par les volcans, à l'état de lave ou de débris
incohérents, puissent s'arrêter, en quantités considérables, sur
leurs flancs, et, encore moins, s'accumuler sur leur sommet.
Les coulées de lave, dont la pente dépasse 6 degrés, donnent
naissance à des cheires crevassées et très tourmentées ; celles
dont la pente excède 10 degrés se transforment en amas
minces et incohérents de scories : or la pente moyenne du
cône du Vésuve est de 32 degrés. La *Torre del filosofo* est un
petit monument antique, complétement en ruines, bâti sur le
Piano del lago, c'est-à-dire sur la plate-forme qui supporte le
cône supérieur de l'Etna. Les matériaux rejetés par le volcan
n'ont élevé le sol, autour de ce monument, que de 1^m,25 dans
l'espace de 2000 ans. Ainsi, dit M. Elie de Beaumont, après
avoir établi ces calculs, le Nil travaille plus efficacement à
ensevelir sous ses alluvions les monuments de Thèbes et
de Memphis, que l'Etna à ensevelir sous ses déjections la
Torre del filosofo. Ajoutons que cette lenteur d'accroissement
n'est nullement en relation avec les faits qui démontrent
que l'Etna et tous les volcans à cratère ont une origine très
moderne.

« 5° Le trait caractéristique des cônes dont la forme extérieure est entièrement due aux phénomènes d'éruption, tels
que les cônes supérieurs du Vésuve et de l'Etna, ou les cônes

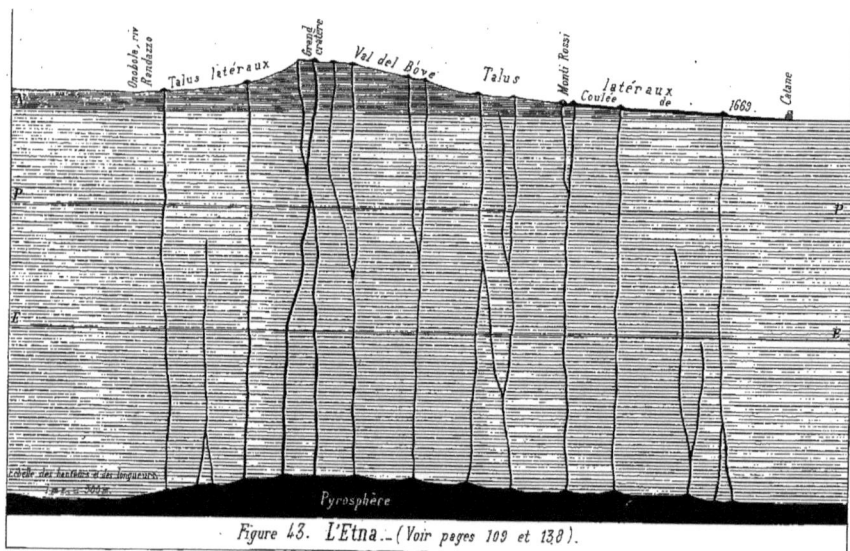

Figure 43. L'Etna.—(Voir pages 109 et 130).

parasites qui se forment sous nos yeux à chaque éruption latérale de l'un de ces deux volcans, consiste dans la *conti-nuité* et la *rectilignité* de leurs talus. Le trait caractéristique de la forme générale de l'Etna [1] consiste au contraire dans la *discontinuité* excessivement prononcée des deux parties latérales dont il se compose ; ce défaut de continuité dans les pentes de l'Etna trahit ainsi la *double origine du massif volcanique*. L'Etna se compose de deux parties : 1° un cône surbaissé, dont la pente dépasse rarement 7 à 8 degrés et qui forme les *talus latéraux* du volcan ; 2° une *gibbosité centrale* (*Mongibello* des habitants du pays), dont la pente est, en moyenne, de 30 degrés et, par conséquent, plus considérable que celle des talus. Cette gibbosité est elle-même tronquée par une surface presque plane (*Piano del lago*), sur laquelle s'élève en pain de sucre le cône ébréché que termine le cratère du volcan. — Les traits vraiment caractéristiques de la forme de l'Etna, ceux dans lesquels son mode d'accroissement et son origine première se trouvent profondément écrits, sont, d'une part, la faiblesse et l'uniformité des pentes que présente la base depuis le pied de sa gibbosité centrale jusqu'aux rivages des eaux qui le circonscrivent, et, de l'autre, la saillie

[1] La figure 43 est une coupe traversant le massif de l'Etna, suivant son plus grand diamètre, partant de Catane et passant par le cratère du sommet. Dans cette coupe, qui se prolonge jusqu'à la rencontre de la pyrosphère, l'échelle des hauteurs est la même que celle des longueurs : on peut donc se faire une idée assez exacte de la direction probable des conduits volcaniques. Un fait que la figure 7 met en évidence, c'est l'impossibilité de supposer que dans l'Etna, et dans les volcans composés à large diamètre, les laves qui s'épanchent par les cônes latéraux soient, à l'origine, alimentées par un même conduit. Cette hypothèse impliquerait dans ces conduits une trop forte déviation latérale. Probablement, les cônes qui ne sont pas voisins, ont reçu directement de la pyrosphère, et par des canaux spéciaux, la lave à laquelle ils ont servi d'issue.

rapide, l'isolement et le morcellement du noyau de cette même gibbosité centrale. Les pentes douces de la base ont été produites par un remblai : mais la saillie rapide, l'isolement et le morcellement de la gibbosité centrale ont pour cause première un soulèvement. Cette gibbosité centrale ne doit évidemment son existence qu'au noyau préexistant qui en forme la masse principale. Si ce noyau n'existait pas, l'Etna ne s'élèverait pas au-delà du point de concours des arêtes prolongées des talus latéraux, c'est-à-dire qu'il n'aurait pas au-delà de 1600 à 2000 mètres de hauteur. Les produits des éruptions modernes forment sur la surface de l'Etna un manteau presque continu, mais *d'une épaisseur très inégale.* Cette épaisseur est beaucoup moins grande vers les parties les plus centrales et les plus élevées que vers la base. Le manteau de déjections modernes s'interrompt même en quelques points de la gibbosité centrale, pour laisser les produits de l'époque ancienne se montrer à découvert comme des montagnes qui apparaissent à travers une éclaircie de nuages. » (Elie de Beaumont.)

A ces arguments on n'a opposé que des objections de détail dont il faut, sans doute, tenir compte dans l'étude spéciale de chaque massif volcanique, mais qui ne sauraient infirmer la théorie des cratères de soulèvement.

On a cité notamment dans quelques coulées de l'Etna des parties d'une compacité presque basaltique. Mais, ainsi que M. Elie de Beaumont le fait remarquer dans un mémoire publié en 1834, « cette compacité de quelques parties prouve que les laves journellement vomies par l'Etna sont parfaitement susceptibles de prendre une compacité basaltique dans des circonstances convenables de refroidissement, et alors si cette compacité ne se présente qu'exceptionnellement, si elle

n'est pas la règle générale, si l'Etna n'est pas un cône revêtu de basalte, son origine doit différer par quelque circonstance essentielle de celle du Cantal, qui en est lui-même revêtu......
Qu'une suite d'éruptions vienne à se faire jour au centre du Cantal, que leurs déjections remplissent la grande cavité centrale, que la cime de leur cône s'élève par degrés à quelques centaines de mètres au-dessus de la cime actuelle du plomb, que les coulées s'étendent dans les vallées divergentes et sur les plateaux basaltiques, on aura alors un véritable Etna au milieu de l'Auvergne; mais jusqu'ici on ne voit encore que son piédestal. »

Les géologues qui ont attaqué avec le plus d'ardeur et de persévérance la théorie des cratères de soulèvement sont C. Prévost et sir Lyell, c'est-à-dire les promoteurs de la doctrine des causes actuelles. Evidemment, en admettant que tous les volcans se sont formés par voie d'éruption, ils ont pensé qu'il leur serait plus facile d'expliquer pourquoi les montagnes ignivomes appartiennent à une période très récente. Pour eux, l'hypothèse des volcans d'éruption et la doctrine des causes actuelles sont solidaires ; aussi, C. Prévost, sortant à tort de sa réserve habituelle, disait-il : « Les phénomènes des volcans modernes, ceux que l'on peut observer au Vésuve et à l'Etna, se lient à ceux des produits ignés les plus anciens : faites par la pensée ce que les eaux, le temps et les mouvements du sol produiront sur le Vésuve, c'est à dire supposez enlevées toutes *les matières meubles* qui entrent dans la composition de son cône actuel ; ravinez, disloquez ce cône, réduisez-le à quelques lambeaux de roches qui ont résisté par leur solidité, vous aurez ces massifs basaltiques, porphyriques, ces dykes que l'on trouve sur tant de points de la surface de la terre et que l'on rattache si difficilement à un système volcanique. Dire que la production des cônes volcaniques, des cendres, des scories caractérise les époques géologiques nouvelles, n'est-ce pas comme si l'on disait que les toits des maisons sont d'invention moderne, ainsi que la poussière et la boue de nos maisons et de nos rues, parce que l'antiquité ne nous a rien laissé de semblable ? »

Il est un argument que l'on aurait pu opposer à C. Prévost, tout en n'abandonnant pas le point de vue où il se plaçait. Cet argument *à priori* vient même se joindre à ceux que nous avons déjà rappelés et achève de démontrer l'existence de cratères de soulèvement. — Les roches laviques qui entrent dans la composition des volcans représentent certainement les roches éruptives des temps anciens. Or, celles-ci ont exercé une action dynamique sur l'écorce terrestre ; elles ont soulevé et disloqué les strates placées sur leur passage ; quelquefois même, ainsi qu'on l'observe dans les Alpes, elles les ont renversées ; enfin, en les dérangeant de leur situation première et en formant au milieu d'elles une sorte de noyau, elles ont imprimé à ces strates une disposition telle que leur ensemble se présente comme un cratère de soulèvement ; cette disposition existe dans beaucoup de pays et notamment dans les montagnes de l'Oisans ; elle s'observe à chaque instant, sur une petite échelle, dans le Jura. Or, pourquoi les laves qui sont, je le répète, les roches éruptives de l'époque actuelle, ne pourraient-elles pas agir comme l'ont fait les roches éruptives anciennes ? Et si elles l'ont pu, ainsi qu'on est obligé de l'admettre, si l'on veut rester fidèle à la doctrine des causes actuelles, pourquoi chaque volcan ne résulterait-il pas, en totalité ou en partie, du soulèvement des masses préexistantes ? (1)

(1) Dans un mémoire publié en 1858, sir Lyell est revenu sur la question des cratères de soulèvement et sur la possibilité de la formation de laves com-

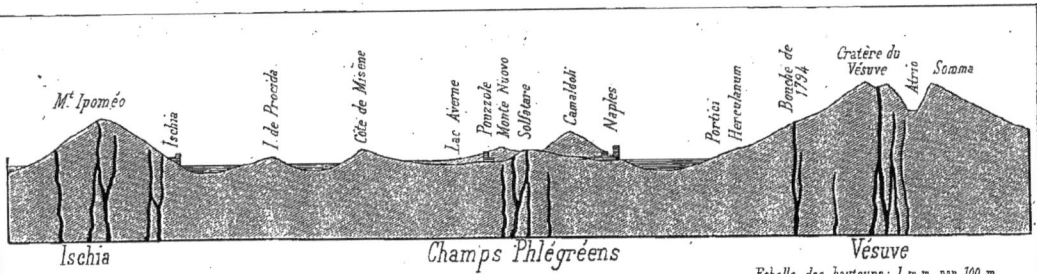

M.t Ipoméo · Ischia · I. de Procida · Côte de Misène · Lac Averne · Pouzzole Monte Nuovo · Solfatare · Camaldoli · Naples · Portici Herculanum · Bombe de 1794 · Cratère du Vésuve · Atrio · Somma

Ischia   Champs Phlégréens   Vésuve

.Echelle des hauteurs : 1 m m. par 100 m.

Fig. 44.— Coupe du Vésuve au M.t Ipoméo.

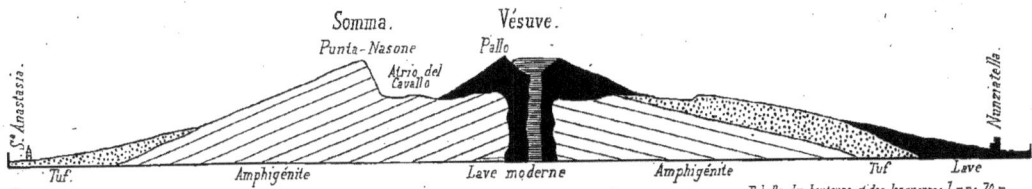

Somma.   Vésuve.
Punta-Nasone   Pallo
                Atrio del
                Cavallo

S.te Anastasia ·   Nunziatella.

Tuf.   Amphigénite   Lave moderne   Amphigénite   Tuf   Lave

Echelle des hauteurs et des longueurs: 1 m m: 70 m.

Fig. 42.— La Somma et le Vésuve

Exemples de cratères de soulèvement. — Comme exemples de cratère de soulèvement, autres que ceux déjà mentionnés, je me bornerai à citer les îles de Palma, de Barren et de Santorin.

La partie centrale de l'île de Palma, une des îles Canaries, est occupée par une cavité vaste et profonde, appelée la *Caldera*. Cette cavité a près de deux lieues de diamètre dans tous les sens ; sa partie centrale est à 600 mètres environ au-dessus du niveau de la mer, tandis que le *Pico de la Cruz*, point culminant de son enceinte, a une altitude de 2356 mètres ; toutes les parties du rempart circulaire qui entoure la *Caldera* n'atteignent pas la même hauteur, mais elles s'élèvent toujours à plus de mille mètres au-dessus du centre de la *Caldera*, excepté sur le point où une profonde échancrure livre un passage aux eaux qui proviennent de la pluie ou de la fonte des neiges, et s'échappent par le *barranco de las Angustias*. La partie supérieure de l'enceinte circulaire présente des talus verticaux de 750 mètres d'élévation, formés de nappes de basalte solide, entremêlées de nappes plus puissantes de tuf et de conglomérat scoriacés. Ces nappes, d'abord fortement redressées près de la *Caldera*, prennent une inclinaison de plus en plus faible à mesure qu'elles s'en éloignent et finissent par devenir horizontales au bord de la mer. L'île entière a la forme

pactes, lorsque la pente varie de 15° à 40°. Les faits mentionnés dans ce mémoire ne sont pas susceptibles d'infirmer la théorie formulée par L. de Buch et par M. Elie de Beaumont, dans ce qu'elle a de général. Sir Lyell y reconnaît du reste la possibilité d'une action dynamique dans un massif volcanique. « Bien que le cône se soit formé par les éruptions ordinaires, dit-il, à propos de l'Etna, le fort plongement actuel de quelques-unes des anciennes laves et des lits de scories a été modifié par des mouvements subséquents qui ont accompagné le déchirement des rochers et leur injection ; un cinquième peut-être de l'inclinaison actuelle serait dû à cette cause, au lieu des quatre cinquièmes que demande l'hypothèse des cratères de soulèvement. »

d'un cône surbaissé, très régulier, entaillé de fentes ou *barrancos* (1) qui se prolongent, en nombre considérable, depuis le sommet du cône jusqu'à sa base. — Pour L. de Buch, la *Caldera* est la grande cheminée, le cratère de soulèvement, par lequel s'est fait jour la force qui a soulevé toute l'île de Palma au-dessus du niveau de la mer. C'est pour cela que les couches ont la même inclinaison que la pente extérieure, plus forte vers le haut que vers le bas; la surface du cône nouvellement soulevé a dû éclater sur son contour en fentes et en barrancos puisqu'elle s'étend sur un espace beaucoup plus considérable que celui qu'elle occupait auparavant sur le bord de la mer. S'il avait pu s'élever un pic au milieu de la *Caldera,* il en serait résulté un volcan, un canal de communication de l'intérieur avec l'atmosphère : mais l'immense masse soulevée est retombée au milieu du cratère, et a rebouché l'orifice de communication qui avait tenté de s'établir.

Le profond ravin qui s'étend depuis le cratère jusqu'au pied du cône, le *barranco de las Angustias,* n'est pas particulier à l'île de Palma : c'est un phénomène commun à tous les cratères de soulèvement. Si le bord supérieur seulement, et non le fond d'un pareil cratère est élevé au-dessus de la surface de la mer, l'eau de la mer s'introduit par les canaux et les échancrures latérales et remplit l'espace intérieur en formant une grande baie circulaire. C'est ce qui a lieu pour la petite île de Saint-Paul, située dans l'Océan Indien, à égale distance du cap de Bonne-Espérance et de l'Australie. (L. de Buch.) Le cratère de cette île a 1500 mètres de diamètre sur 55 mètres de profondeur; les plus hauts sommets qui l'entourent n'offrent pas plus de 245 mètres d'altitude.

(1) Le mot espagnol *barranco* désigne un ravin profondément encaissé et ordinairement creusé ou agrandi par les eaux.

L'île de Barren, dans le golfe de Bengale, reproduit sur une grande échelle la forme de l'île de Saint-Paul, mais elle s'en distingue par l'existence d'un cône volcanique, souvent en éruption, qui s'élève au milieu du bassin intérieur.

Enfin, dans le groupe des îles Santorin, on retrouve la disposition générale de l'île de Barren. La différence essentielle consiste en ce qu'il n'y a pas de volcan en activité au milieu du groupe de Santorin, mais un massif de roches volcaniques, formant les trois petites îles d'Hiera, de Micra Kameni et de Nea Kameni. Une autre différence provient de ce que la mer pénètre dans l'intérieur du cratère de soulèvement par trois ouvertures qui partagent l'enceinte circulaire en trois îles : Aspronisi, Theresia et Santorin ; celle-ci est la plus considérable de toutes et a la forme d'un fer à cheval.

Volcans simples : volcans composés : volcans centraux : chaînes volcaniques. — Le maximum de complication, dans l'édifice volcanique, nous est fourni par ce que l'on pourrait appeler un volcan composé. Le Vésuve n'est, pour ainsi dire, qu'un volcan simple. Mais l'Etna porte sur ses flancs près de quatre-vingt cratères d'éruption ; chacun de ces cratères adventifs ou parasites a été l'orifice d'un conduit volcanique. Je comparerai volontiers le conduit principal qui amène la lave des profondeurs de l'écorce terrestre vers un volcan, et qui se divise ensuite en arrivant près de la surface du globe, à un fleuve se bifurquant plusieurs fois près de son embouchure pour constituer son delta. (1)

Supposons que les cratères adventifs placés sur le flanc d'un

(1) Si l'on se rappelle ce que j'ai dit à la fin de la note de la page 109, on voit que cette comparaison cesse d'être rigoureusement exacte quand il s'agit d'un massif volcanique aussi puissant que celui de l'Etna.

volcan composé acquièrent une importance de plus en plus
grande et s'écartent de plus en plus les uns des autres, le volcan composé se transformera en une réunion de volcans,
groupés autour d'un point central ou échelonnés sur toute l'é-
tendue d'une chaîne; de là les *volcans centraux* et les *chaînes
volcaniques*.

M. Ch. Deville a démontré que les volcans centraux ne sont
que des *points singuliers* des alignements volcaniques, et, le
plus ordinairement, des points où viennent se couper deux ou
plusieurs alignements.

On voit comment il existe un passage insensible des volcans
simples aux chaînes volcaniques. Le phénomène général, qui
préside à la formation ainsi qu'au groupement des volcans, et
dont je viens de retracer les phases successives, peut s'arrêter
avant d'avoir atteint son dernier terme. Il peut offrir des
arrêts de développement dont il faut tenir compte, si l'on
veut comprendre l'unité de plan qui existe dans la morpho-
logie des volcans et la diversité des effets produits.

Hypsométrie et distribution des volcans. — Je place à la page 117
un tableau où se trouve indiquée l'altitude des principaux
volcans; ce tableau a été dressé par Humboldt. Les remarques
qui suivent, et que j'emprunte également à l'auteur du *Cosmos*, démontrent que le voisinage de la mer a été considéré à
tort comme une condition nécessaire à l'activité volcanique.
Le Jorullo, le Popocatepetl et le volcan de la Fragua, dans le
Nouveau-Monde, sont respectivement à 160, 250 et 290 kilomètres des bords de l'océan. Dans l'Asie centrale, presque à
égale distance de la mer Glaciale et de l'Océan Indien (2730 et
2840 kilomètres), s'étend une grande chaîne de montagnes
volcaniques, le Thian-Chan (Montagnes Célestes). Le Pé-Chan

HYPSOMÉTRIE DES VOLCANS

(D'APRÈS HUMBOLDT).

	Pieds.
Volcan de l'île Cosima (Japon).	700
Volcano (îles de Lipari).	1 224
Volcan d'Izalco (Etat de San Salvador)	2 000
Gunung Ringgit (Java)	2 200
Stromboli.	2 775
Vésuve (en 1822)	3 750
Jorullo (plateau mexicain)	4 002
Mont Pelé (Martinique).	4 416
Soufrière (Guadeloupe)	4 367
Hécla.	4 770
Gunung Lamongang (Java).	5 010
Gunung Tengger (Java)	7 080
Osorno (Chili)	7 083
Ile Pico (Açores)	7 143
Ile Bourbon.	7 507
Volcan d'Antuco (Chili)	8 568
Ile Fogo (archipel du Cap-Vert).	8 587
Etna	10 200
Ténériffe	11 408
Gunung Semeru (le plus élevé de Java)	11 480
Erebus (le plus rapproché du pôle sud)	11 603
Volcan de Pasto (Amérique méridionale)	12 620
Mauna-Roa (Océanie).	12 909
Kliutschewsk (Kamtschatka)	14 790
Rucu Pichincha (Amérique méridionale)	14 940
Tungurahaua (idem).	15 473
Sangay (au sud-est de Quito)	16 068
Popocatepetl (Mexique)	16 652
Eliasberg (côte nord-ouest de l'Amérique septentrionale)	16 750
Orizaba (Mexique).	16 776
Tolima	17 010
Arequipa	17 714
Cotopaxi	17 712
Sahama (Bolivie)	20 970

est à 2500 kilomètres de la mer Caspienne, à 3200 et à 3900 kilomètres des grands lacs d'Issikoul et de Balkasch : ses éruptions ont dévasté les contrées environnantes vers le premier et le septième siècles de notre ère. Enfin, parmi les quatre grandes chaînes parallèles qui traversent de l'est à l'ouest le continent asiatique, ce sont les deux chaînes intérieures qui possèdent des volcans, tandis qu'il n'en existe aucun dans la chaîne la plus voisine de la mer, l'Himalaya. Ajoutons que les volcans de l'Auvergne et ceux de l'Eifel, qui ont eu jadis une énergie aussi grande que celle des volcans actuels, étaient éloignés de tout amas d'eau douce ou salée. Les lacs de l'Auvergne n'existaient plus lorsque les volcans à cratère se sont montrés dans ce pays.

J'aurai l'occasion de m'occuper de la distribution géographique des volcans lorsque, dans le livre suivant, je tracerai les limites des régions où les tremblements de terre se font le plus souvent sentir. Humboldt, dans un dernier recensement, constate qu'il existe à la surface du globe 407 volcans au moins; 225 ont donné des signes d'activité pendant les deux derniers siècles. Dans cette liste, ne sont pas compris les volcans éteints.

CHAPITRE VI.

ÉRUPTIONS VOLCANIQUES.

Éruptions volcaniques. — Bruits souterrains et tremblements de terre qui précèdent une éruption volcaniqne.— Approche de la lave ; afflux de chaleur ; dégagement de gaz et de vapeur d'eau.— Jets de scories et de cendres volcaniques. — Apparition de la lave ; vitesse des courants laviques ; étendue des coulées.— Concomitance des phénomènes volcaniques et des phénomènes aqueux. — Hypothèses anciennement proposées pour expliquer les phénomènes volcaniques ; inflammations spontanées ; pseudo-volcans ; volcan de Lémery. — Causes des éruptions volcaniques ; mouvements de la pyrosphère ; tension de la vapeur d'eau et des gaz contenus dans la lave. — Intensité de la force volcanique.

Bruits souterrains et tremblements de terre qui précèdent une éruption volcanique. — Dans la plupart des cas, l'impulsion à laquelle la lave obéit lorsqu'une éruption volcanique va se produire, se manifeste d'abord par des effets dynamiques. La matière pyrosphérique, pressée contre les parois des conduits volcaniques ou poussée brusquement dans des cavités qu'elle avait momentanément abandonnées, ne se meut pas sans imprimer des chocs plus ou moins violents aux masses placées sur son passage. J'ai comparé le courant de lave mis en mouvement par une éruption volcanique à un fleuve qui a sa source dans la pyrosphère, et dont l'embouchure coïncide avec le cratère d'un volcan ; les eaux de ce fleuve ne se meuvent pas sans se heurter contre ses rives. Aussi, une éruption volcanique est-elle ordinairement annoncée et précédée par des bruits souterrains et par des tremblements de terre. J'aurai, dans le livre suivant, l'occasion de m'occuper des relations qui existent entre les phénomènes volcaniques et le mouvement seïsmique; pour montrer comment les tremblements de terre sont ordinairement l'indice d'une éruption volcanique plus ou moins prochaine, je me bornerai à citer quelques faits que j'aurais pu rendre bien plus nombreux.

Strabon rapporte que les tremblements de terre qui ébranlèrent jadis une partie de l'île d'Eubée ne cessèrent qu'au moment où la terre s'entr'ouvrit dans la plaine de Lélante, pour donner passage à un torrent de vase enflammée. — Le soulèvement du sol qui, le 29 septembre 1759, produisit le volcan de Jorullo (Mexique), fut précédé de bruits souterrains et de tremblements de terre qui persistèrent pendant deux mois.

Le 30 avril 1812, une éruption eut lieu au volcan de l'île de Saint-Vincent, une des Antilles; ce volcan était tranquille depuis 1718; un torrent de lave sortit du cratère situé au sommet de la montagne et atteignit en quatre heures le bord de la mer. Le même jour, des bruits souterrains se firent entendre à Caracas, sur les bords de l'Apure et en pleine mer. Cet événement avait été précédé par l'apparition de l'île de Sabrina, aux Açores, en janvier 1811; par des tremblements de terre, qui agitèrent l'île même de Saint-Vincent, depuis le mois de mai 1811 jusqu'au mois de mai 1812; par les commotions du sol qui se firent sentir dans la vallée du Mississipi, et de l'Ohio, depuis le 16 décembre 1811 jusqu'en 1813; par les tremblements de terre que l'on ressentit à Caracas depuis le mois de décembre 1811 jusqu'en 1813 : un de ces tremblements de terre détruisit Caracas, le 26 mars 1812.

L'exemple que je viens de mentionner démontre que les secousses seïsmiques peuvent persister après l'éruption volcanique. Je rappellerai encore que, près de trois mois environ avant le tremblement de terre qui amena la destruction de Cumana, en décembre 1796, une éruption volcanique avait eu lieu au volcan de la Guadeloupe.

Approche de la lave; afflux de chaleur; dégagement de gaz et de vapeur d'eau. — L'approche de la lave détermine un afflux de chaleur dont les conséquences se produisent de diverses manières. D'après Humboldt, la fonte subite des neiges qui recouvrent le sommet du Cotopaxi annonce une éruption prochaine ; avant que la fumée ne monte dans l'air raréfié qui baigne le sommet et l'ouverture du cratère, les parois du cône de cendres deviennent incandescentes et brillent d'une lueur rougeâtre, tandis que la montagne apparaît comme une énorme masse noire, d'une lueur sinistre. L'élévation de la température amène la volatilisation de l'eau et des diverses substances qui existent normalement dans la lave ou qui s'y trouvent accidentellement. « Pendant l'éruption, dit Humboldt, il se produit un phénomène météorologique fort singulier qu'on pourrait appeler *orage volcanique*. Des vapeurs d'eau extrêmement chaudes s'échappent du cratère, s'élèvent à plusieurs milliers de mètres dans l'atmosphère, et forment, en se refroidissant, un nuage épais autour de la colonne de fumée et de cendres. Leur condensation subite, et, selon Gay-Lussac, la formation d'un nuage à large surface augmentent leur tension électrique : des éclairs sortent, en serpentant, de la colonne de cendres; on distingue parfaitement les roulements du tonnerre et les éclats de la foudre, au milieu du bruit qui se produit dans l'intérieur du volcan. Tels furent, en effet, en 1822, dans les derniers jours d'octobre, les phénomènes qui signalèrent la fin de l'éruption du Vésuve. » (Humboldt.)

Pendant son éruption, le volcan rejette non seulement de la vapeur d'eau, mais aussi divers gaz qui s'élèvent souvent, sous forme de colonnes ou de gerbes, à une hauteur prodigieuse et s'enflamment quelquefois. Ces divers gaz sont l'acide sulfureux, l'acide sulfhydrique, l'acide chlorhydrique, des vapeurs de soufre, etc. Dans les cratères du Vésuve et de l'Etna, il se dégage une grande quantité d'acide chlorhydrique. M. Boussingault a reconnu que les fluides élastiques qui s'exhalent des volcans américains sont principalement de l'acide carbonique, de l'air ordinaire et une petite quantité d'acide sulfhydrique. Parmi les gaz qui se dégagent des volcans, l'azote est le plus rare.

Les éruptions volcaniques sont fréquemment accompagnées de lueurs qui apparaissent dans les nuages accumulés au-dessus du volcan. Elles proviennent rarement de la combustion ou de l'incandescence des matières rejetées par le volcan. Presque toujours, elles sont le reflet de la lave placée au fond du cratère.

Jets de cendres volcaniques, scories, etc. — Enfin, lorsque la lave arrive près du cratère, l'éruption proprement dite commence. Des fragments de roches détachés des parois du conduit volcanique sont projetés dans l'atmosphère ; avec ces blocs de roches, se trouvent fréquemment des lambeaux de lave qui retombent sous forme de scories ou de bombes volcaniques ; enfin, des cendres s'échappent du cratère, et forment, seules ou mêlées à la vapeur d'eau, d'immenses nuages, quelquefois assez épais pour obscurcir l'atmosphère pendant des heures et même pendant des jours entiers. (1)

(1) Quelquefois, les cendres volcaniques accumulées dans l'intérieur d'un volcan s'échappent par les crevasses qui se forment pendant l'éruption. Le 26 octobre 1822, on vit sortir du Vésuve, par une fissure latérale du cratère,

Dans l'éruption de l'Hécla, en 1766, de pareils nuages produisirent une telle obscurité, qu'à Glaumba, distant de plus de cinquante lieues de la montagne, on ne pouvait se conduire qu'à tâtons. Lors de l'éruption du Vésuve, en 1794, à Caserte, et par conséquent à quatre lieues, on ne pouvait marcher qu'à la lueur des flambeaux. Le 1er mai 1812, un nuage de cendres et de sables volcaniques, venant d'un volcan de l'île de Saint-Vincent, couvrit toute la Barbade, et y répandit une obscurité si profonde qu'à midi, en plein air, on ne pouvait apercevoir les arbres et autres objets près desquels on était, pas même un mouchoir blanc placé à six pouces des yeux. — La distance à laquelle les cendres volcaniques sont portées par les vents et les courants de l'atmosphère, est vraiment extraordinaire : il y a plus de vingt lieues de Saint-Vincent à la Barbade ; il y en a cinquante de l'Hécla à Glaumba. D'après Procope, les cendres du Vésuve furent portées, en 472, jusqu'à Constantinople, c'est-à-dire à 250 lieues ; en 1794, elles enveloppèrent de nuages épais le fond de la Calabre, situé à 50 lieues ; un grand nombre de relations évaluent à plus de 100 lieues la distance à laquelle sont transportées les cendres rejetées par les volcans de l'Asie et de l'Amérique.

Apparition de la lave. — L'apparition des cendres volcaniques marque ordinairement le moment où l'éruption volcanique est à son paroxysme. Certains volcans ne présentent pas d'autre manifestation de leur activité que les phénomènes que je viens de décrire ; mais il en est d'autres où l'éruption atteint une dernière période qui coïncide avec l'arrivée de la lave.

un courant que l'on crut formé d'eau bouillante ; en l'examinant de plus près, on reconnut que c'était un courant de cendres sèches.

« Spallanzani, se trouvant sur le sommet du Stromboli, fut assez heureux pour y bien voir les mouvements de la lave qui remplissait alors le cratère. Elle ressemblait à du bronze fondu : elle s'abaissait et s'élevait par des oscillations continuelles, dont les plus grandes n'étaient pas de 20 pieds. Lorsqu'elle arrivait à 25 ou 30 pieds des bords du cratère, sa surface se gonflait ; il s'y formait de grosses bulles qui avaient souvent quelques pieds de diamètre, et qui, en éclatant, faisaient un bruit assez semblable à celui d'un coup de tonnerre qui ne se répéterait pas. Aussitôt après, la lave s'abaissait, puis elle remontait et produisait une nouvelle explosion et un nouveau jet qui étaient la conséquence du dégagement des fluides élastiques. La lave descendait en silence ; mais, lorsqu'elle remontait et qu'elle commençait à se tuméfier, elle faisait entendre un bruissement pareil à celui d'un liquide qui s'extravase par l'effet d'une forte ébullition. » Daubuisson, *Traité de Géognosie.*

Les petits volcans, tels que le Stromboli, le Vésuve, rejettent la lave par leur cratère. Sur dix éruptions de l'Etna, neuf se font par ses flancs. Jamais le pic de Ténériffe et les grands volcans de l'Amérique n'ont versé la lave par leur cratère. Ce fait s'explique de plusieurs manières. Il est possible que la cause, quelle qu'elle soit, qui soulève la matière lavique, n'ait pas assez d'énergie pour l'exhausser au-delà d'une certaine altitude ; c'est ce qui a lieu pour les volcans de l'Amérique. Il se peut aussi que les parois du conduit volcanique ne soient pas assez résistantes pour supporter le poids de la colonne de lave ; sous la pression qu'elles subissent, elles se fracturent et livrent passage à la matière lavique qui s'écoule plutôt que de continuer son mouvement d'ascension ; cette explication est très plausible pour le Vésuve, mais ne me paraît guère admissible pour l'Etna, quand on examine, à l'aide de la figure 43, quelle doit être la structure de l'écorce terrestre au-dessous de ce massif volcanique.

Dans une éruption un peu importante, l'arrivée de la lave a pour conséquence la production, sur les flancs du volcan, d'une fente qui coïncide avec une des arêtes du cône volcanique et passe par le cratère principal. Les bouches éruptives, lorsqu'il y en a plus d'une, se montrent le long de cette crevasse; elles se succèdent de haut en bas, et chacune ne commence à fonctionner que lorsque l'ouverture supérieure est sur le point de ne plus rejeter de lave; leur apparition successive semble être en relation avec le mouvement de la lave, quand, vers la fin de l'éruption volcanique, elle s'affaisse sur elle-même.

Vitesse de la lave; son refroidissement. — Au Vésuve, on a vu des courants de lave franchir 800 mètres et même 1800 mètres dans une heure. De Buch, témoin de l'éruption du Vésuve, en 1805, vit un courant de lave atteindre les bords de la mer, et parcourir, en 3 heures, une distance de 3000 mètres comptée en ligne droite. Ce sont là des exemples d'une vitesse extraordinaire. Les laves de l'Etna n'ont pas une vitesse supérieure à 400 mètres par heure sur un plan incliné. Mais sur un plan presque horizontal, elles mettent des journées entières pour avancer de quelques pas. M. Palmieri a trouvé, après un assez grand nombre d'expériences faites au Vésuve, que la vitesse des courants de lave variait de 7200 à 180 mètres par heure.

La vitesse d'un courant de lave est évidemment fonction : 1° du degré de fluidité de cette lave; 2° du degré de la pente sur laquelle le courant se meut; 3e de l'abondance de la lave rejetée par l'ouverture éruptive.

Dolomieu cite un courant qui employa deux années à parcourir un espace de 3800 mètres; d'autres courants de lave coulaient encore dix ans après leur sortie du volcan. On a même observé sur l'Etna des laves qui fumaient 26 ans après l'éruption qui les avait rejetées. En traversant sur l'Etna une lave qui ne coulait plus depuis onze mois, Spallanzani vit, à travers les gerçures de sa surface, qu'elle était rouge; un bâton qu'il y enfonça prit feu. Des morceaux de bois, jetés par un autre observateur, dans les fentes d'une lave du Vésuve sortie depuis trois ans et demi et éloignée de deux lieues du cratère, s'enflammèrent instantanément.

Etendue des coulées. — La coulée de 1794, qui a couvert Torre del Greco, est une des plus considérables de celles que l'on observe sur les flancs du Vésuve; elle a 4200 mètres de longueur, et de cent à quatre cents mètres de largeur, sur une épaisseur de 8 à 10 mètres. La coulée la plus étendue que présente l'Etna est celle que produisit l'éruption de 1669; elle se développe des Monti-Rossi jusqu'à Catane, sur une longueur de près de 15000 mètres et sur une largeur qui est, en moyenne, de 3000 mètres. Enfin, lors de la fameuse éruption du Skaptaa-Jokul (Islande, 1783), deux courants de lave coulèrent en sens opposé; l'un avait 18 lieues de longueur sur 4 de largeur, l'autre, 14 lieues de longueur sur 2 de largeur. La hauteur ordinaire de ces deux courants était de 30 mètres environ.

Concomitance des phénomènes volcaniques et des phénomènes aqueux. — Les éruptions volcaniques nous permettent de retrouver, dans les périodes récentes de l'histoire physique du globe, des exemples de la concomitance de l'eau et de la chaleur, concomitance qui avait été le caractère général des phénomènes géologiques, lors des temps plutoniques et pendant une partie de l'ère neptunienne (voir page 16).

Cette concomitance existe lorsque les cendres volcaniques tombent dans un lac ou dans la mer et s'y déposent selon les lois de l'action sédimentaire ; elles forment des strates régulières, et quelquefois même fossilifères, ainsi qu'on l'observe pour le tuf des Champs Phlégréens ; ce tuf constitue également une partie de la Somma.

Dans certains cas, les matériaux incohérents accumulés autour d'un volcan sont entraînés, dans les dépressions environnantes, par les courants auxquels l'éruption donne naissance ; ces courants se produisent quelquefois à la suite des orages dont l'éruption est accompagnée ; d'autres fois, ils proviennent des cavités qui, dans quelques montagnes volcaniques, servent de réservoir à de vastes amas d'eau.

La coopération des phénomènes volcaniques et des phénomènes aqueux atteint de grandes proportions dans les contrées où les volcans surgissent au milieu des glaciers et des neiges éternelles ou hivernales : il en est ainsi en Islande et dans l'Amérique méridionale. Cette coopération a dû se manifester en Auvergne, avec une grande énergie, à chacune des deux époques glaciaires, alors que le refroidissement du climat amenait chaque hiver des amas considérables de neige sur le plateau central de la France.

« Les volcans qui s'élèvent au-dessus de la limite des neiges perpétuelles, comme ceux de la chaîne des Andes, présentent des phénomènes particuliers. Les masses de neiges qui les recouvrent fondent subitement pendant les éruptions et produisent des inondations redoutables, des torrents qui entraînent pêle-mêle des blocs de glace et des scories fumantes. Ces neiges exercent encore une action continue, pendant la période de repos du volcan, par leurs infiltrations incessantes dans les roches de trachyte. Les cavernes qui se trouvent sur les flancs de la montagne ou à sa base, sont transformées peu à peu en réservoirs souterrains que d'étroits canaux font communiquer avec les ruisseaux alpestres du plateau de Quito. Les poissons des ruisseaux vont se multiplier de préférence dans les ténèbres des cavernes; et quand les secousses qui précèdent toujours les éruptions des Cordillères ébranlent la masse entière du volcan, les voûtes souterraines s'entr'ouvrant tout-à-coup, l'eau, les poissons, les boues tufacées sont expulsés à la fois. Tel est le singulier phénomène qui a fait connaître aux habitants des plaines de Quito le petit poisson *Pimelodes Cyclopum,* appartenant à la famille des silures. Dans la nuit du 19 au 20 juin 1698, le sommet du mont Carguairazo, de 6000 mètres de hauteur, s'écroula subitement, sauf deux énormes piliers, derniers vestiges de l'ancien cratère ; les terrains environnants furent recouverts et rendus stériles, sur une étendue de près de 7 lieues carrées, par du tuf délayé et par une vase argileuse contenant des poissons morts. Comme les boues et les eaux ne sortent point du cratère même, mais des cavernes qui existent dans la masse trachytique de la montagne, leur apparition n'est pas un phénomène volcanique, dans le sens strict du mot; elle ne se rattache que d'une manière indirecte à l'éruption du volcan. » (Humboldt, *Cosmos*, tome I.)

En 1861 a eu lieu, dans le petit groupe volcanique de Chillan (Chili), une éruption dont M. Pissis donne la description suivante : « Le nouveau cratère s'est ouvert à l'extrémité nord de ce groupe et sur l'emplacement occupé par un puissant glacier. Le 2 août une légère secousse annonça le commencement de l'éruption, qui fut en croissant graduellement jusque vers

la fin de septembre. Les matières projetées formaient alors une
haute colonne qui s'apercevait à 50 lieues de distance, tandis
que les parties les plus légères, emportées par le vent du sud,
arrivaient jusque sous le parallèle de Linarès, formant dans
l'atmosphère une traînée obscure qui n'avait pas moins de 35
à 40 lieues de longueur; en même temps, de fortes détonations se faisaient entendre jusqu'à Curico. Vers les premiers
jours de novembre, une partie considérable du glacier sur lequel s'appuyait le nouveau cône, se précipita dans la vallée de
Santa-Gertrudis entraînant avec elle une masse considérable
de scories. Le fond de cette vallée, occupé par d'épaisses forêts,
fut littéralement rasé sur un espace de plus de 12 lieues, et ne
présente plus aujourd'hui qu'un amas de scories, de troncs
d'arbres et de blocs détachés des montagnes voisines. En par-
courant ces débris, je n'ai pu m'empêcher d'établir un rapprochement entre ce terrain tout moderne et les conglomérats
volcaniques de l'Auvergne, qui renferment une si grande
quantité d'animaux et de végétaux. A cette même époque, l'é-
ruption était encore dans toute sa force, les matières projetées
formaient une haute colonne verticale, et pendant la nuit on
voyait très distinctement le courant de lave qui s'échappait
par la partie éboulée du cône et se dirigeait vers le glacier où
sa présence était signalée par une épaisse colonne de vapeur.
Vers le commencement de février 1862, l'éruption avait
considérablement diminué d'intensité, les explosions étaient
séparées par des intervalles de repos. Il est probable que la
présence d'une épaisse couche de glace sur le point même de
l'éruption a dû contribuer puissamment à son intensité; des
masses d'eau considérables se seront précipitées dans le foyer
volcanique, et c'est sans doute à cette circonstance qu'il faut
attribuer l'intensité des détonations et l'énorme quantité de

9

matières projetées, et c'est là, je crois, le fait le plus remarquable que présente cette éruption. »

Hypothèses anciennement émises pour expliquer les phénomènes volcaniques ; inflammations spontanées, pseudo-volcans ; volcan de Lemery. — Avant d'indiquer quelles sont, selon nous, les véritables causes des phénomènes volcaniques, mentionnons d'abord, dans un intérêt purement historique, quelques-unes des hypothèses qui ont été formulées pour les expliquer. Toutes ces hypothèses ont un caractère commun, celui de donner pour point de départ aux phénomènes volcaniques une action chimique dont le premier effet est un dégagement de chaleur. Ainsi que Humboldt le fait remarquer, suivant les phases diverses que les sciences chimiques ont parcourues, ces phénomènes ont été successivement attribués au bitume, puis aux pyrites, à un mélange humide de fer et de soufre réduits en poussière, et, enfin, à l'oxydation des métaux alcalins et terreux.

Les schistes bitumineux, les lignites, certaines houilles renferment des pyrites qui, une fois mises en contact avec l'eau superficielle ou atmosphérique, se transforment en sulfate de fer. Cette transformation détermine la production d'une certaine quantité de chaleur, accusée par la vapeur d'eau qui se dégage des amas de débris accumulés autour des exploitations. Quelquefois les couches de houille ou de lignite s'enflamment spontanément sous l'influence de causes que nous ne connaissons pas d'une manière certaine : cette inflammation spontanée peut être produite, tantôt par l'oxydation des pyrites placées dans le voisinage d'infiltrations d'eau, tantôt par la combustion du feu grisou ; peut-être, dans certains cas, ces deux causes interviennent-elles à la fois. Quoiqu'il en soit, ces inflammations spontanées allument des incendies souterrains qui

durent pendant un temps plus ou moins long, et que Werner
appelait des *pseudo-volcans*. (1) «Lorsque l'incendie a éclaté, on
peut bien à l'aide de muraillements ou de *bouchages*, en arrêter les progrès, mais il est presque impossible de l'éteindre.
Près de Planitz, en Saxe, il y a une mine de houille qui était
en feu de temps immémorial, à l'époque où Agricola écrivait,
c'est-à-dire il y a trois siècles ; dans ce même lieu, en 1801, je
voyais des vapeurs s'exhaler du sol, autour d'un puits bien
bouché : et, sous des pierres que je déplaçais, la terre était
assez chaude pour que je ne pusse y tenir longtemps la main.
Les incendies souterrains attaquent les couches qui sont dans
leur voisinage ; ils les brûlent, les calcinent et fondent même
les parties les plus exposées à leur action ; des substances minérales très réfractaires se vitrifient ; les argiles deviennent
dures au point de faire feu au briquet ; elles prennent un aspect émaillé, des couleurs agréables et variées ; plus ordinai-
rément, les couches terreuses, placées au-dessus de la masse en
combustion, acquièrent un aspect pareil à celui de la brique.
Les couches supérieures s'affaissent et se brisent. Me trouvant,
près de Tœplitz, en Bohême, au milieu de monticules dont
les coupes présentaient des couches rouges et brûlées, ainsi
culbutées et brisées, au milieu de champs couverts de leurs
fragments, je me croyais dans un pays renfermant autrefois
d'immenses tuileries. Pendant que les houilles sont encore en
feu, il sort, par les crevasses qu'elles ont occasionnées dans le

(1) La mine de Revaux, dans le bassin de Saint-Etienne, peut être citée
comme une de celles qui présentent des traces d'ignition. Sous une couche de
fer carbonaté, une couche de houille a été en grande partie changée en coke ;
toutes les couches voisines de celles-ci paraissent avoir éprouvé aussi une très
forte calcination ; elles sont rouges et moins dures ; le sulfure de fer y a
éprouvé une sorte de sublimation par suite de laquelle il s'est formé du soufre
natif, et des veines de sulfate de chaux à texture cristalline. (A. Burat).

terrain qui est au-dessus, des fumées ou plutôt des vapeurs aqueuses, plus ou moins sulfureuses, et quelquefois ammoniacales ; elles donnent lieu à quelques formations salines qui sont assez souvent l'objet d'une exploitation ; tous ces effets sont absolument superficiels ; ils sont aussi simples que peu importants dans la somme des changements survenus à la surface du globe, et ils n'ont aucun rapport, même proportion gardée, avec ceux des volcans. » Daubuisson, *Traité de Géognosie.*

Si l'on mêle de la limaille de fer et de la fleur de soufre, et si, après l'avoir mouillé avec de l'eau, on place ce mélange à une faible profondeur dans le sol, le fer et le soufre se combinent pour former du sulfure de fer. Il y a production de chaleur, gonflement et crevassement du sol, dégagement de vapeurs sulfureuses et quelquefois même apparition de flammes. Cette expérience est connue sous la désignation de *volcan de Lémery*, à cause du physicien de ce nom qui la fit pour la première fois vers 1700. Elle fut considérée comme donnant l'explication simple et évidente des phénomènes volcaniques; pour la première fois, on appliquait la méthode expérimentale à la géologie, mais l'essai n'était pas heureux.

Hypothèse de l'oxydation d'un nucléus métallique. — Ces hypothèses d'inflammation de houillères et de substances combustibles contenues dans l'intérieur de l'écorce terrestre, pas plus que les suppositions de production de chaleur à la suite de réactions chimiques, ne sauraient avoir cours dans la science ; il est entièrement inutile de nous arrêter à en démontrer toute l'inadmissibilité.

Evidemment, la cause première des phénomènes éruptifs est générale et n'appartient pas à une contrée déterminée; elle se fait successivement sentir tantôt sur un point, tantôt sur un autre. En outre, elle se trouve placée à une grande profondeur dans l'intérieur du globe, et, tout au moins, immédiatement au-dessous de l'écorce terrestre. Sénèque disait : *Ignis in ipso monte non alimentum habet, sed viam.* Pour persister à rattacher la cause des phénomènes volcaniques à des réactions chimiques, il fallait trouver des substances susceptibles de se prêter à ces réactions avec une grande facilité ; il fallait, en outre, que ces substances fussent répandues dans la masse du globe avec abondance et uniformité. La découverte du potassium et du sodium, faite par Davy, au commencement de ce siècle, le conduisit à penser que les phénomènes volcaniques pourraient bien résulter de l'oxydation d'un noyau de métaux alcalins et terreux, oxydation produite par le contact de l'eau pénétrant dans l'intérieur de l'écorce terrestre. Au premier abord, l'hypothèse de Davy paraît d'autant plus admissible que les laves sont essentiellement composées de silice combinée avec les oxydes de ces métaux, c'est-à-dire la potasse, la soude, la chaux, la magnésie, etc.

Si l'on projette, sur du potassium, de l'eau en gouttes imperceptibles, il se produit un volcan et une éruption en miniature. Chaque molécule d'eau est décomposée ; son hydrogène, par suite de l'élévation de la température, brûle avec une petite flamme semblable à celle d'un volcan ; il se creuse, au point de contact, une petite cavité qui est le cratère, et l'oxyde de potassium se relève sur ses bords en formant un monticule dont le cratère occupe le centre. Si l'eau tombe en quantité un peu considérable, il se manifeste un embrasement général de la surface du potassium, d'où résultent une multitude de crevasses et d'élévations comparables aux grandes vallées et aux chaînes de montagnes.

Cette expérience a été le point de départ de Davy, lorsqu'il

a formulé sa théorie des phénomènes volcaniques. Ampère
s'en est servi dans son système cosmogonique. Plus tard, cette
théorie ayant été abandonnée par Davy, Gay-Lussac l'a reprise
et développée dans un mémoire inséré , en 1823 , dans les
Annales de physique. Comme quelques géologues me paraissent encore disposés à l'adopter, je dois rappeler ici quelques-
unes des objections qu'elle soulève.

1° La densité du potassium est 0,865; celle du sodium, 0,972;
leur faible pesanteur spécifique ne permet pas de croire à leur
existence à une certaine profondeur dans l'intérieur du globe.
A la surface de la terre, leur affinité pour l'oxygène a été, depuis longtemps, satisfaite.

2° L'eau, ni l'air atmosphérique, ne pénètrent assez profondément dans l'écorce terrestre pour arriver jusqu'à la pyrosphère, dont les matériaux sont, d'ailleurs, déjà oxydés, si l'on
en juge par les laves qui en proviennent. L'eau rejetée par les
volcans, est celle qui circule vers les parties supérieures de la
croûte du globe (voir page 6).

3° On ne constate nulle part l'existence de ces courants d'hydrogène qui devraient s'échapper de l'écorce terrestre, après
la décomposition de l'eau amenée au contact du noyau inondé.
Davy a cru devoir renoncer à sa théorie parce que, durant une
éruption volcanique, il y a absence ou, du moins, extrême
rareté de dégagements d'hydrogène inflammable ; cette absence
ne saurait s'expliquer par la formation de l'eau, de l'acide
chlorhydrique, de l'ammoniaque et de l'hydrogène sulfuré
qui ne s'échappent pas des foyers volcaniques en quantités
suffisantes pour rendre cette explication admissible. — De
même, l'absence presque complète de l'azote, dans les émanations volcaniques, ne permet pas d'admettre l'oxydation du
nucléus par l'intermédiaire de l'air atmosphérique.

Sans doute, il y a eu un moment où une oxydation s'est produite, sur une échelle immense, à la surface du globe ; l'eau est un des résultats de cette oxydation. Toutefois, ce phénomène s'est manifesté bien avant le commencement des temps géologiques. Cette oxydation se continue, mais c'est à une grande profondeur et au contact du nucléus ferrugineux dont nous avons admis l'existence ; en outre, l'oxygène est fourni, non par l'eau ou l'air atmosphérique, mais par les autres substances oxydées qui font partie de la pyrosphère. Cette oxydation n'est donc qu'un cas particulier d'un phénomène plus général qui résulte des nombreuses actions chimiques s'accomplissant soit dans l'écorce terrestre, soit dans la pyrosphère ; elle se manifeste trop lentement, et à une trop grande profondeur, pour constituer la cause immédiate des éruptions volcaniques.

Cause première des phénomènes éruptifs : mouvements de la matière pyrosphérique. — Pour le géologue qui ne veut pas chercher trop loin, dans les profondeurs du globe, la raison d'être des phénomènes qu'il étudie, la cause essentielle des phénomènes éruptifs réside dans les mouvements de la pyrosphère.

J'ai dit, page 5, que la matière pyrosphérique, sous la pression que l'écorce terrestre exerce sur elle, arrive, en traversant les conduits volcaniques, à une distance de la surface du globe qu'on peut apprécier à 5000 mètres environ. — Lorsque cette matière pyrosphérique est mise en mouvement, elle franchit cette distance et vient s'épancher à la surface du sol. Quel est la nature de l'impulsion qui, par moments, agite ainsi la pyrosphère ? Dans l'état actuel de nos connaissances, il ne me serait pas possible de traiter cette question sans pénétrer dans la région des vagues hypothèses. Je n'ajouterai qu'une chose à ce que j'ai dit (tome I, page 236), sur les mouvements de la pyrosphère; d'après les calculs de Cordier, la quantité de lave émise par l'éruption la plus considérable répartie à la surface du globe ne formerait pas une couche de $\frac{1}{500}$ de millimètre d'épaisseur, tandis qu'une contraction de l'écorce terrestre qui produirait une diminution de 1 millimètre dans le rayon de l'écorce terrestre, suffirait pour produire 500 éruptions des plus violentes.

Appréciation de la force volcanique. — Daubuisson pensait que la vitesse de projection, pour le Vésuve et l'Etna, n'est pas égale à celle qu'ont les boulets au sortir du canon : celle-ci est de 4 à 500 mètres par seconde. Les pierres que le Vésuve lança en 1779, restèrent 20 à 25 secondes dans l'air : quelques-unes atteignirent une élévation de près de 4 kilomètres. Le Cotopaxi a jeté, à 3 lieues de son cratère, des masses de 10 mètres cubes.

Le meilleur moyen de mesurer la force volcanique, c'est de calculer le poids de la colonne de lave qui est soulevée jusqu'au sommet d'un volcan. L'Etna est un de ceux où la lave a été portée à la plus grande altitude. Le sommet de l'Etna est à 3300 mètres au-dessus du niveau de la mer; la densité de la lave, dans l'intérieur d'un volcan, est au moins égale à 3 : par conséquent, la base de la colonne de lave contenue dans l'Etna, lorsqu'une éruption a lieu par le cratère principal, supporte une pression qui est égale à $\frac{3300 \times 3}{10,3} = 961,2$, c'est-à-dire supérieure à 961 atmosphères. Pour se faire une idée de la force qui peut vaincre cette pression, il faut se rappeler que, dans nos machines les plus puissantes, la pression n'est guère supérieure à 10 atmosphères. Remarquons encore que l'appréciation à laquelle nous venons d'être conduit, devrait au moins être doublée, puisque nous avons supposé que la base de la colonne de lave soulevée dans l'Etna était au niveau de la mer, tandis qu'en réalité il faudrait la supposer placée à une profondeur de 5000 mètres environ.

Dans le premier volume du *Cosmos*, Humboldt est porté à croire que l'activité des volcans est en raison inverse de leur altitude. Un des plus petits de tous, le Stromboli, est en pleine activité depuis les temps d'Homère, tandis que, pour les colosses qui couronnent les Cordillères, les éruptions se renouvellent à peine une fois par siècle. Toutefois, il fait remarquer que cette loi est sujette à quelques exceptions, et parmi ces exceptions il signale le Sangay qui, malgré son altitude de plus de 16000 pieds, est le plus actif de tous les volcans de l'Amérique méridionale ; Sébastien Wise étant parvenu, en 1849, sur le sommet de ce volcan, a compté 267 éruptions en une heure ; chacune d'elles durait, en moyenne, 13 secondes.

L'élévation des volcans paraît exercer aussi une influence sur le caractère de leurs éruptions. Les volcans de la double chaîne des Andes de Quito, à l'exception peut-être du volcan d'Antisana, ne vomissent jamais de lave, même au milieu de formidables éruptions de scories incandescentes et d'explosions qui se font entendre à plus de cent lieues.

Intervention de l'eau et des gaz dans les phénomènes volcaniques. — Nous avons vu que l'eau circule librement dans la partie supérieure de l'écorce terrestre. Lorsque cette eau rencontre des courants ascendants de lave, elle se dissout dans cette lave ou se mélange mécaniquement avec elle. D'autres substances gazeuses à la température ordinaire ou susceptibles de prendre l'état gazeux à une température élevée, pénètrent également dans le courant de lave. Ces substances sont celles qui se dégagent des volcans, pendant chaque éruption, et qui, par

leur expansion, donnent à la lave une texture scoriacée. La
vapeur d'eau, soumise à une température très élevée, acquiert
une tension dont il serait difficile de se faire une idée ; elle
facilite le mouvement d'ascension de la lave, qu'elle accompagne dans son trajet vers la surface du globe, et, lorsque
cette vapeur d'eau est assez rapprochée du cratère, elle surmonte la pression que la lave lui oppose, en déterminant une
explosion ou une série d'explosions. (Voir page 124.) Des lambeaux de lave sont eux-mêmes projetés dans l'atmosphère,
tantôt à l'état fluide (bombes volcaniques), tantôt à l'état
solide (scories) (1).

Par conséquent, l'eau joue un rôle très important dans les
phénomènes volcaniques, mais elle n'en constitue pas la cause
première. Cette cause première, je le répète, réside dans les
mouvements de la pyrosphère. (Voir page 5.)

Je dois rappeler aussi que le voisinage de la mer peut être
une cause favorable, mais non indispensable au développe-
pement de l'activité volcanique, puisque certains volcans qui
fonctionnent actuellement sont éloignés de tout amas d'eau
douce ou salée. Le chlorure de sodium et l'acide chlorhydrique
n'indiquent pas, par leur présence parmi les émanations
volcaniques, l'intervention de l'eau de mer dans le phénomène des éruptions : ces substances sont, comme toutes celles
que rejettent les volcans, des produits directs de l'activité
volcanique ; les volcans de l'Auvergne, quoique éloignés de la
mer, en ont produit comme les volcans situés au bord de
l'océan. L'eau, qui intervient dans les éruptions volcaniques,

_____

(7) La figure 44 offre trois lignes horizontales. La ligne NN correspond au
niveau de la mer. La ligne PP marque la limite supérieure que la lave peut
atteindre par la seule pression de l'écorce terrestre. La ligne EE indique la
limite inférieure de la zone où l'eau peut circuler. (Voir page 5 et suivante.)

provient, non seulement de la mer, mais aussi de la fonte des neiges, des pluies, etc. On a même remarqué que ces éruptions étaient bien plus fréquentes après les saisons pluvieuses.

L'eau pénètre dans l'intérieur de l'écorce terrestre soit par les fissures qui existent dans cette écorce, soit par voie de capillarité. Je dois ici appeler de nouveau l'attention du lecteur sur les expériences qui sont dues à M. Daubrée et que j'ai déjà mentionnées, page 11. Dans ces expériences, l'eau pénètre à travers une plaque poreuse et va soulever la colonne de mercure d'un manomètre à air libre, mis en communication avec la chambre où se rend la vapeur d'eau. (1) Ces expériences sont l'exacte reproduction de ce qui se passe dans une éruption volcanique, abstraction faite de la force intérieure qui soulève la lave. Les parois du conduit volcanique tiennent

---

(1) C'est à l'obligeance de M. Minary, directeur de la fonderie de Casamène, près de Besançon, que je dois communication de l'observation suivante, qui démontre bien l'influence favorable exercée par la chaleur sur la capillarité du sable. Les expériences de M. Daubrée expliquent complétement le fait, en apparence paradoxal, qui se trouve relaté dans cette note.

« Pendant les crues du Doubs, lorsque le niveau de ses eaux n'est plus qu'à 80 centimètres au-dessous de celui de la fonderie, l'on voit le sable qui forme ce sol s'imprégner d'humidité et devenir boueux dans toutes les parties où le sol a été préalablement échauffé, tandis que celles qui sont restées froides sont parfaitement sèches. Le fait le plus saillant que nous ayons observé est le suivant ; il date d'une dizaine d'années. Une veille de coulée, le sol de la fonderie était couvert de moules dont quelques-uns avaient été ouverts et échaffaudés sur des tréteaux en fonte; des feux de coke avaient été allumés sous ces moules pour les faire sécher. Pendant la nuit, les eaux du Doubs s'étant élevées rapidement, l'humidité gagna les parties où se trouvaient les feux ; le sol, devenu boueux, s'effondra sous les tréteaux qui se renversèrent avec les moules qu'ils supportaient. Ce ne fut que le matin que l'on s'aperçut des dégâts occasionnés par l'humidité pendant la nuit : aucun des moules qui n'avaient pas été chauffés n'avait subi d'affaissement ou de déplacement; le sol sur lequel ils reposaient était resté parfaitement sec et solide, il n'y avait d'humides que les parties qui avaient été exposées à la chaleur. »

la place de la plaque poreuse de grès, et le conduit lui-même fonctionne comme le manomètre. Une circonstance facilite l'accès de la vapeur d'eau dans les conduits volcaniques de l'époque actuelle; c'est que presque tous les volcans modernes se trouvent dans des régions où des éruptions de trachyte les ont précédés. M. Daubrée a constaté que le trachyte du Drachenfels, même quand il est exempt de toute boursouflure apparente, absorbe 3,7 pour 100 de son poids d'eau, et renferme par conséquent environ 9,6 de son volume d'interstices.

Éruptions volcaniques les plus remarquables du Vésuve, de l'Etna et de l'Islande. — En terminant ce chapitre, je vais mentionner quelques-unes des éruptions les plus remarquables dont l'histoire nous a conservé le souvenir.

Vésuve. — L'éruption la plus ancienne dont il soit fait mention pour le Vésuve est celle de l'an 79, qui coûta la vie à Pline l'aîné. Elle avait été précédée, en 63, par un violent tremblement de terre, puis par de légères secousses qui persistèrent jusqu'en 79, devinrent plus violentes au mois d'août de cette année. Il n'y eut aucune émission de lave; pendant huit jours consécutifs des masses énormes de rapilli et de cendres volcaniques furent rejetées par le volcan, mais ces cendres volcaniques n'amenèrent pas l'ensevelissement d'Herculanum et de Pompéi. Ainsi que Dufrénoy l'a consigné dans son mémoire sur le terrain volcanique des environs de Naples, les masses terreuses qui recouvrent ces deux villes sont presque entièrement composées d'éléments étrangers au Vésuve proprement dit; elles sont, au contraire, formées de débris du tuf des environs de Naples et des contre-forts de la Somma. Il est probable que l'éruption de 79 a produit l'éboulement d'une partie de ces contre-forts, et qu'il en est résulté des alluvions considérables : des pluies de cendres n'auraient eu d'autre résultat que de recouvrir les maisons et de combler les rues; elles n'auraient pu, ainsi qu'ont dû le faire des matériaux à l'état boueux, pénétrer dans tous les vides et dans les caves les plus profondes, de manière à les remplir entièrement.

Parmi les éruptions modernes du Vésuve, je citerai celle de 1631, pendant laquelle Résina fut consumée par un torrent de lave, et celle de 1794. Celle-ci s'annonça, dans les premiers jours de juin, par le trouble apporté dans les fontaines et les pluies de cette ville; le 7, une explosion gazeuse entr'ouvrit le sol dans le lieu même où sortit par la suite le torrent de lave le plus considérable : le sol éprouva de fréquentes secousses jusqu'au 15, à 10 heures du soir; dans ce moment, l'éruption devint très violente. Bientôt après, on put distinguer quinze bouches disposées en ligne droite, à des intervalles inégaux, sur une fissure qui occupait toute la montagne sur une longueur d'un mille et demi dans la direction de Torre del Greco et de Résina; des torrents de lave jaillirent de toutes ces bouches et se réunirent en une vaste coulée qui se précipita en cascade sur les pentes de la montagne et tomba enfin dans la mer. Le 16, à 5 heures du matin, une nouvelle bouche vomit un nouveau torrent de lave qui traversa la ville de Torre del Greco, et la détruisit presque totalement. Cette catastrophe avait été prévue; quinze personnes seulement périrent; mais dix-huit mille habitants furent obligés de chercher un refuge à Castellamare; à peine pouvaient-ils trouver leur chemin, une pluie de cendres tombait sur le Vésuve, et l'on n'était éclairé que par la réverbération de la lave et de la ville incendiée. Le 17, le Vésuve était toujours enveloppé de nuages épais de cendres et de fumée; il se découvrit le 18, et l'on s'aperçut que la partie occidentale du cratère s'était écroulée dans l'intérieur. En ce moment survint une pluie abondante; les cendres, qui ne cessèrent d'être rejetées, tombèrent avec elle et formèrent une boue qui, dans sa course, entraîna les rochers, les arbres, et détruisit tout ce que le feu n'avait pu consumer entre Torre del Greco et Torre del Anunziata. (Daubuisson et Burat, *Traité de Géognosie.*) (1)

(1) La dernière éruption du Vésuve a eu lieu en 1862 : les deux éruptions qui l'ont précédée sont celles de 1850, qui a été bruyante et orageuse et a complétement changé la disposition du cratère, et celle de 1855 qui a été relativement calme. M. Ch. Deville explique cette diversité d'allures par ce fait, que l'éruption de 1855 a été précédée et comme amortie par l'ouverture, quelques mois auparavant, sur le plateau supérieur, d'une grande cavité qui n'a cessé, pendant et après l'éruption, de rejeter des masses immenses de gaz et de vapeurs. Voici la description que M. Palmieri donne de l'éruption de 1855 : « Dans la matinée du 1er mai, vers 4 heures, pendant que du sommet de la montagne s'échappait une quantité extraordinaire de fumée, qui durait depuis trois jours, un sombre mugissement, répété par les remparts élevés de la Somma, annonça tout-à-coup le commencement d'un nouvel embrasement. Il se forma successivement douze bouches qui vomirent de la lave et des blocs incandescents, mêlés à des globes de fumée lancés avec une grande violence et un bruit effroyable. Toutes ces bouches et tous ces cratères s'ouvrirent sur une même ligne, dans la direction du gouffre de décembre, sur la pente septentrionale du cône, pente qui formait précisément le chemin par lequel on descendait du sommet de la montagne. — L'ouverture supérieure ne donna qu'une petite quantité de laves qui se solidifia au pied de la montagne; mais les plus basses vomirent des laves abondantes qui couraient sur la pente rapide comme l'eau dans un canal, et formèrent deux fleuves incandescents qui, perdant de leur rapidité à mesure qu'ils avançaient en serpentant dans l'*atrio del Cavallo*, se coagulèrent en un lac de feu, qui aurait défié l'imagination d'un poète. La matière liquide se déversa vers l'ouest, du côté où le portait la pente légère du terrain, et le 1er mai, à 7 heures 30 minutes du soir, la lave, après avoir recouvert d'autres courants plus anciens, vint se jeter dans le *Fosso della Veterana.* En tombant dans ce ravin, elle se précipita du haut d'un rocher vertical, et forme la cascade la plus merveilleuse, détruite ensuite par l'énorme quantité de scories accumulées dans le gouffre situé au-dessous. La matière incandescente qui courait dans le ravin de la Veterana atteignit les flancs de l'observatoire, le 2 mai, à 5 heures du matin, et à 11 heures elle

Etna. — L'éruption la plus importante de l'Etna est celle de 1669. Elle débuta par un violent tremblement de terre qui détruisit le village de Nicolosi. Près de ce village, deux gouffres donnèrent issue à une telle quantité de sable et de scories, qu'il en résulta la formation d'un double cône (Monti-Rossi). Une fissure de près de deux mètres de large et d'une profondeur inconnue s'ouvrit avec un bruit effroyable dans la direction du sommet de l'Etna, sur une étendue de 4 lieues ; elle émettait une clarté très vive, et sa formation fut suivie de

se jeta dans le *Fosso di Faraone*, formant une seconde cascade resplendissante comme la première. — Le 5 mai au soir, le courant enflammé se montrait près des maisons de Massa et de San Sebastiano, puis, après une pose, il s'acheminait de nouveau, et le 7, il se déversait sur les premières maisons et sur les champs de ces deux villages, puis s'approchait de Pollena et de Cercola, tournait à gauche sur les terres d'Apicolla, détruisait, avec une vitesse incroyable, forêts, habitations champêtres, et se précipitait dans le ravin de Turrichio, répandant partout la désolation. — Quant aux cratères, ils furent tous en pleine activité pendant les trois premiers jours : mais le quatrième, on vit décroître la violence des plus élevés ; les autres montrèrent à leur tour moins de puissance, les mugissements intérieurs cessèrent et les pierres furent lancées à une moindre hauteur et avec moins d'abondance. Dans la soirée du 5, les cônes inférieurs surtout reprirent de la vigueur et la lave se déversa plus abondamment. On entendit des retentissements alternatifs comme ceux de deux massues qui frapperaient sur les parois d'une voûte. Ces bruits n'étaient pas continus ; de temps à autre, ils cessaient ou devenaient très faibles. Dans la soirée du 7, on vit croître la violence des cratères les plus élevés ; dans une nouvelle excursion, nous trouvâmes que l'un deux sifflait avec véhémence comme la soupape de sûreté d'une énorme chaudière à vapeur, qu'un autre mugissait à de courts intervalles avec un mugissement indéfinissable. A partir de la soirée du 9, on n'entendit plus qu'un sifflement semblable à celui que produit le vent en passant au travers d'une fissure étroite ; ce sifflement cessa dans la journée du 12. » Dès le 14 mai, ajoute M. Ch. Deville, l'éruption était dans sa période décroissante, mais le 27, la lave continuait à couler avec une certaine abondance. A plus de 10 lieues en mer, on apercevait comme une écharpe de feu sur le flanc du Vésuve, et ce spectacle plus frappant encore à Naples, devenait d'une beauté saisissante à mesure qu'on s'approchait de la lave.

celle de cinq autres fissures parallèles ; les mugissements qui sortirent de ces fissures furent entendus jusqu'à la distance de 14 lieues. La coulée de lave que cette éruption produisit, et que j'ai citée comme une des plus considérables qui soient connues, envahit 14 villes ou villages, et atteignit Catane qui ne fut qu'en partie endommagée.

Islande. — Les éruptions qui eurent lieu en 1783 paraissent avoir été les plus terribles de celles dont parlent les annales modernes de l'Islande. Un mois avant l'éruption, un volcan sous-marin fit explosion à 11 lieues de l'île, et il vomit une si grande quantité de pierres ponces, que l'océan en fut couvert jusqu'à la distance de 50 lieues. Une île nouvelle sortit du sein des eaux. Les tremblements de terre, qui depuis très longtemps se faisaient ressentir en Islande, devinrent très violents, et le 11 juin 1783, le Skaptaa-Jokul, vomit un immense torrent de lave. Le 18 juin, puis le 3 août, d'autres torrents de lave s'échappèrent du volcan, et déterminèrent les coulées les plus étendues qui existent à la surface du globe. L'éruption ne cessa entièrement qu'au bout de deux ans. Vingt villages au moins furent détruits, sans compter ceux qui se trouvèrent inondés par les eaux. Plus de neuf mille personnes, ainsi qu'une immense quantité de bétail périrent, tant à cause des ravages causés par la lave, que par suite de la famine et des miasmes pernicieux dont l'air était imprégné. (Lyell, *Principes de Géologie.*)

CHAPITRE VII.

Comment on détermine l'âge d'une roche éruptive. — Plusieurs méthodes peuvent être employées pour déterminer l'âge d'une roche éruptive, c'est-à-dire pour fixer d'une manière plus ou moins précise le moment où elle a déserté la pyrosphère et s'est montrée à la surface du globe. Je vais mentionner les deux méthodes les plus rigoureuses et les plus directes.

Quand un courant de matière éruptive se dirige vers la surface du globe, il saisit et enveloppe dans sa masse des fragments des roches qui se trouvent sur son passage. Dans ce cas, la masse éruptive est évidemment postérieure aux roches dont elle contient les débris. Ainsi, une roche éruptive qui renfermera des fragments de calcaire oxfordien devra être déclarée postérieure au dépôt du terrain de ce nom.

Dès qu'une roche éruptive est définitivement constituée à la surface du globe, elle est soumise à l'action destructive des agents atmosphériques. Ses débris vont se mêler aux matériaux

10

qui, dans un moment donné, s'accumulent au fond des lacs et des mers pour déterminer la formation des strates sédimentaires. La présence de ces débris dans ces strates prouve incontestablement que celles-ci sont moins anciennes que la roche éruptive à laquelle une partie de leurs éléments ont été empruntés.

La stratigraphie nous fournit d'autres indications propres à nous guider dans la recherche de l'âge des roches éruptives ; je réserve l'examen de ces indications pour le livre VII.

Ordre dans lequel les roches éruptives se sont succédées. — Les éruptions granitiques ont, pour ainsi dire, précédé le dépôt des premiers terrains stratifiés. Très considérables à l'origine des temps géologiques, elles ont rapidement perdu de leur importance, tout en persistant jusqu'après la période qui a vu le dépôt du terrain nummulitique méditerranéen. L'île d'Elbe est une des contrées où l'on observe les traces d'éruptions granitiques les plus modernes. Le granite ilvaïque y a soulevé et disloqué les couches du terrain nummulitique ; il y a même traversé, sous forme de filons, les roches ophiolitiques qui, dans l'Etrurie, sont également postérieures à ce terrain.

Les éruptions porphyriques ont suivi de très près celles de granite, pour cesser presque en même temps. Elles ont pris leur plus grande extension pendant l'intervalle de temps qui commence avec la période silurienne et finit avec la période triasique.

Il est assez difficile de préciser l'époque où les roches dioritiques se sont montrées pour la première fois. Quand on remarque que leur maximum de développement et leur dernière apparition correspondent à des époques plus modernes que pour les porphyres proprement dits, on est conduit à supposer que les plus anciennes d'entre elles n'ont surgi qu'après les plus anciennes roches porphyriques.

Dans un mémoire publié en 1834, Dufrénoy déclare avoir trouvé la preuve certaine que les terrains tertiaires les plus modernes ont été disloqués par l'apparition des ophites dans les Pyrénées ; il conclut de ce fait que l'époque de leur apparition se place entre le terrain tertiaire et les alluvions anciennes. Dans la contrée pyrénéenne, d'après Dufrénoy, les points par où ont surgi les ophites s'échelonneraient dans des directions parallèles au système des Alpes Principales, et ce parallélisme serait pour lui une raison de plus de maintenir aux ophites l'âge qu'on est amené à leur accorder en se basant sur d'autres données. Ce seraient, par conséquent, les roches plutoniques les plus récentes.

Les roches ophiolitiques paraissent avoir à peu près la même histoire que les roches dioritiques ; elles ne se sont montrées qu'après les porphyres ; leur dernière apparition a eu lieu vers le milieu de la période tertiaire. D'après M. Elie de Beaumont, les roches hypéritiques de la Norwège, de même que les euphotides et les serpentines du Dauphiné et du Piémont, ont éprouvé leur dernier soulèvement à l'époque du système des Alpes Occidentales, par conséquent entre les périodes miocène et pliocène. D'après M. Sismonda, il y aurait eu deux éruptions de serpentines. La première aurait amené des roches diallagiques passant à l'euphotide et aurait précédé les dépôts miocéniques du Piémont, comme le démontrent les cailloux de serpentine contenus dans ces dépôts. L'autre apparition serait contemporaine de la fin de la période miocène, c'est-à-dire de la révolution causée par le système des Alpes Occidentales : elle aurait fait surgir des serpentines se rapprochant de l'amphibolite.

Les trapps, que nous avons considérés comme des roches volcaniques anciennes, se sont montrés en grande abondance vers l'époque du nouveau grès rouge. Dans certaines parties de l'Angleterre, dit M. Elie de Beaumont, des filons de trapp traversent le grès bigarré et le terrain jurassique.

Le trapp du lac Supérieur présente une grande variété de texture; il est compacte, grenu, amygdaloïde, porphyrique. Ses filons renferment de l'argent et du cuivre natifs ; ce dernier métal y existe en petits grains, en petites masses et en blocs pesant jusqu'à 50 tonnes. Les fentes des filons ont été produites par le soulèvement qui a eu lieu dans la direction du N. 65° E., connu en Europe, sous le nom de système du Finistère. (Rivot, *C. R. de l'Académie des Sciences*, tome XL.) Ce système marque le commencement de la période silurienne.

Dans la Hongrie, d'après Beudant, les conglomérats trachytiques sont recouverts par des grès à lignites et par des sables coquilliers appartenant à l'époque du calcaire parisien ; dans cette contrée, les éruptions trachytiques seraient donc antérieures à une partie au moins du terrain éocène et, sans doute, selon nous, contemporaines de l'apparition du système des Pyrénées et postérieures au terrain nummulitique méditerranéen. — Aux environs d'Antibes, d'après M. Coquand, les conglomérats trachytiques reposent sur les grès à nummulites et sont recouverts par le terrain miocène. — En Auvergne, les conglomérats lacustres inférieurs de l'époque éocène contiennent des cailloux roulés de quartz, de micaschiste, de granite et d'autres roches, sans aucun mélange de produits ignés. Mais les lits les plus élevés du miocène inférieur alternent parfois avec un tuf volcanique du même âge. L'apparition des trachytes, dit sir Lyell, a donc commencé peu après le dépôt des premières assises du terrain miocène. Dufrénoy a re-

marqué que, près d'Aurillac, le trachyte recouvre constamment le terrain tertiaire moyen.

D'après M. Pissis, dans toute la partie sud des Andes, l'apparition des premières roches trachytiques est immédiatement
postérieure au dépôt des terrains tertiaires marins du Chili.
Par leurs fossiles et la nature de leurs roches , ces dépôts s'approchent plus de la molasse coquillière que de tout autre formation. L'épanchement de ces roches trachytiques appartien-
drait à une époque peu éloignée de celle qui a vu l'apparition
du système des Alpes Occidentales.

Les basaltes les plus anciens sont ceux du Vicentin ; non seulement ils alternent avec des bancs du terrain éocène, mais
encore les tufs qui les accompagnent contiennent des fossiles
que l'on rencontre aussi dans le calcaire parisien. — Deux localités, en France, démontrent que les premiers épanchements
de basalte sont antérieurs au terrain miocène. La montagne de
Gergovia, près de Clermont, présente des basaltes recouverts
par des calcaires lacustres qui renferment eux-mêmes des
fragments de basalte. L'épanchement basaltique de Beaulieu
(Provence) a devancé, de fort peu, la formation gypseuse éocène
qui en renferme des débris. La formation marine miocène,
aux environs de cette localité, débute par un poudingue à éléments grossiers composé de calcaire lacustre et de basalte.
(Coquand, *Traité des Roches*.)

On voit que les éruptions trachytiques et basaltiques ont
commencé à peu près en même temps. Elles ont continué
pendant la fin de la période tertiaire et pendant l'ère jovienne.
On peut dire qu'elles n'ont pas cessé, car certaines laves de
l'époque actuelle présentent avec les trachytes, et surtout avec le
basalte, une analogie qui paraîtrait encore plus grande, si nous
pouvions observer les produits des éruptions sous-marines.

Règnes des roches plutoniques et des roches volcaniques.— Si, maintenant, nous comparons d'une manière générale les roches
plutoniques et les roches volcaniques au point de vue de
leur âge, nous distinguons dans la série des temps géologiques :

1° Une période pendant laquelle les roches plutoniques se
sont seules montrées à la surface du globe ; c'est l'ère neptunienne.

2° Une période comprenant l'ère tellurique, et qui a vu les
roches plutoniques perdre insensiblement de leur importance
et les roches volcaniques devenir de plus en plus abondantes.
S'il nous fallait fixer la limite précise où les éruptions plutoniques ont commencé à être moins importantes que les éruptions volcaniques, nous la placerions entre le dépôt du terrain
nummulitique méditerranéen et celui du terrain éocène parisien. Vers ce moment ont surgi les dernières masses granitiques et porphyriques et se sont montrées les premières masses
trachytiques et basaltiques. C'est aussi vers cette époque, qui
se personnifie, pour ainsi dire, dans l'apparition du système
des Pyrénées, que le continent européen a subi un exhaussement général.

3° Une période qui n'a été témoin d'aucune éruption pluto-
nique et pendant laquelle des volcans à cratère se sont, pour la
première fois, édifiés à la surface du globe. Cette période correspond à l'ère jovienne.

Le tableau synoptique de la page 152 résume les considérations précédentes ; les indications qu'il fournit, vraies dans
leur ensemble, n'ont d'ailleurs qu'une exactitude approximative, si l'on veut pénétrer dans les détails. La partie gauche
de ce tableau reproduit la classification des terrains que nous
avons adoptée. Dans la partie droite, un trait noir indique les

époques pendant lesquelles les roches d'une même famille se sont montrées à la surface du globe. Le signe ▓ correspond aux moments où ces roches ont surgi en grande abondance.

J'ai déjà plusieurs fois indiqué comment l'âge des roches éruptives étant déterminé, on pouvait arriver à la connaissance de la composition de l'écorce terrestre, en partant de ce principe qu'à chaque famille de roches éruptives correspond une zone formée des mêmes éléments que ces roches. Ces zones sont disposées de haut en bas dans le même ordre que les familles auxquelles elles correspondent, lorsqu'on range celles-ci par ordre d'ancienneté. Je dois faire à ce sujet une dernière remarque : c'est que ces zones n'ont pas partout la même épaisseur et ne sont pas rigoureusement concentriques. Pour mieux faire comprendre ma pensée par un exemple, je vais indiquer ce qui se passait avant le commencement de la période tertiaire, alors que les roches éruptives offraient une grande variété de nature et de composition.

Vers le commencement de la période tertiaire, les roches amenées à la surface du globe pouvaient se partager en trois groupes : 1º les roches granitiques et porphyriques ; 2º les roches dioritiques et ophiolitiques ; 3º les roches trappéennes. La pyrosphère, c'est-à-dire la partie de la masse interne du globe en contact immédiat avec l'écorce terrestre, se composait de trois sortes de matériaux formant des masses distinctes. Ces trois masses ne se recouvraient pas mutuellement sur toute l'étendue de la pyrosphère, car, sans cela, on ne s'expliquerait pas comment les roches dioritiques ou ophiolitiques auraient pu arriver à la surface du globe sans entraîner des lambeaux du magma granitique, et comment les roches trappéennes n'auraient pas été nécessairement escortées des autres roches faisant comme

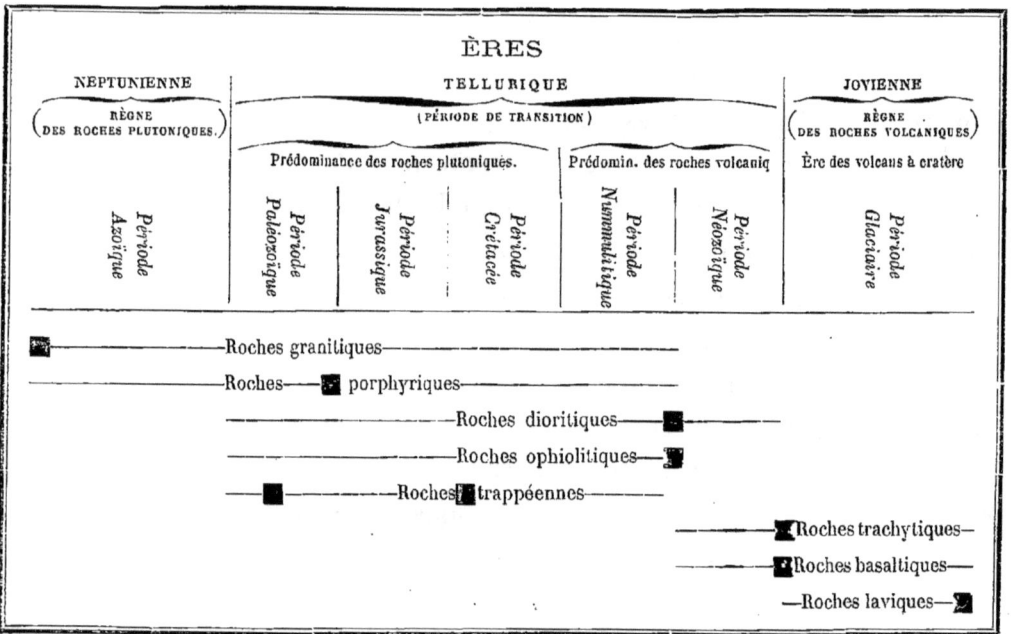

elles partie de la pyrosphère. Il est donc probable que les trois zones granitique, ophiolitique et trappéenne n'avaient pas une épaisseur uniforme, et que chacune d'elles s'amincissait, sur certains points, pour permettre à la zone sous-jacente d'arriver au contact de la croûte du globe. Telle est la disposition que la figure 45 a pour but de représenter. Cette figure indique quelle était la situation relative des trois zones granitique, ophiolitique et trappéenne; au-dessous de la masse trappéenne, on voit apparaître la zone où les éruptions trachytiques et basaltiques allaient bientôt chercher les matériaux qu'elles devaient transporter à la surface du globe.

Caractères distinctifs des éruptions plutoniques et des éruptions volcaniques. — Avant de terminer l'étude des phénomènes d'éruption, je dois résumer une dernière fois les caractères distinctifs des éruptions plutoniques et des éruptions volcaniques. Je tiens à préciser la véritable signification du mot vulcanicité, et à convaincre le lecteur que ce mot a un sens plus restreint que plusieurs auteurs, à l'exemple de Humboldt, ne semblent le supposer.

Les éruptions plutoniques et les éruptions volcaniques diffèrent :

1° Par la profondeur de la zone d'où sont provenus les matériaux charriés par elles ;

2° Par leur âge ;

3° Par la nature des roches auxquelles elles ont donné naissance. (Voir le tableau de la page 74) ;

4° Par la fluidité plus ou moins grande des masses qu'elles ont amenées à la surface du globe; les granites y sont arrivés à l'état subsolide ou pâteux, et les laves à un état de fluidité complète ;

5° Les éruptions volcaniques, prises dans leur ensemble, se sont manifestées dans une écorce terrestre plus puissante que celle à travers laquelle les éruptions plutoniques ont eu lieu ;

6° Les éruptions volcaniques ont été accompagnées de dégagements gazeux très abondants ; les éruptions plutoniques, au contraire, en ont été presque complétement dépourvues.

Différences entre les éruptions basaltiques et les éruptions laviques. — J'ai dit (tome I, page 206) que la vulcanicité était un plutonisme localisé ; j'ai signalé les principales causes de cette localisation (tome II, page 17) ; mais il en est une que j'ai omis de rappeler et dont je vais dire quelques mots. Cette cause nous rendra même compte des différences existant entre les éruptions laviques et les éruptions basaltiques, trachytiques ou trappéennes.

« Les substances gazeuses, dit M. Elie de Beaumont, ont certainement joué un rôle dans les éruptions basaltiques et trappéennes. Le fait que les dykes basaltiques et trappéens sont presque toujours bulleux près de leurs parois, celui que les nappes basaltiques le sont de même près de leur surface inférieure et supérieure, celui que les basaltes sont généralement accompagnés de scories, prouvent invinciblement que les basaltes et même les trapps sont arrivés à la surface du globe comme les laves de nos volcans actuels, pénétrés d'une quantité plus ou moins grande de substances gazeuses qui les rendaient comparables à une éponge liquide ; mais la quantité de ces gaz pourrait avoir été beaucoup moins grande dans le cas des basaltes et des trapps, leur rôle pourrait avoir été moins prépondérant que dans les volcans modernes. — Si on admettait cette supposition, on concevrait immédiatement que les gaz étant le principal agent qui élargit et tient ouvertes les cheminées de nos volcans, les basaltes n'ont pas eu la même tendance que les laves de nos jours à sortir toujours par une même cheminée, et à élever autour d'elle une montagne conique. Ce n'est que parce qu'un volcan est une espèce de machine à vapeur, qu'il entasse autour de son orifice une masse conique de déjections. Ce sont les gaz qui empêchent la cheminée volcanique de se boucher complétement, et qui commencent par la déboucher à chaque nouvelle éruption, en projetant sous forme solide les matériaux qui l'obstruaient. Si une colonne de matières fondues, non mélangées de gaz, venait à s'élever dans la cheminée d'un volcan, elle la boucherait pour toujours et elle obligerait les feux souterrains à se frayer un nouveau canal après d'horribles convulsions. — Si on admettait que dans les éruptions basaltiques et trappéennes, les substances gazeuses ont joué un moins grand rôle que dans les éruptions des volcans actuels, on concevrait immédiatement que, par suite de la même circonstance, il a été naturel aux basaltes de se faire jour en une multitude de points isolés, en brisant et en soulevant quelquefois le sol préexistant; que par conséquent il est tout simple que la plupart des terrains basaltiques et trappéens ne présentent pas de cônes, et soient répandus par lambeaux dans des contrées plus ou moins unies. On concevrait aussi pourquoi ils ne se sont généralement épanchés en grandes nappes que dans les contrées peu élevées. »

En déclarant (tome I, page 217) qu'il n'y avait vulcanicité qu'autant qu'il y avait volcan, j'ai ajouté qu'à chaque volcan se rattachaient les phénomènes qui ont annoncé sa formation et l'ont préparée en quelque sorte. Cette extension, apportée à la définition générale du mot vulcanicité, lui enlève ce qu'elle offrirait sans cela de trop restreint, et permet de donner au mot volcanique une signification aussi large que le comporte la nature des choses. A l'époque où les trapps, les trachytes et les basaltes surgissaient à la surface du globe, il n'existait pas encore de volcans proprement dits, et pourtant nous donnons à ces roches l'épithète de volcaniques; mais tous leurs caractères les rattachent aux laves que rejettent les volcans à cratère, et parmi ces laves, il en est même quelques-unes que l'on doit considérer comme de vrais trachytes ou de vrais basaltes.

Tout volcan est nécessairement pourvu d'un cratère; par conséquent, l'expression *volcan à cratère* est un pléonasme; je l'ai adoptée afin d'éviter toute équivoque, parce que bien des personnes sont encore disposées à considérer comme des volcans les *ouvertures éruptives* par où se sont épanchés les trachytes et les basaltes antérieurs à la période des volcans proprement dits.

Le mot de cratère semble inséparable de celui de volcan et pourtant il s'applique à des montagnes, telles que le Cantal, qui sont formées de roches volcaniques sans être de véritables volcans, puisqu'elles n'ont pas rejetées de laves. C'est un vice de nomenclature qui n'offre aucun inconvénient lorsqu'il est signalé et qu'il est impossible de faire disparaître, parce que la distinction entre un cratère avec lave et un cratère sans lave est essentiellement théorique. Je comparerai volontiers un cratère de soulèvement que les laves n'ont pas mis à profit à une porte dont les habitants d'une ville ne peuvent ou ne veulent pas se servir. Je ferai encore remarquer qu'une montagne volcanique, c'est-à-dire formée de roches volcaniques, n'est pas et n'a pas été nécessairement un volcan.

Ere des volcans à cratère. — La période jovienne est non seulement l'ère des glaciers, des deltas, etc., mais aussi celle des volcans à cratère. Nous verrons, dans la partie de cet ouvrage

consacrée à la géologie systématique, que tous les volcans sont
postérieurs à la période pliocène ; je me bornerai actuellement
à quelques considérations sommaires sur l'âge du Vésuve et
de l'Etna.

Le Vésuve se compose de deux parties distinctes par leur
disposition générale, leur composition et leur âge : le Vésuve
proprement dit et la Somma. La Somma forme une enceinte
circulaire qui enveloppe, sur environ la moitié de sa circonférence, le cône aigu formé par le Vésuve. Les laves du Vésuve sont évidemment postérieures à celles de la Somma :
d'après Dufrénoy, elles sont surtout formées de labrador et
de pyroxène vert, riche en chaux et pauvre en fer ; les laves
de la Somma sont principalement formées d'amphigénite,
c'est-à-dire d'amphigène et de pyroxène ; celui-ci est presque
noir et renferme beaucoup plus de fer que de chaux. Les laves
de la Somma sont presque inattaquables par les acides, tandis
que celles du Vésuve sont en grande partie solubles dans ces
réactifs. Les premières contiennent une très forte proportion
de potasse, tandis que dans les secondes, la soude domine fortement. Sur tout le pourtour de la Somma règne une nappe d'un
tuf ponceux dont quelques lambeaux s'élèvent presque jusque
sur la crête la plus élevée et qui, d'un autre côté, se prolonge
sans solution de continuité vers Naples, les Champs Phlégréens
et la Campanie. On voit que l'ordre d'ancienneté des roches
qui entrent dans la composition du Vésuve et de la Somma est
celui-ci : amphigénite, tuf ponceux, lave moderne.

Le tuf ponceux est presque uniquement composé de débris
de trachyte à plusieurs états. On y distingue des fragments de
différentes grosseurs, réunis par une pâte qui les cimente ;
cette pâte est de même nature que les fragments, elle est composée, comme la plupart des argiles, des parties les plus fines

qui ont été longtemps suspendues dans l'eau. On y trouve des galets assez nombreux de trachyte ; à ces galets se mêlent des débris également roulés de roches plus anciennes que le tuf, telles que le calcaire crétacé de la presqu'île de Sorrente, et l'amphigénite de la Somma. Le tuf se montre à l'île d'Ischia superposé aux marnes bleues subapennines. D'après Rozet, il se compose de deux assises : l'assise inférieure, dans laquelle est creusée l'antique galerie du Pausilippe, et qui n'offre que quelques indices de stratification, présente la plus grande analogie avec les tufs ponceux et les conglomérats trachytiques de la montagne de Perrier ; la deuxième assise est composée de strates régulières d'une substance argileuse très fine, de même nature que celle de l'assise inférieure dont elle ne paraît être que les parties les plus ténues qui seraient restées un certain temps suspendues dans l'eau.

C'est évidemment après le dépôt du tuf ponceux qu'a eu lieu le soulèvement de la Somma ; la recherche de l'époque de ce soulèvement se ramène donc à celle de l'âge du tuf ponceux. Quant au Vésuve proprement dit, on s'accorde à le considérer comme datant de la fameuse éruption de l'an 79.

Le tuf ponceux de la Campanie est au moins plus récent que le terrain pliocène qui lui sert de substratum ; les débris organiques qu'il renferme dans les environs de Naples permettent de penser qu'il appartient à l'ère jovienne. Cette opinion est d'autant plus admissible que le tuf ponceux de Naples se retrouve aux environs de Rome. D'après le professeur Ponzi, on observe au Monte-Mario la superposition suivante : 1° marnes bleues subapennines ; 2° sables et grès jaunâtres (astiens) ; 3° conglomérats de cailloux roulés de roches apennines, en lambeaux superposés aux sables ; 4° tuf volcanique. Dans cette coupe, les conglomérats se placent sur le même

niveau que ceux qui se trouvent partout à la base du terrain
jovien ; ils correspondent à l'assise inférieure du tuf ponceux
de Naples, dont l'assise supérieure est représentée par le tuf
volcanique de Rome. D'ailleurs, quels que soient les rapprochements auxquels cette coupe donne lieu, elle n'en démontre
pas moins que le tuf de Rome appartient au terrain jovien.

Les terrains qui entrent dans la composition du massif de
l'Etna présentent, d'après M. Gravina, la disposition suivante :
1° marnes bleues subapennines ; 2° sables jaunâtres (astiens) ;
3° alluvions anciennes (avec débris de basalte, dont la présence
démontre l'antériorité de certains basaltes de la Sicile par rapport aux alluvions anciennes) ; 4° tuf volcanique, formé d'une
alternance de petits lits de sable et de lapilli ; 5° le basaltoïde
des îles Cyclopes, ordinairement pyroxénique et à gros cristaux
d'olivine, plus rarement feldspathique et porphyroïde ; 6° laves
modernes.

Le Val del Bove, le seul point où la structure intérieure de
l'Etna puisse être observée, montre, au-dessous des éjections
modernes, des nappes de laves alternant avec des nappes plus
puissantes de matériaux incohérents ; nous avons vu que les
roches du cratère de l'île de Palma offraient une disposition
semblable. Quant aux relations d'âge existant 1° entre les roches
du Val del Bove et le basaltoïde des îles Cyclopes, 2° entre ces
mêmes roches et le tuf volcanique, elles n'ont pas pu être
constatées par l'observation directe. L'hypothèse la plus naturelle est celle qui consiste à voir dans les roches du Val del
Bove une formation immédiatement antérieure au tuf volcanique et, par conséquent, plus ancienne que le basaltoïde. Si
Rozet a trouvé une grande analogie entre l'assise inférieure du
tuf ponceux des Champs Phlégréens et les conglomérats trachytiques de l'Auvergne, d'un autre côté, M. Elie de Beau-

mont déclare, dans son beau mémoire sur *la structure et l'origine de l'Etna*, que les matériaux incohérents du Val del Bove sont de véritables tufs, exactement comparables, quant à leur structure, aux tufs trachytiques du Cantal et du Mont-Dore ; la manière d'être générale des nappes alternantes du Val del Bove lui a constamment rappelé celle des assises de tufs et de trachytes qui forment les escarpements de la montagne du Peyrâtre dans le Cantal, et ceux de la Cour au Mont-Dore.

Généralisons maintenant les considérations chronologiques qui précèdent.

La période pliocène, immédiatement antérieure à l'ère jovienne, a été marquée, en Auvergne, par la formation des dernières assises lacustres et, en Italie, par le dépôt des marnes bleues subapennines et des sables astiens. En même temps les phénomènes éruptifs ont produit, pendant cette période, des masses trachytiques et basaltiques alternant avec les roches de sédiment, les remplaçant dans certains cas et les recouvrant dans d'autres. Ces masses sont notamment les basaltes de l'Auvergne, ceux dont on trouve les débris dans les alluvions anciennes de la Sicile, l'amphigénite de la Somma, etc.

L'apparition des phénomènes diluviens se manifestant sur une large échelle et un accroissement d'énergie dans les phénomènes volcaniques ont coïncidé avec le début de l'ère jovienne. L'action alluviale et l'action volcanique, en se combinant entre elles, ont déterminé la formation de divers terrains de transport appartenant à la même époque et offrant en outre la même origine, tels que les tufs ponceux de Palerme, la partie inférieure des tufs ponceux des Champs Phlégréens, et les alluvions volcaniques de Perrier (Auvergne). En même temps se sont constituées les alluvions anciennes du pied de l'Etna et du Monte-Mario, ainsi que les roches du Val del Bove, qui, par leur nature, sont essentiellement volcaniques, mais qui, par l'uniformité de leur épaisseur, accusent une origine sous-marine.

Les éruptions trachytiques, qui avaient fourni aux dépôts dont il vient d'être question une partie de leurs éléments, ont ensuite contribué à la formation du tuf ponceux de la Somma, de la partie supérieure du tuf des Champs Phlégréens, du tuf volcanique de l'Etna, du Monte-Mario, etc.

L'action volcanique s'est plus tard manifestée par l'apparition d'un autre trachyte, qui a disloqué les assises tufacées des Champs Phlégréens et, peut-être aussi, les basaltoïdes des Cyclopes. Vers la même époque, la Somma et la gibbosité centrale de l'Etna se sont subitement exhaussées sous forme de cratères de soulèvement. Les phénomènes ont dès lors tendu à prendre, en Italie, un cours semblable à celui qu'ils ont aujourd'hui, mais les volcans n'y sont pas entrés, en même temps, dans leur période d'activité; peut-être même tous les cratères de soulèvement n'y sont-ils pas rigoureusement contemporains.

Les volcans de l'Auvergne ont à peu près la même histoire que ceux de l'Italie; comme eux ils appartiennent à l'ère jovienne, mais il est probable que, plus tôt éteints, ils étaient entrés plus tôt dans leur période d'activité; sans doute ils fonctionnaient déjà lorsque se déposait le tuf volcanique des environs de Rome, des Champs Phlégréens et de l'Etna. — Les volcans de l'Auvergne sont dans un si parfait état de conservation, que leur extinction semble ne dater que de quelques années. Mais Daubeny et sir Lyell font observer avec raison que, « si ces volcans eussent été réellement en activité à l'époque de la conquête par Jules César, ce général, qui campa dans les plaines de l'Auvergne et mit le siége devant Gergovia, n'aurait pas manqué de signaler le fait des éruptions. Si quelques sou-

venirs de celles-ci eussent subsisté aux temps de Pline et de
Sidoine Apollinaire, le premier de ces anciens auteurs aurait-
il omis d'en faire mention dans son *Histoire naturelle*, et le
dernier, d'en dire quelques mots, au moins dans les descrip-
tions de sa province natale? La résidence de ce poète était
située sur les bords du lac Aïdat, qui a dû sa formation au
barrage d'une rivière par l'un des courants de lave les plus
récents. »

Ce que j'ai dit des dunes et des deltas est également vrai
pour les volcans. L'ère jovienne est bien l'ère des volcans, puisque c'est la seule qui en ait vu se produire ; mais tous ceux
qui existent ne datent pas du commencement de cette période.
L'Etna et le Vésuve n'ont été formés que longtemps après le
commencement de l'ère jovienne, et les événements qui se
sont accomplis à la surface du globe, depuis les temps géologiques, démontrent assez que chaque jour des volcans peuvent
surgir et remplacer ceux qui se sont éteints; je vais rappeler
quelques-uns des événements auxquels je fais allusion.

Le *Monte-Nuovo* est un des volcans des Champs Phlégréens;
il s'élève à 134 mètres au-dessus du niveau de la Méditerranée;
il a près de 2500 mètres de circonférence, et la profondeur de
son cratère est de 128 mètres. Le *Monte-Nuovo* occupe une
partie de l'emplacement du lac Lucrin ; il ne date que de 1538.
Pendant cette année et l'année précédente, le sol de la Campanie avait été agité par de fréquents tremblements de terre ; le
27 et le 28 septembre, les secousses devinrent continuelles; le
29, dit un témoin oculaire, on vit le terrain compris entre le
pied du Monte-Barbaro et la partie de la mer qui avoisine le
lac Averne, s'élever et prendre subitement la forme d'une
montagne naissante. Ce même jour, à 2 heures de la nuit, ce
monticule s'entr'ouvrit en vomissant des flammes et une

grande quantité de cendres et de pierres ponces mêlées d'eau qui couvrirent tout le pays; l'éruption était accompagnée d'un bruit semblable à celui du tonnerre.

Depuis le 29 juin 1759, des tremblements de terre, accompagnés de bruits souterrains, n'avaient cessé d'agiter le sol d'une vaste plaine de l'ancienne province de Michuacan (Mexique), lorsque, le 29 septembre, à 3 heures du matin, des crevasses s'ouvrirent dans cette vaste plaine, alors fertile, aujourd'hui désignée sous le nom de *Malpais*. Toute cette plaine se tuméfia et se couvrit de gibbosités dont la plus grande, le Jorullo actuel, livra passage à une coulée de lave. Ces gibbosités, de dimensions très différentes, et, en général, d'une forme conique assez régulière, s'entr'ouvrirent et vomirent une vase bouillonnante, ainsi que des scories qui se retrouvent encore à d'immenses distances. La plaine tuméfiée ou *Malpais* a 3000 mètres de diamètre. Le Jorullo s'élève à 360 mètres au-dessus de ce *Malpais* et à 526 mètres environ au-dessus de la plaine primitive; il est accompagné de cinq autres montagnes volcaniques moins élevées et qui se sont formées en même temps que lui. Le *Malpais* est couvert de milliers de petits cônes d'éruption, ayant, en moyenne, de 4 à 5 pieds d'élévation, et désignés sous le nom de *hornitos* (petits fours). Lorsque, vers le commencement de ce siècle, Humboldt visita cette contrée, des vapeurs d'eau faiblement imprégnées d'acide sulfurique s'échappaient des *hornitos* par des ouvertures latérales. Vingt-quatre ans après, Burkart trouva les *hornitos* n'ayant plus que la température de l'air environnant, et n'exhalant plus de la fumée; beaucoup avaient perdu leur forme par par l'effet des pluies et des agents atmosphériques. Depuis l'époque de sa première apparition, le Jorullo n'a plus donné d'autre signe d'activité volcanique que des émissions de vapeurs sulfureuses qui, en 1803, empêchèrent Humboldt d'atteindre le fond du cratère ; à cette époque, le Jorullo était déjà passé à l'état de solfatare.

Lorsque les phénomènes dont je viens de mentionner deux exemples se manifestent au sein de l'océan, ils déterminent la formation d'îles tantôt temporaires, tantôt permanentes.

L'apparition du groupe des îles Santorin date des temps historiques; aussi loin que la tradition et l'histoire puissent remonter, on voit, selon l'expression de L. de Buch, la nature travailler sans relâche à former un volcan au milieu d'un cratère de soulèvement. Santorin, Theresia et Aspronisi, suivant les anciens, ont surgi plusieurs siècles avant l'ère chrétienne; la séparation de Theresia et de Santorin s'est produite 236 ans avant l'ère vulgaire, après un violent tremblement de terre. Hiera surgit 186 ans avant notre ère et s'est accrue d'îlots soulevés en 19, 726 et 1427. Micra-Kameni date de 1573, et Nea-Kameni de 1707. Le sol continue de se soulever, et l'activité volcanique se manifeste par des dégagements d'hydrogène sulfuré.

Je ne pourrais, sans sortir du cadre que je me suis tracé, rendre plus nombreux ces détails sur l'apparition toute récente de certains volcans; il me suffira d'ajouter quelques mots au sujet de l'île Julia, qui, en 1831, surgit entre l'île de Pantelleria et la côte de la Sicile. Le 28 juin, un capitaine de navire, en passant sur le point où l'île Julia devait se montrer, ressentit plusieurs secousses de tremblement de terre. Un autre capitaine de vaisseau, passant près du même point, vit s'élancer de la mer, à une hauteur de 18 mètres, une colonne d'eau qui fut ensuite remplacée par des vapeurs épaisses s'élevant jusqu'à 550 mètres de hauteur. Ces vapeurs formèrent, avec des cendres et des pierres, une colonne dont l'ascension était intermittente, et qui paraissait noire pendant le jour, incandescente pendant la nuit. L'apparition de l'île fut successive. Un ou plusieurs pitons parurent isolément et se réunirent pour former, autour du centre d'éruption, un bourrelet de matières meubles. Le 4 août, l'île Julia avait une lieue de tour et 60 mètres de hauteur. Sa disparition fut lente, successive, comme l'avait été son apparition ; elle s'effectua par l'action des vagues. Vers la fin d'octobre, l'île Julia avait presque complétement cessé d'exister; en 1833, elle était remplacée par un haut fond couvert de plus de 3 mètres d'eau.

Volcans éteints, volcans en activité; concordance des volcans. — Un volcan n'a pas une durée indéfinie; il vient un moment où le conduit qui l'alimente s'obstrue ou s'oblitère. Le volcan entre alors dans sa période de repos; il passe d'abord à l'état de *solfatare* et n'émet plus que de la vapeur d'eau mélangée d'hydrogène sulfuré et d'acide carbonique; c'est ce que l'on observe pour la fameuse solfatare de Pouzzole, près de Naples. Plus tard, le volcan n'exhale que de l'acide carbonique, puis, enfin, s'*éteint* complétement et ne donne plus de signes d'activité.

Certains volcans, que l'on pourrait supposer entièrement éteints, se raniment tout à coup. Au moment où l'éruption du Vésuve de l'an 79 eut lieu, le cratère de ce volcan était tapissé de vignes et avait servi de campement à Spartacus et à ses dix mille gladiateurs. L'intervalle de temps compris entre 1138 et 1631, a constitué, pour le Vésuve, une période de repos complet qui n'a été interrompue que par une seule éruption, celle de 1306, qui fut de peu d'importance. En 1631, sept courants de lave s'échappèrent du cratère, et l'un d'eux eut pour résultat la destruction de Résina, construite à peu près sur l'emplacement

d'Herculanum. Depuis lors, le Vésuve n'a pas cessé d'être en activité, et ses éruptions ont rarement été séparées par un intervalle de plus de dix ans. Mais, en 1631, on aurait pu croire le
Vésuve définitivement éteint; les côtés intérieurs du cratère
étaient couverts d'arbrisseaux et entouraient une plaine où le
bétail paissait; tandis que le sanglier fréquentait les parties
boisées; de cette plaine, on descendait dans une autre, couverte
de cendres et en partie occupée par trois étangs d'eau chaude et
salée. Les deux exemples que je viens de citer démontrent qu'il
ne faut accorder le nom de volcans éteints qu'à ceux qui n'ont
pas donné de signe d'activité pendant les temps historiques.

Les conduits volcaniques d'une même région ne fonctionnent
pas en même temps ou n'ont pas la même activité dans le
même moment. Chacun d'eux se repose à son tour, parce que
le flot de lave qui part de la pyrosphère se porte tantôt d'un
côté, tantôt d'un autre. Les volcans napolitains se partagent en
deux régions [1], l'une occupée par le Vésuve, et l'autre s'étendant depuis Naples jusqu'à l'île d'Ischia et comprenant, par
conséquent, les Champs Phlégréens; si nous recherchons de
quelle manière les éruptions s'y sont réparties depuis les temps
historiques les plus reculés jusqu'à nos jours, nous pouvons
grouper ces éruptions de la manière suivante. Tous les temps
antérieurs à l'an 79 forment une période pendant laquelle le
Vésuve a été complétement tranquille, tandis que l'île d'Ischia
et les Champs Phlégréens ont été sans cesse agités par l'action
volcanique. L'intervalle de temps compris entre l'an 79 et 1138
a été, au contraire, une période de repos pour les Champs

---

(1) La figure 44 est une coupe allant du Vésuve à l'île d'Ischia et passant
par les Champs Phlégréens; on voit que Naples se trouve précisément placée
entre les deux centres d'activité qui ont alternativement fonctionné autour
d'elle.

Phlégréens et d'activité pour le Vésuve, qui a eu, en 1036, sa première éruption de lave. De 1138 à 1631, pendant que le Vésuve n'avait qu'une seule éruption, celle de 1306, l'activité volcanique se manifestait avec énergie dans les Champs Phlégréens et déterminait, en 1538, l'apparition du *Monte Nuovo*. Enfin, de 1631 à 1863, le Vésuve n'a pas cessé d'être en activité, tandis qu'une tranquillité parfaite a régné dans les Champs Phlégréens et dans l'île d'Ischia, aujourd'hui très fertile et peuplée de plus de 25000 habitants.

Déplacements dans les centres d'activité volcanique. — Au lieu de ces déplacements alternatifs, dans l'activité volcanique, certaines régions fournissent des exemples d'un déplacement suivant une direction déterminée. Humboldt prétend que, dans le Pérou, l'activité volcanique paraît se propager peu à peu, depuis des siècles, dans la direction du sud au nord. Nous pouvons nous expliquer ainsi comment, dans une même région, les éruptions trachytiques, basaltiques et laviques n'ont pas toujours eu les mêmes points de surgissement.

Les volcans proprement dits de l'Eifel offrent un phénomène remarquable, contraire à ce que l'on observe, en général, dans les volcans qui vomissent des laves; c'est que celles-ci, à la sortie du cratère, ne paraissent pas entourées de roches trachytiques; aussi loin que l'observation peut atteindre, elles jaillissent immédiatement des couches dévoniennes. Les scories du Mosenberg renferment de petits fragments de schiste calcinés, mais ne laissent voir aucune trace de trachyte (Humboldt). Sur le plateau central de la France, les éruptions trachytiques et basaltiques se sont superposées, mais les unes et les autres n'ont pas toujours été recouvertes par les éruptions laviques. Les massifs du Mont-Dore et du Cantal sont en partie constitués, comme les Monts-Dôme, par des masses trachytiques et basaltiques, mais ils s'en distinguent par l'absence de coulées de laves et de volcans à cratère.

Quelque soit le temps pendant lequel l'activité volcanique opère dans une région donnée, il vient un moment où elle déserte cette région pour se transporter dans une autre. C'est ainsi qu'après s'être manifestée avec une grande énergie dans certaines contrées pendant la période néozoïque et même pendant l'ère jovienne, elle ne s'y fait plus sentir. Parmi ces contrées, qui renferment les volcans éteints proprement dits, je citerai, en France, les Monts-Dôme; en Catalogne, les environs d'Olot; en Allemagne, l'Eifel.

Ces déplacements dans le siége de l'activité volcanique nous donnent une idée de ce qui s'est passé, lors des temps géologiques, quand les éruptions se sont manifestées à chaque époque dans des régions distinctes. Les contrées qui ont été le théâtre d'éruptions porphyriques ne sont pas nécessairement celles qui ont vu les éruptions de roches dioritiques, et celles-ci n'ont pas toujours été le siége d'éruptions de roches ophiolitiques. Il semble que chaque pays à la surface du globe doive être à son tour visité par ces agents qui exercent leur influence de bien des manières différentes, et dont nous avons réuni les effets sous la désignation générale de pyrosphérisme ou d'action pyrosphérique.

Phénomènes éruptifs pendant les temps cosmogoniques ; éruptions dans le soleil; volcans lunaires. — Les phénomènes éruptifs sont antérieurs à la formation de la croûte du globe et, par conséquent, aux temps géologiques. Alors qu'aucune enveloppe solide n'existait encore autour de notre planète, et que la pyrosphère se trouvait pour ainsi dire à nu, des matériaux incandescents se dégageaient des profondeurs du sphéroïde terrestre et venaient s'épancher à sa surface. Ils formaient des courants qui se dirigeaient à travers la pyrosphère, comme des courants gazeux qui traversent une masse liquide ou comme des sources d'eau douce qui s'élèvent du fond des eaux océaniennes. Ces éruptions des temps cosmogoniques se manifestent probablement à la surface du soleil pendant l'époque actuelle ; elles y produisent les taches lumineuses dont il a été question (tome I, page 67).

A mesure que l'écorce terrestre a augmenté de puissance, les conditions des phénomènes éruptifs se sont modifiées, en obéissant, dans leurs changements, à des lois que j'ai essayé de résumer.

Tandis que notre planète avancera en âge, les phénomènes éruptifs se localiseront de plus en plus et seront de plus en plus énergiques. Les éruptions volcaniques deviendront plus violentes, les volcans plus élevés, les cratères plus gigantesques. La constitution topographique de notre globe sera absolument semblable à celle que présente actuellement le satellite de notre planète. « Dès qu'on jette un coup-d'œil sur la surface de la lune, on est frappé de la forme circulaire de ses vallées, à tel point qu'il n'est personne qui ne les appelle incontinent des cratères. Les caractères de nos terrains volcaniques sont fortement empreints dans toutes les régions de la lune. On n'a qu'à comparer les cartes de cet astre avec celles de certaines parties de la terre : avec la carte du Vésuve, avec les cartes des Champs Phlégréens, de l'Auvergne, etc., et la ressemblance paraîtra frappante à tout le monde. Les pitons isolés qu'on aperçoit au centre des grands cratères de la lune, comme, par exemple, au centre de *Tycho*, se retrouvent aussi sur notre globe. » (Arago, *Astronomie populaire.*)

LIVRE SIXIÈME.

PHÉNOMÈNES GÉOLOGIQUES

DONT LE SIÉGE EST DANS L'INTÉRIEUR DE L'ÉCORCE TERRESTRE

(SUITE).

ACTION GEYSÉRIENNE ; ÉMANATIONS GAZEUSES ; MÉTAMORPHISME.

CHAPITRE I.

DE L'ACTION GEYSÉRIENNE EN GÉNÉRAL ; SOURCES THERMALES ET PÉTROGÉNIQUES.

Idée générale de l'action geysérienne. — Origine première, origine seconde des substances amenées par l'action geysérienne à la surface du globe. — Composition de l'eau des sources. — Sources thermales et minérales ; leur composition et leur répartition topographique. — Sources pétrogéniques ; sources carbonatées, siliceuses, salines, gypseuses, ferrugineuses. — L'action geysérienne au point de vue chronologique.

Idée générale de l'action geysérienne. — « Les éruptions volcaniques amènent à la surface du globe, d'une part, des roches en fusion, des laves et tous leurs accessoires ; de l'autre, des matières volatilisées ou entraînées à l'état moléculaire; de la vapeur d'eau, des gaz, tels que l'acide chlorhydrique, l'acide sulfhydrique, l'acide carbonique; des sels, tels que les chlorhydrates de soude, d'ammoniaque, de fer, de cuivre, etc. Ces matières volatilisées se dégagent, tantôt des cratères en activité, tantôt des laves qui coulent, tantôt des fissures voisines des volcans, comme les étuves de Néron, les geysers, et on se trouve naturellement conduit à y rattacher d'autres jets de vapeurs chaudes qui se dégagent à des distances plus ou moins grandes des volcans actifs, comme les *soffioni* de la Toscane, ainsi que les sources thermales et la plupart des sources minérales. Ces émanations des foyers intérieurs du globe donnent généralement naissance à des masses plus ou moins consistantes, telles que le soufre et le sel des solfatares, les dépôts des eaux minérales, etc. — On peut donc distinguer deux classes de produits volcaniques, ceux qui sont volcaniques à la manière des laves, et ceux qui sont volcaniques à la manière du soufre, du sel ammoniac, etc. — A toutes les époques de l'histoire du globe, les phénomènes éruptifs ont donné des produits appartenant à ces deux classes, mais la nature des uns et des autres a varié avec le temps. » (Elie de Beaumont.)

Les phénomènes éruptifs à la manière des laves ou, en d'autres termes, les phénomènes éruptifs proprement dits ont été décrits dans les chapitres précédents. Il me reste à étudier les phénomènes éruptifs à la manière du soufre ou, pour mieux dire, les phénomènes que nous avons réunis sous la désignation d'action geysérienne (voir tome I, page 218). (1)

---

(1) D'après le plan que l'auteur avait primitivement adopté pour le *Prodrome de Géologie*, l'étude des phénomènes qui ont leur siége dans l'intérieur de l'écorce terrestre devait faire l'objet du cinquième livre. Afin de donner à cet ouvrage une utilité pratique plus grande, l'auteur a dû accorder à cette

Pourquoi l'eau joue-t-elle un rôle si important dans l'action geysérienne? Pourquoi est-elle le *véhicule* des substances qui, de la pyrosphère ou de l'écorce terrestre, se dirigent, à l'état moléculaire, vers la surface du globe? Pour répondre à ces questions, je dirai d'abord que si l'eau intervient comme principal agent dans l'action geysérienne, de même que dans un grand nombre de phénomènes géologiques, elle doit ce privilége à son abondance dans la nature. Observons en outre que l'eau possède une grande fluidité, et que c'est presque la seule substance qui puisse exister à l'état liquide vers la périphérie du globe, et, par conséquent, circuler librement dans la zone supérieure de l'écorce terrestre. Et, ce qu'il y a de plus remarquable, ses affinités chimiques sont assez peu prononcées pour que, dans son trajet souterrain, elle ne puisse se décomposer avec facilité. Lorsqu'elle a pénétré trop profondément dans l'intérieur de l'écorce terrestre, elle passe à l'état de vapeur et revient vers la surface du globe où sa présence est nécessaire au développement de la vie, et, comme je viens de dire, à la manifestation de presque tous les phénomènes géologiques.

Origine première, origine seconde des substances amenées par l'action geysérienne. — Ce serait une erreur de supposer que toutes les substances, que l'action geysérienne a transportées à la surface du globe, y sont toujours arrivées dans les mêmes circonstances et ont toujours eu le même point de départ. Les unes ont une origine première, les autres une origine seconde.

étude plus de développements que son plan ne le comportait et la scinder en deux parties. Dans le livre V, il a été question des *phénomènes éruptifs* (*Plutonisme, vulcanicité*); le livre VI contiendra la description des *phénomènes geysériens*, des *émanations volcaniques et métallifères*, du *métamorphisme*, etc.

Pour faire comprendre la signification que j'attache à ces mots, je vais citer quelques exemples.

Vers le commencement de l'ère neptunienne, tous les matériaux qui devaient plus tard composer l'écorce terrestre se trouvaient, sous une forme ou sous une autre et à une profondeur plus ou moins grande, dans l'intérieur du globe. De là sont provenus, à la suite de réactions chimiques dont il est encore difficile de se faire une idée, le carbonate de chaux, le chlorure de sodium, les substances ferrugineuses, etc., qui forment les bancs puissants de calcaire, de sel gemme et de minerai de fer superposés aux strates datant de l'ère neptunienne. Les matériaux dont ces bancs sont composés ont une origine première. Mais il faut considérer comme ayant une origine seconde le chlorure de sodium contenu dans les sources qui jaillissent après avoir traversé des bancs de sel gemme. De même, le carbonate de chaux, que déposent les sources et les fontaines de certaines régions, ne vient pas d'une grande profondeur; il est emprunté aux couches calcaires qui forment le sous-sol de ces pays. Bien des sources ferrugineuses sont alimentées par des eaux qui pénètrent à peine dans l'intérieur de l'écorce terrestre et qui reparaissent à la surface du globe, après un court trajet à travers des couches plus ou moins chargées d'hydrate ou de peroxyde de fer.

On doit considérer comme ayant une origine première toutes les substances que les eaux, dans leur trajet souterrain, ont été ou vont chercher dans une zone assez profonde pour nous autoriser à penser qu'elles s'y forment directement et qu'elles ne s'y trouvent pas en vertu d'un simple déplacement. En un mot, il existe, entre les substances qui ont une origine première et celles qui ont une origine seconde, la même relation que l'on constate entre les roches en place et les masses alluviales qui en proviennent.

Les substances qui ont une origine première et la plupart de celles qui ont une origine seconde peuvent être considérées comme ayant été transportées par l'action geysérienne. Mais, évidemment, ce serait donner au mot geysérien une significa-tion trop étendue, que de s'en servir pour désigner les dépôts très restreints formés par les sources qui proviennent d'une profondeur assez faible, pour que leur température soit à peine supérieure à la température moyenne du lieu où elles jaillissent. On ne saurait considérer comme des dépôts d'origine geysé-rienne, ni les stalactites des cavernes, ni les incrustations cal-caires obstruant les conduits qui amènent l'eau dans les villes situées dans des pays calcaires. Il existe, à la partie supérieure de l'écorce terrestre, une zone peu profonde qui sépare les régions où les phénomènes géologiques offrent des caractères essentiel-lement distincts ; mais, dans cette zone, les définitions les plus naturelles se trouvent souvent en défaut ; les volcans boueux vont nous fournir un nouvel exemple de cette difficulté que le géologue rencontre lorsqu'il veut poser des lois sans excep-tions.

Les considérations précédentes expliquent pourquoi, après avoir défini (tome I, page 218) l'action geysérienne, *le phéno-mène, en vertu duquel l'eau d'origine et celle qui pénètre à chaque instant dans l'intérieur du globe sont ramenées à la surface de la terre après s'être pénétrées de diverses substances,* j'ai dû ajouter (tome II, page 2) une autre condition et dire que, dans un cas et dans l'autre, *l'eau devait être portée à une température assez élevée pour être considérée comme ther-male.*

A l'étude de l'action geysérienne se rattache naturellement

celle de quelques autres phénomènes, tels que les volcans boueux, les émanations gazeuses, etc.

Composition des eaux des sources. — Les eaux amenées par les sources à la surface du globe ne sont jamais absolument pures ; elles contiennent toujours diverses substances qu'elles enlèvent aux roches qui se rencontrent sur leur passage. La quantité de substances dissoutes par l'eau d'une source dépend de plusieurs circonstances. Evidemment, cette quantité est d'autant plus grande que l'eau a un plus long parcours souterrain. Le pouvoir dissolvant de l'eau croît avec la température et la pression ; or, une eau vient d'une profondeur d'autant plus grande et a été soumise à une pression d'autant plus forte, qu'elle offre une température plus élevée. Pourtant ce serait une erreur de croire que la quantité de substances tenues en dissolution dans l'eau d'une source est d'autant plus forte que cette eau offre un plus haut degré de thermalité. L'eau du puits de Grenelle, bien que provenant d'une nappe située à 548 mètres de profondeur, et possédant une température de 27°,8, est néanmoins plus pure que celle de la Seine. Humboldt fait remarquer que les plus chaudes de toutes les sources permanentes, celles dont la température est de 95° ou de 97° sont aussi les plus pures et les moins chargées de matières minérales en dissolution. Les sources thermales de Luxeuil, malgré leurs propriétés médicinales, sont presque d'une pureté complète ; sur 1000 parties, elles ne renferment que 0,236 de résidu, tandis que, sur 1000 parties, l'eau de la fontaine ordinaire de Berne en renferme 0,478 ; celle de la Seine avant son entrée dans Paris, 0,360 ; celle de la source salée de Schœnebeck, en Prusse, 10,354 ; celle de la mer, 3,530 en moyenne ; celle de Carlsbad, 5,459 ; celle de Wiesbade, 7,454.

III.— *Magma trappéen.*
IV.— *Magma basaltique.*

I.— *Magma granitique*
II.— *Magma ophiolitique*

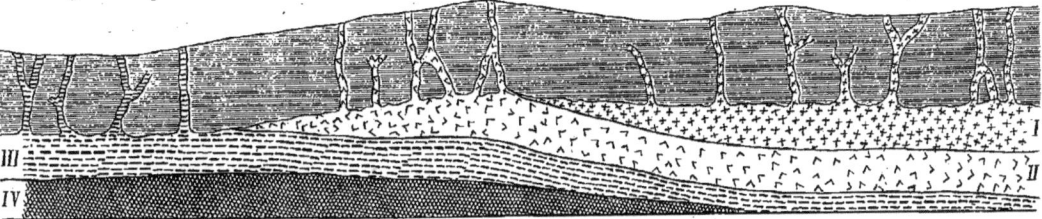

Fig. 45.— (Voir page 151).

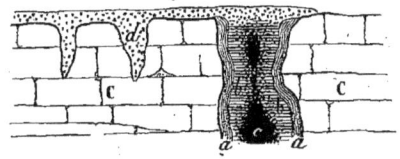

Fig. 49.— (Voir page 240.)

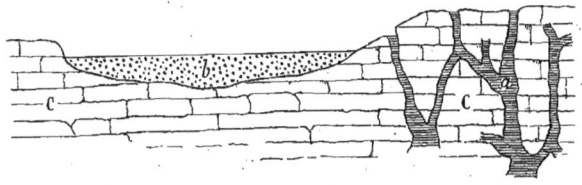

Fig. 50.— (Voir page 246.)

La conclusion qu'il faut tirer de ces remarques, c'est que les eaux fortement chargées de substances étrangères ne les ont pas toujours empruntées aux roches avec lesquelles elles se sont trouvées en contact; souvent elles se sont pénétrées de ces substances au moment où, dans leur trajet souterrain, ces eaux se confondaient avec les courants ascendants de matières volatilisées (voir page 12).

L'aphorisme de Pline, *talcs sunt aquæ, qualis terra per quam fluunt*, n'est rigoureusement exact que pour les sources dont le trajet souterrain a été assez court, et qui n'ont pas eu le temps de se mettre en relation avec les courants de substances autres que l'eau, qui se meuvent à travers la croûte du globe. Les sources des contrées où existent des bancs de sel gemme contiennent fréquemment du chlorure de sodium. A Paris, l'eau des puits renferme généralement du sulfate de chaux provenant sans doute du terrain gypseux qui forme une partie du sous-sol de cette capitale. Dans les pays calcaires, les eaux sont toujours chargées de carbonate de chaux qu'elles dissolvent à la faveur de l'acide carbonique qui leur est fourni, soit par l'atmosphère, soit par la décomposition des matières végétales enfouies dans le sol, soit enfin par les émanations intérieures. Les eaux qui, à conditions égales, offrent le plus de pureté sont celles qui n'ont été en contact qu'avec les roches siliceuses: ce sont les eaux potables par excellence.

Sources thermales et minérales. — Les eaux, dans leur trajet souterrain, prennent une température de plus en plus élevée, et se chargent de diverses substances qu'elles reçoivent dans les conditions qui viennent d'être mentionnées. Elles jaillissent en formant des sources *minérales*, ou des sources *thermales*, ou des sources *thermales* et *minérales* à la fois. Les sources

12

minérales doivent aux substances fixes ou volatiles dont elles sont chargées leur action plus ou moins prononcée sur l'économie animale. Ces substances ne troublent pas la limpidité de leur eau.

Les sources thermales sont celles dont la température est supérieure à la température moyenne du lieu où elles jaillissent; leurs eaux, par conséquent, proviennent de points placés au-delà de la première ligne à température constante (voir tome I, page 96). Il résulte de cette définition que leur température *minima* n'est pas la même sous toutes les latitudes: une source qui aura une température de 25° sera thermale dans le voisinage des pôles, mais ne le sera pas sous l'équateur. Voici la température *maxima* de quelques sources thermales : Courmayeur, 30°, 4 ; Mont-Dore, 45° ; Balaruc, 47° ; Barèges, 48°, 9 ; Néris, 54° ; Cauterets, 55° ; Bagnères, 58°, 9 ; Aix-la-Chapelle, 61°, 7 ; Bade, 65° ; Carlsbad, 73°, 9 ; Plombières, 74° ; Chaudesaigues, 80° ; La Trinchera (Amérique), 90°, 1 ; Beckum (Islande), 100° ; *Soffioni*, 105° ; Geyser, au fond, 124°.

Les sources minérales peuvent se classer, d'après leur composition chimique, de la manière suivante :

a) Sources *acidules* ou *gazeuses*, contenant de l'acide carbonique, qui les rend pétillantes et leur donne une saveur aigrelette. Les eaux acidules proprement dites sont celles qui ne renferment que de l'acide carbonique. Mais ce gaz intervient également dans la composition de la plupart des eaux alcalines et des eaux ferrugineuses : en se mélangeant à l'eau, il lui communique la propriété de dissoudre les carbonates de fer, de soude, de chaux, etc.

b) Sources *alcalines*, ayant une saveur amère et renfermant surtout, avec plus ou moins d'acide carbonique, du bicarbonate de soude; (Carlsbad , Spa, Seltz, Vichy, Mont-Dore , Plombières).

c) Sources *salines*, offrant une saveur salée et contenant du chlorure de sodium ordinairement accompagné de sels de chaux, de magnésie, etc. On considère également comme salines certaines sources qui, ne pouvant être placées dans les quatre autres groupes, renferment des sulfates alcalins. Les eaux de Sedlitz, par exemple, ne possèdent pas de chlorure de sodium, mais sont très riches en sulfate de magnésie.

d) Sources *sulfureuses*, ayant une odeur d'œuf pourri, et tenant en dissolution de l'acide sulfhydrique; (Bagnères de Luchon, Barèges, Cauterets, Eaux-Bonnes, Enghien, Aix-la-Chapelle, Bade.)

e) Sources *ferrugineuses*, caractérisées par leur saveur styptique comme celle de l'encre, et renfermant du fer à l'état de sulfate ou de carbonate.

Les sources minérales, et surtout celles qui sont à la fois minérales et thermales, se groupent principalement autour des massifs montagneux. Elles jaillissent de préférence dans les contrées où la zone cristalline perce la zone stratifiée. En 1844, il a été fait un recensement des sources thermales et minérales de la France : dans ce recensement, on compte 474 sources thermales réparties de la manière suivante : Pyrénées, 248; montagnes du centre de la France, 143; Vosges, 46; montagnes du nord-ouest, 1; Alpes, Corse et Jura, 32; Ardennes, Hainaut, 4; pays de plaines et bassin géologique de Paris, 0. Ce mode de distribution des sources thermales s'explique parce que, dans les massifs montagneux, le sol est plus disloqué que dans les plaines; d'ailleurs, la zone cristalline fissurée dans tous les sens se prête mieux que la zone stratifiée aux mouvements ascendant et descendant de l'eau. La zone stratifiée est formée de parties planes superposées les unes aux autres et tendant à diriger les eaux souterraines dans un sens horizontal plutôt que vertical. Enfin, cette zone offre à divers niveaux des nappes aquifères avec lesquelles les eaux venant de l'intérieur de la zone cristalline se confondent avant d'avoir pu jaillir à la surface du globe sous forme de sources.

En cherchant à établir les rapports des eaux minérales avec les terrains dont elles semblent sortir, Brongniart est arrivé aux résultats suivants : — Les eaux des terrains primitif ou cristallin sont presque toutes thermales, et possèdent même en général un très haut degré de thermalité. Les principes dominants sont l'hydrogène sulfuré, l'acide carbonique, le carbonate de soude, et en général des sels à base de soude, la silice; on y trouve peu de sels calcaires, à l'exception du carbonate et rarement du fer. Telles sont les eaux sulfureuses thermales des Pyrénées, les eaux salines thermales de Chaudes-Aigues, celles de Vic (Cantal), presque pures, mais ayant une température de 100°, celles de Wiesbaden, de Carlsbad, etc. — Les eaux provenant des terrains dits de transition présentent à peu près les mêmes caractères : telles sont les eaux thermales alcalines de Vichy, de Néris, de Bourbon-l'Archambault (Allier), de Saint-Gervais (Savoie), de Bath (Angleterre), d'Ems; les eaux sulfureuses d'Aix-la-Chapelle, les eaux acidules de Spa, de Seltz, etc. — Les eaux des terrains paléozoïque, jurassique et crétacé, participent aux propriétés des eaux provenant de terrains plus anciens, et rien ne démontre, en effet, qu'elles n'ont pas leur origine au-dessous d'eux. On conçoit que, dans ce dernier cas, le long trajet qu'elles ont à faire et les roches qu'elles ont à traverser doivent en modifier la composition et, surtout, en abaisser la température. Ces terrains présentent toutefois encore des eaux très chaudes, mais l'acide carbonique y devient très rare, et l'hydrogène sulfuré a presque disparu. Les sels dominants sont les sels de soude, à l'exception du carbonate, mais le sulfate de chaux se montre dans toutes. La silice n'y existe que rarement et dans des sources dont l'origine est au moins douteuse. Nous citerons comme exemples les sources thermales salines de Bagnères de Bigorre, de Plombières, d'Aix (Savoie), d'Aix (Provence), de Balaruc, de Bourbonne-les-Bains; les eaux thermales sulfureuses de Gréoulx, les eaux acidules froides de Pougues, etc. — Toutes les eaux du terrain tertiaire sont *froides*, elles ont la température moyenne du pays où elles jaillissent. Elles ne présentent pas ou presque pas d'acide carbonique; les sels dominants sont le carbonate et le sulfate de chaux, le sulfate de magnésie, le sulfate ou le carbonate de fer. On rencontre des exceptions qui tiennent à des circonstances particulières de gisement, comme à Enghien, près de Paris; l'eau sulfureuse d'Enghien prend sa source aux environs de l'étang de Saint-Gratien, au niveau des couches de gypse traversées par cet étang. Or, ces eaux sont chargées de matières organiques, propres, comme on sait, à opérer la décomposition du sulfate de chaux. Les terrains volcaniques présentent, dans leurs eaux minérales, les mêmes phénomènes de température et de composition que les eaux du terrain primitif ou cristallin. L'hydrogène sulfuré, l'acide carbonique, le carbonate de soude, la silice, le carbonate de chaux y reparaissent, tandis qu'on y trouve à peine le sulfate de chaux et les sels à base de magnésie et de fer.

Sources pétrogéniques. — On doit réserver le nom de *sources pétrogéniques* à celles qui ont apporté ou qui apportent à l'action sédimentaire les matériaux qu'elle met en œuvre dans l'édification de la zone stratifiée. Elles se distinguent des sources minérales ordinaires par la nature et surtout par la forte proportion des substances charriées par elles. Ces sub-

stances sont : le carbonate de chaux, le carbonate de magnésie, le sulfate de chaux, la silice et quelques silicates, le chlorure de sodium et le fer.

Sources siliceuses et silicatées. — Les sources chargées de silice
ou de silicates ont dû être très nombreuses et très abondantes
pendant l'ère neptunienne, puisque ce sont elles qui ont contribué d'une manière presque exclusive à la formation du
terrain azoïque ou strato-cristallin. Dès que l'ère tellurique a
commencé, elles ont rapidement perdu de leur importance.
Rarement, depuis lors, les substances qu'elles ont transportées
ont formé des strates de quelque étendue. Les silicates ont
complétement disparu et la silice a borné son rôle à constituer,
au sein des bancs calcaires, des accidents tels que les silex de
la craie et les rognons siliceux désignés, suivant les localités,
sous les noms de chailles, de charveyrons, de cherts, etc. La
silice est un peu plus répandue dans certaines roches qu'elle
transforme en meulières, et dans la composition desquelles
elle intervient à l'état de mélange ou comme ciment.

Actuellement, les sources chargées d'assez de silice pour que
des dépôts de tuf siliceux se produisent autour des points où
elles jaillissent sont très rares. On ne cite guère que celles de
Saint-Michel (Açores) et les geysers de l'Islande.

Sources carbonatées. — Les sources calcaires, peu abondantes
pendant l'ère neptunienne, ont pris une importance de plus
en plus grande dès le début de la période paléozoïque. Si l'on
en juge par le nombre et la puissance des assises calcaires qui
entrent dans la composition des terrains jurassique et crétacé,
on peut dire que, pendant les périodes auxquelles ces terrains
correspondent, le jaillissement des sources calcaires a été un

phénomène général sur toute la surface du globe. A dater de la fin de la période crétacée, elles sont devenues de moins en moins répandues; pourtant, les sources pétrogéniques chargées de carbonate de chaux se rencontrent encore sur beaucoup de points et principalement dans les régions volcaniques.

La quantité de carbonate de chaux contenue dans les sources incrustantes ou pétrogéniques est d'autant plus grande que ces sources sont plus riches en acide carbonique et offrent une température plus élevée. C'est ce qui explique pourquoi les sources froides des régions calcaires, quoique contenant toujours du carbonate de chaux, en renferment assez peu; leur acide carbonique n'est autre que celui que les eaux superficielles leur apportent après avoir filtré à travers le sol. Pour ces sources seulement, la nature du sol peut exercer une action sur leur richesse en carbonate de chaux, et cette action est restreinte dans ses effets. Les sources fortement chargées de principes calcaires les reçoivent d'une grande profondeur puisqu'elles jaillissent souvent des terrains non calcaires, tels que le granite, le gneiss, le basalte, etc.

Tout le monde a entendu parler des propriétés incrustantes de la fontaine de Saint-Allyre, dans un des faubourgs de Clermont. Les objets que l'on soumet à l'action de cette eau, tels que les fruits, les nids d'oiseaux, etc., sont bientôt recouverts d'un encroûtement pierreux qui reproduit leurs formes les plus délicates. L'eau de cette fontaine sort d'un peperino volcanique supporté par le granite et a formé une butte de travertin. Mais, dit sir Lyell, « c'est dans les régions placées près des centres de phénomènes volcaniques en activité que l'action des eaux pétrifiantes acquiert une grande intensité. Il existe en Italie une multitude de sources dont les eaux ont précipité tant de matières calcaires que, dans quelques parties de la

Toscane, tout le sol est couvert de tuf et de travertin, et rend un son creux sous le pied. En d'autres points de la même contrée, on voit des roches compactes qui descendent le long des flancs des collines, à la manière des courants de lave, dont elles ne diffèrent que parce qu'elles ont une couleur blanche, et qui se terminent brusquement quand elles atteignent le cours d'une rivière. Ces roches consistent en un dépôt calcaire provenant de sources dont quelques-unes coulent encore, tandis que d'autres ont disparu ou changé de position. » Parmi les sources pétrogéniques les plus remarquables de l'Italie, j'ai cité (tome I, page 333) les sources thermales de San Vignone et de San Filippo. Aux détails que j'ai déjà donnés relativement à ces sources, j'ajouterai qu'elles jaillissent d'un terrain formé d'alternances d'argile schisteuse noire et de calcaire mêlés de serpentine; elles se trouvent à côté du mont Amiata, éminence dont une grande partie consiste en produits volcaniques.

Si l'on recherche dans quelle proportion les roches dolomitiques entrent dans la composition des terrains, on voit que les sources chargées de carbonate de magnésie ont commencé à jaillir avec abondance en même temps que les sources calcarifères, c'est-à-dire dès le début de la période paléozoïque. Leur importance semble avoir diminué d'une manière plus rapide; les dolomies n'interviennent pas dans la composition du terrain tertiaire et, quoique Daubeny ait reconnu, à la Torre del Anunziata, que certaines eaux thermales précipitaient du carbonate de magnésie, je ne crois pas qu'il existe actuellement des sources déterminant des dépôts auxquels on puisse donner le nom de travertin dolomitique. Non seulement les sources magnésiennes ont été plutôt taries que les sources calcaires, mais elles semblent avoir atteint, avant elles, leur maximum de développement. Tandis que les roches calcaires ont offert le plus d'importance pendant la période jurassique, c'est lors des périodes permienne et triasique que les roches dolomitiques ont acquis leur plus grande extension.

Sources gypseuses et sources salées. — Les sources salées et les sources gypseuses ont presque la même histoire. Elles ont commencé à fonctionner peu après le commencement de la période paléozoïque. Il existe des bancs de gypse et de sel gemme dans le terrain silurien supérieur du Canada; ce sont les gisements les plus anciens que l'on connaisse. Tous les terrains placés au-dessus de l'étage silurien présentent, soit sur un point, soit sur un autre, des gisements de sel gemme et de gypse. Mais c'est principalement dans le terrain du trias que ces gisements sont nombreux; ils s'y trouvent accompagnés de couches dolomitiques; aussi Cordier, dans sa classification, donnait-il à la période triasique le nom de période salino-magnésienne.

A dater de la période triasique, les sources salées et les sources gypseuses ont diminué d'importance, mais d'une manière très lente. De nos jours, parmi les sources salées, les unes ont évidemment une origine seconde et doivent le chlorure de sodium qu'elles contiennent aux bancs de sel gemme qu'elles ont traversés; telles sont celles qui, comme à Norwich, en Angleterre, ou à Salins, en France, sont exploitées pour l'extraction du sel. D'autres semblent avoir une origine première; telle est celle qui sort du granite à Saint-Nectaire (Auvergne). Enfin, rappelons-nous que le chlorure de sodium est un des produits des éruptions volcaniques de l'époque actuelle.

Les sources gypseuses paraissent être actuellement et avoir été, pendant les temps géologiques, plus nombreuses ou plus

abondantes que les sources salées ; cette circonstance tient sans
doute à ce que le sulfate de chaux, étant moins soluble dans
l'eau que le chlorure de sodium, s'est trouvé dans des circonstances plus favorables à la formation de dépôts permanents.
En m'occupant de la description des terrains, j'aurai l'occasion
de mentionner les gisements les plus remarquables de gypse
et de sel gemme.

Sources ferrugineuses. — Les strates formées de matières ferrugineuses s'observent dans tous les terrains, depuis les plus
anciens jusqu'aux plus récents. Dans les schistes du terrain
strato-cristallin, le fer oxydulé et le fer oligiste remplacent
quelquefois le mica ou le talc ; il en est ainsi à Combenègre
(Aveyron) et, dans le Brésil, pour les roches que l'on désigne
sous les noms de sidérocriste, itabirite ou itacolumite. L'époque
la plus moderne, qui ait été marquée par une recrudescence
dans le jaillissement des sources ferrugineuses, a précédé de fort
peu la seconde apparition des glaciers. Ces sources ont amené
le dépôt d'une couche d'argile ocreuse qui règne sur tout le
pourtour de la Méditerranée et de ses îles : elle se montre
aussi dans le Liban, où, suivant M. Botta, elle a été portée
jusqu'à une hauteur de 400 mètres. Nous avons reconnu
l'existence de ce dépôt ocreux en Catalogne et constaté qu'il se
plaçait entre le travertin quaternaire, et le limon à nodules
immédiatement situé au-dessous des formations contemporaines. Ce dépôt ocreux appartient au même niveau que l'argile rouge appelée *ferretto*, si abondante dans la Brianza (Lombardie) et que le diluvium alpin ; sa nuance rougeâtre rappelle
involontairement celle du limon qui accompagne ce diluvium et
semble indiquer qu'ils ont une origine commune. Enfin, nous
trouvons un autre produit des sources ferrugineuses, qui ont

jailli avant la seconde apparition des glaciers, dans la partie la plus récente du terrain sidérolitique du Jura et des régions voisines.

Entre les schistes ferrugineux de la période azoïque et le dépôt ocreux de la période jovienne, se placent, à tous les niveaux de l'échelle géologique, des masses stratifiées dans la composition desquelles le fer entre comme élément important. Par conséquent, pendant toute la durée des temps géologiques, des sources pétrogéniques ferrugineuses ont surgi, à divers intervalles, à la surface du globe. Ce phénomène semble présenter deux *maxima* d'intensité correspondant, l'un au fer carbonaté du terrain houiller, l'autre au fer oligiste ou hydraté qui se montre en bancs puissants à la partie supérieure du lias ou à la partie inférieure de l'oolite. Mais les sources ferrugineuses ont laissé des témoignages de leur ancienne existence autres que des masses régulièrement stratifiées. Nous retrouvons ces traces 1° dans diverses formations, et notamment dans les terrains anciens, sous forme de filons; 2° dans les formations tertiaires, sous forme de terrain sidérolitique. Si l'on tient compte de ces diverses manifestations du phénomène produit par le jaillissement des sources ferrugineuses, on est bientôt conduit à ne pas rechercher, dans l'histoire de ce phénomène, des moments de plus grande énergie, comme pour les autres sources pétrogéniques. Si le fer est le minéral le plus répandu dans la nature, c'est aussi celui qui a été amené à la surface du globe de la manière la plus constante et la plus régulière. De nos jours nous ne sommes pas témoins du jaillissement de sources pétrogéniques ferrugineuses, parce que ce phénomène est essentiellement périodique. L'ère jovienne n'en est pas moins le commencement d'une période qui peut recevoir à juste titre le nom d'âge du fer (page 24), lorsque l'on n'a égard qu'à la

nature des émanations intérieures. Cette manière de voir,
parfaitement justifiée en ce qui concerne les phénomènes
éruptifs, l'est également pour les phénomènes geysériens,
lorsqu'on se place à un point de vue théorique. Si les sources
ferrugineuses pétrogéniques ne sont pas aujourd'hui plus
abondantes qu'elles ne l'aient jamais été, c'est parce que l'augmentation de la puissance de l'écorce terrestre tend à amortir
l'action geysérienne. Si cette action avait conservé son énergie
primitive, le fer jouerait certainement un rôle très important
dans la composition des substances amenées par elle à la surface du globe.

L'action geysérienne au point de vue chronologique. — La première
apparition des phénomènes geysériens est postérieure à celle
des phénomènes éruptifs. Il y a eu un moment où l'eau, loin
de circuler dans la masse du globe, était repoussée dans son
atmosphère dont elle formait un des éléments essentiels; les
phénomènes geysériens n'existaient pas alors, mais les phénomènes éruptifs se développaient déjà dans des conditions dont
j'ai essayé de donner une idée à la fin du chapitre précédent.

L'action geysérienne s'est manifestée dès qu'une écorce terrestre rudimentaire s'est placée entre la pyrosphère et l'atmosphère; elle s'est d'abord produite à la faveur de l'eau d'origine contenue dans la partie du magma granitique non
solidifiée. C'est pendant l'ère neptunienne qu'elle a atteint son
maximum d'intensité. Actuellement, elle est sur son déclin;
il pénètre dans l'intérieur du globe plus d'eau que les sources
n'en ramènent. Dans un avenir plus ou moins éloigné, le
vaste réservoir qui existe à la surface du globe, sous forme
d'océan, sera totalement épuisé. L'action geysérienne aura
cessé, ou, du moins, ne se manifestera plus que dans l'inté-

rieur de l'écorce terrestre; mais les volcans fonctionneront encore; ils ne s'éteindront que lorsque toute la masse du globe sera solidifiée, ou, du moins, lorsque l'écorce terrestre sera assez puissante pour s'opposer au passage, à travers sa masse, des matériaux contenus dans l'intérieur de notre planète à l'état de liquéfaction ignée (voir page 17).

Les faits que je viens de mentionner nous ont montré l'action geysérienne, non seulement perdant peu à peu de son intensité première, mais aussi variant, à chaque époque, quant à la nature des substances transportées par elle. L'étude des phénomènes geysériens, de même que celle des phénomènes éruptifs, peut aussi nous procurer des données sur la composition de l'écorce terrestre considérée dans le sens vertical et dans le sens horizontal. Les indications fournies par ces deux ordres de phénomènes se complètent et se contrôlent mutuellement. Elles nous permettent de nous faire une idée assez exacte de la composition que la pyrosphère offrait au commencement des temps géologiques. Cette pyrosphère, destinée à devenir l'écorce terrestre actuelle, était formée d'un magma ayant une composition identique avec celle des roches éruptives. Au milieu de ce magma s'intercalaient des amas irréguliers de diverses substances dont la majeure partie devait, à la faveur de l'action geysérienne, être transportée à la surface du globe.

Je vais citer quelques exemples pour montrer comment les diverses circonstances qui ont accompagné le jaillissement des sources pétrogéniques peuvent nous renseigner sur la composition de la pyrosphère à diverses époques. — Les amas de matières ferrugineuses existaient dans toutes les parties de la pyrosphère et s'échelonnaient quelquefois les uns au-dessus des autres; en effet, les sources ferrugineuses se sont montrées à toutes les époques géologiques, tantôt sur un point, tantôt sur un autre ; elles ont jailli dans tous les pays et parfois à plusieurs reprises dans la même contrée. — Les bancs de sel gemme s'observent un peu partout, tantôt à un niveau, tantôt à un autre, mais ne se montrent pas simultanément, dans une même région, dans deux horizons géognostiques superposés ; ils n'offrent pas toujours la même puissance. Il faut en conclure que les amas de chlorure de sodium formaient jadis, dans l'intérieur de la pyrosphère, une zone non interrompue, d'une épaisseur variable, se plaçant à des distances plus ou moins grandes de la surface du globe. — Le terrain jurassique du midi de la France et du massif alpin offre, dans sa composition, des bancs très puissants de dolomie, tandis que cette roche est peu commune dans le Jura. Il est donc probable que la partie de la pyrosphère placée au-dessous du Jura était assez pauvre en carbonate de magnésie, tandis que cette substance était très abondante dans la partie de la pyrosphère située au-dessous du massif alpin ; sans doute, il existe une relation entre les roches dolomitiques qui se montrent autour des Alpes et les nombreuses éruptions ophiolitiques dont ces montagnes ont été le théâtre. — Afin de ne pas prolonger ces considérations, nous dirons, en un mot, que la zone stratifiée est, quant à sa composition, le reflet de la zone cristalline.

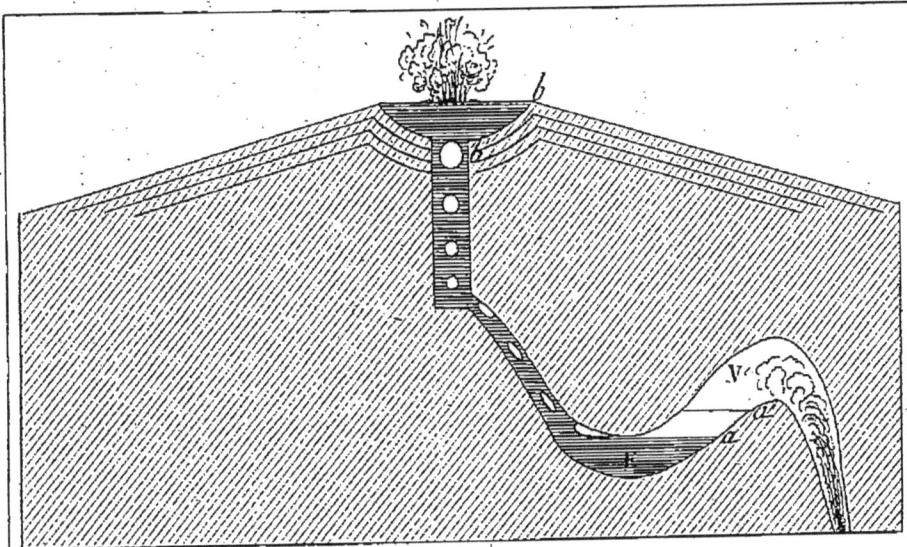

Fig. 46.— Gèyser

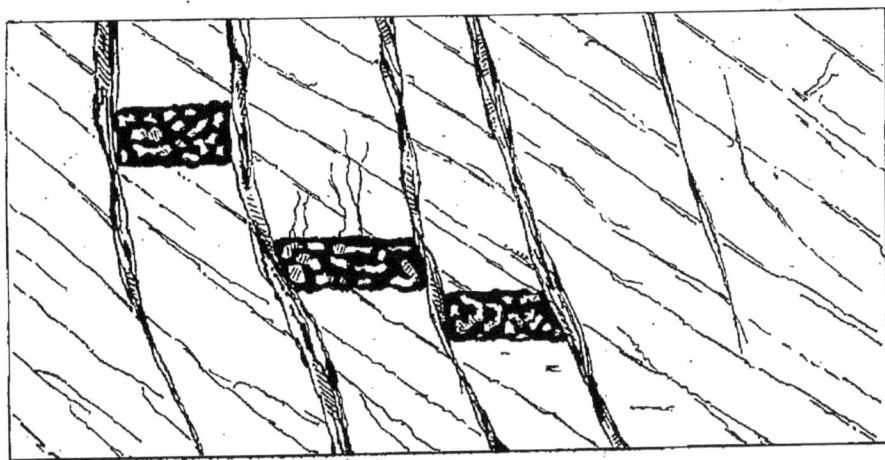

Fig. 47.— Croisement de filons.

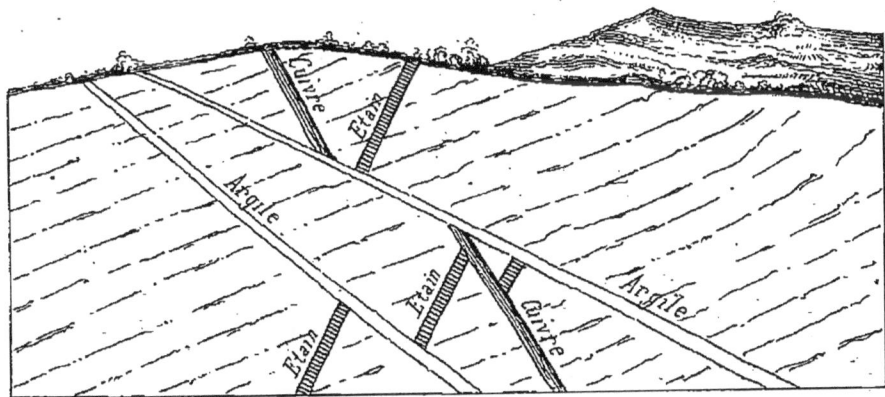

Fig. 48.— Coupe des filons de la mine d'Huel-Peawer en Cornwall.

CHAPITRE II.

Emanations gazeuses; dégagements d'acide carbonique; mofettes. —
Les substances qui se dégagent de l'écorce terrestre à l'état de
vapeur ou à l'état gazeux sont l'eau, l'oxygène, l'azote, l'acide
carbonique, l'acide sulfureux, l'acide chlorhydrique et l'hydrogène isolé ou combiné avec le soufre ou le carbone. Toutes
ces substances, à l'exception de l'eau, conservent l'état gazeux
sous la pression atmosphérique et aux températures qui peuvent exister sous les diverses latitudes. Les unes ont été accidentellement introduites dans l'intérieur de l'écorce terrestre
et reviennent vers leur point de départ, dès qu'une voie leur
est ouverte; ce sont surtout l'eau, l'azote et l'oxygène. Les
autres résultent des réactions chimiques qui ont leur siége à
une profondeur plus ou moins grande. Pour éviter des répéti-
tions inutiles, je ne porterai mon attention, dans ce paragraphe,
que sur les émanations d'acide carbonique.

Le magma granitique de l'ère plutonienne tenait en dissolution, non seulement de l'eau, mais aussi de l'acide carbonique;

pendant les premiers temps géologiques, cet acide carbonique d'origine a alimenté les émanations formées en totalité ou en partie par ce gaz. A mesure que cette provision d'acide carbonique, mise pour ainsi dire en réserve avec d'autres substances au-dessous de la première écorce terrestre, s'est épuisée, de nouvelles sources de ce gaz se sont formées. Maintenant, l'acide carbonique qui se dégage de la croûte du globe peut provenir de la combustion des matières carbonées dans les foyers volcaniques, mais probablement il résulte, en majeure partie, de la décomposition des carbonates.

Les émanations d'acide carbonique ont sans doute varié en importance d'une époque à une autre. On est généralement porté à penser que ces émanations ont été plus abondantes, soit pendant la période houillère qui a vu se développer une si riche végétation, soit pendant la période jurassique à laquelle correspondent la formation de puissantes couches calcaires, et, par conséquent, l'apparition de nombreuses sources chargées de carbonate de chaux. Sans contester absolument ce que cette manière de voir a de fondé, je m'efforcerai de démontrer plus tard que les émanations d'acide carbonique n'ont été, à aucune époque, assez abondantes pour modifier sensiblement la composition de l'air atmosphérique; j'expliquerai comment la riche végétation houillère reconnaît une autre raison d'être que la grande proportion d'acide carbonique contenue dans l'atmosphère, et comment elle n'a pu avoir pour résultat l'épuration de l'air atmosphérique.

De nos jours, c'est surtout dans les contrées volcaniques que les dégagements d'acide carbonique sont très abondants; ce gaz s'échappe avec force de certaines cavités, ainsi qu'on l'observe près de Royat (Puy-de-Dôme). Il s'accumule au fond des grottes où, par suite de sa grande densité, il forme une couche où sont asphyxiés les animaux qui y pénètrent. La *grotte du Chien*, sur les bords du lac Agnano (Champs Phlégréens), est ainsi nommée, parce qu'un chien n'y peut entrer sans être asphyxié, tandis qu'un homme y pénètre impunément. Les éruptions volcaniques et les tremblements de terre sont ordinairement accompagnés d'émanations d'acide carbonique; dans les Andes, où ces émanations sont très abondantes, elles amènent fréquemment la destruction des troupeaux. C'est à ces propriétés malfaisantes que ces émanations doivent leur nom de *mofettes;* (par corruption du mot *mephiticus*, méphitique).

Dégagements d'hydrogène carboné; fontaines ardentes; salzes ou volcans boueux. — L'hydrogène carboné, qui est un gaz très inflammable, s'allume quelquefois au moment où il se dégage du sol et brûle ensuite pendant des années ou des siècles entiers. De là le phénomène généralement désigné sous le nom de *fontaines ardentes, feux éternels, feux naturels* ou *sources inflammables.* L'hydrogène carboné qui se dégage du sol est quelquefois employé comme gaz d'éclairage ou de chauffage. A Bakou, sur la mer Caspienne, et dans l'Indoustan, les guèbres, sectateurs de Zoroastre, l'adorent comme une manifestation de la divinité. Les sources de gaz inflammable jaillissent dans un grand nombre de contrées : près de Modène, de Parme, de Bologne et sur tout le versant septentrional de l'Apennin; en Crimée, autour de la mer Caspienne, dans l'Inde, à Java, en Chine, en Amérique, etc.

Les dégagements d'hydrogène carboné dont il vient d'être question ne doivent pas être confondus avec ceux qui se produisent au sein des eaux stagnantes, où se trouvent toujours des matières végétales ou animales en décomposition.

15

Les *salzes* ou *volcans boueux* sont des éruptions de matières terreuses délayées dans l'eau salée et contenant de l'hydrogène carboné et quelquefois du gypse, du soufre, du bitume ou de l'acide carbonique. La matière boueuse, en s'accumulant autour de l'ouverture par où elle s'échappe, édifie un cône au sommet duquel se trouve une cavité cratériforme; le fond de cette cavité est occupé par une matière boueuse d'où s'échappent, entre chaque éruption, des bulles de gaz. Ces cônes, de même que les *hornitos* du Jorullo, sont, selon l'expression de M. Ch. Deville, des volcans lilliputiens.

Le phénomène des salzes se manifeste dans les mêmes contrées où se trouvent les dégagements d'hydrogène carboné, ce qui achève de démontrer qu'il existe entre eux une relation incontestable. Supposons que des courants d'hydrogène carboné, au lieu de se porter directement vers la surface du globe à la faveur de fissures constamment ouvertes, soient obligés de traverser une cavité communiquant avec l'atmosphère par des conduits sujets à s'obstruer accidentellement; supposons en outre que des courants d'eau salée se rendent également dans cette cavité et, enfin, que cette cavité soit pratiquée dans un terrain argileux facile à se délayer dans l'eau, nous nous représenterons ainsi quel peut être l'appareil qui fonctionne au-dessous d'un volcan boueux. Cet appareil est, du reste, placé à une faible profondeur, puisque la température de la boue qui s'en échappe est quelquefois inférieure, et rarement supérieure de quelques degrés, à la température du lieu où le volcan boueux existe. L'hydrogène carboné, en arrivant bulle par bulle, contribue avec l'eau à délayer l'argile; en s'accumulant dans la cavité, il exerce une pression de plus en plus forte, jusqu'à ce que cette pression soit suffisante pour surmonter l'obstacle qui s'opposait à ce qu'il continuât son trajet.

Alors l'éruption commence ; le gaz s'échappe avec violence en faisant entendre un sifflement et en ébranlant le sol ; la boue et quelquefois des blocs de rochers sont projetés jusqu'à une élévation qui a été de cent mètres pour certaines éruptions de la salze de Macaluba.

Les salzes les plus connues sont celles des bords de la mer Caspienne, de la Crimée, du Modénais, de Macaluba, près de Girgenti (Sicile), et de Turbaco, près de Carthagène (Nouvelle-Grenade).

À Turbaco, les volcans de boue, désignés par les habitants du pays sous le nom de *volcancitos*, forment des cônes tronqués de 6 à 8 mètres d'élévation et de 60 à 80 mètres de circonférence à la base. Il y a chaque deux minutes cinq éruptions d'un gaz qui paraît être actuellement de l'hydrogène et qui, lorsque Humboldt visita les *volcancitos*, était principalement de l'azote. La température de la boue rejetée est la même que celle de l'air ambiant. — Les cônes formés par les volcans boueux de Macaluba n'ont pas un mètre d'élévation. Les gaz qui s'en dégagent sont l'hydrogène carboné, l'oxygène, l'acide carbonique et peut être aussi l'azote.

Les gaz rejetés par les volcans boueux varient, non seulement d'une contrée à l'autre, mais d'une époque à la suivante. L'intensité de ces volcans va en diminuant, à partir des premières éruptions qui déterminent leur apparition et sont toujours très violentes ; après celles-ci vient une période de calme relatif qui, pour les salzes de Macaluba, dure depuis quinze siècles au moins.

C'est à tort qu'on n'a admis aucune relation entre les volcans boueux et les phénomènes volcaniques proprement dits. Les gaz qui se dégagent doivent leur mise en liberté à des décompositions qui s'effectuent sous l'influence de la chaleur intérieure ; mais, en se rapprochant lentement de la surface du

globe, ils perdent de plus en plus la chaleur qu'ils possédaient. Il y a une analogie évidente entre les éruptions
boueuses des salzes et celles des volcans proprement dits; la
différence consiste dans l'inégale température des substances
rejetées par elles. D'un autre côté, nous avons vu que la boue
des volcans pouvait être de la lave réduite en poussière et dé-
layée dans l'eau, ce qui revient à dire que la lave est de la boue
volcanique dépouillée de sa partie aqueuse.

Je signalerai, en dernier lieu, le rapprochement qui existe
entre les volcans boueux et les sources salées. Si la boue de
ces volcans renferme toujours du chlorure de sodium, les
sources salées jaillissent souvent dans le voisinage des sources
d'hydrogène carboné. En Chine, on se sert même de cet hydrogène carboné pour évaporer les eaux chargées de sel; il
y a dans ce pays une localité où, des sources salées déjà
existantes ayant taries, on pratiqua un sondage qui tout à
coup donna naissance à un jet de gaz dont le dégagement fut
accompagné d'un bruit considérable. — Depuis longtemps
M. Dumas a signalé une variété de sel gemme qui a la propriété, en se dissolvant dans l'eau, de faire entendre une dé-
crépitation due à un dégagement d'hydrogène carboné. Cette
observation explique pourquoi les dégagements d'eau salée et
d'hydrogène carboné s'opèrent simultanément dans les salzes;
en même temps elle contribue à démontrer que les phénomènes, dont la formation du sel gemme a été la conséquence,
ont également eu pour résultat la production de quantités variables d'hydrogène carboné.

Sources bitumineuses; origine des carbures d'hydrogène. — Quelquefois, les bitumes ont une origine seconde et proviennent
de la distillation de la houille ou des schistes bitumineux sur

les points où ces roches se sont trouvées près des masses éruptives. Mais, dans la plupart des cas, les bitumes ont une origine première et résultent de réactions qui se produisent dans les profondeurs de l'écorce terrestre ou dans le voisinage des foyers volcaniques.

Certaines sources bitumineuses fonctionnent depuis si long-temps qu'on ne saurait s'imaginer des amas de houille assez puissants pour les alimenter. M. Virlet a calculé que, pour les seules sources de Zante, depuis Hérodote, il n'eût pas fallu moins de 174,000,000 de quintaux de houille ; et comme leur écoulement est de beaucoup antérieur à cet historien, toutes les mines de houille d'Angleterre réunies n'auraient pu suffire à alimenter, par leur distillation lente, les seules sources de cette île.

D'un autre côté, remarquons que les sources bitumineuses se trouvent toujours, soit dans le voisinage des volcans, soit sur les points qui ont été ou qui sont le siége d'une action geysérienne plus ou moins énergique. Admettre que les phénomènes vol-caniques ou geysériens se sont précisément manifestés dans les régions où existaient des amas de combustible, n'est-ce pas faire la part trop grande au hasard? Comment supposer que le bitume, toujours en relation avec des gisements de soufre, de chlorure de sodium, de gypse, de sels ammoniacaux, etc., ait une origine différente de celle de ces substances?

Quant aux phénomènes qui déterminent la formation des bitumes par la combinaison directe de l'hydrogène et du car-bone, si nous ne pouvons nous en faire une idée exacte, les expériences de MM. Morren et Berthelot ne permettent pas de mettre en doute leur possibilité. L'acétylène, dont la formule est $C^4 H^2$, se produit lorsqu'on fait passer de l'oxyde de carbone mêlé de vapeurs chlorhydriques sur du siliciure de magné-

sium chauffé au rouge. Les substances indiquées dans cette
réaction peuvent évidemment exister dans la pyrosphère et,
par conséquent, cette réaction est susceptible de se manifester
dans le voisinage immédiat des foyers volcaniques. « Chacun
sait, dit M. Berthelot, quelle est l'indifférence chimique du
carbone à la température ordinaire pour les agents les plus
puissants; cette indifférence ne cesse qu'à la température
rouge, et pour l'oxygène et le soufre seulement. Mais, quant à
l'hydrogène, toutes ses combinaisons avec le carbone, extraites
des produits organiques, se détruisent précisément sous l'influence d'une température rouge. Je suis parvenu à obtenir de
l'acétylène, en me servant de la pile et de l'arc électrique qui
se produit entre deux pointes de charbon, dans une atmosphère d'hydrogène, avec élévation excessive de température et
transport de charbon d'un pôle à l'autre; la combinaison de
l'hydrogène avec le carbone s'effectue à l'instant, dès que l'arc
jaillit (1). » Antérieurement à l'expérience que je viens de
rappeler, M. Morren avait obtenu un hydrogène carboné, sans
en vérifier la nature spéciale, dans un ballon où se produisait
l'étincelle de l'appareil de Ruhmkorff, en prenant des électrodes
de charbon et en faisant circuler de l'hydrogène.

Fumerolles; soffioni; lagoni. — Les *fumerolles* sont des jets de
vapeur d'eau qui s'échappent des laves à mesure qu'elles se
solidifient, ou des volcans lorsqu'ils sont en éruption. On peut
étendre cette désignation aux dégagements de vapeur d'eau

---

(1) L'acétylène, ainsi formé par la synthèse directe de ses éléments, n'est
pas un être isolé, mais un point de départ. On peut aisément le changer en
gaz oléifiant par une simple addition d'hydrogène. Avec le gaz oléifiant, on
forme l'alcool et on entre ainsi dans cette chaîne de composés dont l'ensemble
constitue la chimie organique. (Berthelot.)

qui s'effectuent à travers les fissures du sol dans les contrées où existent des volcans éteints ou en activité; ces dégagements de vapeur d'eau donnent quelquefois naissance à des étuves naturelles, telles que celles de Néron.

Le *soffioni* ou *soufflards* des Maremmes de la Toscane sont des éruptions permanentes de vapeur d'eau s'échappant avec violence des fissures du sol et formant des colonnes blanches de 10 à 20 mètres de hauteur. Les soffioni sont disposés par groupe de dix, vingt, trente à Monte Cerboli, Castel-Nuovo, Monte Rotondo, suivant une ligne à peu près droite, de sorte qu'ils paraissent suivre une faille ou fracture de 30 à 40 kilomètres de longueur. Les vapeurs des soffioni ont une température de 105 à 120 degrés ; elles altèrent les roches qu'elles pénètrent, les désagrègent et donnent naissance à des dépôts de gypse cristallisé, accidentellement mêlé de soufre. Elles tiennent également en dissolution de l'acide borique qui donne lieu à une exploitation assez active. — Les *lagoni* sont des mares formées par l'eau des soffioni. — M. Burat, à qui nous empruntons les détails qui précèdent, considère les lagoni de la Toscane comme une dernière manifestation de phénomènes dont l'énergie avait été, pendant la fin de la période tertiaire, bien plus grande que de nos jours. A ces phénomènes seraient dus les bancs d'albâtre gypseux de Volterra et ceux de sel gemme qui font partie du terrain subapennin de la Toscane ; cette opinion, pour nous, ne peut faire l'objet du moindre doute.

Geysers. — On donne le nom de *geyser (geysir*, fureur, dans la langue du pays), à des jets intermittents d'eau qui existent en Islande, à 44 kilomètres nord-ouest de l'Hécla. Ces geysers sont groupés, au nombre d'une centaine, sur un espace qui

a 300 mètres de rayon. Les sources jaillissent à travers un épais
courant de lave, recouvert d'un tuf siliceux « dont la matière
est formée par les sources mêmes et dont les affleurements
forment de grandes taches blanches au milieu du terrain ga-
zonné. Le grand geyser se distingue par un cône de concrétions
siliceuses offrant au sommet un bassin évasé au centre duquel son orifice est percé. Le bassin a 16 mètres sur 18 mètres ;
sa profondeur est de $1^m,5$ environ ; la saillie du cône est de
5 mètres ; au milieu du bassin s'ouvre un puits de 3 mètres de
diamètre et de 23 mètres de profondeur ; c'est par ce canal
que s'élèvent les eaux bouillantes qui jaillissent à des intervalles irréguliers en une gerbe de 30 à 50 mètres de haut. L'é-
ruption du geyser n'a pas lieu d'un seul coup ; elle se compose
de plusieurs éruptions graduées et n'atteint son maximum
qu'après cinq ou sept minutes. L'eau forme alors une gerbe
évasée, couronnée de gros flocons blancs de vapeur ; elle retombe en une pluie dense que les rayons du soleil irisent de
magnifiques arcs-en-ciel. Après l'éruption, l'eau recueillie par
le bassin s'engouffre dans le puits ; on peut alors pénétrer
dans le bassin, et en approchant de l'orifice, on voit l'eau limpide et verdâtre osciller de 1 mètre à $2^m,50$ au-dessous du bord.
Elle remonte ensuite lentement, et au bout de quelques heures,
elle vient remplir le bassin d'où elle déborde par plusieurs
échancrures. A partir de ce moment et jusqu'à une nouvelle
et grande éruption, il se produit, à des intervalles qui varient
entre une heure et demie et deux heures, des détonations
souterraines qui annoncent de petites éruptions, d'énormes
bouillonnements élevant l'eau jusqu'à $1^m,50$. Les grandes
éruptions se reproduisent à des intervalles de six, de douze,
de vingt-quatre et même de quarante-huit heures ; il y en a en
moyenne une par jour. La température de l'eau à la surface

du bassin varie de 76° jusqu'à 90°, la limite supérieure correspondant naturellement au moment le plus voisin d'une grande éruption. Au fond du puits, il se manifeste un maximum de 127° avant une grande éruption, et un minimum de 123° après. On a calculé que l'activité du geyser pouvait être représentée par celle d'une chaudière à vapeur de la force de 700 chevaux. » (*Voyage de la Reine-Hortense dans les mers du Nord.*)

Nous avons admis que les éruptions volcaniques étaient en partie produites par la vapeur d'eau et les gaz qui se répandent dans la lave ; une éruption volcanique coïncide avec le moment où la vapeur d'eau et les gaz se sont accumulés, près de la surface de la lave, en masse assez considérable pour s'échapper avec violence. Les éruptions gysériennes s'expliquent de la même manière ; elles résultent également de l'effort que fait la vapeur d'eau pour se dégager, mais cette vapeur est répandue dans de l'eau au lieu d'être dissoute dans la lave. Si l'on suppose une fissure dont les parois sont portées à une haute température et qui sert de réceptacle à des courants d'eau, on se fera une idée exacte de l'appareil à la faveur duquel se produisent les jets continus de vapeur d'eau, tels que les soffioni. Pour se rendre compte de la différence entre ces jets continus et les jets intermittents des geysers, il faut supposer que le courant d'eau chaude ou de vapeur d'eau rencontre une cavité offrant une disposition à peu près semblable à celle de la cavité V dans la figure 46. Je reproduis en note [1] l'explication

(1) « La vapeur d'eau, arrivant en V dans le sinus supérieur de l'S, se condense et produit de l'eau qui vient se rassembler en E dans le sinus inférieur, qu'elle obstrue. Sous la pression de la vapeur qui continue à affluer, l'eau monte graduellement dans le conduit de l'orifice pour déborder lentement en *b*, et en même temps son niveau s'abaisse dans la partie moyenne de l'S jusqu'à ce qu'il atteigne la ligne *a* qui rase la paroi supérieure à son point le

que MM. de Chancourtois et Pisani donnent des éruptions du
grand geyser; ils supposent « la fissure qui livre passage aux
émanations intérieures, infléchie en un point peu éloigné du
sol, de manière à offrir une disposition analogue ou équiva-
lente à celle d'une S couchée horizontalement, dont le crochet
descendant recevrait les émanations, tandis que le crochet ascendant communiquerait avec l'orifice; de cette disposition,
très naturelle à admettre comme le résultat de deux fractures
verticales mises en communication par une fracture inclinée,
se déduisent naturellement toutes les circonstances des éruptions du grand geyser. »

Cette explication est plus simple que celle qui a été proposée
par G. Mackensie et adoptée par sir Lyell. Dans celle-ci, la cavité V présente deux systèmes de fissures, les unes amenant
l'eau froide des parties supérieures de l'écorce terrestre, et les
autres de la vapeur d'eau. L'intervention de ces deux systèmes
de fissures est évidemment une complication inutile.

Le grand geyser est accompagné d'autres sources dont les
eaux sont thermales et siliceuses comme les siennes, ce qui dé-

---

plus bas. Alors la vapeur elle-même franchit cette barrière, pénètre dans le
conduit et détermine une première projection de l'eau qui remplissait le puits.
Le trajet de la bouffée dans le conduit étroit, dont elle occupe une certaine
zone, allège la colonne liquide qui, un instant avant, contrebalançait la force
élastique de la vapeur comprimée en E. Cette vapeur se détend donc, une
nouvelle bouffée s'échappe, et ainsi de suite progressivement, chaque nouveau
dégagement se traduisant à la surface par une projection plus forte. Enfin la
détente complète s'opère, dans une éruption finale, lorsque, par la substitu-
tion de la vapeur à l'eau sur une hauteur suffisante, la colonne est devenue
assez légère pour être soulevée toute entière. L'eau qui retombe dans le bassin
vient ensuite remplir de nouveau le conduit ascensionnel, le sinus inférieur
de l'S, et remonte jusqu'en a', en s'abaissant par contre à l'orifice, jusqu'en b'.
Elle clôt ainsi le sinus supérieur, où recommence l'accumulation de la vapeur
et sa condensation partielle au contact de l'eau de la colonne et des parois,
refroidies par l'éruption même. » (*Voyage de la Reine-Hortense.*)

montre que les unes et les autres ont la même provenance. Ces sources ne jaillissent pas dans les mêmes circonstances ; aussi est-il permis de penser que les fissures par où elles s'échappent n'offrent pas la même disposition ; c'est près de la surface du sol que se trouve la cause qui fait varier les conditions dans lesquelles elles jaillissent. Quelques-unes n'émettent que de la vapeur d'eau et sont de vraies fumerolles ; les autres bouillonnent d'une manière continue ; d'autres enfin comme le *strockur*, situé à 60 mètres du grand geyser, sont sujettes à des éruptions, mais ces éruptions n'offrent aucune coïncidence entre elles.

Solfatares : dépôts de soufre. — Les *solfatares* (*soufrières*) sont des fumerolles où la vapeur d'eau est mêlée à des vapeurs sulfureuses qui déposent du soufre sur les parois des conduits par où elles arrivent à la surface du sol. On sait que lorsque l'acide sulfhydrique brûle au contact de l'air, il se transforme en eau et en acide sulfureux ; l'eau se dégage, du soufre en excès se dépose et l'acide sulfureux passe en partie à l'état d'acide sulfurique. Sans doute, c'est à l'état d'acide sulfhydrique que le soufre arrive dans les solfatares ; en s'approchant du contact de l'air atmosphérique, il doit subir les transformations que je viens de rappeler. Dans les solfatares, l'acide sulfurique réagit sur l'alumine des roches avec lesquelles il est en contact pour former de l'alun, ou sulfate d'alumine.

L'Islande est la contrée la plus riche en solfatares ; l'île de Bourbon et la Guadeloupe en renferment également ; mais la plus connue de toutes les solfatares est celle de Pouzzole, dans les Champs Phlégréens. Elle offre la forme d'une ellipse dont le grand axe n'a pas 1000 mètres de longueur. La vapeur d'eau et l'hydrogène sulfuré s'échappent de toutes les parties de ce cratère, par des ouvertures tapissées de cristaux de soufre. La plus grande partie du soufre que l'on exploite à la Solfatare provient de la distillation des terres argileuses qui constituent le fond même du cratère.

En Europe, les solfatares existent principalement dans le terrain volcanique. Mais Humboldt a observé, dans les Cordillères de Quito, une solfatare appelée *azufral de Quindiu*, où des vapeurs chaudes, mêlées d'hydrogène sulfuré et de beaucoup d'acide carbonique, s'échappent des crevasses d'un schiste micacé, qui repose sur un gneiss grenatifère et entoure, conjointement avec cette roche, une haute coupole granitique. Le schiste micacé et l'argile qui proviennent de sa décomposition renferment du soufre. Plus au sud, entre Quito et Cuenca, un autre *azufral* présente des fragments de soufre, dans un puissant dépôt de quartz se rattachant au schiste micacé.

Les solfatares m'amènent à dire quelques mots des gisements de soufre. Cette substance a été quelquefois portée à la surface du globe par voie de sublimation; telle est l'origine du soufre qui existe en petits amas dans les laves de divers volcans, ou qui se montre en stalactites, à Vulcano; mais ce n'est que dans le voisinage immédiat des volcans que le soufre est ainsi d'origine essentiellement ignée; il n'y existe d'ailleurs qu'en très petites quantités.

Le soufre a été amené dans tous les gisements presque toujours de la même manière que dans les solfatares, c'est-à-dire à l'état d'hydrogène sulfuré; en formulant cette règle générale, je fais abstraction des cas où de très petites masses de soufre résultent soit de la transformation des sulfures en oxydes au contact de l'air atmosphérique, soit de la réaction des sulfates, tels que le gypse, sur les matières organiques.

Les dépôts de soufre provenant de la combustion lente ou

active de l'hydrogène sulfuré se présentent dans des circonstances telles qu'on ne peut mettre en doute l'intervention de l'eau dans la formation de ces dépôts, soit que l'hydrogène sulfuré ait rencontré pendant son trajet souterrain des courants d'eau, soit qu'il ait été reçu, en arrivant à la surface du globe, dans la mer ou dans les lacs. Le soufre est une substance dimorphe; les cristaux obtenus par voie de fusion se présentent sous forme de prismes inclinés sur leur base; les cristaux produits par voie de dissolution sont des octaèdres droits. Or, cette dernière forme est exclusivement celle des cristaux de soufre que l'on rencontre dans la nature, d'où nous devons conclure que ces cristaux se sont formés par voie de dissolution dans un dissolvant qui ne peut être que l'eau où étaient reçus les atomes de soufre à mesure que l'oxydation de l'hydrogène sulfuré les mettait en liberté.

Les effets dont je viens de parler se manifestent lorsque l'hydrogène sulfuré s'oxyde avec lenteur; quand il y a combustion, c'est de l'acide sulfureux, et non du soufre, qui se produit. L'acide sulfureux passe quelquefois à l'état d'acide sulfurique; c'est ainsi que se forme l'acide sulfurique qui suinte des roches placées sur les rives du Rio-Vinagre, et qui empêche les poissons de vivre dans ses eaux; cette rivière prend sa source près du volcan de Paracé (Amérique méridionale); ses eaux contiennent plus d'un gramme d'acide sulfurique par litre. Cette substance a été également trouvée dans les eaux du lac du Mont Idenne (Java). Elle se rencontre aussi dans les roches sulfatées qui contiennent de l'acide sulfurique en excès. Les grottes de Santa Fiora, en Toscane, ouvertes dans le gypse, renferment des vapeurs d'acide sulfureux; leurs parois sont tapissées de soufre sublimé et de concrétions d'acide sulfurique.

Enumérons maintenant les divers gisements de soufre. Les sources sulfureuses donnent naissance à des concrétions très caverneuses et friables de soufre presque blanc; la voûte des canaux de conduite où passent les eaux thermales d'Aix-la-Chapelle le montre en stalactites grossières.

Le soufre est associé aux terrains sédimentaires. A Malvési, près de Narbonne, il se présente en rognons d'un aspect terreux, disposés par zones parallèles au milieu des marnes lacustres de l'éocène inférieur; il existe dans une position analogue dans les carrières à plâtre de Meaux. Le terrain oolitique de Poligny (Jura) en contient de petits amas englobés dans des rognons siliceux. On le trouve encore en amas irréguliers, associés à des marnes bleuâtres avec du gypse, du sel gemme et du bitume; ces marnes, dont j'examinerai plus tard la véritable place dans l'échelle géologique, ne descendent pas plus bas que le terrain crétacé; elles appartiennent très probablement au terrain tertiaire, et surtout à l'horizon du gypse parisien. Dans les terrains plus anciens, éruptifs ou sédimentaires, le soufre ne forme plus que des masses tout à fait insignifiantes. Le lecteur remarquera que les phénomènes qui ont eu pour résultat les dépôts de soufre sont d'une date relativement récente et probablement contemporaine de la première apparition des roches volcaniques autres que le trapp. Je décrirai plus tard les principaux gisements de soufre; les plus importants sont ceux de la Sicile; ils alimentent toute l'Europe.

Emanations volcaniques. — Lorsque la lave arrive près de la surface du globe, elle contient toujours un grand nombre de substances qui s'y trouvent dissoutes et qui s'en échappent à mesure qu'elle se refroidit. Si le refroidissement de la lave s'effectue d'une manière rapide, les substances que cette lave contient lui donnent, par leur expansion, une texture scoriacée. Quelquefois, la solidification de la lave s'opère d'une manière tellement brusque, que ces substances n'ont pas le temps d'amener, dans sa masse, la formation d'aucun vide; c'est ce qui a lieu lorsque la lave se transforme en masse vitreuse ou en obsidienne. Mais si une obsidienne est chauffée bien au-dessous de son point de fusion, elle se boursoufle et devient extrêmement poreuse. Il semble donc, dit M. Ch. Deville, que, dans la formation des obsidiennes, le brusque passage à l'état vitreux se fait avant l'entier dégagement des substances volatiles, dégagement que favorise sans doute le travail de la cristallisation, et qui en est peut-être la conséquence. Cette observation de M. Ch. Deville me paraît de la plus haute importance; en la généralisant, on peut établir un rapport entre la texture cristalline d'une roche éruptive et la quantité de substances étrangères qu'elle renferme. Le granite n'offre jamais la texture scoriacée, non seulement parce qu'il renfermait primitivement peu de substances volatiles, mais peut-être aussi parce que la lenteur avec laquelle il a cristallisé a donné à ces substances le temps de se dégager.

Souvent les substances contenues dans la lave ne s'en échappent que lorsqu'elle coule sur les flancs du volcan; d'autres fois, elles sont mises en liberté à une profondeur plus ou moins grande, dans l'intérieur du conduit volcanique. À mesure qu'elles s'éloignent de leur point de départ, quel qu'il soit, elles réagissent les unes sur les autres; aussi arrivent-elles rarement au contact de l'atmosphère avec la composition qu'elles avaient à l'origine.

M. Ch. Deville, après avoir reconnu que les émanations volcaniques se succèdent dans un ordre régulier, a posé la loi suivante : Lorsqu'un volcan est en éruption, d'une part, *en un*

moment donné, *la nature des émanations, en divers points,
varie avec la distance de ces points au foyer éruptif*, et,
d'autre part, *la nature des émanations fournies par un même
point varie avec le temps qui s'est écoulé depuis le début de
l'éruption*. La température des émanations diminue d'après la
même loi.

M. Ch. Deville partage les émanations volcaniques en neuf
groupes qui se succèdent dans un ordre déterminé et qui, à la
limite, se fondent quelquefois l'un dans l'autre. On peut ramener ces neuf groupes à trois, qui sont :

Premier groupe, exclusivement propre aux laves incandescentes et comprenant les *émanations sèches* (*fumerolles
sèches* de M. Ch. Deville). Ces fumerolles sont formées de chlorures anhydres de potassium ou de sodium, de quelques fluo-
rures et de sulfates alcalins; ces chlorures sont ordinairement
suivis de chlorures de cuivre, de fer, et de métaux chroïco-
lytes. Les fumerolles sèches ne contiennent, ni vapeur d'eau,
ni gaz combustible, ni acide carbonique.

Deuxième groupe, comprenant les *émanations sulfurées* et
caractérisé par la présence de la vapeur d'eau, de l'acide
chlorhydrique, du chlorhydrate d'ammoniaque, de la vapeur
de soufre, de l'acide sulfureux, de l'acide sulfurique et de
l'acide sulfhydrique. Ces émanations résultent en partie du
contact de l'eau et des chlorures compris dans les émanations
sèches. Les chlorures décomposent l'eau en absorbant son
hydrogène et en fixant son oxygène sur le métal qui entre dans
leur constitution. Les émanations sulfurées sont ordinairement
accompagnées de produits solides résultant de l'action de l'acide
sulfurique sur les roches avec lesquelles elles sont mises en
contact.

Troisième groupe, caractérisé par la vapeur d'eau pure,

l'azote, l'acide carbonique, l'hydrogène carboné, les carbures d'hydrogène, tels que le naphte et le bitume. Ces deux derniers gaz sont placés à l'extrémité de la série dont je viens d'énumérer les principaux termes. L'hydrogène carboné est rare dans le voisinage des centres volcaniques actifs, parce qu'il s'y transforme en acide carbonique. A ces émanations se rattachent les carbonates postérieurement formés et, en particulier, les carbonates de chaux et de soude.

Appliquons maintenant les considérations précédentes à la recherche de l'ordre suivant lequel les phénomènes mentionnés dans ce chapitre doivent se manifester, si on les rattache, d'une manière plus ou moins directe, à l'action volcanique. 1° Les émanations sèches sont le propre des volcans actifs, tandis que les volcans qui ne rejettent plus, ou n'ont jamais rejeté de lave, se bornent à émettre des émanations qui se rattachent au second et au troisième groupes. — L'apparition des solfatares correspond au moment où chaque volcan arrive à sa période de décroissance; les geysers, les soffioni, etc., indiquent un degré inférieur dans l'activité volcanique.—Enfin, les dégagements d'acide carbonique ou d'hydrogène carboné coïncident avec les dernières manifestations de l'activité d'un volcan en voie de s'éteindre, ou marquent, avec les volcans boueux, l'extrême limite de la zone d'action d'un foyer volcanique.

Émanations métallifères. — Les substances dont se composent les émanations volcaniques sont quelquefois l'azote, l'oxygène, c'est-à-dire des gaz permanents qui disparaissent dans l'atmosphère. D'autres sont liquides, comme l'eau, ou solubles dans l'eau comme le chlorhydrate d'ammoniaque, et vont, entraînées par les pluies ou les rivières, se perdre dans l'océan.

D'autres enfin sont insolubles dans l'eau et solides à la température ordinaire; elles s'accumulent sous forme d'amas cristallins ou de masses concrétionnées. Quant aux dépôts que ces substances peuvent former dans les vides et les fissures de l'écorce terrestre, ils se trouvent dérobés à notre observation directe; probablement, si nous pouvions les apercevoir, ils se montreraient à nous sous forme de filons. Les roches éruptives anciennes ont également eu leur cortège de phénomènes analogues, sinon identiques, à ceux qui se manifestent dans la zone d'activité des éruptions volcaniques modernes; elles aussi ont été accompagnées d'émanations, dont les produits se sont répandus dans l'atmosphère, ou se sont dissous dans les eaux océaniennes, ou se sont confondus dans la masse si puissante des matériaux qui composent la zone stratifiée. Ces émanations ont également contribué à la formation des filons plus ou moins riches en métaux, et de là l'épithète de *métallifères* qu'on peut leur donner pour les distinguer des émanations volcaniques.

CHAPITRE III.

Gisement des substances métalliques en amas, filons, stockwerks.
— Les substances, qui s'élèvent de la pyrosphère en parcou-
rant la croûte du globe, rencontrent des vides affectant la forme
de poches, de fentes, de fissures, de veines, etc., et s'y accumulent. C'est ainsi que prennent naissance les *amas*, les *filons*, les *veines*, les *stockwerks* exploités dans l'intérieur de
l'écorce terrestre.

Les *amas* peuvent être définis de grandes masses minérales
non stratifiées, de forme irrégulière, quelquefois arrondies
ou ovales, d'une nature différente de celle du terrain dans lequel elles sont enclavées.— Les *filons* sont des masses aplaties,
non stratifiées, dont je vais indiquer la structure.— Les *veines*
sont, pour ainsi dire, des filons en miniature; elles se distinguent aussi des filons proprement dits, parce qu'elles se rami-

fient davantage, d'où le nom de *schwärmer* ou *serpenteaux*
sous lequel Werner les désignait; leur structure est d'ailleurs
moins compliquée. Certains marbres veinés nous donnent une
idée de leur disposition générale. — Les *stockwerks* résultent
de l'entrecroisement de veines et de veinules qui s'accumulent en grand nombre sur le même point.

Structure. allure et forme générale des filons. — Un filon se présente sous la forme d'une masse aplatie, intercalée dans des
roches dont la composition diffère presque toujours de la
sienne. Lorsque la masse qui le contient est stratifiée, le filon
se dirige ordinairement dans un sens différent de celui de la
stratification et coupe les strates dans toutes les directions; rarement il se glisse entre deux couches superposées.

Des deux surfaces, quelquefois parallèles, plus souvent ondulées, qui limitent un filon, l'une, la surface inférieure, porte le
nom de *mur* (*liegende*); l'autre, celui de *toit* (*hangende*). —
Les parois de la roche qui encaisse le filon sont ses *épontes;* les
deux parois du filon en sont les *salbandes* (*salbander*). Quelquefois les épontes ou les salbandes s'unissent intimement l'une
et l'autre; d'autres fois, il existe entre elles une fissure plus ou
moins large, qui reçoit le nom de *lisière* et à laquelle on applique quelquefois, par extension, le nom de salbande. Une
matière, souvent argiloïde, d'une nature différente de celle du
filon et de la roche encaissante, remplit ordinairement la lisière; elle persiste, lorsque la gangue et le minerai disparaissent momentanément, et constitue la *trace du filon*, trace
que le mineur ne doit jamais perdre de vue.

La *puissance* du filon est la distance perpendiculaire du toit
au mur. Un filon dont la puissance est soumise à de fortes variations, est un *filon-chapelet;* il présente des étranglements et

des renflements successifs. — Un *filon croiseur* est celui qui en coupe un autre; nous verrons la relation d'âge qui existe entre eux. — Un *filon-faille* est celui qui résulte du remplissage d'une faille. — Un *filon-couche* est celui qui s'est glissé entre deux strates. — Un *filon de contact* est celui qui est intercallé entre une roche éruptive et la masse stratifiée qu'elle traverse.

Un filon se prolonge inférieurement jusqu'à ce qu'il en rencontre un autre plus puissant auquel il se soude comme le rameau d'un arbre se soude à une branche principale. Ordinairement, la partie inférieure d'un filon de quelque importance se dérobe à l'observation directe; à mesure que le mineur pénètre plus profondément dans l'intérieur de la croûte du globe, il éprouve une chaleur de plus en plus forte, et respire un air de plus en plus vicié : il vient un moment où l'exploitation doit être interrompue. Si on pouvait suivre un filon jusqu'à son origine, on le verrait se rattacher à quelque vaste amas de matière éruptive, comme un fleuve se rattache au lac où il prend sa source.

Quant à la partie supérieure d'un filon, quelquefois elle se termine en coin par le rapprochement des épontes. D'autres fois, elle se subdivise en petits filons, en veines et veinules qui s'amincissent de plus en plus. Enfin, dans d'autres cas, le filon se montre à la surface du sol, et s'élève même sous forme de dyke ou de muraille; sa partie visible constitue son *affleurement*.

Un filon peut être représenté géométriquement par une surface placée à égale distance des épontes. Cette surface peut être supposée plane lorsqu'on l'observe sur une faible étendue; elle dessine alors, par son intersection, avec un plan horizontal, une ligne droite. La *direction* d'un filon, sur un point donné,

est l'angle que cette ligne forme avec le méridien. Son inclinaison est l'angle formé par le plan horizontal avec son plan
de direction.

Les parois du filon sont quelquefois assez indépendantes
pour glisser l'une contre l'autre; il en résulte, sur les épontes,
des stries rappelant celles que les glaciers impriment sur les
roches; les surfaces ainsi striées reçoivent des mineurs le nom
de *miroirs*.

Filons injectés ou remplis par voie éruptive. — « Tout le monde
sait que les filons sont des fentes remplies après coup; mais on
doit distinguer deux classes essentiellement différentes de filons : les uns sont formés par des matières concrétionnées
appliquées dans les fentes sur leurs parois; ces matières sont
disposées en bandes symétriques, et résultent souvent du groupement des cristaux tournant leurs pointes vers l'intérieur de
la fente originaire dont le milieu peut présenter un vide tapissé
de cristaux libres; les autres sont formés de matières identiques par leur composition avec les roches éruptives, porphyre,
trapp, basalte, etc. Les filons de cette dernière espèce peuvent
être désignés, d'après leur mode de formation bien connu,
sous le nom de filons *injectés;* les autres peuvent recevoir le
nom de filons *concrétionnés.* » (Elie de Beaumont.)

La distinction, établie par M. Elie de Beaumont, revient à
dire que, parmi les filons, il en est qui ont été remplis *par voie
geysérienne* et d'autres *par voie éruptive.*

Les filons injectés se distinguent des filons concrétionnés
parce qu'ils renferment une plus grande quantité de débris
provenant de la roche encaissante. La matière éruptive a pénétré dans l'intérieur des filons en exerçant contre les épontes une
action mécanique plus ou moins violente; les débris provenant

des roches encaissantes existent non seulement dans l'intérieur de la substance filonienne, mais aussi dans les salbandes, où ils constituent des masses que l'on a proposé de désigner, à cause de leur origine, sous le nom de *conglomérats de frottement*.

« La plupart des filons métallifères sont des filons concrétionnés : cependant les filons injectés et les roches éruptives sont quelquefois métallifères. Ainsi les filons basaltiques renferment presque toujours du fer oxydulé, et ils seraient certainement exploités si le fer oxydulé avait une valeur plus considérable, égale seulement à celle du minerai d'étain. C'est ce qui arrive en Suède pour la masse de trapp de Taberg, qui est exploitée comme mine de fer en raison des nombreuses veines de fer oxydulé qui y sont encaissées et qui forment une portion du volume total. Les serpentines sont aussi fréquemment métallifères et constituent le gisement habituel du fer chromé ; le fer oxydulé y est quelquefois même disséminé en assez grande abondance pour leur donner le magnétisme polaire. Il existe même dans différentes contrées des masses de fer oxydulé et de fer oligiste qui peuvent être considérées comme des roches éruptives ; telles sont notamment celles de l'île d'Elbe. Le cuivre se trouve aussi bien que le fer dans l'intérieur des roches éruptives ou dans leur voisinage immédiat. On le rencontre souvent à l'état natif ou sous forme de pyrites dans les serpentines ainsi que dans certaines roches trappéennes ; il est quelquefois accompagné d'argent ; les plus beaux gisements sont ceux du lac Supérieur. L'Oural présente aussi plusieurs gisements de cuivre natif et d'autres minerais, près des lignes de contact des diorites et des calcaires encaissants. La Toscane est une des contrées les plus intéressantes sous le rapport des gîtes métallifères renfermés dans les roches éruptives ou en contact avec elles. » (Elie de Beaumont.)

Filons concrétionnés ou remplis par voie geysérienne. — Dans un mémoire publié en 1847, M. Elie de Beaumont, après avoir indiqué le mode de remplissage des filons concrétionnés, fait observer « qu'une des circonstances qui portent à penser que beaucoup de filons ne sont autre chose que des dépôts opérés par les eaux minérales dans les fissures qu'elles parcouraient, c'est le gisement même de ces filons qui, à prendre la chose dans son ensemble, est tout à fait analogue à celui des eaux minérales. Les eaux minérales, en général, se trouvent plus particulièrement dans les contrées où il y a eu des éruptions volcaniques, ou du moins dans les contrées dans lesquelles le sol est bouleversé. Or, c'est là précisément le gisement général des filons; ils se trouvent principalement dans les contrées dont le sol est disloqué, et ils y sont groupés dans le voisinage des roches éruptives. La différence principale consiste en ce que les sources thermales sont coordonnées à des roches éruptives plus anciennes.

» On peut même suivre d'une manière plus complète la liaison des gîtes métallifères en général avec les roches éruptives, que celle des eaux minérales avec les roches du même genre. Comme les eaux minérales se rattachent aux roches éruptives les plus modernes, à celles dont les masses intérieures n'ont pas pu être mises à découvert, on voit facilement, quand on examine la disposition des sources minérales sur la surface du globe, comment ces sources sont pour la plupart groupées dans les contrées dans lesquelles il y a eu des éruptions modernes; mais on ne peut pas pénétrer jusque dans l'intérieur pour voir la liaison entre les canaux de ces sources minérales et les points où elles peuvent emprunter aux roches éruptives la chaleur qu'elles possèdent et les matières dont elles sont chargées.

» Au contraire, les filons dont la nature et la structure rappellent les dépôts des eaux minérales sont plus visibles que les dépôts formés par les eaux minérales actuelles à cause des bouleversements qu'a éprouvés dans beaucoup de cas le sol qui les renferme, — de la destruction partielle de l'ancienne surface de ce sol qui rend visibles des parties situées originairement dans la profondeur — et des secours offerts à l'observateur par les travaux des mines qui pénètrent dans leur intérieur. A la vérité, l'analogie de ces filons avec les dépôts des eaux minérales ne peut se conclure que de leur étude minéralogique. Les eaux qui les ont formés n'y circulent plus aujourd'hui, ou si des eaux y circulent encore, elles ne sont plus thermales. Les anciens foyers se sont refroidis, l'activité intérieure a été transportée ailleurs ; mais aussi, quand, à la faveur même de leur refroidissement, on examine d'une manière complète la série des gîtes métallifères qui se rattachent à certaines roches éruptives, on voit qu'il y a une relation très intime entre ces gîtes et les roches éruptives. » (Elie de Beaumont.)

Changements de composition des substances métalliques dans leur trajet à travers l'écorce terrestre. — « Les gîtes métallifères ne sont pas tous des filons absolument semblables à ceux dont j'ai signalé les analogies avec les dépôts des eaux minérales ; il y a des gîtes métallifères renfermant absolument les mêmes métaux qui se trouvent contenus dans l'intérieur de certaines roches éruptives ou tout à fait dans leur voisinage, et tous ces gîtes forment une chaîne continue dont les filons réguliers formés par incrustation dans des fissures constituent une extrémité et qui se rattachent à des gîtes tout à fait compris dans l'intérieur des masses minérales éruptives, ou bien situés immédiatement à leur contact et qui en dérivent plus directement

encore que par le transport moléculaire dû aux émanations et
à l'action des eaux minérales. » (Elie de Beaumont.)

Les relations qui existent 1° entre les strates plus ou moins
métallifères et les filons concrétionnés; 2° entre les filons concrétionnés et les filons injectés; 3° entre les filons injectés et
la pyrosphère, nous permettent de suivre pas à pas la voie que
les substances métalliques ont parcourue et de constater les
changements qu'elles ont éprouvés pendant leur trajet.

Dans la pyrosphère, les métaux existent à l'état natif ou , si
l'on veut, de dissociation, qu'ils tendent à conserver tant qu'ils
font partie de la masse éruptive qui les entraîne. Ils tendent
également à se dégager de cette masse éruptive par voie de
sublimation ou de volatilisation. Dès que cette volatilisation peut
s'opérer, une répartition commence à se faire entre les substances métalliques. Il en est qui ne s'éloignent pas de la masse
éruptive qui les enveloppe. Elles s'accumulent tout au plus vers
sa périphérie et c'est ainsi que se forment les filons et les amas
dits *de contact*. Les autres s'écartent des masses éruptives en
vertu du mécanisme dont j'ai donné une idée sommaire, page 13.
Parmi les agents minéralisateurs chargés, ainsi que je l'ai déjà
dit, de servir d'*allége* aux métaux et de leur *donner la main*
pour atteindre les régions supérieures de l'écorce terrestre, ce
sont le chlore, l'arsenic, le soufre, etc., qui interviennent les
premiers; le rôle de l'oxygène ne commence que plus tard.
Aussi, « dans la masse générale des filons, la plupart des minéraux ont échappé plus ou moins complétement à l'action de
l'oxygène. Au contraire, dans le voisinage de la surface , jusqu'à une certaine distance, ils sont oxydés, et ils présentent,
par suite de l'oxydation du fer, une teinte ocreuse qui a fait
donner à cette partie, par les mineurs allemands, le nom d'*eiserner-hut* (chapeau de fer). Un fait analogue à la formation

non oxydée des filons et à leur oxydation subséquente s'observe dans les volcans : les substances volatiles en sortent le plus souvent non oxydées et elles s'oxydent au contact de l'atmosphère. Ainsi, le fer sort à l'état de chlorure; mais il finit par se transformer en fer oligiste. L'hydrogène sulfuré sort des volcans non brûlé; mais, au contact de l'air, il brûle lentement et dépose du soufre, ou bien il brûle avec flamme et produit de l'acide sulfureux et de l'eau. Les flammes qui se montrent quelquefois à la surface des volcans sont, pour ainsi parler, l'*eiserner-hut* d'un filon d'hydrogène sulfuré. Ce qui arrive pour les émanations actuelles des volcans, est arrivé pour les anciennes émanations. » (Elie de Beaumont.) (Voir ce qui a été dit, page 202, sur les émanations volcaniques.)

Composition minéralogique des filons; filons stériles; guangue, substances filoniennes. —Dans un filon, il faut distinguer : 1° la partie pierreuse ou *guangue;* 2° la partie métallique ou *minerai.* Un filon *stérile* est celui qui est réduit à sa guangue. Un filon *terreux* ou *pourri* est celui dont la guangue est argileuse; une guangue argileuse est ordinairement le résultat d'une décomposition sur place; elle ne modifie pas la richesse ou la pauvreté d'un filon.

Dans un filon injecté, la guangue n'est autre chose que la roche éruptive elle-même; dans un filon concrétionné, la guangue est fournie par une des substances suivantes, ordinairement à l'état cristallin, tantôt seules, tantôt mélangées.

1° La *silice,* quelquefois sous forme de jaspe ou d'agate, presque toujours sous celle de quartz hyalin;

2° La *chaux carbonatée* spathique;

3° La *dolomie,* également cristalline;

4º Lè *spath-fluor* (fluorine, fluate de chaux, fluorure de calcium), reconnaissable à sa cristallisation cubique, lorsqu'il n'est pas concrétionné; à sa propriété de devenir phosphorescent lorsqu'on le place sur une plaque de fer chauffée; et à ses nuances très variées, blanches, vertes, jaunes, rouges, bleues;

5º La *barytine* ou sulfate de baryte caractérisée par sa densité considérable (4,56), sa couleur ordinairemént blanche, ses trois clivages faciles déterminant un prisme rhomboïdal droit, et sa texture souvent laminaire;

6º L'*argile;*

7º Le *fer* qui, à l'état d'oxyde et de sulfure, peut jouer le rôle de guangue par rapport à d'autres minerais, notamment ceux de cuivre.

Minerai. — Un minerai est une roche métallifère susceptible d'exploitation. Il entre dans cette définition une considération industrielle relative à l'emploi des métaux et surtout à leur prix commercial. Une roche contenant $\frac{1}{10}$ de fer ne sera pas un minerai de fer, tandis qu'on pourra donner le nom de minerai d'argent à des masses minérales qui ne contiendront que $\frac{1}{500}$ d'argent, et celui de minerai d'or à des masses dont la teneur sera généralement au-dessous de $\frac{1}{1000}$. Pour les principaux métaux, les limites inférieures des minerais, c'est-à-dire celles au-dessous desquelles on ne tente plus l'abattage des roches métallifères peuvent être actuellement établies ainsi qu'il suit, en supposant que ces roches soient consistantes : le fer $\frac{1}{3}$, le plomb $\frac{1}{30}$, le zinc $\frac{1}{20}$, le cuivre $\frac{1}{50}$, l'argent $\frac{1}{1000}$, l'or $\frac{1}{10000}$. Les procédés actuels d'exploitation et de métallurgie ne permettent guère l'extraction au-dessous de ces teneurs. (A. Burat, *Géologie appliquée*.)

Rarement, dans les minerais exploités, les métaux se rencontrent à l'état natif; ceux pour lesquels il en est ainsi sont l'or, le platine, l'argent, le bismuth et quelquefois le cuivre. Presque toujours ils sont combinés avec l'oxygène (étain, fer, manganèse), avec le soufre (fer, zinc, plomb, cuivre, argent), avec la silice sous forme de silicate (zinc), avec l'acide carbonique, sous forme de carbonate (fer, zinc, cuivre).

Répartition du minerai dans les filons. — Le minerai et les diverses guangues qui composent un filon peuvent, au lieu d'être répartis sans ordre dans sa masse, lui imprimer une structure *rubannée;* en d'autres termes, un filon peut présenter plusieurs guangues disposées d'une manière symétrique par rapport aux épontes ; de sorte que, si le milieu du filon est occupé par une bande de barytine, il y aura, de chaque côté de celle-ci, une bande de quartz, puis une bande de spath-fluor, etc. Il est des filons où ces variations se produisent jusqu'à sept fois à partir de chaque éponte. J'indiquerai plus tard la cause de cette structure rubannée.

Il existe une relation entre la composition de la guangue et celle du minerai; dans un filon, le changement dans l'abondance ou la nature du minerai est ordinairement annoncé par un changement dans la guangue. On constate également une certaine affinité entre les minerais; le cobalt, le nickel et le bismuth natif sont ordinairement réunis. L'étain se rencontre presque toujours avec le wolfram, le molybdène et la pyrite arsénicale. L'argent natif est assez fréquent dans les guangues spathiques, et l'or, au contraire, dans les guangues quartzeuses et ferrugineuses. D'autres minerais, au contraire, semblent s'exclure mutuellement : aussi voit-on rarement l'étain avec le minerai d'argent. Le cinabre est ordinairement seul ou, tout au plus, avec quelques pyrites ferrugineuses (Fournet) [1]. Quant aux règles exprimant la relation générale qui existe entre la guangue et le minerai, elles n'ont une valeur absolue que pour une région donnée; souvent elles doivent être modifiées lorsqu'on change de région métallifère.

La trop grande puissance des filons semble être défavorable à leur richesse relative. « L'étude générale des filons du Harz a permis de poser en principe : que toutes les dispositions de fractures qui ont facilité le remplissage par l'éboulement des épontes sont contraires au développement des minerais, et que, réciproquement, ce développement a été favorisé par toutes les circonstances qui pouvaient maintenir pendant longtemps les vides intérieurs des fractures. Lorsque les filons se divisent de manière à embrasser une grande épaisseur de terrain dans leurs ramifications complexes, les matières métalliques prennent plus d'importance. Souvent les ramifications latérales d'un filon sont aussi les plus riches. » (A. Burat).

Un fait qu'il est plus difficile d'expliquer, c'est la variation que le changement de la roche traversée par un filon apporte dans la nature et l'abondance du minerai. Certains filons de Saxe et de Bohême, traversant des couches de schiste et des masses de porphyre, s'enrichissent dans ces dernières roches, tandis qu'ils deviennent stériles dans le schiste, sans qu'il y ait pourtant variation de puissance. D'ordinaire, dit M. Burat, on observe diverses circonstances, telles que l'adhérence du filon à la roche qui l'enrichit, la facilité de cette roche à se pénétrer elle-même de substances métalliques, qui porteraient à croire qu'il y a eu une affinité réelle entre elle et les émanations mé-

---

(1) *Études sur les dépôts métallifères,* dans le *Traité de Géognosie* de Daubuisson.

tallifères. Sans contester ce que cette manière de voir offre de
fondé, j'ajouterai que les expériences de M. Fox, qui datent
de 1830, et diverses particularités présentées par les filons,
semblent indiquer l'intervention de l'électricité dans le phénomène dont il est ici question : mais, dans l'état actuel de
nos connaissances, je ne pense pas qu'il soit possible d'apprécier exactement la nature et l'importance de cette intervention.

**Origine et agrandissement des fentes filoniennes; leur mode de rem-
plissage.** — Nous avons dit que les filons sont des fentes qui
ont été postérieurement remplies par des matières pierreuses
et métalliques. Ces fentes se sont produites de diverses manières.

a) Par un retrait dans la masse de la roche encaissante,
retrait dont les roches sédimentaires, éruptives et métamorphiques nous présentent de nombreux exemples. Les vides
résultant de ce retrait, très faibles près de la surface du globe,
peuvent acquérir plus d'importance à mesure que la profondeur
croît et que les causes qui les produisent opèrent sur des masses
plus puissantes et plus homogènes.

b) Par les dislocations de la croûte du globe, dislocations dont
l'étude fera l'objet du livre suivant.

c) Par l'action chimique ou mécanique des courants d'eau
qui se dirigent à travers des fentes préexistantes. — « La puissance des filons, dit M. Fournet, varie dans les alternances
des roches traversées : c'est ainsi qu'ils sont en général plus
étroits dans les argiles schisteuses ou dans les grès que dans
les roches calcaires. Le riche filon de Hudgillburn atteint
jusqu'à 17 pieds dans le calcaire dit *great-limestone*, tandis
qu'il ne dépasse pas trois pieds dans le grès inférieur. Pour

expliquer cet élargissement, on a pensé que le rejet ou la
chute d'une des parois avait dû naturellement produire ces
différences de largeur; mais ne serait-il pas aussi naturel
d'admettre que cet élargissement, qui porte principalement
sur les parties calcaires, provient d'une simple dissolution
de cette roche si attaquable par les agents qui ont amené le
minerai? Le fait rentrerait alors dans celui des formes bizarres
que présentent les dépôts de minerais de fer pisolitiques.
Ce qui autoriserait encore cette hypothèse, c'est que cette
largeur est accompagnée aussi d'une plus grande richesse en
plomb; d'où il suivrait qu'à mesure que l'agent de dissolution
se saturait de calcaire, il laissait par contre précipiter le minerai. »

La fente occupée par un filon n'a pas toujours acquis de prime
abord les dimensions qu'elle présente; elle s'est élargie par
degrés, et chaque période d'élargissement a été marquée par
un dépôt de guangue et de minerai. Toutefois, comme entre
chaque élargissement les eaux filoniennes changeaient de nature, on conçoit que les bandes de guangue ou de minerai
successivement déposées aient dû également varier. C'est par
ce concours de circonstances que s'explique la formation des
filons rubannés.

Werner qui, le premier, avait donné une idée rationnelle
du mode de formation des filons et, en même temps, établi
les premières bases de la géognosie, professait : 1° que les
filons ont été des fentes qui se sont remplies de haut en bas;
2° que les matériaux qu'ils renferment résultent d'un dépôt
effectué par l'eau; 3° que ces matériaux ont été empruntés
à l'océan qui jadis retenait encore toute la partie des éléments
chaotiques qui n'avaient pas concourru à la formation du terrain primitif et des strates existant au moment où chaque

filon se constituait. — Pour Werner, le remplissage des filons
était un phénomène aqueux.

Postérieurement à l'illustre professeur de Freyberg, les
géologues ont reconnu un fait incontestable et contraire à sa
théorie : celui du remplissage des filons de bas en haut, remplissage effectué au moyen de matériaux provenant de l'intérieur de l'écorce terrestre et non de sa surface. Mais ces géologues se sont trompés en admettant que ces matériaux ont
été amenés par voie de sublimation ou de distillation naturelle. — Pour eux, le remplissage des filons était un phénomène igné.

La théorie que nous venons d'exposer, de même que celle
que nous avons adoptée pour expliquer l'origine du granite,
est intermédiaire entre celles qui ont eu cours successivement
dans la science. — Pour nous, le remplissage des filons concrétionnés est un phénomène hydro-thermal ; il s'est effectué
à la faveur de l'eau, mais de l'eau portée à une température
très élevée.

Groupement des filons; filons croiseurs; filons croisés: — Les filons
d'une même contrée peuvent être parallèles ; ils présentent
alors les relations d'âge et de composition indiquées dans les
lois que Werner a formulées.

Werner a posé les lois suivantes que la science n'a pas infir-
mées : *Les filons parallèles offrent ordinairement la même
composition et sont contemporains. — Les filons non parallèles n'appartiennent pas à la même époque et diffèrent aussi
par leur composition.*

Lorsque les filons ne sont pas parallèles, ils peuvent se
croiser sur certains points ; mais, dans l'hypothèse de leur
croisement, il y a deux cas à distinguer.

« De même que pour le cas de parallélisme, on peut encore poser comme axiome que deux filons sont contemporains quand ils se croisent en un point et qu'ils sont d'ailleurs tous deux remplis de matières homogènes. Ce cas, très rare pour les grands filons, a lieu fréquemment dans les petites dislocations des roches produites par le tressaillement, le retrait ou autres accidents, et l'on trouve souvent des fragments isolés, des cailloux roulés, traversés en forme de croix par des veinules d'une matière quelconque, identiques dans les diverses branches. Mais ordinairement, quand deux filons hétérogènes se rencontrent, l'un des deux traverse l'autre sans interruption, et le divise en deux parties. Le filon coupant prend le nom de *croiseur*, quand il est métallifère, et celui de *faille* ou de *fente* s'il est stérile. *Le filon coupé et traversé par l'autre est nécessairement le plus ancien des deux.* — Cette intersection de deux filons a quelquefois lieu sans autre dérangement qu'un simple écartement des parties coupées ; mais le plus souvent il y a en même temps déplacement dans un sens ou dans l'autre, et l'on dit alors qu'il y a *rejet* ou que le nouveau filon a *jeté* le premier hors de sa direction. Quelquefois un filon croiseur, en rencontrant un filon principal très solide, n'a pu le traverser ; il s'arrête brusquement à sa rencontre. On désigne cette circonstance en disant que l'un *intercepte* ou *arrête* l'autre. » (Fournet.) (1)

Dans une même région métallifère, les filons se coordonnent par rapport à un nombre de directions très limité. En se basant sur les lois formulées par Werner, on peut établir la série chronologique des filons qui existent dans un même pays : le

---

(1) Les figures 47 et 48 donnent des exemples de filons parallèles et de filons croiseurs.

filon croisé A sera antérieur au filon croiseur B ; celui-ci, à son tour, sera plus ancien que le filon C, qui le croise sur un point plus éloigné, etc. Comme exemple de la possibilité de classer les filons d'une même contrée par ordre de date et direction, je rappellerai le résultat des observations de MM. Dufrénoy et Élie de Beaumont sur les filons de Cornouaille (1).

Dans ces tentatives de classement, par ordre de date, des filons d'une même contrée, le géologue peut s'appuyer, mais avec précaution, sur les considérations stratigraphiques, lorsque les filons se rattachent par leur direction à un système de soulèvement dont l'âge est bien connu. Il peut encore, dans les cas où il s'agit de filons injectés, s'aider des données que lui fournissent nos connaissances sur l'âge des roches éruptives.

Peut-on établir, pour tous les filons qui existent à la surface du globe, un classement précis par ordre de date ? Cette recherche, déjà si difficile pour une contrée limitée, devient de

---

(1) Ordre d'ancienneté des filons de Cornouaille :

1° Filons d'étain, se dirigeant de l'est à l'ouest, et plongeant vers le nord avec une inclinaison de 85°. — 2° Filons d'elvan, dirigés comme les précédents et plongeant de même vers le nord, mais sous un angle de 45° environ, en sorte qu'ils les coupent dans la profondeur. — 3° Filons d'étain plus modernes, dirigés aussi de l'est à l'ouest, mais plongeant vers le sud. — 4° Premier système de filons de cuivre, dirigé aussi de l'est à l'ouest, plongeant le plus souvent vers le nord, sous un angle variable de 35° à 75°. — 2° Second système de filons de cuivre, dirigé du sud-est au nord-ouest, avec une inclinaison de 70°. — 6° Système des filons croiseurs (cross-courses), ainsi nommés parce que leur direction, largement variable, leur permet de couper la plupart des filons précédents ; ils sont généralement quartzeux et argileux ; on y rencontre cependant çà et là divers minerais. — 7° Troisième système de filons de cuivre, se confondant par sa direction avec les précédents. — 8° Premier système de filons argileux (cross-fluckans), généralement dirigés nord-sud, avec plongement vers l'est ; ils coupent et rejettent tous les filons, excepté les suivants. — 9° Second système de filons argileux (slides), presque verticaux, d'où leur nom anglais qui veut dire glissement.

plus en plus ardue, à mesure que l'on étudie une région plus vaste. Les chances d'erreur se multiplient parce que les époques d'apparition de chaque substance métallique varient d'une contrée à l'autre. D'ailleurs, ce que nous avons dit de l'origine première et de l'origine seconde des substances geysériennes s'applique exactement aux substances filoniennes.

Pour arriver à la connaissance de l'ordre dans lequel les métaux, et, par suite, les filons qui les contiennent, se sont succédés, il faut combiner l'étude des directions et des entre-croisements de ces filons avec celle des faits généraux dont l'examen va nous occuper dans le chapitre suivant.

CHAPITRE IV.

Distribution générale des métaux dans la masse du globe. — Les
considérations, qui ont trouvé place dans les chapitres précédents, ont eu pour résultat de nous donner une idée de la
composition de la pyrosphère à chaque époque géologique.
Elles nous ont montré cette pyrosphère constituée en majeure
partie par un magma identique avec celui des roches éruptives,
et renfermant, sous forme d'amas plus ou moins étendus, les
éléments des roches sédimentaires. Mais la pyrosphère contenait
encore, à l'état de dissolution dans sa masse, un grand nombre
de substances métalliques qui s'en échappaient, tantôt par voie
de sublimation, lorsque des fissures leur ouvraient une issue
vers les zones supérieures de l'écorce terrestre, tantôt à la faveur des masses éruptives qu'elles accompagnaient dans leur
mouvement ascendant.

Évidemment, l'ordre dans lequel les substances métalliques
sont réparties dans l'écorce terrestre est, de même que pour
les roches éruptives, en relation avec l'ordre dans lequel elles
étaient placées dans la masse du globe, après les nombreuses
révolutions qui avaient marqué les temps cosmogoniques.
Lorsque les temps géologiques ont commencé, les métaux les
moins denses, tels que l'étain, se trouvaient les plus rapprochés
de la surface du globe : ce sont eux qui se sont montrés les
premiers et que l'on ne doit, par conséquent, rencontrer que
dans les terrains les plus anciens. Ceux qui, tels que le plomb,
viennent après l'étain par ordre de densité, ont été placés à
une plus grande profondeur; il se sont montrés plus tard que
les précédents et appartiennent à un horizon géognostique
supérieur. Enfin, les métaux les plus denses, tels que l'or, se
sont trouvés à la profondeur la plus grande, ils ont apparu
les derniers à la surface du globe, et se rencontrent dans les horizons géognostiques les plus élevés. En un mot, *un métal est,
en moyenne, d'une apparition d'autant plus récente, qu'il
vient d'une plus grande profondeur, et il vient d'une profondeur d'autant plus grande qu'il est plus dense.* Ce principe,
vrai dans sa généralité, est le même que celui qui nous a
servi de point de départ dans la recherche de l'ordre d'apparition des roches éruptives.

La première question que nous devons nous poser est donc
celle-ci : quel était, au début des temps géologiques, le mode
de distribution des métaux dans la pyrosphère? Pour résoudre
cette question, il nous faudra tenir compte, non seulement
de la densité des métaux, mais aussi de leurs autres propriétés, telles que leur degré de volatilisation et leur affinité
plus ou moins grande pour l'oxygène ou les autres métalloïdes.

Groupes de l'étain, du plomb, de l'or et du fer. — Au début des temps géologiques, la pyrosphère se partageait en trois zones ; chacune d'elles était caractérisée par la nature des métaux qui s'y trouvaient en abondance.

Dans la zone inférieure étaient réunis les métaux du groupe de l'or, c'est-à-dire, outre ce métal, le *platine*, l'*osmium*, le *rhodium*, le *ruthénium*, l'*iridium* et le *palladium*. Dans ce groupe la densité moyenne est égale 14,9. A l'exception de l'or, qui ne fond qu'à 1200 degrés, ils sont tous infusibles aux plus hautes températures du feu de forge ; leur degré de volatilisation doit donc être très élevé. Leur affinité pour l'oxygène et pour la plupart des autres métalloïdes est presque nulle : aussi, l'état natif est-il pour eux l'état normal dans la nature.

Dans la zone moyenne se trouvaient les métaux du groupe constitué par l'*argent* (1), le *cuivre*, l'*uranium*, l'*antimoine*, le

(1) Les divers caractères de l'argent permettent de le considérer comme établissant le passage entre le groupe du plomb et celui de l'or. L'or n'a aucune affinité pour l'oxygène et pour le soufre ; à aucune température il ne se combine directement avec eux. L'argent a, comme le plomb, une grande affinité pour le soufre ; on sait avec quelle facilité les objets en argent, lorsqu'ils sont en contact avec l'hydrogène sulfuré, se recouvrent d'une pellicule noirâtre. Mais, comme l'or, l'argent ne se combine pas avec l'oxygène, même à une température très élevée. Je saisis cette occasion pour mentionner un phénomène très remarquable qui se manifeste lorsque l'on maintient pendant longtemps de l'argent très pur fondu au contact de l'air. L'argent peut absorber jusqu'à 22 fois son volume d'oxygène, qu'il abandonne ensuite à mesure qu'il se refroidit. C'est à ce phénomène que j'ai fait allusion (tome I, page 192), lorsque j'ai voulu démontrer la possibilité de l'introduction de l'eau dans la masse incandescente du globe. C'est également sur ce phénomène que M. Fournet s'appuie, pour donner une explication des éruptions volcaniques et pour démontrer que des gaz et de la vapeur d'eau peuvent être absorbés par la masse terrestre en fusion et s'en dégager plus tard par suite des progrès du refroidissement.

« A mesure, dit M. Fournet, que la masse d'argent fondu se refroidit, le gaz oxygène est déplacé avec force ; il entraîne avec lui de l'argent fondu, en *bismuth*. À ce groupe, représenté par le *plomb*, on peut ajouter le *mercure*, le seul métal qui, à la température ordinaire, se maintienne à l'état liquide. Ici, la densité moyenne est égale à 10, et, par conséquent, moins forte que dans le groupe précédent. Tous les métaux du groupe du plomb se volatilisent à une température inférieure à celle du feu de forge ; le bismuth est même très volatilisable. Enfin, ces métaux ont pour l'oxygène et le soufre une affinité réelle, mais moindre que celle des métaux du groupe suivant. Aussi, les rencontre-t-on dans la nature, tantôt à l'état natif, tantôt à l'état de combinaison sous forme de sulfures, de carbonates, etc.

Enfin, dans la zone la plus rapprochée de la surface du globe, étaient renfermés les métaux du groupe de *l'étain*, constitué par ce métal, et par le *zinc*, le *cadmium*, le *titane*, le *tungstène* et le *molybdène*. Ils sont caractérisés par une densité relativement faible ; leur densité moyenne est de 9,1, nombre qui se réduit à 7,5, lorsqu'on fait abstraction du

produisant une série de cônes, surmontés généralement d'un petit cratère, vomissant des coulées de ce métal, que l'on voit bouillonner vivement dans son intérieur. Ces cônes s'élèvent peu à peu par l'accumulation des déjections qui se consolident sur leurs pentes : la nappe mince et figée sur laquelle ils sont assis, éprouve sur une étendue assez grande des secousses répétées en forme de tremblements de terre. Finalement quelques uns des cratères se bouchent pour ne plus se rouvrir. Les autres continuent à présenter au gaz un passage d'autant plus pénible qu'ils sont plus élevés et que leur cheminée s'est davantage rétrécie par les portions du métal qui s'y sont coagulées. C'est ordinairement le dernier de ces petits volcans qui atteint la plus grande hauteur et qui manifeste tous ces phénomènes avec la plus grande intensité. Ces actions, qui durent tant que l'argent n'est pas solidifié, m'ont paru se lier intimement aux phénomènes géologiques par une identité complète. La différence ne porte que sur les dimensions, à tel point que je me suis plu, en Auvergne, à rendre un grand nombre de personnes témoins de ce fait, et je ne manquai pas de les entendre développer l'étonnante similitude qui existait entre ces petits volcans et ceux de Pariou, de la Nugère, de Côme, qui frappaient journellement leurs yeux. » (Daubuisson, *Traité de Géognosie*.)

tungstène dont la pesanteur spécifique est 17,5, c'est-à-dire le double de celle des autres métaux du même groupe. Ces métaux ont une très grande affinité pour l'oxygène [1] : aussi ne les rencontre-t-on jamais dans la nature à l'état natif; cette affinité doit même être mise au nombre des causes qui les ont retenus dans le voisinage de la surface du globe.

Il est un quatrième groupe en tête duquel se place le *fer* et qui comprend encore le *manganèse*, le *nickel*, le *cobalt* et le *chrôme*. La densité moyenne, dans ce groupe, est 7,8; et, par conséquent inférieure à celle des trois autres groupes. Ces métaux ne se rencontrent jamais à l'état natif sur la surface du globe; leur affinité pour l'oxygène est assez grande, mais elle est moindre que celle des métaux du groupe de l'étain. D'un autre côté, ils sont aussi infusibles et aussi peu volatilisables que les métaux du groupe du platine. Aussi, ne peut-on trouver un rang convenable pour le groupe du fer; celui-ci se place, en quelque sorte, hors de série. La répartition de ces métaux vient à l'appui de cette manière d'apprécier le rôle à part qu'ils jouent dans la nature. Ils sont, avec le cuivre et l'étain, les seuls qui entrent dans la composition des aérolites; le fer, le chrôme et le nickel sont également les seuls métaux dont l'analyse spectrale ait signalé la présence dans le soleil; le fer et le manganèse se montrent assez uniformément répartis dans toute la masse de la croûte du globe, depuis les terrains les plus anciens jusqu'aux plus modernes; rappelons-nous enfin les motifs que nous avons fait valoir à l'appui de l'existence d'un nucléus

---

(1) Ces métaux, chauffés au contact de l'air et à une température qui varie pour chacun d'eux, se combinent avec l'oxygène en devenant incandescents. A une température inférieure à 500°, le zinc prend feu et brûle avec une flamme très brillante. La combustion de l'étain a lieu à la chaleur blanche (1800° env.)

ferrugineux au centre de la terre. Je dois signaler un autre caractère qui achève de faire des métaux dont je viens de parler un groupe particulier; ce sont les propriétés magnétiques qu'ils possèdent à un si haut degré.

A quel état se trouvaient les substances métalliques au début des temps géologiques? — En généralisant le phénomène que M. H. Deville a désigné sous le nom de *dissociation*, on est conduit à poser en principe qu'il existe pour chaque corps une température au delà de laquelle ses éléments ne peuvent rester combinés et se séparent. C'est ce fait général que je vais prendre pour point de départ dans les considérations suivantes.

En vertu de ce principe, il y a eu, dans l'histoire de la terre, un moment où toutes les substances dont le globe se compose étaient *dissociées*. Elles formaient des zones distinctes, se mélangeant peut-être au point de contact; ces zones se superposaient par ordre de densité, et chacune d'elles ne renfermait qu'une seule substance élémentaire. Les métaux les plus denses étaient répartis vers le centre du globe; à sa périphérie se trouvaient tous les métalloïdes, et les plus légers d'entre eux, l'hydrogène, l'azote, l'oxygène, occupaient les zones superficielles.

Plus tard, des abaissements successifs se sont manifestés dans la température et ont eu deux résultats : ils ont peu à peu déterminé la combinaison des substances d'abord dissociées, et la condensation de celles qui étaient les moins volatiles; celles-ci, en passant de l'état gazeux à l'état liquide, ont dû déserter les zones qu'elles occupaient primitivement et se déplacer dans la direction du centre de la terre. L'oxygène et l'hydrogène, par exemple, ont formé de l'eau en se combinant, et cette eau, à cause de sa densité supérieure à celle de ses éléments, a tendu à se rapprocher du centre de la terre. Chaque abaissement de température, ayant commencé à se faire sentir vers la périphérie du globe, c'est également vers cette périphérie que la condensation et la combinaison des diverses substances ont commencé à s'effectuer ; ces deux phénomènes continuent, et ils se manifestent dans le même sens, c'est-à-dire de la circonférence vers le centre de notre planète. Ils n'ont pu encore se produire dans la partie centrale du globe, qui est encore à l'état de masse gazeuse et dissociée.

Ces combinaisons successives présentent un caractère général résultant du rôle important joué par l'oxygène dans le phénomène qu'elles constituent. L'oxygène, à l'état élémentaire ou de combinaison, pénètre lentement dans l'intérieur du globe ; celui-ci s'oxyde de plus en plus comme le ferait une masse de fer indéfiniment exposée à l'influence des agents atmosphériques. L'application que nous venons de faire du principe de dissociation nous ramène ainsi à une théorie admise par presque tous les géologues, celle d'un noyau métallique plongé dans une atmosphère oxygénée et s'oxydant de plus en plus.

Par conséquent, au moment où les temps géologiques allaient commencer, on aurait pu distinguer, dans la masse du globe, deux zones : l'une où les métaux se trouvaient à l'état natif, l'autre où ils existaient à l'état de combinaison avec l'oxygène. Mais l'oxygène, en pénétrant dans l'intérieur du globe, ne rencontre pas toujours des métaux à l'état natif ; il les trouve ordinairement combinés avec divers métalloïdes, tels que le soufre, l'arsenic, le chlore, etc., qui lui servent pour ainsi dire d'avant-garde et qu'il doit chasser de leurs combinaisons. Entre les deux zones que j'ai mentionnées s'en trouvait donc une troisième que l'on peut désigner, prenant la partie pour le tout, sous le nom de zone des métaux sulfurés.

Le déplacement du soufre par l'oxygène résultant de la décomposition de l'eau a pour résultat la formation d'hydrogène
sulfuré ; c'est ainsi que s'alimentent les sources sulfureuses qui
jaillissent à la surface du globe, de même que les dégagements
d'acide sulfhydrique. En décrivant l'ordre dans lequel se succèdent les émanations volcaniques, M. Ch. Deville fait la remarque suivante : tandis que le chlore et ses congénères *décomposent l'eau* en absorbant son hydrogène et en fixant son
oxygène sur le métal alcalin qui les accompagne, le soufre et
le carbone, entraînés au jour par l'hydrogène, ont au contraire
pour mission de *reconstituer cette eau* aux dépens de l'oxygène de l'air; c'est un exemple de plus de ce dualisme que
présentent si fréquemment les phénomènes naturels, et qui
tend à maintenir l'équilibre entre les forces qui s'y manifestent.
Ce que M. Ch. Deville dit des émanations volcaniques est également vrai pour toute l'écorce terrestre de l'époque actuelle et de
tous les temps géologiques. Le phénomène général de l'oxydation des sulfures et de la combustion de l'hydrogène sulfuré a
pour conséquence de laisser du soufre en excès; celui-ci se retrouve dans divers gisements ou entre dans la composition des
êtres organisés. Ce phénomène a également pour résultat de ra-
lentir l'hydratation générale de la masse du globe. La perte de
l'oxygène produite par cette oxydation est en partie compensée
par les phénomènes de réduction qui ramènent quelquefois
les substances métalliques à l'état natif.

Ce que j'ai dit de la composition des filons, page 214, est
également vrai pour la pyrosphère des premiers temps géologiques et pour l'écorce terrestre des temps actuels; il existait
dans la pyrosphère trois zones superposées; les métaux étaient,
dans la première, à l'état natif, dans la seconde, à l'état de sulfures, et dans la troisième, à l'état d'oxydes. A la zone oxydée

s'applique ce que les mineurs allemands, M. Ch. Deville et M. Elie de Beaumont disent respectivement du chapeau de fer des filons (page 214), des émanations volcaniques (page 204), et des courants d'hydrogène sulfuré qui se dégagent des volcans (page 215).

Ordre d'apparition des substances métalliques : filons stannifères, plombifères et aurifères. — En combinant entre eux les résultats auxquels nous venons d'être conduit, on peut se faire une idée du mode dont les métaux et leurs diverses combinaisons étaient répartis au début des temps géologiques. La pyrosphère présentait alors quatre zones qui étaient de bas en haut :

1° Une zone où les métaux se trouvaient à l'état natif et appartenaient au groupe de l'or ;

2° Une zone où les métaux étaient combinés avec le soufre et appartenaient au groupe du plomb ;

3° Une zone où les métaux étaient également combinés avec le soufre, mais faisaient partie du groupe de l'étain ;

4° Une zone, tout-à-fait superficielle, où les métaux appartenaient au groupe de l'étain, mais étaient combinés avec l'oxygène.

Les émanations métallifères ont été successivement alimentées par chacune de ces quatre zones ; nous pouvons donc indiquer *à priori* quel a été leur ordre de succession. Nous allons voir que l'étude des gisements des métaux vient à l'appui des considérations théoriques qui précèdent. Pourtant, il ne faudrait pas donner à ces indications plus de rigueur qu'elles n'en comportent ; il y avait un passage insensible entre ces zones dont les métaux se mélangeaient au point de contact ; d'un autre côté, les circonstances qui tendaient à grouper les métaux suivant leurs propriétés physiques et leurs affinités, ne produi-

saient pas toujours leur effet; tandis que, sous l'influence de
ces circonstances, les métaux étaient sollicités à se superposer
par zones régulières, d'autres causes intervenaient qui tendaient à les mélanger et les soumettaient à une sorte de
brassage.

Nous remarquons d'abord que les métaux compris dans
chaque groupe sont ordinairement rapprochés les uns des
autres dans leurs gîtes où, pour ainsi dire, ils s'appellent mutuellement.

Les gisements *stannifères* (sous cette désignation je réunis,
à l'exemple de M. Elie de Beaumont, les gisements des métaux
du groupe de l'étain) sont certainement les plus anciens. Ils
se montrent dès les premières assises du terrain strato-cristallin et, dans la Cornouaille, les filons d'étain, croisés par
tous les autres, n'en croisent aucun. Ces gisements ne re-
montent pas plus haut, dans l'échelle géologique, que les dernières assises du terrain paléozoïque.

Les premiers gisements *plombifères*, ou, en d'autres termes,
les gisements des métaux du groupe du plomb, se sont formés
dès le commencement des temps géologiques, mais pourtant
après les premiers gisements stannifères. Les plus récents appartiennent au terrain éocène. On exploite, à Monte Catini et
dans le Campiglièse (Toscane), des filons et des amas de galène
et de cuivre pyriteux. Ces filons et ces amas sont en contact
avec les serpentines, au sein desquelles ils se montrent sous
forme de veines et de veinules. Ils percent des roches modifiées
que les Toscans désignent sous le nom de *gabbro* et qui appartiennent aux terrains crétacé et nummulitique. Il existe même
des filons de galène et de cuivre pyriteux d'une époque encore
plus moderne; M. Coquand a constaté que les mines de plomb
et de cuivre des environs de Chégaga (province de Constantine),

étaient situées au milieu d'un grès renfermant des fossiles du terrain miocène moyen, tels que l'*Ostrea longirostris*.

Des roches quartzeuses, appartenant au terrain cristallin, constituent, dans le Brésil, le gisement primitif de l'or. La conclusion qu'il semblerait permis de tirer de ce fait, c'est que les émanations aurifères ont commencé presque dès les premiers temps géologiques et peu après les premières émanations stannifères. Mais cette conclusion se trouve en opposition avec ce que nous apprend l'observation des gisements primitifs de l'or dans toutes les autres contrées du globe : partout ailleurs, ces gisements primitifs sont d'une date très moderne. Comment s'expliquer que les émanations aurifères se soient produites en abondance dès les premiers temps géologiques, alors que l'on se rappelle les caractères physiques et chimiques des métaux dont elles se composaient? Comment s'expliquer aussi qu'elles aient subi une interruption subite pour ne se manifester de nouveau que peu avant l'époque actuelle? Il suffit, pour cela, d'admettre que les émanations aurifères ne sont nullement contemporaines des roches où l'or se rencontre dans le Brésil, et qu'elles se sont produites en même temps que les émanations aurifères de l'Oural et de la Californie. Quoi qu'il en soit, ce qui doit nous engager à considérer ces émanations comme étant, dans leur ensemble, les plus récentes de toutes, c'est l'époque très moderne où elles se sont produites avec une grande abondance ailleurs que dans le Brésil.

Afin de préciser, tout en évitant d'entrer dans trop de détails, l'époque où les émanations aurifères ont pénétré dans la plupart, sinon dans tous les filons exploités, je ferai d'abord remarquer la présence de l'or en pépites et en paillettes dans les alluvions anciennes qui marquent le début de l'ère jovienne; les filons d'où sont venues ces pépites et ces paillettes existaient

donc avant l'ère jovienne. Toutefois, ces filons ne peuvent pas
remonter à une époque bien ancienne, puisque l'or en paillettes
ne se rencontre pas dans les roches détritiques des terrains
crétacé, jurassique et paléozoïque. C'est donc immédiatement
avant l'ère jovienne que les filons aurifères se sont produits ;
ils constituent la dernière manifestation de ce que l'on pourrait
appeler l'action filonienne. A l'appui de l'opinion que je viens
d'exprimer, je rappellerai que le quartz qui forme la guangue
habituelle des filons d'or est toujours en relation avec des
roches dioritiques ou composées d'une quantité plus ou moins
grande d'amphibole ; or les éruptions dioritiques n'ont cessé
qu'au moment où l'ère jovienne allait commencer. D'après
MM. Murchison, de Verneuil et de Keiserling, l'or est, dans
l'Oural, plus récent que le grès tertiaire avec succin ; son apparition est contemporaine des roches éruptives dont le surgissement a imprimé à cette chaîne son dernier relief, et aux
bassins hydrographiques leur dernière configuration. « L'é-
poque à laquelle l'or a fait son apparition dans la Sierra Nevada de la Californie, dit M. Marcou, coïncide parfaitement
avec ce que M. Murchison a observé dans l'Oural ; suivant
toute probabilité, cette époque est la fin de la période tertiaire.
L'homme existait déjà lors des dépôts quaternaires. Par conséquent, ce serait un fait bien curieux si l'apparition de l'or,
le plus noble et le plus précieux des métaux, s'était opérée
en même temps que l'apparition de l'homme, l'être le plus
intelligent et le plus développé de la création organique. »

Nous venons de rechercher dans quel ordre les émanations
métallifères s'étaient succédées et de constater le point de départ de chacune d'entre elles. Considéré dans son ensemble, le
phénomène résultant de l'émission successive de substances
métalliques a subi les mêmes phases que l'action geysérienne ;

d'abord très intense, très général, il a perdu peu à peu de son importance, sans cesser entièrement de se manifester. L'époque actuelle nous offre, dans les volcans, le siége d'émanations métallifères, telles que les chlorures de fer, de manganèse et de cuivre.

Il nous reste à compléter l'examen des principales circonstances qui ont accompagné l'arrivée des substances métalliques dans l'intérieur de l'écorce terrestre ou à sa surface; cet examen nous fournira l'occasion de mentionner les gisements autres que les filons, les amas et les stockwerks dont il a été question dans le troisième chapitre.

Terrains sidérolitiques. — Sous le nom de *terrains sidérolitiques* (σίδηρος, fer; λίθος, pierre. — *Bonherz* des Allemands), on désigne des amas d'argile et de pisolites ferrugineuses remplissant des cavités dont la forme est très variable et très irrégulière. Ce terrain s'observe surtout dans la partie orientale et septentrionale du Jura; on le retrouve dans les Ardennes, dans le grand duché de Bade, dans l'Alpe de Wurtemberg, en Suisse, en Savoie, en Carinthie, etc. Les cavités sidérolitiques peuvent être creusées dans toutes les formations, mais c'est presque constamment dans les terrains jurassique et crétacé qu'on les rencontre.

Les cavités sidérolitiques ont été, à l'origine, des failles, des fentes ou des fissures produites dans les mêmes circonstances que celles qu'occupent les filons; mais elles diffèrent de celles-ci parce qu'elles ont été considérablement agrandies par les eaux corrosives qui les ont parcourues. Par leur mode de formation, elles se rapprochent beaucoup plus des grottes que des fentes filoniennes. Elles affectent les formes les plus variées; tantôt ce sont de simples fentes plus ou moins rectilignes;

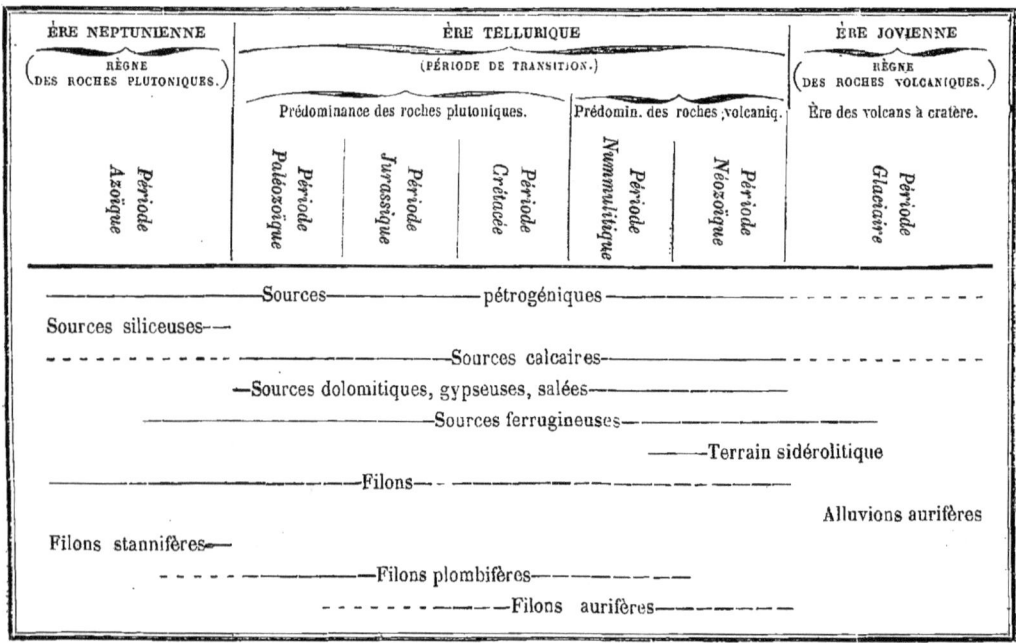

tantôt elles offrent des formes arrondies qui les font appeler des poches ou des entonnoirs; d'autre fois, elles constituent des boyaux ou conduits plus ou moins tortueux.

Les substances qui entrent dans la composition du terrain sidérolitique sont l'argile, la silice et le fer. — L'argile offre de nombreuses nuances disposées par taches ou par zones qui lui donnent un aspect bigarré : le plus souvent rouges, elles sont également jaunâtres, bleuâtres, blanchâtres, verdâtres. — La silice se présente tantôt en petits grains, tantôt en concrétions; elle est quelquefois combinée avec le fer sous forme de silicate. — Le fer existe à l'état d'hydrate; il se montre en grains à texture souvent fibreuse; leur grosseur, au moins égale à celle d'un pois, peut dépasser celle d'une noix; parfaitement arrondis lorsqu'ils ont un faible volume, ils deviennent tuberculeux à mesure que leurs dimensions augmentent.

Le phénomène des éruptions sidérolitiques avait évidemment son siége à une grande profondeur; les eaux qui jaillissaient pendant ces éruptions possédaient donc une température très élevée. — Ces eaux ont profondément corrodé et altéré les parois des conduits par où elles ont passé, ainsi que les cailloux calcaires accumulés dans ces conduits; elles devaient leur acidité soit à l'acide carbonique, soit à l'acide sulfurique provenant de la décomposition des pyrites. — L'argile et la silice étaient le résultat de la désagrégation ou de la décomposition des roches rencontrées par ces eaux. — Le fer était apporté en vertu d'une action geysérienne très intense, mais tout ce que nous avons dit des phénomènes d'oxydation qui s'accomplissent à la surface du globe, ne permet pas de douter qu'il ne fût amené très près de la surface du globe à l'état de sulfure. M. Gressly a constaté que quelques gisements sidérolitiques offrent des masses globuleuses de fer pyriteux aciculaire de la grosseur d'une noix ou d'un œuf, empâtées dans une argile ocreuse. M. Mortillet, qui a également signalé ce fait en Savoie, rattache même les sources sulfureuses de ce pays aux gisements de terrain sidérolitique, qui alimenteraient des courants d'hydrogène sulfuré par la décomposition de leurs pyrites. — Quant au mode de formation des grains pisolitiques, il est absolument le même que celui qui a été indiqué pour les pisolites calcaires (voir tome I, page 500).

Quel était le caractère général des éruptions sidérolitiques? Si on les compare à ce qui se passe de nos jours, on est conduit à reconnaître qu'elles étaient tout à la fois des geysers, des soffioni, des volcans boueux et des sources saturées de fer. Si on les compare à ce qui s'est passé pendant les temps géologiques, on est amené à les rattacher au jaillissement des sources pétrogéniques et au remplissage des filons; pour exprimer, en peu de mots, les analogies et les différences qui existent entre ces phénomènes, je dirai que le jaillissement des sources sidérolitiques est, par rapport au jaillissement des eaux filoniennes ou pétrogéniques, ce que les éruptions volcaniques sont par rapport aux éruptions plutoniques [1].

Ce qui semble corroborer cette manière de voir, c'est que les éruptions sidérolitiques ont commencé à se manifester lors de l'époque éocène supérieure, c'est-à-dire précisément vers le moment où les phénomènes volcaniques proprement dits ont apparu.

(1) La figure 149 (page 177) représente une crevasse sidérolitique éruptive. — C, couches calcaires à travers lesquelles la crevasse est pratiquée; a, partie de ces couches calcaires qui a été corrodée et décomposée au contact des eaux sidérolitiques; b, masse argileuse servant de guangue aux grains pisolitiques; c, accumulation des grains pisolitiques dans la crevasse; d, accumulation de ces grains à la surface du sol et dans des crevasses superficielles remplies de haut en bas.

Les premières éruptions sidérolitiques se sont produites pendant l'époque qui correspond au gypse de Montmartre. L'étude des débris de mammifères a permis à M. Jourdan, professeur à la faculté des sciences de Lyon, de reconnaître qu'il y a cinq terrains sidérolitiques distincts par leur âge; le phénomène des éruptions sidérolitiques se serait donc produit au moins à cinq reprises différentes. Les cinq terrains signalés par M. Jourdan sont : 1° Le sidérolitique de l'*éocène supérieur*, avec débris de *Paléothérium*, de Soleure, et du Mauremont, dans le canton de Vaud; 2° celui du *miocène supérieur*, avec *Dinothérium*, de la Grive-Saint-Alban, près Bourgoin (Isère); 3° celui du *pliocène inférieur*, avec *Mastodon arvernensis* ou *dissimilis*, du Mont d'Or lyonnais et de la tranchée du chemin de fer à Arc, près de Gray (Haute-Saône); 4° celui du *pliocène supérieur*, avec *Elephas meridionalis* et *antiquus*, de Curis et de Poleymieux, près de Lyon; 5° celui du terrain *pleistocène*, avec *Elephas primigenius*, de Saint-Didier et du Mont d'Or, près de Lyon. Ce dernier terrain est probablement en relation d'âge et d'origine, avec la couche ocreuse dont j'ai parlé, page 186, avec le diluvium rouge, avec le remplissage des brèches osseuses de la Méditerranée, etc.

Pacos; colorados. — Les *pacos* du Pérou et de la Colombie, ainsi que les *colorados* du Mexique, offrent de l'analogie avec les gisements sidérolitiques. Comme eux, ils constituent la partie superficielle des filons qui contiennent l'argent à l'état de chlorure ou de sulfure, et le fer à l'état de pyrite. Les *pacos* et les *colorados* sont la partie de ces filons transformée au contact de l'atmosphère; l'argent natif qu'ils renferment provient de la décomposition du chlorure ou du sulfure; le fer hydraté, qui imprime une couleur rougeâtre à l'argile des *pacos* et des *colorados*, résulte de la transformation des pyrites. Les *pacos* ne présentent pas la structure cristalline des filons ; ils forment de grandes masses qui ont souvent été regardées comme des couches contemporaines des terrains qu'ils accompagnent.

Gisement des substances métalliques dans les roches stratifiées. — Les diverses circonstances dans lesquelles les émanations métallifères se sont manifestées ont tendu à concentrer les produits de ces émanations dans les vides et les fentes de l'écorce terrestre ; pourtant, ces produits ont pu arriver quelquefois au contact de l'atmosphère, être entraînés par les courants superficiels et, en définitive, se déposer dans les bassins lacustres ou marins. On doit donc retrouver leurs traces dans les terrains stratifiés.

Parmi les substances qui ont été ainsi amenées à la surface du globe, il n'y a guère que le fer qui existe en assez grande abondance pour intervenir, comme élément essentiel, dans la composition des roches stratifiées. (Voir ce qui a été dit relativement aux roches et aux sources ferrugineuses.)

Les autres substances dont on constate la présence dans les roches sédimentaires s'y montrent, tantôt uniformément disséminées et jouant quelquefois le rôle de matière colorante, tantôt en rognons, en géodes, en petites masses plus ou moins cristallines, en feuillets intercalés dans les schistes, en dendrites ou en petites mouches à la surface des blocs, etc.

Les marnes et les argiles, dans un grand nombre de terrains, contiennent, par exemple, du fer sulfuré en rognons à texture radiée ou en petits groupements de cristaux cubiques quelquefois transformés en fer hydraté. Les fossiles servent souvent, dans ces terrains, de centres d'attraction au fer sulfuré et s'en pénètrent d'une manière complète.

Parmi les roches sédimentaires remarquables par les substances métalliques dont elles sont imprégnées, je citerai 1° le *schiste cuivreux (Kupferschiefer)* du pays de Mansfeld et de la Thuringe ; ce schiste forme une seule couche qui a tout au plus un pied d'épaisseur, mais qui se prolonge sur une vaste étendue ; elle renferme plus de deux pour cent de sulfure de cuivre disséminé dans sa masse ou concentré dans les fossiles (poissons et fruits de pin) entièrement pseudomorphosés. 2° Le *fer carbonaté des houillères*, se distinguant du fer carbonaté des filons par sa texture non cristalline et par son aspect lithoïde. Il forme des rognons souvent assez volumineux et quelquefois à structure pisolitique ; ces rognons sont disposés par zones dans les argiles qui font partie du terrain houiller. Le carbonate de fer lithoïde entre également dans la composition des grès de ce terrain. Nous verrons plus tard la relation d'origine qui existe entre le fer carbonaté des houillères et la houille elle-même. 3° Le *fer limoneux* ou des *marais* que l'on trouve dans les dépressions marécageuses, et dont la formation se rattache, de même que celle de ces dépressions, à l'ère jovienne ; nous indiquerons plus tard la relation d'origine qui existe entre le fer des marais et la tourbe.

Alluvions aurifères ; alluvions stannifères — Quelques métaux, tels que l'étain oxydé ou cassitérite, l'or, le platine, se trouvent en grains ou en petites masses dans des terrains d'alluvion ; mais ceux-ci ne constituent pas leur gisement primitif. Les phénomènes d'érosion ont détaché ces métaux des roches stratifiées ou éruptives, antérieures à la formation des masses alluviales où ils se rencontrent. Lorsqu'on tient

compte de la grande densité du platine et de l'or, on s'explique aisément pourquoi ils se trouvent dans ces gisements secondaires ;
ces métaux sont, avec l'iridium qui accompagne toujours le
platine, les plus denses de toutes les substances connues ; leur
pesanteur spécifique ne leur a pas permis d'être entraînés à de
grandes distances ; elle a eu, au contraire, pour effet de les retenir dans les fissures et dans les poches au-dessus desquelles
passait le courant diluvien qui les charriait. Rappelons-nous
encore que l'or et le platine n'ont aucune affinité pour l'oxygène et pour les autres métalloïdes qui, en se combinant avec
eux, pouvaient les rendre moins denses, et plus faciles à se
décomposer ou à se désagréger. Remarquons enfin que l'or et
le platine sont très malléables, très tenaces, et, par conséquent,
dans les conditions favorables pour ne subir aucune usure au
contact des corps avec lesquels ils étaient entraînés par les
courants diluviens ; aussi voit-on ordinairement des grains de
quartz engagés dans les pépites d'or.

Le phénomène qui a produit les alluvions aurifères se place
au nombre de ceux qui appartiennent spécialement à l'ère
jovienne. Les dépôts diluviens et alluviens, quelle que soit leur
nature, ne se sont constitués que pendant cette période, et
c'est à la faune de l'ère jovienne qu'appartiennent les animaux
dont les ossements se rencontrent dans les alluvions aurifères.
On a remarqué encore que les alluvions d'une même vallée ne
renferment de l'or que dans la partie de leur masse placée en
aval des masses éruptives très modernes.

L'oxyde d'étain ou cassitérite est quelquefois aussi un minerai d'alluvion, et sa présence dans les terrains de transport
s'explique de la même manière que pour l'or et le platine.
L'oxyde d'étain, quoique moins dense que ces deux métaux,
possède une pesanteur spécifique égale à 6,9 et, par consé-

quent, supérieure à celle du quartz qui lui sert de guangue dans son gisement primitif et dont les débris l'ont accompagné lorsqu'il a été entrainé par les eaux. L'oxyde d'étain est presque aussi dur que le quartz; pendant leur transport commun, il n'a pu subir de sa part qu'une usure limitée. L'étain d'alluvion a même, au point de vue métallurgique, un avantage sur l'étain en roche; il s'est dépouillé des sulfures dont il était accompagné dans son gisement primitif, et qui, en passant à l'état de sulfate, sont devenus solubles.

Fer d'alluvion; minerai en grains. — Sous le nom de *fer d'alluvion* ou *en grains*, on réunit des gisements où le fer hydraté se montre en pisolites ou en petites masses arrondies au milieu d'une argile ferrugineuse.

Ce fer en grains est, par son origine, en relation avec les terrains sidérolitiques dont il vient d'être question ; il constitue la partie de ces terrains qui a été extravasée en dehors des cavités sidérolitiques, puis entraînée par les eaux superficielles et enfin, accumulée dans les vallées et les dépressions du sol. Son accumulation dans les vallées est la conséquence d'une série de phénomènes absolument semblables à ceux qui ont eu pour résultat l'introduction de l'étain, de l'or, des pierres précieuses, etc., dans les alluvions anciennes. Pourtant, on peut signaler quelques différences dans les circonstances qui ont accompagné la formation des alluvions aurifères et des alluvions ferrugineuses. Le fer, quelque soit l'état sous lequel il se présente, est une substance trop facile à se décomposer et à se désagréger pour se rencontrer, en quantité considérable, dans les terrains de transport. Le fer d'alluvion existe sur des points très rapprochés de son point de départ et dans des localités qui ne semblent pas avoir été traversées par des courants d'une grande énergie; il s'y montre en petits grains arrondis ou en pisolites qui, à cause de leur forme, s'usaient difficilement; ces grains, pendant leur transport d'un point à un autre, se trouvaient en contact avec des matières argileuses et non avec des débris quartzeux, semblables à ceux qui entrent dans la composition des alluvions aurifères (1).

Ce que nous avons dit de l'âge des terrains sidérolitiques est également vrai pour les gisements de fer en grains, puisque chacun de ces gisements peut être mis en relation avec un des cinq terrains sidérolitiques qui ont été mentionnés. De là le désaccord qui règne parmi les géologues relativement à l'âge du fer d'alluvion. Toutefois, c'est à l'ère jovienne, et surtout au commencement de cette période, qu'appartiennent les gisements les plus importants : jamais ils ne descendent plus bas, dans l'échelle des terrains, que l'étage éocène supérieur. — Ce minerai en grains ne doit pas être confondu avec le minerai oolitique des terrains jurassique et crétacé ; outre qu'il s'en distingue par son âge, il n'en présente nullement l'aspect et les caractères pétrologiques; sa stratification est très imparfaite, ses grains sont bien moins cimentés entre eux, et, tandis que les oolites ferrugineuses des terrains jurassique et crétacé ne sont généralement pas plus grosses que des grains de millet, celles du minerai d'alluvion ont toujours un volume au moins égal à celui d'un pois.

Le tableau de la page 238 résume les considérations chronologiques dont il a été question dans le courant de ce livre. Il a

(1) La figure 50 (page 192) montre les fissures et les crevasses éruptives, *a*, par où les eaux sidérolitiques sont arrivées à la surface du globe. L'argile et les grains pisolitiques, une fois sortis des crevasses éruptives, se sont accu-

été dressé de la même manière que le tableau de la page 152, et les indications qu'il fournit ne sont vraies que dans leur généralité. Dans la partie droite de ce tableau, se trouvent énumérés les phénomènes que je viens de mentionner. Le nom de chacun d'eux est accompagné d'un trait vertical dont les extrémités marquent le moment où il s'est manifesté pour la première fois avec une certaine énergie et celui où il a cessé : des traits ponctués correspondent à la période où certains phénomènes, sans disparaître tout-à-fait, n'ont offert qu'une faible intensité.

mulés en *b*, dans une dépression où le fer est exploité sous le nom de minerai en grains ; C, couches que traversent les crevasses éruptives ou que recouvre le minerai en grains.

CHAPITRE V.

Considérations historiques. — Agents de métamorphisme : chaleur, pression , actions moléculaires , courants électriques, capillarité, eau, mouvements de l'écorce terrestre. — Principaux effets du métamorphisme : fissuration, retrait, changement de structure ; fusion, cristallisation, changement de texture et de coloration ; décomposition ; apparition de substances étrangères ; imbibition par voie de capillarité ; épigénie, pseudomorphose.—Endomorphisme.—Métamorphisme réciproque des roches éruptives.— Nature du métamorphisme exercé par chaque roche. — Etendue de la zone modifiée.

Considérations historiques. — Avant Hutton , quelques savants avaient pu exprimer l'idée de la transformation de certaines substances enfouies dans le sol. En 1779 , Arduino déclarait formellement que les dolomies de Lavina, dans le Vicentin , ont été formées aux dépens de roches calcaires modifiées par une action ignée dont l'origine se trouve dans les profondeurs du globe. Mais c'est Hutton qui, le premier, dans sa *Théorie de la Terre*, publiée en 1788 , donnait à l'idée de la transformation des roches après leur dépôt toute l'importance d'une doctrine ou d'une théorie générale. La première notion du métamorphisme appartient donc à cet homme de génie. Après avoir admis que *toutes* les roches stratifiées résultent de l'agglomération de débris incohérents empruntés aux roches préexistantes, Hutton s'était vu conduit à rechercher quel agent

17

avait pu rendre ces roches solides et compactes. Pour répondre
à cette question, il posait d'abord en principe que cet agent ne
pouvait être que l'eau ou le feu, puis il donnait les motifs qui
le portaient à déclarer que les strates se sont solidifiées et ont
pris une texture compacte sous l'influence de la chaleur et de la
pression. Tous les combustibles étaient considérés par lui, avec
raison, comme le résultat de la transformation de matières végétales soumises à l'influence de la chaleur ; et, depuis le bois
fossile jusqu'au graphite, cette transformation lui présentait
divers degrés en rapport avec l'intensité de cette chaleur. A
l'appui de sa manière de voir, il montrait un échantillon de
combustible recueilli sous un basalte de l'île de Sky ; cet échantillon était formé de deux parties : l'une encore ligneuse,
l'autre transformée, n'offrant aucune trace de fibres et présentant une surface polie et luisante ; ces deux parties passaient
insensiblement de l'une à l'autre. Hutton disait encore, à propos
des roches calcaires : « Une pression toujours croissante sur les
corps soumis à l'effet de la chaleur sert à contenir la volatilité des parties qui pourraient s'échapper, et à les soumettre
à une action plus intense de la chaleur. Il est raisonnable
de penser que, dans des substances calcaires, soumises à l'action du feu sous une grande compression, le gaz carbonique
a été forcé de rester ; que la production de la chaux vive a été
prévenue. Quoique l'existence de ce dernier effet ne soit pas
encore directement prouvée par une expérience, elle devient
très probable par l'analogie qu'il a avec certains phénomènes
chimiques. »

En 1798, Thompson, géologue anglais, considérait les blocs
de calcaire cristallin de la Somma comme du calcaire de
l'Apennin modifié par la chaleur. En 1805, James Hall rendait
compte de ses expériences sur la transformation des roches : il

était parvenu, en ayant recours à une forte chaleur combinée avec la pression, à transformer la craie en calcaire solide et cristallin, et le bois en lignite [1].

J'ai dit que, en 1779, Arduino avait considéré les dolomies comme résultant de la transformation du calcaire. En 1806, Heim, géologue allemand, montrait dans les dolomies du zechstein le produit de vapeurs réagissant sur les roches calcaires; en 1820, Cordier reconnaissait que l'alunite est le résultat de la réaction de vapeurs sulfureuses sur des roches feldspathiques; mais c'est L. de Buch qui, reprenant, en 1822, l'hypothèse de l'origine métamorphique de la dolomie, « la présentait d'une manière saisissante en lui donnant une grande portée. Pour lui, les masses colossales et déchirées de dolomie de la vallée de Fassa ne sont autres que des calcaires, dans les innombrables fissures desquels les éruptions de mélaphyre qui les ont soulevés et brisés ont introduit la magnésie à l'état de vapeur. Il amenait ainsi à cette conclusion, que ce n'est pas la chaleur seule qui peut avoir transformé les roches, mais que des émanations chimiques doivent y avoir aussi contribué. C'était un nouveau point de vue ouvert dans la science par celui qui déjà alors était à la tête des géologues. » (Daubrée.)

---

(1) En 1804, James Hall, ayant soumis à une chaleur suffisante pour amener la fusion de l'argent un canon de fusil, qu'il avait solidement bouché après l'avoir rempli de craie, en retira une baguette de calcaire parfaitement cristallin; la pression s'était opposée à la décomposition du carbonate de chaux. Cette célèbre expérience a été répétée sans succès par MM. G. Rose et Ch. S.-C. Deville. Celui-ci reconnaît pourtant qu'on ne peut douter que James Hall n'ait réussi. M. Fournet rappelle qu'en 1822, M. Brochant montrait à l'école des mines des baguettes de calcaire cristallin comme provenant des expériences de James Hall; il fait observer que ces expériences doivent présenter beaucoup de difficultés, puisque ce ne fut qu'après cinq années d'essais que l'illustre savant anglais parvint à perfectionner ses procédés au point de réussir avec certitude.

En 1825, la théorie de la transformation des roches sédimentaires était si bien établie que quelques géologues en exagé-
raient déjà les conséquences et voyaient dans le gneiss le
résultat de la modification de schistes argileux. A un ensemble
de faits, la plupart incontestables, et se rattachant les uns aux
autres, à une théorie généralement admise, il ne manquait
plus qu'un nom ; ce fut sir Lyell qui le lui donna, en proposant
une désignation aujourd'hui universellement adoptée, celle de
métamorphisme. (μετὰ, μορφή, changement de forme.)

Parmi les géologues qui, depuis 1825, ont le plus contribué
aux progrès des études métamorphiques, je dois citer MM. Durocher, Fournet, Elie de Beaumont, Daubrée, Ch. Deville,
Delesse, etc.; c'est le résumé de leurs travaux que je vais présenter dans ces deux chapitres.

Agents métamorphiques. — Les agents du métamorphisme des
roches sont :

1° La *chaleur*, qui est d'autant plus forte que le point où
elle se manifeste se trouve à une profondeur plus grande ou
plus rapproché d'une masse éruptive ;

2° La *pression*, qui croît avec la profondeur ;

3° Les *actions moléculaires*, qui opèrent avec plus d'énergie
dans l'intérieur de l'écorce terrestre qu'à sa surface ;

4° Les *courants électriques*, dont l'influence, quoique difficile à déterminer d'une manière précise, n'en paraît pas moins
évidente ;

5° La *capillarité*, qui favorise le mouvement de l'eau et le
transport des substances étrangères au sein des roches ;

6 *L'eau*, à l'état liquide ou de vapeur, tantôt pure, tantôt
chargée de diverses substances ; souvent les phénomènes métamorphiques sont dus aux sources thermales qui jaillissent

autour d'une roche éruptive, plutôt qu'à la roche éruptive
elle-même;

7° Les *mouvements* de l'écorce terrestre, que nous devons
mettre au nombre des agents de métamorphisme, puisque la
structure schisteuse est intimement liée aux dislocations du sol.

**Principaux effets du métamorphisme : fissuration, retrait; changement
de structure.** — Les roches sédimentaires subissent quelquefois,
par suite de la perte de leur eau ou sous l'influence d'actions
moléculaires, un mouvement de retrait qui a pour conséquence
de les diviser en fragments polyédriques. Une élévation de
température un peu considérable, sans être pourtant suffisante
pour amener la fusion de la roche où elle se produit, donne
le même résultat d'une manière plus nette, plus rapide, plus
générale; la chaleur, en effet, active la disparition de l'eau,
rend les actions moléculaires plus énergiques et peut même
déterminer un commencement de cristallisation toujours
accompagnée d'une diminution de volume.

Les grès, les calcaires, les houilles et surtout les argiles, présentent, au contact des roches éruptives, une structure prismatique. Gergovia et quelques localités de l'Auvergne offrent
des exemples de structure prismatique auprès du basalte. A
Commentry, M. Ch. Martins a observé une couche de houille
dont la partie inférieure, en contact avec la dômite, était
divisée en petits prismes de 4 à 6 centimètres de hauteur,
hexagonaux ou pentagonaux, et semblables à ceux du basalte.
En général, les prismes, quelle que soit la nature de la roche
à laquelle ils appartiennent, sont perpendiculaires à la surface
de contact avec la roche éruptive; nous avons vu que les
prismes de basalte présentaient la même disposition par rapport aux surfaces de refroidissement.

C'est principalement au contact des roches volcaniques que se manifeste la structure prismatique; le métamorphisme exercé par les roches plutoniques, et surtout par le granite, a plutôt pour conséquence l'apparition de la structure schisteuse.

J'ai rappelé (tome I, page 516) les conditions essentielles pour qu'il y ait dans une roche apparition de structure schisteuse; j'ai dit que ces conditions existaient à un haut degré pendant les premiers temps géologiques. Elles ont pu, depuis lors, se montrer sur une plus petite échelle, lorsque, par exemple, des masses argileuses ou marneuses, imbibées d'eau et pressées entre deux assises calcaires, ont été soumises, par suite des dislocations du sol, à un mouvement de laminage. La schistosité déterminée dans ces circonstances conserve quelquefois des indices de son origine dans les fossiles que la masse schistoïde renferme; ceux-ci ont subi une déformation ou une dépression plus ou moins prononcées. Les roches schisteuses produites dans les conditions que je viens d'indiquer ne sont pas, à proprement parler, des roches métamorphiques; elles ne doivent recevoir cette désignation que lorsqu'elles ont pris leur structure après avoir été fondues et ramollies au contact des roches éruptives, puis pressées et contournées à la suite des mouvements du sol qui accompagnent les phénomènes d'éruption.

Fusion; cristallisation; changement de texture. — Les roches, placées dans les circonstances ordinaires, peuvent, en vertu des forces moléculaires, prendre une texture plus ou moins cristaline. Mais évidemment cette structure cristalline sera d'autant plus prononcée que les molécules constitutives d'une roche se mouvront avec plus de facilité. Toute élévation de température ayant pour effet immédiat de diminuer l'adhérence des molécules favorisera, par cela même, le passage de l'état amorphe à l'état cristallin, et ce passage s'effectuera d'une manière d'autant plus complète que cette élévation de température aura été plus forte. Aussi les roches qui ont été soumises à une chaleur assez intense pour que leur fusion ait pu s'opérer sont celles qui offrent au plus haut degré une texture cristalline.

C'est surtout dans les roches calcaires que le métamorphisme se manifeste par le développement de la texture cristalline. La craie du comté d'Antrim (Irlande) s'est transformée en calcaire cristallin auprès des filons de trapp. Il en a été de même pour les marbres de Saint-Béat, dans les Pyrénées, au contact de l'ophite. Mais l'exemple le plus classique de cette transformation est le marbre saccaroïde de Carrare, dont on connaît l'emploi dans la statuaire; ce calcaire a été longtemps réputé primitif; plus tard, on a constaté qu'il appartenait au terrain jurassique que l'on retrouve, à une faible distance, nullement modifié.

Sous l'influence métamorphique, les grès deviennent des quartzites; les roches argileuses prennent une plus grande compacité et se transforment en jaspe, en porcellanite ou en thermantide. Le *jaspe*, dont il a été déjà question (tome I, page 469), présente de nombreuses variétés qui ont reçu chacune une dénomination particulière; cette roche doit ses caractères, tantôt aux circonstances mêmes dans lesquelles elle s'est formée par voie aqueuse ou de sédimentation, tantôt à une action métamorphique produite au contact des roches éruptives. La *porcellanite*, dont le nom indique l'analogie d'aspect avec la porcelaine, résulte de la calcination des roches argileuses dans les houillères embrasées. La *thermantide* est une porcellanite formée sous l'influence métamorphique de la chaleur des volcans; elle passe à la pouzzolane.

Décomposition. — Il y a décomposition lorsqu'une roche perd un de ses éléments constitutifs sans que l'élément éliminé soit remplacé par un autre venant d'un point plus ou moins éloigné. Comme exemples de décomposition, je citerai : le fer hydraté qui, en perdant son eau, passe à l'état de fer oligiste; le calcaire qui, sous l'influence d'une haute température et d'une faible pression, peut abandonner son acide carbonique; la houille qui perd son bitume et se transforme en anthracite, etc.

Les combustibles, au contact de l'atmosphère, tendent à disparaître à l'état d'acide carbonique; c'est ce qui explique l'amincissement de leurs affleurements. Dans le voisinage des roches éruptives, le lignite peut se transformer en houille, la houille en anthracite, l'anthracite en graphite. Le bitume disparu se retrouve quelquefois dans les roches qui encaissent le le combustible. La transformation en coke proprement dit s'observe plus rarement et seulement au contact des roches volcaniques.

Dans la kaolinisation, le feldspath perd un de ses éléments, le silicate alcalin, qui est dissous et entraîné par l'eau; ce phénomène n'est pas essentiellement un effet de métamorphisme; la chaleur ne joue pas un rôle nécessaire dans son développement; il se manifeste au contact de l'atmosphère, et provient de réactions chimiques que l'eau et l'acide carbonique paraissent provoquer.

Pénétration par des substances étrangères; changement de coloration. — Les roches, quelque compactes qu'on les suppose, sont toujours plus ou moins perméables aux gaz, aux vapeurs et à l'eau pure ou chargée de diverses substances. Les roches sédimentaires, même celles qui n'ont pas subi d'action métamorphique, présentent de nombreux exemples de pénétration par des substances étrangères. Mais cette pénétration devient plus active, lorsque la roche où elle s'opère est soumise à une température élevée; les molécules, plus écartées les unes des autres, livrent un passage plus facile aux vapeurs et à l'eau.

Le phénomène dont il est ici question varie suivant la nature de la substance qui pénètre par voie de capillarité et qui peut être le feldspath, la silice ou un métal. L'arkose est un grès avec feldspath; mais ce feldspath, presque toujours contemporain du quartz qui forme l'élément essentiel du grès, peut aussi avoir été introduit dans ce grès postérieurement à son dépôt; dans ce dernier cas seulement l'arkose doit être considérée comme roche métamorphique.

L'action métamorphique amène ordinairement dans une roche un changement de coloration; elle lui imprime quelquefois des nuances très vives, tantôt uniformes, tantôt variées et disposées par zones distinctes. La rubéfaction résulte le plus souvent du passage du fer hydraté à l'état anhydre. D'après M. Delesse, quand un calcaire est métamorphosé, sa couleur est souvent pâle et même d'un beau blanc; dans certaines circonstances, cependant, elle devient verte ou grisâtre; c'est ce qui a lieu notamment lorsque le calcaire est argileux.

Apparition de substances nouvelles; épigénie; pseudomorphose. — Les éléments qui persistent dans une roche après sa décomposition et ceux qu'elle reçoit, par voie de pénétration capillaire, se combinent de manière à déterminer l'apparition, dans cette roche, de substances minérales qui n'y existaient pas d'abord. Le calcaire et d'autres roches se chargent de minéraux silicatés, pierreux et même de minéraux métalliques. Dans les Pyrénées, le grenat, le mica, l'amphibole, etc., se montrent accidentellement dans le calcaire paléozoïque ou jurassique, en contact avec le granite ou l'ophite. Le terrain auquel appartiennent les blocs calcaires que l'on rencontre à la Somma est le même que celui qui entre dans la composition des Apennins; mais le foyer volcanique, près duquel a été placée la roche d'où proviennent ces blocs, a favorisé la formation de divers minéraux. Un lambeau de calcaire enveloppé par le basalte du Kaiserstuhl, dans le grand-duché de Bade, a subi une modification complète; il est entièrement lamellaire et renferme des cristaux de fer oxydulé titanifère, de pyrite de fer, de mica magnésien, de quartz et d'innombrables aiguilles d'apatite.

L'*épigénie* (ἐπὶ, sur; γενω, j'engendre) est le phénomène en vertu duquel une substance vient remplacer un ou plusieurs des éléments d'une masse préexistante, de manière à modifier sa composition. Il y a épigénie, par exemple, lorsque de l'acide sulfurique traversant une roche calcaire se met à la place de l'acide carbonique et transforme cette roche en gypse, ou bien lorsque des vapeurs magnésiennes rencontrant du carbonate de chaux le font passer à l'état de dolomie.

Nous voyons quelquefois des cas d'épigénie se produire sous nos yeux; il en est ainsi lorsque des pyrites se transforment en fer hydraté ou en sulfate de fer. Gay-Lussac a obtenu le fer oligiste en décomposant le perchlorure de fer par la vapeur d'eau; probablement le fer oligiste, qui se produit dans les émanations volcaniques ou que l'on recueille en beaux cristaux dans la dômite du Puy-de-Dôme, est le résultat d'une réaction analogue. Je pourrais citer un grand nombre d'autres exemples d'épigénies artificielles que l'on a produites dans le laboratoire, et qui nous aident à dérober à la nature le secret des procédés qu'elle emploie dans la production des substances minérales.

Certaines roches épigéniques sont absolument semblables,

par leur aspect et leur composition, à d'autres roches sédimentaires nullement modifiées; telles sont le gypse et la dolomie. L'absence des fossiles et les circonstances de leur gisement peuvent seules trahir leur origine.

Le *pseudomorphisme* (ψευδὴς, faux; μορφή, forme) est une épigénie dans laquelle la forme du corps préexistant, être organisé ou cristal, est minutieusement conservée. Il ne résulte pas toujours d'une action métamorphique. Si, dans la roche amphibolique de Rothau (Vosges), les polypiers ont été remplacés, sans être déformés, par des cristaux d'amphibole, de grenat et d'axinite, d'un autre côté, on trouve des végétaux silicifiés et des fossiles à l'état pyriteux dans un grand nombre de terrains sédimentaires non modifiés.

Métamorphisme réciproque des roches éruptives. Endomorphisme. — Sous le nom d'*endomorphisme* (ἔνδον, dedans; métamorphisme en dedans), M. Fournet désigne l'influence exercée par les roches traversées sur les roches éruptives qui les traversent : c'est en quelque sorte une réaction de la roche métamorphosée sur la roche qui produit le métamorphisme.

Quelquefois les débris de la roche encaissante entraînés dans la roche éruptive ont subi un commencement de fusion qui a émoussé leurs angles. Dans d'autres cas, ces fragments se sont complétement arrondis, et ont imprimé une texture amygdalaire à la roche qui les a reçus ; c'est ainsi que se sont produites la plupart des roches réunies sous la désignation de spilites et notamment la spilite zootique, ainsi nommée parce qu'elle renferme des débris d'entroques. Enfin la roche traversée a pu se dissoudre dans la masse éruptive et modifier son aspect, sa composition ou sa coloration ; de là, dit M. Fournet, sont en grande partie dérivés les porphyres noirs, bruns ou verts et

tant d'autres produits dont les caractères bizarres font le déses-
poir des classificateurs.

Les roches éruptives exercent une action métamorphique
non seulement sur les roches sédimentaires, mais aussi sur les
autres roches éruptives qui se trouvent sur leur passage. Mais
cette action est toujours très limitée, parce que les caractères
qu'elles pourraient imprimer à la roche métamorphosée, et
notamment la texture cristalline, y existent à un degré plus
ou moins grand lorsqu'elle se produit.

Métamorphisme exercé par les roches volcaniques et plutoniques. —
Parmi les agents de métamorphisme, la chaleur est celui qui,
en dernière analyse, joue le rôle le plus important. Par conséquent, les roches volcaniques doivent être celles dont l'action
métamorphique offre le plus d'énergie. Pourtant, dans les
roches plutoniques, le désavantage résultant d'une température
moindre a été en partie compensé par diverses circonstances et
notamment par la présence de l'eau; cette eau, en se déga-
geant lentement à mesure que la roche éruptive s'est solidifiée,
a dû pénétrer dans la roche encaissante et y déterminer une
action métamorphique, soit par elle-même, soit par les substances auxquelles elle servait de véhicule.

Voici comment M. Delesse résume les différences qui existent entre le métamorphisme exercé par les roches volcaniques
et celui que les roches plutoniques déterminent.

« Dans le premier cas, la roche encaissante prend une structure prismatique, fendillée, souvent même celluleuse ou scoriacée; quelquefois elle est vitrifiée au contact. Le bois et
les combustibles sont partiellement ou complétement carbo-
nisés, et parfois changés en coke. Le calcaire prend une structure grenue et cristalline; il se change en calcaire saccaroïde.

Les roches siliceuses ne se transforment pas en quartz hyalin, mais elles sont corrodées, et, se combinant avec les bases, elles donnent des silicates vitreux et celluleux. Il en est à peu près de même pour les roches argileuses qui s'agglutinent et prennent fréquemment une couleur rouge-brique. La roche encaissante est souvent imprégnée par du fer oligiste. Elle est aussi pénétrée par des vapeurs d'acide chlorhydrique ou sulfurique, et par divers sels formés avec ces acides. Au contact immédiat des laves, toutes les roches métamorphiques prennent donc des caractères qui accusent une forte chaleur ; elles sont le plus souvent anhydres ; elles portent des traces bien évidentes de calcination, de ramollissement et même de fusion. Lorsqu'on y voit apparaître les hydrosilicates, les carbonates, la silice et les minéraux associés, ce n'est le plus souvent qu'à une certaine distance du contact ; la formation de ces minéraux doit alors être attribuée à une action combinée de l'eau avec la chaleur, et cette dernière cesse de jouer le rôle principal. — Lorsque la roche éruptive est granitique, jamais la roche encaissante ne présente des traces de fusion ignée ; on peut observer la transformation des combustibles en anthracite ou en graphite, mais non leur changement en coke. Les minéraux variés qui se développent dans la roche encaissante sont souvent hydratés. Les roches siliceuses et argileuses ne deviennent pas anhydres et celluleuses ; elles ne sont pas scorifiées, comme cela a lieu si souvent dans les laves. »

Étendue de la zone modifiée. — L'action métamorphique exercée par une roche éruptive a dû être d'autant plus énergique que cette roche formait une masse plus considérable ; le foyer de chaleur constitué par elle offrait alors plus de puissance et fonctionnait pendant plus longtemps. Cette action est également plus énergique lorsqu'une roche se présente en filon ou se termine en coin que lorsqu'elle se répand en nappe ; dans ce dernier cas, cette action est même ordinairement nulle ou presque nulle.

« Quelquefois la modification éprouvée par les roches encaissantes, au contact des roches éruptives, est réduite à une lisière très mince, de quelques millimètres, et les changements produits sur cette faible épaisseur sont même peu prononcés. Comme exemple, je me bornerai à citer beaucoup de filons de basalte qui coupent le terrain jurassique de l'Alpe du Wurtemberg. Le granite lui-même n'a pas toujours modifié le schiste, lors même qu'il a été assez fluide pour y être injecté en filons, comme dans les Vosges, près de Wesserling. Dans d'autres cas, et particulièrement lorsque la roche qui a percé est de nature granitique, l'étendue de la zone modifiée, aussi bien que les changements plus complets qui y ont été opérés, dénote une action beaucoup plus énergique. Non seulement l'étendue de la zone modifiée varie suivant la nature de la roche éruptive, mais pour une même roche, et dans une même contrée, cette étendue présente de grandes différences. La craie du nord-est de l'Irlande n'est aucunement modifiée auprès de certains filons de trapp ; elle est, au contraire, devenue cristalline près de ceux qui sont plus puissants ; dans ce dernier cas, la modification s'étend rarement au delà de trois mètres. La même roche forme des filons dans l'île de Sky, en Ecosse ; le lias est modifié près de quelques-uns d'entre eux, tandis qu'il ne l'est nullement au contact d'autres, sans qu'on puisse se rendre compte de la cause de cette différence. Près du granite, l'étendue de la zone modifiée est souvent de quelques centaines de mètres, et va exceptionnellement à trois mille mètres ; par exemple, aux environs de Christiania, cette bordure est moyennement de trois cent soixante mètres; dans les Pyrénées, elle atteint jusqu'à quinze cents mètres avec des effets parfaitement caractérisés. »

J'ai emprunté au travail de M. Daubrée sur le métamorphisme les lignes qui précèdent; je dois ajouter qu'il y a, selon moi, exagération, non pas sur l'étendue accordée à la zone modifiée, mais sur l'appréciation de la distance qui sépare la roche métamorphosée du siége de l'action métamorphique. Cette distance ne doit pas être mesurée horizontalement en évaluant l'intervalle qui, à la surface du sol, est compris entre la roche métamorphosée et le point le plus voisin où se montre la roche éruptive ; probablement si l'on pénétrait dans l'intérieur de la croûte du globe, on rencontrerait la roche éruptive à une faible profondeur.

Les roches anciennes sont celles qui portent les traces les plus nombreuses et les plus prononcées de métamorphisme; cette particularité s'explique surtout par leur ancienneté même : les chances de subir l'action des roches éruptives se sont présentées plus souvent pour elles que pour les roches de formation récente. C'est de la même manière que l'on doit se rendre compte de leur stratification plus tourmentée. Remarquons aussi que, pour les phénomènes métamorphiques de même que pour les phénomènes éruptifs, il y a eu tendance à la localisation ; en même temps, la zone où ces phénomènes métamorphiques se développent sur une large échelle s'est de plus en plus éloignée de la surface du globe, en suivant les lignes isogéothermes dans leur déplacement. (Tome I, page 107.)

CHAPITRE VI.

MÉTAMORPHISME RÉGIONAL OU NORMAL; MÉTAMORPHISME GÉNÉRAL
OU PRIMORDIAL.

Que faut-il entendre par métamorphisme? — Une même substance peut
avoir une origine aqueuse, ignée, hydrothermale ou métamorphique.
— Extension trop grande qu'on a voulu donner à la doctrine du
métamorphisme. — Métamorphisme régional ou normal; en quoi il
diffère du métamorphisme de contact. — Comment on peut expliquer
le passage des roches stratifiées aux roches éruptives. — Métamorphisme général ou primordial. — Le granite, le gneiss et le terrain
azoïque ne sont pas le produit d'un métamorphisme porté à ses dernières limites.

Que faut-il entendre par métamorphisme? — La matière inorganique n'est pas livrée à un calme absolu; elle obéit sans cesse à
divers mouvements moléculaires et, sous leur influence, les
atomes ayant les uns pour les autres une grande affinité se
combinent; en même temps les molécules de nature différente
se séparent, tandis que les molécules de même nature tendent
d'abord à se rapprocher, puis à se grouper selon les lois de la
cristallisation. (Voir tome I, page 502 : tome II, page 54.)

On rencontre à chaque pas, sur la surface du globe, les
effets de cette activité interne de la matière inorganique. La
fossilisation des débris d'êtres organisés en est souvent la conséquence immédiate. Parmi les nombreux exemples de modifications apportées à la texture ou à la composition d'un corps
quelconque, en dehors de toute action métamorphique, je me

18

bornerai à rappeler la transformation du sulfure de fer en
sulfate, celle du feldspath en kaolin et la désagrégation du
granite qui s'observe fréquemment dans les contrées volcaniques. Ce phénomène est dû au dégagement de l'acide carbonique qui s'échappe du sol par de nombreuses fissures ; il
constitue ce que Dolomien appelait la *maladie du granite*,
maladie qui, dit sir Lyell, en est pour ainsi dire la carie, car la
roche qui en est affectée se désagrège sous la main.

Les modifications éprouvées par les roches, à la surface du
globe ou à une faible profondeur dans l'intérieur de l'écorce
terrestre, quelque grandes qu'elles soient, ne constituent pas
toujours et nécessairement des cas de métamorphisme. Ce mot
ne s'applique qu'aux modifications subies par les roches placées
dans des conditions exceptionnelles, comme celles qui résultent
d'une infiltration d'eaux thermales amenées à la suite des dislocations du sol, d'un afflux de chaleur déterminé par l'injection d'une roche éruptive, etc.

D'autres fois la chaleur est assez forte pour que la roche
soumise à son influence devienne plastique, passe à l'état de
masse éruptive, se dirige vers la surface du sol ou disparaisse
dans les vides qui se trouvent à sa proximité. Si sa fusion
s'opère dans le voisinage de la pyrosphère, la roche peut de
nouveau être absorbée par celle-ci et cesser de faire partie de
l'écorce terrestre. Évidemment le mot de métamorphisme ne
saurait être employé pour définir ce qui se passe dans cette
circonstance ; c'est plus qu'une modification que la roche
éprouve ; elle cesse d'exister au même titre que l'être organisé
qui, après sa mort, rend ses éléments constitutifs au milieu qui
l'entoure et auquel il les a empruntés. Le granite n'est pas,
ainsi que le veulent quelques géologues, le résultat d'une action
métamorphique portée à son plus haut degré d'intensité ; mais,

lors même que le granite aurait cette origine, le mot de métamorphisme ne saurait être employé pour définir l'ensemble de phénomènes qui ont eu pour conséquence la formation de cette roche.

Une même substance peut avoir une origine aqueuse, ignée, hydrothermale ou métamorphique. Parmi les nombreux exemples que je pourrais citer, il me suffira d'en rappeler un seul, fourni par le carbonate de chaux cristallin dont l'origine est aqueuse dans les roches sédimentaires, ignée dans les laves, hydrothermale dans les filons, métamorphique dans le marbre de Carrare.

D'un autre côté, en énumérant les principaux effets du métamorphisme, j'ai eu le soin de faire remarquer que ces effets pouvaient se produire à divers degrés dans les circonstances ordinaires. J'ajouterai que les différentes formes sous lesquelles se présentent les combustibles peuvent (l'expérience et l'observation le démontrent) résulter, tantôt des circonstances qui ont accompagné leur formation, tantôt des modifications qu'ils ont subies, après leur dépôt, par voie métamorphique.

Ce pouvoir qu'a la nature de produire les mêmes effets par des moyens différents, justifie, pour ainsi dire, la longue controverse des neptunistes et des vulcanistes. Elle explique également comment de nos jours s'est constituée une école qui a vu, dans un grand nombre de roches, le résultat constant et nécessaire d'actions métamorphiques. Mais c'est pousser beaucoup trop loin les conséquences auxquelles doit conduire une saine induction que de voir dans les calcaires cristallins, les schistes, l'anthracite, les dolomies, etc., des roches exclusivement métamorphiques et d'en former, dans une classification pétrogénique, un groupe à part.

Métamorphisme régional. — On appelle métamorphisme de *contact* celui qui s'est développé sous l'influence directe et dans le voisinage des roches éruptives; c'est ce métamorphisme que j'ai eu surtout en vue jusqu'à présent.

Dans certaines contrées, plusieurs centres éruptifs se sont trouvés très rapprochés les uns des autres de manière à confondre leur action; ils ont alors donné naissance à un métamorphisme que l'on distingue par l'épithète de *régional*, à cause de la vaste étendue de la zone qu'il embrasse. M. Daubrée a proposé de remplacer par cette épithète celle de *normal* qui a été sans doute inspirée à quelques géologues par l'idée fausse qu'ils se font du métamorphisme. Pour eux le métamorphisme développé dans de larges proportions est, non le résultat de l'apparition d'une ou plusieurs masses éruptives, mais la conséquence essentielle, *normale,* de la situation même des terrains sur lesquels il s'est exercé; ces terrains, d'après cette manière de voir, doivent nécessairement, par suite de leur situation à la base de la zone stratifiée et à une grande profondeur, subir l'action de la chaleur centrale.

Dans les contrées où s'observe le métamorphisme régional, les Alpes, les Pyrénées, la Scandinavie, par exemple, un grand nombre de roches offrent, à divers degrés, des traces de modifications postérieures à leur dépôt. Les masses éruptives qui ont occasionné ces modifications ne se montrent pas toujours à la surface du sol, mais leur présence à une faible profondeur peut être soupçonnée. Ce qui permet de penser qu'il en est ainsi, c'est que le métamorphisme régional appartient aux contrées plus ou moins tourmentées par les agents intérieurs. « Les terrains métamorphiques sont confinés exclusivement dans les régions disloquées. D'une part, en effet, les terrains stratifiés les plus anciens de la Russie et de la Suède méridionale, comme ceux de l'Amérique du Nord, qui ont conservé leur horizontalité première, ne sont pas sensiblement modifiés. D'autre part, des terrains récents, mais fortement accidentés dans leur stratification, tels que les couches jurassiques et crétacées des Alpes, des montagnes Apuennes et de la Toscane, se montrent, au contraire, complétement transformés, lors même qu'on n'y rencontre pas de masses éruptives. Les phyllades, qui ne sont que le premier terme de transformations plus ou moins profondes, ne se trouvent jamais en dehors des zones autrefois plus ou moins disloquées. » (Daubrée).

Extension trop grande donnée à la théorie du métamorphisme. — Le métamorphisme régional a été observé par des géologues trop nombreux et d'un mérite trop incontestable pour qu'on puisse mettre son existence en doute ; je crois seulement qu'on lui fait jouer un rôle trop important dans la constitution géognostique des diverses contrées où les agents intérieurs ont opéré avec le plus d'énergie, telles que les Alpes, la Toscane, etc.

Les terrains des Alpes ont été fortement disloqués ; les strates dont ils se composent sont quelquefois renversées sur elles-mêmes, et leur ordre de superposition se trouve interverti ; sur quelques points les plus anciennes se montrent au-dessus, les plus récentes au-dessous. Aussi, dit sir Lyell, « presque toute hypothèse de changements réitérés de position est admissible dans une région où la confusion est poussée à l'extrême. MM. Studer et Hugi ont, en effet, établi qu'il existe sur une vaste échelle, dans ces monts élevés, de complètes alternances de couches secondaires avec le gneiss. J'ai visité quelques-unes des localités les plus remarquables citées par ces auteurs : mais, bien que d'accord avec eux sur l'existence de passages de la série fossilifère à la série métamorphique loin du contact

du granite ou d'autres masses plutoniques, je me demande si
l'on ne pourrait pas expliquer autrement les alternances distinctes d'assises éminemment cristallines avec les couches non
altérées. Dans l'une des coupes décrites par M. Studer, coupe
qui se rapporte aux régions les plus élevées des Alpes bernoises,
se trouve une masse remarquable de gneiss, de 300 mètres
d'épaisseur et de 400 mètres de longueur, que j'ai eu l'occasion
d'examiner moi-même; non seulement elle repose sur des
couches contenant des fossiles du terrain oolitique, mais encore
elle en est parfois recouverte. Ces anomalies s'expliquent en
partie par la supposition que d'énormes enclaves solides de
gneiss d'intrusion auraient pénétré latéralement entre les strates
avec lesquelles j'ai trouvé ce gneiss discordant sur plusieurs
points. La superposition de la roche cristalline à l'oolite peut
aussi être rapportée à un renversement de la position originelle des lits, à travers une région où les convulsions ont eu
lieu avec un développement si surprenant. »

Le désordre qui existe dans la stratification du massif alpin
a été souvent la cause d'observations erronées sur la véritable
succession des terrains; il a même conduit quelques géologues
à émettre des opinions qui infirment les lois générales de la
paléontologie. Ne serait-il pas possible aussi que les phénomènes
métamorphiques n'aient pas toujours été interprétés d'une
manière exacte dans le massif alpin?

Je ferai également observer que le gneiss, auquel on donne
quelquefois une place dans la série des roches stratifiées des
Alpes, n'y est ordinairement qu'une roche éruptive, un granite
devenu schisteux par étirement. Le gneiss est une roche si voisine du granite par tous ses caractères, qu'on peut supposer qu'il
a possédé une certaine plasticité; si on veut le faire provenir
d'une action métamorphique, il faut admettre que cette action

a été très énergique et accuse par conséquent le concours d'une température très élevée. Or, le métamorphisme alpin ne semble pas s'être produit sous l'influence d'une forte chaleur ; les combustibles, en effet, y sont partout transformés en anthracite, mais jamais en coke. Remarquons en outre, que le gneiss, dans les Alpes, est souvent intercalé entre des masses calcaires qui n'ont subi aucune altération. Comment admettre qu'une action métamorphique soit venue transformer une assise argileuse en gneiss tout en respectant les masses calcaires entre lesquelles cette assise était comprise ? n'est-il pas plus rationnel de reconnaître que le gneiss est arrivé tout formé des profondeurs de l'écorce terrestre, qu'il s'est injecté entre des nappes calcaires et qu'il s'est refroidi d'une manière assez rapide pour n'exercer qu'une action métamorphique très restreinte ?

Agents du métamorphisme régional. — Le métamorphisme régional et le métamorphisme de contact mettent en œuvre les mêmes agents ; mais, si je puis m'exprimer ainsi, ils n'emploient pas chacun d'eux dans la même mesure.

La structure schisteuse appartient plus spécialement au métamorphisme normal qu'au métamorphisme de contact ; les mouvements de l'écorce terrestre jouent donc un rôle plus important dans le premier que dans le second.

La chaleur n'intervient que faiblement dans le métamorphisme régional, et c'est parce que la température était peu élevée sur les points où s'est produit ce métamorphisme, qu'il est permis de se rendre compte des alternances de roches modifiées et de roches n'ayant subi aucune altération. La chaleur, lorsqu'elle opère comme puissance métamorphique, exerce son influence autour d'elle d'une manière continue ; cette influence va en s'affaiblissant autour du point où se trouve placé le foyer de chaleur, mais elle ne saurait subir d'interruption. Par conséquent, lorsque, ainsi qu'on l'observe pour l'anthracite des Alpes, la grauwacke des Vosges, etc., on voit des roches métamorphiques intercalées entre des roches non altérées, on peut en conclure que la chaleur n'a pas été l'agent essentiel du métamorphisme; tout au plus doit-on admettre qu'elle a favorisé le jeu des actions moléculaires; elle n'a agi, pour ainsi dire, qu'à distance, et de là le nom de métamorphisme *par influence* donné par quelques géologues au métamorphisme régional.

Le rôle principal, dans ce métamorphisme, appartient aux actions moléculaires; celles-ci opèrent lentement, mais persistent pendant des milliers de siècles, de sorte que leur faible énergie est compensée par la durée du temps pendant lequel elles s'exercent.

Les eaux thermales constituent également un des moyens d'action que le métamorphisme régional emploie de préférence; aussi voyons-nous les contrées qui ont été le siége de ce métamorphisme, les Pyrénées, par exemple, offrir un grand nombre de sources thermales dont l'influence sur les roches qu'elles altèrent doit encore se faire sentir au-dessous de la surface du sol. L'eau thermale non seulement sert de véhicule aux émanations intérieures, mais est aussi un élément puissant de décomposition. « On a dit, avec raison, qu'il est peu de substances insolubles, lorsque les dissolvants circulent par millions de litres. L'eau surchauffée a une influence très énergique sur les silicates; elle en dissout un grand nombre, détruit certaines combinaisons à bases multiples, en fait naître de nouvelles, soit hydratées, soit anhydres; enfin elle fait cristalliser ces nouveaux silicates bien au-dessous de leur point de fusion. L'acide silicique mis en liberté dans ces dédoublements s'isole sous forme de quartz cristallisé. » (Daubrée.)

Passage des roches stratifiées aux roches éruptives. — Les contrées où le métamorphisme régional s'est manifesté présentent des exemples du passage, dans le sens horizontal, des roches stratifiées aux roches éruptives. Certaines roches, dont la nature sédimentaire est nettement accusée, non seulement par leur composition, car ce sont ordinairement des grès et des conglomérats, mais aussi par les fossiles et les débris de végétaux qu'elles renferment, passent à des roches éruptives, porphyre, mélaphyre, granite, etc. Je citerai comme exemple la grauwacke dite métamorphique des Vosges.

Les partisans de l'origine métamorphique des roches éruptives voient, dans ces passages entre des roches de différente nature, des preuves à l'appui de leurs idées. Mais si le métamorphisme peut imprimer à une roche une texture cristalline, il ne saurait, sans l'intervention d'une température élevée, la rendre éruptive, c'est-à-dire plastique. Or, ainsi que nous venons de le voir, la chaleur ne joue qu'un rôle très secondaire dans le métamorphisme régional. M. Kœchlin-Schlumberger, après avoir défendu dans son beau travail sur le *Terrain de transition des Vosges,* la théorie de l'origine métamorphique du granite, du porphyre et du mélaphyre, reconnaît lui-même que la chaleur n'est pas intervenue dans les cas nombreux de métamorphisme que ces montagnes lui ont permis d'étudier.

Il est facile, ainsi que nous l'avons fait (tome II, page 49), de s'expliquer, sans l'intervention du métamorphisme, le passage des roches sédimentaires aux roches éruptives. On a vu, en effet, comment la plasticité d'une masse éruptive et les mouvements du sol pouvaient faire naître, dans cette masse, la structure schisteuse. Cette masse a pu, en outre, former plusieurs nappes alternantes avec des couches sédimentaires et présenter ainsi une fausse stratification. Elle a pu, enfin, en arrivant au contact des strates sédimentaires, en se pénétrant de leurs débris et des fossiles qu'elles renferment, déterminer la formation de roches mixtes par leur origine. Ces roches établissent, au point de vue géognostique, un passage entre les masses sédimentaires et les masses éruptives, mais ne sauraient nous autoriser à déclarer que les masses qu'elles rattachent entre elles ont une provenance commune.

Je viens de signaler les circonstances qui, dans certains cas, impriment aux roches éruptives le faciès des roches sédimentaires. Celles-ci peuvent également offrir l'aspect des roches éruptives. Il en est ainsi chaque fois qu'une roche stratifiée, l'arkose de Bourgogne ou la grauwacke des Vosges, par exemple, s'est formée aux dépens d'une masse éruptive voisine; l'arkose n'est même, dans quelques pays, qu'un granite remanié. On conçoit qu'il y ait encore similitude de composition entre deux roches très rapprochées l'une de l'autre, quoique différentes par leur origine. L'analogie qui existe entre elles est surtout très grande lorsque des actions moléculaires ont déterminé, ainsi qu'on le constate pour la grauwacke des Vosges, la formation de cristaux de feldspath dont la présence communique à la roche qui les contient un aspect porphyroïde.

Hypothèse de l'origine métamorphique du terrain azoïque. — Selon quelques géologues, les roches qui se placent entre le granite primitif et les plus anciens terrains sédimentaires, devraient tous leurs caractères à un métamorphisme *général*. Mais c'est donner une importance exagérée à la théorie du métamorphisme et se faire illusion sur la véritable origine des roches les plus anciennes que d'admettre l'existence de terrains métamorphiques, c'est-à-dire d'étages entiers dont toutes les assises se seraient modifiées postérieurement, à leur dépôt, sur toute la surface du globe.

D'après la manière de voir des géologues auxquels je viens de faire allusion, la zone azoïque ou strato-cristalline ne serait rien autre chose que la partie inférieure d'anciens terrains sédimentaires modifiés au contact du granite qui forme autour du globe une zone continue. Pour apprécier la portée de cette théorie, il faut d'abord se rappeler que, « au-dessous des terrains siluriens, on ne connaît jusqu'à présent que des roches éminemment cristallines. En général, le passage est graduel des unes aux autres ; mais quelquefois la ligne de démarcation est tout à fait tranchée, comme en Suède, en Finlande et aux Etats-Unis. Ainsi, les couches sédimentaires les plus anciennes (grès de Postdam) que présente cette dernière région du globe, n'ont subi aucune modification, et reposent horizontalement sur les terrains azoïques à feuillets verticaux. L'absence de transition des roches schisteuses azoïques au terrain silurien montre que les premières avaient déjà acquis leur état cristallin, antérieurement au dépôt des plus anciennes roches fossilifères connues. Ce fait est, d'ailleurs, confirmé par les galets de gneiss bien caractérisé que renferment quelquefois les terrains de transition. » (Daubrée.)

Par conséquent, le métamorphisme auquel le terrain azoïque doit son caractère et qui mériterait d'être distingué par l'épithète de *primordial,* se serait manifesté, sur toute la surface du globe, pendant une période déterminée, qu'on pourrait appeler *métamorphique* par excellence. Cette période serait immédiatement antérieure à la période silurienne. Or, de deux choses l'une, ou les circonstances qui ont déterminé le métamorphisme du terrain azoïque existaient déjà lorsque ce terrain était en voie de dépôt, ou bien elles ne se sont pro=

duites que lorsque ce terrain était à peu près formé. Examinons successivement chacune de ces deux hypothèses.

Si les causes qui ont déterminé le métamorphisme du terrain azoïque fonctionnaient lors du dépôt de ce terrain, elles devaient exercer leur influence à mesure que ce dépôt s'effectuait. On peut donc dire qu'il n'y avait pas, à proprement parler, métamorphisme, c'est-à-dire transformation d'une roche après sa constitution définitive ; ou plutôt, si l'on veut, les deux opérations, formation et transformation, se confondaient en une seule. Cette manière de rendre compte du métamorphisme du terrain azoïque se rapproche beaucoup de la théorie que nous avons exposée pour expliquer les principaux caractères pétrogéniques de ce terrain, la schistosité et la cristallinité (tome I, page 600 et suivantes). Seulement, les partisans de l'origine métamorphique du terrain azoïque sont obligés de donner à leur théorie une grande complication ou de laisser inexpliqués bien des faits qui se rattachent à ce terrain. Ils oublient notamment de nous dire pourquoi le terrain azoïque ne renferme ni cailloux roulés, ni grès, ni fossiles, comme il devrait en contenir, si sa sédimentation s'était effectuée dans des conditions normales. L'action métamorphique, quelle qu'ait été son énergie, ne saurait avoir effacé les traces de ces cailloux roulés, de ces grès, de ces fossiles ; elle n'aurait pu faire disparaître les assises calcaires que le terrain azoïque devait renfermer au même titre que les autres formations qui se montrent à tous les niveaux de l'échelle géologique. En se bornant à l'hypothèse de l'action métamorphique, on se ferait donc une idée incomplète des circonstances qui ont présidé à la formation du terrain azoïque.

Les objections que je viens de soulever contre cette hypothèse subsistent même en admettant que l'action métamorphique ait été postérieure à la période azoïque. En outre, on est en droit de demander quelles sont les circonstances qui, dans ce cas, auraient tout à coup réveillé les agents du métamorphisme, pour ne leur laisser ensuite qu'une importance minime, puisqu'à dater du commencement de la période silurienne, on n'observe plus que les effets du métamorphisme régional (1).

Hypothèse de l'origine métamorphique du granite. — Le passage insensible du gneiss au granite a naturellement conduit plusieurs géologues à voir dans le granite le résultat d'un métamorphisme porté à ses dernières limites. Le granite possède une texture éminemment cristalline, mais on ne peut soutenir que cette texture soit la conséquence d'actions moléculaires qui ont opéré sans détruire la solidité de la roche et qui n'accusent pas l'intervention d'une température très élevée. Le granite est passé par l'état pâteux, et ce n'est qu'en se solidifiant qu'il a pris la texture qui lui est propre. Or, je ne sais si les agents métamorphiques ont, près de la surface du globe, c'est-à-dire là

(1) M. Delesse s'est constitué le défenseur le plus actif et le plus autorisé de la doctrine du métamorphisme ramené aux larges proportions que je viens d'indiquer; voici comment il la résume : « Les roches stratifiées peuvent se changer en roches métamorphiques, et, lorsque le métamorphisme est très énergique, elles passent même aux roches plutoniques les mieux caractérisées. Ainsi, par exemple, dans les roches à base d'orthose, le gneiss passe insensiblement au granite, et dans les roches d'anorthose le schiste hornblende passe à la diorite. Les roches plutoniques se sont donc formées aux dépens des roches métamorphiques; elles représentent le terme extrême du métamorphisme général; elles sont l'effet et non pas la cause du métamorphisme. Le métamorphisme imprime aux roches des caractères nouveaux, et ceux-ci diffèrent d'autant plus de ceux qu'elles avaient dans l'origine, que l'action a été poussée plus loin. On peut donc en suivre les progrès sur diverses roches qui en marquent, pour ainsi dire, les étapes. Les transformations suivent des voies régulières qui, partant de points fixes, conduisent à des résultats fixes aussi, en traversant divers degrés qu'on peut définir. Le métamorphisme général a une action étendue, et lorsque les roches principales en ont été influencées, les ro-

où nous observons le granite, une puissance suffisante pour amener cette roche à l'état pâteux. Mais, quand bien même cet effet serait produit, ce ne pourrait être que sur des points restreints. Or le granite forme autour du globe une enveloppe continue et d'une grande puissance. Accorder à cette enveloppe une origine métamorphique, c'est admettre qu'à une époque ancienne, un afflux de chaleur est venu de l'intérieur du globe, modifier les terrains sédimentaires déjà formés. Qu'est-ce qui a déterminé cet afflux subit de chaleur? Dans quelles circonstances s'est opéré le dépôt des anciens terrains sédimentaires maintenant passés à l'état de schistes cristallins, de gneiss et de granite? Ce sont là des questions auxquelles les partisans de l'origine métamorphique du granite ne pourraient, si je ne me trompe, répondre d'une manière satisfaisante. Pour eux, sans doute, il y a dans l'histoire de la terre deux périodes : l'une, pendant laquelle les phénomènes métamorphiques se sont manifestés sur une large échelle et qui a vu disparaître les traces des événements antérieurs, roches de diverses natures, fossiles, cailloux roulés, etc.; l'autre commençant avec la période silurienne, et la seule pendant laquelle la majeure partie des roches sédimentaires n'aient pas subi de modifications générales. La doctrine du métamorphisme, poussée à ces conséquences extrêmes,

ches enchâssées se trouvent métamorphosées au même degré. Il existe à cause de cela des roches métamorphiques correspondantes, c'est-à-dire, des roches associées qui représentent un même degré de métamorphisme, comme le montre le tableau suivant.

ROCHES

normales sédimentaires.	représentant l'état transitoire.	représentant le dernier degré de métamorphisme.
Lignite.	Houille, anthracite.	Graphite.
Calcaire.	Calcaire demi-cristallin.	Calcaire saccharoïde.
Argilite.	Schistes ardoisiers.	Micaschiste, gneiss.
Grès.	Grès quartzeux.	Quartzite.
Argile magnésienne.	Schistes talqueux.	Grenat.
Hydroxyde de fer.	Fer oxydulé.	Silicate de fer.

est, en définitive, un système cosmogonique auquel nous préférons celui qui a été exposé au début de cet ouvrage.

Nous ne saurions non plus admettre les idées formulées par M. Delesse à propos du métamorphisme réciproque des roches éruptives. L'hypothèse la plus plausible, dit cet éminent géologue, est que les trachytes (qui ont sensiblement la même composition que les granites) ont pu, par une nouvelle cristallisation, passer à l'état de granite, de même que celui-ci par la fusion forme du trachyte ; quant aux trapps, ils se sont probablement changés en diorites, car l'un des caractères les plus fréquents du métamorphisme est de transformer le pyroxène en amphibole. On ne connaît pas, ajoute M. Delesse, de roches volcaniques dans les terrains qui ont passé par le métamorphisme général, et il est évident que cela tient à ce qu'elles n'ont pu résister à l'action transformatrice.

J'ai dit comment chaque roche éruptive devait ses caractères à la date de son apparition, à la profondeur d'où elle était provenue et aux circonstances dont son arrivée à la surface du globe avait été accompagnée. La théorie soutenue par M. Delesse ne saurait rendre compte de l'ordre de succession des roches éruptives d'une manière aussi simple et aussi rationnelle que nous l'avons fait. Mais, quand bien même il serait permis d'admettre que le métamorphisme général eût pu transformer les anciennes roches volcaniques en roches plutoniques, de manière à n'en laisser aucun vestige, comment pourrait-on s'expliquer l'absence, dans les terrains antérieurs à l'ère jovienne, de ces appareils plus ou moins compliqués que les masses volcaniques mettent à profit de nos jours pour atteindre la surface du globe ? Le métamorphisme, quelque général qu'on le suppose, peut bien transformer les roches, mais il ne saurait faire disparaître les volcans.

Dernières remarques. — Je ne puis prolonger davantage cette controverse au sujet de l'extension que l'on a donnée à la théorie du métamorphisme ; la nature de cet ouvrage ne me permet pas de prolonger ces détails, sans courir le risque de lasser la patience du lecteur. Je me bornerai en terminant à formuler les considérations suivantes.

Faire procéder les schistes cristallins des roches argileuses, le gneiss des schistes cristallins, le granite du gneiss, le trachyte du granite, etc., c'est établir une théorie très simple en apparence, mais qui ne saurait satisfaire l'esprit, puisqu'elle ne peut nous faire connaître la cause de ce métamorphisme ; c'est dérouler une chaîne sans fin dont le dernier anneau nous échappe. Cette doctrine ne donne à l'état actuel des choses aucun commencement ; or l'observation attentive du développement des phénomènes géologiques nous montre pour chacun d'eux un point de départ ; elle nous permet notamment de reconnaître dans le passé de notre planète une époque où la surface du globe était dépourvue d'habitants et ne présentait au-dessus de l'océan aucune terre émergée. Bacon a dit : « La théorie est comme une voûte dont toutes les pierres se soutiennent par le mutuel appui qu'elles se prêtent. » Il est une épreuve que la théorie du métamorphisme, avec les larges proportions qu'on a voulu lui donner, ne serait pas à même de subir ; elle ne pourrait servir de base à un système géologique complet et nous tracer un tableau satisfaisant des événements qui ont déterminé la formation de l'écorce terrestre et marqué le commencement des temps géologiques.

LIVRE SEPTIÈME.

ACTIONS DYNAMIQUES

QUI S'EXERCENT SUR L'ÉCORCE TERRESTRE.

CHAPITRE I.

TREMBLEMENTS DE TERRE; MODE DE MANIFESTATION DU MOUVEMENT SÉISMIQUE.

Nature du mouvement séismique. — L'écorce terrestre est à l'état permanent de vibration. — Premier choc; onde de propagation, sa vitesse. — Espace embrassé par un tremblement de terre. — Durée des secousses; bruit dont elles sont accompagnées. — Tremblements de terre en mer; vagues de translation. — Relations entre les tremblements de terre et l'état de l'atmosphère, les saisons, la constitution topographique, la nature du sol, etc. — Influence des tremblements de terre sur l'homme et la civilisation.

Nature du mouvement séismique. — L'écorce terrestre est pour nous l'image de la stabilité; ses fondements nous semblent inébranlables, et nous considérons les montagnes qui s'élèvent à sa surface comme des points fixes propres à servir de base

19

dans les opérations géodésiques; il semble qu'autour de nous tout soit sujet à se déplacer, excepté le sol sur lequel nous vivons et qui supporte les plus vastes édifices. Pourtant la structure de l'écorce terrestre serait incompréhensible si, pour l'expliquer, on n'avait pas recours à l'intervention des mouvements auxquels cette écorce est soumise. L'étude attentive des révolutions géologiques démontre que l'écorce terrestre obéit à des impulsions aussi nombreuses que celles qui agitent les eaux de l'océan; les mouvements de l'enveloppe solide du globe ne sont pas perceptibles pour l'homme à cause de la brièveté de son existence ou, si l'on veut, à cause de la lenteur avec laquelle ils s'effectuent.

Jusqu'à présent, nous avons eu surtout en vue les phénomènes qui déterminent alternativement la formation et la destruction des diverses parties dont se compose l'écorce terrestre. Les mouvements auxquels la croûte du globe obéit, et que nous avons classés et définis dans un des premiers chapitres de cet ouvrage, ont à peine attiré notre attention. Il nous faut maintenant étudier avec détail les actions dynamiques qui s'exercent sur l'écorce terrestre et rechercher leur mode de manifestation; il nous faut aussi démontrer comment elles impriment à l'enveloppe solide du globe une structure plus compliquée qu'on ne serait porté à le penser, si l'on tenait compte seulement du mode régulier dont s'effectue le dépôt des strates sédimentaires.

Les relations nombreuses, qui existent entre les tremblements de terre et les phénomènes volcaniques, nous engagent à nous occuper d'abord du mouvement séismique, dont l'étude aurait pu même trouver place dans la partie de cet ouvrage où il a été question des volcans.

J'ai dit (tome I, page 229) en quoi consiste le mouvement

séismique. Son caractère essentiel, celui qui le distingue des autres mouvements qui affectent la croûte du globe, c'est d'imprimer à l'écorce terrestre, tantôt sur un point, tantôt sur un autre, des vibrations après chacune desquelles cette écorce a rarement subi un déplacement quelconque. Aussi les tremblements de terre n'exercent-ils qu'une très faible influence sur la structure interne de l'écorce terrestre et sur sa configuration extérieure. Nous verrons qu'il en est tout autrement des mouvements à longue période (mouvements oscillatoire, ondulatoire et d'intumescence) : ceux-ci ont dû se manifester avec une lenteur telle que l'on n'aurait pu en constater l'existence par l'observation directe, et pourtant ce sont ces mouvements qui à la longue ont émergé les continents les plus vastes et creusé les mers les plus profondes; on a dit avec raison que la nature, lorsqu'elle voulait produire un effet quelconque, n'en était pas réduite à marchander avec le temps.

Le mouvement séismique se distingue encore des mouvements à longue période parce qu'il est, pour ainsi dire, à l'état permanent de manifestation. Les tremblements de terre nous autorisent à affirmer que l'enveloppe solide du globe n'est jamais en repos; à mesure que les catalogues où ces phénomènes sont enregistrés se complètent, ils accusent de plus en plus leur fréquence. Aussi, disait Humboldt, « si l'on avait des nouvelles de l'état journalier de la surface terrestre tout entière, on serait probablement bientôt convaincu que cette surface est toujours agitée par des secousses en quelques-uns de ses points et qu'elle est incessamment soumise à la réaction de la masse intérieure. Les tremblements de terre se manifestent par des oscillations verticales, horizontales ou circulaires, qui se suivent et se répètent à de courts intervalles. Les deux premières secousses sont souvent simultanées. L'action verticale de bas en haut a

produit à Rio-Bamba, en 1797, l'effet de l'explosion d'une mine;
les cadavres d'un grand nombre d'habitants furent lancés
jusque sur une colline dont la hauteur est de plusieurs centaines de pieds. Les secousses circulaires ou gyratoires sont les
plus rares, elles sont aussi les plus dangereuses. Lors du tremblement de terre de Rio-Bamba, des murs ont été retournés
sans être renversés, des allées d'abord rectilignes ont été cour-
bées. » (Humboldt.)

Il y a déjà longtemps que Gay-Lussac, en parlant des tremblements de terre, a fait remarquer que ces phénomènes, si
grands et si terribles, sont de très fortes ondes sonores, excitées
dans la masse solide de la terre par une commotion quelconque, qui s'y propage avec la même vitesse que le son s'y
propagerait. Le choc produit par la tête d'une épingle, à l'un
des bouts d'une longue poutre, fait vibrer toutes ses fibres :
une oreille attentive placée à l'autre bout de la poutre perçoit
distinctement le son produit par le choc. Le mouvement d'une
voiture sur le pavé ébranle les plus vastes édifices, et se communique à travers des masses considérables, comme dans les
carrières profondes au dessous de Paris. Peut-être nous fai-
sons-nous une idée exagérée de la force du choc qui donne
origine à l'onde séismique.

« Il y a donc lieu, dit Humboldt, de distinguer, d'une part,
la force active dont l'impulsion détermine les vibrations, de
l'autre, la nature, la propagation et l'intensité plus ou moins
grande des ondes d'ébranlement. En séparant les considérations
sur la nature et la propagation des ondes, on est amené à distinguer deux classes de problèmes dont la solution offre des
difficultés bien différentes et à formuler des vues théoriques
plus satisfaisantes et plus simples sur la dynamique des tremblements de terre. »

Propagation de l'onde séismique. — Dans la plupart des cas, le premier choc se fait sentir sur un point central d'où part l'onde séismique. D'autres fois, il se manifeste suivant une ligne plus ou moins allongée. Lors du tremblement de terre qui fut ressenti aux Etats-Unis, le 4 janvier 1843, le choc fut simultané sur une ligne dirigée du N.-N.-E. au S.-S.-O. ; il le fut aussi lors du tremblement de terre du Chili, en 1823.

« Ordinairement, la secousse se propage en ligne droite ou ondulée ; quelquefois elle s'étend à la manière des ondes, et il se forme des cercles de commotion où les secousses se propagent du centre à la circonférence, mais en diminuant d'intensité. Lorsque les cercles de commotion se coupent, lorsqu'un plateau est situé, par exemple, entre deux volcans actifs, il peut en résulter plusieurs systèmes d'ondes qui se superposent, comme dans les liquides, sans se troubler mutuellement. Il pourrait même y avoir *interférence*, comme dans le cas des ondes sonores qui se croisent. D'après une loi générale de la mécanique, tout mouvement de vibration qui se transmet à travers un corps élastique, tend à en détacher les couches superficielles ; en vertu de la même loi, l'onde d'ébranlement doit grandir, en se propageant dans l'écorce terrestre, à mesure qu'elle se rapproche de la surface. » (Humboldt.)

Quant à la vitesse de propagation de l'onde séismique, elle est évaluée par Humboldt à 4 ou 5 myriamètres par minute, c'est-à-dire à 660 ou 830 mètres par seconde. Cette vitesse a été évaluée, pour le tremblement de terre de Lisbonne, à 7 lieues par minute, par conséquent à 500 mètres environ par seconde. M. Ch. Deville a calculé que, lors du tremblement de terre de la Pointe-à-Pître, en 1843, le mouvement s'était transmis à Cayenne, à Sainte-Croix et à

Saint-Thomas avec une vitesse qui était respectivement de 3788 mètres, 925 mètres et 2566 mètres par seconde, en moyenne 2426 mètres. M. Ch. Deville fait remarquer que ces diverses appréciations ne peuvent avoir une valeur bien sérieuse ; l'heure à laquelle la secousse a été ressentie dans chaque localité n'est pas toujours connue d'une manière exacte ; on n'est jamais certain que l'on compare les mêmes phases d'un phénomène qui n'offre pas partout la même durée ; il y a également indécision sur le trajet suivi par l'onde de propagation. M. Perrey, professeur à la Faculté des sciences de Dijon, exprime également le doute qu'on puisse formuler une proposition relativement à la vitesse de propagation des secousses, tant que nos moyens d'observer le temps ne seront pas plus exacts et, en les supposant moins imparfaits, d'un usage plus général. Il faut donc attendre de nouvelles découvertes avant de se faire une idée précise de la vitesse de propagation de l'onde séismique.

Espace embrassé par un tremblement de terre. — L'espace embrassé par un tremblement de terre varie autant que son intensité. Quelquefois, ce phénomène ne se fait pas sentir au delà d'un rayon de quelques centaines de mètres. Dans d'autres cas, il est restreint aux abords d'un volcan dont la mise en activité détermine son apparition. Il mérite alors le nom de tremblement de terre *volcanique*, désignation d'autant plus convenable que ce phénomène trouve dans le volcan son point de départ et sa véritable cause, soit qu'il borne son action au cône volcanique, soit qu'il embrasse un cercle plus ou moins étendu dont le volcan occupe toujours la partie centrale.

D'autres fois, les secousses se font sentir sur une étendue bien plus considérable. Le tremblement de terre de la Calabre, en 1783, agita le sol dans un rayon de 8 à 10 lieues. Celui de la Pointe-à-Pitre, en 1843, se propagea jusqu'à Charlestown, vers le nord-ouest, et jusqu'à l'embouchure de l'Orénoque vers le sud-est. La secousse si violente qui fut ressentie par la Syrie, en 1837, se développa sur une zone de plus de 180 lieues de longueur et de 32 de largeur. Le 19 novembre 1822, un tremblement de terre ravagea la côte du Chili sur une étendue de 435 lieues du nord au sud ; le choc fut simultané.

Aucun tremblement de terre n'a embrassé un espace plus étendu que celui qui, après avoir commencé à Lisbonne, le 1er novembre 1755, à neuf heures du matin, fut ressenti, le même jour, aux Antilles, au Canada, dans les îles Britanniques, sur les côtes de la Suède, dans les marais du littoral de la Baltique, en Thuringe, dans les Alpes, en Italie et dans la partie septentrionale de l'Afrique.

Tremblements de terre en mer. — Les secousses séismiques, en se propageant sur le sol sous-marin, déterminent une agitation plus ou moins grande dans les eaux. Ce sont elles qui donnent naissance aux vagues de translation et aux raz de marée. (Tome I, page 545). Lorsqu'un navire passe au dessus d'un point où se manifeste un tremblement de terre, il éprouve souvent une commotion assez forte pour faire croire à l'équipage que ce navire s'est heurté contre un écueil. Quelquefois il est démâté, ainsi que cela eut lieu, en 1837, pour un navire baleinier, sur la côte du Chili. (1)

(1) M. Airy, astronome anglais, avait cru que l'on pourrait déterminer la hauteur de l'eau d'après la largeur, la hauteur et la vitesse des vagues. On sait que sur le bord des étangs, où l'eau a peu d'épaisseur, les rides ou vagues sont petites et ne se meuvent que lentement. Plus loin du bord, les vagues croissent en dimension et en vitesse. De même, sur l'océan, plus la profondeur sera grande, plus les vagues seront larges, hautes et rapides. M. Airy avait

Durée des secousses ; bruit dont elles sont accompagnées. — La plupart des tremblements de terre se manifestent par une, deux ou trois secousses. Il n'est pas rare de voir, dans la chaîne des Andes, des tremblements de terre se produire sans interruption pendant plusieurs jours. Celui qui, dans le Mexique, précéda la formation du Jorullo eut une durée de trois mois. Dans le Chili, des secousses se firent sentir depuis le 19 novembre 1822 jusqu'au mois de décembre 1823. Le fameux tremblement de terre de la Calabre, en 1783, persista jusqu'à la fin de décembre 1786; Pignatore, médecin à Monteleone, compta jusqu'à 949 secousses pendant l'année 1783.

« La nature du bruit qui précède ou accompagne un tremblement de terre varie beaucoup : il roule, il gronde, il résonne comme un cliquetis de chaînes entre-choquées ; il est saccadé comme les éclats d'un tonnerre voisin, ou bien il retentit avec fracas, comme si des masses d'obsidienne ou de roches vitrifiées

calculé une table qui donnait les valeurs relatives de ces diverses quantités, et, peu après, le commandant Maury, directeur de l'observatoire national de Washington, eut occasion d'en faire l'application. Le 23 décembre 1854, à 9 heures 45 minutes du matin, la frégate russe *Diana*, qui était à l'ancre dans la baie de Simoda, près de Yédo, au Japon, ressentit les premières atteintes d'un tremblement de terre. Quelques minutes après, à dix heures, une vague immense pénétra dans la baie, le niveau de l'eau s'éleva subitement, et la ville parut engloutie. Une seconde vague suivit la première, et quand toutes deux se furent retirées, il ne restait plus une maison debout. La frégate elle-même, qui avait talonné plusieurs fois, finit par s'échouer sur le rivage. Or le même jour, quelques heures plus tard, sur la côte de Californie, à plus de 8000 kilomètres du Japon, les échelles de marée conservèrent les marques de plusieurs vagues d'une hauteur excessive. Il est à croire que c'étaient les mêmes vagues qui avaient causé l'échouage de la *Diana* à l'autre extrémité de l'Océan Pacifique. Lorsque ces deux observations simultanées furent connues, le commandant Maury conclut, par la comparaison des heures, que chaque vague devait avoir une largeur de 412 kilomètres, une vitesse de 700 kilomètres à l'heure, et que la profondeur moyenne du Pacifique, entre le Japon et la Californie, devait être de 3930 mètres. (*Revue des Deux-Mondes*, février 1863.)

se brisaient dans les cavernes souterraines. On sait que les corps solides sont d'excellents conducteurs du son, et que les ondes sonores se propagent dans l'argile cuite dix ou douze fois plus vite que dans l'air. A Caracas et sur les bords du Rio-Apure, c'est-à-dire sur une étendue de 1300 myriamètres carrés, on entendit une effroyable détonation, au moment où un torrent de lave sortait du volcan de Saint-Vincent, situé dans les Antilles à une distance de 120 myriamètres. Le jour du violent tremblement de terre de la Nouvelle-Grenade, en février 1835, les mêmes phénomènes se produisirent à Popayan, à Bogota et dans le Caracas, où le bruit dura sept heures entières, à Haïti, à la Jamaïque et sur les bords du lac de Nicaragua. Dans les exemples que je viens de citer, les bruits ne furent pas accompagnés de secousses, de même que lors des *bramidos y truenos subterraneos* (mugissements et tonnerres souterrains) qui se firent entendre à Guanaxato pendant plus d'un mois, surtout du 13 au 16 janvier; jamais, avant cette époque, on n'avait entendu pareil bruit au Mexique, et jamais il ne s'y est répété depuis.» (Humboldt.)

Quelquefois la secousse séismique n'est accompagnée d'aucun bruit. Dans d'autres cas, le bruit vient après la secousse, mais alors il se manifeste à une certaine distance du point où la secousse a été ressentie. « Lors du tremblement de terre de Rio-Bamba (4 février 1797), la grande secousse ne fut signalée par aucun bruit; la détonation formidable qu'on entendit sous le sol de Quito et d'Ibarra, mais non à Tacunga ni à Hambato, villes pourtant plus rapprochées du centre d'ébranlement, se produisit 18 ou 20 minutes après la catastrophe. Un quart d'heure après le célèbre tremblement qui détruisit Lima (20 octobre 1746), on entendit à Truxillo un coup de tonnerre souterrain, mais sans ressentir de secousse. De même, long-

temps après le grand tremblement de terre de la Nouvelle-
Grenade (16 novembre 1827), on entendit, dans la vallée de
Canco, des détonations souterraines qui se succédaient de
30 en 30 secondes et toujours sans secousse. » (Humboldt.)

Mais, dans un grand nombre de cas, le bruit précède ou accompagne la secousse. C'est ce qui a eu lieu notamment pour
le tremblement de terre de Lisbonne. Quoiqu'il en soit, on voit
qu'il n'y a pas une relation nécessaire entre les vibrations
seulement perceptibles par l'ouïe et les secousses qui agitent
le sol sans être accompagnées d'aucun bruit. Cette différence
entre les diverses vibrations que l'écorce terrestre peut éprouver
attirera de nouveau mon attention dans le chapitre suivant.
Dans les tremblements de terre dont les secousses se continuent plus ou moins longtemps, dit M. Perrey, des détonations aériennes ou souterraines se renouvellent sans aucun
ébranlement sensible du sol. Des détonations se sont ainsi
fait entendre, dans la vallée de la Visp, depuis 1855 jusqu'en
1862. Pour lui, le bruit est un des éléments les plus obscurs
du phénomène des tremblements de terre. (Voir *posteà*,
pages 311 et 314).

**Relations entre les tremblements de terre et l'état de l'atmosphère, les
saisons, etc.** — Les récits des tremblements de terre montrent
constamment, dans ceux qui les ont écrits, une tendance à
supposer un certain rapport entre ces phénomènes et l'état
de l'atmosphère. Mais, dit Humboldt, « c'est une erreur con-
tredite non seulement par ma propre expérience, mais encore
par celle de tous les observateurs qui ont passé plusieurs
années dans les contrées où le sol est souvent agité par de violentes secousses. J'ai ressenti des tremblements de terre par
un ciel serein comme pendant la pluie, par un frais vent d'est

comme par un temps d'orage. En outre, ces phénomènes m'ont paru n'exercer aucune influence sur la marche de l'aiguille aimantée. A. Erman a fait la même remarque dans la zone tempérée, à l'occasion d'un tremblement de terre qui se fit ressentir à Irkutsk, près du lac Baïkal, en 1829. »

D'après les recherches de M. Perrey, les tremblements de terre seraient plus nombreux pendant le solstice d'hiver que pendant le solstice d'été ou les équinoxes. D'après celles de Hoff, Peter Merian et F. Hoffmann, le maximum aurait lieu, au contraire, vers les équinoxes. Ces résultats contradictoires autorisent à penser qu'il n'existe aucune relation entre les tremblements de terre et la situation relative du soleil et de notre planète.

Les dénombrements effectués par M. Perrey l'ont conduit à déclarer que les tremblements de terre, en Europe et dans les parties de l'Afrique et de l'Asie adjacentes, sont plus nombreux en automne et en hiver qu'au printemps et en été. Or, en Europe, les pluies sont plus fréquentes en automne et en hiver qu'au printemps et en été, et il est probable que la plus grande masse d'eau pénétrant dans l'intérieur de l'écorce exerce une action sur la plus grande fréquence, non seulement des éruptions volcaniques, mais aussi des tremblements de terre. Parmi les tremblements de terre, il en est qui se placent sous la dépendance des phénomènes volcaniques ; ceux-là peuvent être rendus plus fréquents par des pluies plus abondantes ; mais il en est d'autres qui, selon nous, ne sont que le contre-coup des mouvements de la pyrosphère, et qui, par conséquent, ne subissent nullement l'influence de ce qui se passe dans l'atmosphère.

La saison des pluies, dans l'Amérique méridionale, où les phénomènes intérieurs se manifestent sur une si large échelle, exerce-t-elle une influence sur les tremblements de terre ? Si nous interrogeons Humboldt et M. Pissis, nous obtenons des réponses contradictoires. On peut pourtant concilier ces deux manières de voir en admettant que les tremblements de terre hâtent le retour de la saison des pluies, et que les causes qui les produisent reçoivent, lorsque la saison des pluies arrive, un accroissement d'énergie.

« Au Pérou et dans la province de Quito, de violentes secousses ont occasionné des changements brusques de température et l'invasion subite de la saison des pluies avant l'époque où elle arrive ordinairement sous les tropiques. On ne sait s'il faut attribuer ces phénomènes aux vapeurs qui sont sorties des entrailles de la terre et se sont mêlées à l'atmosphère, ou à une perturbation que les secousses auraient déterminée dans l'état électrique des couches aériennes. Dans les régions intertropicales de l'Amérique, dix mois entiers se passent quelquefois sans qu'il tombe du ciel une seule goutte d'eau, et les indigènes regardent les tremblements de terre qui se répètent souvent, sans nuire à leurs huttes de bambous, comme d'heureux avant-coureurs de pluies fécondantes. » (Humboldt.)

M. Pissis dit au contraire : « On croit généralement, dans toute la partie de l'Amérique du Sud sujette aux tremblements de terre, que ces mouvements du sol sont plus fréquents durant la saison des pluies jusqu'à l'époque des sécheresses ; depuis une douzaine d'années que nous habitons le Chili, cette assertion ne s'est point démentie ; nous avons pu non seulement en constater l'exactitude, mais encore nous assurer que les années où les pluies étaient plus abondantes, les tremblements de terre étaient aussi plus fréquents. Si l'on considère qu'à cette époque la région des Andes se trouve couverte d'une épaisse couche de neige qui se fond sans cesse sur la surface en contact avec le sol, on est conduit à admettre que les infiltrations doivent être plus abondantes, et, s'il existe encore des failles communiquant avec l'intérieur, de grandes masses d'eau peuvent arriver jusqu'aux matières incandescentes et produire, par leur expansion, les secousses qui donnent lieu aux tremblements de terre. »

Influence de la constitution topographique et de la nature du sol. — Lorsque les tremblements de terre à direction linéaire se manifestent dans une région comprenant un bassin hydrographique ou une chaîne de montagnes, les secousses se dirigent presque toujours parallèlement à l'axe de ce bassin ou de cette chaîne, quelquefois normalement, presque jamais dans un sens intermédiaire. C'est là un fait qu'il est permis de déduire des recherches de Humboldt, de M. Perrey et d'autres observateurs. « Dans les chaînes de montagnes, dit le savant professeur de Dijon, les secousses se propagent le plus souvent suivant l'axe principal. On peut citer, sous ce rapport, les Pyrénées et les Cordillères des Andes. Dans les vastes vallées qu'arrosent les fleuves, la direction moyenne des secousses paraît être celle du thalweg des bassins. C'est ce que nous avons constaté pour les bassins du Rhône et du Rhin, où la direction résultante coïncide à peu près avec celle du méridien, et pour le bassin du Danube, où la résultante, au contraire, va de l'est à l'ouest. En Europe, la direction moyenne des secousses est N. 33° 42' E., c'est-à-dire identique avec celle de l'axe de ce continent. »

La composition chimique et la nature des roches paraissent n'avoir aucune influence sur les tremblements de terre, mais il n'en est pas de même de la structure du sol. Les faits suivants ne permettent pas de nier l'influence directe de cette structure, mais ne sont pas assez nombreux pour conduire à reconnaître en quoi cette influence consiste.

La Bêche ressentit, à la Jamaïque, une secousse dans la maison qu'il habitait et qui était bâtie sur des roches de calcaire blanc, tandis que les nègres qui travaillaient dans une plaine de gravier voisine n'en eurent aucune connaissance. Dans le tremblement de terre de Lisbonne, toute la partie de cette ville et des environs située sur le basalte et le calcaire crétacé fut épargnée, tandis que les maisons construites sur les marnes bleues du terrain tertiaire furent toutes détruites. La ligne de partage entre la zone qui subit l'influence du tremblement de terre et celle qui ne reçut aucune secousse fut très nette et coïncida précisément avec celle qui sépare les terrains tertiaire et crétacé. Au Chili, en 1822, les maisons dont les fondations reposaient sur le roc furent moins endommagées que celles qui étaient bâties sur le terrain d'alluvion. Lors du tremblement de terre de la Calabre, en 1783, la chaîne granitique qui traverse ce pays fut à peine ébranlée par la première secousse; les mouvements se faisaient sentir dans les couches de marnes, de grès et de calcaire qui composent le terrain tertiaire déposé au pied des Apennins; ces mouvements devenaient plus violents au point de jonction de ces couches avec le granite, comme si, dit sir Lyell, une réaction s'opérait à l'endroit où le mouvement ondulatoire des couches tendres était subitement arrêté par les couches plus dures. Dans les îles Ioniennes, les tremblements de terre sont très fréquents dans les parties où le sol est formé d'argile ou de marnes; on n'en ressent point au contraire là où les roches sont dures ou solides.

Voici d'autres faits, cités par Humboldt, qui démontrent que la structure du sol réagit sur le mode de propagation des ondes d'ébranlement. Au commencement de ce siècle, de fortes secousses se firent sentir avec tant de violence dans les mines d'argent de Marienberg (Saxe), que les ouvriers effrayés se hâtèrent de remonter ; sur le sol même on n'avait éprouvé aucune secousse. Un phénomène inverse se produisit, en 1823, à Falun et à Persberg où les mineurs n'éprouvaient aucune secousse au moment même où, au dessus de leurs têtes, un violent tremblement de terre jetait l'effroi parmi les habitants de la surface. Lorsque, dit Humboldt, les ondes d'ébranlement suivent une côte, ou lorsqu'elles se meuvent au pied et dans la direction d'une chaîne de montagnes, elles paraissent s'interrompre en certains endroits, et cela depuis des siècles; l'ébranlement n'a pas cessé pourtant : il s'est propagé dans l'intérieur de la terre, sans jamais se faire sentir dans ces endroits où les couches, disent les Péruviens, *forment un pont.* (Voir *posteà*, page 315).

Influence des tremblements de terre sur l'homme. — Les secousses séismiques, à peine sensibles dans certains pays, tels que la France, se montrent, sur d'autres points, assez violentes pour occasionner le renversement des édifices et de villes entières. Le 7 juin 1692, un tremblement de terre renversa les neuf dixièmes de la ville de Port-Royal, en deux minutes; et tout ce qui était du côté du quai, en moins d'une minute. — Lors du tremblement de terre de Lisbonne, en 1755, la première secousse dura environ un dixième de minute; pendant ces quelques secondes, toutes les églises et les couvents de la ville, avec le palais du roi et la magnifique salle d'opéra, qui était attenante, s'écroulèrent; il n'y eut pas un seul édifice un peu considérable qui restât debout; environ un quart des maisons particulières eut le même sort; et, suivant un calcul très modéré, il périt environ 30000 personnes. — La première secousse du tremblement de terre qui s'est fait ressentir à Mendoza, le 20 mars 1861, à neuf heures du soir, quoiqu'elle n'ait duré que six secondes, a suffi pour faire crouler toutes les maisons et pour transformer toute la ville en un amas de décombres, au milieu desquelles ne sont restées debout que les façades de deux églises. Plus de 6000 personnes ont péri dans cette secousse, qui a été suivie d'oscillations tellement fortes, que les hommes qui se trouvaient dehors ne pouvaient se tenir sur leurs pieds et, selon l'expression d'un témoin de cet événement, voyaient la lune et les étoiles descendre et monter dans le ciel. — Lors du tremblement de terre de la Calabre, en 1783, la première secousse renversa, en deux minutes, la plus grande partie des maisons des villes et villages compris dans un rayon de huit lieues, autour d'Oppido. Le nombre des personnes qui périrent pendant ce tremblement de terre est estimé à quarante mille; la famine et la malaria occasionnèrent ensuite la mort de vingt mille autres victimes de ce désastre.

Mais ce qui rend les tremblements de terre plus désastreux, ce sont les calamités qu'ils amènent souvent à leur suite. Lors du tremblement de terre de Mendoza, un grand incendie, survenu immédiatement après dans les toitures affaissées, éclaira ce triste tableau de la ville ruinée, où l'on n'entendait que des cris et des gémissements qui sortaient de dessous les décombres. Le tremblement de terre qui ruina Lisbonne en 1755, se fit sentir le 1er novembre, jour de la Toussaint, à 9 heures 40 minutes du matin, c'est-à-dire un jour de grande fête et à l'heure de la messe. Le nombre des personnes écrasées dans les rues et dans les maisons fut bien moins grand que celui des gens qui furent ensevelis sous les ruines des églises. Deux heures après le choc, le feu se manifesta en trois endroits de la ville qui, au bout de trois jours, fut réduite en cendres. Quelquefois, à la suite d'un tremblement surviennent tantôt la famine, tantôt la peste occasionnée par les miasmes qui se dégagent des cadavres.

Je vais emprunter une dernière fois la plume de Humboldt pour dépeindre l'impression profonde qu'un tremblement de terre produit sur celui qui est, pour la première fois de sa vie, témoin de ce phénomène.

« Cette impression ne provient pas, à mon avis, de ce que les images des catastrophes dont l'histoire a conservé le souvenir, s'offrent alors en foule à notre imagination. Ce qui nous saisit, c'est que nous perdons tout à coup notre confiance innée dans la stabilité du sol. Dès notre enfance, nous étions habitués au contraste de la mobilité de l'eau avec l'immobilité de la terre. Le sol vient-il à trembler, ce moment suffit pour détruire l'expérience de toute la vie. C'est une puissance inconnue qui se révèle tout à coup ; le calme de la nature n'était qu'une illusion, et nous nous sentons rejetés violemment dans un chaos de forces destructives. Alors chaque bruit, chaque souffle d'air excite l'attention ; on se défie surtout du sol sur lequel on marche. Les animaux, principalement les porcs et les chiens, éprouvent cette angoisse ; les crocodiles de l'Orénoque, d'ordinaire aussi muets que nos petits lézards, fuient le lit du fleuve et courent en rugissant vers la forêt.

» Un tremblement de terre se présente à l'homme comme un danger indéfinissable, mais partout menaçant. On peut s'éloigner d'un volcan, on peut éviter un torrent de lave, mais quand la terre tremble, où fuir ? partout on croit marcher sur un foyer de destruction. Heureusement les ressorts de notre âme ne peuvent rester ainsi tendus pendant bien longtemps, et ceux qui habitent un pays où les secousses sont faibles et se suivent à de courts intervalles, éprouvent à peine un sentiment de crainte. Sur les côtes du Pérou, le ciel est toujours serein ; on n'y connaît ni la grêle, ni les orages, ni les redoutables explosions de la foudre ; le tonnerre souterrain qui accompagne les secousses du sol y remplace le tonnerre des nuées. Grâce à une longue habitude et à l'opinion très répandue qu'il y a seulement deux ou trois secousses désastreuses à craindre par siècle, les tremblements de terre n'inquiètent guère plus à Lima que la chute de la grêle dans la zone tempérée. »

CHAPITRE II.

Causes du premier choc : hypothèses d'orages souterrains. — Le bruit
qui accompagne les tremblements de terre avait fait dire à
Pline que ces phénomènes sont des orages souterrains. Cette
hypothèse a été renouvelée par plusieurs savants. Le physicien
Peltier ne paraissait pas éloigné d'attribuer les tremblements
de terre se manifestant sur une grande surface à des actions
que produirait la tension électrique des nuages, agissant par
influence sur le sol où ils développeraient une tension contraire.

Les faits que j'ai rappelés, pages 149 et suivantes, démontrent
bien l'existence de courants électriques dans l'intérieur de
l'écorce terrestre. Mais ces courants se meuvent d'une manière
lente et régulière ; ils ne sont jamais interrompus. On ne sau-

rait se représenter, dans l'intérieur de l'écorce terrestre, des appareils propres à déterminer, sur des points rapprochés les uns des autres, ces accumulations d'électricité positive et d'électricité négative dont la combinaison subite produit la foudre. Ferons-nous intervenir des masses d'obsidienne et de roches vitreuses jouant, comme le verre dans nos expériences de laboratoire ou comme l'atmosphère dans la nature, le rôle de corps isolants? Mais les courants électriques contourneraient facilement l'obstacle placé sur leur trajet et, si cet obstacle était susceptible de déterminer des chocs électriques, les dislocations produites par les tremblements de terre le détruiraient bientôt; ce serait un appareil qui ne tarderait pas à être mis hors d'état de fonctionner. D'ailleurs tout démontre la relation étroite qui existe entre les phénomènes volcaniques et les tremblements de terre; or, ce sont les éruptions volcaniques qui amènent l'apparition des masses d'obsidienne; par conséquent, voir dans ces masses d'obsidienne la raison d'être des tremblements de terre, c'est prendre l'effet pour la cause.

Etablirons-nous, comme Peltier était disposé à le faire, un rapport quelconque entre les tremblements de terre et l'état électrique de l'atmosphère? Mais alors les tremblements de terre devraient, de même que les orages atmosphériques, se manifester indistinctement sur toute la surface du globe, ou, du moins, sur tous les points d'une même région climatérique. Or, nous le verrons bientôt, les tremblements de terre ne cessent d'agiter certaines contrées tandis qu'ils ne se manifestent presque jamais dans des contrées voisines, et rien n'indique que les conditions climatologiques exercent une influence quelconque sur le mode de distribution des régions fréquemment éprouvées par les tremblements de terre. Remarquons encore qu'au Pérou il n'y a jamais d'orages, et pourtant les tremblements de terre y sont fréquents.

Hypothèse d'éboulements intérieurs. — « J'attribue, dit M. Boussingault, la plupart des tremblements de terre dans la Cordillère des Andes à des éboulements qui ont lieu dans l'intérieur de ces montagnes par le tassement qui s'opère et qui est une conséquence de leur soulèvement. Le massif qui constitue ces cimes gigantesques n'a pas été soulevé à l'état pâteux ; le soulèvement n'a eu lieu qu'après la solidification des roches. J'admets, par conséquent, que le relief des Andes se compose de fragments de toutes dimensions, entassés les uns sur les autres. La consolidation des fragments n'a pu être tellement stable, dès le principe, qu'il n'y ait des tassements après le soulèvement et des mouvements intérieurs dans la masse fragmentaire. »

L'hypothèse de M. Boussingault peut venir à l'esprit, ainsi que le fait remarquer M. d'Archiac, lorsqu'on se trouve placé devant l'imposante chaîne des Andes ; elle perd sa valeur et sa généralité, dès que l'on porte sa pensée sur toute la surface du globe. Du reste, M. Boussingault lui-même ne semble pas considérer l'hypothèse qu'il propose comme s'appliquant à tous les pays ; il paraît n'avoir en vue que ce qui se passe, pour la plupart des cas, dans la chaîne des Andes. Mais remarquons que, même d'après son hypothèse, le soulèvement des Andes aurait précédé les tassements qui détermineraient les secousses du sol ; or, pourquoi ne pas admettre que la force qui a donné à ces montagnes une altitude de plus de 6000 mètres soit suffisante pour imprimer quelques trépidations aux masses dont elles se composent ?

Hopkins, dans sa théorie analytique des phénomènes volca-

niques, considère les tremblements de terre comme étant
produits par la chute de la partie supérieure d'une cavité souterraine : « *A shock produced by the falling of the roof of sub-
terraneous cavity.* » L'existence de vastes cavités dans l'intérieur de l'écorce terrestre n'est nullement admissible, si l'on
tient compte du mode de formation de l'écorce terrestre qui
s'accroît, pour ainsi dire, molécule par molécule, sans qu'aucun vide puisse se produire ou persister dans sa masse. (Voir
tome I, page 245.) Les tremblements de terre sont d'ailleurs,
selon l'expression de M. Elie de Beaumont, aussi vieux que le
monde, et, quand bien même ces cavités invoquées par
M. Hopkins auraient existé, on ne conçoit pas comment, depuis le commencement des temps géologiques, elles n'auraient
pas fini par disparaître à la suite de tassements incessants.
L'écorce terrestre est un édifice en voie de construction et non
un monument qui tombe en ruines.

Sans doute, des cavités peuvent se produire accidentellement dans l'intérieur de l'écorce terrestre, mais vers sa partie
supérieure seulement. Certains pays, le Jura, par exemple,
présentent un sol caverneux, dont les vides sont sans cesse
élargis par les cours d'eau souterrains. Les sources calcaires
qui jaillissent sur quelques points de l'Italie doivent creuser
les parties de l'écorce terrestre d'où elles entraînent leur carbonate de chaux. Les eaux souterraines peuvent, dans les pays
salifères, dissoudre des bancs entiers de sel gemme. Il se
produit ainsi des cavités, dont les parois supérieures finissent
par s'affaisser, en imprimant au sol environnant une secousse
semblable à celle d'un tremblement de terre. Mais c'est là
une cause locale, fortuite, restreinte, non susceptible de se reproduire, et, par conséquent, nullement en rapport par sa nature
avec les phénomènes dont nous recherchons la raison d'être.

Hypothèse de vapeurs souterraines. — L'hypothèse, qui paraît le plus en crédit parmi les géologues, consiste à admettre des vapeurs souterraines soulevant ou brisant les parois des cavités où elles sont retenues prisonnières.

Évidemment, la vapeur d'eau, après avoir été fortement comprimée, peut communiquer au sol des secousses plus ou moins violentes. Chacune des éruptions du Vésuve est accompagnée de secousses qui se font ressentir sur les flancs de ce volcan. Le sol tremble également autour des geysers et des volcans boueux lorsqu'ils sont en éruption. La cause des mouvements du sol n'est pas alors difficile à trouver; c'est la même que celle qui détermine l'éruption. Mais à mesure que la profondeur du point de départ de la secousse séismique augmente, l'hypothèse de vapeurs souterraines momentanément comprimées devient de moins en moins admissible; elle ne l'est plus du tout pour les tremblements de terre qui, à cause de la vaste étendue qu'ils embrassent, semblent avoir leur origine à une grande distance de la surface du globe.

Entre les tremblements de terre et les éruptions volcaniques, il existe une relation incontestable, qui s'explique aisément lorsqu'on admet que le siége de ces divers phénomènes est dans la pyrosphère. Mais cette relation n'est pas si intime qu'il ne puisse se produire quelquefois des éruptions volcaniques sans tremblement de terre et réciproquement. Il faut donc chercher, pour le mouvement séismique, une cause qui, tout en se rapprochant par certains points de celle dont les éruptions volcaniques sont le résultat, s'en distingue par d'autres. Or, cette cause, la trouvons-nous dans des vapeurs souterraines d'abord comprimées, puis subitement mises en liberté?

L'eau ne peut pas pénétrer au delà d'une certaine profondeur ; les phénomènes, dans la production desquels elle intervient concurremment avec une haute température, sont placés non loin de la surface du globe, où leur manifestation exige même une disposition spéciale dans les parties de l'écorce terrestre où ils apparaissent. L'hypothèse, qui voit dans les tremblements de terre le résultat d'explosions de vapeurs comprimées, est inconciliable avec ce que nous savons sur la profondeur plus ou moins grande où se trouve quelquefois placé le point de départ de ces phénomènes. A cette hypothèse, on peut encore adresser les objections suivantes : 1° l'écorce terrestre n'offre pas, surtout dans sa partie inférieure, de vides de quelque importance ; 2° chaque secousse n'est pas accompagnée de jaillissements de vapeur d'eau ; 3° en supposant des cavités dans l'intérieur de la croûte du globe, il arrivera de deux choses l'une : ou ces cavités communiqueront avec la surface du sol par des fissures, et alors la vapeur s'échappera sans secousses au moyen de ces fissures ; ou elles seront complétement closes, et la tension de la vapeur d'eau ne sera pas suffisante pour surmonter la pression exercée par les parties supérieures du globe.

Exprimée en atmosphères, la force élastique de la vapeur d'eau, à 210°, est de 18,8. La chaleur augmentant de 1 degré par 30 mètres et la température moyenne de la surface du sol étant supposée de 10°, c'est à une profondeur de 6000 mètres que devra régner une température de 210°. Or, à cette profondeur, la pression exercée par l'écorce terrestre est de 1452 atmosphères environ, c'est-à-dire bien supérieure à la tension de la vapeur; (on admet dans ce calcul que la densité de l'écorce terrestre est de 2,5 seulement ; une atmosphère correspond, par conséquent, à une profondeur de 4^m,13.) A 6600 mètres de profondeur, il régnera une température de 220°, la force élastique de la vapeur sera inférieure à 28 atmosphères, la pression exercée par l'écorce terrestre aura été portée à 1596 atmosphères. A une augmentation de 10 atmosphères dans la tension de la vapeur, correspondra un accroissement de 144 atmosphères dans la pression exercée par la croûte du globe. Par conséquent, à mesure que l'on pénétrera, par la pensée, dans l'intérieur de la terre, la pression provenant du poids de la croûte du globe croîtra plus rapidement que la force élastique de la vapeur d'eau, exactement comme dans une chaudière dont la force de résistance croîtrait, par l'augmentation de l'épaisseur des parois, d'une manière plus rapide que la tension de la vapeur soumise à une température de plus en plus élevée.

Hypothèse d'une atmosphère souterraine ou sous-corticale. — Je mentionne, pour mémoire, l'hypothèse complétement inadmissible d'une atmosphère sous-corticale, à laquelle on a fait jouer différents rôles dans la production des tremblements de terre. On a supposé que des vapeurs remplissant cette atmosphère et se déplaçant, tantôt dans un sens, tantôt dans un autre, exhaussent ou abaissent la croûte du globe. Si le globe présentait la structure qu'exige l'hypothèse entièrement gratuite d'une atmosphère souterraine, on ne comprend pas comment l'écorce terrestre ne serait pas à chaque secousse complétement disloquée. En accordant à l'enveloppe solide du globe une puissance de 20000 mètres, les vapeurs sous-corticales auraient une tension au moins égale à près de 6000 atmosphères; lorsque l'équilibre entre cette tension et le poids de l'écorce terrestre serait rompu, il devrait se produire, dans la masse de cette écorce, des effets dynamiques bien autrement violents que les secousses séismiques dont nous sommes les témoins. La vapeur d'eau maintenue dans une chaudière n'agite pas les parois de cette chaudière jusqu'au moment où elle la fait voler en éclats.

Il faut également rejeter l'idée, plus romanesque que scientifique, de vagues gigantesques soulevées dans la pyrosphère, traversant une atmosphère souterraine et venant se heurter contre la partie inférieure de l'écorce terrestre.

Hypothèse de marées intérieures ; idées de M. Perrey. — Ampère disait : « Ceux qui admettent la liquidité du noyau intérieur de la terre paraissent ne pas avoir songé assez à l'action qu'exercerait la lune sur cette énorme masse liquide ; action d'où résulteraient des marées analogues à celles de nos mers, mais bien autrement terribles, tant par leur étendue que par la densité du liquide. Il est difficile de concevoir comment la terre pourrait résister, étant incessamment battue par une espèce de bélier hydraulique de 1400 lieues de longueur. »

L'objection soulevée par Ampère est sérieuse, mais il ne faut pourtant pas lui donner plus de portée qu'elle n'en mérite. Elle ne doit pas nous amener à conclure que la masse interne du globe n'est pas à l'état fluide ; elle doit nous faire penser que l'écorce terrestre offre une épaisseur suffisante pour lui permettre de résister à la pression que la masse pyrosphérique exerce sur elle, lorsque celle-ci obéit à l'attraction de la lune et du soleil.

Poisson, en formulant son opinion sur l'hypothèse du flux et du reflux souterrains, considérés comme l'effet du soleil et de la lune, ne niait pas cette influence, mais il la jugeait insignifiante, parce que la différence de niveau n'est, en pleine mer, que de quatorze pouces. Humboldt, après avoir rappelé l'opinion de l'illustre mathématicien, ajoutait : « On ne peut guère douter que l'intérieur de la terre ne soit liquide, mais alors les mêmes conditions qui produisent le flux et le reflux de l'océan à la surface de la terre se retrouvent dans l'intérieur ; et la force qui est la cause du flux doit diminuer à mesure que l'on approche du centre, parce que la différence des distances entre deux points opposés, considérés relativement aux astres qui les attirent, diminue à mesure que la profondeur augmente ; or la force dépend uniquement de la différence des distances. Si l'écorce solide de la terre résiste au déplacement de la masse liquide, cette masse se bornera à exercer une pression contre des points déterminés de l'écorce terrestre. Il n'y aura pas, suivant les expressions de l'astronome Brunnow, plus de marée que si l'océan avait une couverture de glace qu'aucun effort ne pût briser. » — Rappelons-nous encore que l'attraction est en raison des masses et qu'un corps attiré par un autre se déplacera d'autant moins qu'il aura une densité plus considérable ; à conditions égales, les molécules qui font partie de la masse interne du globe seront moins attirées que celles qui entrent dans la composition de l'océan.

L'hypothèse de marées intérieures a été reprise depuis peu par M. Perrey. Ses idées sont résumées dans une brochure qu'il vient de publier sous le titre : « *Propositions sur les tremblements de terre et les volcans.* »

M. Perrey pose d'abord en principe que « le phénomène des tremblements de terre est un phénomène complexe, reconnaissant une cause principale et plusieurs causes secondaires qui viennent modifier la cause principale. Le premier point à déterminer est une action différentielle dans laquelle doit se manifester l'influence de la cause principale. Il faut donc comparer un grand nombre de faits : dans le rapprochement et la comparaison des faits nombreux disparaît l'effet des causes particulières ou anormales ; en d'autres termes, cette comparaison

met en relief l'influence de la cause principale. Or, quand on
groupe les tremblements de terre pendant une longue période,
par rapport à l'âge de la lune, on reconnaît deux maxima et
deux minima de fréquence relativement au mois lunaire ; les
maxima suivent immédiatement les syzygies, et les minima
correspondent aux quadratures. Si l'on groupe les tremblements de terre, pour une région donnée, par rapport aux passages de la lune au méridien, on remarque deux maxima et
deux minima analogues ; les maxima répondent aux passages
supérieur et inférieur de la lune au méridien, et les minima
aux époques intermédiaires. Ces lois montrent une relation
entre la fréquence du phénomène et la marche de la lune.
C'est une relation de cause à effet. L'influence attractive de la
lune et du soleil détermine à la surface de la masse fluide
interne, de même qu'à la surface de l'océan, des ondes séismiques, sur lesquelles la croûte du globe tend à se modeler.
Si l'on suppose l'enveloppe du globe d'une épaisseur et d'une
élasticité telles que cette enveloppe ne puisse se modeler
immédiatement sur l'onde, il en résulte pour elle des pressions, des tensions plus ou moins considérables ; ces tensions
et ces pressions peuvent y causer des fractures ; ces fractures
en se formant deviennent des centres d'ébranlements moléculaires qui peuvent se propager d'une manière plus ou moins
intense jusqu'à la surface externe de l'enveloppe, et s'y manifester sous forme de tremblements de terre. Telle est la cause
première du phénomène. »

Je ferai à l'hypothèse de M. Perrey les objections suivantes :

1° Si la cause du mouvement séismique était celle que
M. Perrey invoque, les tremblements de terre offriraient une
certaine périodicité qu'ils ne présentent nullement. Sur toute la

surface du globe, cette cause se manifeste, d'une manière régulière, deux fois par jour, tandis que les tremblements de terre se font sentir tantôt sur un point, tantôt sur un autre ; dans une même contrée, ils n'ont lieu qu'à des intervalles irréguliers, ordinairement très éloignés, quelquefois séculaires. Les tremblements de terre, je le répète, ne sont pas des phénomènes essentiellement périodiques.

M. Perrey suppose, il est vrai, que la surface interne du globe présente, comme la surface extérieure, des montagnes dont le sommet plonge vers le centre de la terre et s'immerge dans le fluide central. Ces montagnes, dit-il, modifient la marche des ondes séismiques. Si le lecteur se rappelle ce que nous avons dit sur la structure intérieure de l'écorce terrestre (tome I, page 254), et sur la distribution des lignes isogéothermes (tome I, page 105), il n'admettra nullement l'existence de ce système orographique au dessous de la face interne du globe. Mais ce système orographique intérieur, quand bien même son existence serait démontrée, ne saurait amener, ainsi que le veut M. Perrey, des perturbations dans la périodicité des phénomènes séismiques. Chaque onde luni-solaire viendrait deux fois par jour se heurter contre les mêmes obstacles ; par conséquent, la cause des tremblements de terre étant toujours la même et se manifestant dans les mêmes conditions, devrait produire à peu près les mêmes effets, de même que la marée, en s'avançant sur les mêmes rivages, ou en se heurtant aux mêmes rochers du littoral, communique deux fois par jour la même impulsion aux flots qu'elle soulève.

2° Dans l'hypothèse de M. Perrey, les deux protubérances opposées produites sous l'action lunaire tendraient à suivre la ligne qui joint le centre de la lune et celui de la terre et à se mouvoir, en accompagnant la lune à mesure qu'elle se déplacerait par rapport à un point donné de notre globe; l'ensemble de ces deux protubérances opposées constituerait la grande onde séismique. Le soleil produirait un effet analogue et contribuerait, comme pour les marées océaniques, à la grande onde luni-solaire. Cette onde luni-solaire atteindrait son maximum de force sous la zone équatoriale, et c'est dans toute l'étendue de cette zone que les tremblements de terre devraient être les plus nombreux et les plus violents. Or nous verrons, dans le chapitre suivant, qu'il n'en est pas ainsi, et que les régions séismiques forment, par leur juxtaposition, une zone qui est loin de se diriger dans le sens de l'équateur.

3° Les calculs de M. Perrey démontrent bien que les tremblements de terre sont plus fréquents aux syzygies qu'aux quadratures et au périgée qu'à l'apogée de la lune; mais la différence en faveur des syzygies et du périgée est très faible, Sur 5388 jours de tremblements de terre, il y en a 2761,48 pour les syzygies et 2626, 52 pour les quadratures; différence en faveur des syzygies, 134, 96 seulement. Sur 991,15 jours de tremblements de terre, pris dans la période de 1761 à 1800, il y en a 526 pour le périgée de la lune et 465,5 pour son apogée; différence en faveur du périgée, 60,5.

De l'examen auquel nous venons de nous livrer, nous croyons pouvoir conclure que l'action invoquée par M. Perrey pour expliquer les tremblements de terre a une existence réelle, mais qu'elle n'exerce qu'une influence secondaire; elle est loin de constituer la cause principale du phénomène.

Il est un dernier argument que je ferai valoir auprès du lecteur qui a adopté les idées antérieurement formulées (tome I, page 67) au sujet de la constitution physique du soleil. Puisque la surface de cet astre est le siége d'éruptions volcaniques, on doit naturellement admettre qu'elle serait également agitée par des commotions séismiques, si elle était solidifiée ; pourtant il n'existe pas de marées dans le soleil.

Hypothèse de fissures apparaissant d'une manière instantanée dans l'écorce terrestre. — J'aurai bientôt à rechercher sous l'influence de quelles causes se produisent les nombreuses fentes ou fissures qui existent à travers la croûte du globe. Nous verrons que les unes résultent d'actions moléculaires déterminant dans l'écorce terrestre des contractions semblables à celles qui se montrent dans l'argile desséchée ; d'autres proviennent des dislocations que cette écorce éprouve sous la pression mutuelle de toutes ses parties ou sous l'impulsion des forces qui ont leur siége dans la pyrosphère.

Il nous est donné, à chaque instant, d'être témoins de l'apparition de fentes ou fissures s'établissant, dans des masses plus ou moins considérables, sous l'influence de causes analogues à celles qui viennent d'être signalées ; dans certains cas, l'apparition de ces fentes est instantanée, et fréquemment accompagnée de bruits plus ou moins perceptibles. C'est ainsi que, dans une plaque de verre que l'on approche d'un corps chaud, des félures se forment tout à coup en faisant entendre un léger bruit. Je rappellerai (voir tome I, pages 406 et 407) l'observation de M. Desor sur la glace des glaciers où s'opère quelquefois l'apparition de félures avec accompagnement d'un léger bruit de crépitation, et celle de M. Tyndall sur la glace ordinaire qui, soumise à une forte pression, se brise en produisant un son presque musical. Je rappellerai encore que les diverses forces qui agissent sur la masse d'un glacier, y déterminent des crevasses dont la formation subite est accompagnée d'un bruit plus ou moins prononcé. L'observation journalière nous fournit d'ailleurs des exemples de corps se rompant tout à

coup sous l'effort qui s'est exercé sur eux, jusqu'à ce que la
résistance qu'ils opposent à la rupture ait été surmontée.
Remarquons en outre que, dans la plupart des exemples que
j'aurais pu citer, la rupture et la formation de solutions de continuité, — fentes, fissures ou crevasses, — peuvent déterminer
une onde sonore sans imprimer de secousses sensibles à la
masse mise en vibration.

Il est naturel de supposer que des phénomènes semblables à
ceux dont je viens de rappeler quelques exemples, s'accomplissent dans l'intérieur de l'écorce terrestre et s'y manifestent
dans les mêmes circonstances. L'écorce terrestre est, en
majeure partie, formée de substances cristallines, et la lave,
qui pénètre dans son intérieur, y fait fonction du corps chaud
rapproché d'une masse vitreuse; l'arrivée de cette lave peut
donc y être le signal de la formation de fêlures gigantesques.
Les forces, dont le point de départ est dans la pyrosphère,
peuvent aussi déterminer dans la croûte du globe des ruptures
tantôt sur un point, tantôt sur un autre, et c'est en généralisant
ce phénomène que M. Elie de Beaumont arrive à l'hypothèse
par laquelle il explique la formation des montagnes. Enfin,
l'écorce terrestre est, comme un glacier, une masse soumise à
des flexions, à des étirements, à des contractions, etc. : son
élasticité, quoique peu considérable, ou plutôt sa souplesse, lui
permettent de résister pendant quelques temps aux forces qui
tendent à la disloquer et à la fissurer; mais, lorsque la résistance qu'elle oppose est vaincue, l'apparition de fissures et de
crevasses peut s'effectuer instantanément.

Admettre l'existence des phénomènes dont je viens de parler, c'est ajouter une cause de plus à celles que j'ai mentionnées comme susceptibles de nous donner la raison d'être du
mouvement séismique. Cette cause peut être invoquée pour

certains tremblements de terre locaux. Elle nous permet aussi de nous rendre compte des bruits souterrains non accompagnés de secousses. Elle peut enfin nous expliquer pourquoi le bruit se fait quelquefois entendre sur un point différent de celui où la secousse se manifeste. Elle a, en un mot, l'avantage d'être, par sa nature, en relation avec l'indépendance qui existe, dans une certaine mesure, entre la secousse et le bruit séismiques.

Les tremblements de terre sont ordinairement le contre-coup de mouvements dans la pyrosphère. — Parmi les causes que l'on a successivement invoquées pour expliquer les tremblements de terre, les unes sont complétement inadmissibles. Telle est celle d'une atmosphère sous-corticale où des vapeurs, accumulées en nuages souterrains, se mouvraient en exerçant une pression contre l'écorce terrestre; telle est aussi l'hypothèse de vagues gigantesques venant se briser contre les parois inférieures de la croûte du globe; telle est enfin celle d'orages souterrains.

Les autres causes qui, ainsi que nous venons de le voir, ont été successivement invoquées, peuvent exister, mais ne sauraient rendre compte que des secousses restreintes, locales, accidentelles et nullement susceptibles d'agir plusieurs fois de suite sur le même point: elles interviennent surtout dans la détermination des tremblements de terre *locaux*.

Dans un groupe à part, je place l'hypothèse de fissures apparaissant instantanément dans l'intérieur de l'écorce terrestre, et celle de vapeurs souterraines subitement mises en liberté; la première a l'avantage d'expliquer certaines circonstances dont les tremblements de terre sont accompagnés; l'autre peut donner la raison d'être des tremblements de terre *volcaniques*,

21

c'est-à-dire de ceux qui se manifestent dans le voisinage des volcans et qui accompagnent ordinairement les éruptions.

Mais les causes auxquelles je viens de faire allusion ne sauraient expliquer les tremblements de terre qui embrassent une vaste étendue, et auxquels il est permis d'affecter la désignation de *généraux* ou *plutoniques*.

Le mouvement séismique reconnaît donc une cause plus générale, plus constante, plus spéciale, sans cesse agissante tantôt sur un point, tantôt sur un autre, indépendante même de la structure du globe, puisqu'il est impossible de trouver une relation entre cette structure, à peu près la même partout, et les tremblements de terre se manifestant de préférence dans certaines régions. Cette cause, que j'ai invoquée pour expliquer les phénomènes éruptifs, et à laquelle j'attribue tous les mouvements du sol, c'est la mobilité de la pyrosphère, qu'on ne saurait supposer livrée à un calme absolu, et dont les moindres mouvements suffisent pour ébranler tout l'édifice qu'elle supporte. C'est elle qui intervient le plus fréquemment dans la manifestation du mouvement séismique, qui donne naissance aux tremblements de terre les plus étendus et qui entraîne ordinairement à sa suite l'apparition des causes de second ordre.

Des chocs ou des ébranlements doivent se manifester, à chaque instant, soit contre la paroi inférieure de l'enveloppe solide du globe, soit dans l'intérieur de cette enveloppe elle-même. Si une chose doit nous étonner, c'est que ces chocs ne se reproduisent pas plus souvent.

Il n'est pas possible de se faire une idée exacte des causes, sans doute très nombreuses, qui ne cessent de rendre la pyrosphère aussi agitée que l'océan. Il en est pourtant quelques-unes dont on peut sans difficulté admettre l'existence. Je signalerai d'abord l'inégale vitesse dont sont animées, dans leur mouvement de rotation, les diverses parties de la masse pyrosphérique. Des actions chimiques doivent, en outre, se développer dans cette masse et y déterminer des déplacements moléculaires. D'ailleurs, la pyrosphère, placée entre l'écorce terrestre qui exerce sur elle une pression considérable et le nucléus qui possède une force d'expansion énorme, est dans un état d'équilibre instable que la moindre cause peut modifier à chaque moment. Enfin, la lune et le soleil exercent une action attractive qui, bien que minime, n'en est pas moins réelle; cette action, insuffisante pour déterminer à elle seule les tremblements de terre, coopère indirectement à leur production en se joignant aux causes qui agitent la pyrosphère.

L'action attractive de la lune et du soleil est accusée par l'inégale répartition des jours de tremblement de terre, un peu plus nombreux pendant les sygyzies et le périgée de la lune que pendant les quadratures et l'apogée de la lune. Une série d'observations, suivies par M. Airy depuis plusieurs années, tendent à démontrer l'existence d'une déviation se produisant deux fois par jour dans la verticale et déterminée par le passage d'une marée pyrosphérique. MM. Scacchi et Palmieri ont observé, lors de l'éruption du Vésuve, en 1855, une recrudescence se manifestant dans le flot de lave deux fois par jour, à des intervalles de douze heures environ, et avec un retard diurne d'une heure, comme pour les marées océaniennes. Bravais avait eu la pensée de se fixer, pendant une année, dans l'île Hawaï pour voir s'il serait possible de constater une recrudescence périodique dans l'immense cratère ou, pour mieux dire, dans le lac de lave de Kirau-Ea.

Maintenant que nous avons énuméré les causes susceptibles, à divers degrés, de déterminer un ébranlement dans la croûte du globe, il nous reste à rechercher dans quelles conditions cet ébranlement se propage à travers l'écorce terrestre, et comment la structure de cette écorce exerce une influence sur la direction et la vitesse de l'onde séismique ; cette recherche va faire en partie l'objet du chapitre suivant.

CHAPITRE III.

Principes de physique relatifs aux vibrations des corps homogènes. — L'étude des tremblements de terre, considérés soit en eux-mêmes, soit dans leurs relations avec les phénomènes volcaniques, offre une grande importance ; mais ce qui accroît tout l'intérêt de cette étude, c'est qu'elle peut nous fournir d'utiles renseignements sur la structure de la croûte du globe. « Si les contours des surfaces de l'écorce terrestre qui entrent journellement en vibration nous étaient connus, nous posséderions une notion fort utile qui pourrait permettre de remonter aux causes des tremblements de terre et peut-être même à certaines particularités sur la constitution de régions profondes où il nous sera toujours impossible de pénétrer par l'observation directe. Cette *auscultation* journalière du sol d'une partie des continents est aujourd'hui devenue plus facile que jamais, par la facilité des communications. » (Daubrée.)

Puisqu'un tremblement de terre n'est qu'un mouvement vibratoire imprimé à l'écorce terrestre, à la suite d'un choc subi par elle, rappelons-nous ce que la physique nous enseigne relativement à la manière dont un ébranlement se propage dans un milieu solide. (1)

Toutes les fois que les molécules d'un corps élastique sont dérangées de leur position d'équilibre, elles y reviennent, dès qu'elles sont abandonnées à elles-mêmes, dépassent cette position, en vertu de la vitesse acquise, pour y revenir de nouveau et ne s'y arrêter qu'après avoir accompli un certain nombre d'oscillations d'amplitude décroissante. Ces oscillations, quand elles sont très rapides, reçoivent le nom de *vibrations*. Quand un corps sonore présente une surface plane, certaines lignes, nommées *lignes nodales*, ne participent pas au mouvement vibratoire de ce corps.

Les corps solides peuvent vibrer transversalement et longitudinalement. Les vibrations *transversales* sont celles pour lesquelles les molécules se déplacent dans une direction perpendiculaire à la plus grande des dimensions du corps, dont les parties éprouvent alors des flexions alternatives de part et d'autre de leur position d'équilibre. Une corde de violon subit sous l'archet une vibration transversale. — Les vibrations *longitudinales* ont lieu dans le sens de la longueur d'un corps ; ces vibrations s'effectuent par compressions et par dilatations successives ; on les produit, par exemple, dans une verge

_____

(1) Les définitions qui suivent et les faits rappelés dans ce paragraphe sont textuellement empruntés à l'excellent *Traité de Physique* de M. Daguin.

rigide qu'on tient par le milieu entre les doigts et qu'on frotte avec du drap vieux enduit de colophane ; un son aigu accompagne ces frictions ; on les produit encore dans une corde, en la tendant par un poids et en la frottant longitudinalement avec le doigt recouvert de colophane.

Quand un ébranlement de très peu d'étendue se communique à une masse solide homogène , il se développe généralement deux ondes sphériques ; dans l'une, le mouvement vibratoire s'accomplit dans une direction perpendiculaire à la surface de l'onde ou dans la direction de la propagation : c'est l'*onde longitudinale* : elle produit le son [1] ; dans l'autre, le mouvement vibratoire a lieu parallèlement à la surface de l'onde, ou perpendiculairement à la direction de la propagation : on la nomme *onde transversale*. L'existence de cette dernière onde, supposée par Fresnel, a été démontrée au moyen de l'analyse mathématique par M. Cauchy. Poisson et M. Navier ont aussi appliqué le calcul à cette question, et ont montré que chacune de ces ondes peut exister seule, quand le mode d'ébranlement remplit certaines conditions. Il résulte des formules de Wertheim que la vitesse de l'onde longitudinale est double de la vitesse de l'onde transversale. Pour vérifier par l'expérience ce résultat du calcul, il faudrait opérer sur la terre même, afin d'avoir une étendue très grande et de produire un ébranlement assez intense pour que les deux ondes pussent être sensibles à une grande distance. Wertheim trouvait ces conditions réalisées dans les grands tremblements de terre, partant d'un centre volcanique. Nous allons développer cette manière de voir en supposant d'abord que l'écorce terrestre soit une substance homo-

---

(1) Dans les lames, les verges, les cordes, c'est-à-dire dans les corps dont une ou deux des trois dimensions sont très petites par rapport à la troisième, le son est produit par les deux ondes.

gène et continue; nous rechercherons ensuite quelles modifications l'*hétérogénéité* et la *discontinuité* des diverses parties de la croûte du globe devront apporter à nos conclusions premières.

Application des principes précédens à la recherche du mode de propagation des ondes séismiques, en supposant une écorce terrestre homogène. — J'ai représenté, dans la figure 51, plusieurs centres d'ébranlement; ils sont placés à des distances variables de la pyrosphère et chacun d'eux est accompagné d'une série d'ondes séismiques.

Au point M se trouve le centre d'un ébranlement qui n'a pas eu assez d'énergie pour que l'ondulation séismique ait atteint la partie supérieure de l'écorce terrestre. Dans ces conditions, il peut se produire des tremblements de terre exclusivement souterrains ou perceptibles seulement dans les mines les plus profondes.

Au point N, très rapproché de la surface du globe, j'ai indiqué le centre d'un autre ébranlement qu'on peut supposer en relation plus ou moins directe avec une éruption volcanique. Dans ce cas, le mode de propagation des ondes longitudinales s'effectuera de manière que les habitants de la contrée entourant le centre d'ébranlement éprouveront un mouvement horizontal de va et vient. Ce mouvement résultera des dilatations et des contractions successives de l'écorce terrestre, contractions et dilatations qui se propageront dans le sens des rayons de la sphère dont le centre sera au point N. Quant aux ondes transversales, elles détermineront un mouvement ondulatoire.

Supposons maintenant un choc produit, par suite de l'agitation de la pyrosphère, au point A qui servira de point de départ à une vibration longitudinale ou, en d'autres termes

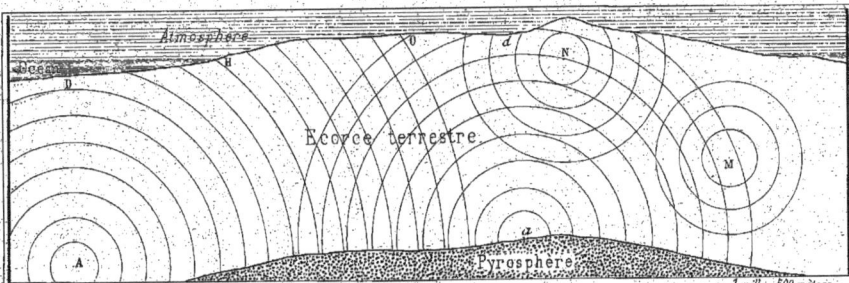

Fig. 51._(V. page 320)._ Ondes séismiques longitudinales.

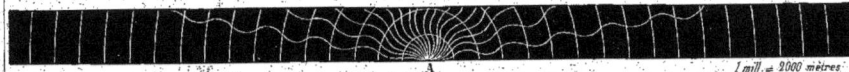

Fig. 52._(V. page 320)._ Ondes séismiques longitudinales et transversales

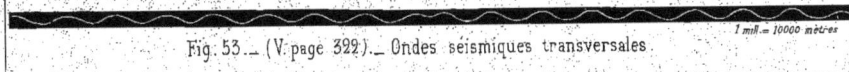

Fig. 53._(V. page 322)._ Ondes séismiques transversales.

à une série de dilatations et de contractions successives. En atteignant, au point D, la surface du globe, cette vibration y produira une oscillation verticale. Chaque onde, ainsi que l'indique la figure, viendra s'accuser à la surface du globe en donnant naissance à une série de cercles concentriques par rapport au point D. Les impulsions imprimées au sol prendront, en s'éloignant du point D, une direction de plus en plus oblique par rapport à la verticale et pourront même devenir horizontales si l'ondulation se propage à une distance suffisante. Quant aux vibrations transversales, elles produiront des oscillations horizontales qui tendront, à mesure qu'elles s'éloigneront du point D, à devenir verticales.

Au point D, situé sous l'océan, l'oscillation imprimée au sol aura pour conséquence la formation d'une vague de translation qui atteindra le rivage, au point H, quelque temps après qu'on y aura ressenti la secousse correspondante à l'ébranlement initial.

J'ai supposé, au point *a*, et au contact de la pyrosphère, un autre centre d'ébranlement. Si les chocs produits aux points A et *a* sont à peu près simultanés, les ondes séismiques pourront se croiser, et les localités placées, en O, au point de rencontre des deux ondulations, subiront des secousses désastreuses; pour se faire une idée des effets produits dans cette circonstance, il n'y a qu'à se représenter, en pleine mer, deux vagues gigantesques se dirigeant vers le même point et se heurtant l'une contre l'autre.

L'onde séismique, qui a son point de départ en *a*, vient rencontrer la surface du globe dans une région émergée. Arrivée au point *d*, elle détermine, dans l'air atmosphérique, une onde sonore qui porte, jusqu'à une certaine distance, le bruit entendu sur ce point. Cette onde sonore est toujours précédée par le bruit souterrain, parce que la vitesse du son est plus grande dans les solides que dans les gaz.

Dans la figure 52, dressée à l'échelle de un demi millimètre par kilomètre, les ondes séismiques partant du centre d'ébranlement A embrassent un rayon de 40 kilomètres; cet exemple correspond à peu près à ce qui s'est passé, en 1783, lors du tremblement de terre de la Calabre. Mais les tremblements de terre se font fréquemment sentir sur une plus grande étendue. La figure 52, dressée à une échelle quatre fois plus petite que celle de la figure 51, montre en A un centre d'ébranlement d'où partent des ondes séismiques qui, dans leur développement, obéissent aux lois que je viens de rappeler. Ces ondes se propagent à droite et à gauche jusqu'à une distance de 160 kilomètres; les tremblements de terre embrassant cette étendue sont fréquents. On voit, dans cette figure, comment l'onde longitudinale, à mesure qu'elle s'éloigne du point A, tend à déterminer un mouvement horizontal de va et vient, tandis que l'onde transversale tend à produire un mouvement d'ondulation. Mais, en réalité, les choses ne se passent pas ainsi que je viens de l'indiquer. A mesure que l'étendue, sur laquelle l'onde séismique se propage, augmente, la partie de l'écorce terrestre en état de vibration se présente de plus en plus sous la forme d'une lame; dès lors, les lois que nous venons d'invoquer ne sont plus applicables; l'onde séismique tend à se développer dans d'autres conditions; nous avons ici à consulter les lois relatives aux vibrations dans une lame et non dans une masse solide, offrant des dimensions considérables et à peu près égales dans tous les sens.

Une lame peut éprouver des vibrations longitudinales ou transversales, mais celles-ci se développent seules lorsque la lame éprouve un choc. Ces ondes transversales donnent naissance à une ondulation proprement dite; elles impriment à l'écorce terrestre un mouvement semblable à celui d'une vague se propageant à droite et à gauche du centre d'ébranlement. C'est ce que j'ai indiqué dans la figure 53, dressée à l'échelle de 1 millimètre par 10 kilomètres.

Dans un tremblement de terre embrassant une vaste étendue, les deux modes de propagation des ondes séismiques que nous venons de décrire doivent se manifester successivement, le premier sur les points le plus rapproché du centre d'ébranlement, le second sur les points plus éloignés. La figure 53 montre comment s'effectue le passage de l'un à l'autre et comment les ondes transversales, qui se dirigeaient d'abord perpendiculairement à la surface du globe, tendent à lui devenir parallèles. Celles-ci sont les seules qui peuvent se manifester à une certaine distance; les ondes longitudinales, sans doute en vertu d'une loi que le calcul ni l'expérience n'ont encore pu découvrir, doivent cesser les premières.

J'ai supposé jusqu'à présent que le premier centre d'ébranlement offrait peu d'étendue; mais le choc peut se faire sentir, d'une manière simultanée, sur un espace assez vaste; il doit en être ainsi pour les tremblements de terre qui, comme celui de Lisbonne, se propagent dans des contrées très éloignées les unes des autres. Le point de départ de ces tremblements de terre à larges proportions doit se trouver dans la pyrosphère et à une profondeur d'autant plus grande que le choc simultané a affecté une aire plus vaste.

Sur toute l'étendue embrassée par un tremblement de terre, il est quelques localités privilégiées qui ne ressentent aucune secousse et où aucun bruit, provenant directement de l'intérieur de l'écorce terrestre, n'est perçu. Le calme qui règne dans ces localités provient quelquefois d'une disposition spé-

ciale dans la structure du sol, mais d'autres fois il résulte de
leur situation même, quand elles se trouvent placées sur une
ligne nodale.

**Modifications apportées dans le mode de propagation des ondes séis-
miques par suite de l'hétérogénéité de l'écorce terrestre.** — Nous avons
vu qu'un ébranlement dans l'écorce terrestre déterminait
deux ondulations distinctes, l'une transversale, l'autre longitudinale; celle-ci produit le son et, comme sa vitesse est double
de celle de l'onde transversale, on s'explique aisément pourquoi le bruit précède ordinairement la secousse. Mais nous
avons vu aussi que, dans certaines circonstances, une seule des
deux ondes se développait; il peut donc se produire des bruits
sans secousse et des secousses sans bruit. Enfin les chocs, cause
première de chaque tremblement de terre, peuvent se répé-
ter à des intervalles rapprochés. L'onde transversale d'un premier ébranlement peut donc se rencontrer avec l'onde longitudinale du second et donner naissance à des effets plus énergiques et d'une nature plus compliquée.

L'écorce terrestre est loin de présenter une composition homogène. Or, la vitesse varie pour chaque espèce de roche;
elle est notamment plus grande dans les roches compactes que
dans les roches détritiques. D'un autre côté, la vitesse de
l'onde séismique se trouve ralentie sur les points où le sol
présente des fissures. L'absence d'uniformité dans la composition et dans la structure du globe se traduit par une déformation considérable dans les ondes séismiques, que nous avons
supposées exactement sphériques dans l'intérieur de l'écorce
terrestre et circulaires à sa surface. L'irrégularité dans le
mode de propagation de l'ébranlement séismique est d'autant
plus grande que, sur les points où existent des failles très pro-

noncées ou des fissures remplies de lave, l'onde séismique est réfléchie et fortement déviée dans sa marche.

Les considérations qui précèdent, et que j'aurais pu rendre plus nombreuses, nous disent assez que les circonstances dans lesquelles se manifestent les tremblements de terre varient beaucoup. Mais les variations dans le mode de manifestation des tremblements de terre, quelque grandes qu'elles soient, ne doivent pas nous empêcher de reconnaître que le problème relatif à la véritable nature du mouvement séismique n'est pas aussi ardu qu'on le pense généralement. Si cette partie de la science est encore peu avancée, cela provient de ce que les tremblements de terre se manifestent dans des régions où habitent rarement des observateurs aptes à les étudier d'une manière convenable. Les savants, qui se rendent après coup dans la contrée bouleversée par un tremblement de terre, ne peuvent baser leurs recherches que sur les impressions toujours très vagues et sur les appréciations contradictoires des habitants de cette contrée; ils sont, d'ailleurs, bientôt conduits à s'occuper plutôt des effets que de la cause de l'événement qui vient d'agiter le pays où ils se trouvent.

Zones et régions séismiques; centres d'ébranlements. — Les *régions séismiques* sont celles où les tremblements de terre se manifestent le plus fréquemment et avec le plus d'énergie; en même temps, la plupart des volcans s'y trouvent concentrés. Les régions séismiques forment, par leur juxtaposition, une zone presque continue dont nous allons suivre la trace à la surface du globe et que des solutions de continuité permettent de partager en trois parties : 1° la *zone des Andes ;* 2° la *zone asiatico-méditerranéenne ;* 3° la *zone asiatico-océanienne.*

Pourtant, il existe des régions dépourvues de volcans et qui

sont fréquemment agitées par les tremblements de terre ; il
faut conclure de là que le phénomène constitué par le mouvement séismique est plus général que celui qui résulte des
actions éruptives ou volcaniques proprement dites.

Les régions séismiques laissent entre elles de vastes contrées, ordinairement non articulées, où les tremblements de
terre et les éruptions volcaniques sont très rares. On est involontairement conduit à comparer ces contrées à ces parties de
la surface de l'océan où les courants marins ne pénètrent pas,
et à voir, dans les zones séismiques dont nous allons parler, la
trace des courants qui se dirigent à travers la pyrosphère.

ZONE DES ANDES.

La zone séismique des Andes, dans laquelle nous compre-
nons le groupe volcanique des Petites Antilles, s'étend depuis le
volcan de San-Clemente, dans le Chili (46° lat. sud), jusqu'au
parallèle des volcans mexicains. Elle coïncide avec l'arête si
saillante qui, comme un ourlet proéminent, borde, du côté de
l'ouest, l'Amérique méridionale et l'Amérique centrale. Dans
cette zone, les volcans se montrent très nombreux et le mouvement séismique est, pour ainsi dire, à l'état permanent de
manifestation. Le vaste continent qui se développe à l'est se
trouve, au contraire, dans un état de repos presque complet ;
les *llanos* et les *pampas* ne ressentent jamais de tremblements
de terre et, jusqu'à présent, on n'a pas signalé de volcans,
dans l'Amérique méridionale, ailleurs que dans les Cordillères.

Le trait le plus caractéristique de la partie sud des Andes
est l'existence d'une grande faille qui, commençant près du
35° de latitude sud, se continue sans interruption jusque près

de Chicuito, c'est-à-dire jusqu'au point où les Andes du Pérou se séparent en deux chaînes pour former, d'une part, la chaîne de l'Illimani, et, de l'autre, la Cordillère maritime. Sur tout le trajet de cette faille, les roches stratifiées, qui forment la masse principale des Andes, ont été fortement altérées ; cette altération est telle que, lorsque du sommet de quelque montagne culminante, on examine l'ensemble des massifs qui composent les Andes, on le voit traversé par une bande rougeâtre qui se prolonge, au nord et au sud, aussi loin que la vue peut s'étendre, et dont la couleur claire tranche fortement sur la teinte beaucoup plus sombre des roches non altérées. (Pissis).

Au delà du Pérou, les Andes se partagent en deux chaînes parallèles, sur chacune desquelles les volcans de Quito se trouvent également répartis. Au nœud de *los Pastos* ou de *los Robles*, les deux chaînes sont remplacées par trois autres. La Cordillère centrale, dont le Tolima fait partie, cesse au confluent du Cauca et du fleuve Magdalena ; c'est la seule qui présente des signes d'activité volcanique. La Cordillère occidentale se dirige vers l'isthme de Panama et se soude aux Cordillères de l'Amérique centrale. La Cordillère orientale se relie très distinctement à la chaîne côtière de Caracas et rattache ainsi la région volcanique des Petites Antilles à la zone séismique des Andes.

La zone séismique des Andes se partage en six régions volcaniques, dont la longueur totale est à peu près égale à la moitié de celle de la zone elle-même. Les volcans sont concentrés dans ces régions, que séparent des intervalles sans cônes volcaniques, mais où les tremblements de terre se font également sentir avec énergie.

D'après Humboldt, cette zone possède 96 volcans, dont 54 ont donné des signes d'activité pendant les temps modernes. Quant aux tremblements de terre, il se passe rarement un mois, ou même une semaine, sans que quelque secousse ne se manifeste. Un des effets particuliers de ces tremblements est de déterminer, surtout dans le Chili, l'exhaussement du sol. Ils occasionnent aussi des vagues de translation qui exercent leurs ravages sur le littoral.

Chili. — La zone séismique du Chili a une longueur de 242 milles géographiques; elle s'étend du volcan de San-Clemente à celui de Coquimbo. Elle renferme 24 volcans, dont 13 en activité. Parmi ces volcans, je citerai en allant du sud au nord : *le San-Clemente,* en face de la péninsule de *Tres-Montes* et au sud de l'île de Chiloé; *le Corcovabo; le Calbuco; l'Osorno; le Panguipulli; l'Antuco,* avec des courants de lave qui font éruption au pied de son cône trachytique, et plus rarement au sommet de son cratère; *l'Aconcagua,* point culminant du Chili, et *le Coquimbo.*

Parmi les tremblements de terre qui ont agité le sol du Chili, depuis 1590, époque au delà de laquelle on ne possède aucune donnée, je rappellerai ceux : — de 1651, plusieurs villes furent renversées; — de 1754, pendant lequel l'ancienne ville de la Concepcion fut détruite, puis recouverte par les eaux de la mer; les habitants bâtirent une autre ville à dix lieues du rivage; — de 1760; — de 1822, qui continua jusqu'en septembre 1823; — de 1828; — du 20 février 1835, pendant lequel trois vagues hautes de 5 à 6 mètres se précipitèrent sur le rivage; plusieurs villes furent entièrement détruites; — du 7 novembre 1837, qui amena la destruction complète de Valdivia; — du 20 mars 1861, qui se fit sentir à Mendoza.

Pérou et Bolivie. — Un intervalle sans volcans, de 135 milles géographiques de longueur, sépare la chaîne volcanique du

Chili de celle du Pérou et de Bolivie. Celle-ci est comprise entre le volcan de *San-Pedro de Atacama*, à l'extrémité nord-est du désert de ce nom, jusqu'à celui de *Chacani*, près d'Arequipa. Elle possède 14 volcans, dont trois sont maintenant en activité : *le Gualatieri, le Sahama et l'Arequipa.*

Parmi les principaux tremblements de terre qui ont été ressentis dans le Pérou, je rappellerai celui du 28 octobre 1746 ; on compta 451 secousses jusqu'au 27 février 1747 ; l'océan se retira deux fois, et deux fois revint avec impétuosité sur le rivage ; Lima et Callao furent renversées, et une partie de la côte de Callao fut convertie en baie.

Entre les volcans du Pérou et ceux de Quito, existe un espace qui n'a pas moins de 240 milles géographiques de longueur, et dans lequel, jusqu'à présent, on n'a reconnu aucune trace d'activité volcanique, bien que les tremblements de terre y soient très fréquents et d'une violence excessive. Là se trouve la ville de Lima que les tremblements de terre ont plusieurs fois détruite, en totalité ou en partie, et notamment en 1586, 1630, 1655, 1687, 1716, 1746 et 1822.

Quito et Nouvelle-Grenade. — Les chaînes volcaniques de Quito et de la Nouvelle-Grenade s'étendent du 2° de latitude australe au 5° de latitude boréale, sur une étendue de 118 milles géographiques. Elles commencent au sud avec le volcan de *Sangay*, dont l'activité n'est jamais interrompue, et se terminent avec ceux de *Ruiz* et de *Paramo.* Le nombre des volcans y est de 18, dont 10 en activité. Les principaux d'entre eux sont, outre les deux que je viens de nommer, et en allant du sud au nord : *le Capac-Urcu*, qui a vraisemblablement surpassé le Chimborazo, mais qui, en 1462, s'est éteint en s'écroulant, et depuis ne s'est plus rallumé ; — *le Tungurahua, le Cotopaxi, l'Antisana, le Rucu-Pichincha*, sur le plateau

22

proprement dit de Quito ; — de *Chiles*, du *Cumbal*, de *l'Azu-fral* et de *Pasto* ; — de *Sotara* et de *Puracé*, près de Po-payan ; — de *Tolima*, qui tire sa célébrité du souvenir qu'a laissé l'effroyable éruption du 12 mars 1575.

Un des tremblements de terre les plus violents qui aient agité le sol de cette région est celui du 4 février 1797, qui détruisit Rio-Bamba, et dont j'ai eu plusieurs fois l'occasion de parler.

Du volcan de Tolima jusque vers Costa-Rica, se développe une contrée souvent ébranlée par des tremblements de terre. Dans cette contrée, qui a une longueur de 157 milles géographiques, on a connaissance de salzes vomissant des flammes, mais on ne trouve point de volcans proprement dits.

Amérique centrale. — La chaîne volcanique de l'Amérique centrale s'étend depuis le volcan de Turrialva, près de Cartago, jusqu'à celui de Soconusco, sur une étendue de 170 milles géographiques. Elle est comprise entre 10° et 16° de latitude nord. Les volcans de l'Amérique centrale ne couronnent pas les chaînes de montagnes ; ils s'élèvent au pied et à l'ouest de ces chaînes ; le plus grand nombre en est complétement séparé.

Humboldt compte, dans l'Amérique centrale, une trentaine de volcans ayant donné des signes d'activité pendant les temps historiques. Parmi ces volcans, je citerai, en allant du sud au nord : le *Turrialva* et *l'Irasu*, près de Cartago ; le *Rincon*, qui chaque printemps, au commencement de la saison des pluies, a de petites éruptions de cendres ; le *Votos*, *l'Orosi* ; *l'Ometepec* ; le *Nindiri* et le *Massaya*, deux volcans jumeaux ; *Momotombo* ; *los Maribios*, au nombre de six, serrés et rangés en file ; le *Conseguina*, sur le promontoire qui s'avance à l'extrémité du golfe de Fonseca, célèbre par la terrible éruption du

23 janvier 1835, qui fut annoncée par des tremblements de terre; le bruit souterrain, semblable à des détonations d'artillerie, fut entendu à la Jamaïque et sur le plateau de Bogota; une obscurité profonde, causée par les cendres, dura pendant 43 heures; le même jour, les volcans Aconcagua et Corcovado, dans le Chili, entrèrent en activité après un long silence; le *Conchagua*, en face du Conseguina, les volcans de *San-Miguel Bosotlan*, de *San-Vicente* qui fit également éruption en janvier 1835, de *San-Salvador*, près de la ville du même nom; presque toutes les maisons de cette ville furent renversées par un tremblement de terre, en 1854; *l'Izalco; le Pacaya*, très actif; le volcan de *Fuego,* toujours allumé, dont les grandes éruptions ont été accompagnées, pendant les deux siècles derniers, de tremblements de terre qui ont fait déserter l'ancienne Guatémala par ses habitants; enfin, *le Soconusco.*

Des géologues ont affirmé que l'absence de laves était générale dans les volcans de l'Amérique centrale, de même que pour les puissants volcans des Cordillères de Quito; mais Humboldt fait observer que, même pendant le siècle actuel, des coulées de lave se sont échappées de sept des volcans de l'Amérique Centrale.

Mexique. — Avec le volcan de Soconusco, finit, près de la province de Chiapa, la chaîne volcanique de l'Amérique centrale, et commence un système tout différent, le système mexicain. Ce n'est qu'à plus de 40 milles de Soconusco que l'on retrouve, après avoir traversé une région complétement dépourvue de volcans et, peut-être même, de cônes trachytiques, le petit volcan de *Tuxtla,* situé sur la côte d'Alvaredo, au sudest de La Vera-Cruz. De ce point jusque sur le rivage de l'Océan Pacifique, se développe la chaîne volcanique d'Anahuac, dont la direction n'oscille que de quelques minutes autour du 19° de latitude nord. Cette chaîne marque la direction d'une faille qui a 90 milles au moins de longueur, et qui se prolonge de l'est à l'ouest. Sur cette chaîne se trouvent six volcans, dont un seul, celui d'*Iztaccihualt,* n'est pas en activité. Les cinq autres sont ceux d'*Orizaba,* le plus élevé de tous; *le Popocatepetl, le Toluca, le Jorullo* et *le Colima;* ils forment une sorte de nœud, au milieu duquel s'enfonce la ville de Mexico. C'est un peu au nord de cette chaîne que se trouve la ville de Guanaxato, dont j'ai parlé à l'occasion des bruits formidables qui s'y firent entendre.

Antilles. — Dans ces îles, l'activité volcanique se borne aux Petites Antilles. Celles-ci forment un centre d'ébranlement dont le rayon est excessivement étendu, puisqu'il embrasse, dans sa sphère d'action, le bassin de l'Orénoque et la côte de Vénézuela, d'un côté, et, de l'autre, les Grandes Antilles, ainsi que les vallées de l'Ohio, du Mississipi et de l'Arkansas. Les Petites Antilles possèdent 5 volcans, dont 3 fonctionnent actuellement; ces derniers sont le volcan de l'île de Saint-Vincent, celui de Sainte-Lucie et la *Soufrière* de la Guadeloupe.

La vaste région, qui s'étend de l'Orénoque jusque dans la vallée du Mississipi, est fréquemment agitée par de violents tremblements de terre, tels que ceux : — de la Jamaïque, en 1692 : celui-ci fut accompagné de diverses circonstances que j'ai eu l'occasion de mentionner; — de Saint-Domingue, en 1751 : Port-au-Prince, capitale de cette île, fut complétement détruite; — de la Colombie, en 1766; — de Saint-Domingue, en 1770; — de Cumana, en 1797 : presque toute cette ville fut renversée par ce tremblement de terre qui suivit à 78 jours de distance le réveil de la Soufrière de la Guadeloupe; — de Caracas, en 1812; toute la ville fut, en un instant, réduite en un monceau de ruines; un mois après eut lieu la

grande éruption du Saint-Vincent; — de l'île de Cuba,
en 1826; — de la Pointe-à-Pitre, le 8 février 1843.

ZONE ASIATICO-MÉDITERRANÉENNE.

Des archipels des Açores et des Canaries jusqu'aux Montagnes
Célestes ou de Thian-Chan, c'est-à-dire sur une étendue dont
la longueur est de 120° et dont la largeur oscille entre 30° et 40°,
se développe une bande de réactions volcaniques qui, d'après
Humboldt, est probablement la plus longue et la plus régulière
de la surface de la terre. Cette zone, dit M. Elie de Beaumont,
agitée par des tremblements de terre redoutables, encore chan-
celante et imparfaitement consolidée, forme cependant l'axe
de l'ancien continent. Elle commence, dans l'Océan Atlantique,
vers les parages où exista jadis, si ce n'est pas une fable, l'At-
lantide de Platon; elle se prolonge, au centre de l'Asie, au
delà des Montagnes Célestes.

La zone asiatico-méditerranéenne se distingue de la zone
des Andes en ce que les volcans en activité y sont bien
moins nombreux. Elle peut se décomposer en plusieurs régions qui ont respectivement pour centres d'ébranlement le
pic de Ténériffe, l'Etna, l'île de Santorin, le volcan de Dama-
vend et le Thian-Chan. Les intervalles compris entre ces
centres d'ébranlement sont, ainsi que cela se passe dans les
Andes, dépourvus de volcans, mais fréquemment agités par
les tremblements de terre.

A mesure que l'on s'éloigne de la zone asiatico-méditerranéenne en se dirigeant vers le nord, on voit les phénomènes
volcaniques et les tremblements de terre devenir moins nombreux et moins prononcés. L'Italie est le pays de l'Europe où
il y a le plus de tremblements de terre; c'est là aussi qu'on

trouve les seuls volcans en activité dans ce continent. La
Russie est le pays où il y en a le moins; dans la chaîne de
l'Oural, qui n'a ni trachyte, ni sources thermales, les tremblements de terre sont presque inconnus. La Bourgogne, d'après
M. Perrey, est beaucoup plus ébranlée que la Champagne;
elle l'est moins que l'Alsace, le Dauphiné, le Lyonnais, et
même que la Franche-Comté..

La Grèce et les îles Ioniennes sont également très sujettes
aux tremblements de terre ; il est rare d'y voyager longtemps
sans ressentir quelques secousses. Humboldt fait remarquer
que la fréquence des commotions souterraines en Grèce et
dans l'Italie méridionale, en détruisant de bonne heure les
monuments de la plus brillante époque de l'art, eut de fu-
nestes conséquences pour les études qui s'attachent à suivre,
dans ses diverses périodes, la culture grecque et latine.

La zone asiatico-méditerranéenne laisse au sud le vaste continent africain où, si l'on en juge par les relations des voya-
geurs qui ont pénétré dans l'intérieur de ce continent et par
l'observation de ce qui se passe sur son littoral, l'activité volcanique est excessivement restreinte. A Thèbes, on fut dans la
nécessité, après un tremblement de terre, de restaurer la sta-
tue colossale de Memnon ; mais ce fait isolé ne saurait contre-
dire l'opinion des anciens qui considéraient l'Egypte comme
étant peu sujette aux tremblements de terre. Dans une carte
séismique dressée par M. Mallet, la Guinée, l'Abyssinie et Ma-
dagascar sont indiqués comme n'ayant pas éprouvé de tremblement de terre dont on ait eu connaissance.

Iles Açores et îles Canaries, pic de Ténériffe. — Toute la
région comprise entre Lisbonne et Cachemire est fréquemment agitée par des tremblements de terre. Ceux qui se font
sentir en Portugal, dans le sud de l'Espagne et dans l'empire

du Maroc, paraissent se rattacher à un centre d'ébranlement indéterminé placé entre les îles Canaries, les îles de Madère et les îles Açores. Il paraît que le premier mouvement de la grande secousse qui eut lieu à Lisbonne, en 1755, vint de la mer, à dix ou quinze lieues de la côte; lorsque, le 2 février 1816, une autre violente secousse vint effrayer Lisbonne, deux vaisseaux ressentirent un choc, l'un à 120, l'autre à 260 lieues de la côte.

Les îles, entre lesquelles se trouve le centre d'ébranlement que j'ai en vue, sont de nature volcanique. — Le *Pico* de l'île du même nom est, dans le groupe des Açores, la principale communication de l'intérieur de la pyrosphère avec l'atmosphère; il s'élève à une hauteur telle que les autres îles disparaissent, pour ainsi dire, à côté de lui; il a eu, en 1718, une éruption qui a détruit les vignobles situés à sa base. Les îles Açores présentent des exemples de presque tous les phénomènes dont l'origine se trouve dans les profondeurs de l'écorce terrestre; sources thermales (source siliceuse de Saint-Michel), éruptions volcaniques, tremblements de terre (celui de 1614 renversa la petite ville de Praya); mais l'action interne s'y manifeste surtout par l'apparition et la disparition successives de petites îles; le dernier exemple de ce phénomène nous a été fourni par l'île de Sabrina, qui sortit des eaux le 31 janvier 1811, commença à s'enfoncer vers le mois d'octobre et disparut totalement à la fin de février 1812.

Etna, Vésuve, Stromboli, Vulcano des îles Lipari. — Ces volcans forment un centre d'ébranlement qui comprend la Sicile, l'Italie méridionale et les îles Ioniennes. Je crois pouvoir me borner à mentionner la contrée qui se rattache à ce centre d'ébranlement, parce que les phénomènes d'origine interne qui s'y manifestent ont déjà attiré mon attention dans divers chapitres.

Iles de Santorin. — Ces îles peuvent être considérées comme
formant le centre d'ébranlement dont dépendent les autres
îles de l'archipel grec, la Grèce et toute l'Asie Mineure. La
Syrie forme un centre d'ébranlement placé entre les îles de
Santorin et le Demavend, à peu près comme les environs de
Lima le sont entre les volcans de Quito et ceux du Pérou.

Le Demavend. — Cette montagne est très probablement le
point culminant de la chaîne qui s'élève entre la mer Caspienne et la plaine de la Perse ; elle est couverte de neige et
quelquefois elle rejette par son sommet une très grande quantité de fumée. Des deux côtés de ce volcan se développe une
zone souvent agitée par les tremblements de terre. L'extrémité
sud-est du Caucase est la partie de la grande dépression aralo-
caspienne dans laquelle le sol est le plus souvent remué par
les secousses séismiques ; les tremblements de terre se manifestent souvent autour de Tiflis et de Tébriz ; ils sont plus rares
dans la région caucasienne proprement dite, où se trouvent
quatre centres d'éruption éteints : l'Elbourz, le Karbek, l'Ara-
rat et le Savalan.

Chaîne de Thian-Chan. — Il existe, dans la chaîne de Thian-
Chan ou des Montagnes Célestes, une zone d'activité volcanique
dont la puissance se révèle par tous les modes de manifestations. (Humboldt.)

Autres centres d'ébranlement. — A la zone asiatico-méditerranéenne se rattachent deux autres centres d'ébranlement,
qui sont : 1° à l'extrémité orientale de cette zone, la contrée
qui entoure le lac Baïkal ; 2° à l'extrémité occidentale et vers
le sud, un point situé dans l'Océan Atlantique par 22° 12' de
longitude ouest et 0° 50' de latitude sud. M. Daussy a depuis
longtemps signalé ce point comme ayant été un grand nombre
de fois agité par des tremblements de terre ou par des éruptions

volcaniques. Le 20 février 1861, un tremblement de terre sous-marin y a été ressenti par le navire *La Félicie ;* il a duré une minute et a été précédé d'un bruit venant de l'ouest. Je cite en note les observations qui ont été faites, sur le point dont il s'agit, avant celle du capitaine de *La Félicie* (1). Ce point peut d'autant mieux se rattacher à la zone asiatico-méditerranéenne, qu'entre lui et les îles Canaries, se placent les îles du Cap-Vert ; celles-ci sont également de nature volcanique et renferment un volcan, celui de Fuego, qui a donné des signes d'activité en 1721. En rattachant les îles du Cap-Vert et le point dont je viens de parler à la zone asiatico-méditerranéenne, on voit celle-ci se présenter, dans sa partie occidentale, sous la forme d'une vaste courbe qui entoure l'Afrique septentrionale.

(2) Voici une énumération de faits qui ont été observés, à diverses reprises, dans cette partie de l'Océan Atlantique.

1747 ; le vaisseau *Le Prince,* allant aux Indes ; deux secousses, comme si le vaisseau eût touché sur un haut-fond. — 1754 ; le vaisseau *La Silhouette ;* secousse extraordinaire.— 1758 ; *Le Fidèle ;* secousses.— 1761 ; *Le Vaillant ;* on aperçoit une île de sable.— 1771 ; la frégate *La Pacifique ;* secousse très violente ; mer très agitée. — 1806 ; M. de Krusenstern aperçoit une colonne de fumée s'élevant, à deux reprises, à une très grande hauteur.— 1816 ; *Le Triton ;* écueil, ayant trois milles de longueur et un mille de largeur, 26 brasses d'eau, fond de sable brun.— 1851 ; *L'Aigle ;* mer calme, secousse, bruit sourd sous l'eau. — 1852 ; *La Seine ;* secousse. — 1855 ; *la Couronne ;* racle le fond avec sa quille ; on trouve ensuite 55 brasses. — 1856 ; *Le Philanthrope ;* secousses qui durent pendant trois minutes et qui sont également ressenties, à dix milles de distance, par un autre navire. — 1856 ; on présente à la société de Calcutta des cendres volcaniques recueillies sur ce point, au moment où la mer était dans une violente agitation. — 1856 ; *Regina-Cœli ;* bruit sourd semblable à celui d'un orage lointain ; puis fortes secousses, accompagnées d'un bruit assez fort semblable à celui que produisent plusieurs feuilles de métal frappées l'une contre l'autre ; la barre du gouvernail joue dans la main du timonier, sans qu'on puisse la retenir.— 1856 ; le même jour, et à la même heure, c'est-à-dire le 30 décembre, à 4 heures du matin, le navire le *Godavery* est fortement secoué à peu de distance du point où se trouvait le *Regina-Cœli.* — 1861 ; *La Félicie,*

La distance qui sépare l'Islande des îles Açores est trop grande pour qu'on puisse considérer cette île comme dépendant de la zone asiatico-méditerranéenne. L'Islande forme donc un centre d'ébranlement tout à fait isolé, placé entre le Groënland et la Scandinavie, deux contrées dont la nature n'est nullement volcanique et où l'on ne ressent presque jamais de secousse séismique. M. E. Robert a mentionné 19 des principaux tremblements de terre qui ont agité l'Islande depuis 1161 jusqu'en 1812, mais aucun d'eux ne paraît correspondre aux phénomènes du même genre qui ont eu une grande énergie soit dans le sud de l'Europe, soit en Amérique.

ZONE ASIATICO-OCÉANIENNE.

Cette zone, encore plus longue et plus riche en volcans que celle des Andes, passe à travers une série d'archipels très rapprochés les uns des autres; ces archipels forment une traînée qui accompagne l'Asie et la Nouvelle-Hollande, en laissant, entre ces continents et l'océan, une succession de mers intérieures, de golfes et de détroits. La zone asiatico-océanienne commence le long de la côte méridionale de l'Amérique russe, passe par les îles Aléoutiennes, le Kamtschatka, les îles Kouriles, le Japon, les Philippines, puis, arrivée aux îles Moluques, se bifurque. Une des deux branches va se terminer aux environs de l'île de Barren, dans le golfe de Bengale, en passant par Java et Sumatra; elle forme un crochet qui entoure l'île non volcanique de Bornéo. L'autre branche se prolonge par la Nouvelle-Guinée, la Nouvelle-Calédonie et la Nouvelle-Zélande, en contournant le continent australien.

Parmi les tremblements de terre qui ont été ressentis, dans

la zone asiatico-océanienne, pendant les xviiie et xixe siècles, je citerai celui qui, le 18 mars 1703, fit 200000 victimes à Yedo, capitale du Japon. La ville de Myaco, dans la même île, éprouva deux violents tremblements, l'un en 1729, et l'autre en 1738; le premier occasionna l'engloutissement de la ville et la mort, dit-on, de près d'un million d'habitants. Le Kamtschatka et les îles Kouriles ont été fortement agitées en 1737. Le 1er août 1783, le volcan d'Asama-Yama, dans l'île de Nifon, fit éruption à la suite d'un tremblement de terre pendant lequel plusieurs villages furent engloutis. En 1786, un tremblement de terre se fit sentir par intervalles, pendant quatre mois, à Java et se termina par une éruption volcanique. Deux îles surgirent, dans les îles Aléoutiennes, l'une en 1806, l'autre en 1814; elles existent encore. En avril 1815, une des plus terribles éruptions mentionnées dans l'histoire eut lieu dans l'île de Sumbava, à 70 lieues environ de l'extrémité orientale de l'île de Java. En 1830, dans l'île de Luçon, Manille fut renversée; on sait que l'année dernière cette ville a été détruite de fond en comble à la suite d'un tremblement de terre.

Les trois principaux volcans de l'Amérique russe sont le mont *Edgecombe*, le mont *Fair-Weather* et le mont *Elias*. — Les îles Aléoutiennes renferment plus de 34 volcans ayant donné des preuves de leur activité à des époques relativement récentes : le *Tanaga* paraît être le plus puissant de tous. Quelques-unes de ces îles renferment des sources d'eau chaude; près de l'île d'Umnack, a eu lieu, en 1796, l'apparition d'un îlot volcanique. — Le Kamtschatka est traversé dans sa longueur par deux chaînes parallèles; c'est dans la chaîne la plus orientale que se trouvent les 14 volcans qui sont maintenant en activité dans cette presqu'île; le plus élevé et le plus puissant d'entre eux est le *Kliutschewsk*. Des courants de lave, extrêmement fréquents et d'une immense étendue, se dirigent vers les glaciers qui recouvrent les flancs de la montagne ; lorsque la digue formée par ces glaciers est rompue, la lave et les débris du glacier se précipitent du sommet de la montagne avec un bruit effroyable qui peut s'entendre jusqu'à 18 lieues de distance. — Les îles Kouriles, qui rattachent le groupe volcanique du Kamtschatka à celui du Japon, renferment 10 volcans, dont la plupart sont encore actifs. — Le plus important des 8 volcans en activité dans le Japon est le *Fusi*, qui est un peu moins haut que le pic de Ténériffe, mais qui ne le cède à aucun volcan pour la majesté de son aspect. Au nord-ouest de Jedo, se trouve le volcan d'*Alamo*, dont une éruption très violente fut suivie de la destruction de 27 villages que dévorèrent des flammes s'échappant du sol entr'ouvert de toutes parts. — Plusieurs petites îles maintiennent la continuité entre les îles du Japon et les Philippines ; telles sont l'île du Soufre qui émet des vapeurs sulfureuses, et Formose, si souvent tourmentée par les tremblements de terre. — Les montagnes, qui traversent les Philippines dans toutes les directions, cachent leur sommet dans les nuages, tandis que leurs flancs sont recouverts de scories et de laves qui ont répandu partout la dévastation et la stérilité. Des sources chaudes jaillissent de toutes parts, et en beaucoup de points se trouvent des solfatares ou des masses de soufre en combustion. Les plus petites de ces îles sont les plus riches en volcans. Dans la partie méridionale de l'île Luçon, se trouvent les volcans *le Taal* et *l'Albay*. — Dans aucune région de la surface de la terre ne se manifestent des traces aussi récentes d'une communication active entre l'intérieur et l'extérieur de notre planète, que dans l'étroit espace qui s'étend entre 10° de latitude australe et 10° de latitude boréale, et entre les méridiens qui passent par l'extrémité méridionale de la presqu'île Malacca et par la partie occidentale de la Nouvelle-Guinée. Des trois grandes îles de la Sonde, Sumatra, Java et Célèbes, la première possède six ou sept volcans en activité ; Java en renferme de vingt à vingt-trois, Célèbes en contient onze ; on en compte six dans l'île moins considérable de Flores. Les volcans de Java sont remarquables par la quantité de soufre et de vapeurs sulfureuses qui s'en dégagent ; rarement ils émettent des laves ; mais des rivières de boue analogues au moya des Andes en sortent quelquefois. Les principaux volcans de ce groupe sont le *Wawani*, dans l'île d'Amboine ; le *Gunung-Api*, dans l'île de Banda, qui n'est jamais en repos, et qu'il ne faut pas confondre avec l'île volcanique du même nom ; le *Tamboro*, dans l'île de Sumbava, etc. Parmi les volcans de Java, je citerai le *Taschem*, qui renferme un lac d'acide sulfurique, l'*Ungarang*, près duquel existe la solfatare éteinte, nommée *Cuevo-Upas* ou *Vallée du poison*, le *Galung-Gung*, célèbre par l'éruption de 1822, le *Gunung-Guntur*, etc. Le *Gunung-Merapi* est le plus actif de tous les volcans de Sumatra. — Les îles qui contournent le continent australien ont donné, à l'exception de celles de la Nouvelle-Calédonie, des signes d'activité volcanique pendant le xixᵉ siècle.

Le mont *Erèbe* vers le sud et les trois volcans actuellement enflammés que l'on a signalés sur la côte occidentale de l'Amérique du nord (le mont *Saint-Helens*, au nord du Rio-Columbia, le mont *Reignier* et le mont *Baker*, sur le territoire de Washington), établissent deux liens entre la zone des Andes et la zone asiatico-océanienne. Ces deux zones réunies forment une ceinture qui entoure, d'une manière presque continue, l'Océan Pacifique. Cette ceinture renferme, d'après Humboldt, les sept huitièmes des volcans en activité à la surface du globe. Cette concentration, sur le rivage de la mer du Sud, des phénomènes volcaniques et séismiques de l'époque actuelle n'est certainement pas l'effet du hasard ; elle nous prouve que le voisinage de la mer est une circonstance, non indispensable, mais favorable à la manifestation de ces phénomènes. (Voir tome II, page 138.)

La mer, limitée par cette vaste ceinture volcanique, occupe la sixième partie de la surface du globe ; pourtant elle renferme très peu de volcans actifs. Parmi ces volcans, je citerai, dans les îles Sandwich, *le Mauna-Hualalaï* et *le Mauna-Roa*, qui, outre son cratère supérieur, porte sur son versant oriental, le bassin de Kilau-Ea, dont le grand diamètre a 5 kilomètres. Les îles Mariannes renferment trois volcans en activité ; le principal est celui de l'île de l'Assomption. Dans les îles Gallapagos, Darwin a compté plus de 2000 cratères éteints ; il en a vu deux donner des signes d'activité.

Les trois zones séismiques laissent entre elles des espaces relativement tranquilles, dans chacun desquels se montre un centre volcanique important ; ces trois centres volcaniques sont les îles Sandwich, l'île Bourbon et l'Islande. En dehors de ces trois centres éruptifs et des zones séismiques qui les entourent, existent, sur quelques points, des volcans qui sont, pour ainsi dire, sporadiques ; la communication entre la masse interne du globe et l'atmosphère, n'y est établie, en quelque sorte, que d'une manière accidentelle.

CHAPITRE IV.

PRINCIPAUX EFFETS DU MOUVEMENT SÉISMIQUE ;
MOUVEMENTS CONTEMPORAINS ; LES TREMBLEMENTS DE TERRE PENDANT
LES TEMPS GÉOLOGIQUES.

Relations entre les tremblements de terre et les phénomènes volcaniques.
— Principaux effets des tremblements de terre dans la nature. — Modifications dans le système hydrographique souterrain et superficiel.
— Fissuration du sol. — Affaissements et soulèvements du sol pendant l'époque actuelle. — Temple de Sérapis. — Exhaussement de la
côte du Chili. — Soulèvement d'Ullah-Bund. — Mouvements du sol
dans la Scandinavie, le Groënland, etc. — Causes de ces mouvements. — Les tremblements de terre pendant les temps géologiques.
— Déplacements des régions séismiques.

**Relations entre les tremblements de terre et les phénomènes volca-
niques.** — Les régions où les tremblements de terre se manifestent avec le plus de fréquence et d'énergie sont également
celles où les volcans se montrent très nombreux et très
puissants. Cette relation géographique n'est pas la seule que l'on
constate entre les éruptions volcaniques et les tremblements de
terre. Une éruption volcanique est souvent précédée ou suivie
d'une secousse séismique plus ou moins locale. En outre, ces
deux ordres de phénomènes reconnaissent une seule et même
cause initiale. Cette cause première réside dans les mouvements
faibles, mais instantanés de la pyrosphère, mouvements qui déterminent contre la paroi inférieure de la croûte du globe des
chocs qui se propagent à une distance plus ou moins grande.

En accordant aux tremblements de terre et aux éruptions

volcaniques une même cause première susceptible de modifications ultérieures, on peut se rendre compte des analogies et des différences qui existent entre ces phénomènes. Le flot de lave soulevé au dessous de l'écorce terrestre pourra se mouvoir avec rapidité ou avec lenteur. Dans le premier cas, il y aura choc contre la paroi inférieure de l'enveloppe solide du globe et production, dans cette enveloppe, d'un mouvement vibratoire; si une ouverture ou une solution de continuité existent dans l'écorce terrestre sur le point où le flot intérieur est soulevé, il y aura, en même temps, éruption volcanique; s'il y a absence d'ouverture, il se produira seulement un tremblement de terre ou, selon l'expression de L. Pilla, une *éruption volcanique avortée*. Dans le second cas, c'est-à-dire celui d'un flot lentement soulevé, il n'y aura pas nécessairement tremblement de terre, mais la lave pourra atteindre peu à peu la surface du globe, si elle trouve devant elle une issue. On voit comment les phénomènes auxquels l'agitation de la pyrosphère donnera naissance varieront suivant que l'écorce terrestre livrera un passage facile au courant de lave ascendant ou se placera sur son trajet comme un obstacle.

Ce serait donc se tromper sur la véritable nature des tremblements de terre et des éruptions volcaniques que de supposer entre ces phénomènes une indépendance complète ou une corrélation trop grande. Humboldt fait remarquer que les plus forts tremblements de terre ne se produisent pas, en général, auprès des volcans en activité, témoins ceux qui ont amené la destruction de Lisbonne, de Caracas, de Lima, de Cachemir et d'un nombre considérable de villes en Calabre, en Syrie et dans l'Asie Mineure. D'après M. Boussingault, l'oscillation du sol, due à une éruption de volcan, dans les Andes, est pour ainsi dire locale, tandis qu'un tremblement de terre, qui, en apparence du moins, n'est lié à aucune éruption volcanique, se propage à des distances incroyables ; la fréquence des mouvements, dans le sol des Andes, et le peu de coïncidence que l'on remarque entre ces mouvements et les éruptions volcaniques, doivent nécessairement faire présumer qu'ils sont, dans la plupart des cas, indépendants des volcans. Cette indépendance des tremblements de terre, relativement aux éruptions volcaniques, existe surtout pour ceux dont Humboldt a fait un groupe à part, le plus propre, dit-il, à convaincre d'une cause générale qui n'est autre que la constitution thermique de la terre.

Puisque les tremblements de terre ne sont ordinairement que des éruptions avortées, on ne doit pas s'étonner que ces phénomènes se manifestent de préférence, ni trop loin, ni trop près des volcans ; trop loin, l'action intérieure n'est pas assez énergique ; trop près, la lave trouve une issue facile à travers le volcan lui-même. Les environs de Lima sont plus fréquemment et plus violemment agités que les régions volcaniques de Quito et du Pérou. Lors du tremblement de terre de la Calabre, en 1783, rien n'accusa dans l'Etna et le Stromboli un accroissement d'activité. Dans le cas où une relation directe peut être constatée entre une éruption volcanique et un tremblement de terre, on remarque souvent que celui-ci se manifeste à une grande distance du siége de l'éruption volcanique ; il en a été ainsi, notamment, pour le tremblement de terre de Cumana et pour celui de Caracas. C'est dans cette mesure seulement qu'il est permis de dire qu'un volcan est une soupape de sûreté pour la contrée qui l'environne.

La zone asiatico-océanienne est souvent agitée par des mouvements séismiques ; mais les tremblements de terre y sont pourtant moins fréquents que dans la zone des Andes. Cette différence provient sans doute de ce que les groupes de

volcans n'y sont pas rattachés les uns aux autres par des terri-
toires où le sol émergé reçoit directement les vibrations des
masses sous-jacentes. Les îles d'où ces volcans s'élèvent forment
des archipels, et, lorsque des tremblements de terre se manifestent dans le sol sous-marin compris entre ces archipels, les
effets du mouvement séismique doivent être moins appréciables et pour ainsi dire amortis; ces effets se bornent à une agitation dans les eaux, agitation qui passe souvent inaperçue.

Effets des tremblements de terre. — Ces effets sont trop nombreux pour qu'il me soit permis de les mentionner en détail;
il me suffira d'en rappeller quelques exemples.

Les tremblements de terre ne produisent d'autre action sur
l'atmosphère que de lui communiquer un mouvement vibratoire qui nous permet de percevoir les bruits apportés par
l'onde séismique à travers l'écorce terrestre [1].

(1) Je vais ajouter quelques exemples à ceux que j'ai déjà cités pour montrer avec quelle facilité et avec quelle rapidité les solides transmettent les
sons. — Le bruit du canon peut se distinguer à une distance de plus de
40 kilomètres, quand on a soin d'appuyer son oreille par terre; la transmis-
sion se fait par les matières solides qui composent le sol. En posant un tam-
bour par terre et en plaçant de petites pierres sur sa surface, on les voit
légèrement sauter; quand il passe de la cavalerie, même à une distance assez
grande, en appuyant l'oreille sur le sol, on entend alors une espèce de roule-
ment sourd, dû aux vibrations imprimées à la terre par le pied des chevaux.
Si l'on suspend une cuiller d'argent à un fil tenu entre les dents et qu'on
vienne à frapper sur la cuiller, après s'être bouché les oreilles, on entend un
son grave, transmis jusqu'à l'organe de l'ouïe, par le fil et les parties osseuses
de la tête. Deux mineurs qui creusent des galeries opposées s'entendent mutuellement et peuvent ainsi se diriger l'un vers l'autre. Dans les mines d'étain
de Cornouaille, en Angleterre, il y a des galeries qui s'étendent sous la mer,
et l'on entend, à travers l'épaisseur des voûtes, le bruit des flots et celui que
produisent les galets, en s'entrechoquant, quand la mer est agitée. (Daguin,
Traité de physique.)

--J'ai déjà dit que les tremblements de terre sous-marins occasionnent des vagues de translation, des raz de marée et une agitation plus ou moins grande dans les flots. Je vais joindre quelques exemples à ceux que j'ai déjà donnés pour mettre en évidence cette agitation des eaux produite par le mouvement séismique. (Voir tome I, page 545, et tome II, pages 287, 319, 320.) Lors du tremblement de terre qui détruisit complétement la ville de Thèbes, le 11 août 1853, les pêcheurs virent les vagues de la mer Eubée s'élancer de bas en haut; les eaux du lac Copaïs furent projetées dans le même sens. En Algérie, pendant un tremblement de terre ressenti le 21 août 1856, l'aviso le *Tartare* éprouva une secousse telle que les hommes eurent de la peine à rester debout. Sur toute l'étendue de la côte et par un temps calme, il y eut un raz de marée très inégal dans ses effets; à Philippeville, la mer s'abaissa de 0^m,60 ; à Bone, elle monta de 1 mètre et inonda pendant douze heures une partie du champ des manœuvres; à Djidjelli, elle s'éleva de 3 mètres et reprit presque aussitôt son niveau, mais elle bouillonna presque continuellement pendant trois jours; à Bougie, elle monta à 5 mètres et retomba après cinq ou six grandes oscillations comparables au flux et au reflux.

Si, quelquefois, les tremblements de terre sont le contre-coup des phénomènes éruptifs, dans d'autres cas, ils ont, au contraire, pour conséquence de ranimer l'activité volcanique et de déterminer l'apparition des phénomènes qui accompagnent ordinairement le réveil des volcans.

Ils font naître ainsi des éruptions d'eau chaude (Catane, 1818); des émanations sulfureuses; des éjections de vapeurs aqueuses (vallée du Mississipi, près de New-Madrid, en 1812); des mofettes ou dégagements d'acide carbonique et d'hydrogène carboné, si abondants dans les Andes, où ils sont très nuisibles aux troupeaux. Quelquefois des colonnes de fumée noire, de flammes et de boue s'échappent par le sol fissuré (Messine, 1783; Cumana, 1797). Lors du tremblement de terre de Lisbonne, des flammes et de la fumée sortirent d'une crevasse qui s'était produite dans le rocher d'Alvidras et furent accompagnées de détonations; à la Nouvelle-Grenade, le 16 novembre 1827, des crevasses laissèrent se dégager de l'acide carbonique. Dans les Andes, les fissures du sol livrent passage à des courants de boue ou d'eau chargée de sable, de charbon et, quelquefois même, de carapaces d'infusoires siliceux; c'est une matière de ce genre que, dans le Pérou, les indigènes appellent *moya* et qui s'échappa du sol en grande quantité, lors du tremblement de terre de Rio-Bamba, en 1797.

Pendant un tremblement de terre, le sol éprouve ou des oscillations tantôt verticales, tantôt horizontales, ou un mouvement ondulatoire semblable à celui des flots de l'océan. Ce mouvement, qui imprime aux objets situés à la surface du globe un déplacement circulaire autour de leur base, est, par conséquent, plus sensible aux étages élevés d'une maison qu'au rez-de-chaussée. La courbure de l'onde séismique est quelquefois assez prononcée pour que, lors du tremblement de terre de la Calabre, en 1783, des arbres, soutenus par leur tronc, se soient inclinés quelquefois jusqu'au sol, qu'ils touchaient de leur cime; c'est du moins un fait que Dolomieu rapporte comme étant bien connu dans ce pays.

Les secousses séismiques, en ébranlant l'écorce terrestre et en détruisant l'équilibre des masses dont cette écorce se compose, occasionnent quelquefois l'obstruction des conduits que les eaux parcourent dans leur circulation souterraine; ailleurs, elles produisent, au contraire, de nouvelles fissures ou élargissent celles qui existent. Un tremblement de terre peut donc apporter des modifications dans l'hydrographie souterraine et, par suite, dans le régime des sources. Après une commotion séismique, certaines sources sont taries; d'autres apparaissent sur des points où il n'en jaillissait pas; quelques unes perdent ou acquièrent, d'une manière tantôt temporaire, tantôt permanente, des propriétés thermales ou minérales.

En 1855, des secousses se firent sentir, à plusieurs reprises, dans l'Asie Mineure et, notamment, à Brousse, dont les 160 mosquées finirent par être renversées. Pendant les secousses du mois de février, toutes les sources, thermales ou non thermales, tarirent et ne reparurent que six jours plus tard. Pendant celles du mois d'avril, les sources qui alimentaient la ville tarirent de nouveau, mais les sources thermales éprouvèrent, au contraire, une augmentation de volume; de nouvelles sources chaudes surgirent même à côté des anciennes et continuèrent jusqu'à la fin du mois, époque à laquelle elles disparurent. Le 12 juillet 1851, pendant un tremblement de terre qui se fit ressentir à Plombières, la source des Capucins se couvrit subitement d'une énorme quantité de bulles, tandis qu'en temps ordinaire, elle n'en dégage que très peu et d'une manière intermittente.

Lors d'un tremblement de terre qui eut lieu le 21 avril 1851, à Kirmatshi (Anatolie), une eau mêlée de sable jaillit à travers les crevasses du sol. Ce phénomène, qui rappelle les éjections de moya dans l'Amérique du sud, s'est produit sur une large échelle, lors du tremblement de terre de la Calabre, en 1783. Pendant le tremblement de terre qui bouleversa une partie de la Toscane, le 21 août 1846, on vit s'ouvrir de petites cavités, en forme d'entonnoir, qui versaient des nappes d'eau mêlée avec un sable bleuâtre; ces nappes se répandaient en forme de coulées rayonnantes. L. Pilla, en observant que ces entonnoirs n'existaient qu'au fond des vallées, reconnut en eux de petits puits artésiens produits par la fissuration du sol.

Les puits artésiens accusent également le trouble apporté dans le régime souterrain des eaux. M. Hervé Mangon ayant déterminé, presque journellement, pendant près de deux ans, la quantité de matières terreuses tenues en suspension dans l'eau du puits artésien de Passy, a constaté que les époques où la quantité de ces matières avait subi une augmentation exceptionnelle avaient correspondu à celles pour lesquelles les relevés de M. Perrey accusaient des trépidations du sol en différents pays. A la suite d'un tremblement qui s'est fait sentir, en 1863, en Algérie, des sondages ont été obstrués. MM. Degousée et Laurent rapportent qu'à Naples, lors d'une éruption du Vésuve, sans tremblement de terre apparent, des sondes ont été retenues prisonnières dans deux sondages différents. Si nous possédions des organes plus délicats ou des instruments plus parfaits, nous serions bientôt convaincus que l'écorce terrestre est une lame à l'état permanent de vibration. Des observations entreprises au Brésil, en Ethiopie et dans les Pyrénées, par M. d'Abbadie, lui ont montré qu'un niveau, posé sur le sol, accuse une fluctuation pour ainsi dire continuelle dans la position relative du centre attractif qui règle la stabilité des liquides. Ces observations lui ont permis de noter des tremblements de terre qui n'ont pas été enregistrés à cause de leur peu d'activité.

Des effets du même ordre, entraînant les mêmes conséquences, se produisent à la surface du globe après une violente manifestation du mouvement séismique, et apportent également le trouble dans le régime hydrographique superficiel. Des crevasses apparaissent tout à coup à la surface du sol, et, lorsqu'elles se montrent dans le voisinage d'un lac, déterminent son dessèchement. Des masses considérables de terrain peuvent, au contraire, en s'éboulant, barrer le passage à un cours d'eau.

Des montagnes, sans doute déjà fissurées, peuvent s'ébouler en partie; des rochers sont subitement détachés de leurs flancs et vont s'accumuler à leur pied. M. Gaudry attribue à la fréquence des tremblements de terre la présence d'un grand nombre de blocs de pierre qui se montrent, en Grèce, disséminés sur le versant des montagnes et dans les vallées. En 1783, le long de la côte du détroit de Messine, la chute d'énormes masses détachées des falaises détermina l'engloutissement de jardins et de plusieurs villas. Ces accidents démontrent que, toutes les fois que la croûte du globe vient à trembler, les diverses parties du sol et les objets situés à sa surface sont sujets à se déplacer, s'ils se trouvent dans un état d'équilibre instable. La secousse séismique n'est souvent que la cause occasionnelle des accidents qui se produisent, comme le vent qui, pendant l'automne, ne fait tomber que les feuilles déjà flétries et dont le pétiole est à demi détaché de la tige.

Les parois supérieures des cavités souterraines, lorsqu'elles offrent peu de solidité, peuvent s'affaisser et amener, à la surface du globe, l'apparition de gouffres. En 1783, il se montra, près d'Oppido, un gouffre en forme d'amphithéâtre, de 155 mètres de longueur sur 61 mètres de largeur. Enfin, des glissements de masses considérables de terrain peuvent s'opérer dans des conditions très bizarres; parfois les maisons que ces masses supportent sont à peine ébranlées, tandis que les arbres continuent de croître après l'accident. Lors du tremblement de terre de la Calabre, deux métairies, situées près de Mileto et qui occupaient une étendue de 1200 mètres de longueur sur 600 mètres de largeur, furent transportées, dans la vallée, à plus d'un kilomètre de distance ; une chaumière, des oliviers et de grands mûriers, restèrent intacts pendant ce transport ; suivant Hamilton, la surface mise en mouvement aurait été, pendant longtemps, minée par de petits ruisseaux qui se montrèrent sur le sol que les deux métairies avaient abandonné.

Un tremblement de terre est fréquemment accompagné de la formation de fissures ou de crevasses dans le sol. Quelquefois ces fissures sont parallèles les unes aux autres ; d'autres fois, elles se croisent dans tous les sens ; dans quelques cas, enfin, elles présentent une disposition semblable à celle d'un carreau de vitre cassé. Leur longueur varie de quelques mètres à une lieue et plus ; leur largeur oscille entre quelques centimètres et 10 mètres ; leur profondeur est ordinairement indéterminée. Près d'Oppido, dans la Calabre, quatre fermes, plusieurs magasins d'huile et de vastes habitations furent si complétement engouffrés dans une crevasse, qu'on ne put en apercevoir aucun vestige. Ordinairement, ces crevasses se referment subitement, en broyant et en réduisant à un faible volume les animaux et les objets qu'elles ont reçus pendant qu'elles étaient ouvertes ; dans d'autres circonstances, elles se referment lentement ; quelquefois, enfin, elles restent définitivement ouvertes.

La formation de ces crevasses s'explique en admettant qu'elles existent antérieurement à la secousse séismique qui ne fait que les rendre apparentes. Il se peut aussi qu'elles se produisent à la suite de circonstances analogues à celles que j'ai mentionnées (*antè*, page 311) comme susceptibles de déterminer la fissuration du sol. Enfin, dans un plus grand nombre de cas, l'apparition de ces crevasses est l'effet du défaut d'élasticité des masses fissurées et de la pression exercée contre ces masses par la lave ou par les fluides renfermés dans l'intérieur de l'écorce terrestre, à une faible profondeur.

Les effets que je viens de mentionner se produisent rarement, ou ne se manifestent que sur une très petite échelle, dans les contrées, telles que la France, qui se trouvent placées en dehors des zones séismiques. — Le bruit, lorsqu'il se fait entendre, ressemble à celui du canon tiré dans le lointain ou d'une charrette lourdement chargée et roulant sur le pavé à une certaine distance. — Les secousses, même celles que les récits des journaux désignent comme violentes, sont toujours très faibles relativement à celles que l'on éprouve dans les régions séismiques. Quelquefois, elles ne sont pas même ressenties par tous les habitants d'une même maison ou de maisons voisines; les personnes qui les perçoivent ne sont pas toujours d'accord sur leur nature, ni sur leur direction. — Les meubles sont parfois déplacés, rarement renversés; des craquements se font entendre dans les boiseries; quelques horloges s'arrêtent et l'heure, sur laquelle l'aiguille est fixée, aide à déterminer celle où la secousse a été ressentie. Dans certaines circonstances, les cloches, mises en branle, tintent une ou deux fois. La secousse est quelquefois assez forte pour amener la chute de cheminées; des édifices sont alors lézardés, et des maisons peu solides peuvent s'écrouler en totalité ou en partie.

Affaissements et soulèvements du sol, dans les régions volcaniques, pendant l'époque actuelle. — Sans remonter au delà des temps historiques, on trouve de nombreux exemples de mouvements du sol. Les uns sont brusques, plus ou moins locaux, non continus; ils se manifestent dans les régions fréquemment agitées par les tremblements de terre et sont en relation, par leur origine première, avec le mouvement séismique et les phénomènes volcaniques.

Ces mouvements résultent de la pression exercée par la lave contre les parties supérieures de la croûte du globe. La faible étendue des contrées soulevées et l'examen de la figure 43, page 128, dont l'échelle est la même dans le sens de la hauteur et de la longueur, ne permettent pas de s'arrêter un seul instant à la pensée que le point de départ de ces mouvements soit à une grande profondeur dans l'intérieur de l'écorce terrestre. La lave, qui exerce une pression contre la partie du sol soulevée, se trouve à l'extrémité supérieure de quelque fissure volcanique ; si elle se retire après avoir produit son effet, le sol peut revenir à son niveau primitif; si elle persiste dans la fissure qu'elle a envahie, et surtout si elle s'y solidifie, le soulèvement du sol est définitif jusqu'à ce qu'un phénomène du même ordre se renouvelle.

Les soulèvements et les affaissements du sol, dans les régions non volcaniques, ne s'effectuent pas, comme les précédents, d'une manière subite ou par saccades ; ils s'opèrent avec une lenteur telle qu'on ne peut en constater l'existence que par des observations minutieuses, faites à des époques très éloignées les unes des autres. Ils affectent de vastes contrées, et il est permis de penser que leur point de départ se trouve dans la pyrosphère elle-même. Enfin, ils sont persistants et tels, en un mot, qu'on les voit actuellement se produire en Scandinavie. (Voir *posteà*, chap. VIII.) On est enclin à voir, dans ces mouvements s'effectuant avec lenteur, le résultat d'un phénomène local et sans importance; mais, en réalité, ils constituent un exemple, et, sans doute aussi, la continuation, sur une plus petite échelle, des mouvements généraux qui ont suffi, pendant les temps géologiques, pour déterminer l'immergement

Arnal 2 July 1914

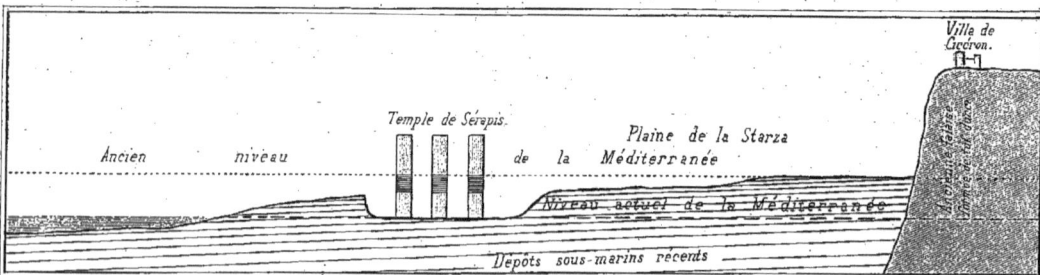

Fig. 54.— (V. page 355).—Mouvements du sol sur la côte de Pouzzole.

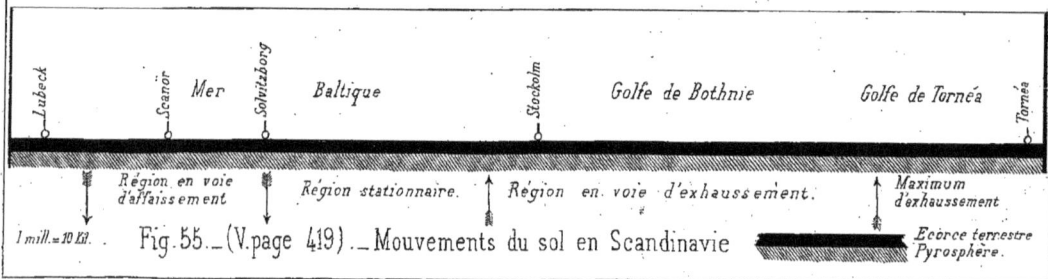

Fig. 55.—(V. page 419).—Mouvements du sol en Scandinavie

ou l'émergement de continents entiers. Aussi ces mouvements attireront-ils de nouveau notre attention lorsque nous aurons à nous occuper des révolutions du globe.

Environs de Pouzzole; temple de Sérapis. — Sur la côte de Sorrente, il existe, à une certaine profondeur sous la mer, une route avec quelques fragments de constructions romaines ; dans l'île de Capri, un des palais de Tibère, et, dans le golfe de Bayes, un temple de Neptune, sont également couverts aujourd'hui par les eaux. Les environs de Naples présentent d'autres exemples de soulèvements et d'affaissements du sol; le plus classique de tous nous est fourni par le temple de Sérapis. Si la contrée qui entoure Naples nous offre des traces de mouvements du sol datant d'une époque très récente, ce n'est pas seulement parce que les actions volcaniques s'y manifestent avec énergie. Mais le voisinage de la Méditerranée y fournit un terme de comparaison très exact dans le niveau de cette mer qui est, comme celui de l'océan, constamment le même; il rend ainsi les exhaussements et les affaissements de l'écorce terrestre faciles à observer. D'ailleurs, l'existence de monuments anciens et de leurs débris permet de retrouver la date des mouvements du sol dont la réalité a été constatée.

Les environs de Pouzzole présentent une falaise abrupte qui, sur certains points, atteint une élévation de 24 mètres. Elle est formée du même tuf volcanique dont Naples est bâtie. Elle présente à 6m,7 au dessus du niveau de la mer, une ligne où la roche a été usée par les vagues ; à la hauteur de cette ligne, elle se montre couverte de balanes et percée de trous creusés par les molluques perforants. A la base de cette falaise, s'étend une petite plaine fertile, appelée *Starza*, élevée de près de 6 mètres au dessus du niveau de la mer; les strates, dont le sol de cette plaine est composé, contiennent des débris de coquilles marines dont les espèces sont encore fort communes sur la côte ; elles renferment, en même temps, une multitude de débris d'ouvrages d'art, de tuiles, etc. C'est dans cette plaine que se trouvent les ruines et l'emplacement d'un édifice, qu'à tort ou à raison, on considère comme un temple dédié à Jupiter Sérapis : trois colonnes, formées d'un seul bloc, sont encore debout et se montrent seulement un peu inclinées vers la mer ; jusque vers le milieu du siècle dernier, ces colonnes étaient restées à moitié enfouies dans les strates dont il vient d'être question. Elles ont 13 mètres environ de haut ; leur surface est unie et n'offre aucune altération jusqu'à $3^m,6$ au dessus de leurs piédestaux ; mais, immédiatement au dessus de cette zone, on en observe une autre de $2^m,7$ environ de hauteur, où le marbre a été perforé par un mollusque marin, la *Modiola lithophaga*. (Voir fig. 54, page 344.)

Des faits qui viennent d'être énumérés et que sir Lyell a consignés dans ses *Principes de Géologie*, on peut tirer les conclusions suivantes : 1° Lorsque le temple de Sérapis fut bâti, le sol était au dessus du niveau de la mer ; 2° à une époque récente, vers la fin du quatrième siècle, un affaissement eut lieu aux environs de Pouzzole ; la mer vint alors battre la falaise dont il a été question, et des mollusques perforants établirent leur demeure contre cette falaise et autour des colonnes ; 3° à une époque ultérieure, que divers documents permettent de considérer comme ayant coïncidé avec la formation du Monte-Nuovo, en 1538, le sol s'est soulevé, une autre fois, jusqu'à son altitude actuelle. Des observations faites de 1822 à 1838 ont constaté que le sol obéissait maintenant à une impulsion contraire et qu'il s'abaissait de 7 millimètres environ par an ; les eaux de la Méditerranée commençaient à recouvrir le pavé du temple.

Delta de l'Indus; Ullah-Bund. — Le 16 juin 1819, un violent tremblement de terre agita le delta de l'Indus : la contrée du Kotch fut bouleversée et sa capitale, la ville de Bhoudj, fut détruite de fond en comble. Les secousses, qui furent ressenties jusqu'à Ahmed-Abad, située à 400 kilomètres, ne cessèrent que le 20, lorsque le Denodur, volcan placé au milieu du Kotch, fit éruption; pendant ce tremblement de terre, une étendue de 242 lieues carrées s'affaissa et fut immédiatement envahie par les eaux de la mer; le village et le fort de Sindrée disparurent sous les eaux, à l'exception d'une des quatre tours du fort. En même temps et parallèlement à la dépression qui venait de se produire, surgit une protubérance que les habitants appelèrent *Ullah-Bund* (monticule de Dieu); cette protubérance, qui existe encore, a 16 lieues de longueur, près de 6 lieues de largeur et 3 mètres de hauteur.

Soulèvement des côtes du Chili. — Les côtes du Chili présentent de nombreux exemples de soulèvements assez importants, qui datent des temps historiques. Aux environs de Lima, des amas considérables de coquilles identiques à celles du rivage se voient sur une grande étendue. A une faible hauteur, les coquilles sont intactes, mais, sur une terrasse de 28 mètres environ, elles sont en partie décomposées; et, à une élévation double, un banc mince de calcaire pulvérulent, sans trace de débris organiques, se remarque immédiatement sous la terre végétale. Des objets de l'industrie humaine, trouvés dans la couche coquillière, à 28 mètres au dessus de la mer, prouvent assez que ce soulèvement est postérieur à l'établissement de l'homme dans cette partie du Pérou. (D'Archiac.)

Ce qui s'est passé, pendant les tremblements de terre de 1822 et de 1835, conduit à reconnaître que le soulèvement de la côte du Chili s'est effectué par saccades qui ont coïncidé avec de violentes commotions du sol. Lors du tremblement de terre de 1822, la côte fut soulevée d'un mètre environ autour de Valparaiso. Un vieux débris de vaisseau échoué, dont on ne pouvait approcher, devint accessible de la côte ; une partie de la mer resta à sec pendant les hautes eaux, de sorte qu'on apercevait des bancs d'huîtres et divers coquillages adhérant aux rochers sur lesquels ils avaient vécu. Pendant le tremblement de terre de 1835, l'île de Santa-Maria, située à 9 lieues sud-ouest de La Conception, s'exhaussa de 2ᵐ,4 vers le sud et de 3ᵐ,4 vers le nord. Sur la côte du continent, aux environs de La Conception, le sol fut soulevé de 1ᵐ,5, mais revint peu à peu à son niveau primitif, qu'il atteignit deux mois après.

Les tremblements de terre pendant les temps géologiques. — Les diverses causes que nous avons énumérées comme intervenant dans la production du mouvement séismique, n'ont pas beaucoup varié, pendant les temps géologiques, soit dans leur nature, soit dans leur intensité. Par conséquent, il en a été de même pour les effets se plaçant sous leur dépendance, c'est-à-dire pour les tremblements de terre ; selon nous, les secousses séismiques n'ont pas eu jadis plus d'énergie que de nos jours. On objectera sans doute à notre manière de voir que la croûte du globe, ayant offert, pendant les temps anciens, une épaisseur moindre que lors de l'époque actuelle, devait être, pour ainsi dire, plus *impressionnable*, sous l'influence des actions dynamiques qui se sont toujours exercées sur elle. Mais il ne faut pas perdre de vue que les phénomènes séismiques ne consistent pas essentiellement en des dislocations imprimées à la croûte du globe ; ce sont, avant tout, des mouvements vibratoires qui se propagent à travers l'écorce terrestre. Or les corps solides transmettent ces mouvements avec une grande facilité, et nous ne pensons pas que l'accroissement d'épaisseur de l'écorce terrestre ait pu modifier beaucoup l'intensité des secousses séismiques, quelle que soit la profondeur du point où elles prennent naissance.

J'ai dit que le mouvement séismique n'exerçait qu'une influence très minime sur la constitution topographique du globe. Il serait puéril, en effet, d'admettre par exemple que de petits soulèvements, semblables à ceux qui se produisent quelquefois sur les côtes du Chili après les tremblements de terre, aient pu à la longue déterminer la formation des chaînes de montagnes. Supposer que le mouvement séismique a possédé, à certaines époques, assez d'énergie, soit pour soulever des masses aussi puissantes que les Andes et les porter à leur altitude actuelle, soit pour déterminer ces bouleversements dont les strates du massif alpin nous présentent des exemples sur une si large échelle, c'est invoquer une cause qui n'offre aucune analogie, sous le rapport de son intensité comme de son mode de manifestation, avec le mouvement séismique tel qu'il nous est donné de l'observer; c'est se mettre dans l'obligation de donner à ce mouvement, ainsi transformé, une tout autre désignation. Nous allons étudier le mouvement orogénique, indiquer ses caractères et démontrer son existence; nous verrons que l'intervention de ce mouvement suffit pour expliquer tous les accidents stratigraphiques et topographiques de la croûte du globe; il est donc inutile de recourir aux petites causes quand on peut invoquer les grandes.

« On a essayé, dit M. Elie de Beaumont, d'expliquer par la répétition prolongée des effets lents et continus que nous voyons se produire sur la surface du globe, l'ensemble des phénomènes qui s'observent dans les pays de montagnes; mais on n'est parvenu de cette manière à aucun résultat complètement satisfaisant. Tout annonce, en effet, que le redressement des couches d'une chaîne de montagnes est un événement d'un ordre différent de ceux dont nous sommes journellement les témoins. Chaque chaînon de montagnes présente générale-ment dans sa structure individuelle un caractère d'unité qui dénote l'action d'une cause unique et instantanée. »

Ce qui a changé dans les phénomènes séismiques, ce sont les contrées où ils se manifestent de préférence. Sans doute, les régions qu'ils agitent ont possédé jadis une tranquillité aussi complète que celle qui règne actuellement dans toute la partie septentrionale de l'Europe. D'autres pays, aujourd'hui tran-quilles, ont pu jadis être fréquemment ébranlés par les trem-blements de terre. Les relations, qui existent entre les phéno-mènes volcaniques et les phénomènes séismiques, nous auto-risent même à penser que ces régions, aujourd'hui en repos et jadis plus ou moins agitées, ne sont autres que celles où existent des volcans éteints; lorsque des éruptions volcaniques avaient lieu en Auvergne, tout le plateau central était souvent ébranlé. En donnant plus de portée à ces déductions, on est conduit à penser que les tremblements de terre, à chaque époque, ont, pour ainsi dire, élu domicile dans les contrées qui étaient alors le siége de phénomènes éruptifs; leurs centres de manifestation se sont successivement déplacés en même temps que les contrées où ces phénomènes éruptifs se produisaient. (Voir tome II, page 168). Chaque pas que nous faisons dans l'étude des actions qui ont leur siége dans l'intérieur du globe nous fournit un nouvel exemple des relations qui existent entre elles, aux points de vue chronologique et géographique.

CHAPITRE V.

MOUVEMENT OROGÉNIQUE; FORMATION DES CHAÎNES DE MONTAGNES.

Considérations historiques; écrivains de l'antiquité; Sténon, Lazzaro Moro, Leibnitz, Buffon, Saussure, Deluc, Hutton. — Hypothèse de Boucheporn; théorie de M. Elie de Beaumont; opinion adoptée dans cet ouvrage. — L'apparition d'une chaîne de montagnes est-elle la conséquence d'un affaissement ou d'un soulèvement? — Cette apparition constitue-t-elle un événement brusque et violent? et peut-elle occasionner un cataclysme? — Comment détermine-t-on l'âge d'une chaîne de montagnes? — Un massif montagneux est ordinairement la conséquence de plusieurs impulsions successives.

Considérations historiques. — Le *dérangement des strates* destinées à perdre tôt ou tard leur horizontalité primitive, *l'émersion des continents* et la *formation des montagnes*, sont trois phénomènes distincts par leur nature. Ils sont distincts, puisque les montagnes se montrent non seulement à la surface des continents, mais aussi sur le sol sous-marin; en outre, l'existence des continents n'est pas nécessairement liée à celle des montagnes, car on peut se représenter des masses continentales sous forme de vastes plaines; on conçoit enfin que le dérangement des strates puisse s'observer sous les eaux et dans les plaines, aussi bien que sur le sol émergé ou dans les massifs montagneux. Pourtant ces trois phénomènes reconnaissent la même cause: la pression exercée par la masse pyrosphérique contre l'enveloppe solide du globe; leur étude offre donc de nombreux points de contact. On n'a

24

pas toujours eu des notions exactes sur la cause de chacun d'eux, encore moins sur leur communauté d'origine. Ce n'est que depuis près d'un demi-siècle que ces notions existent; indiquons, d'une manière sommaire, comment elles ont été lentement acquises à la science.

On connaît ce passage d'un des psaumes de David, où l'on nous montre les montagnes bondissant comme des béliers et les collines comme des agneaux. Les ouvrages d'Ovide, de Strabon, etc. indiquent que les anciens se faisaient une idée assez exacte de la formation des montagnes par soulèvement. Les écrivains de l'antiquité habitaient un pays où l'écorce terrestre est sans cesse agitée par les tremblements de terre et les phénomènes volcaniques; ils avaient dû être témoins de soulèvements ou d'affaissements du sol. Nous pouvons nous expliquer de la même manière les idées très justes que Sténon s'était formées, non seulement sur la stratification que les anciens ne connaissaient pas, mais aussi sur le soulèvement des strates et sur la cause de ce soulèvement; Sténon était danois, mais avait passé une partie de son existence en Italie. « Les couches, disait-il, sont perpendiculaires ou inclinées à l'horizon, mais lui ont été parallèles à une autre époque. Les couches terrestres ont pu changer de position suivant deux modes différents. Le premier mode est une violente secousse imprimée aux couches de bas en haut et provenant de la combustion subite de vapeurs souterraines ou d'un très fort dégagement d'air; cette secousse est accompagnée quelquefois d'une projection de cendres, de rochers, de soufre et de bitume; (évidemment Sténon faisait ici allusion au mode de formation des montagnes volcaniques). Le second mode résulte de l'action violente des eaux à l'intérieur ou à l'extérieur des couches terrestres : à l'extérieur, les pluies et les torrents entraînent les couches déjà fendues par les alternatives de la chaleur et du froid ; à l'intérieur, il se produit des cavernes et des conduits souterrains, de sorte que les couches supérieures s'affaissent, lorsque la base qui les soutenait disparaît. Ce qui prouve que le changement de position des couches a été la principale origine des montagnes, c'est que, dans n'importe quel groupe de montagnes, on remarque : 1° de grandes surfaces planes à la cime de quelques unes d'entre elles ; 2° beaucoup de couches parallèles à l'horizon ; 3° sur leurs flancs, beaucoup de couches diversement inclinées ; 4° sur les flancs opposés des collines, des couches rompues présentant une conformité complète de matière et de figure ; 5° des tranches de couches à découvert ; aux pieds de ce même groupe, des fragments de couches rompues, en partie entassées en collines et en partie dispersées sur la surface du sol adjacent. »

Pour L. de Vinci, qui vivait près de deux siècles avant Sténon, « les ruisseaux prennent chaque jour un accroissement successif de largeur et de profondeur ; ils deviennent des torrents, des ravins ; ils se réunissent en rivières, et, en rongeant toujours leurs rives, ils transforment les entre-deux en montagnes.

Leibnitz n'avait pas, sur le mode de formation des montagnes, des idées bien arrêtées. « Il est croyable, dit-il dans sa *Protogœa*, que la consolidation de la croûte du globe par refroidissement a laissé, comme cela arrive pour les métaux et autres corps qui deviennent plus poreux par la fusion, des bulles énormes en rapport avec la grandeur de l'objet, c'est-à-dire qu'il s'est formé sous ces voûtes immenses des cavités renfermant de l'air ou de l'eau, et que, par la diversité de la matière et la distribution de la chaleur, les masses se sont inégalement raffermies et ont éclaté, çà et là, de sorte que

certaines portions en s'affaissant ont formé le creux des
vallons, tandis que d'autres, plus solides, sont restées debout,
comme des colonnes, et ont par cela même constitué des
montagnes. » Mais l'auteur de *Protogæa* se contredit plus
loin et, « quoique ne niant pas qu'après la consolidation du
globe, il ne se soit formé quelques monticules, soit par l'effet
d'un tremblement de terre, soit par un regorgement de la matière ignée, » il fait observer « que les montagnes offrent des
traces du séjour de la mer à leur surface et qu'il est plus naturel
d'admettre que les eaux par leur propre force se sont creusé
un lit, qu'il ne le serait de supposer que, par une incroyable
violence, une si énorme masse de terre s'est élevée si haut. »

Dans son ouvrage publié en 1740 et relatif à l'*Origine des
corps marins que l'on trouve sur les montagnes*, Lazzaro Moro
avance que les montagnes ont été soulevées par l'action des
feux souterrains; il distingue deux époques de conflagrations :
la première est celle du soulèvement des montagnes primitives, formées au sein des eaux avant l'origine des êtres organisés; la seconde est celle des montagnes secondaires, formées
également sous les eaux, mais après l'origine des êtres organisés, et qui, pour cette raison, en renferment beaucoup de
débris.

Dans sa *Théorie de la Terre*, Buffon pose en principe les
trois faits suivants : 1° on trouve des coquilles marines sur les
monts les plus élevés; 2° les matières qui composent la terre
sont toujours disposées par couches horizontales et parallèles;
3° les montagnes ont partout les angles correspondants. De ces
trois faits, dont il s'exagérait considérablement la généralité,
Buffon concluait que les montagnes ont été formées dans la
mer et par les courants marins. Mais, dans les *Epoques de la
Nature*, il modifie sa manière de voir, et, mettant à profit « les

observations par lesquelles on avait reconnu que les sommets
des plus hautes montagnes sont composés de granite et de rocs
vitrescibles, et qu'on ne trouve point de coquilles sur plusieurs de ces sommets, il reconnaît que ces montagnes n'ont
pas été composées par les eaux, mais produites par le feu primitif, et qu'elles sont aussi anciennes que le temps de la consolidation du globe ; il les compare aux aspérités qui se forment
à la surface du verre ou du métal fondus lorsqu'ils se refroi-
dissent. Toutes les montagnes, dit-il, et toutes les collines ont
eu deux causes primitives. Le feu a produit les plus hautes,
qui tiennent par leur base à la roche intérieure du globe ;
ensuite, lorsque les eaux ont couvert toute la surface de la
terre, leurs mouvements ont creusé des sillons dans les nouvelles couches qui se sont déposées au pied des montagnes
primitives. » Après avoir résumé les idées de Buffon sur l'origine des montagnes, nous ferons remarquer, avec M. Flourens,
que la notion du soulèvement du sol lui a complétement fait
défaut.

Saussure, Deluc, Hutton. — La notion du soulèvement des strates, si féconde en conséquences pour la géologie, était tombée
dans l'oubli depuis Sténon et Lazzaro Moro ; la gloire de l'avoir
retrouvée revient toute entière à Saussure, qui la vulgarisa par
ses belles observations sur le poudingue de Valorsine. Pour
expliquer le redressement des strates, Saussure avait eu d'abord
recours à l'hypothèse « du feu ou d'autres fluides élastiques qui,
enfermés dans l'intérieur du globe, avaient soulevé et rompu
son écorce, et fait sortir ainsi la partie intérieure ou primitive
de cette même écorce, tandis que ses parties extérieures ou
secondaires demeuraient appuyées contre les couches intérieures. » Plus tard, il abandonnait l'hypothèse des feux sou-

terrains : le désordre que l'on observe dans la structure des montagnes lui paraissait bien rappeler naturellement à l'esprit l'idée des feux souterrains ; mais, disait-il, « comment des feux capables de soulever et de bouleverser des masses aussi énormes n'auraient-ils pas laissé, ni sur ces mêmes masses, ni dans tous ces lieux, aucun vestige de leur action ? Le redressement des couches est dû à une révolution de notre globe qui a déterminé leur refoulement. » Quelle idée Saussure se faisait-il de cette action qu'il désignait sous le nom de *refoulement* ? M. Elie de Beaumont pense qu'il existe beaucoup de rapports entre les résultats nécessaires de ce qu'il a lui-même appelé *écrasement transversal* et les phénomènes que Saussure entendait désigner par le mot *refoulement,* dont il s'est servi dans les derniers aperçus théoriques consignés dans ses *Voyages ;* il fait observer que quelques-uns des passages où ces aperçus se trouvent consignés ont été imprimés trois ans seulement avant la mort de Saussure, qui conservait sans doute le projet de les développer ultérieurement ; dans l'état provisoire où l'immortel observateur nous les a laissés, ces passages lui paraissent moins clairs que l'article qu'il a consacré aux poudingues de Valorsine.

Deluc, un des plus célèbres géologues qui vivaient à l'époque de Saussure, avait recours à des hypothèses qui aujourd'hui paraîtraient fort singulières. Il supposait d'abord que, lorsque l'univers sortit des mains du créateur, le soleil n'était pas lumineux et que la terre était congelée. L'astre du jour devenu lumineux échauffa et dégela la terre. Les eaux, produites par la fonte des glaces, pénétrèrent dans l'intérieur de notre globe et parvinrent à dissoudre les terres et autres substances congelées. Il dut se faire des vides sous la croûte extérieure du globe ; après un certain temps, celle-ci se trouva suspendue au dessus de cavités immenses ; plus tard, les piliers naturels qui soutenaient cette croûte se sont brisés, la surface de notre globe s'est affaissée, et cet effet s'est produit à différentes périodes sur tous les points de l'enveloppe terrestre. Dans ces affaissements, des portions considérables de terrain ont éprouvé un mouvement de bascule qui, en précipitant dans des gouffres profonds une des branches de la bascule, a soulevé l'autre branche à de grandes hauteurs. (Huot, *Cours de Géologie.*)

Hutton, également contemporain de Saussure, admettait, comme lui, le redressement des strates primitivement horizontales, mais il possédait sur l'auteur des *Voyages dans les Alpes* un immense avantage. Saussure professait les idées de Werner sur le mode de formation des terrains ; le granite, la protogyne et toutes les roches cristallines du massif alpin étaient pour lui, comme pour l'illustre minéralogiste saxon, le résultat du premier dépôt effectué au fond de la mer ; et, lorsqu'il déclarait que les Alpes, qu'il avait parcourues dans tous les sens pendant vingt-cinq ans, n'offraient aucun vestige de roches ayant subi l'action des feux souterrains, il ne se doutait pas que la protogyne et le granite en tenaient la place et avaient joué, comme puissances de soulèvement, le même rôle que le basalte dans d'autres contrées.

Hutton avait deviné la véritable nature du granite et constaté sa fluidité primitive ; il avait reconnu aussi qu'il se rattachait, par une série non interrompue de roches diverses, au basalte le plus homogène. Puis, « en examinant les indices de désordre et de mouvement parmi les strates, il avait observé que, malgré la fracture et la dislocation dont il y a tant d'exemples, il se trouve entre elles peu d'espaces vides. Les fentes, les séparations sont nombreuses et distinctes, mais elles sont presque toujours remplies de minéraux, d'une espèce différente de celle de la roche qui se trouve sur les deux côtés,

Ces minéraux (Hutton entendait parler des roches éruptives) sont immédiatement liés au bouleversement des strates, et, dans beaucoup d'occasions, ont servi d'instrument à leur élévation. »

J'ai eu pour but, dans l'historique qui précède, de montrer comment on était arrivé à la notion du soulèvement des montagnes par les masses éruptives provenant de la pyrosphère. Examinons maintenant les hypothèses qui, postérieurement à Hutton, ont été émises pour expliquer le déplacement de ces masses éruptives. Quant à Hutton lui-même, il se bornait, après avoir rattaché le soulèvement des strates à une impulsion de bas en haut opérée par les masses éruptives, à considérer cette impulsion comme un des effets de la puissance expansive de la chaleur. Nous n'avons, disait-il, d'autre alternative que d'adopter cette opinion, ou d'attribuer les faits en question à quelque *cause secrète et inconnue*. La géologie, malgré ses progrès, n'est pas encore arrivée à la découverte de cette cause, vainement cherchée par Hutton et par les deux savants dont je vais résumer les idées.

Formation des montagnes; hypothèse de Boucheporn. — Dans ses *Etudes sur l'histoire de la terre*, Boucheporn distingue d'abord, à la surface du globe, plusieurs systèmes de montagnes, et il forme chacun de ces systèmes en réunissant les chaînes qui ont la même direction; il essaie ensuite de démontrer comment l'apparition de chacun d'eux est la conséquence du choc d'une comète. Si, dit-il, on suppose une rencontre entre une comète et la terre, cette rencontre amènera un changement dans l'axe de rotation de notre planète. Les molécules fluides de la masse interne céderont à la nouvelle force centrifuge et au principe d'égalité de pression : les parties polaires afflueront, en vertu de leur excès de pesanteur, vers le centre et sur les parties devenues équatoriales ; la masse interne se déprimera donc aux deux extrémités du nouvel axe, mais se renflera sous la nouvelle zone équatoriale. Dans toute l'étendue de cette zone, l'écorce terrestre, trop rigide pour se modeler exactement sur elle, se rompra sous l'impulsion de forces d'expansion destinées à transmettre, perpendiculairement à l'axe de rotation, la poussée imprimée par l'excès de pesanteur dans la direction même de cet axe. Le principal caractère de ces forces est de s'exercer uniquement dans des plans parallèles à l'équateur, car toute réaction tendant à faire effort en dehors de ces plans est dominée et détruite par les pressions générales dans le sens de l'axe. Ces forces devront d'abord diviser l'écorce du globe en zones pour ainsi dire annulaires par des ruptures planes, perpendiculaires à l'axe de rotation, et qui traceront ainsi sur la surface de la sphère des portions de lignes circulaires parallèles.

Pendant que les molécules fluides de la masse interne se déplaceront dans une direction parallèle au nouvel équateur, l'écorce terrestre, en vertu de la pesanteur, obéira à une force centripète. Boucheporn fait voir comment cette force centripète se décomposera en deux autres, l'une dirigée normalement au nouvel axe et qui sera détruite par la force d'expansion dont il vient d'être parlé, l'autre offrant ces deux caractères, d'être universellement tangente aux nouveaux méridiens et dirigée de toutes parts vers le cercle équatorial. Chacun des méridiens se trouvera donc soumis à une double série de forces antagonistes, qui exerceront l'une contre l'autre, des deux côtés de l'équateur, leurs efforts opposés. L'écorce terrestre, saisie par cette double pression, subira donc, par un refoulement universel, une série d'ondulations et de ploiements. Ces ondulations, qui seront l'origine de montagnes, croîtront en intensité des pôles à l'équateur, et détermineront à l'équateur les chaînes les plus considérables; elles seront linéaires, parallèles entre elles et à l'équateur; elles représenteront par leur direction la direction même du nouveau mouvement de la terre.

Dans l'hypothèse de Boucheporn, la formation d'une chaîne de montagnes est le résultat d'un soulèvement par suite de l'expansion équatoriale, mais aussi et surtout d'un refoulement produit par des pressions latérales. Les nouveaux méridiens étant des grands cercles qui jadis ne passaient pas par les pôles, subiront un raccourcissement, et ce raccourcissement s'effectuera, non par un effondrement aux pôles, mais par une série de plissements sous la zone équatoriale. Le lecteur remarquera l'analogie du phénomène décrit par Boucheporn avec celui auquel Saussure faisait allusion en employant le mot de refoulement.

J'ai rappelé les idées de Boucheporn dans un intérêt purement historique et par égard pour un esprit aussi distingué que l'était l'auteur des *Études sur l'histoire de la terre*. Je ne rechercherai pas si, au point de vue où il se plaçait, tout se passerait ainsi qu'il l'indiquait; (1) il me suffira de rappeler que ses idées ne sauraient prendre cours dans la science, puisque l'hypothèse qui leur sert de point de départ, un changement d'axe de rotation à la suite d'un choc de comète, est complétement inadmissible. (Voir tome I, pages 59 et 124.)

(1) Dans sa *Thèse de mécanique*, soutenue en 1855, M. H. Résal, ingénieur des mines, a cherché, en s'appuyant sur la théorie mathématique de l'élasticité, à se rendre compte des effets qui se seraient produits sur l'écorce terrestre, à la suite d'un changement de pôles dû au choc d'un corps céleste. — Il a supposé que l'écorce terrestre était, avant le changement des pôles, une couche sphérique homogène, d'une épaisseur très petite par rapport au rayon moyen de la terre, ainsi qu'on l'admet généralement. En se plaçant à ce point de vue, il a reconnu qu'après le changement de pôles : 1° La croûte du globe aurait pris la forme d'un ellipsoïde de révolution aplati; 2° l'aplatissement serait égal aux $\frac{8}{4}$ du gonflement de l'équateur; 5° les parallèles, pour lesquels le

Hypothèse de M. Elie de Beaumont. — M. Elie de Beaumont fait dériver le soulèvement des montagnes d'une diminution lente et progressive du volume de la terre. « Le phénomène lent et continu du refroidissement de la terre occasionne, dit-il, une diminution progressive dans la longueur de son rayon moyen, et cette diminution détermine dans les différents points de sa surface un mouvement centripète qui, en rapprochant chacun d'eux du centre, l'abaisse par degrés insensibles au dessous de sa position centrale. Ce mouvement centripète est, à la vérité, contrarié partiellement et temporairement, pour certaines parties de la surface, par les bossellements lents occasionnés par l'ampleur surabondante de l'écorce; mais, à la longue, il doit finir par prévaloir universellement. Le peu d'épaisseur de la croûte du globe, la faiblesse de sa courbure et le nombre indéfini de ses fissures s'opposent à ce qu'on admette que cette croûte puisse se maintenir sans appuis; son poids l'a donc tenue constamment appliquée sur le liquide intérieur. Ce liquide intérieur n'étant plus assez volumineux pour pouvoir la remplir et pour la soutenir partout, si elle avait conservé sa figure sphéroïdale régulière qui correspond à un maximum de capacité, elle s'est écartée par degrés de cette figure en se bosselant légèrement. Mais un pareil bossellement ne pouvait avoir lieu sans que certaines parties de l'enveloppe éprouvassent une compression, d'autres une extension; sans que les diverses

rayon terrestre n'aurait éprouvé aucune altération, correspondraient à une latitude nord et sud, de 48° 11′ 25″; 4° l'épaisseur serait restée constante aux pôles, mais aurait subi une diminution croissante vers l'équateur et proportionnelle au carré du sinus de la latitude; 5° l'écorce terrestre aurait une élasticité suffisante pour avoir cédé, sans se rompre, à la distension nécessitée par le gonflement équatorial; tout au plus, pourrait-on admettre, sous l'équateur, une rupture par voie d'arrachement ou d'étirement. Il ne s'y formerait donc pas de bourrelet montagneux, ainsi que le prétendait Bouchepørn.

colonnes de la masse liquide intérieure changeassent respectivement de longueur; et sans que les forces immenses qui
tendent à rendre la planète sphéroïdale fussent écartées de l'état
d'équilibre. Tant que la déformation a été excessivement
petite, la résistance de l'écorce solide a pu contre-balancer
toutes ces causes de rupture ou d'écrasement. Mais comme ces
causes sont devenues nécessairement de plus en plus intenses
à mesure que la déformation est devenue de plus en plus
grande par le progrès du refroidissement, une *débâcle* a fini
par devenir inévitable. La tendance de la masse entière à revenir à une figure à peu près sphéroïdale a fait naître un système
de forces graduellement croissantes, qui ont fini par réduire
l'écorce de la planète à diminuer son ampleur incommode par
la formation subite d'une sorte de *rempli*. Un pareil rempli ne
peut avoir une forme plus simple, plus en harmonie avec la
figure sphéroïdale et avec le principe de la moindre action ou
de la moindre consommation de force vive, que celle d'un
fuseau comprimé latéralement. La formation de chacun des
systèmes de montagnes me paraît en effet pouvoir s'expliquer par la compression latérale subite d'un fuseau de l'écorce
terrestre. Les matières que la compression transversale a
forcées à chercher une issue au dehors ont passé à travers
la surface auparavant unie du terrain (comme le doigt à
travers une boutonnière), mais en crevant de bas en haut
les assises superficielles, pour former des intumescences
allongées. C'est là, si je ne me trompe, le sens dans lequel on
emploie habituellement le mot *soulèvement*. Dans ce phénomène, il faut distinguer le soulèvement *relatif* rapporté au
niveau de la mer et le soulèvement *absolu* rapporté au centre
de la terre. Lorsque les montagnes ont pris leur relief au
dessus de la surface générale du globe, leurs cimes se sont

écartées du centre de la terre, parce que le mouvement de propulsion vers l'extérieur qui les a mises en saillie a surpassé le mouvement général de rétrocession de l'ensemble de la surface vers le centre, d'où il suit que le mot de soulèvement, appliqué à leur mode de formation, est vrai dans un sens absolu aussi bien que relatif. L'importance relative des deux mouvements opposés, l'un centrifuge et l'autre centripète, peut être rendue sensible par une comparaison très simple, empruntée à l'artillerie; la différence entre ces deux mouvements est comparable à la différence qui existe entre le mouvement absolu du boulet, rapporté à un point fixe du terrain et son mouvement relatif, rapporté à l'âme de la pièce qui recule par l'effet de l'explosion. »

La comparaison de M. Elie de Beaumont, entre le soulèvement d'une montagne et la projection du boulet, a pour but de dépeindre ce qui, selon lui, se passe dans la formation d'une chaîne de montagnes. Pour que cette comparaison devint rigoureusement exacte, il faudrait que le recul de la pièce fût la cause de la projection du boulet. Ajoutons que, dans la pensée de M. Elie de Beaumont, l'étendue de la surface affaissée compense sans doute la faible quantité dont elle s'affaisse; la matière pyrosphérique, en s'échappant par les fissures du sol, possède une force de projection d'autant plus grande que la quantité de cette matière qui tend, dans le même moment, à s'échapper par la même issue, est plus considérable. L'effet produit dans cette circonstance est comparable à ce qui se passerait dans une vessie pleine d'eau sur laquelle on exercerait une pression après y avoir pratiqué une ouverture; le jet qui s'échapperait atteindrait à une distance d'autant plus éloignée que l'étendue de la surface pressée serait plus grande.

L'hypothèse de M. Elie de Beaumont me paraît donner lieu à l'objection suivante. On se rend compte difficilement de la manière dont une cause lente, insensible, sans cesse agissante, comme l'est le refroidissement du globe, peut déterminer un phénomène brusque, violent, soumis à des périodes de repos, comme l'est la formation d'une chaîne de montagnes. Pour qu'une relation pût exister entre le refroidissement du globe et la formation d'une chaîne de montagnes, il faudrait, ce que M. Elie de Beaumont n'admet pas avec juste raison, que ce dernier phénomène se développât avec lenteur et d'une manière continue. D'ailleurs, le mode dont l'écorce terrestre s'accroît de haut en bas ne me semble pas en harmonie avec l'hypothèse des débâcles adoptée par M. Elie de Beaumont. L'écorce terrestre ne peut s'affaisser sur elle-même d'une quantité considérable, soit lentement, soit d'une manière brusque, parce qu'elle trouve toujours un point d'appui dans la pyrosphère; celle-ci exerce contre la paroi inférieure de la croûte du globe une pression qu'elle reçoit elle-même du liquide élastique dont se compose le nucléus. (Voir *posteà*, chap. VIII.)

Résumé sur le mode de formation des chaînes de montagnes; opinion adoptée dans cet ouvrage. — Certaines montagnes se sont formées par voie d'érosion, mais ce procédé ne peut produire que des saillies de terrain d'une faible altitude telles que la butte Montmartre. (Voir tome I, page 322).

La véritable cause qui préside à la formation des chaînes de montagnes a son siége au dessous de la croûte du globe et, peut-être même, à une grande profondeur dans l'intérieur de notre planète. Elle se dérobe à nos investigations, et, dans l'état actuel de nos connaissances, il est impossible de s'en faire une idée quelconque. Elle se manifeste par la projection de la matière pyrosphérique, le seul agent qui puisse, en quelque sorte, être pris sur le fait dans la formation des chaînons et des massifs montagneux. Le mouvement orogénique (ορος, montagne, γενω, j'engendre) a pour caractères essentiels : 1° de se manifester d'une manière relativement brusque (voir *posteà*, page 377); 2° d'affecter des lignes et non des surfaces; 3° de se diriger de bas en haut; 4° d'être sujet à des alternatives de repos et d'activité. A ces caractères, qui sont ceux que présente le mouvement orogénique lorsqu'on le considère sur le point isolé où il détermine le soulèvement d'une chaîne de montagnes, s'en ajoutent d'autres que l'étude du mode de groupement des chaînons va nous faire connaître.

M. Elie de Beaumont, en formulant, pour la première fois, sa théorie des systèmes de soulèvement, a démontré que toutes les chaînes de montagnes ne datent pas de la même époque; en même temps, il a indiqué la méthode qui conduit à la détermination de l'âge d'une chaîne de montagnes; c'est cette méthode que je vais exposer dans le paragraphe suivant.

Détermination de l'âge d'une chaîne de montagnes. — Le voyageur, qui s'éloigne d'une plaine pour pénétrer dans une chaîne de montagnes, voit ordinairement l'aspect des terrains changer brusquement. Les formations qu'il a observées dans les régions qu'il vient de parcourir se sont montrées à lui avec une stratification horizontale ou peu inclinée; elles disparaissent tout à coup et sont remplacées par d'autres formations qui diffèrent, non seulement par leur stratification plus tourmentée, mais aussi par leur nature. Celles-ci font seules partie de la région montagneuse. Dans la plaine, elles existent également,

mais elles y sont complétement recouvertes par les formations
plus récentes.

La figure 56 représente la situation relative des formations

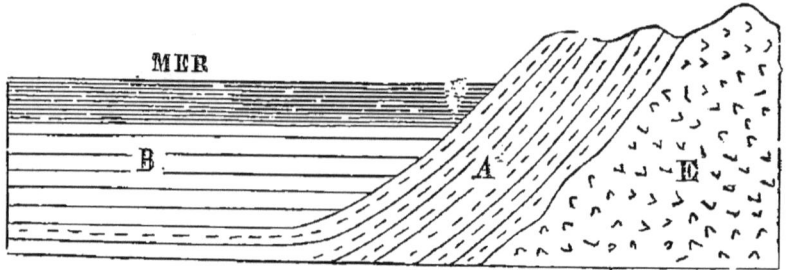

FIG. 56.

que nous venons de comparer. Le terrain B est celui qui se
montre dans la plaine ; le terrain A, d'abord dérobé à l'observation par le terrain B, se relève au pied de la chaîne de montagnes et vient s'appuyer contre la masse éruptive E qui l'a
soulevé. Si l'on recherche quelles sont les événements qui ont
déterminé les oppositions que l'on constate dans deux régions
voisines, il devient évident que le terrain A s'était déposé avant
le terrain B au dessous duquel on le voit plonger à leur point
de contact. S'il entre seul dans la composition de la chaîne de
montagnes, c'est parce que seul il existait lorsque cette chaîne
a surgi. Le soulèvement de la région montagneuse s'est donc
opéré entre le dépôt du terrain A et le dépôt du terrain B ; or,
il est possible de constater l'âge des terrains A et B ; on pourra
donc aussi assigner une date au soulèvement de la chaîne de
montagnes. En même temps, on pourra fixer l'âge de la roche
éruptive dont l'apparition a eu pour conséquence le soulèvement des strates appartenant au terrain A.

Je viens d'exposer la méthode à suivre pour déterminer

l'âge relatif d'une chaîne de montagnes. Son application présente dans la pratique plusieurs difficultés ; la ligne de démarcation entre les terrains qui font partie de cette chaîne et ceux qui se sont déposés à sa base, n'est pas toujours très nette ; d'un autre côté, une chaîne de montagnes se décompose en chaînons qui n'ont pas tous la même direction et le même âge ; enfin, chacun de ces chaînons peut être lui-même le résultat de soulèvements successifs.

L'apparition d'une chaîne de montagnes peut-elle occasionner un cataclysme ? — M. Elie de Beaumont pense que la formation d'une chaîne de montagnes, ou plutôt d'un chaînon, a été de sa nature un phénomène de très courte durée. A l'appui de sa manière de voir, qui ne peut selon nous être l'objet d'aucune contestation, M. Elie de Beaumont indique le mode même dont les montagnes se forment à la suite d'un subit affaissement transversal ou d'une *débâcle;* mais il fait, en même temps, valoir une autre considération qui, pour nous, a plus de poids. « Il résulte, dit-il, de la distinction toujours tranchée et sans intermédiaire entre les couches redressées et les couches horizontales, (voyez la figure 56), que le phénomène du redressement s'est opéré dans un espace de temps compris entre les périodes de dépôt des deux formations superposées, et que lui-même n'a vu se déposer, dans le lieu de l'observation, aucune série régulière de couches. Si on n'observait les dernières couches redressées et les premières couches horizontales que dans les points où leur stratification est discordante, on pourrait croire qu'il s'est écoulé un laps de temps quelconque entre le dépôt des unes et des autres. Mais il arrive, au contraire, très souvent qu'en suivant les unes et les autres jusqu'à des distances plus ou moins considérables des lieux où la discordance de stratification se manifeste, on trouve les secondes posées sur les premières en stratification parfaitement concordante, et même liées à elles par un passage plus ou moins graduel, qui prouve que le changement survenu dans la nature du dépôt s'est opéré sans que le phénomène de la sédimentation ait été suspendu. L'intervalle, pendant lequel la discordance de stratification a été produite , a donc été extrêmement court. » On a vu que la rapidité avec laquelle le mouvement orogénique se manifeste est précisément un des caractères qui le distinguent (tome I, page 239); en mentionnant ce caractère, j'ai fait observer que l'apparition d'une chaîne de montagnes ne pouvait déterminer un cataclysme, ni amener de déluge en projetant sur les continents la masse des eaux océaniennes subitement chassées de leur domaine. Pour voir dans le soulèvement d'une chaîne de montagnes un phénomène instantané, il n'est pas nécessaire d'admettre qu'il se soit produit dans l'intervalle d'un jour; eût-il nécessité plusieurs mois ou plusieurs années, il n'en devrait pas moins être considéré, si l'on a égard à la longueur des temps géologiques, comme s'étant manifesté dans un temps très court; et néanmoins cette durée de plusieurs mois ou de plusieurs années eût été suffisante pour que le déplacement des eaux s'opérât d'une manière tranquille. — Remarquons, d'ailleurs, qu'une chaîne de montagnes est toujours formée de chaînons d'âge différent et résulte par conséquent de plusieurs impulsions successives ; remarquons enfin que le mouvement orogénique ne s'est manifesté, dans le même moment, que sur une partie restreinte de la surface du globe.

CHAPITRE VI.

SYSTÈMES DE MONTAGNES.

Historique. — Considérations générales sur la théorie des systèmes de soulèvement. — Structure d'un massif montagneux ; comment il se décompose en chaînons différents par leur âge et par leur orientation. — Systèmes de montagnes. — Directions épigéniques et directions d'emprunt. — Relations d'âge entre les systèmes de soulèvement. — Relations de direction ; systèmes récurrents ; systèmes perpendiculaires. — Relations simultanées d'âge et de direction. — Systèmes perpendiculaires et contemporains. — Distribution chronologique et géographique des systèmes de montagnes. — Actions, autres que le soulèvement des chaînes de montagnes, qui se placent sous la dépendance du mouvement orogénique.

Considérations historiques. — J'ai rappelé comment, les mouvements du sol une fois admis, on a pu s'expliquer aisément pourquoi les strates sédimentaires, au lieu de conserver indéfiniment leur horizontalité et leur parallélisme primitifs, tôt ou tard se redressent, prennent une inclinaison plus ou moins forte et s'infléchissent de toutes les manières.

En même temps que la notion du redressement des couches par soulèvement pénétrait dans la science, l'idée de la constance dans leur direction recevait son application dans l'industrie. Déjà, en 1717, la pensée que les couches houillères de Belgique devaient se prolonger au dessous des plaines de la Flandre française avait donné lieu à des recherches d'où était résultée l'ouverture des mines de Valenciennes. (Elie de Beaumont.)

Werner professait, à l'école de Freyberg, le parallélisme

des filons formés à la même époque et la divergence des filons
de date différente.

Pour compléter l'énumération des faits qui ont servi de pré-
lude à la théorie des systèmes de soulèvement, je rappellerai,
ainsi que M. Elie de Beaumont a soin de le faire lui-même, que
Humboldt, dès 1792, signalait des concordances et des oppositions remarquables entre les directions des chaînes éloignées
ou voisines. Peu après, L. de Buch montrait qu'en Allemagne
les chaînes de montagnes se divisent au moins en quatre systèmes, nettement distincts les uns des autres par les directions
qui y dominent.

C'est en 1829 que M. Elie de Beaumont a présenté à l'Académie des sciences un mémoire qui a été le point de départ de
toutes ses recherches, et où se trouve le germe de cette partie
de la science que l'on peut désigner sous le nom de *Stratigraphie systématique*. Dans ce mémoire, après avoir adopté l'idée
de Cuvier sur les révolutions subites et violentes de la surface
du globe, il déclarait que chacune de ces révolutions a coïncidé
avec l'apparition d'un ensemble de chaînes de montagnes
offrant toutes la même direction et formant un seul et même
système. Il constatait l'existence de quatre systèmes de soulèvement et, par conséquent, d'autant de révolutions géologiques : ces systèmes étaient ceux de la « Côte-d'Or » , des
« Pyrénées » , des « Alpes Occidentales » et des « Alpes Principales. » Pendant que son mémoire s'imprimait dans les *Annales
des Sciences naturelles* (années 1829 et 1830), M. Elie de
Beaumont y joignait des notes où se trouvaient sommairement
signalés cinq autres systèmes : ceux des « Pays-Bas » , du
« Rhin » , du « Thuringerwald » , de la « Corse » , et celui du
« Hundsrück » dont l'idée première appartenait à M. Sedgwick.

En 1833, M. Elie de Beaumont écrivait pour le *Traité de*

Géognosie de Daubuisson et pour la traduction française du *Manuel géologique* de La Bèche, un mémoire où ses idées sur les systèmes de montagnes étaient développées; en même temps, le nombre de ces systèmes y était porté à 12 par l'adjonction des systèmes du « Nord de l'Angleterre », des « Ballons » et du « Mont Viso ».

En 1848, M. Elie de Beaumont insérait, dans le *Dictionnaire d'Histoire naturelle* dirigé par M. Ch. d'Orbigny, un long article où se trouve l'indication de vingt trois systèmes; cet article est précédé de considérations générales, dont je crois devoir reproduire quelques passages qui résument, en termes éloquents, toute la portée de la théorie des systèmes de soulèvement : « Les montagnes qui accidentent et diversifient la surface du globe n'y sont pas répandues au hasard comme les étoiles dans le ciel. Elles forment des groupes ou systèmes dans chacun desquels une analyse rigoureuse fait distinguer les éléments d'une ordonnance générale, dont les constellations célestes ne présentent aucune trace..... Les systèmes de montagnes sont à la fois les traits les plus délicats et les plus généraux du relief de la surface du globe. Ils sont à la fois la quintescence de la topographie et les traces les plus caractéristiques des bouleversements que la surface du globe a éprouvés. Ils sont le lien mutuel entre le jeu quotidien des éléments déterminé par le relief actuel du sol et les événements passés qui ont façonné ce relief. En recherchant à coordonner les éléments du vaste ensemble de caractères par lesquels la main du temps a gravé l'histoire du globe sur sa surface, on a trouvé que les montagnes sont les majuscules de cet immense manuscrit, et que chaque *système de montagnes* en renferme un chapitre. »

L'article préparé par M. Elie de Beaumont pour le *Diction-*

naire d'Histoire naturelle, n'ayant pu y trouver place en entier, fut reproduit et complété dans un tirage à part. Ce tirage à part, considérablement augmenté pendant l'impression, est devenu tout un ouvrage, qui a été publié en 1852, sous le titre de *Notice sur les systèmes de montagnes*, et dont le format atteste, comme l'auteur le fait remarquer, l'origine en grande partie imprévue. L'existence probable de quelques autres systèmes s'y trouve indiquée. La théorie des systèmes de montagnes, ébauchée dans les publications antérieures, s'y présente avec ces larges proportions qui en font une des plus belles conceptions de la science moderne. Pendant que son auteur donnait à ses idées un développement de plus en plus grand, d'autres géologues le suivaient dans la voie qu'il avait ouverte ; je n'ai pas besoin de citer leurs noms, le lecteur les trouvera dans les pages qui suivent.

Considérations générales sur la théorie des systèmes de soulèvement. — L'étude des systèmes de soulèvement, dans l'état actuel de la science, offre deux parties distinctes : l'une, toute pratique, renfermant des faits réels, incontestables, qui datent des premiers travaux de M. Elie de Beaumont ; l'autre, entièrement spéculative, également due presque en totalité à son initiative, et dont le résultat le plus remarquable a été l'établissement du réseau pentagonal.

La géologie toute entière et chacune des théories dont elle se compose présentent deux points de vue : l'un, entièrement scientifique, d'où l'œil ne saisit que des objets réels ; l'autre, hypothétique, d'où notre intelligence, essayant de soulever le voile placé devant elle, veut se rendre compte des rapports cachés qui relient toutes les lois de la nature.

La science, étudiée sous chacune de ces faces, est également féconde en résultats. Si, dans un cas, l'observateur marche sur un terrain solide, où toute découverte est incontestable et définitivement acquise, dans l'autre il explore des contrées incultes, vagues, immenses, que l'avenir rendra plus familières à l'homme. Les progrès de la science amèneront, en ce qui concerne l'étude du mouvement orogénique, le rapprochement de ces deux points de vue, et, s'il est possible un jour de les confondre en un seul, la stratigraphie systématique constituera une des plus belles synthèses de la géologie.

Il est bon que les deux méthodes stratigraphiques soient également employées. M. Elie de Beaumont s'est servi avec succès de l'une et de l'autre. La *Notice sur les systèmes de montagnes* peut se partager en deux parties : dans la première, l'auteur a eu surtout recours aux moyens directs d'investigation dans lesquels on procède du petit au grand, du particulier au général. Le géologue qui s'inspire de cette méthode, dont les rapports avec la géologie pratique sont plus intimes, est en contact journalier avec la nature, et ses conclusions se trouvent empreintes d'un cachet de certitude, sans lequel la stratigraphie systématique ne pourrait prendre droit de cité dans l'ensemble des connaissances géologiques.

Dans la seconde partie de son travail, M. Elie de Beaumont a demandé à la seconde méthode de fort heureuses inspirations; il a ouvert une mine dont l'importance sera de mieux en mieux appréciée. C'est cette seconde méthode, qui procède du grand au petit, du fait général au fait particulier, qu'ont employée d'autres géologues, parmi lesquels je citerai MM. de Boucheporn, Frapolli, Pissis, Hauslab, etc.

L'importante théorie, à laquelle le nom de M. Elie de Beaumont se trouve rattaché, est contestée par quelques géologues. Là où les uns reconnaissent un ordre précis, une harmonie réelle, d'autres ne voient que des effets locaux se groupant au hasard. Il me semble que le problème qui s'agite à propos de la théorie des systèmes de soulèvement est une question de fait. Il n'y a qu'à étudier attentivement la surface du globe, et, s'il est possible de démontrer dans les lignes qui dessinent son relief un arrangement basé sur une loi quelconque, la théorie des systèmes de soulèvement sera, dans sa partie essentielle, mise hors de contestation. Du reste, si cette théorie rencontre encore des adversaires, on ne doit pas s'en étonner, lorsqu'on se rappelle combien de temps il a fallu pour que des notions justes sur la nature des fossiles fussent généralement répandues; on ne doit pas s'en plaindre, car toute discussion, dans le domaine de la science, est toujours utile.

Quelques géologues pensent que, si la théorie des systèmes de soulèvement était fondée, la surface du globe présenterait une régularité semblable à celle d'un damier ou d'un jardin planté à la française. A ces géologues nous répondrons que la stratigraphie systématique a sans doute, comme la cristallographie, à côté de lois générales, des lois de deuxième ordre, telles que l'hémiédrie et le dimorphisme; peut-être aussi est-elle susceptible de présenter, comme l'anatomie, des cas tératologiques. A ces géologues, je répondrai encore, avec l'auteur de la *Notice sur les systèmes de montagnes :* « La combinaison des éléments stratigraphiques a été susceptible d'une très grande variété due à leur discontinuité, à l'inégalité de leur saillie, à leurs enchevêtrements et aux raccordements opérés entre eux par diverses causes accessoires. Il faut faire aussi la part du désordre occasionné par le croisement des accidents stratigraphiques appartenant à des systèmes différents et de la confusion qui paraît régner dans les cartes géographiques et géologiques; mais il ne faut qu'un peu de dextérité pour découvrir l'ordre caché dans ce pêle-mêle qui semble d'abord si désordonné. Il en a fallu beaucoup plus pour faire sortir la cristallographie de l'irrégularité apparente de la plupart des cristaux, souvent incomplets, usés, maclés, etc., dont nos collections minéralogiques sont composées. »

Systèmes de montagnes — Un massif montagneux présente toujours une structure assez compliquée. Il se montre formé de chaînons rectilignes qui offrent des directions différentes et se croisent dans divers sens ; les points d'entrecroisement de ces chaînons marquent ordinairement les arêtes culminantes du massif auxquels ils appartiennent.

Dans un même massif montagneux, on constate que tous *les chaînons de même direction se sont formés en même temps et que les chaînons différents par leur direction diffèrent également par leur âge. Réciproquement, les chaînons qui ont le même âge ont la même direction et les chaînons différents par leur âge diffèrent aussi par leur direction.*

Ce que l'on constate dans un même massif montagneux est également vrai pour toute la surface du globe. On appelle Système de montagnes *un ensemble de chaînes et de chaînons ayant tous la même direction et formés dans le même moment.* (Voir tome I, page 240.)

Directions d'emprunt ; directions épigéniques. — A un même système peuvent se rattacher par leur âge des lignes qui n'en ont pas la direction, et des lignes qui appartiennent à un système par leur direction peuvent en différer par leur âge. — Malgré les difficultés qui se présentent dans la détermination de l'âge relatif d'un système de montagnes, il y a toujours possibilité de résoudre le problème, lorsqu'on observe la trace de ce système sur une grande étendue. Mais, s'il est presque toujours facile d'arriver à la solution du problème auquel je viens de faire allusion, lorsqu'il s'agit d'un système tout entier, il n'est pas toujours aisé de rattacher à un système reconnu les accidents qui se placent sous sa dépendance. Cela se présente toutes les fois que l'observateur rencontre des directions d'emprunt ou des directions épigéniques.

Lorsqu'un système de soulèvement s'est produit, il a dû, en trouvant sur son passage des lignes de fracture préexistantes, agir sur elles de manière à les rendre plus nettement accentuées ; de là, des *directions d'emprunt*, des lignes appartenant à un système par leur âge et à un autre système par leur orientation. « La direction de chacune des rides partielles d'un système de montagnes est parallèle à un grand cercle médian du fuseau : mais elles peuvent dévier quelquefois de cette direction et prendre celles de rides préexistantes. » (Elie de Beaumont, *Notice.*)

Maintenant, pour s'expliquer ce qu'il faut entendre par *direction épigénique*, supposons que le fond d'un bassin géogénique, déjà sillonné de lignes de fracture, se couvre de couches horizontales ; lorsque le dépôt de celles-ci se sera effectué, si toute la contrée, sous l'influence des mouvements auxquels l'écorce terrestre est soumise, obéit à une impulsion de bas en haut, cette impulsion sera plus sensible le long des lignes préexistantes, et le modelé primitif du sol réagira sur les strates nouvellement formées : il s'y reflètera pour ainsi dire. Il se produira un certain nombre de directions épigéniques qui pourront induire en erreur le géologue peu attentif chargé d'explorer une région d'une faible étendue. Le Jura présente de nombreux exemples de directions épigéniques produites dans les circonstances qui viennent d'être indiquées,

On peut encore considérer comme des cas de directions épigéniques ceux où les matières éruptives se sont fait jour à travers des lignes de fracture préexistantes. C'est ainsi que les roches volcaniques ont surgi, en même temps, sur le plateau central de la France par trois fractures principales orientées dans le sens des systèmes du «Nord de l'Angleterre», du «Forez» et du «Thuringerwald.» La première n'est autre que la chaîne des Puys qui se développe à l'ouest de Clermont. La seconde va du Mont-Saint-Loup, près d'Agde, au sommet du Cantal, et rattache les uns aux autres presque tous les volcans et les masses volcaniques qui existent dans les départements de l'Hérault, de l'Aveyron et du Cantal. La troisième part des environs de Montélimart et passe à travers les massifs volcaniques du Vivarais, du Mézenc, du Velay et du Mont-Dore. Chacune de ces trois fractures peut être suivie jusqu'à une grande distance des points où nous venons de les indiquer. Les failles, le long desquelles sont échelonnés les volcans en activité, ne datent pas toutes de l'époque actuelle et dépendent, par leur âge ou leur direction, de systèmes différents; elle nous fournissent, par conséquent, d'autres exemples de directions épigéniques.

Dans la pratique, il n'est pas toujours possible et il importe peu de distinguer les directions épigéniques des directions d'emprunt. En théorie, elles diffèrent essentiellement. Il y a entre elles la différence qui existe entre les mouvements dont elles procèdent; or ces mouvements sont, dans le cas des directions d'emprunt, le mouvement orogénique lui-même; et, dans le cas des directions épigéniques, les mouvements oscillatoire, ondulatoire et d'intumescence, ou bien encore les impulsions qui se placent sous la dépendance des phénomènes volcaniques. Les directions épigéniques et d'emprunt ont l'in-

convénient d'infirmer en apparence le principe qui sert de
point de départ à la théorie des systèmes de soulèvement; mais
elles rachètent cet inconvénient par un avantage réel. Grâce
à elles, chaque système, une fois produit, exerce même son
influence sur la stratigraphie des couches déposées après son
apparition. En recherchant les traces des directions épigéniques et des directions d'emprunt d'une contrée, on parvient à
se faire une idée de sa stratigraphie à diverses époques et de
sa stratigraphie à une certaine profondeur du sol. On retrouve
ainsi, quoique très effacée, l'empreinte des systèmes qui ont
jadis joué dans cette contrée un rôle important.

Rapports de direction. — Dans l'étude des rapports angulaires
qui lient les systèmes entre eux, on ne peut s'attendre à des
résultats définitifs, puisque la liste complète des systèmes qui
sillonnent le sphéroïde terrestre n'est pas encore dressée. C'est
sous le bénéfice de cette remarque que je vais entrer dans les
considérations qui suivent. Je dois encore faire observer que,
dans l'étude de ces rapports de direction, il faut comparer les
grands cercles médians et non les lignes qui leur sont parallèles, car, par exemple, la perpendicularité de deux systèmes
n'est rigoureusement vraie que dans la contrée où leurs deux
cercles médians s'entrecroisent. Ces grands cercles pourront
être perpendiculaires sans que les petits cercles qui représentent
les lignes stratigraphiques parallèles à chacun d'eux, le soient,
et réciproquement.

Les rapports de direction entre les systèmes sont très remarquables et ont depuis longtemps attiré l'attention de M. Élie
de Beaumont. Certains systèmes sont perpendiculaires entre
eux, et ce rapport de direction semble entraîner une autre relation d'âge dont je parlerai tout-à-l'heure. Il est des systèmes

qui partagent en deux parties égales l'angle formé par deux autres systèmes : c'est ainsi que le système du « Longmynd » se place à égale distance de ceux de la « Vendée » et du « Finistère » auxquels il est postérieur. D'un autre côté, il existe des systèmes presque parallèles, et M. Elie de Beaumont fait remarquer que ceux-ci se suivent dans le même ordre en formant une série directe ou inverse. C'est ce phénomène qu'il a désigné sous le nom de *récurrence périodique des directions*.

Les directions *récurrentes* ne doivent pas être confondues avec les directions épigéniques ou d'emprunt. L'expression direction récurrente ne doit s'appliquer qu'à un système tout entier, venant reproduire, sur toute une zone de la sphère, un système qui s'y trouve déjà. C'est, sur un point restreint et en apparence seulement, la même chose qu'une direction d'emprunt ; en thèse générale, c'est toute autre chose.

Il faut également établir une distinction entre les systèmes récurrents et les directions essentiellement récurrentes. Deux systèmes sont parallèles entre eux, comme les méridiens sous l'équateur, lorsqu'on les observe à 90° de distance de leur point de rencontre : c'est ainsi que les systèmes du « Thuringerwald » et des « Pyrénées », dont les orientations sont très différentes en Europe, deviennent presque semblables lorsqu'ils atteignent les rivages américains. (Elie de Beaumont, *Notice*.)

Rapports d'âge. — Les rapports d'âge sont de deux sortes, suivant que l'on recherche l'ordre de succession des divers systèmes ou leur contemporanéité plus ou moins probable.

Leur ordre de succession a été trop bien établi par M. Elie de Beaumont pour que j'insiste à ce sujet.

Quant au synchronisme de deux ou plusieurs systèmes, je le crois possible et même probable, quoique jusqu'à présent

M. Elie de Beaumont n'en cite d'autre exemple que le système
volcanique tri-rectangulaire, formé par la réunion des systèmes
des « Alpes Principales », du « Ténare » et de l'axe volcanique
méditerranéen. Problablement, les divers systèmes ainsi rattachés les uns aux autres offrent en même temps des rapports
de direction constants et très simples dont l'examen va un
instant attirer mon attention.

Rapports simultanés d'âge et de direction. — Parmi ces rapports
simultanés, le plus remarquable est la perpendicularité : « Il
est dans la nature des choses, » dit M. Elie de Beaumont, « que
la direction d'un système de montagnes soit perpendiculaire à
celle de l'un des systèmes qui l'ont précédé. Depuis longtemps
déjà, MM. Rivière et Leblanc ont signalé ces incidences à peu
près perpendiculaires de plusieurs de nos systèmes européens,
et ils ont même pensé que cette relation était propre aux systèmes
immédiatement consécutifs. » D'après ces lignes, écrites vers
le commencement de sa *Notice*, M. Elie de Beaumont semblait
ne pas se ranger sans réserve à l'opinion de MM. Rivière et
Leblanc, et plus tard, lorsqu'il était conduit à signaler l'existence du système volcanique tri-rectangulaire, il devait en
même temps être amené à croire que la perpendicularité
est le propre des systèmes contemporains, plutôt que celui
des systèmes immédiatement successifs. Pourtant, sa *Notice* ne
renferme aucun passage indiquant qu'il ait adopté cette manière de voir; je ne puis donc me prévaloir de son autorité en
admettant le synchronisme des systèmes perpendiculaires.

Il est un principe que je suis porté *à priori* à considérer
comme vrai; c'est celui-ci. Dès qu'un système de soulèvement
s'est produit à la surface du globe, celui qui se manifeste
après lui vient se placer perpendiculairement au premier de

manière à former avec lui un système binaire; puis paraît un troisième système se plaçant perpendiculairement aux deux premiers de manière à former avec eux un système ternaire ou tri-rectangulaire. Le seul doute est de savoir si l'apparition de chacun de ces trois systèmes est séparée de l'apparition du système suivant par toute une époque géologique, ou si le temps qui sépare leur apparition a été très court et même nul.

Quelle raison avons-nous de croire qu'il en soit ainsi? A cette question je répondrai qu'on est porté à considérer les forces naturelles comme étant soumises à certaines lois en vertu desquelles leurs effets affectent une disposition géométrique. Le mouvement orogénique doit successivement porter son action sur les points de la surface du globe les plus éloignés de ceux où son influence s'était d'abord exercée. Ces points constituent en quelque sorte un lieu géométrique, qui est précisément le grand cercle perpendiculaire à celui qui a été dessiné le premier. Un raisonnement semblable nous conduit à supposer la perpendicularité du troisième système par rapport aux deux autres.

Cette conception théorique de systèmes perpendiculaires trois à trois et liés par des relations d'âge telles qu'ils sont consécutifs ou, ce qui me paraît plus admissible, contemporains, me semble recevoir l'appui non seulement du système volcanique tri-rectangulaire, mais aussi des systèmes que j'ai eu l'occasion de signaler et dont je parlerai dans le livre suivant.

Ces systèmes perpendiculaires ne sont pas le résultat d'une confusion avec les lignes transversales qui accompagnent toujours une ligne principale, mais qui ne se prolongent qu'à une faible distance. « Dans un mémoire sur l'origine des filons, M. le professeur Hopkins a montré, par une démonstration ingénieuse, qu'un léger bombement du sol peut faire naître simultanément ou presque simultanément deux séries de failles orientées suivant des lignes perpendiculaires entre elles ; la même relation s'observe entre la direction de la crête d'une chaîne de montagnes et celle des déchirures de ses flancs. » (Elie de Beaumont, *Notice*). Ici la perpendicularité entraîne entre les deux ordres de lignes stratigraphiques leur synchronisme incontestable. Mais ce n'est pas évidemment cette perpendicularité toute accidentelle et peu importante que j'ai en vue en essayant de faire prévaloir le principe que je viens d'énoncer.

J'ai déjà rappelé que deux systèmes sont parallèles à 90 degrés de leur point de rencontre. Si, à cette même distance, un troisième système est perpendiculaire à l'un d'eux, il le sera également à l'autre : ici le principe que je viens de rappeler se trouve en défaut, car la perpendicularité ne pourra évidemment entraîner le synchronisme que pour l'un des systèmes seulement. Mais c'est là une supposition qui ne se réalise jamais : le point de rencontre de deux systèmes perpendiculaires ne se fait pas au hasard ; en d'autres termes, un grand cercle médian ne peut être rencontré par un autre en un point quelconque de son trajet.

Distribution géographique et chronologique des systèmes de montagnes. — Tous les systèmes de montagnes ne se montrent pas indifféremment distribués à la surface du globe. Même lorsque l'on considère une contrée d'une faible étendue, la France, par exemple, on voit les lignes stratigraphiques appartenant à un même système se grouper sur certains points et en déserter d'autres. Un système de montagnes n'embrasse qu'une zone d'une largeur très limitée. Lorsqu'il apparaît, la majeure partie de la surface de la terre se trouve à l'abri de son influence. Tous les systèmes ne peuvent donc être représentés dans chaque région, et, comme l'écorce terrestre se montre partout fracturée et recouverte de montagnes, il faut en conclure que l'action orogénique s'est successivement déplacée à la surface du globe.

Evidemment, un système de montagnes n'a pu laisser son empreinte que sur les terrains et, par suite, dans les contrées qui existaient lors de son apparition. Les systèmes anté-siluriens, par exemple, n'ont pu imprimer leur trace sur les régions dont le sol, exclusivement crétacé ou tertiaire comme dans les environs de Paris, n'était pas encore formé lorsque ces systèmes se sont établis. C'est pour cela que l'on constate une certaine relation entre les systèmes et les centres de soulèvement, de sorte que les lignes stratigraphiques et les chaînes de montagnes les premières en date se trouvent groupées dans les centres de soulèvement les plus anciens.

Pourtant, si les contrées de formation récente ne sauraient nous montrer l'empreinte des anciens systèmes de montagnes, il semble naturel de penser que les anciens centres de soulèvement pourraient porter la trace des systèmes récents, et que le système des « Pyrénées », par exemple, pourrait avoir exercé une influence dans la constitution topographique du massif breton. Mais les anciens centres de soulèvement ne présentent que dans des cas exceptionnels des lignes stratigraphiques dépendant de systèmes relativement modernes, et l'on peut dire, d'une manière générale, que les contrées qui ont été les premières formées offrent l'empreinte presque exclusive des systèmes de montagnes les plus anciens.

A l'appui des remarques qui précèdent, je citerai les faits suivants : 1° Les quatre systèmes de soulèvement les plus anciens, c'est-à-dire ceux de la « Vendée », du «Finistère », du « Longmynd » et du « Morbihan », ont été observés pour la première fois dans le massif breton, un des plus anciens centres de soulèvement de l'Europe; c'est là qu'ils ont laissé leur empreinte la plus nette, et c'est là que se trouvent, à l'exception du Longmynd, les pays dont ils portent le nom. 2° Les systèmes du « Hundsrück », de la « Margeride », des « Ballons », des « Vosges », du « Forez », du « Nord de l'Angleterre », des « Pays-Bas » et du « Rhin », viennent ensuite par ordre d'ancienneté; tout en ne délaissant pas complétement le massif breton, ils semblent avoir choisi pour se manifester, en France et dans les régions voisines, deux contrées qui, par l'âge des terrains dont elles se composent, viennent après le massif breton; ce sont le massif ardenno-vosgien et la partie orientale du plateau central. 3° Si on divise l'Europe en deux zones à peu près égales, partagées par une ligne marquant la séparation entre les versants océanien et méditerranéen, on voit que c'est dans la partie méridionale que se trouve presque exclusivement la trace des systèmes plus récents que ceux que je viens de nommer; parmi eux, je citerai ceux des « Pyrénées », de la « Corse », des « Alpes Occidentales », des « Alpes Maritimes », des « Alpes Principales », et du « Ténare ». Le système de la « Côte-d'Or », intermédiaire par son âge, l'est aussi, en quelque sorte, par sa situation géographique, puisque les lignes stratigraphiques qui lui appartiennent se placent de préférence entre les deux zones dont je viens de parler.

Lorsque, sur un tableau résumant la classification des terrains, on inscrit tous les systèmes de montagnes actuellement connus, en les mettant à la place indiquée par leur âge, (et par conséquent entre les étages qu'ils séparent), on peut se convaincre *de visu* que les systèmes de montagnes offrent, au point de vue chronologique, un mode de distribution irrégulier. Très nombreux pendant les périodes paléozoïque et tertiaire, c'est-à-dire vers le commencement et la fin de l'échelle géologique, ils ne se montrent qu'à de longs intervalles pendant les périodes jurassique et crétacée.

Un système de soulèvement semble faire exception à cette loi de localisation : c'est celui du « Nord de l'Angleterre », qui est orienté en France dans le sens du méridien et dont la trace s'y montre partout ; mais cette exception est plus apparente que réelle, en ce sens que ce système méridien ne doit sans doute son ubiquité qu'à la particularité d'être le résultat de deux ou plusieurs systèmes de même direction, mais d'âge différent.

— **Actions, autres que le soulèvement des chaînes de montagnes, qui se placent sous la dépendance du mouvement orogénique.** — Les chaînes de montagnes constituent les principaux accidents topographiques qui se montrent à la surface du globe, mais ne sont pas les seuls ; en disant *système de montagnes*, on prend donc la partie pour le tout. (Voir tome I, page 239.) En outre, le mouvement orogénique, ou, d'une manière plus générale, les forces qui agissent contre l'écorce terrestre suivant des directions linéaires, ont pour conséquence, non seulement l'apparition des systèmes de montagnes, mais encore les dislocations des strates ; elles exercent ainsi une influence prédominante sur la stratification, et l'expression système de montagnes, déjà synonyme des mots *systèmes de direction, de fracture, de dislocations, de soulèvement,* l'est aussi de l'expression *système stratigraphique.* (Voir tome I, page 240.)

Des trois phénomènes que j'ai signalés, au début du chapitre précédent, comme rattachés entre eux par d'étroites relations d'origine, il en est un qui résulte du mouvement d'intumescence : c'est l'émersion des continents ; les deux

autres se placent sous la dépendance du mouvement orogénique. Pourtant, ce serait une erreur de croire que, dans une
chaîne de montagnes, ou même dans un chaînon, les strates
ont toujours la même direction que la chaîne dont elles
font partie. Il en a été ainsi lorsque, sur le point où s'est
formé un chaînon montagneux, les strates n'avaient pas encore été dérangées de leur horizontalité primitive ; leur direction devenait alors celle de la force qui les soulevait, et,
en s'appuyant de part et d'autre contre les masses éruptives,
causes de ce soulèvement, elles prenaient une disposition semblable à celle d'un toit à pente régulière de deux côtés. Mais,
dans la plupart des cas, les strates situées sur le point où sur-
gissait un chaînon montagneux, avaient déjà subi des dislocations antérieures ; leur orientation pouvait être modifiée par
l'apparition de ce chaînon, mais n'était jamais amenée à coïncider avec la sienne.

Toutes les lignes stratigraphiques reconnaissent une seule et
même origine ; elles sont liées par d'intimes rapports, mais
ces rapports, quoique généraux et constants, se montrent
plutôt dans les causes que dans les effets. C'est pour cela que la
direction des strates dont une chaîne se compose peut être différente de celle de la chaîne elle même et différente aussi de
celle du noyau granitique formant l'axe de cette chaîne.

Pendant une exploration géologique de la province de Barcelone, j'ai eu recours, pour arriver à la connaissance des principaux systèmes de soulèvement de cette contrée, à deux méthodes distinctes. J'ai recueilli, au moyen de la boussole, un
grand nombre d'observations relatives à l'orientation des
couches et je les ai ensuite réunies sur une rose de directions ;
les orientations des systèmes dont ce pays porte l'empreinte
devaient, en s'accumulant sur certains points, trahir leur

présence; c'est ainsi que j'ai été conduit à reconnaître, aux environs de Barcelone, l'existence du système du « Mont-Serrat ». Mais ce procédé ne m'ayant pas permis d'obtenir la liste complète des systèmes de soulèvement dont j'avais lieu de soupçonner l'existence dans la contrée soumise à mes observations, j'ai dû apprécier, soit sur la carte, soit sur le terrain, la direction d'un grand nombre d'accidents topographiques.

Le fait de l'indépendance entre la direction des couches et celle des principaux accidents topographiques a d'ailleurs été signalé par divers observateurs. — « La direction de la crête de la partie centrale du noyau de roches anciennes des Vosges n'est pas en rapport avec la direction de ces roches..... Le Hartz se termine au N.-N.-E. par un escarpement qui coupe obliquement la direction des couches schisteuses. De même, la direction générale du terrain ardoisier est coupée obliquement par le front méridional de l'Ardenne, parallèle au front septentrional du Hartz..... » (Elie de Beaumont.) « Dans le Cotentin et la partie limitrophe de la Bretagne, les axes des plateaux et les longues vallées qui les séparent, ne sont pas dirigés vers le N.-E., comme la stratification des roches anciennes qui les composent, mais constamment de l'E. à l'O. » (Boblaye.) « La ligne de faîte des couches relevées n'est pas toujours parallèle à l'axe des chaînes de montagnes; elle coupe aussi quelquefois cet axe et il en résulte, à mon avis, que le phénomène du redressement des couches, dont on peut suivre assez loin la trace dans les vallées voisines, est alors plus ancien que le soulèvement de la chaîne. » (Humboldt.)

Le mouvement orogénique imprime aux fleuves et aux rivières la direction qui leur appartient dans la majeure partie de leur trajet; c'est ainsi que le Rhône, au dessous de Lyon, coule le long d'une faille très prononcée. Mais la direction des cours d'eau est souvent indépendante de celle des chaînes entre lesquelles ils sont compris, de sorte que le mouvement orogénique produit sur le même point des effets différents. En d'autres termes, il n'y a pas toujours accord, sous le rapport des directions, non seulement entre l'orographie et la stratigraphie d'une contrée, mais aussi entre son orographie et son hydrographie. C'est ainsi que le Rhin, au dessous de Mayence, passe à travers une fissure profonde, le Binger-Lock, qui coupe normalement la chaîne du Hundsrück et du Taunus.

CHAPITRE VII.

Théorie de Boucheporn sur l'origine des systèmes de montagnes ; équateurs successifs. — Idées de M. Elie de Beaumont ; réseau pentagonal. — La cause des systèmes de montagnes est inconnue ; son mode de manifestation et ses effets peuvent seuls être observés. — Cette cause est distincte de celle qui préside à l'établissement du réseau pentagonal.— Comment le mouvement orogénique et le réseau pentagonal réagissent l'un sur l'autre.— Mode de manifestation de la cause qui détermine les apparitions successives des systèmes de montagnes. — Forme et étendue de l'espace embrassé par un système de soulèvement. — Déplacement dans les régions où se manifestent les phénomènes orogéniques. — Raison d'être du réseau pentagonal.

Cause de l'apparition des systèmes de montagnes ; théorie de Boucheporn ; équateurs successifs. — Pour Boucheporn, cette cause n'était autre que celle qui, selon lui, détermine la formation des chaînes de montagnes. Chaque choc de comète, disait-il, avait eu pour conséquence la formation d'un bourrelet montagneux sous le nouvel équateur ; ces chocs s'étaient produits assez souvent pour que toutes les contrées du globe eussent fait partie d'une zone équatoriale et, par conséquent, se fussent successivement recouvertes de montagnes. J'ai déjà dit pourquoi l'hypothèse de Boucheporn était complétement inadmissible ; j'ajouterai que les systèmes de soulèvement sont liés entre eux par diverses relations d'âge et de direction, et que leur mode de distribution à la surface du globe n'est pas soumis au hasard, — toutes choses incompatibles avec la cause à laquelle Boucheporn voulait les rattacher, puisque cette cause supposée, c'est-à-dire le choc d'une comète, est entièrement fortuite et accidentelle.

Hypothèse de M. Elie de Beaumont ; réseau pentagonal. — M. Elie de Beaumont pense que le phénomène en vertu duquel s'effectue l'apparition successive des systèmes de montagnes est le même que celui qui a pour effet l'établissement du réseau penta- gonal. Non seulement M. Elie de Beaumont voit dans le refroi- dissement séculaire de la terre la cause qui détermine l'appari- tion des systèmes de montagnes, mais il place indirectement sous sa dépendance l'ordre qui préside à leur disposition gé- nérale : l'écorce terrestre, dit-il, porte en elle la loi suivant la- quelle les directions des différents systèmes de montagnes se sont coordonnées entre elles, et commandées successivement les unes aux autres. — Chaque grand cercle médian d'un système de montagnes aurait été astreint, au moment de l'ap- parition de ce système, à coïncider avec un de ceux dont se compose le réseau pentagonal. En outre, le grand cercle du réseau pentagonal, *choisi* par le nouveau système de mon- tagnes, aurait dû se trouver, relativement aux grands cercles des systèmes antérieurs, dans une situation déterminée. Il au- rait dû, par exemple, être perpendiculaire à l'un d'eux ou for- mer avec lui un angle d'une valeur égale à celle d'un des an- gles existant dans le réseau pentagonal. Lorsque les combinai- sons susceptibles de satisfaire à ces conditions auraient été épui- sées, chaque nouveau système de montagnes aurait reproduit la direction d'un des systèmes antérieurs, ou, en d'autres termes, aurait coïncidé avec lui ; de là les systèmes récurrents. L'appa- rition de chaque système aurait ajouté un nouveau cercle et de nouvelles mailles au réseau pentagonal. Celui-ci se serait peu à peu accentué à la surface du globe après n'avoir eu, pendant les premiers temps géologiques, qu'une existence virtuelle. Telles sont, en peu de mots, si je les ai bien interprétées, les idées de M. Élie de Beaumont sur la manière dont les systèmes de montagnes se sont établis et se sont coordonnés les uns aux autres de façon à dessiner le réseau pentagonal. Quant à la cause première qui est intervenue dans cette succession d'événements, M. Élie de Beaumont formule des considérations que je vais reproduire textuellement : « Je n'ai pas cru devoir terminer cet ouvrage, » dit-il, à la fin de la *Notice sur les systèmes de montagnes,* « sans y donner un aperçu de la théorie que je viens d'esquisser ; mais je crois devoir rappeler en même temps que j'ai toujours pris soin de la séparer des résultats directs de l'observation et des conséquences qui s'en déduisent le plus immédiatement. Dans l'origine, je les ai consignés dans des publications indépendantes l'une de l'autre, en insistant même *sur la possibilité de séparer presque entièrement l'analyse des faits des considérations théoriques.* Les résultats auxquels je suis parvenu, relativement aux époques auxquelles plusieurs systèmes de montagnes ont reçu les traits principaux de leur forme actuelle, sont *absolument indépendants de toute hypothèse relative à la manière dont ils ont reçu cette forme.* En admettant mes résultats, on resterait libre, à la rigueur, de choisir entre l'hypothèse de Deluc qui expliquait le redressement des couches par l'affaissement d'une partie de l'écorce du globe et l'hypothèse généralement admise par les plus célèbres géologues de notre époque, et qui consiste à supposer que les couches secondaires qu'on trouve redressées dans les chaînes de montagnes l'ont été par le soulèvement de roches primitives, qui constituent généralement leur axe central et leurs principales sommités...... *On pourrait ne pas chercher au réseau pentagonal d'autre raison d'être que sa régularité même.* En effet, une loi de symétrie constatée par l'analyse des observations ou par celle des chiffres qui les expriment est elle même un fait indépendant de toute théorie, et il est tellement naturel de trouver un fond de régularité dans les accidents d'un corps sensiblement sphérique, qu'on peut voir dans ce résultat une vérification pure et simple de la justesse des observations qui y conduisent. Loin d'être une déduction théorique, ce résultat impose à la théorie de la terre la nécessité de l'expliquer. Les discordances de stratification, l'accord général des directions dans les chaînons de montagnes caractérisés par une même discordance de stratification et l'existence de la symétrie pentagonale dans la disposition des accidents de l'écorce terrestre, sont des faits géognostiques indépendants de toute autre hypothèse que celle de Saussure concernant le redressement des couches de poudingue de Valorsine, dont ils dépendent même dans leurs conséquences beaucoup plus que dans leur essence propre.......... L'explication que j'ai essayé d'en donner pourrait être insuffisante, sans que l'ensemble de ces faits perdît rien de sa certitude. En 1829, j'ai brièvement exposé la théorie des soulèvements déduite du refroidissement de la terre que j'ai constamment professée depuis lors, dans mes leçons et dans mes diverses publications géologiques, mais en continuant toujours à la séparer soigneusement de l'exposition des faits et de leurs conséquences immédiates. »

La cause des systèmes de montagnes est inconnue; son mode de manifestation et ses effets peuvent seuls être constatés. — Nous pouvons observer les effets du mouvement orogénique, constater son mode de manifestation, étudier l'ordre suivant lequel les systèmes de montagnes se distribuent à la surface du globe, reconnaître l'influence qu'ils exercent sur la structure de l'écorce terrestre, etc.; mais nos investigations ne sauraient, dans l'état de nos connaissances, aller au delà, ni remonter aux causes premières. Le géologue doit d'autant moins éprouver de regrets d'avouer ici son impuissance que, si la cause est mystérieuse, l'effet se montre incontestable et d'une facile observation. Notre tâche se trouve donc ramenée à compléter ce que nous avons dit relativement au mode de manifestation du mouvement orogénique.

La cause qui préside à l'établissement du réseau pentagonal est distincte de celle qui détermine l'apparition des systèmes de montagnes. — L'hypothèse, qui place la cause du soulèvement des chaînes de montagnes dans le refroidissement du globe et qui rattache la symétrie du réseau pentagonal à une propriété inhérente à l'écorce terrestre, me paraît apporter à la théorie des systèmes de montagnes plus de précision en ce qui concerne la direction de chaque système, mais moins de certitude dans la détermination de son âge relatif. Le refroidissement du globe étant un phénomène général qui s'exerce indistinctement et dans le même moment sur toute l'écorce terrestre, et cette écorce offrant partout la même structure, les systèmes de soulèvement, si cette hypothèse était fondée, devraient se produire, non l'un après l'autre, ni par groupes binaires ou ternaires; ils devraient surgir en grand nombre et simultanément sur toute la surface du globe. A chaque manifestation du mouvement orogénique, les lignes stratigraphiques qui se croisent à la surface du globe devraient toutes, et dans le même moment, (comme les fissures qui apparaissent dans l'argile à mesure qu'elle se dessèche), se manifester, ou s'accuser davantage si elles existaient déjà ; il n'y a pas de raison, en effet, pour qu'elles se produisissent sur une partie de la surface du globe plutôt que sur une autre, à moins de placer, ainsi que nous le faisons, la cause des systèmes de soulèvement en dehors et au dessous de l'écorce terrestre. La forme affectée par chaque système démontre également que la cause qui préside à l'établissement du réseau pentagonal est distincte de celle qui détermine l'apparition des systèmes de montagnes.

Comment le mouvement orogénique et le réseau des fissures existant à travers l'écorce terrestre réagissent l'un sur l'autre. — La figure 58, page 393, représente la disposition générale des éléments rectilignes coïncidant, non seulement avec les chaînons de montagnes, mais aussi avec tous les accidents stratigraphiques et topographiques dont se compose un système de soulèvement. Ces éléments rectilignes sont parallèles entre eux et à la ligne médiane, en partie théorique, qui constitue l'équateur ou le grand cercle de comparaison de tout un système. Ils ne sont pas situés, dans le sens transversal, à égale distance les uns des autres ; en outre, des intervalles plus ou moins grands séparent ceux qui sont rangés sur la même direction. Cette disposition générale des éléments d'un même système permet de se faire du mode de manifestation du mouvement orogénique l'idée suivante.

Les forces, dont ce mouvement serait le résultat, se manifesteraient exclusivement sur toute l'étendue de lignes droites offrant la disposition indiquée dans la figure 58. Elles exerceraient contre la face inférieure de l'écorce terrestre une pression qui tendrait à disloquer et à crevasser cette écorce. Elles produiraient principalement leur effet sur les points où la croûte

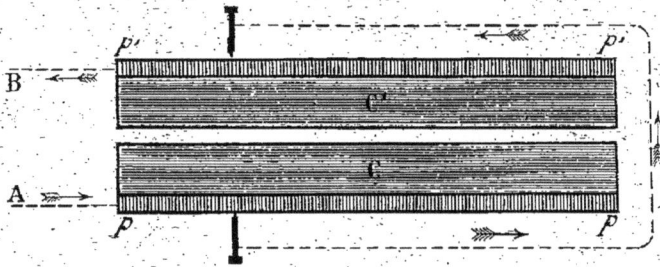

Fig. 59. — V. page 407.

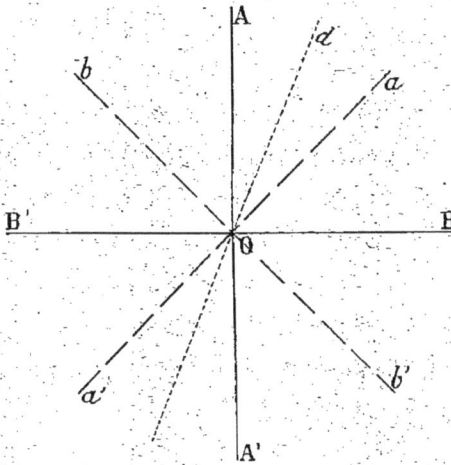

Fig. 60. — V. page 412

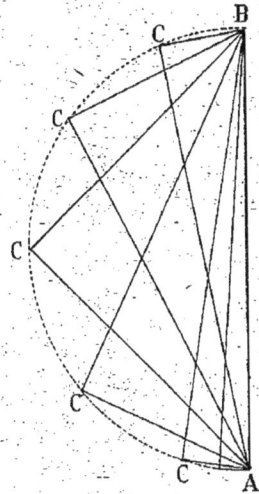

Fig. 65. — V. page 450.

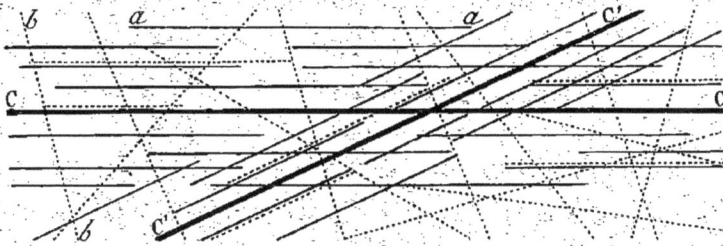

Fig. 58. — V. page 405

Tom. 9, pag. 972.

du globe offre des fissures ou des lignes de moindre résistance. Cet effet consisterait dans l'élargissement de ces fissures. En même temps, la matière pyrosphérique, en s'introduisant dans ces fissures, déterminerait l'apparition des chaînes de montagnes, les dislocations des masses stratifiées, les dénivellations du sol, etc. C'est ainsi que les fissures qui divisent l'écorce terrestre seraient, en quelque sorte, ravivées et que le réseau qu'elles constituent viendrait insensiblement s'accuser à la surface du globe. (Voir tome I, page 259.)

Cela posé, examinons les deux cas qui peuvent se présenter dans le phénomène dont il vient d'être question : celui où les fissures se dirigent à peu près dans le même sens que les éléments rectilignes du système qui va surgir, et celui où elles ont, par rapport à ces éléments rectilignes, une direction plus ou moins transversale. Dans le premier cas, les fissures seront facilement élargies et les divers phénomènes résultant de l'introduction de la matière pyrosphérique dans les fentes de l'écorce terrestre pourront se développer. Dans le second cas, ces phénomènes ne pourront se produire ou, du moins, ne se manifesteront que sur une étendue très restreinte, coïncidant avec le point d'entrecroisement d'une fissure et d'une ligne stratigraphique. On voit comment les fissures se dirigeant à travers l'écorce terrestre aideront le mouvement orogénique à se manifester, et comment le mouvement orogénique viendra successivement démontrer leur existence. Il n'y aura, dans la zone embrassée par un système stratigraphique, qu'un nombre peu considérable de fissures mises en saillie : ce sont celles qui auront la même direction que ce système ; mais les autres viendront, chacune à leur tour, s'accuser à la surface du globe, à mesure que chaque région sera visitée par d'autres systèmes de soulèvement offrant des directions différentes. Peu à peu, le réseau régulier qu'elles constituent, et qui est dessiné en bleu dans la figure 58, se complétera à la surface de notre planète.

Je comparerai volontiers ce qui se passera dans cette réaction réciproque du mouvement orogénique et du réseau pentagonal au procédé employé dans le télégraphe automatique [1]. Donnons

[1] J'extrais de l'*Année scientifique* de M. L. Figuier, (1862), le passage suivant qui donnera, en peu de mots, une idée très nette du procédé imaginé par M. l'abbé Caselli, aux personnes qui ne le connaîtraient pas : « A la station du départ, on écrit, à la plume, la dépêche à transmettre, en se servant d'encre ordinaire et d'un papier argenté. Le papier argenté, portant l'original de la dépêche, est placé sur une tablette de cuivre, qui est animée d'un mouvement uniforme de translation dans le sens horizontal. Une fine pointe en platine, obéissant à la pression d'un faible ressort, s'appuie sur la surface de la page écrite, et parcourt continuellement cette surface par un mouvement très rapide. Par suite du mouvement de translation horizontale de la dépêche, et du mouvement propre du stylet de platine, tous les points de la page écrite sont mis successivement en contact avec la pointe du stylet. Or, ce stylet métallique, et par conséquent conducteur de l'électricité, est lié au fil de la ligne télégraphique. Comme le fond métallique sur lequel la dépêche est écrite est conducteur de l'électricité, tandis que les caractères sont composés d'encre non conductrice de l'électricité, il en résulte que le courant électrique est établi ou suspendu dans le fil de la ligne télégraphique, selon que le stylet vient se mettre en contact avec le papier métallique de la dépêche ou avec les caractères tracés à sa surface. — A la station d'arrivée, se trouve étalée, sur une tablette de cuivre qui se meut, dans le sens horizontal, d'un mouvement uniforme, une feuille de papier ordinaire contenant un peu de prussiate de potasse. Un stylet de fer, qui est en communication avec le fil de la ligne télégraphique, parcourt, par un mouvement très rapide, toute la surface de ce papier. Chaque fois que le stylet de la station du départ rencontre le fond métallique de la dépêche, le courant électrique s'établit, et le stylet de fer, à la station d'arrivée, imprime un point, une tache sur le papier chimique, parce que le fer du stylet, sous l'influence de l'électricité, décompose le prussiate de potasse du papier, et laisse une tache bleue, composée de bleu de Prusse, dont l'électricité a provoqué la formation. La réunion de ces points bleus, de ces taches azurées, finit par reproduire tous les traits qui composent la dépêche placée à la station du départ. L'autographe est donc reproduit au moyen d'une multitude de lignes parallèles tellement rapprochées entre elles que l'œil ne saurait les distinguer. »

au mécanisme imaginé par M. l'abbé Caselli une disposition telle que le papier argenté *p* (figure 59), portant l'original de la dépêche, soit placé au dessous de la tablette de cuivre C ; au dessus de cette tablette de cuivre se trouvera celle de la station d'arrivée C', et celle-ci supportera à son tour la feuille de papier ordinaire *p'* contenant le prussiate de potasse; la direction du courant électrique, qui va de A en B, est indiquée par des flèches et par une ligne ponctuée ; *s* et *s'* sont les deux stylets destinés à marcher, ainsi que les deux plaques de cuivre, avec la même vitesse. Or le mouvement des stylets combiné avec celui des deux plaques ne représente-t-il pas le mouvement orogénique traçant des lignes droites et parallèles au dessous de l'écorce terrestre, représentée elle même par les deux plaques? Et le dessin ou l'écriture tracée sur le papier argenté *p*, en apparaissant peu à peu sur le papier ordinaire *p'*, ne correspond-il pas au réseau pentagonal, caché, pour ainsi dire, à l'état latent dans la masse de l'écorce terrestre et venant s'accuser à la surface du globe?

Les forces orogéniques diminuent d'intensité en raison de l'éloignement du grand cercle de comparaison ; conséquences. — J'ai dit que toutes les forces qui s'exercent contre l'écorce terrestre ont pour caractère commun de déterminer un mouvement de bascule ; lorsqu'on observe leurs effets dans des régions d'une étendue suffisante, on voit qu'elles ont exhaussé le sol sur certains points et qu'elles l'ont abaissé sur d'autres. Les forces orogéniques ne font pas exception à ce fait général : si elles soulèvent les montagnes, elles abaissent les vallées; en d'autres termes, elles déterminent tout à la fois des lignes synclinales ou de thalweg et des lignes anticlinales ou de faîte. Pendant le temps où un système stratigraphique se produit, la pyrosphère subit

un mouvement ondulatoire ; les sommets des vagues pyrosphé-
riques marquent les chaînes de montagnes, et leurs dépressions correspondent aux vallées. Evidemment, l'altitude des
chaînes de montagnes et la profondeur des vallées produites
pendant la même période est en raison de l'amplitude des
vagues orogéniques.

Or, l'observation démontre que les lignes stratigraphiques
appartenant à un même système vont en diminuant d'importance à mesure qu'elles s'éloignent de leur grand cercle de comparaison. Ce mode de distribution des lignes stratigraphiques
dépendant d'un même système conduit à une déduction très
naturelle : c'est que le choc qui donne naissance à l'ondulation
orogénique se manifeste, sur une étendue indéterminée, le
long du grand cercle de comparaison. Ce choc produit deux
vagues gigantesques qui s'éloignent, dans une direction perpendiculaire au grand cercle de comparaison, en restant
constamment parallèles à elles mêmes. Puis ces vagues diminuent d'amplitude, et le point où elles s'arrêtent marque, dans
le sens de la largeur, la limite de la zone occupée par un système stratigraphique. J'ai dit qu'elles restaient parallèles entre
elles, mais je dois ajouter qu'elles peuvent se joindre en contournant les extrémités de la ligne qui leur a servi de point
de départ ; elles dessinent ainsi une ellipse dont cette ligne
forme le grand axe. Si le choc se fait sentir, non sur une ligne
plus ou moins étendue, mais sur un point restreint, l'ellipse,
dessinée par l'ondulation orogénique, tend à prendre la forme
d'un cercle. Les parties redressées de l'écorce terrestre, au lieu
de constituer des chaînes de montagnes, offrent alors l'aspect
des cratères de soulèvement.

Les lignes stratigraphiques les plus importantes d'un même
système ne coïncident pas toujours avec le grand cercle de

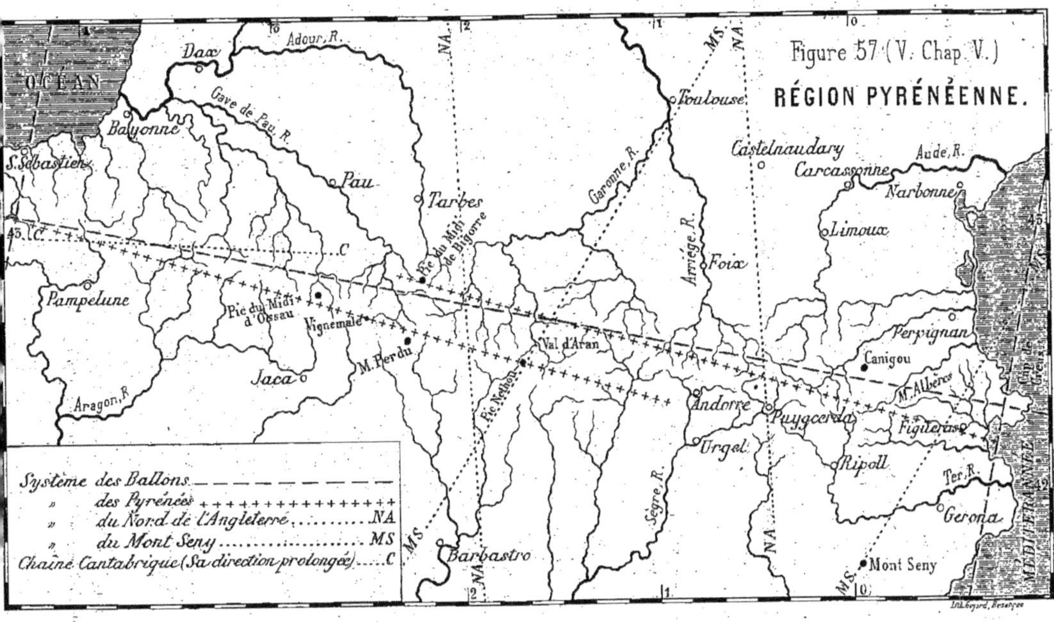

Figure 57 (V. Chap. V.)

RÉGION PYRÉNÉENNE.

OCÉAN

Dax — Adour. R.

Bayonne — Gave de Pau. R.

S. Sébastien

Pau

Tarbes

Pic du Midi de Bigorre

Toulouse

Castelnaudary — Carcassonne

Aude. R.

Narbonne

Limoux

Arriège. R.

Foix

Garonne. R.

Pampelune

Pic du Midi d'Ossau

Vignemale

M. Perdu

Val d'Aran

Jaca

Pic Nethou

Aragon. R.

Segre. R.

Perpignan

Canigou

M. Albères

Andorre — Puygcerda

Figueras

Urgel

Ripoll

Ter. R.

Gerona

Barbastro

Mont Seny

Système des Ballons _____
» des Pyrénées +++++++++++++++
» du Nord de l'Angleterre .... NA
» du Mont Seny .... MS
Chaîne Cantabrique (Sa direction prolongée)....C

Jan~ 1873 40?

comparaison du système dont elles font partie ; par conséquent, les lignes sous-corticales, le long desquelles se fait sentir le premier choc, peuvent ne pas coïncider avec le grand cercle de comparaison qui, en définitive, n'a qu'une existence idéale, comme l'axe de rotation de la terre. En outre, il faut admettre que quelques unes de ces lignes fortement accentuées peuvent constituer des centres secondaires de dislocation, reproduisant autour d'eux, mais sur une plus petite échelle, les phénomènes que nous venons de voir se manifester autour des grands cercles de comparaison ; ces lignes se placent à une certaine distance du grand cercle médian et groupent autour d'elles des lignes de moindre valeur.

Etendue et forme générale de la zone occupée par un système de soulèvement. — C'est principalement en France et dans les pays voisins que les systèmes de montagnes ont été étudiés avec soin. Lorsqu'on veut suivre la trace d'un système de soulèvement en dehors du continent européen, on rencontre de vastes espaces recouverts par l'océan, des contrées inexplorées comme le centre de l'Afrique, ou des régions dont la géologie est peu connue, comme l'Asie centrale. On ne peut donc apprécier, par l'observation directe, quelles sont l'étendue et la forme générale de la zone occupée par un système de montagnes. Il est permis tout au plus de constater approximativement la largeur de cette zone et de reconnaître qu'elle ne dépasse pas 35 degrés ou près de 4000 kilomètres ; souvent elle est moindre. Dans cette recherche, on en est donc réduit à se baser sur des considérations théoriques.

D'après M. Elie de Beaumont, la zone occupée par un système de montagnes aurait une longueur égale à celle d'un demi cercle de la sphère, et sa forme serait celle d'un fuseau

27

ou d'une côte de melon. (Voir *antè*, page 372.) D'après Boucheporn, l'espace sur lequel le mouvement orogénique s'exercerait dans un moment donné se présenterait sous la forme
d'une zone équatoriale enveloppant le globe entier. C'est cette
manière de voir que nous adopterons, tout en repoussant les
idées de Boucheporn sur le mode de formation des montagnes.

En outre, nous admettrons que les systèmes de soulèvement
ont surgi trois par trois, en dessinant un réseau formé par
trois grands cercles se coupant à angle droit. L'observation
démontre que les forces orogéniques ne se manifestent pas à
la fois sur toute la surface du globe, mais il est naturel de penser que leur action se répartit, sur cette surface, d'une manière
uniforme et symétrique. Cette opinion n'est pas d'ailleurs
entièrement hypothétique, puisqu'elle a pour elle l'appui de ce
qui s'est passé lors de l'apparition des trois systèmes les plus
récents : ceux du « Ténare », des « Andes », et « l'axe volcanique méditerranéen ». Dans le même moment, les forces orogéniques, à chaque apparition d'un système de montagnes,
se seraient manifestées le long de trois grands cercles se coupant à angle droit, mais auraient respecté les espaces limités
par ces grands cercles, espaces qui se présenteraient sous la
forme de triangles trirectangles. Cette disposition ne rappelle-
t-elle pas, sauf la régularité et la symétrie, celle que nous
offre actuellement le mode de distribution des régions séismiques ?

Sous le nom de *système ternaire* nous désignons l'ensemble
formé par la réunion de trois systèmes *simples, contemporains
et trirectangulaires*, c'est-à-dire se coupant tous les trois à
angle droit. La trace d'un système ternaire ne peut être suivie d'une manière complète qu'autant qu'on embrasse toute

la surface du globe. La faible largeur de la zone occupée par un système simple explique comment une même contrée ne doit présenter que deux des trois systèmes simples dont un système ternaire se compose. On peut considérer ces deux systèmes, contemporains et se coupant à angle droit, comme formant un *système binaire*. Enfin, si une contrée, tout en étant placée sur la zone occupée par un système simple, se trouve à peu près à égale distance des deux points d'entrecroisement de ce système avec les deux qui lui sont contemporains, elle ne portera l'empreinte que d'un seul des trois systèmes formés dans le même moment. Il ne faut donc pas s'étonner si les systèmes existant dans une même région ne sont pas toujours accompagnés d'un système perpendiculaire correspondant.

Parmi les systèmes signalés par M. Elie de Beaumont, se trouve celui de « l'Oural » qui est presque perpendiculaire à celui de la « Côte d'Or », mais qui, bien que le précédant à un faible intervalle, n'est pas contemporain avec lui. Le fait général de l'existence de systèmes ternaires semblerait ainsi infirmée; mais, en parlant du système de « l'Oural », nous verrons que celui-ci ne constitue pas une exception à la loi que nous venons d'admettre.

Déplacements dans les zones orogéniques. — Lorsque les forces orogéniques reparaissent, après une période de repos plus ou moins longue, elles ne se manifestent pas dans les mêmes zones où leur action s'était d'abord développée. Quelles sont les situations relatives des systèmes ternaires qui se suivent immédiatement dans la série des âges? En d'autres termes, chaque fois qu'un système apparaît, comment se place-t-il par rapport au système ternaire qui l'a immédiatement précédé?

Pour répondre à cette question, nous ne pouvons pas nous appuyer sur l'observation des faits dont il faut attendre la démonstration, puisque la liste des systèmes de montagnes est encore très incomplète. Il ne nous est pas donné non plus de recourir à la méthode que nous avons employée tout à l'heure, en invoquant le principe en vertu duquel les phénomènes orogéniques tendraient à prendre une disposition régulière et à satisfaire à certaines conditions de symétrie.

Dans le réseau formé par trois grands cercles perpendiculaires, il existe six points d'entrecroisement; le raisonnement que nous ferons pour l'un d'eux s'appliquera aux cinq autres. — Soit, dans la figure 60, AA', BB' deux grands cercles se coupant à angle droit. Lorsque deux autres grands cercles aa', bb', apparaîtront, ils se placeront de manière à diviser en deux parties égales les angles formés par les deux premiers grands cercles. Mais cette condition de diviser en parties égales les angles formés par les systèmes antérieurs cessera d'être suffisante pour préciser la place des deux grands cercles qui viendront après aa' et bb'; ces angles seront, en effet, au nombre de huit, tandis qu'il n'existera que quatre lignes bissectrices; il n'y aura pas de raison pour qu'une de ces quatre lignes, Od par exemple, se place entre A et a plutôt qu'entre a et B. Nous ne savons pas même si le point d'entrecroisement O sera identique pour tous les grands cercles considérés deux à deux; il est probable qu'il n'en sera pas ainsi. Si les grands cercles stratigraphiques qui se dessinent à la surface du globe avaient eu les mêmes points de rencontre, ces points réduits au nombre de six, seraient tellement accentués qu'ils auraient depuis longtemps attiré l'attention des géologues stratigraphes.

Je me bornerai, en terminant, à formuler l'hypothèse suivante, à laquelle je n'attache pas plus d'importance qu'elle

n'en comporte. Il ne serait pas impossible que les grands
cercles, en se montrant successivement à la surface du globe,
obéissent à un déplacement circulaire, semblable à celui de
l'aiguille sur le cadran d'une montre; ils apparaîtraient à des
intervalles réguliers, en allant de A vers B ou vers B'. Le
point d'entrecroisement O serait également sujet à un déplacement.

Ce qui me porte à penser que chaque grand cercle de comparaison ne se placera pas à une grande distance de celui qui
l'aura immédiatement précédé, c'est le mode de distribution
des systèmes stratigraphiques. Ceux qui sont très rapprochés
par leur âge s'observent dans des régions voisines. Il semble
qu'une contrée quelconque, dès qu'elle a reçu, sous l'influence
de plusieurs systèmes voisins par leur âge, le modelé qui la
caractérise, se prête difficilement à recevoir l'empreinte des
systèmes postérieurs. Mais les forces orogéniques, en abandonnant une contrée où leur action ne peut plus se manifester, paraissent tendre à se transporter dans une contrée voisine, comme un laboureur qui creuse ses sillons les uns à côté
des autres.

Réseau pentagonal. — Le réseau pentagonal, qui joue dans la
formation des systèmes de montagnes un rôle que nous venons
d'apprécier à sa juste valeur, avait attiré déjà notre attention;
(voir tome I, page 257). Il nous reste à rappeler comment on
peut, par une suite de raisonnements qui se rattachent les uns
aux autres, arriver à démontrer la probabilité de son existence.

*a) Des failles ou fissures parcourent l'écorce terrestre dans
tous les sens.* — En effet, il n'est pas de contrée où la présence
de ces failles ne puisse être constatée par l'observation directe;
en outre diverses considérations permettent d'établir entre

elles et un grand nombre d'accidents topographiques une relation de cause à effet ; enfin, le mouvement de retrait, qui se produit dans toutes les parties de la croûte du globe, a nécessairement pour conséquence l'apparition de solutions de continuité dans sa masse. (Voir tome I, page 256, et *posteà*, page 426).

b) Les failles, en s'entrecroisant à la surface de la terre, y dessinent un réseau.

c) Ce réseau est régulier. — Tout réseau de fissures, qui s'établit dans une masse soumise à un mouvement de retrait, est d'autant plus régulier que cette masse offre une composition et une structure plus homogènes ; la régularité de ce réseau dépend également de la lenteur et de l'uniformité avec laquelle le mouvement du retrait s'effectue ; ces divers effets s'observent notamment dans l'argile et le basalte. Or, à mesure que sa profondeur augmente, l'écorce terrestre présente une structure et une composition de plus en plus homogènes ; en même temps, le mouvement de retrait s'y développe avec une lenteur et une uniformité de plus en plus grandes, comme le refroidissement dont il est le résultat. Par conséquent, le réseau de fissures se développant dans l'intérieur de la croûte du globe doit tendre à acquérir une régularité à peu près complète.

Avant de considérer le réseau de l'écorce terrestre comme trouvant en lui même sa raison d'être, M. Elie de Beaumont avait été conduit à soupçonner sa disposition régulière, en observant les angles que les grands cercles de comparaison forment par leur entrecroisement mutuel. Après avoir calculé la valeur de tous ces angles, il avait inscrit chacun d'eux, en le représentant par une ligne horizontale, à la hauteur correspondante à sa valeur, sur une feuille de papier divisé par des intervalles équidistants, espacés de 4 en 4 minutes. Ce travail terminé, il avait remarqué que les lignes formaient, sur toute l'étendue de la feuille de papier, des séries de groupes séparés par des espaces vides. Un pareil phénomène lui démontrait que les grands cercles de comparaison ne se dirigent pas au hasard sur la surface du globe, et que le réseau constitué par leur entrecroisement doit présenter une disposition particulière. La presque égalité fréquente de plusieurs angles entre eux lui paraissait être un des symptômes de la symétrie de ce réseau.

« Après quelques tâtonnements arithmétiques sans résultat », dit M. Elie de Beaumont, en continuant l'exposé des recherches qui l'ont conduit à l'idée du réseau pentagonal, « il m'a paru que je n'avais rien de mieux à faire que de mettre mon imagination en campagne pour tâcher de trouver, sur la sphère, un réseau systématique de grands cercles dont les intersections mutuelles reproduisissent les angles que l'observation m'avait indiqués par les groupes et par les lacunes qui se dessinent dans le tableau.

» D'après ces considérations, au lieu d'essayer un réseau symétrique, mais d'une forme arbitraire, dans lequel j'aurais pu introduire quelques uns des angles donnés par l'observation, j'ai d'abord essayé, purement et simplement, l'assemblage de plans qui constitue le système régulier de la cristallographie; mais je n'en ai rien pu tirer de satisfaisant, et je n'ai pas tardé à l'abandonner. Ce système, qui dérive de trois plans rectangulaires, est sans doute le mieux approprié à la division de l'espace solide que remplissent les molécules équidistantes des cristaux réguliers, mais il n'a pas des avantages aussi décisifs pour la division de l'espace angulaire, ni pour celle d'une enveloppe sphérique. C'est alors que j'ai pensé au réseau dont la partie essentielle est constituée par 15 grands cercles se coupant de manière à dessiner 12 pentagones sphériques réguliers. »

d) La symétrie pentagonale domine dans le réseau des fissures de l'écorce terrestre. — (Voir tome I, page 257). Quant à la description de ce réseau, elle trouvera sa place dans le livre suivant.

e) Installation du réseau pentagonal. — Le réseau pentagonal, une fois imaginé, une dernière difficulté restait à résoudre; c'était de retrouver la manière dont on devait le placer à la surface du globe. « J'ai pensé, » dit M. Elie de Beaumont, « que si les 15 grands cercles primitifs du réseau pentagonal représentaient ce qu'on pourrait appeler la *forme primitive* de la configuration extérieure du globe, il suffirait de placer sur un globe terrestre le réseau formé par ces 15 cercles pour rendre possible à la vue de *rencontrer* la position dans laquelle il devrait être placé pour se trouver en harmonie avec l'ensemble des configurations géographiques; que, si une pareille position existait, mon œil devrait finir par la saisir, et que si en effet il la saisissait, le principe même de mon travail serait sanctionné *ipso facto*, et la possibilité de son établissement assurée. En conséquence, j'ai placé sur un globe de 50 centimètres de diamètre un *filet mobile* formé par une partie des cercles principaux du réseau, et composé de manière à s'appliquer exactement sur cette sphère en l'embrassant avec une précision rigoureuse. Quelques tâtonnements préliminaires m'ont conduit à installer tout simplement ce réseau sur le triangle tri-rectangle résultant de l'entrecroisement des grands cercles de comparaison des systèmes du « Ténare », des « Andes » et de « l'axe volcanique méditerranéen ».

CHAPITRE VIII.

Mouvements oscillatoire, ondulatoire et d'intumescence. — J'ai déjà
parlé de ces trois mouvements. J'ai décrit leur mode de manifestation, mentionné leurs effets, signalé les caractères qui les
distinguent entre eux et qui ne permettent pas non plus de les
confondre avec le mouvement orogénique. J'ai indiqué, d'une
manière sommaire, le rôle que chacun d'eux joue dans les
phénomènes géologiques et dans la constitution topographique
du globe. Enfin, j'ai démontré comment on pouvait voir en eux
le contre-coup de mouvements produits dans la pyrosphère.
J'aurai plus tard l'occasion de m'en occuper de nouveau, lorsque
je porterai mon attention sur les révolutions du globe. Ici je

n'ai rien à ajouter à ce que j'en ai déjà dit, dans le volume précédent, page 230 et suivantes; je me bornerai, pour convaincre le lecteur qu'un point quelconque de la surface du globe peut subir à la fois ces trois mouvements, à rappeler le principe de mécanique désigné sous le nom de principe de *l'indépendance des mouvements simultanés*. La comparaison suivante achèvera de faire comprendre ce qui se passe dans les contrées où ces mouvements agissent d'une manière concomittante.

Supposons une voûte dont le rayon, d'abord très grand, diminue peu à peu de longueur; nous verrons, par la pensée, la voûte prendre une courbure de plus en plus forte et sa partie supérieure obéir à un déplacement de bas en haut. Supposons ensuite que les pierres dont la voûte se compose puissent glisser les unes contre les autres, et qu'elles obéissent alternativement, pendant que la voûte augmente de courbure, les unes à une impulsion de haut en bas, et les autres à une impulsion de bas en haut; la ligne qui représentera le mouvement relatif de toutes les pierres nous donnera l'image d'une ondulation. Supposons, enfin, que le sol qui supporte la voûte s'exhausse et s'abaisse alternativement en obéissant à un mouvement d'ensemble, la voûte pourra suivre le sol dans ces exhaussements et ces affaissements alternatifs sans que les antres mouvements dont j'ai supposé l'existence cessent de se manifester. Or, nous pouvons sans peine reconnaître : 1º le mouvement d'intumescence, dans l'impulsion qui tend à soulever la partie supérieure de la voûte; 2º le mouvement ondulatoire, dans les déplacements en sens opposé subis par les pierres voisines; 3º le mouvement oscillatoire, dans l'impulsion lente qui exhaussera et abaissera alternativement le sol et la voûte qu'il supporte.

Les observations faites en Scandinavie, pendant le siècle précédent et le siècle actuel, ont démontré que cette presqu'île obéit à un mouvement de bascule dont je vais parler. Ce mouvement est important à constater parce que, ainsi que nous le verrons par la suite, il persiste depuis le commencement de l'ère jovienne, et nous fournit, pendant l'époque actuelle, un exemple des mouvements ondulatoire et d'intumescence.

Mouvements du sol pendant l'époque actuelle, dans les régions non volcaniques. — Au commencement du siècle dernier, le naturaliste suédois Celsius émit l'opinion que les eaux de la Baltique et de la mer du Nord s'abaissaient graduellement; il concluait d'un grand nombre d'observations que le taux de leur dépression était de près d'un mètre par siècle. A l'appui de cette opinion, il citait, d'une part, les rochers situés sur les bords de la Baltique et de l'Océan qui, après avoir été jadis des bas récifs fort dangereux pour la navigation, se trouvaient, de son temps, au dessus du niveau de la mer; d'un autre côté, il alléguait l'empiétement graduel de la terre ferme sur le golfe de Bothnie, phénomène attesté, disait-il, par la transformation de plusieurs anciens ports en villes intérieures; par la réunion de diverses petites îles au continent; et par l'abandon d'anciennes pêcheries, devenues trop basses ou mises entièrement à sec. En 1802, Playfair attribuait, avec juste raison, le changement de niveau au mouvement de la terre ferme et non à la diminution des eaux. En 1807, L. de Buch, à son retour d'un voyage en Suède, déclarait qu'il était convaincu que toute la région comprise entre Frederickshall en Norwège et Abo en Finlande, ou peut-être Saint Pétersbourg, s'élevait insensiblement. Il disait aussi qu'il se pourrait que la Suède s'élevât plus que la Norwège, et la partie septentrionale de cette contrée plus que la partie méridionale. L. de Buch avait été conduit à ces conclusions, non seulement par les renseignements qu'il avait recueillis auprès des habitants et des pilotes, mais aussi par la présence de coquilles marines d'espèces récentes, qu'il trouva, en différents points sur les côtes de Norwège, au dessus du niveau de la mer, et par d'anciennes marques tracées sur les rochers. — L'attention qu'avait éveillée ce sujet, dans la première partie du siècle précédent, avait conduit plusieurs naturalistes suédois à tenter de déterminer, à l'aide d'observations rigoureuses, si le point de repère, considéré comme étalon du niveau de la Baltique, était réellement sujet à des variations périodiques; et, sous leur direction, des lignes ou rainures, indiquant le niveau ordinaire de l'eau par un temps calme, furent gravées sur des rochers, avec la date de l'année. De 1820 à 1821, toutes les marques, faites antérieurement à ces deux années, furent examinées par les officiers préposés au service du pilotage, et ceux-ci déclarèrent qu'en comparant le niveau de la mer à l'époque de leurs observations avec celui qu'indiquaient les anciennes marques, ils avaient trouvé que la Baltique est plus basse relativement à la terre ferme en certains points; mais que, pendant des périodes de temps égales, ce changement n'avait pas été le même partout. Pendant leur reconnaissance, ils tracèrent de nouvelles marques dans le but de servir de point de repère pour les observateurs qui viendraient après eux. En 1834, sir Lyell eut occasion d'examiner plusieurs de ces marques, et il lui sembla que, depuis 1820, la terre ferme s'était élevée de 100 à 125 millimètres, en plusieurs endroits, au nord de Stockholm. (Lyell, *Principes de Géologie.*)

En 1837, M. Nilsson fit connaître que la Scanie, partie méridionale de la Suède, paraissait avoir éprouvé un mouvement d'abaissement pendant plusieurs siècles. Il n'y a point d'ailleurs, dans cette province, de dépôts coquilliers récents analogués à ceux du Danemark, de la Norwège et des autres provinces de la Suède. Linnée, vers 1749, avait mesuré, près de Talleborg, la distance d'une grande pierre à la mer; aujourd'hui cette pierre se trouve de 30^m,50 plus rapprochée de l'eau qu'elle ne l'était alors. Une tourbière, formée de plantes terrestres et d'eau douce, est actuellement sous la mer, dans un endroit où l'on ne peut pas supposer que ces végétaux aient été transportés par les rivières. Enfin, dans les villes maritimes de la Scanie, il y a des rues au dessous du niveau de la mer, et, dans quelques cas, au dessous des plus basses marées. M. Domeyko a signalé des documents historiques qui établissent d'une manière positive qu'une province, appelée Witlanda, est aujourd'hui recouverte par les eaux du golfe de Kœnisberg; à l'époque de l'ordre teutonique, elle se trouvait placée entre Pillau, Brandebourg et Bolga. Enfin, en 1845, M. Murchison a signalé l'existence d'une ligne E.-O., traversant la Suède sous le parallèle de Solvitzborg, et le long de laquelle le sol immobile n'a éprouvé aucune oscillation depuis plusieurs siècles. Au nord de cette ligne, le sol s'est élevé sensiblement dans ces derniers temps et s'élève encore, tandis qu'au sud, dans la Scanie, il s'abaisse. Ainsi, l'on ne peut se refuser à admettre que le mouvement de la Scandinavie ne ressemble à celui d'une planche ayant au milieu un point d'appui immobile et élevé, et dont l'une des extrémités monte tandis que l'autre descend. (D'Archiac, *Histoire des progrès de la Géologie.*) (Voir la figure 55, page 345.)

Conséquences de l'affaissement général de la croûte du globe. — On a vu (tome I, page 241) que l'écorce terrestre tend à s'affaisser sur elle même par un mouvement d'ensemble lent et continu; on a vu aussi quelles étaient les causes qui déterminaient cet affaissement. Je vais examiner si ce mouvement exerce une influence appréciable sur la structure générale de l'écorce terrestre; c'est une question qui s'est présentée à mon examen dans le chapitre vi, et sur laquelle je me suis réservé de revenir.

A mesure que la pyrosphère se contracte, l'écorce terrestre tend à l'accompagner dans son mouvement centripète; recherchons quelles ont été les conséquences de ce mouvement depuis le commencement des temps géologiques. Les effets de la contraction sont évidemment plus sensibles dans la pyrosphère que dans l'écorce terrestre, et, de prime abord, on est porté à penser que cette écorce a dû se plisser sur elle même, comme un vêtement trop ample ou comme la peau d'une pomme ridée. Mais un examen plus attentif fait voir qu'il n'en a pas été ainsi. S'il s'est produit des plissements, ceux-ci n'ont pas été assez prononcés pour constituer des montagnes ou pour déterminer indirectement la formation des aspérités qui accidentent la surface du globe.

Nous avons admis que l'écorce terrestre s'était affaissée d'une longueur à peu près égale à 8000 mètres; (tome I, page 131). Cette appréciation, qui est plutôt trop forte que trop faible, nous conduit à admettre que chaque grand cercle de la sphère terrestre a dû subir un raccourcissement égal à $\frac{1}{800}$ de sa longueur totale, ou, en d'autres termes, qu'une ligne quelconque d'un kilomètre de longueur mesurée à la surface du globe s'est raccourcie de moins d'un mètre. Non seulement, le ploiement produit par ce raccourcissement sera nul ou très faible, mais en outre diverses causes agiront de manière à compenser largement ses effets. L'écorce terrestre se contracte dans le sens horizontal aussi bien que dans le sens vertical en vertu de son refroidissement et des actions moléculaires; elle se contracte aussi par suite des vides que l'action geysérienne établit dans son intérieur. L'écorce terrestre a donc pu, pendant les temps géologiques, accompagner la pyrosphère sans subir aucune déformation résultant de son mouvement centripète.

Mais nous pouvons même contester la réalité de ce mouvement centripète et admettre que, pendant tous les temps géologiques, l'écorce terrestre s'est affaissée d'une quantité très faible et par suite seulement de la contraction de sa masse. Il en résulte que les contractions effectuées dans le sens horizontal, au lieu d'être employées à compenser les effets de l'affaissement, ainsi que nous l'avons admis tout à l'heure d'une manière hypothétique, ont eu pour résultat la formation de failles ou solutions de continuité, dont j'ai parlé maintes fois et qui appelleront encore mon attention. Le nucléus, formé d'un liquide élastique et occupant la majeure partie de la masse centrale du globe, jouit d'une grande force d'expansion; cette force d'expansion se déduit également de la constitution thermique de la terre ou de toutes les actions dynamiques qui s'exercent contre l'écorce terrestre et dont le point de départ est au dessous d'elle. Tandis que cette force d'expansion agit du dedans en dehors, elle a à lutter contre la pression de la pyrosphère et de l'écorce terrestre qui, en vertu de la pesanteur, tendent à se diriger vers le centre de la terre. Il est probable que l'écorce terrestre oppose également une résistance grâce à la manière plus ou moins intime dont toutes ses parties sont liées entre elles. Le calme relatif dont jouit l'enveloppe solide du globe nous dit que l'équilibre est établi entre ces forces agissant en sens opposé. Les relations qui existent entre le nucléus, d'une part, et la pyrosphère et l'écorce terrestre, d'autre part, permettent de comparer la sphère terrestre à une vessie pleine d'eau ou à une bulle de savon gonflée par l'air. Supposons que l'eau contenue dans la vessie ou l'air renfermé dans la bulle de

savon viennent à se dilater, la vessie résistera en vertu de son
élasticité, mais la bulle de savon sera détruite.

Notre planète est-elle destinée à se comporter comme une
bulle de savon? Nous croyons pouvoir répondre à cette question
d'une manière négative. La terre est un corps en voie de se
refroidir; la puissance d'expansion qui réside dans le nucléus
qu'elle porte en elle devra donc diminuer plutôt que s'accroî-
tre. La pression exercée par l'écorce terrestre augmentera, au
contraire, en même temps que son épaisseur. Rien ne peut donc
nous faire penser que l'enveloppe solide du globe coure le
danger d'être brisée par cette force d'expansion, et projetée en
fragments à travers l'espace. L'hypothèse qui voit dans les
aérolites et dans les petites planètes les débris d'anciennes
masses planétaires est donc entièrement gratuite.

Les dimensions considérables du nucléus par rapport à la
croûte du globe et la brièveté des temps géologiques relativement à la longueur de la période comprise entre le moment
où la terre était à l'état de nébuleuse et celui où elle sera entièrement solidifiée, nous autorisent à penser que l'état actuel
des choses n'a pas été modifié pendant le court intervalle qui
s'est écoulé depuis que l'écorce terrestre existe d'une manière
définitive. Toutefois, la situation d'équilibre dans laquelle cette
écorce se trouve placée ne persistera pas toujours. Mais, avant
que cet équilibre soit rompu, l'enveloppe solide du globe aura
acquis assez de puissance pour se passer de support. Alors elle
sera comparable à la coque d'un œuf qui se soutient même
après que sa masse intérieure a disparu ou s'est desséchée.

**Actions dynamiques, autres que les impulsions de la pyrosphère,
qui s'exercent sur l'écorce terrestre.** — Les actions moléculaires et
les variations de température doivent être mises au nombre

Fig. 71
(page 451)

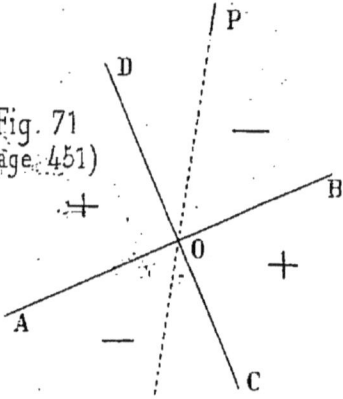

Fig. 66.— (page 449)

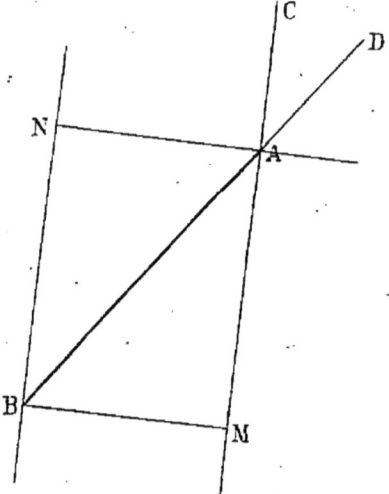

Fig. 64.—(page 448)

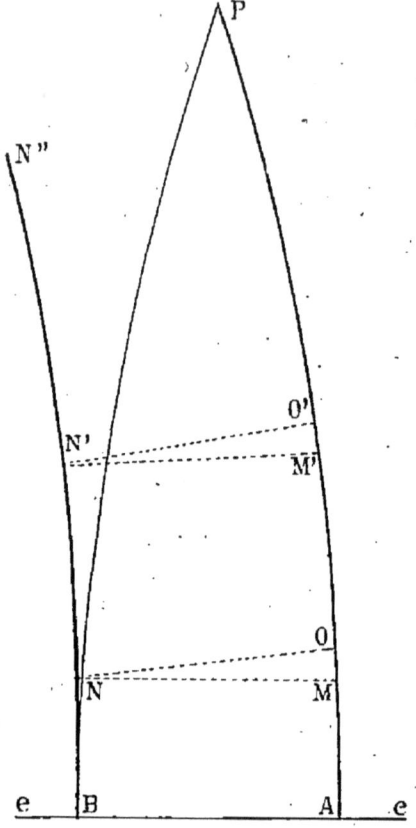

Fig. 60 — Fig. 61
(V. page 442)

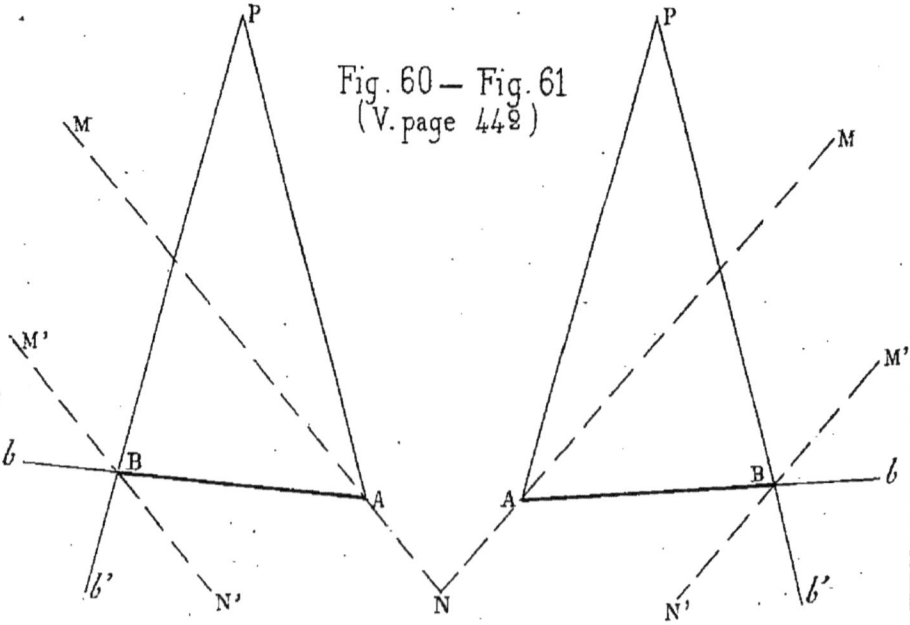

des phénomènes qui opèrent, comme puissances dynamiques, dans l'intérieur de l'écorce terrestre.

L'eau atteint son maximum de densité à la température de 4° environ ; on peut admettre que telle a toujours été, en moyenne, la température du fond de la mer, c'est-à-dire du point où se sont déposées toutes les strates dont la zone sédimentaire se compose. Or, chaque couche ne conserve jamais la température qu'elle avait au moment de sa formation. Si elle est émergée, les variations de température ne dépassent pas quelques degrés au dessus ou au dessous de zéro ; elles ne peuvent modifier sensiblement ni le volume, ni l'allure générale de la roche où elles se manifestent ; il serait donc puéril d'en tenir compte.

Supposons maintenant une masse stratifiée s'éloignant de plus en plus de la surface du globe par suite, soit de la superposition d'autres strates, soit de l'affaissement du sol. Dans quelques contrées où la zone stratifiée atteint une puissance de près de 4000 mètres, les strates placées à la partie inférieure de cette zone peuvent posséder une température supérieure de plus de 100° à celle qu'elles avaient au moment de leur formation. Il semble naturel, au premier abord, de penser que, dans ce cas, la dilatation subie par les strates a dû déterminer un phénomène analogue à celui dont il sera question dans le livre suivant, et modifier leur allure générale d'une manière sensible ; mais il n'en est rien. Le coefficient de dilatation des roches sédimentaires est à peu près 0,004 ; l'allongement de chaque strate sera donc, entre 0° et 100°, d'un millimètre par mètre ou d'un mètre par kilomètre. Ce faible allongement produira des effets d'autant moins sensibles qu'il sera compensé, de même que pour toute l'écorce terrestre, par divers phénomènes, tels que le mouvement de retrait, conséquence des actions moléculaires et du refroidissement. (1)

Les considérations dans lesquelles nous venons d'entrer démontrent que les variations de température qui, à des intervalles plus ou moins éloignés, se sont manifestées dans la zone sédimentaire, n'ont pu déterminer des effets appréciables. Mais il n'en a pas été de même pour la zone cristalline, et, en général, pour toute la partie de l'écorce terrestre qui s'est formée, par voie de solidification, aux dépens de la pyrosphère. Ici, tout a concouru à produire une diminution de volume. Pendant que les actions moléculaires déterminaient un mouvement de retrait, les changements de température agissaient dans le même sens, puisque la température de chaque roche devenait de plus en plus inférieure à ce qu'elle avait été au moment de la solidification de cette roche. C'est de ce concours de circonstances qu'est né le réseau de fissures existant à travers l'écorce terrestre.

La pesanteur doit être mise au nombre des actions dynamiques qui s'exercent sur l'écorce terrrestre. Elle agit, d'une

(1) Dilatations linéaires de diverses roches, pour une variation de température comprise entre 0° et 100°; (*Comptes-rendus de l'Académie des Sciences*, tome I).

Ciment romain.	0,0014549
Marbre blanc de Sicile.	0,0011041
Marbre de Carrare.	0,0006559
Grès de la carrière de Craigleith.	0,0011745
Ardoise de la carrière de Penrhyn (Galles).	0,0010376
Granite rouge de Peterhead.	0,0008968
Pavés d'Arbroath.	0,0008985
Granite vert d'Aberdeen.	0,0007894
Briques de la meilleure espèce.	0,0005502
Tige d'une pipe hollandaise.	0,0004573
Poterie de Wedgewood.	0,0004529
Marbre noir de Galway (Irlande).	0,0004452

manière générale, comme puissance négative en imprimant
un mouvement centripète aux parties de l'écorce terrestre
contre lesquelles cessent d'agir les impulsions qui ont leur
point de départ dans la pyrosphère; (tome I, page 238). En
outre, elle amène, ainsi que nous allons le voir, l'éboulement
des masses que diverses circonstances viennent priver de
leur support naturel. Enfin, la pression subie par les strates
détermine, dans quelques unes d'entre elles, tantôt un changement de structure (voir tome I, page 512), tantôt une déformation comparable à celle qui est produite par le balancier
dans la fabrication des médailles et des pièces de monnaie;
(voir livre suivant, chap. VI). C'est également la pression
éprouvée par les strates qui leur imprime les plissements et
les contournements qu'elles présentent dans un grand nombre
de pays.

**Rôle passif joué par l'écorce terrestre dans les mouvements qu'elle
subit.** — La structure fendillée de l'écorce terrestre facilite à un
haut degré l'action des forces qui s'exercent sur elle. Cette action est également favorisée par la souplesse et la ductilité des
strates; celles-ci peuvent subir, sans se rompre, des ploiements
dont quelques exemples seront consignés dans le livre suivant.
(Voir tome I, pages 244 et 256.)

L'action dissolvante ou délayante des eaux souterraines a
pour résultat, dans certaines contrées, la formation de vides
qui finissent par déterminer à leur tour des effondrements du
sol. Ces mouvements, toujours locaux et superficiels, se manifestent principalement sur les points où des roches solides
sont supportées par des roches facilement solubles ou délayables. Plus tard, nous rechercherons quelle influence ces
effondrements du sol exercent dans la production de quelques

uns des accidents topographiques particuliers à certains pays. Nous verrons notamment comment on peut leur attribuer ces vallées que M. Fournet appelle *vallées d'effondrement par érosion souterraine.* Cet éminent géologue cite Lons-le-Saulnier comme une des localités les plus remarquables par les tassements qui s'y manifestent de temps à autre. Cette ville est établie sur un calcaire jurassique supporté par des marnes argileuses et une formation salifère. Un premier effondrement du sol a eu lieu dans cette ville en 1703; d'autres événements du même genre s'y sont produits en 1712, 1738, 1792, 1814, 1836 et 1849. On est naturellement porté à supposer, dit M. Fournet, qu'une sorte de fleuve souterrain circule sous la ville et mine peu à peu les marnes. Ce qui donne d'ailleurs quelque appui à cette hypothèse, c'est que, pendant l'affaissement de 1792, les eaux, interceptées dans leurs cours par la descente du sol, s'exhaussèrent en même temps au puits d'où l'on extrait l'eau salée qui alimente les salines de l'endroit. Il faut encore ajouter que, dans le même moment à peu de chose près, et dans une commune de la basse plaine qui se trouve à trois lieues vers le S.-O., un moulin disparut comme par enchantement; cette corrélation autorise à croire que c'est dans le même canal que furent engloutis le moulin et quelques maisons de la ville. (1)

(1) M. Deleschaux avait fait rebâtir une maison que l'affaissement de 1703 avait déjà ébranlée. Dans la nuit du 20 septembre 1792, on entendit de sourds craquements qui paraissaient venir des combles et ensuite s'approcher. Le lendemain, dès que le jour parut, la maîtresse de la maison ouvrit la fenêtre de sa chambre; les vitres de cette fenêtre volèrent en éclats. A midi, on allait se mettre à table, lorsqu'un fracas épouvantable se fit entendre et les carreaux des fenêtres se brisèrent en mille morceaux. Les habitants de la maison se précipitèrent dans la rue. A peine en avaient-ils franchi le seuil que l'affaissement se manifesta; un instant après, la maison entière était descendue dans l'abîme et se trouvait recouverte de quinze mètres d'eau. Le lendemain, la

Ces effondrements du sol se produisent également, mais sur une plus petite échelle, dans les terrains formés de roches non solubles ou non délayables. Quoique les lacs des Vosges soient creusés dans le terrain granitique, on s'accorde à les rattacher, par leur origine, à des effondrements du sol. Les phénomènes que nous avons en vue sont de la même nature que ceux qui, dans les volcans, déterminent des dépressions cratériformes, telles que le Val del Bove, dans l'Etna, et la vallée de Taaro, dans l'île de Ténériffe.

La cause de ces effondrements se trouve à une faible distance de la surface du sol; à mesure que la profondeur augmente, les voûtes, qui surmontent les cavités de l'écorce terrestre, présentent plus d'épaisseur et sont moins sujettes à s'ébouler. D'ailleurs, ce serait une erreur de croire que les dimensions de ces cavités augmentent en raison de la profondeur. On aurait également tort d'établir une complète similitude entre les phénomènes dont il vient d'être question et les effondrements dont la cause première réside dans la pyrosphère, effondrements dont j'ai cité un exemple qui s'est produit sur une échelle colossale. (Voir tome I, pages 254 et 260.)

Direction des forces qui agissent dans l'intérieur de l'écorce terrestre; refoulement résultant des forces latérales. — Quelques unes

maison voisine au midi éprouva le même sort. Dès ce moment, l'effroi et la consternation se répandirent dans la ville et surtout dans le quartier menacé pour lequel on entrevoyait le sort de Pompéi et d'Herculanum. Tous les habitants de la rue des Dames enlevèrent leur mobilier. Le gouffre ouvrait de plus en plus sa gueule béante dont le diamètre était de 22 mètres; l'eau avait son niveau à 4m,5 au dessous des pavés de la rue. Quand les tassements furent terminés, il fallut songer à combler ce vide. Toutes les communes voisines vinrent en aide, et 15,711 voitures de matériaux furent jetées dans ce précipice sans le combler. On ne parvint à achever le remblai qu'en se servant des débris d'une église de l'abbaye de Lons-le-Saulnier. (Fournet, *Mémoires de l'Académie des Sciences de Lyon.*)

des impulsions subies par l'écorce terrestre sont dirigées dans tous les sens ; il en est ainsi pour les impulsions qui se manifestent après une explosion volcanique ou qui se produisent en vertu des actions moléculaires ou du refroidissement de la croûte du globe. Le rôle joué par ces impulsions est, au point de vue dynamique, très secondaire ; aussi n'exercent-elles sur l'allure des strates qu'une très faible influence.

Les forces, dont le siége se trouve placé dans la pyrosphère, sont celles qui, concurremment avec la pesanteur, opèrent avec le plus d'énergie. Elles agissent de bas en haut, tandis que la pesanteur tend à imprimer aux masses dont se compose l'écorce terrestre un déplacement vertical de haut en bas. Nous pouvons donc nous représenter, dans l'intérieur de la croûte du globe, deux systèmes de forces agissant, le long de la verticale, dans des sens opposés. Mais on conçoit que ces deux systèmes de forces puissent fréquemment se transformer en forces latérales ou agissant dans le sens horizontal. Ces forces latérales déterminent les phénomènes de refoulement qui ont attiré l'attention de divers géologues et notamment de Saussure, J. Hall, Boucheporn, M. Elie de Beaumont, etc.

LIVRE HUITIÈME.

STRATIGRAPHIE SYSTÉMATIQUE.

SYSTÈMES DE MONTAGNES.

CHAPITRE I.

PRINCIPES DE STRATIGRAPHIE SYSTÉMATIQUE.

Lignes stratigraphiques; pôles et grand cercle de comparaison d'un système. — Problèmes de stratigraphie: 1° déterminer l'âge d'une ligne stratigraphique; 2° mesurer la direction d'une ligne stratigraphique; 5° tracer une ligne stratigraphique; 4° rapporter une direction d'un point à un autre. — Méthode pour résoudre ce problème sans recourir à la trigonométrie. — Influence de la sphéricité de la terre sur le tracé des lignes stratigraphiques; excès sphérique.— Comment il se trouve introduit dans les calculs géologiques.

Lignes stratigraphiques; pôles et grand cercle de comparaison d'un système. — Les alignements tracés à la surface du globe et, par conséquent, les lignes stratigraphiques peuvent être considérés comme étant rectilignes, c'est-à-dire tracés sur une surface plane, lorsqu'ils ont une faible étendue. Mais, dès que ces lignes atteignent une certaine longueur, la courbure de la terre se fait sentir; elles deviennent de véritables arcs de grand cercle, et c'est un arc de grand cercle que l'on obtient chaque fois que, par la pensée, on trace la ligne la plus courte entre deux points placés sur la sphère terrestre. (1)

« Deux grands cercles, se coupant nécessairement en deux points diamétralement opposés, ne peuvent jamais être parallèles dans le sens ordinaire de ce mot; mais deux arcs de grand cercle, d'une étendue assez limitée pour que chacun d'eux puisse être représenté par une de ses tangentes, pourront être considérés comme parallèles, si deux de leurs tangentes respectives sont parallèles entre elles. C'est ainsi que tous les arcs des méridiens qui coupent l'équateur sont réellement parallèles entre eux aux points d'intersection. Un nombre quelconque d'arcs de grands cercles, n'ayant chacun que peu de longueur, pourront être dits parallèles à un même *grand cercle de comparaison*, si chacun d'eux en particulier satisfait à la condition ci-dessus énoncée par rapport à un élément de ce grand cercle auxiliaire. Pour cela il est nécessaire et il suffit que les différents grands cercles, qui couperaient à angle droit chacun de ces petits arcs dans son milieu, aillent se rencontrer eux mêmes aux deux extrémités opposées d'un même diamètre de la sphère. Si cette condition est remplie, et si en même temps tous les petits arcs de grands cercles dont il s'agit sont éloignés des deux points d'intersection de leurs perpendiculaires, s'ils sont concentrés dans le voisinage du grand cercle qui sert d'équateur à ces deux pôles, ils pourront être consi-

---

(1) J'engage le lecteur à se munir d'une sphère terrestre, et, en outre, d'une boule sur laquelle il puisse tracer les lignes dont il va être question. Ces objets lui rendront plus facile l'intelligence de ce qui sera dit dans ce chapitre et dans les chapitres suivants.

dérés comme formant sur la sphère un système de traits parallèles entre eux. — Le problème fondamental que présente un pareil système de petits arcs observés sur la surface du globe, où ils sont tracés par des crêtes de montagnes ou par des affleurements de couches, consiste à déterminer le *grand cercle de comparaison*, à l'un des éléments duquel chacun des petits arcs observés est parallèle. Ces petits arcs peuvent généralement être considérés comme étant eux mêmes des tangentes par rapport à autant de petits cercles résultant de l'intersection de la surface de la sphère avec des plans parallèles au *grand cercle de comparaison*, qui forme l'équateur de tout le système.

» Chacun de ces petits arcs est un parallèle par rapport à l'équateur du système; il a les mêmes pôles que lui, et ces pôles sont les deux points où se coupent tous les grands cercles perpendiculaires aux petits arcs qui constituent le *système de traits parallèles* déterminé par l'observation. Le problème auquel donne lieu un pareil système se réduit à déterminer ces deux pôles, ou, ce qui revient au même, son équateur, c'est-à-dire le *grand cercle de comparaison* auquel chacun des petits arcs observés peut être considéré comme parallèle. Cette détermination serait facile, et elle pourrait se faire d'après deux, ou du moins d'après quelques observations seulement, si la condition du parallélisme était rigoureusement satisfaite; mais, comme elle ne l'est, en général, qu'approximativement, la détermination du *grand cercle de comparaison* ne peut plus résulter que de la moyenne d'un grand nombre d'observations combinées entre elles, et tant que les observations ne sont pas très multipliées et répandues sur un grand espace, on ne peut que marcher vers cette détermination par des approximations successives. » (Elie de Beaumont, *Notice.*)

Problèmes de stratigraphie; détermination de l'âge d'une ligne stratigraphique. — Les problèmes de stratigraphie sont au nombre de quatre : 1° déterminer l'âge d'une ligne stratigraphique; 2° mesurer la direction d'une ligne stratigraphique; 3° tracer une ligne stratigraphique; 4° rapporter sa direction d'un point à un autre.

La détermination de l'âge relatif d'un chaînon ou d'une chaîne de montagnes entraîne celle des lignes stratigraphiques qui leur sont parallèles. On peut encore, dans cette recherche, consulter les relations de direction entre les lignes qui se rencontrent; fréquemment, une ligne qui divise en deux parties égales l'angle formé par deux autres lignes, se place également entre elles par son âge; deux lignes perpendiculaires ou parallèles sont presque toujours contemporaines, et deux lignes, différentes par leur direction, diffèrent également par leur âge.

Mesurer la direction d'une ligne stratigraphique. — La *direction* d'une ligne stratigraphique est l'angle que cette ligne fait, en un point donné, avec le méridien qui passe par ce point. Pour la mesurer sur une carte, il n'y a qu'à se servir du rapporteur, c'est-à-dire d'un demi cercle gradué.

Sur le terrain, le même problème exige l'emploi de la boussole. On place la boussole sur la ligne stratigraphique dont il faut mesurer la direction, puis on l'oriente ou, en d'autres termes, on fait coïncider l'aiguille avec la ligne N. — S.; il ne reste plus qu'à rechercher, en portant le rayon visuel vers un des jalons de la ligne stratigraphique, quel est, parmi les rayons du cercle gradué de la boussole, celui qui coïncide avec cette ligne. L'indication ainsi obtenue doit subir une correction lorsque, ce qui arrive presque constamment, le nord vrai ou astronomique ne coïncide pas avec le nord magnétique ou de la boussole. Il faut ajouter à cette indication ou en retrancher la déclinaison, suivant que la ligne stratigraphique se place à l'ouest ou à l'est du méridien magnétique.

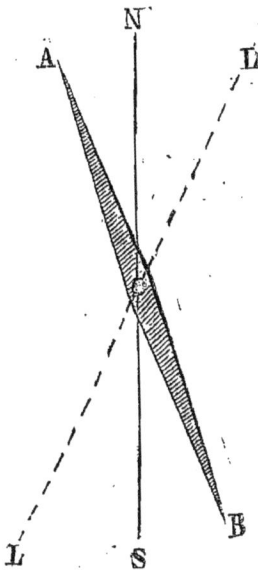

— En 1860, la déclinaison, à Paris, était occidentale et de 19° 33'; l'aiguille de la boussole AB faisait donc, avec le méridien géographique NS, un angle de 19° 33' placé à l'ouest de ce méridien (à gauche sur la figure 67). Une ligne stratigraphique orientée au N. 45°. E. de la boussole se plaçait en LL; sa véritable orientation était évidemment égale à 45° moins 19° 33', c'est-à-dire à 25° 27'.

Fig. 67.

Tracer une ligne stratigraphique. — Une ligne stratigraphique est complétement déterminée lorsque l'on connaît un des points par où elle passe et son orientation en ce point. Pour suivre son prolongement à la surface du globe et pour la tracer sur une sphère ou sur une carte, il faut rechercher quels sont les points où elle va successivement rencontrer les méridiens qui se trouvent sur son trajet. Dans cette recherche, deux méthodes peuvent être employées : le calcul et le procédé graphique.

Sur une sphère terrestre, la méthode graphique consiste dans l'emploi d'un fil que l'on place d'abord de manière à ce qu'il passe par le point donné, en faisant, avec le méridien de ce point, un angle convenable. Puis on enroule ce fil autour de la sphère en ayant soin de ne pas le faire dévier à droite ou à gauche et de le diriger dans le sens du grand cercle auquel il appartient. Une fois cette opération terminée, on suit sur la surface du globe le prolongement de la ligne stratigraphique. Mais cette méthode, suffisante dans un grand nombre de cas, ne saurait être mise en usage si l'on veut parvenir à des résultats exacts. Le fil n'est jamais rigoureusement posé dans une direction convenable et la latitude où il coupe chaque méridien ne peut être évaluée que d'une manière approximative. Pour connaître exactement cette latitude, il faut avoir recours au calcul.

Fig. 68, page 443. — Soient A, le point par lequel est menée la ligne AB dont il faut suivre le prolongement; PA, l'arc de grand cercle compris entre le pôle et le point A; PAB, l'orientation de la ligne stratigraphique au point A; B, le point où la ligne stratigraphique AB va couper un autre méridien Pb′. Dans le triangle PAB, on connaît l'arc PA, et les angles BPA et PAB; on peut donc déterminer l'arc PB et, par suite, la latitude du point B, puisque cette latitude est égale à 90°—PB.

Sur un plan, pour suivre le prolongement d'une ligne droite, il n'y a qu'à tracer cette ligne avec une règle. Le mode de projection employé sur les cartes ne permet pas de recourir à ce procédé si simple, parce que la ligne qui représente un grand cercle y change de direction à chaque instant. Les cartes, dans le tracé desquelles on a employé une projection gnomonique [1],

---

[1] Le mode de *projection gnomonique* consiste à projeter la surface de la sphère sur un de ses plans tangents, par la prolongation pure et simple des rayons partant du centre. Sur une pareille projection, tous les grands cercles sont représentés par des lignes droites. Les arcs égaux sont souvent représentés par des lignes inégales; ceux qui partent du centre de projection sont représentés par leurs tangentes; ceux qui ne passent pas au centre de projection sont représentés par des longueurs, ayant avec eux mêmes des rapports plus complexes; une partie des angles ont sur la carte des ouvertures diffé-

sont les seules où tout grand cercle tracé à la surface du globe soit représenté par une ligne droite. Mais les cartes ne sont jamais établies d'après ce mode de projection qui n'offre aucun avantage, lorsqu'on ne l'emploie pas pour les études de stratigraphie systématique, et qui présente de graves inconvénients.

Pour tracer une ligne stratigraphique sur une carte, on pourrait employer d'abord la méthode qui vient d'être décrite pour la tracer sur une sphère, et déterminer ainsi la latitude du point où cette ligne rencontre chaque méridien. En marquant tous ces points sur une carte et en les joignant entre eux, on aurait ainsi la courbe dessinée par une ligne stratigraphique. Mais ce procédé ne donne que des résultats d'une approximation souvent insuffisante. Il ne peut non plus être employé dans les cas où la contrée que l'on étudie est resserrée dans d'étroites limites parce qu'elle n'occupe alors sur la surface de la sphère que peu d'étendue. Dans ces divers cas, on est obligé de recourir au calcul en résolvant un triangle sphérique pour chaque point qui entre dans le tracé de la courbe représentant le grand cercle ou l'arc de grand cercle dont ont veut retrouver le trajet.

Rapporter une direction d'un point à un autre. — Il suffit de jeter un coup d'œil sur une sphère pour se convaincre qu'un grand cercle ne coupe pas tous les méridiens sous le même angle et, par conséquent, n'a pas partout la même orientation. Le géologue stratigraphe doit donc savoir rapporter une direction d'un point à un autre.

Figure 60, page 425. — Soient P, le pôle; A, le *point d'ob-*

rentes de celles qu'ils ont sur la surface de la sphère; on ne peut donc mesurer sur la carte, ni les arcs, ni les angles (du moins pour la plupart), mais on peut y suivre la manière dont les arcs s'entrecroisent. (Elie de Beaumont.)

servation où passe la ligne MN dont la direction est donnée ;
B, le *centre de réduction*, ou point par où il faut mener une
ligne M'N' parallèle à MN. On connaît l'orientation de la ligne
MN, c'est-à-dire l'angle PAM qu'elle forme avec le méridien
passant par le point A ; il s'agit de connaître l'orientation de la
ligne M'N', c'est-à-dire l'angle PBM' qu'elle forme avec le
méridien passant par le point B.

Remarquons d'abord que MA*b* et M'B*b* sont égaux comme
correspondants ; les angles PB*b* et AB*b*' sont égaux comme
opposés par le sommet. Cela posé, on a successivement :

$$PBM' = M'B b - PB b, \quad PBM' = M'B b - AB b',$$
$$PBM' = PAM + PAB - AB b'.$$

Lorsque le méridien du point B, centre de réduction, est
placé à l'ouest du méridien du point d'observation A, à gauche
sur la figure 60, la quantité PAB — AB*b*' est négative, parce
que l'angle AB*b*' est toujours plus grand que PAB. On peut
donc écrire : PBM' = PAM — AB*b*' — PAB.

Supposons maintenant que le méridien du point B, centre
de réduction, soit placé à l'est du point d'observation A, à
droite sur la figure 61, page 423, où les lettres ont la même
signification que pour la figure 60. On a successivement :
PBM' = PB*b* — M'B*b*, PBM' = AB*b*' — M'B*b*, PBM' = AB*b*' — MA*b* ;
mais MA*b* = PA*b* — PAM ; on a donc :
PBM' = AB*b*' — PA*b* + PAM, ou PBM' = PAM + AB*b*' — PA*b*.

Ici PA*b* est toujours plus petit que AB*b*' ; l'expression AB*b* —
PA*b* donne donc toujours une quantité positive.

Dans les deux cas qui viennent d'être examinés, la ligne
MN est dirigée à l'est du point d'observation A. On arriverait
au même résultat dans les cas où elle serait dirigée à l'ouest ;
la démonstration serait la même.

Par conséquent, *l'angle cherché* (orientation de la ligne M'N') *est égal à l'angle donné* (orientation de la ligne MN) *augmenté ou diminué de la différence des angles alternes-internes déterminés* (figure 68 ci-jointe) *par l'arc qui joint le point d'observation* A *au centre de réduction* B *et par les méridiens passant par ces points.*

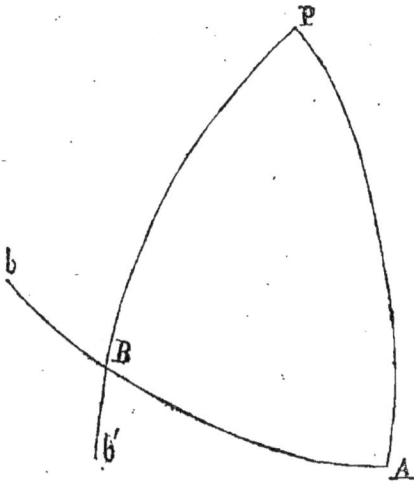

Fig. 68.

Cette différence des angles alternes-internes, une fois connue, sert indistinctement pour toutes les lignes que l'on peut mener parallèlement l'une à l'autre par les points A et B. Pour obtenir cette différence, on peut mettre en usage les formules de la trigonométrie sphérique; mais l'emploi de ces formules demande beaucoup de temps, surtout lorsque l'on a un grand nombre de transports de direction à effectuer; d'ailleurs bien des personnes ne sont pas familiarisées avec l'emploi des formules trigonométriques. Je vais exposer une méthode qui a été imaginée par M. Elie de Beaumont, et qui permet d'opérer le transport d'une direction d'un point à un autre, pour ainsi dire, d'un trait de plume, et sans recourir aux formules trigonométriques ainsi qu'à l'emploi des tables de logarithmes.

Si les points A et B sont séparés par un intervalle d'un degré et situés sur l'équateur, leurs méridiens, aux points où ils rencontreront cet équateur, seront rigoureusement parallèles entre eux; il en sera de même, sauf la correction résul-

tant de l'excès sphérique ; pour les lignes qui feront, au point
A et au point B, le même angle avec les méridiens de ces
points. La différence des angles alternes-internes sera égale à
zéro. A mesure que les points A et B, tout en se maintenant à
la même latitude, se rapprocheront des pôles, la différence
des angles alternes-internes ira en augmentant. Supposons que
l'angle aux pôles, c'est-à-dire l'angle formé par les méridiens
du point A et du point B, soit d'un degré, cette différence
sera égale à 1, lorsque ces points seront infiniment rapprochés
des pôles.

La différence des angles alternes-internes varie non seulement avec la latitude, mais aussi avec la grandeur de l'angle
au pôle, déterminé par la différence des longitudes. Sous
l'équateur, le rapport entre l'angle aux pôles et la différence
des angles alternes-internes est celui de 1 à 0 ; c'est-à-dire
que, sous l'équateur, tous les méridiens et toutes les lignes
parallèles entre elles auront la même orientation, sauf, pour
ces dernières, la correction résultant de l'excès sphérique. Ce
rapport ira en croissant à mesure que l'on s'éloignera de
l'équateur, et, à une distance des pôles infiniment petite,
sera celui de l'égalité ou de 1 à 1 ; alors la différence des
angles alternes-internes sera égale à l'angle aux pôles. Si,
par exemple, à une distance très rapprochée des pôles, la
différence des longitudes est de 3°, et si une des lignes
menées par le point A est orientée au N., la ligne menée
parallèlement par le point B sera, selon les cas, approximativement orientée au N. 3° E. ou N. 3° O.

Le rapport dont il vient d'être question croît de l'équateur
aux pôles d'une manière régulière lorsque les points A et B
sont situés sur la même latitude, c'est-à-dire lorsque le triangle
ABP est isocèle. Lorsque les points A et B sont placés sur des

latitudes différentes, ce rapport croît par rapport à la latitude moyenne de ces points avec une régularité non pas rigoureuse, mais approximative. M. Elie de Beaumont avait résolu trente neuf triangles ayant tous pour sommet le pôle boréal de la terre, et, pour leurs deux autres angles, différents points de l'Europe et de l'Afrique, pris à diverses latitudes depuis la Laponie jusqu'à l'île de Ténériffe. Ayant eu l'idée de ranger les résultats suivant l'ordre des latitudes moyennes des deux sommets méridionaux de chaque triangle, il a vu que les irrégularités de leur marche n'étaient pas assez grandes pour empêcher de faire entre eux des interpolations approximatives d'une exactitude suffisante pour la pratique dans le plus grand nombre des cas. C'est le tableau des résultats ainsi obtenus que j'ai placé à la page 446.

J'ai formé ce tableau en faisant, dans celui qui a été dressé par M. Elie de Beaumont, de nombreuses interpolations, et en choisissant parmi ces interpolations celles qui correspondaient à des angles exprimés en dizaines de minutes. Le lecteur devra, pour les latitudes moyennes qui n'ont pu trouver place dans ce tableau, recourir à de nouvelles interpolations. Il m'a paru suffisant d'exprimer en millièmes seulement le rapport correspondant à chaque latitude moyenne, rapport qui est inscrit dans le tableau de M. Elie de Beaumont avec cinq décimales. Sur les points où la série de ces rapports présentait de l'irrégularité, j'ai remplacé les résultats que M. Elie de Beaumont avait obtenus au moyen du calcul par ceux que m'ont fournis les interpolations entre les nombres où la régularité de cette série se trouvait maintenue.

Nous connaissons dans le triangle PAB, fig. 68, page 443 : 1° l'angle au pôle qui n'est autre que la différence des longitudes; 2° la latitude moyenne des points A et B; 3° le rapport

29

LATITUDE MOYENNE.	RAPPORT.	LATITUDE MOYENNE.	RAPPORT.	LATITUDE MOYENNE.	RAPPORT.
54° 0'	0,562	46° 0	0,725	10'	0,781
50	569	10	725	20	783
55 0	576	20	726	50	785
30	582	50	727	40	786
56 0	590	40	727	50	788
50	596	50	731	52 0	789
37 0	604	47 0	733	10	792
50	610	10	736	20	794
58 0	617	20	738	50	795
50	624	50	739	40	796
59 0	632	40	742	50	797
30	640	50	744	53 0	800
40 0	648	48 0	745	20	802
50	655	10	753	40	811
41 0	662	20	754	54 0	814
30	669	50	755	20	814
42 0	678	40	756	40	826
20	682	50	757	55 0	828
40	687	49 0	759	20	833
43 0	690	10	760	40	836
20	698	20	761	56 0	841
40	704	50	762	50	846
44 0	707	40	763	57 0	849
20	709	50	764	50	852
40	711	50 0	766	58 0	854
45 0	714	10	769	50	856
10	715	20	771	59 0	858
20	716	50	773	50	861
50	717	40	775	60 0	866
40	719	50	777	61 0	872
50	722	51 0	779	62 0	890

correspondant à cette latitude moyenne pour un degré. Une simple proportion doit donc nous donner la différence des angles alternes internes. Cette différence devra être ajoutée à l'angle connu ou en être retranchée, suivant les cas : si le point B est à l'ouest du point A, l'orientation devra obliquer vers le sud en passant par l'ouest ; si le point B est à l'est du point A, elle devra obliquer vers le sud en passant par l'est. Je donne en note, page 514, plusieurs exemples du calcul que je viens d'indiquer.

Influence de la sphéricité de la terre sur le tracé des lignes stratigraphiques; excès sphérique. — « Les géologues qui se livrent à des rapprochements entre les directions des différents accidents que présente l'écorce terrestre doivent toujours être en garde contre les illusions qui résultent 1° de la forme sphérique de la terre, et 2° de la manière dont elle est représentée sur les cartes géographiques. Si, en un point donné, on veut tracer un petit arc de grand cercle parallèle à un autre petit arc de grand cercle existant en un autre point de la sphère, il suffit de joindre les deux points par un arc de grand cercle, et de tracer le nouvel arc de manière qu'il fasse avec l'arc de jonction le même angle que l'arc observé. En opérant de cette manière pour transporter une direction d'un point à un autre, on se rapproche autant que possible du procédé par lequel on trace, par un point donné d'un plan, une parallèle à une droite donnée dans ce plan. On a égard à la convergence des méridiens vers le pôle de rotation de la terre, comme on aurait égard sur un plan à la convergence de rayons vecteurs vers un foyer ; mais on fait abstraction, du reste, des effets de la courbure de la terre. Toutefois, la courbure de la terre est ici la source d'une petite erreur, mesurée par l'*excès sphérique* de la somme de trois angles d'un triangle rectangle, dont l'hypoténuse est

l'arc qui joint les deux points comparés, et dont l'un des côtés
de l'angle droit est la prolongation du petit arc observé.

« L'*excès sphérique* se trouve introduit dans les calculs géologiques par des motifs analogues à ceux qui le font prendre en
considération dans les calculs géodésiques. On se sert de l'excès
sphérique en géodésie pour ramener le calcul d'un triangle
sphérique à celui d'un triangle plan ; on s'en sert en géologie
pour corriger l'erreur que l'on commet en supposant que la
surface de la terre se confond avec un plan qui lui serait tangent dans le milieu de la contrée dont on s'occupe. » (Elie de
Beaumont, *Notice*.)

Figure 64, page 425. — Soient deux points A et B, placés sur
l'équateur *ee*. Par chacun de ces points élevons une perpendiculaire. Ces deux perpendiculaires constitueront évidemment
des méridiens; aux points A et B, elles seront rigoureusement
parallèles entre elles, mais, à mesure qu'elles s'éloigneront de
l'équateur, leur parallélisme se trouvera de plus en plus en
défaut, puisqu'elles convergeront vers le pôle. Recherchons ce
qui se passera sur un point quelconque de la ligne BP, sur le
point N, par exemple, placé sous la même latitude que le point
M. Evidemment, cette ligne, une fois arrivée au point N, devra,
pour conserver son parallélisme avec AM, dévier à gauche.

Evaluons la quantité dont il faudra la faire obliquer vers la
gauche pour la rendre parallèle à AP. Du point N abaissons une
perpendiculaire sur AP ; cette perpendiculaire tombera un peu
au delà du point M. Nous dessinerons ainsi un triangle rectangle
NOM dont 'excès sphérique ε nous donnera la quantité dont la
ligne BP devra être déviée à gauche ; — en d'autres termes,
elle nous donnera l'angle qu'elle devra faire vers l'ouest avec le
méridien du point N. Nous obtiendrons ainsi la ligne NN'.

La ligne NN' convergera à son tour vers la ligne AP qu'elle

tendra à rencontrer en un point non indiqué sur la figure et placé au delà de P. Au point N', une construction semblable à celle que nous venons d'effectuer nous donnera un nouveau triangle rectangle N'O'M' égal au premier et dont l'excès sphérique nous permettra d'obtenir une troisième ligne N'N'' parallèle à AP.

On voit comment, en répétant cette construction autant de fois que cela serait nécessaire, on ferait le tour de la sphère terrestre, pour venir retomber au point B. On obtiendrait ainsi un petit cercle BNN'N''....... parallèle au grand cercle AP qui jouerait par rapport au petit cercle le rôle d'équateur. Cette construction a donc l'avantage de faire comprendre le sens qu'il faut attacher à l'expression « grand cercle de comparaison ». Elle montre également comment l'excès sphérique ε entre dans les calculs géologiques. Enfin, comme elle s'applique non seulement aux méridiens, mais à tous les grands cercles que l'on peut tracer sur la sphère terrestre, elle nous fait voir, comment on peut, par l'emploi de l'excès sphérique, corriger les résultats que l'on obtient lorsque l'on transporte une direction d'un point à un autre par la méthode que nous venons d'exposer, et dans laquelle on suppose la surface de la sphère confondue avec un plan tangent. Un autre exemple va achever d'expliquer l'emploi que l'on peut faire de l'excès sphérique.

Dans le cas qui vient d'être examiné, l'arc qui joint les points A et B coupe à angle droit les deux lignes AM, BN; supposons ces deux droites menées dans une direction quelconque par rapport à l'arc AB. Par le point B, figure 66, p. 425, abaissons une perpendiculaire sur la ligne MC qui passe par le point A et que nous supposerons prolongée s'il en est besoin. Soit BN la ligne menée par le point B parallèlement à la ligne AM. Puisque BM est perpendiculaire à AM; la ligne BN est, au point B, parallèle à

AM. Mais, à partir du point B , BN est de moins en moins parallèle à AM. Pour que son parallélisme se maintienne jusqu'au point N, où elle rencontre la perpendiculaire élevée en A à la ligne AM, il faut la déplacer vers la gauche d'une quantité égale à l'excès sphérique du triangle rectangle ABM dont il a été question au commencement de ce paragraphe. On a, en effet : MBA + BAM = 1 droit + ε. Mais CAD = BAM comme opposés par le sommet ; NBA = CAD, comme correspondants. On a donc : MBA + NBA = 1 droit + ε , c'est-à-dire MBN = 1 droit + ε.

Par conséquent, si l'on veut mener par le point B une ligne parallèle à une autre ligne passant par le point A, il faut d'abord calculer, par le procédé expéditif que nous avons indiqué, la différence des angles alternes internes, puis modifier le résultat ainsi obtenu, en l'augmentant ou en le diminuant d'une quantité égale à l'excès sphérique d'un triangle rectangle qui a pour hypoténuse l'arc de jonction des points A et B, et pour un des côtés de l'angle droit une perpendiculaire abaissée du point B sur la ligne passant par le point A. L'excès sphérique est proportionnel à la surface du triangle rectangle en question. L'angle formé par l'arc de jonction et la ligne passant par le point A restant le même, la surface du triangle rectangle croît avec la longueur de l'hypoténuse, c'est-à-dire avec la distance qui sépare le centre de réduction du point d'observation. Cette distance restant la même , cette surface croît avec la valeur de l'angle que je viens de désigner , jusqu'à ce que cet angle atteigne une valeur de 45° ; à partir de 45° jusqu'à 90°, cette surface devient de plus en plus petite. (1)

_____

(1) En jetant un coup d'œil sur la figure 65, page 393, le lecteur peut voir comment l'hypoténuse AB restant constante, la surface du triangle rectangle ABC diminue à mesure que la valeur des angles A ou B s'éloigne de 45° pour se rapprocher de 0° ou de 90°.

L'excès sphérique doit être obtenu, si l'on veut un résultat exact, en résolvant le triangle rectangle par le calcul trigonométrique; toutefois le tableau suivant permet d'arriver tout de suite à un résultat presque rigoureusement exact pour les triangles dont l'hypoténuse n'a pas plus de 1000 kilomètres, mais qui l'est beaucoup moins lorsque l'hypoténuse a 2000 kilomètres de longueur. Pour des triangles plus grands, il faudrait nécessairement avoir recours au calcul trigonométrique. L'excès sphérique ainsi obtenu doit être employé soustractivement ou additivement suivant la position respective du centre de réduction et du point d'observation et suivant la direction qui a été observée.

La figure 71, page 425, montre comment l'excès sphérique doit être employé tantôt négativement, tantôt positivement. Dans cette figure, le centre de réduction est au point O dont le méridien est OP. Pour plus de simplicité, nous supposerons que toutes les directions observées autour du point O sont parallèles entre elles et donnent pour résultat une ligne AB orientée au point O à l'E. 32° N. Si, par le point O, on élève une perpendiculaire à AB, on partagera la figure en quatre angles. En faisant la construction précédemment indiquée, on verra que l'excès sphérique obtenu pour chaque point d'observation devra être retranché de l'orientation E. 32° N., lorsque ce point se trouvera dans un des deux angles DOB, AOC, et ajouté à cette orientation, lorsque ce point se trouvera dans un des deux angles AOD et COB.

Le tableau suivant donne les valeurs approchées de l'excès sphérique. Dans la première colonne, se trouve exprimée en kilomètres, la distance b qui sépare le point A où une direction a été observée et le point B où il faut transporter cette direction ; (voir figure 68, page 425). Les autres colonnes renferment les diverses valeurs de l'excès sphérique correspondant à b. Ces valeurs varient avec l'angle V formé au point A par la direction observée en ce point et par la ligne qui joint le point A et le point B. On peut se contenter de mesurer cet angle sur la carte ainsi que la distance b. Si, par exemple, la distance qui sépare les points A et B est de 1100 kilomètres, et si l'angle en question est de 35°, l'excès sphérique sera de 24′ 7″, valeur qui pourra être positive ou négative. Les valeurs de l'angle ne vont pas au delà de 45° parce que, à partir de 45°, les formules qui ont servi à établir ce tableau conduisent à des valeurs déjà exprimées.

b	VALEURS DE V.								
	5°	10°	15°	20°	25°	30°	35°	40°	45°
kilom.									
100	2″	4″	6″	8″	10″	11″	12″	13″	13″
200	9	17	25	33	39	44	48	50	51
300	20	30	57	1′14	1′28	1′39	1′48	1′53	1′55
400	35	1′10	1′42	2 11	2 36	2 56	3 11	3 21	3 24
500	55	1 49	2 39	3 24	4 4	4 35	4 59	5 13	5 18
600	1′20	2 37	3 49	4 54	5 51	6 37	7 10	7 31	7 38
700	1 48	3 33	5 12	6 41	7 57	9 00	9 46	10 14	10 23
800	2 21	4 39	6 47	8 43	10 24	11 45	12 45	13 22	13 34
900	2 59	5 52	8 35	11 2	13 9	14 52	16 8	16 55	17 11
1000	3 41	7 15	10 36	13 38	16 17	18 22	19 56	20 53	21 12
1100	4 27	8 47	12 59	16 30	19 39	22 13	24 7	25 16	25 40
1200	5 18	10 27	15 16	19 38	23 23	26 27	28 42	30 4	30 32
1300	6 13	12 15	17 55	23 2	27 27	31 2	33 41	35 18	35 50
1400	7 13	14 13	20 47	26 43	31 50	35 59	39 3	40 55	41 34
1500	8 17	16 19	23 51	30 40	36 32	41 19	44 50	46 59	47 42
1600	9 26	18 34	27 9	34 54	41 35	47 1	51 1	53 28	54 17
1700	10 39	20 58	30 39	39 24	46 56	53 5	57 35	1°0 21	1°1 17
1800	11 56	23 30	34 21	44 10	52 37	59 30	1°4 34	1 7 40	1 8 42
1900	13 18	26 11	38 17	49 12	58 38	1°6 18	1 11 56	1 15 23	1 16 33
2000	14 44	29 1	42 25	54 31	1°4 38	1 13 27	1 19 42	1 23 32	1 24 49

CHAPITRE II.

PRINCIPAUX SYSTÈMES DE SOULÈVEMENT CORRESPONDANT
A LA PÉRIODE PALÉOZOIQUE.

Systèmes anté-siluriens de la Vendée, du Finistère, des Kiol, du Morbihan, d'Arendal et du Longmynd. — Leur empreinte existe surtout
dans le massif breton et dans la Scandinavie.— Système du Jemtland.
— Systèmes perpendiculaires et contemporains du Hundsrück et de la
Margeride.— Systèmes perpendiculaires et contemporains des Vosges
et des Ballons. — Disposition générale du massif vosgien. — Relations
géographiques entre ces quatre systèmes. — Réseau quadrangulaire
qu'ils forment en France et dans les régions voisines.— Leur influence
sur la constitution topographique de la France. — Système des Pays-
Bas; il offre le témoignage d'une compression latérale. — Système du
Nord de l'Angleterre.

I. — Système de la Vendée.

M. Rivière a signalé, dans le département de la Vendée et sur
le littoral S.-O. de la Bretagne, un système de dislocations dirigé
à peu près du N.-N.-O. au S.-S.-E. et qu'il regarde comme
ayant été produit antérieurement à toutes les autres dislocations
dont sont affectées les couches très anciennes et très accidentées
qu'on y observe. C'est ce système de dislocations que M. Elie
de Beaumont a désigné sous le nom de système de la « Vendée »;
il est porté à lui rattacher une partie des nombreux plissements
que présentent les schistes verts lustrés de l'île de Belle-
Ile et à placer sous sa dépendance l'accident stratigraphique
que M. Boblaye a signalé en parlant de la direction qu'affecte la stratification du micaschiste et du granite, à partir de

St.-Adrien, près Redon, en suivant les bords du Blavet jusqu'à Pontivy.

II. — Système du Finistère.

Pour point de départ de ce système, M. Elie de Beaumont prend les dislocations qui affectent toutes les roches schisteuses anciennes de la presqu'île de Bretagne et qui ont pour caractère commun de peu s'éloigner de la direction E. 20° à 25° N. et d'être plus anciennes que toutes les autres, celles du système de la « Vendée » exceptées. Cette direction se montre très nettement dans la pointe comprise entre la rade de Brest et l'île de Bas, ainsi que dans les micaschistes et les gneiss qui forment le sol de la ville de Brest; elle se retrouve dans les schistes micacés et chloritiques qui font partie de la pointe méridionale, entre Gourin et Quimper, et dans le Bocage de la Normandie. L'empreinte du système du « Finistère » reparaît en Suède, dans le midi de la Finlande et dans l'Ecosse, ce qui prouve la grande ancienneté du sol de ces contrées. — Les dislocations se rattachant au système du « Finistère » sont peu nombreuses en Corse et dans les montagnes des Maures et de l'Esterel; mais elles peuvent exister dans le sol fondamental des Pyrénées et de la Catalogne, et, plus encore, soit dans les roches schisteuses anciennes des côtes de l'Algérie, soit, au centre de l'Espagne, dans celles des montagnes de Guadarrama.

III. — Système des Kiol.

« Si, par la latitude de 64 degrés et sous le 10ᵉ degré de longitude, on mène une ligne dirigée vers le N.-N.-E., elle coïncidera exactement avec l'axe de la série de montagnes qui existe à la séparation de la Suède et de la Norwège, entre le 64ᵉ et le 68ᵉ degré de latitude, et qu'on désigne sous le nom de

Kiol ou *Kiolen* (prononcez *Kieulen*). C'est également la direction moyenne de la côte norwégienne entre les mêmes parallèles; les strates y sont aussi fréquemment orientées vers le N.-N.-E. Je considère ces accidents stratigraphiques et topographiques comme appartenant à un système que je propose de désigner sous le nom de système des « Kiol ». Ce système est dirigé, dans la Dalécarlie méridionale, au N. 25° E.; il s'y manifeste à la fois par la direction des roches schisteuses et par les alignements des nombreux gîtes de fer oxydulé ou oligiste qui y sont enclavés. — Le système des « Kiol » est antérieur à la période silurienne. Les roches schisteuses qui encaissent les amas de minerai de fer de l'intérieur de la Suède sont redressées presque verticalement, tandis que, un peu plus au sud-est, se montrent des couches siluriennes qui ont conservé leur position horizontale. Dès le commencement de mes explorations dans le nord de l'Europe, j'ai été porté à regarder le premier soulèvement des montagnes de la Norwège, comme datant d'une époque géologique très ancienne, car les couches siluriennes se tiennent toujours sur leurs flancs ou leurs contreforts, sans pénétrer jusque dans leur partie centrale, qui est exclusivement formée de roches azoïques. » (Durocher.)

IV. — SYSTÈME DU MORBIHAN.

Ce système a été signalé par MM. Rivière et Boblaye, et plus complétement étudié par M. Elie de Beaumont qui lui a donné le nom de système du « Morbihan ». C'est encore en Bretagne qu'il faut chercher son empreinte la plus nette. Ce système marque la direction générale de la côte qui au S.-O. limite cette province, depuis l'embouchure de la Loire jusque vers l'île de Sein. Sa direction peut être représentée par une ligne tirée de l'île de Noirmoutier à l'île d'Ouessant et jalonnée par les masses isolées des îles d'Houédic, d'Houat et de la presqu'île de Quiberon ; elle se prolonge suivant la ligne des îles terminales du Finistère, de Beninguet à Ouessant. Vers le S.-E., sa direction semble se retrouver dans les départements de la Corrèze, de la Dordogne et de la Charente. Probablement, la direction des roches cristallines fort anciennes des environs de Messine appartient au système du « Morbihan », dont l'empreinte existe également dans l'Erzgebirge et dans l'Ukraine.

V. — Système d'Arendal.

Les formations schisteuses de la Scandinavie doivent être comptées parmi les plus anciennes dont se compose l'écorce terrestre ; nulle part, en Europe, les terrains primitifs offrent un développement aussi considérable et s'étendent sur d'aussi vastes espaces. La stratigraphie systématique de la presqu'île scandinave a été étudiée avec soin par Durocher. Les systèmes dont il y a constaté l'existence sont tous de date très ancienne ; quelques uns sont même antérieurs à la période silurienne. Cette haute antiquité des systèmes de soulèvement de la Scandinavie est en relation avec l'ancienneté même de cette contrée.

Le littoral, qui s'étend des environs de Christiansand à Langesund, est dirigé presque en ligne droite à l'E. 43° N. ; cette orientation coïncide avec l'orientation moyenne des strates que l'on rencontre dans ce pays ; elle se retrouve sur un grand nombre de points de la Suède, de la Norwège, de la Finlande et même des environs de Saint Pétersbourg jusque sur les bords du lac Ladoga. Après avoir constaté que l'orientation E. 43° N. ne s'adaptait à aucun des systèmes de montagnes établis par

M. Elie de Beaumont, Durocher l'a rattaché à un système de soulèvement qu'il a désigné sous le nom de système « d'Arendal » (1). C'est, dit-il, le système qui joue le rôle le plus important dans la constitution stratigraphique de la Scandinavie. Je ferai remarquer que l'orientation du système « d'Arendal » est, à très peu de chose près, celle de la côte N.-O. de la Norwège, depuis l'île de Vœroe jusqu'au cap Nord.

Durocher ne met pas en doute que le système « d'Arendal » soit antérieur à la période silurienne. Les strates, dont la direction est en rapport avec celle de ce système, sont formées auprès d'Arendal, de gneiss, de schistes quartzeux, micacés, talqueux et amphiboliques. Aux environs de Brevig et de Langesund, on voit les couches siluriennes inférieures reposer, en stratification discordante, sur le gneiss et les schistes cristallins dirigés vers le N.-E. comme aux environs d'Arendal. Le système « d'Arendal » et celui du « Morbihan » sont exactement perpendiculaires l'un à l'autre. D'un autre côté, l'âge qu'on est conduit à leur donner ne s'oppose pas à ce qu'on les considère comme étant synchroniques. Ils nous fournissent donc le premier exemple d'un système binaire.

VI. — Système du Longmynd.

M. Elie de Beaumont prend pour type de ce système les collines du Longmynd, dans la région silurienne de l'Angleterre. Ces collines sont formées de schistes et de grauwackes, sur lesquels les couches siluriennes les plus inférieures reposent en stratification discordante. En Europe, l'empreinte du système du

(1) Arendal est une ville située sur la côte S.-E. de la Norwège, entre Christiansand et Langesund ; c'est une localité célèbre parmi les minéralogistes, et importante à la fois par ses mines et par son commerce.

« Longmynd » se retrouve dans la Bretagne, où elle est fournie par la ligne tirée du cap de la Hogue à Jersey, à Uzel, à Baud, etc.; par la ligne de Guernesey aux îles Glenan ; par la ligne tirée de Harfleur à l'île d'Houëdic, et enfin par un grand nombre de masses éruptives de granite et de syénite qui pénètrent les schistes anciens, aux environs de Morlaix et de St. Pol de Léon.

On retrouve encore des directions stratigraphiques en relation avec le système du «Longmynd» en Normandie, entre Domfront, Vire, Avranches et Fougères ; — dans le Limousin, où des bandes de granite de formation très ancienne tendent à se rapprocher de l'orientation N. 26° E.; — dans l'Erzgebirge ; — dans la Moravie et les parties adjacentes de l'Autriche et de la Bohême ; — dans l'intérieur de la Suède, surtout entre Gotheborg et Gèfle; — dans la partie nord-ouest de la Finlande, où la côte du golfe de Bothnie se dirige entre Vasa et Uleaborg, sur une longueur d'environ 300 kilomètres, et avec une régularité remarquable, suivant une ligne qui fait avec le méridien d'Uleaborg un angle de 42° 30'; — dans les montagnes des Maures et de l'Esterel.

Les systèmes de la « Vendée », du « Finistère », du « Morbihan » et du « Longmynd » se croisent, au milieu de la presqu'île de Bretagne, dans un espace peu étendu, et cette circonstance permet de constater leur âge relatif d'après le seul examen de la manière dont s'opère leur croisement. Ce mode de constatation, dit M. Elie de Beaumont en l'employant, n'est pas le plus satisfaisant; mais on est réduit à s'en contenter, parce qu'il n'existe en Bretagne aucun terrain sédimentaire régulièrement étudié dont on puisse assurer que son dépôt s'est opéré entre l'apparition de deux des systèmes de montagnes dont il vient d'être question.

VII. — SYSTÈME DU JEMTLAND.

« Comme l'étage silurien inférieur est seul représenté dans plusieurs bassins paléozoïques de la Scandinavie et d'autres contrées, comme il offre en Europe un développement plus considérable que l'étage supérieur, il doit y avoir eu, à la fin de la première moitié de la période silurienne, des mouvements du sol assez considérables pour mettre à sec le fond d'une grande partie des anciennes mers. Cependant, parmi les systèmes de montagnes déterminés par M. Elie de Beaumont, il n'en est aucun qu'il indique comme s'étant produit à la fin de la première période silurienne ; le système du « Jemtland » est peut être destiné à combler cette lacune (¹).

» On remarque dans le Jemtland beaucoup d'accidents orographiques alignés suivant la direction O. 30° à 35° N. L'axe de la montagne d'Areskutan est allongé dans le sens de l'O. 32° N. Dans la Laponie suédoise, il y a un grand nombre de hauteurs, de lacs et de cours d'eau disposés suivant des directions qui varient de l'O. 30° à 40° N., et dont l'orientation moyenne est l'O. 34° N., sous le 15ᵉ degré de longitude. Je regarde le système du « Jemtland » comme postérieur à la première moitié de la période silurienne, car le lac Liten et d'autres, dirigés dans le sens de ce système, sont des dépressions produites dans l'étage silurien inférieur. Nous observons aussi, dans les couches siluriennes de cette contrée, des directions comprises entre l'O.-N.-O. et le N.-O. — Je ferai obser-

---

(1) « La province du Jemtland est située sous le 63ᵉ degré de latitude et renferme une partie de la chaîne de montagnes qui est limitrophe entre la Suède et la Norwège. On y remarque des hauteurs un peu considérables que domine majestueusement la cîme isolée d'Areskutan. » (Durocher.)

ver que les roches siluriennes de la France occidentale présentent fréquemment des directions voisines de l'O. 16° à 20° N., et par suite parallèles au système du « Jemtland », en tenant compte de la différence des longitudes. » (Durocher.)

A l'appui de l'opinion émise par Durocher relativement à l'extension du système du « Jemtland » en Bretagne, je dirai que si, sur la carte géologique de la France, on mène une ligne orientée dans le sens de ce système, c'est-à-dire à l'O. 19° N., on voit cette ligne jouer un rôle très important au point de vue stratigraphique et topographique. Elle marque notamment, avec beaucoup d'exactitude, la direction de la petite rivière d'Art, celle du bord méridional du massif granitique des Montagnes Noires, et la direction moyenne de la saillie de terrain qui se développe d'Ancenis jusqu'à l'île de Sein, et que l'on désigne quelquefois sous le nom de plateau méridional de la Bretagne. Ce plateau est en majeure partie formé de terrain azoïque, ce qui indique que les systèmes antésiluriens ont surtout coopéré à son exhaussement. Un fait qui ne nous paraît pas sans importance relativement à la détermination de l'âge du système du « Jemtland », c'est que, dans la série des terrains paléozoïques qui, d'après M. Dalimier, entrent dans la composition du plateau méridional de la Bretagne (*Bull. soc. géol., tome XX*), se trouve un hiatus, et cet hiatus correspond précisément au terrain silurien supérieur. Il me paraît donc convenable, en donnant au système du « Jemtland » une place dans cette énumération des systèmes stratigraphiques, de lui conserver, ne fût-ce que provisoirement, l'âge que Durocher était porté à lui accorder.

VIII. — SYSTÈME DU HUNDSRUCK.

En 1831, M. Sedgwick a montré que si l'on tire des lignes marquant les directions principales des chaînes suivantes : la chaîne méridionale de l'Ecosse, depuis Saint-Abbs-Head jusqu'au Mull de Galloway, la chaîne de grauwacke de l'île de Man, les crêtes schisteuses de l'île d'Anglesea, les principales chaînes de grauwacke du pays de Galles et la chaîne du Cornouailles, ces lignes seront presque parallèles l'une à l'autre et s'orienteront vers le N.-E., un peu E.

M. Elie de Beaumont, en énumérant les principaux points de l'Europe où la trace de ce système peut être retrouvée, cite : la Laponie ; — la côte méridionale du golfe de Finlande, côte qui est parallèle à la bande silurienne des provinces baltiques de la Russie ; — l'île de Gothland ; — les couches anciennes d'un grand nombre de contrées montueuses de l'Allemagne : l'Eiffel, le Hartz, le Hundsrück, l'Erzgebirge, le Fraullenwald. Remarquons que le système dont il est ici question a fortement laissé son empreinte dans toute la région qui entoure le Taunus et le Hundsrück ainsi que dans ces deux chaînes elles mêmes qui n'en constituent réellement qu'une seule, séparée en deux parties par le défilé appelé Binger-Loch.

Le système du « Hundsrück » réclame certaines lignes d'accidents stratigraphiques qui traversent la Bretagne en entier, par exemple de Caen à Belle-Ile, et du cap de la Hogue à la pointe de Penmarch ; les couches du terrain ardoisier de l'Ardenne ; les couches schisteuses des Vosges et des environs d'Hyères ; les crêtes que le terrain de transition forme dans la Sardaigne, et les montagnes granitiques qui, en Corse, comprennent, dans leurs intervalles, les golfes de la partie orien-

tale de cette île. M. Elie de Beaumont signale encore la trace
du système du « Hundsrück » entre Castres et Carcassonne,
depuis Sorrèze et le bassin de Saint Ferréol, jusque vers Saint
Gervais et le pont de Camarès. Cette trace reparaît en beaucoup
de points des Cévennes, entre Meyrueis et Anduze. Elle affecte
des masses ellipsoïdales de granite séparées par des bandes de
roches schisteuses et calcaires. Je ferai remarquer, de mon côté,
que, sur toute cette zone, le système du « Hundsrück » a aussi
exercé son influence sur la configuration du sol, car sa direction est celle d'une ligne que l'on peut tracer dans la partie N.-O. des départements de l'Hérault et du Gard, de manière
à ce qu'elle marque exactement la zone de partage entre les
eaux qui se rendent à la Méditerranée et celles qui vont à
l'Océan. Elle passe près de l'Espérou, un des points culminants
des Cévennes. Cette ligne, malgré son ancienneté, offre une
certaine importance, qui paraît encore plus grande lorsqu'on
la voit, à l'ouest, passer par la partie centrale et culminante
des Pyrénées, et sortir du continent par le cap Sainte Marie;
à l'est, traverser, dans le sens ‚de sa longueur, la chaîne des
Alpes.

Le système du « Hundsrück », d'après M. Elie de Beaumont,
est postérieur au terrain silurien et au *tilestone;* il est antérieur au terrain dévonien proprement dit, c'est-à-dire au
vieux grès rouge des Anglais.

IX. — Système de la Margeride.

La ligne dont il vient d'être question comme contribuant à
marquer, dans les départements de l'Hérault et du Gard, la
zone de partage entre les versants océanien et méditerranéen
passe par un point placé un peu au N.-O. d'Alais: (Lat. 44° 15' N.

Long. 1° 38′ E.); son orientation y est approximativement
E. 33° 15′ N. Une ligne menée perpendiculairement à celle-là
coïncide avec la chaîne de la Margeride, et dessine la limite
orientale de toute une bande de terrain granitique indiquée sur
la carte géologique de la France, entre Mende et Saint Flour.
Sur toute une étendue de 200 kilomètres, elle sépare le bassin
de l'Allier, de ceux du Tarn, du Lot ou de leurs affluents.
— Une ligne parallèle à celle dont je viens d'indiquer la
trace, achève, sur la rive droite de l'Allier, de limiter le bassin
de cette rivière et le sépare de celui de la Loire.

Je pense que des observations ultérieures démontreront l'existence du système de la « Margeride » sur d'autres points de l'Europe. Dès à présent, je ferai remarquer que le Rhin, au dessous
de Bingen, comme l'Allier, au dessous de Brioude, coule dans
une faille dont la direction est perpendiculaire à celle du système
du « Hundsrück », et dans une contrée où l'empreinte de ce
dernier système est largement dessinée. Prolongée vers le
nord, cette ligne rencontre le volcan de Snoefield, en Islande.
Prolongée vers le sud, elle traverse la chaîne des Alpes dans
sa partie centrale, accompagne une partie de la chaîne des
Apennins et passe très près du Vésuve et de l'île de Stromboli.
Elle accuse l'existence d'une fracture ancienne le long de laquelle ont surgi, à une date postérieure à celle de sa première
formation, les masses volcaniques de l'Islande, des rives du
Rhin et de l'Italie méridionale. Une autre ligne se rattachant
également au système de la « Margeride » part du mont
Hécla en Islande, traverse les îles Hébrides, puis le nord de
l'Angleterre, en contribuant à dessiner la zone de partage
entre les eaux qui vont à la mer du Nord, et celles qui se rendent dans la mer d'Islande; puis elle passe très près du Mont
Blanc, rase le cap Corse, et pénètre dans la Sicile par le cap

San-Vito, en laissant un peu à l'ouest l'île de Julia et un peu
à l'est l'île de Malte.

Quant au système de la « Margeride » considéré sous le rapport de son âge, je ferai remarquer, en faveur de son ancienneté et de son synchronisme probable avec le système du
« Hundsrück », que son empreinte s'efface dès que les lignes
que j'ai mentionnées rencontrent des formations plus modernes que le terrain de transition. En faveur du synchronisme de
ces deux systèmes, j'invoquerai aussi leur perpendicularité et la
tendance qu'ils ont à se manifester dans les mêmes contrées.

X. — Système des Ballons.

« La presqu'île de Bretagne est, parmi les différentes contrées
de l'Europe, une de celles où le système des « Ballons » se dessine de la manière la plus étendue et la plus nette ; il affecte
un ensemble d'accidents stratigraphiques qui sont surtout très
prononcés dans l'espace qui s'étend d'Angers à Ploërmel. Sans
y former nulle part de montagnes considérables, les couches y
présentent des plis nombreux qui les renversent quelquefois
complétement, et qui indiquent une compression latérale des
plus violentes. Leurs affleurements étroits forment de longues
bandes parallèles, et, en donnant naissance à de petites crêtes et
à de légers enfoncements, déterminent la plupart des accidents
topographiques de la contrée. La direction de ces couches qui
est en moyenne vers l'E. 12° S. se reproduit très habituellement
dans les couches siluriennes et dévoniennes de presque toute
la Bretagne et notamment dans la bande de terrain silurien
qui s'étend de la forêt d'Ecouves jusqu'à Mortain et au delà,
ainsi que dans celle qui va de Coutances à Falaise et jusqu'aux
environs de Chambois.

« Le massif des Vosges est comparable à un T renversé ; le massif de syénite des Ballons figure la barre horizontale du T, tandis que la crête principale des Vosges, qui se rapporte au système du « Rhin », représente le jambage vertical. La structure de toute la partie méridionale du noyau central des Vosges, depuis Plombières jusqu'à la vallée de Massevaux, est en rapport avec celle du Ballon d'Alsace dont le massif syénitique qui a, dans son ensemble, la forme d'un vaste dôme allongé de l'E. 15° S. à l'O. 15° N. est l'axe de tout le système. Les parties méridionales de la Forêt Noire offrent le même caractère de dislocation, et on y remarque, comme dans les Vosges, beaucoup de montagnes orientées à peu près de l'O. 15° N. à l'E. 15° S.

» L'empreinte du système des «Ballons» se retrouve dans le Devonshire et le pays de Galles, dans le Hartz, sur le front méridional de l'Ardenne, et dans le département de la Lozère, où une masse granitoïde se rattache à lui par sa direction. Le système des « Ballons » s'est également dessiné dans l'Europe orientale, et notamment dans les montagnes de Sandomirz, au S.-O. de la Pologne. Mais c'est surtout au milieu des grandes plaines de la Russie que ce système joue un rôle important : il détermine la direction de l'axe dévonien qui va de Voronège vers le golfe de Riga, ainsi que celle du chaînon méridional des monts Timan qui s'étend obliquement de l'Oural au golfe de Tscheskaja, ouvert dans la mer glaciale. Durocher ayant retrouvé, dans la chaîne des Pyrénées, des dislocations dépendant du système des « Ballons », il en résulte que la zone embrassée par ce système a une largeur d'au moins 33 degrés ou de 3677 kilomètres.

« Le système des « Ballons » a laissé sur la surface de l'Europe des accidents orographiques plus considérables qu'aucun des systèmes de rides qui s'étaient formés antérieurement ; les

ballons des Vosges, du Hartz, du Westmoreland, sont sans
doute de fort petites montagnes, comparativement aux cimes
des Pyrénées et des Alpes; mais celles-ci sont d'une origine
plus récente. Le système des « Ballons » est immédiatement
antérieur au *mill-stone-grit* et postérieur au vieux grès rouge
et au calcaire carbonifère des îles Britanniques; aux couches
correspondantes de la presqu'île de Bretagne (poudingue
d'Huelgoet et d'Ingrande, dépôts de combustible de la Loire
Inférieure et calcaire carbonifère de Sablé); aux couches an-
thraxifères de Belgique, depuis le poudingue de Burnot jusqu'au
calcaire de Visé inclusivement; au vieux grès rouge et au
calcaire carbonifère de la Scandinavie et de toute la Russie. Il
est postérieur enfin, dans les Vosges, au porphyre brun, qui
a été soulevé par le massif de syénite qui forme les cimes
jumelles du Ballon d'Alsace et du Ballon de Servance ou du
Comté. » (Elie de Beaumont, *Notice*.)

XI. — SYSTÈME DES VOSGES.

Je vais mentionner les principales lignes sur lesquelles j'ai
établi l'existence du système des « Vosges ».

Une première ligne menée perpendiculairement au système
des « Ballons » coïncide avec la zone de partage entre le bassin
de la Mayenne et ceux de la Vilaine, du Couesnon, de la Sélune
et de la Vire. Cette zone commence un peu à l'ouest d'Ancenis,
sur un point où se trouvent des masses de porphyre rouge
quartzifère; elle passe très près de Saint-Pierre-la-Cour, où un
îlot granitique surgit au milieu du terrain de transition, et se
termine à l'est de Vire, sur un point remarquable par l'entrecroisement de nombreuses lignes stratigraphiques. Une ligne
menée par Saint-Pierre-la-Cour même et prolongée vers le sud

rencontre l'île de Ré, marque la direction générale de la côte de la France depuis la Vendée jusqu'aux Pyrénées, passe très près du Mulehaucen, point culminant de la Sierra Nevada, et rencontre la chaîne de l'Atlas, dans le Maroc, au point où elle présente un nœud très prononcé et un brusque changement de direction. Cette ligne marque la limite occidentale des Pyrénées par son entrecroisement avec celle qui traverse cette chaîne en se mettant en relation avec le système des « Ballons ».

Une autre ligne, se rattachant également au système des « Vosges », forme la limite orientale de la chaîne des Pyrénées. Elle part du cap de Creus, et, prolongée vers le sud, passe entre l'île d'Ivice et celle de Majorque, puis pénètre en Afrique par le cap Termès. Prolongée vers le nord, on la voit marcher dans le sens de la crête qui sépare le bassin de la Loire et celui du Rhône; elle communique sa direction à plusieurs accidents stratigraphiques et topographiques du Beaujolais et du Maconnais; elle rencontre le Rhin au point où, près de Clèves, il oblique brusquement vers l'ouest; arrivée en Suède, elle atteint la chaîne scandinave, et marque la direction de la partie septentrionale de cette chaîne, où le système des « Vosges » semble, comme dans le massif vosgien, intervenir pour former les traits principaux de la constitution topographique de la contrée.

Dans le massif des Vosges, que M. Elie de Beaumont compare à un T renversé, le jambage vertical rattaché au système du Rhin n'est perpendiculaire à la barre transversale qu'à 4 degrés près. Le système des Vosges réalise cette perpendicularité d'une manière rigoureuse : il est représenté, dans ce massif, par une ligne qui, perpendiculaire au système des Ballons et partant du Ballon d'Alsace, se prolonge jusqu'au Binger-Loch, en conservant, d'une manière générale, le caractère de ligne anticlinale.

Elle sépare le bassin du Rhin et celui de la Moselle et de ses
affluents. En même temps, elle relie les deux lignes qui dessinent le trait principal du massif vosgien et se coordonnent,
comme la chaîne des Pyrénées, à deux lignes de faîte parallèles
entre elles et se terminant chacune vis à vis du point où
l'autre commence : ces deux lignes dans les Vosges se rattachent au système du Rhin, et le rôle que le système des
Vosges remplit à leur égard appartient, dans la chaîne des
Pyrénées, au système des Ballons.

La ligne, menée par le Ballon d'Alsace et prolongée vers le
nord, sort du continent par le cap Nord. Prolongée vers le
sud, elle rencontre la gibbosité dont le mont Ventoux est le
point culminant. Elle passe par l'île Minorque et rencontre la
côte de l'Afrique et la chaîne de l'Atlas au point où l'une et
l'autre changent brusquement de direction. (1)

Le système des « Vosges » joue relativement à celui des
« Ballons » le même rôle que le système de la « Margeride »
par rapport à celui du « Hundsrück ». — Le système des
« Vosges » est perpendiculaire à celui des « Ballons »; les accidents stratigraphiques ou topographiques qui se placent sous

---

(1) Je mentionnerai une dernière ligne: c'est le dodécaédrique rhomboïdal
H' H''' tracé sur la carte qui se trouve à la fin de la *Notice sur les systèmes
de montagnes*. Ce dodécaédrique pourrait être adopté comme grand cercle de
comparaison du système des « Vosges » s'il ne se trouvait trop éloigné des
points où, dans l'Europe occidentale, j'ai signalé l'existence de ce système.
Ce dodécaédrique s'adapte très bien à la topographie de la contrée qu'il traverse, ce qui prouve qu'il a une existence réelle et non pas purement théorique. On le voit couper à angle droit le Volga, dans la partie inférieure de
son cours, séparer les fleuves qui se rendent dans la mer Caspienne de ceux
qui vont à la mer Noire, rencontrer la chaîne du Caucase au point où elle
oblique brusquement vers le nord, séparer le bassin du Tigre de ceux des
cours d'eau qui vont vers la mer Noire ou la Méditerranée, toucher l'île de
Chypre et pénétrer en Afrique par les bouches du Nil.

la dépendance de l'un et de l'autre se rencontrent sur les mêmes points et affectent les mêmes terrains; d'après les idées que nous avons émises, il y a tout lieu de les considérer comme étant synchroniques. Tous les deux forment à la surface de l'Europe un réseau à mailles rectangulaires parfaitement dessiné; ce réseau a dû jouer un rôle considérable dans la stratigraphie de ce continent pendant la période paléozoïque.

Les quatre systèmes que je viens de nommer se suivent dans la série des temps géologiques; ils forment presque un même groupe; il existe entre eux une sorte de parenté, en ce sens que les lignes qui leur appartiennent se donnent, pour ainsi dire, rendez-vous sur les mêmes points pour y déterminer des accidents topographiques remarquables. Le Binger-Loch est le point de rencontre presque mathématique de trois grands cercles orientés dans le sens des systèmes des « Vosges », du « Hundsrück » et de la « Margeride ».

XII. — Système du Forez.

C'est M. Gruner, ingénieur en chef des mines, qui, le premier, a signalé, dans le département de la Loire, un système de dislocations auquel M. Elie de Beaumont, après avoir généralisé les observations de M. Gruner, a donné le nom de système du «Forez».

« Les dislocations du système du «Forez» ont affecté tous les terrains qui entrent dans la composition des montagnes de cette contrée, y compris celui dans lequel sont exploitées les mines d'anthracite des environs de Roanne; mais elles ne se sont pas étendues au terrain houiller qui existe près de là, à Saint Etienne, à Bert, au Creuzot, etc. Ils datent, par consé-

quent, d'une époque intermédiaire entre la période du dépôt
du terrain anthraxifère de la Loire, et celle du dépôt du terrain
houiller. Le terrain anthraxifère du département de la Loire
avait d'abord été placé par M. Gruner dans le groupe silurien ;
plus tard, d'autres géologues l'avaient cru dévonien ; enfin,
M. de Verneuil a reconnu qu'il appartenait à la série carbonifère. On ne peut pas, dit M. Elie de Beaumont, le mettre en
parallèle avec le terrain houiller, dont la constitution si constante dans tout l'intérieur de la France est si différente de la
sienne, et dont les couches n'ont pas été affectées par les
dislocations du système du «Forez» qui ont redressé celles du
terrain anthraxifère ; de là il paraît résulter que le terrain
anthraxifère du département de la Loire est postérieur au terrain anthraxifère de la Loire Inférieure et représente, dans
l'intérieur de la France, le *mill-stone-grit* des Anglais, auquel
les poudingues inférieurs du terrain houiller de Saint Etienne
n'avaient été assimilés que d'une manière hypothétique.

» La direction du système du «Forez» se dessine dans le bord
oriental de la plaine de Limagne aux environs de Thiers, dans
la plaine de Roanne, et dans le bord occidental de la plaine de
Montbrison, qui semble avoir formé originairement la limite
occidentale du bassin dans lequel s'est déposé le terrain
houiller de Saint Etienne. Elle se retrouve dans la direction
que présente, abstraction faite des dentelures, le massif des
terrains anciens de la France centrale entre Vienne et Saulieu.»
(Je ferai remarquer que, si on porte la ligne qui représente cette
direction un peu à l'est, elle prend pour point de départ, au
lieu de Vienne, l'îlot granitique situé à l'ouest de Bourgoin ;
l'autre extrémité se trouve non pas à Saulieu, mais à Semur, où
le terrain granitique perce à travers le lias. Par ce léger déplacement, cette ligne ne cesse pas de rattacher entre eux les

mêmes accidents topographiques, mais au lieu de suivre la crête d'une chaîne de montagnes, elle en dessine la base ; en outre, elle marque la limite, à une époque ancienne, du plateau central, et donne une raison d'être, soit au pointement granitique des environs de Semur, soit à l'îlot granitique des environs de Bourgoin. ¡Cet îlot ne faisait jadis qu'une seule masse avec le granite de Vienne ; il en a été séparé lors de la production de la grande faille de la vallée du Rhône.)

» La direction du système du « Forez » transportée à Limoges est représentée par une ligne qui passe un peu à l'est de Caen (Calvados) et un peu à l'ouest de Céret (Pyrénées Orientales). Cette ligne est parallèle à la direction générale de la bande schisteuse des environs de Céret et à l'axe général des masses de roches anciennes qui s'étendent de proche en proche du Limousin à la Montagne Noire, aux Corbières et aux Pyrénées Orientales, et sur lesquelles se sont moulés les bassins houillers du Lardin, de Decazeville, de Rodez, de Carmeaux, de Durban et de Segure, de Surocca et d'Ogasa, en Catalogne. Cette ligne est parallèle à celle qui, partant de la Ménigoute, et passant par Thouars pour aller couper la Mayenne près de Châteauneuf, au dessus d'Angers, termine à l'est le massif des terrains anciens de la Vendée, en tronquant la bande anthraxifère des bords de la Loire Inférieure, plissée suivant le système des « Ballons ». Elle est parallèle aussi aux troncatures qui, vers la pointe du massif du Bocage de la Normandie, près de Falaise et d'Alençon, interrompent les rides de ce système.

· » Une des circonstances les plus remarquables qui s'observent en Angleterre, c'est que le terrain houiller y repose indifféremment sur tous les dépôts antérieurs, sur le *mill-stone-grit*, sur le calcaire carbonifère, sur le vieux grès rouge, et sur les différentes assises siluriennes, affectant ainsi les allures d'une formation indépendante de toutes celles qui l'ont précédé, et particulièrement de celle du *mill-stone-grit*.

XIII. — Système du Nord de l'Angleterre.

« L'existence du système du « Nord de l'Angleterre » a été reconnue, pour la première fois, par M. Sedgwick, en 1831. Ce savant géologue en a trouvé le type dans la grande chaîne pennine qui constitue la ligne médiane du nord de l'Angleterre, et qui court du sud au nord en s'écartant un peu vers le N.-N.-O. M. Sedgwick a prouvé que les fractures qui accompagnent cette chaîne ont été produites immédiatement avant la formation des conglomérats du nouveau grès rouge.

» En France, un grand nombre de lignes stratigraphiques et topographiques sont orientées dans le sens du méridien. La côte, dirigée presque du nord au sud, qui forme la limite occidentale du département de la Manche, et différentes lignes de fracture, dirigées dans le même sens du méridien, que présente le Bocage de la Normandie, doivent aussi probablement leur origine première à des dislocations de la même catégorie que celles de la grande chaîne carbonifère du nord de l'Angleterre. Peut-être aussi des traces du même phénomène pourraient-elles être reconnues dans le massif central de la France (chaîne de Pierre-sur-Haute, chaîne de Tarare), dans les montagnes des Maures (Var), et dans les montagnes primitives de la Corse.

» L'un des traits les plus remarquables de la carte géologique de la Russie est la bande de calcaire carbonifère qui s'étend presque en ligne droite des bords de la Duna au dessus de Velij, aux rivages de la mer Blanche, près de Mézène, sur une longueur de 300 lieues. Cette ligne est orientée dans le sens du système du « Nord de l'Angleterre » ; elle correspond aussi par son âge à ce système, car elle constitue le bord N.-O. du bassin dans lequel s'est formé le vaste dépôt du terrain permien, du trias et du terrain jurassique qui occupent les plaines centrale de la Russie septentrionale ». (Elie de Beaumont, *Notice*.)

XIV. — SYSTÈME DES PAYS-BAS.

« Les formations du grès rouge et du zechstein, déposées primitivement en couches à peu près horizontales au pied des montagnes du Hartz, du pays de Nassau, de la Saxe, sont bien loin d'avoir conservé leur horizontalité primitive. Elles présentent, au contraire, un grand nombre de fractures et de dérangements, dont une grande partie affectent en même temps les formations du grès bigarré et du muschelkalk, mais dont une certaine classe ne dépasse pas le zechstein, et paraît s'être produite immédiatement après son dépôt. De ce nombre sont les failles et les inflexions variées dirigées moyennement de l'est à l'ouest, que présentent les couches du grès rouge, des schistes cuivreux et du zechstein dans le pays de Mansfeld. Ces accidents remarquables de la stratification des dernières couches paléozoïques du Mansfeld ne sont qu'un cas particulier d'un ensemble d'accidents stratigraphiques, qui, depuis les bords de l'Elbe jusqu'aux petites îles de la baie de Saint Bride, dans le pays de Galles, et jusqu'à la chaussée de Sein, en Bretagne, affectent toutes les couches de sédiment dont la formation n'est pas postérieure à celle du zechstein. Dans cette étendue, toutes les couches dont il s'agit se présentent dans un état plus ou moins complet de dislocation; il y a même des points, comme à Liège, à Mons, à Valenciennes, sur les flancs des Mendip-Hills (Angleterre), et dans le bassin houiller de

Quimper, où elle présentent les contorsions les plus extraordinaires, où leur profil offre, par exemple, la forme d'un Z ou des formes plus bizarres encore. Ces accidents stratigraphiques ont pour caractère commun, que les couches se sont pour ainsi dire repliées sur elles mêmes sans s'élever en montagnes considérables et qu'ils n'occasionnent à la surface du terrain que de faibles protubérances malgré la complication des contorsions que les couches présentent à l'intérieur. Bien différentes en cela des dislocations des systèmes antérieurs, celles du système des « Pays-Bas » ne présentent nulle part des roches éruptives portées à une grande hauteur; souvent ces roches sont restées cachées dans les profondeurs de l'écorce terrestre. Peu de systèmes portent aussi évidemment l'empreinte d'une compression latérale. Les plis des couches les plus remarquables ont été des plis rentrants dans l'intérieur de la terre, tels que ceux des terrains houillers des Pays-Bas et du sud du pays de Galles. Dans ces contrées, les dislocations dont le système des « Pays-Bas » se compose, se distinguent de celles qui forment le système immédiatement antérieur, dont quelques géologues les rapprochent chronologiquement, en ce qu'elles n'ont que très rarement donné passage à ces roches trappéennes dépourvues de quartz, qui forment presque constamment le cortége des failles N.-S. du système du « Nord de l'Angleterre ». (Elie de Beaumont, *Notice.*)

CHAPITRE III.

XV. — SYSTÈME DU RHIN.

« Les montagnes des Vosges, de la Hardt, de la Forêt Noire et de l'Odenwald, forment deux groupes en quelque sorte symétriques, qui se terminent l'un vis à vis de l'autre par deux longues falaises légèrement sinueuses, dont les directions générales sont parallèles l'une à l'autre, et au cours du Rhin qui coule entre elles depuis Bâle jusqu'à Mayence. Ces deux falaises sont principalement composées d'éléments rectilignes orientés presque exactement du N. 21° E. au S. 21° O. ; et les montagnes, dont elles sont, pour ainsi dire, les façades, présentent les unes comme les autres, dans beaucoup de points de leur pourtour ou de leur intérieur, d'autres lignes d'escarpements parallèles aux précédentes. Le relief des Vosges, considéré dans tout son ensemble, se coordonne à deux lignes de faîte parallèles entre elles, dont l'une se termine vis à vis du point où l'autre commence. La première se poursuit d'une manière continue depuis le Ballon d'Alsace jusqu'à la montagne qui sépare Sainte-Marie-aux-Mines de la Croix. L'autre commence près de Saales, se poursuit par le Donon jusqu'à la montagne de Saverne, et se continue même plus au nord, jusque dans la Bavière rhénane, en formant le bord occidental du massif montagneux qu'on nomme les basses Vosges ou la Hardt.

« Les deux crêtes jumelles qui viennent d'être signalées relient entre elles toutes les montagnes auxquelles on a étendu la dénomination de Vosges, et en forment les traits les plus saillants. Leur existence se rattache à des failles qui font partie d'un nombreux faisceau de failles parallèles auxquelles sont dues les lignes les plus caractéristiques de l'intérieur et du contour des Vosges. La manière brusque dont le grès des Vosges s'élève au dessus des plaines est ce qui caractérise les Vosges comme région distincte et ce qui leur imprime un caractère d'unité. En face de ces montagnes, sur la rive droite du Rhin, se dessinent deux autres groupes, celui de la Forêt Noire et celui de l'Odenwald, qui sont dans un isolement tout à fait analogue et dont les noms se prennent dans une acception géographique semblable à celle que l'usage attribue au nom de Vosges. C'est par là que les chaînes des deux rives du Rhin ont des traits de ressemblance si frappants qui ont conduit depuis longtemps L. de Buch à les réunir l'une et l'autre dans un des quatre systèmes qu'il a distingués en Allemagne, le *système du Rhin*.

« Dans la Forêt Noire et dans l'Odenwald, aussi bien que dans les Vosges, les escarpements et les lignes saillantes sont habituellement composés, en tout ou en partie, de grès des Vosges. Ils paraissent dus à de grandes fractures, à une série de failles parallèles qui ont rompu et diversement élevé, abaissé ou incliné les divers compartiments dans lesquels elles ont divisé la formation du grès des Vosges, à une époque où cette formation n'était encore recouverte par aucune autre. Le bouleversement dans lequel ces failles se sont produites est, par conséquent, antérieur au dépôt du terrain triasique qui, tout autour des montagnes des deux bords du Rhin, s'étend jusqu'au pied des falaises, et ne s'élève jamais, comme le grès des Vosges, en véritables montagnes. Le groupe des couches triasiques s'arrête toujours au pied des montagnes que constituent les formations ses aînées, dans une sorte d'attitude respectueuse; cela seul donne aux montagnes du système du « Rhin » un cachet d'ancienneté qui les distingue éminemment du Jura, des Pyrénées, des Alpes, et, en général, de toutes les chaînes plus modernes et plus élevées sur les flancs desquelles des formations récentes se montrent à de grandes hauteurs.

« La ligne presque droite suivant laquelle se terminent à l'est les grauwackes du Westerwald, près de Hombourg, de Gressen, de Marbourg, est dans le prolongement presque exact de la faille qui limite les basses Vosges, de Wissembourg à Wachenheim. — On observe aussi des traces de fracture analogues et semblablement dirigées, dans les montagnes entre la Saône et la Loire, dans celles du centre et du midi de la France, et jusque dans les parties littorales du département du Var. — Ce système a probablement influé sur la structure de quelques points du nord du pays de Galles, et il me paraît se dessiner également dans quelques uns des traits généraux de la configuration des îles Britanniques. — Le système du « Rhin » me paraît avoir joué aussi un rôle assez considérable dans les montagnes de la Scandinavie..» (Elie de Beaumont, *Notice*.)

XVI. — Système du Thuringerwald.

« Le terrain jurassique, déposé par couches presque horizontales dans un ensemble de mers et de golfes, a dessiné les
contours des divers systèmes de montagnes dont nous avons
déjà parlé, et, en même temps, ceux d'un système particulier
qui se distingue, par l'orientation O. 40° N. — E. 40° S. environ,
de la plupart des lignes de faîte et des vallées qu'il détermine,
et par la circonstance que les couches du grès bigarré, du
muschelkalk et des marnes irisées s'y trouvent dérangées de
leur position originaire, aussi bien que toutes les couches plus
anciennes. Les couches jurassiques, au contraire, s'étendent
horizontalement jusqu'au pied des pentes et sur les tranches des
couches redressées de ce système ; d'où il résulte que le mouvement qui lui a donné naissance a dû avoir lieu entre la période
du dépôt des marnes irisées et celle du grès inférieur du lias.

« Lorsqu'on promène un œil attentif sur une carte géologique de l'Allemagne, on y reconnaît aisément l'existence d'un
système de dérangements qui court à peu près de l'O. 40° N. à
l'E. 40° S. Ces accidents comprennent la plus grande partie de
ceux que L. de Buch a groupés sous le nom de *système N.-E.
de l'Allemagne*. Le Thuringerwald et la partie du Bohmerwald-
Gebirge, qui en forme presque exactement le prolongement,
sont le chaînon le plus proéminent de cet ensemble d'accidents
plus étendu que prononcé ; on peut donner le nom de ce
chaînon au système dont il fait partie.

« En France, comme en Allemague, on peut reconnaître
les traces d'un ridement général du sol, dans une direction
voisine de l'O. 40° N. ; mais ce ridement n'a produit en France,
comme en Allemagne, que des accidents d'une faible saillie. —

Les Vosges sont moins nettement terminées à leur angle S.-O. que dans tout le reste de leur pourtour. Là on voit le grès bigarré s'élever, contrairement à ses allures ordinaires, sur des plateaux qui font continuité avec la masse des montagnes. Ce fait, rapproché de la direction O. 30° à 40° N. que présente la pente S.-O. des Vosges, me porte à conjecturer qu'il s'est produit là une ride appartenant au système du « Thuringerwald ». — Près d'Avallon et d'Autun, on voit les premières couches jurassiques venir embrasser des protubérances allongées dans la direction O. 30° à 40° N., et composées à la fois de roches granitiques ou porphyriques et de couches dérangées appartenant au terrain houiller et à une arkose particulière plus ancienne que celle du lias et contemporaine des marnes irisées. Dans la partie orientale du Morvan, cette arkose ancienne se trouve soulevée sur les hauteurs de Pierre-Écrite, sur le mont Bessey, etc. Les circonstances qui, dans le Morvan, ont porté les arkoses des marnes irisées à une altitude de 580 mètres (Pierre-Écrite) me paraissent comparables à celles qui élèvent le grès bigarré à 780 mètres au dessus de la mer, sur les plateaux qui séparent la vallée du Val d'Ajol de celle de la Moselle. C'est entre les deux saillies auxquelles elles ont donné naissance qu'a existé le détroit par lequel le terrain jurassique s'est étendu du bassin parisien vers l'espace occupé aujourd'hui par les collines de la Haute Saône, par le Jura et par les Alpes.

« La direction du système du « Thuringerwald » se retrouve dans une série de montagnes et de collines serpentineuses, granitiques et schisteuses qui, depuis les environs de Firmy (Aveyron), se dirige vers les pointes du Finistère. Cette ligne, qui traverse l'île de Belle-Île suivant son axe longitudinal, est en même temps parallèle à la limite S.-O. du massif granitique

du Bocage vendéen, aux axes des principales masses granitiques de la Loire Inférieure et à la direction générale des
côtes de Bretagne, de l'île de Noirmoutier à la pointe de Pen-
mark. Vers les extrémités S.-E. de cette ligne, notamment aux
environs de Brives, le grès bigarré se présente en couches
inclinées formant des lignes anticlinales, et des crêtes dirigées
assez exactement dans la direction du système du «Thuringerwald»; tandis que partout où les couches jurassiques
s'approchent de cette suite de proéminences, elles conservent
leur horizontalité. Il existe donc là évidemment une ride de
l'écorce terrestre dont l'origine est d'une date intermédiaire
entre la période du trias et la période jurassique, et il n'est
pas moins certain que cette ride est en rapport avec des traits
orographiques très largement dessinés dans cette partie de la
France. Son origine se lie probablement à l'apparition des
roches serpentineuses du Limousin. » (Elie de Beaumont,
Notice).

XVII. — Système du Mont Seny.

La plus importante des lignes stratigraphiques dont j'ai
reconnu l'existence aux environs de Barcelone est celle qui,
partant du village de Castell de Fels, à 12 kilomètres S.-O. de
cette ville, se prolonge, sans aucune interruption, jusqu'au
delà du massif granitique du Mont Seny, dont l'altitude est de
1694 mètres au dessus du niveau de la mer. Cette ligne coïncide
avec une arête très saillante, en partie schisteuse, en partie
granitique, qui accompagne le littoral. Après le Mont Seny,
elle s'efface dès que le granite cède la place au terrain nummulitique. Pour démontrer qu'elle ne constitue pas un accident local, suivons d'abord son prolongement sur une carte
d'Espagne.

Vers le sud, elle passe par les îles Columbrètes formant sans doute le point culminant d'une chaîne sous marine qui est la continuation de celle dont je viens de parler. Elle suit le littoral depuis la petite ville de Denia jusqu'à Carthagène, et conserve un parallélisme assez rigoureux avec toute la côte d'Espagne, depuis Tarragone jusqu'au cap de Gate. Vers le nord, elle sort de la Catalogne en se dirigeant vers Port Vendres et en coïncidant presque avec un petit chaînon compris entre les Pyrénées et cette ville.

Imprimons à cette ligne un léger déplacement de manière à la faire partir de Rosas, au lieu de Port Veudres. Elle coïncide alors d'une manière rigoureuse avec l'axe granitique qui, du village de la Mure, au sud de Grenoble, se prolonge sur une étendue de plus de quarante lieues, jusque sur les bords du Rhône, entre Saint Maurice et Sion.

La ligne stratigraphique, que nous venons de voir se prolonger sur une grande distance en conservant toute sa netteté, appartient à un système dont l'importance ne peut faire l'objet d'aucun doute et dont l'empreinte se retrouve sur divers points de la France. Pour rendre son autonomie incontestable, je rappellerai que, si la ligne orientée à Barcelone au N. 34° E. environ n'a pas été mentionnée par M. Elie de Beaumont, la main du maître l'a tracée sur la carte du pentagone européen. Elle y existe sous forme de cercle auxiliaire qui a son point de départ à l'est de l'embouchure du Sénégal et qui passe précisément par le centre de ce pentagone.

Le système du « Mont Seny » une fois admis, on sera sans doute conduit à lui rattacher certains accidents stratigraphiques et topographiques de la France qui d'abord avaient été attribués au système du « Longmynd ». C'est ainsi que l'orientation du système du « Mont Seny » ne diffère que de 1° 15' de

celle que M. Elie de Beaumont a assigné à un grand nombre
de roches stratifiées des montagnes des Maures et de l'Estérel ;
la différence est au contraire de 5° 30', lorsque l'on compare
la direction de ces roches à celle du système du « Longmynd ».

La France présente encore une ligne stratigraphique
fortement jalonnée et se rattachant au système du « Mont
Seny ». Elle part de la région volcanique du grand duché
du Rhin ; elle indique, sous forme épigénique, la direction
de la Saône depuis Gray jusqu'à Châlon ; elle traverse ensuite
le département de Saône et Loire dans la partie où se sont effectuées les éruptions quartziferes ; elle passe à travers le plateau central en laissant à égale distance les massifs volcaniques
qu'on y observe et se termine dans la partie centrale des Pyrénées. Deux autres lignes accompagnent celle dont je viens
d'indiquer la trace : l'une joue un rôle important dans la stratigraphie et la topographie des environs de Poligny et de Besançon ; l'autre, plus développée, dessine le rivage de la mer liasique sur le versant occidental des Vosges, passe par le Plomb
du Cantal, marque la direction de la bande de lias qui, au
dessous de Decazeville, s'appuie sur le granite et celle de la
vallée de la Garonne, en amont de Toulouse ; elle se termine
au Pic de Nethou, c'est-à-dire sur le point le plus central et le
plus élevé de la chaîne des Pyrénées.

Deux lignes menées par le Mont Dore, l'une dans le sens du
système du « Mont Seny » et l'autre dans le sens du système
du « Thuringerwald », forment un des traits caractéristiques
du relief de la France. La ligne orientée dans le sens du système du « Thuringerwald », lorsqu'on la prolonge vers le
N.-O., va passer au milieu du massif breton, tandis que, si on
la prolonge vers le S.-E., elle va rencontrer les montagnes des

Maures et de l'Estérel, puis celles de la Corse, en traversant un
ancien centre de soulèvement, ou région montagneuse, actuellement en partie sous les eaux. (Voir tome 1, page 234.) La
ligne orientée dans le sens du système du « Mont Seny » se
termine : d'un côté, au Binger Lock, au milieu du massif ardenno-vosgien et, de l'autre côté, dans la partie centrale du
massif pyrénéen. Avant la fin de la période éocène, le massif
alpin n'avait pas encore remplacé le massif qui s'élevait vers
le sud et dont les montagnes des Maures ainsi que celles de la
Corse sont les derniers *témoins*. La France se composait alors
de cinq centres de soulèvement dont quatre étaient disposés en
croix autour du cinquième, le plateau central. Les deux lignes
dont je viens de parler résument, d'une manière remarquable, cette disposition géométrique que les événements postérieurs à la période éocène n'ont pas complétement effacée.

XVIII. — Système de la Vallée du Doubs.

L'orientation de ce système, rapportée à Besançon, est
E. 30° 30' N. Parmi les lignes qui se placent sous sa dépendance, je mentionnerai les deux suivantes : 1° La première se
dirige à peu près de Chaumont à Clamecy, et, sur la carte
géologique de la France, sépare les terrains oxfordien et oolitique inférieur l'un de l'autre. 2° La seconde, menée par
Besançon, marque la direction générale de la vallée du Doubs,
depuis Dole jusqu'à Montbéliard. Prolongée à l'est, elle coïncide avec l'arête que forment la Forêt Noire et l'Alpe de
Souabe, arête qui est elle même parallèle au cours du Danube, depuis sa source jusqu'à la hauteur de Donnawerth.
Prolongée vers l'ouest, elle passe par le Mont Saint Vincent,
puis par les environs de Bert, où un lambeau de terrains

houiller et jurassique se montre dans un isolement singulier, et se termine dans le département de la Corrèze où ces deux terrains apparaissent également.

La carte géologique de la Haute Saône, dressée par M. Thirria, nous offre plusieurs accidents stratigraphiques se dirigeant dans le même sens que la ligne que je viens de tracer. Je citerai : les deux failles, signalées par M. Thirria, l'une à l'est de Béfort, l'autre entre Rioz et Besançon ; la montagne de la Serre ou, du moins, son axe granitique ; un îlot de terrain liasique, placé entre Besançon et Marnay, et recouvert d'un lambeau de terrain appartenant à l'oolite inférieure. — Le Rhône, entre Martigny et Sion, offre une direction en rapport avec celle du système de la « Vallée du Doubs ». Une ligne menée par Sion dans le sens du système de la « Vallée du Doubs » passe par le Mont Furca et se dirige, à travers le massif alpin, en se montrant parallèle à quelques uns des chaînons dont ce massif est formé. Le système de la « Vallée du Doubs » se trouve indiqué, au moins indirectement, par M. Fournet dans un mémoire sur le terrain houiller de la France. M. Fournet fait observer que l'axe du Mont Saint Vincent, prolongé vers le nord-est, passe par la montagne de la Serre, puis longe successivement Auxonne, Dole, Besançon, Baume-les-Dames, Montbéliard, pour aboutir à la pointe méridionale des Vosges, vers le terrain houiller de Ronchamp.

La ligne de Chaumont à Clamecy semble dessiner un des rivages de la mer oxfordienne. D'un autre côté, nous remarquons que le terrain oxfordien n'entre pas dans la composition de la montagne de la Serre et de l'îlot liasique situé entre Besançon et Marnay. Ces diverses circonstances nous avaient d'abord engagé à placer la date de l'apparition du système de la « Vallée du Doubs » entre les périodes oolitique inférieure et oxfordienne, en rajeunissant le système de l'Oural et en plaçant celui-ci entre les périodes oxfordienne et corallienne. Cette manière de voir n'ayant pas été adoptée par M. Elie de Beaumont, nous l'avons modifiée en donnant au système de la « Vallée du Doubs » une date plus ancienne. Le terrain oolitique inférieur est divisible au moins en deux étages, et c'est entre ces deux étages que le système de la « Vallée du Doubs » pourrait trouver sa place. Les observations géologiques que nous avons faites aux environs de Besançon nous ont conduit à reconnaître comme étant très admissible cette manière d'apprécier l'âge de ce système.

M. Elie de Beaumont fait observer que la direction de la ligne que nous venons de voir coïncider avec la vallée du Doubs est presque identique avec celle du système du « Hundsruck ». Le grand cercle de comparaison théorique du système du « Hundsruck » coupe le méridien de Besançon, à 0° 40' 54" (76 kilomètres) de cette ville, sous un angle de 31° 40' 27". Il existe donc, entre les deux systèmes dont il s'agit, une différence de 1° 10' 27" que je considérerais comme négligeable, si elle n'était pas accompagnée d'une différence d'âge. Cette différence d'âge suffirait même pour faire admettre l'autonomie du système de la « Vallée du Doubs », qu'on pourrait à la rigueur inscrire au nombre des systèmes récurrents.

XIX. — SYSTÈME DE L'OURAL.

« Un des traits les plus caractérisés de la chaîne de l'Oural est son très grand allongement du nord au sud. Cet allongement dans le sens du méridien est dû à un système d'accidents stratigraphiques postérieur tout au moins au *mill-stone-grit*

d'Artinsk. Mais quel est l'âge précis de ce système? Les plaines
de la Russie et les abords mêmes de l'Oural présentent des
traces frappantes d'un grand changement qui s'est opéré à
une époque géologique un peu antérieure à la formation du
système de la « Côte d'Or ». Les plaines de la Russie paraissent
avoir été à sec pendant la formation du lias et de l'étage oolitique inférieur qui ne s'y sont pas déposés, et avoir été enva-
hies par les eaux lorsque l'étage oxfordien a commencé à se
former, car cet étage jurassique moyen y a couvert de grands
espaces, et s'est étendu jusqu'au pied de l'Oural. Le phénomène s'expliquera très simplement si on admet que le soulèvement le plus exactement N.-S. de l'Oural s'est opéré entre
l'époque de l'étage oolitique inférieur et celui de l'étage oxfordien. Ce système, étant orienté perpendiculairement à la ligne
qui se dirige vers le centre de l'Europe occidentale, n'y envoie
aucune ramification. On conçoit donc immédiatement comment
il n'y a pas produit d'effets bien sensibles sur le mode de
dépôt du terrain jurassique qui s'y trouve continu et parallèle à lui même dans toute son épaisseur, tandis que dans
l'Europe orientale, sous l'influence du système méridien de
l'Oural, il se trouve divisé en deux parties tellement distinctes,
que la seconde existe sans la première sur des étendues immenses et se conduit comme une formation complétement
indépendante. Ce système doit donc être postérieur à l'étage
oolitique inférieur et antérieur à l'étage oxfordien. » (Elie de
Beaumont, *Notice*.)

Le système de « l'Oural », tout en étant *presque* perpendiculaire à celui de la « Côte d'Or », n'a pas surgi en même
temps que lui. Ce fait ne constitue pas une objection à l'existence de systèmes ternaires établis dans les conditions d'âge et
de direction que j'ai indiquées. On conçoit que, parmi les

grands cercles qui se dirigent, en nombre indéfini, à la surface du globe, il en est qui puissent accidentellement couper à angle droit un des trois grands cercles perpendiculaires entre eux, qui correspondent aux systèmes synchroniques d'un même groupe ternaire. Je ferai d'ailleurs observer que les systèmes de « l'Oural » et de la « Côte d'Or » ne sont pas rigoureusement perpendiculaires l'un à l'autre; il s'en faut de 1° 25′ pour que leurs grands cercles de comparaison se rencontrent à angle droit.

XX. — SYSTÈME DE LA COTE D'OR.

« L'Erzgebirge, la Côte d'Or, le Pilas, les Cévennes, font partie d'une série presque continue d'accidents du sol, qui se dirigent à peu près de l'E. 40° N. à l'O. 40° S., depuis les bords de l'Elbe jusqu'à ceux du canal du Languedoc et de la Dordogne, et dont la communauté de direction et la liaison, de proche en proche, conduisent à penser que l'origine a été contemporaine. Le système de la « Côte d'Or » est celui auquel se rattachent tous ces accidents. » (Elie de Beaumont, *Notice*.)

Parmi les lignes qui appartiennent à ce système, je mentionnerai celle qui, partant des environs de Saint Pons, se dirige vers les Cévennes. Sur toute son étendue, elle contribue, avec une autre ligne dépendant du système du « Hundsrück », à dessiner la ligne de faîte entre les versants océanien et méditerranéen. En même temps, elle divise le plateau du Larzac en deux parties assez distinctes : l'une qui appartient au département de l'Aveyron et où je n'ai constaté sur aucun point la trace du système de la « Côte d'Or »; l'autre se rattachant au département de l'Hérault et présentant à un haut degré, de même que tout ce département, l'empreinte de ce système.

Un peu plus vers le nord, on retrouve la trace de ce système dans la région qui entoure le mont Pilas et qui s'étend depuis le Forez jusqu'à l'extrémité orientale du Jura. « Le bord méridional du terrain houiller de Rive-de-Gier a été soulevé, redressé, on pourrait même dire étiré par le soulèvement du massif du mont Pilas; le bassin de Rive-de-Gier a été tronqué par le soulèvement de cette montagne et présente le long de sa base une terminaison presque rectiligne qui se dirige de Cremillieux à Tartaras, dans un sens à peu près parallèle à celui de la crête même du mont Pilas. Cette crête se relève dans son prolongement N.-E. près de la Verpillière (Isère), où une protubérance granitique disloque le calcaire du Jura; l'on voit par là que le soulèvement du Pilas est postérieur, non seulement au dépôt du terrain houiller, mais encore à celui du terrain jurassique.

» Les accidents stratigraphiques qu'on peut rapporter au système de la « Côte d'Or», sans avoir en général beaucoup d'amplitude, sont très répandus, soit dans les montagnes, soit même dans les contrées presque planes d'une grande partie de l'Europe. Je pourrais en citer un grand nombre dans toute la France orientale, depuis Marseille jusqu'à Longwy. On en trouve aussi dans le nord de la France, ainsi qu'en Angleterre. » (Elie de Beaumont, *Notice.*)

Une ligne, passant par la chaîne de la Côte d'Or, concourt, avec une autre ligne parallèle à celle que j'ai mentionnée comme coïncidant avec la vallée du Doubs (*antè,* page 483), à marquer la direction de la zone de partage entre les versants océanien et méditerranéen.

XXI. — Système du Mont Viso.

« L'ensemble des couches du terrain crétacé peut se diviser en deux groupes très distincts par leurs caractères zoologiques et par leur distribution sur la surface de l'Europe : l'un, inférieur, comprend les diverses assises de l'époque wealdienne et du grès vert jusques et y compris la craie chloritée et la craie tufeau ; l'autre, le crétacé supérieur, comprend seulement une partie de la craie marneuse, la craie blanche et les couches qui la suivent. — La ligne de partage entre le terrain crétacé supérieur me paraît correspondre à l'apparition d'un système d'accidents du sol que je propose de nommer système du « Mont Viso », d'après une seule cime des Alpes françaises qui, comme presque toutes les cimes alpines, doit sa hauteur absolue actuelle à plusieurs soulèvements successifs, mais dans laquelle les accidents de stratification propres à l'époque qui nous occupe se montrent d'une manière très prononcée. La pyramide de roches primitives du Mont Viso est traversée par d'énormes failles qui, d'après leur direction, appartiennent à ce système. Les Alpes françaises, et l'extrémité S.-O. du département du Jura, depuis les environs d'Antibes et de Nice jusqu'aux environs de Pont d'Ain et de Lons-le-Saunier, présentent une série de crêtes et de dislocations dirigées à peu près vers le N.-N.-O. et dans lesquelles les couches du terrain crétacé inférieur se trouvent redressées aussi bien que les couches jurassiques. On a constaté dans les départements de la Marne, de la Meuse et de la Haute Marne l'existence de plusieurs failles dirigées en moyenne vers le N.-N.-O. Ces failles, situées presque exactement dans le prolongement des accidents stratigraphiques que je viens de signaler dans les Alpes françaises, et dont elles partagent la direction, affectent le terrain jurassique et le terrain crétacé inférieur, et y causent souvent des dénivellations considérables; mais elles ne paraissent pas s'étendre dans la craie blanche des coteaux de Sainte Ménéhould. Elles sembleraient plutôt avoir contribué à déterminer les limites du bassin dans lequel cette craie s'est déposée. Elles doivent par conséquent avoir été produites entre la période du grès vert et celle du dépôt de la craie. Plus à l'ouest de la France, de nombreuses lignes de fractures, d'assez nombreuses crêtes formées en partie par les couches redressées du terrain crétacé inférieur, se montrent depuis l'île de Noirmoutier jusque dans la partie méridionale du royaume de Valence. A Orthès et dans les gorges de Pancorbo (entre Miranda et Burgos), on trouve des couches du terrain crétacé inférieur redressées dans la direction dont il s'agit. » (Elie de Beaumont, *Notice*.)

XXII. — Système des Pyrénées.

« Si l'on jette les yeux sur des cartes suffisamment détaillées de la France et de l'Espagne, on voit que les Pyrénées y forment un système isolé presque de toutes parts; la direction qui y domine le détache également des systèmes de montagnes de l'intérieur de la France et de ceux qui traversent l'Espagne et le Portugal. Cette chaîne s'étend depuis le cap Ortégal, en Galice, jusqu'au cap de Creus, en Catalogne; mais elle paraît composée de la réunion de plusieurs chaînons parallèles entre eux, qui courent de l'O. 18° N. à l'E. 18° S., dans une direction oblique par rapport à la ligne qui joint les deux points les plus éloignés de la masse totale. Cette direction des chaînons partiels, dont la réunion constitue les Pyrénées, se retrouve dans une partie des accidents du sol de la Provence, qui ont en même temps cela de commun avec eux, que toutes les couches du terrain crétacé qui y existent sont redressées, tandis que toutes les couches postérieures au terrain nummulitique s'étendent sur les tranches des premières en stratification discordante. La réunion des mêmes circonstances caractérise les Alpes maritimes près du col de Tende, ainsi que les chaînons les plus considérables des Apennins. On reconnaît la direction des chaînons des Pyrénées dans les montagnes situées entre Modène et Florence, dans les Morges, entre Bari et Tarente et dans un grand nombre de crêtes intermédiaires. Les mêmes caractères de composition et de direction se retrouvent dans la falaise qui, malgré des dislocations plus récentes, termine la masse des Alpes au nord de Bergame et de Vérone. Ils se retrouvent aussi dans plusieurs lignes de fracture qu'on peut suivre dans les Alpes de la Suisse et de la Savoie, notamment dans le canton de Glaris, où elles affectent le système nummulitique; dans les Alpes Juliennes, entre le pays de Venise et la Hongrie; dans une partie des montagnes de la Croatie, de la Dalmatie, de la Bosnie, et même dans celles de la Grèce, où MM. Boblaye et Virlet les ont observées dans les chaînons qu'ils ont désignés sous le nom de *système achaïque*. Les mêmes caractères stratigraphiques reparaissent dans une partie des monts Carpathes, entre la Hongrie et la Gallicie, ainsi que dans quelques accidents du sol du nord de l'Allemagne, parmi lesquels on remarque les lignes de dislocation le long desquelles les couches du terrain crétacé se redressent au pied de l'escarpement N.-N.-E. du Hartz. » (Elie de Beaumont, *Notice.*)

Le système des « Pyrénées » est incontestablement postérieur au terrain nummulitique méditerranéen, qui fait partie de la chaîne pyrénéenne et constitue tout le Mont Perdu. Le terrain nummulitique entre également dans la composition des Apennins et des divers chaînons que nous avons cités comme se rattachant par leur direction au système des « Pyrénées ». Les autres couches tertiaires s'étendent au pied des chaînons formés en totalité ou en partie par le terrain nummulitique. Mais quel est l'âge du système « des Pyrénées » par rapport aux formations tertiaires du nord de la France et du centre de l'Europe? Cette question se complique d'un problème de géognosie comparée qui divise les géologues; son examen trouvera sa place naturelle lorsque nous nous occuperons de la classification des terrains.

CHAPITRE IV.

XXIII. — SYSTÈME DE LA CORSE.

Dans le paragraphe suivant, nous verrons qu'il existe en France un grand nombre de lignes stratigraphiques orientées exactement dans le sens du méridien, comme le système du « Nord de l'Angleterre ». C'est, en effet, à ce système que plusieurs d'entre elles appartiennent par leur âge et leur direction. Mais il en est d'autres qui se présentent dans des circonstances telles qu'on est amené à les considérer comme s'étant produites longtemps après l'époque qui a vu surgir le système du « Nord de l'Angleterre ». M. Elie de Beaumont, en énumérant ces dernières, les rattache à un système qui aurait paru immédiatement

52

avant la période miocène et auquel il donne le nom de système
des « Iles de Corse et de Sardaigne ». Or, le grand cercle médian
choisi par M. Elie de Beaumont pour le système de la « Corse »
fait avec celui du système du « Nord de l'Angleterre » un angle
de près de cinq degrés vers l'ouest. L'orientation du système
de la « Corse » rapportée à Valence est N. 4° O. environ ;
elle ne représente, d'une manière exacte, que la direction du
Rhône, entre cette ville et Condrieux, et celle de divers chaînons
du département du Rhône. Mais elle ne s'adapte pas d'une
manière aussi heureuse, en France et dans les pays voisins, aux
lignes orientées dans le sens du méridien. Faut-il voir dans ces
lignes stratigraphiques, dont l'orientation ne concorde pas rigoureusement avec celle du système de la « Corse », le résultat
de déviations ou de directions d'emprunt? Ces déviations sont
trop nombreuses et trop semblables les unes aux autres par leur
direction pour que cette manière d'apprécier les faits puisse être
admise ? Peut-on, au contraire, supposer qu'il existe en réalité
deux systèmes très voisins par leur âge, dont l'un offrirait
l'orientation du système du « Nord de l'Angleterre », tandis
que l'autre, un peu plus orienté à l'ouest, ne serait autre que
le système de la « Corse »? Cette opinion nous paraît peu probable, et, dans tous les cas, ne saurait être adoptée tant que
l'observation n'en aura pas démontré toute la valeur. Enfin, ne
vaudrait-il pas mieux — ou modifier l'orientation du système
de la « Corse » et l'amener à coïncider avec celle du système
du « Nord de l'Angleterre »; — ou, tout en conservant au système de la « Corse » la direction qui lui a été donnée par
M. Elie de Beaumont, le rajeunir de manière à le rendre contemporain de celui du « Tatra ». Je ferai remarquer que divers
accidents stratigraphiques que l'on serait porté à rattacher au
système de la « Corse » pourraient bien faire partie d'un sys-

tème encore inédit, formant avec celui du «Tatra» un système binaire. Les systèmes de la « Corse » et du « Tatra » sont presque perpendiculaires, surtout lorsque l'on adopte, pour représenter ce dernier, le grand cercle de comparaison proposé par M. Pomel. Ce serait, selon nous, la meilleure solution que pourrait recevoir ce problème de stratigraphie, mais qu'il ne nous appartient pas de rendre définitive. [1]

Pour éviter toute confusion, j'inscris, dans les tableaux du chapitre V, le système de la « Corse », en lui conservant l'âge et l'orientation qui lui ont été accordés par M. Elie de Beaumont. Je place immédiatement après lui un système que j'appelle système de la « Vallée du Rhône », et que je considère comme une récurrence du système du « Nord de l'Angleterre ». L'âge que je donne provisoirement au système de la « Vallée du Rhône » est le même que celui du système de la « Corse ».

[1] Plusieurs passages de la *Notice sur les systèmes de montagnes*, et notamment celui que je vais transcrire, m'engagent à persister dans mon opinion relativement au système des « Iles de Corse et de Sardaigne ». « Les motifs, » dit M. Elie de Beaumont, « qui me font considérer le système du « Tatra » comme plus récent que le système de la « Corse » laissent encore à mes yeux quelque chose à désirer. Je suis convaincu que le second est plus récent que le premier, et que le grès de Fontainebleau s'est déposé entre les époques de leurs formations respectives; mais le peu d'extension de ce grès rend peut-être la démonstration trop peu concluante : elle n'établit pas encore suffisamment que l'ordre d'apparition des deux systèmes n'ait pas été inverse de celui que j'ai indiqué, ni même qu'ils n'aient pas été contemporains l'un de l'autre. Je ferai au reste remarquer, sous ce dernier rapport, que deux systèmes dont les directions sont perpendiculaires entre elles ont par cela même une relation de direction très simple, et que, s'ils étaient reconnus contemporains, le principe des directions en recevrait une atteinte beaucoup moins grande que si l'on parvenait à établir la contemporanéité de deux systèmes dont les relations de direction seraient moins directes. »

XXIV. — Système de la Vallée du Rhone.

La France et les contrées voisines présentent un grand nombre de lignes stratigraphiques orientées dans le sens du méridien ; je vais mentionner les principales d'entre elles. 1° La côte occidentale du département de la Manche et les diverses fractures qui, dans le Bocage de Normandie, sont dirigées du sud au nord. 2° La ligne marquant la direction des volcans des Monts Dômes ; prolongée vers le sud, elle accompagne le littoral du Roussillon. 3° La ligne qui, partant de la partie centrale du groupe porphyrique du Morvan, passe près du petit massif de Bert, remarquable par son isolement, dessine, en arrivant à la hauteur d'Ambert, la ligne anticlinale entre les bassins de la Loire et de l'Allier, rencontre, près de Villefort, un point stratigraphique très important, et se termine, en atteignant les bords de la Méditerranée, par un nouveau jalon, le pic de Saint Loup qui s'élève aux environs de Montpellier. Les îles Baléares sont précisément placées sur le prolongement des deux lignes dont je viens de suivre la trace. 4° La ligne qui, menée par Tarare, aboutit d'une part auprès du massif volcanique du Vivarais, et, d'autre part, au Mont Saint Vincent, dans le département de Saône et Loire. Elle coïncide avec l'arête si saillante qui se place entre les bassins de la Loire et du Rhône. 5° La ligne qui, de Châlon à Avignon, suit le cours de la Saône et du Rhône. 6° La ligne menée par Belley et représentant les accidents topographiques qui, dans le Jura méridional, sont orientés dans le sens du méridien. 7° La ligne en partie effacée qui, passant par le Mont Blanc, dessine, d'une manière générale, la zone de partage entre les eaux qui se rendent vers le Rhône et celles qui vont, soit vers la Méditerranée par le Var, soit vers l'Adriatique par le Pô et ses affluents. D'un côté, elle passe près du Ballon d'Alsace; de l'autre, elle touche le massif de porphyre quartzifère placé à l'est de Draguignan. 8° Enfin, la ligne même qui marque la direction des îles de Corse et de Sardaigne réunies.

Parmi ces lignes, il en est qui dépendent spécialement [du système du « Nord de l'Angleterre », et d'autres qui se rattachent au système de la « Vallée du Rhône » ; il en est quelques unes, enfin, qui appartiennent à ces deux systèmes à la fois, en ce sens que, primitivement formées par le plus ancien des deux, elles ont été élargies et développées par le second. L'action du système du « Nord de l'Angleterre » a été dominante dans la partie occidentale de la France, tandis que celle du système de la « Vallée du Rhône » s'est fait sentir de préférence dans la partie orientale de ce pays. C'est à ce dernier système que se rattache, par son âge, la dépression comprise entre les Alpes et le plateau central, dépression dont la ligne de thalweg coïncide précisément avec le lit de la Saône depuis Châlon jusqu'à Lyon et avec celui du Rhône depuis Lyon jusqu'à son embouchure.

XXV. — Système du Land's En.

XXVI. — Système de l'Eridan.

M. Elie de Beaumont fait remarquer que le grand cercle primitif H''' DI', qui va du Land's En, en Cornouailles, à la presqu'île d'Apscheron, dans la mer Caspienne, doit représenter un des systèmes stratigraphiques de l'Europe. Ce cercle reste constamment dans le bord des contrées accidentées du midi de l'Europe, laissant tout entière au nord la vaste étendue des plaines baltiques , sarmates et russes. En Cornouailles, il est parallèle à une nombreuse série de filons d'elvan.

Le grand cercle dont parle M. Elie de Beaumont me paraît représenter l'ensemble des accidents stratigraphiques et topographiques qui se montrent perpendiculaires au système du « Nord de l'Angleterre » ou à celui de la « Vallée du Rhône ». C'est dire qu'il correspond probablement à deux systèmes identiques par leur direction , et différents par leur âge; mais il n'est pas toujours facile de reconnaître si une ligne parallèle au grand cercle primitif H''' DI' appartient à l'un ou à l'autre de ces deux systèmes. On pourrait conserver le nom de système du « Land's En » à l'ensemble des lignes synchroniques avec le système du « Nord de l'Angleterre », et réunir sous une désignation spéciale les lignes synchroniques avec le système de la « Vallée du Rhône ». Je proposerai de grouper celles-ci sous le nom de système de « l'Eridan ». La vallée du Pô (*Eridanus*), considérée d'une manière générale , date de la période tertiaire comme la vallée du Rhône ; ces deux vallées sont perpendiculaires l'une à l'autre; une ligne menée de l'embouchure du Pô au Mont Thabor, dans les Alpes Cottiennes, marque la direction générale de ce fleuve et rencontre à angle droit la ligne qui dessine la direction de la vallée du Rhône.

XXVII. — Système du Tatra.

« Il existe, dans le nord de la Hongrie, plusieurs systèmes bien distincts de lignes stratigraphiques. Le mieux dessiné de tous est celui qui, dans le massif du Tatra, se dirige moyennement à l'O. 4° 56' N., et auquel le nom de ce massif peut être donné. Le système du « Tatra » est le même que celui qui a été signalé, par M. Viquesnel, en Turquie, sous le nom de *système du Rilo-Dagh et de l'Hœmus*. La direction générale de l'île de Candie est très sensiblement parallèle à celle de ce système, dont la trace se retrouve dans les Alpes et le Jura. La chaîne du Lomont et l'ensemble des chaînes qui lui sont parallèles dans le Jura septentrional, entre Regensperg et Baume-les-Dames d'une part, Delémont et Perrette de l'autre, se rattachent au système du « Tatra » par leur âge et leur direction. Il en est de même pour les lignes de dislocations peu éloignées de la ligne E.-O. que présentent l'île de Wight et le Dorsetshire ; il en est de même aussi pour la côte méridionale de l'Angleterre, depuis Land's En au Pas-de-Calais. L'âge relatif du système du Tatra me paraît être intermédiaire entre l'époque du grès de Fontainebleau et celle des mollasses d'eau douce inférieures de l'étage miocène, qui correspondent au terrain d'eau douce supérieur et aux meulières supérieures du bassin de Paris. Depuis le Rilo-Dagh jusqu'au Lomont, les rides produites par ce système ont servi d'assiette à tout le terrain des mollasses miocènes qui se sont moulées sur leurs contours avec une exactitude remarquable. » (Elie de Beaumont, *Notice*.)

XXVIII. — Système du Sancerrois.

Le système du « Sancerrois » a été formulé pour la première fois, en 1846, par M. V. Raulin, dans un mémoire où il a établi que les couches qui composent le Sancerrois y éprouvent un relèvement assez considérable, semi-elliptique, dont la ligne anticlinale court de l'E. 26° N. à l'O. 26° S., de Sancerre vers Barmont, près de Mehun-sur-Yèvre. M. Raulin regarde le système du « Sancerrois » comme étant d'un âge intermédiaire entre le calcaire d'eau douce supérieur du bassin de Paris et les argiles de la Sologne, contemporaines des faluns de la Touraine. Il signale également une ligne qui, de Saint Chinian à Carcassonne, court à très peu près de l'E. 25° N. à l'O. 25° S., c'est-à-dire parallèlement au système du « Sancerrois » ; le long de cette ligne, le terrain à nummulites et le calcaire d'eau douce du miocène inférieur se trouvent redressés ; ils forment des basses montagnes au sud desquelles la mollasse coquillière marine, qui s'est déposée après ces terrains, constitue un bas plateau qui s'étend de Bize à Béziers. L'action du système du « Sancerrois » sur la topographie de la France a été très faible ; cela tient, ainsi que M. Elie de Beaumont le fait remarquer, à ce que les collines du Sancerrois constituent plutôt le bord que l'axe central du système qui porte leur nom. L'empreinte de ce système devient plus générale à mesure que l'on se rapproche de la région méditerranéenne.

XXIX. — Système du Vercors.

« Ce système a été signalé, pour la première fois, par M. Sc. Gras, dans sa *Statistique de la Drôme*. Tout le pays élevé, comprenant autrefois le Vercors, se compose d'une série de vallées parallèles, dont la direction fait avec le méridien un angle de 7 à 8 degrés. Le même système se montre fréquemment dans le département de l'Isère ; c'est lui qui a donné naissance à la chaîne de montagnes située entre la vallée de Lans et celle du Drac, et qui a incliné les couches d'anthracite d'Huez et du Mont de Lans. Le système du « Vercors » me parait être du nombre de ceux qui se croisent dans le Jura ; des crêtes offrant sa direction se dessinent avec une netteté particulière sur les premiers plateaux de ce massif, entre Saint Amour et Saint Claude, aux environs de Marnay, d'Arinthod et d'Orgelet. Son âge relatif n'a pas encore été déterminé avec précision. Il est évidemment postérieur à tout le terrain crétacé inférieur et antérieur au terrain miocène. » (Elie de Beaumont, *Notice*.)

Postérieurement à l'époque où le passage qui précède a été écrit, M. Pomel a reconnu l'existence du système du « Vercors » en Algérie, et notamment aux environs de Milianah. Les observations de cet éminent géologue fixent l'âge de ce système entre deux terrains confondus jusqu'à ce jour dans l'étage des faluns, en raison de leurs fossiles à peu près les mêmes. L'un de ces terrains, le plus ancien des deux, et formé de poudingues et de grès calcarifères, a été déposé après le grès de Fontainebleau, ainsi que ses fossiles le prouvent ; il présente seul des plis dirigés dans le sens du système du «Vercors» et il forme la crête d'un chaînon orienté de la même manière. Le second terrain, en stratification complétement transgressive avec le précédent, repose indifféremment sur les couches crétacées ou les poudingues dont il vient d'être question ; il renferme même des débris de ces poudingues. Ces relations stratigraphiques nous montrent comment le système du « Vercors », tout en tombant dans la série miocène, est pourtant antérieur aux mollasses marines.

XXX. — Système de l'Erymanthe.

M. Pomel a étudié, sur le sol algérien, un système de rides, qu'il appelle *système du Mermoucha*, du nom d'une montagne située dans le Petit Atlas, au dessus de Blidah. L'orientation de ce système est à Alger N. 32° O. « Ce système, » dit M. Pomel, « est postérieur à celui du « Vercors », car il a disloqué les formations que j'assimile aux mollasses marines et dont les bassins ont été préparés par les ridements du Vercors. Il est antérieur à une formation qui ne se rapporte ni aux mollasses marines, ni au terrain pliocène. Cette formation constitue un terrain nouveau que je nomme *sahélien*, parce qu'il compose une partie des collines du Sahel, qui séparent la Métidja de la mer; elle est le dernier terme de la série miocène. »

Le *système du Mermoucha* ne diffère ni par son âge ni par sa direction de celui qui a été signalé en Grèce, par MM. Boblaye et Virlet, sous le nom de système de « l'Erymanthe ». Je rappellerai, d'un autre côté, que M. Elie de Beaumont avait d'abord réuni, mais sous toutes réserves, le système du « Sancerrois » et celui de « l'Erymanthe »; les intéressants travaux de M. Pomel ont eu, entre autres résultats, celui de montrer que ces deux systèmes sont distincts, quoique voisins, par leur orientation et par leur âge.

XXXI. — Système des Alpes Occidentales.

Le système des Alpes Occidentales a été établi par M. Elie de Beaumont sur un grand nombre d'accidents stratigraphiques et topographiques qui, dans le massif montagneux compris entre la France et l'Italie, sont orientés en moyenne au N. 25 E. « Dans l'intérieur de ce massif, on n'aperçoit pas de couches plus récentes que la craie et le terrain nummulitique; mais, sur ses bords, on voit les rides du système des «Alpes Occidentales » se transmettre aux couches de l'étage tertiaire moyen, aussi bien qu'aux couches secondaires qui les supportent. Ainsi les couches de la mollasse coquillière se trouvent également redressées au milieu de la Suisse, dans la Provence, près de Manosque, à la colline de Superga, près de Turin, et au pied occidental des montagnes de la Grande Chartreuse, près de Grenoble. Ce dernier exemple est surtout très frappant, parce que les couches de mollasse qu'on voit se redresser jusqu'à la verticale, à l'approche des escarpements alpins, s'étendent horizontalement jusqu'au pied des montagnes granitiques du Forez, qui viennent border le Rhône de Lyon à Saint Vallier. Il suit de là que le redressement de couches propre au système des « Alpes Occidentales » a eu lieu après le dépôt de l'étage tertiaire moyen. Je mentionnerai comme faisant partie de ce système les escarpements que le Mont Blanc et le Mont Rose présentent vers l'E.-S.-E. ; la ligne qui, dans les Alpes, forme la limite occidentale de la région des serpentines ; la grande faille de la vallée de la Linth, qui va du lac de Wallenstadt à Ivrée en Piémont. » (Elie de Beaumont, *Notice*.)

XXXII. — SYSTÈME DES ALPES MARITIMES.

M. Elie de Beaumont fait remarquer que les environs de Nogent-le-Rotrou et les côteaux du Perche présentent quelques accidents stratigraphiques d'une faible saillie qui affectent tous les terrains de la contrée depuis le calcaire jurassique, jusques et y compris le terrain d'argile rouge, de sable granitique et de silex qui représente le terrain d'eau douce supérieur de Paris (terrain miocène supérieur). Il fait observer également que la direction et l'âge relatif de ces accidents stratigraphiques conduisent à les rapporter au système des « Alpes Occidentales ».

Une ligne menée, par un point situé près de Chartres (Lat. 48° 24' N. ; long. 1° O.), normalement à la direction du système des « Alpes Occidentales », y coupe le méridien sous un angle de 23° 35' environ. Cette ligne, de Falaise à Pithiviers, fonctionne comme ligne anticlinale, et sépare le bassin de la Seine de celui de la Loire; c'est la protubérance qu'elle forme qui oblige la Loire à tourner brusquement vers l'ouest en

arrivant à Cosne et à se détourner de sa direction primitive
qui la portait à confondre ses eaux avec celles de la Seine. —
Une ligne, menée par Castel-Sarrazin parallèlement à la précédente, se dirige, entre cette ville et Port-Sainte-Marie, dans
le même sens que la Garonne. Elle n'affecte que le terrain
miocène et sa trace disparaît, vers l'ouest, dès que le terrain
pliocène se montre. (Voir la carte géologique de la France.) —
Entre les deux lignes qui viennent d'être mentionnées, il en est
une troisième qui, en partant de Tournon dans une direction
perpendiculaire au grand cercle de comparaison du système
des « Alpes occidentales », se dessine avec beaucoup de netteté.
Si on fait abstraction d'une courte interruption produite par la
Durance, précisément au point où passe ce grand cercle de
comparaison, on voit cette ligne séparer constamment les affluents de l'Isère et du Pô, de ceux du Var et du Rhône, au
dessous de Valence. Elle compte, parmi ses principaux jalons,
le Vercors, le Devoluy et les Alpes Maritimes, constituées en
partie par une masse granitique dont elle marque la direction.
Sur tout son parcours, elle ne rencontre que des terrains anté-
subapennins. Près de Tournon, son apparition paraît avoir eu
pour résultat, à la fin de l'époque miocène, le refoulement de
la mer vers le sud jusqu'à Bollène (Vaucluse), et l'établissement
d'une barrière qui, en retenant les eaux du côté du nord, a
donné origine au lac de la Bresse.

Ces lignes stratigraphiques me paraissent dénoter l'existence
d'un système que je propose de désigner sous le nom de système des « Alpes Maritimes ». Les circonstances dans lesquelles elles se présentent me semblent indiquer aussi que
ce système, perpendiculaire à celui des « Alpes Occidentales »,
est, comme lui, immédiatement antérieur au terrain subapennin.

XXXIII. — Système du Mont Serrat.

J'ai déjà dit comment, en voyant, dans les environs de Barcelone, les strates fréquemment orientées vers le N. 42° O. environ, je m'étais vu conduit à soupçonner l'existence d'un système stratigraphique distinct de ceux qui avaient été établis par M. Elie de Beaumont. J'ai donné à ce système le nom du Mont Serrat parce qu'une des lignes que j'ai cru devoir lui rattacher passe au pied de cette montagne. L'Ebre, au dessus et au dessous de Saragosse, coule dans le sens du système du « Mont Serrat ». Les strates qui ont été soulevées lors de l'apparition de ce système appartiennent à tous les terrains, même au terrain pliocène, ce qui me porte à le considérer comme étant d'une date très récente. Toutefois, le système des « Alpes Principales » se plaçant immédiatement après le terrain pliocène, celui du « Mont Serrat » me semble pouvoir être intercalé entre les deux étages dont le terrain pliocène ou subapennin se compose dans la région méditerranéenne. Le système du « Mont Serrat » se trouve ainsi rangé entre les systèmes des « Alpes Occidentales » et des « Alpes Principales », et il n'est pas indifférent de remarquer qu'il divise en deux parties à peu près égales l'angle obtus formé par ces deux derniers systèmes. M. Elie de Beaumont fait observer que le *système du Nador*, signalé par M. Pomel, se rapproche beaucoup par son âge comme par sa direction de celui du Mont Serrat. En outre, M. Pomel considère le *système du Nador* comme séparant le terrain subapennin en deux parties. Les observations de ce géologue rapprochées des nôtres donnent une grande probabilité à l'existence d'un système de montagnes antérieur à celui des « Alpes Principales », postérieur à celui des « Alpes Occiden-

tales », et offrant une direction très voisine de celle du système
du « Mont Serrat », peut être même identique avec elle.

XXXIV. — Système des Alpes Principales.

« Lors de l'apparition du système des « Alpes Principales »,
le sol d'une partie de la France a contracté une double pente
ascendante, d'une part de Dijon et de Bourges vers le
Forez et l'Auvergne, et de l'autre, des bords de la Méditerranée
vers les mêmes contrées. Ces deux pentes opposées donnent
lieu par leur rencontre à une espèce de faîte qui est situé précisément dans le prolongement de la ligne de soulèvement de
la chaîne principale des Alpes. » (Elie de Beaumont, *Notice*.)

La ligne anticlinale ainsi constituée est la plus importante
de celles qui appartiennent au système des « Alpes Principales »; elle marque la direction générale des Alpes depuis
le Valais jusque vers l'Autriche. Si on suit son prolongement
à l'ouest, on la voit partir du Mont Blanc, séparer le bassin
de l'Isère de celui du Rhône, et marquer la direction de la
bande de terrain pliocène que les courants diluviens n'ont
pas érodée du pont de Beauvoisin au Péage de Roussillon. Les
autres lignes du système des « Alpes Principales » se montrent
au nord de celle dont il vient d'être question, mais elles existent en plus grand nombre vers le sud, et notamment dans la
région asiatico-méditerranéenne. Par suite de leur apparition
récente, elles sont presque toutes fortement accentuées.

« Les vallées de l'Isère, du Rhône, de la Saône et de la Durance, présentent deux terrains de transport très distincts l'un
de l'autre, entre lesquels on observe un défaut de continuité et
une variation brusque de caractères. Le premier de ces terrains
appartient au terrain tertiaire supérieur : il a été reçu dans des

lacs dont le plus étendu se développait de Tullins et de Voiron jusqu'à Dijon. Quant à l'autre terrain de transport, il est formé de matériaux qui ont été entraînés par les courants diluviens. Or, les couches du premier terrain de transport ont été disloquées près de Mézel (Basses Alpes), dans une direction parallèle à celle des Alpes Principales, tandis que le terrain diluvien n'est nulle part affecté par les dislocations du sol. Ainsi le redressement de couches qui a été la conséquence de l'apparition du système des « Alpes Principales » a eu lieu entre le dépôt du terrain de transport ancien et le passage des courants qui ont rayonné autour des Alpes. » (Elie de Beaumont, *Notice*.)

M. Elie de Beaumont adopte, pour représenter le système des « Alpes Principales », le grand cercle mené par le point a''' placé entre la Corse et les îles Baléares et orienté, en ce point, à l'E. 16° 38' 2" N. En même temps, pour représenter la bande volcanique de la zone asiatico-méditerranéenne, il indique le grand cercle qui, passant par l'Etna, y est rigoureusement perpendiculaire au système du « Ténare ». La bande auquel ce grand cercle est affecté, et que M. Elie de Beaumont désigne sous le nom d'*axe volcanique méditerranéen*, serait, d'après lui, distincte du système des « Alpes Principales ». Dans un travail qui date de plusieurs années, j'avais cru devoir adopter cette opinion. Mais, en dernière analyse, il me paraît plus simple et plus conforme aux faits et aux idées théoriques qui ont été exposés dans les chapitres précédents, de considérer « l'axe volcanique méditerranéen » et le système des « Alpes Principales » comme formant une seule et même chose. D'ailleurs, il est impossible, dans la pratique, de les distinguer entre eux. Ils appartiennent à la même époque. Leurs grands cercles de comparaison sont tous les deux perpendiculaires à celui qui représente le système du « Ténare ». En même temps, ils sont très rapprochés l'un de l'autre puisque la distance maximum qui les sépare, mesurée le long du grand cercle du système du « Ténare », est seulement de 4° 30'. Dans la région qui entoure les points d'entrecroisement du système du « Ténare » avec les deux autres systèmes, les lignes stratigraphiques appartenant à « l'axe volcanique méditerranéen » et au système des « Alpes Principales » sont exactement parallèles entre elles. Pour les autres contrées de l'Europe et du nord de l'Afrique, les différences d'orientation de ces lignes sont à peine sensibles. A mesure qu'en se dirigeant vers l'est ou vers l'ouest, on se rapproche des points où s'opère l'entrecroisement des grands cercles de « l'axe volcanique méditerranéen » et du système des « Alpes Principales », on voit leur direction diverger de plus en plus; mais en même temps, on s'éloigne des régions où se montrent les lignes stratigraphiques sur lesquelles est basée l'existence de ces deux systèmes. Pour mettre leur indépendance hors de contestation, il faudrait les étudier dans les régions situées vers les points d'entrecroisement de leurs grands cercles, ce qui n'a pas encore été fait.

XXXV. — Système du Ténare.

MM. Boblaye et Virlet ont distingué en Grèce un système postérieur aux parties les plus récentes du terrain subapennin et dirigé au N. 4° à 5° O. De grandes failles qui s'observent dans les montagnes de la Laconie et dans ce prolongement du Taygète appelé le Magne, qui se termine au cap Matapan (cap Ténare), pointe méridionale de la Morée, peuvent en être considérés comme le type principal. Telles sont les premières observations qui ont servi de point de départ à M. Elie de Beaumont pour établir le système du « Ténare ». Si, à la surface de

Verra a paye 808

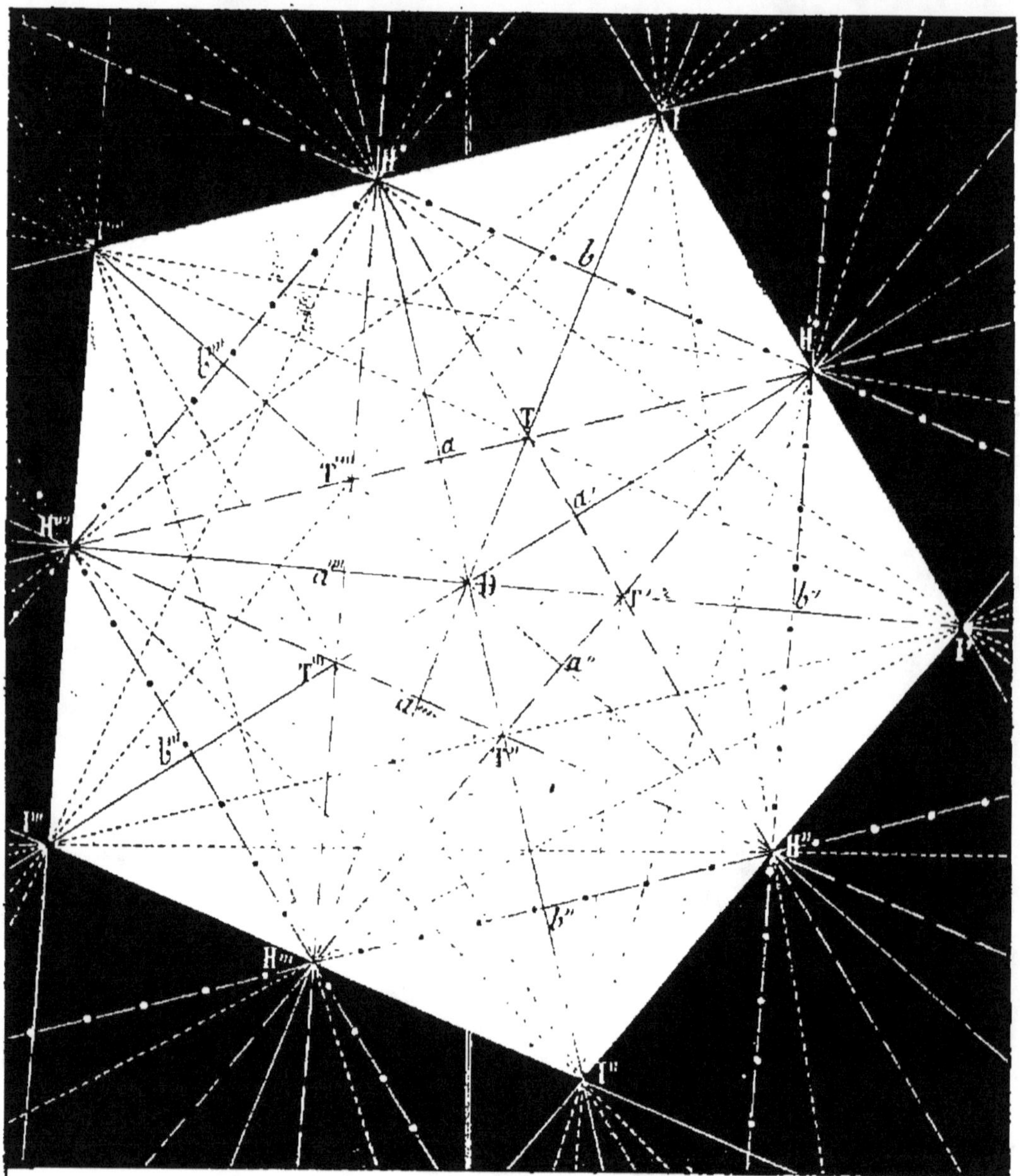

RÉSEAU PENTAGONAL.

Cercles primitifs
Octaédriques
Dodécaédriques réguliers....
Dodécaédriques rhomboïdaux
Méridien de Remda....

Figure 69. (V. Chap. V.)

la sphère terrestre, on joint successivement l'Etna avec un des huit points suivants : le Vésuve; le Beerenberg , dans l'île de Mayen; le Saint Elie, volcan de l'Amérique Russe; le Mouna-Roa et le Mouna-Hualalaï, dans l'île d'Owhyhi, l'une des Sandwich ; l'île de Noël; le mont Erèbe et le cap Cave-Rock, pointe sud est de l'Afrique, — on obtient huit grands cercles formant un faisceau étroit, dont l'amplitude dépasse à peine 4° et dont le grand cercle Etna=Mouna-Roa occupe à peu près le milieu, tandis que le grand cercle Etna=Vésuve en occupe un des bords. Une parallèle, menée par le cap Matapan au grand cercle Etna=Mouna-Roa, y est orientée au N. 6° 4' 53" O.; cette orientation diffère très peu de celle que MM. Boblaye et Virlet ont assignée à leur système du « Ténare »; le grand cercle Etna=Mouna-Roa peut donc être adopté pour représenter ce système.

« Ce grand cercle de comparaison marque la direction de la zone étroite où se trouvent compris l'Etna, le Stromboli, Vulcano et le Vésuve. Il est plus ou moins parallèle au plus grand diamètre de la base totale de l'Etna et à la plus grande longueur du *Piano del Lago* ; à la direction générale de la vallée du Tibre, depuis sa source jusqu'à Rome; à la zone thermale qui renferme en Toscane les lagoni et les soffioni et aux failles qui existent dans cette zone; enfin, à la bande d'évents volcaniques modernes, quoique aujourd'hui éteints, qui s'observent en Sardaigne. » (Elie de Beaumont, *Notice*.)

XXXVI. — AXE VOLCANIQUE MÉDITERRANÉEN.

Un grand cercle, mené par le sommet de l'Etna normalement au grand cercle du système du « Ténare », et, par conséquent, orienté à l'E. 10° 29' 44" N., représente « l'axe volcanique mé-

diterranéen »; il compte le pic de Ténériffe parmi ses principaux
jalons. Prolongé vers l'ouest, il rencontre la chaîne des Andes
aux environs de Cuzco, c'est-à-dire dans la région où les Andes
de Bolivie s'articulent avec celles du Pérou dont la direction est
différente. Si, par un point placé sur ce grand cercle à 90° du
sommet de l'Etna, nous faisons passer un grand cercle qui lui
soit perpendiculaire, ce nouveau grand cercle coïncidera, aussi
bien que possible, avec l'axe de la bande volcanique qui, en
rencontrant les îles Aléoutiennes, s'étend de la Bolivie aux îles
de la Sonde. Il représente le système des « Andes » de M. Elie
de Beaumont. Réuni avec les grands cercles de comparaison
du système du « Ténare » et de « l'axe volcanique méditerranéen », il réalise exactement la combinaison de trois grands
cercles perpendiculaires entre eux. Ces trois grands cercles
constituent l'ensemble que M. Elie de Beaumont a distingué
sous le nom de *système volcanique trirectangulaire*, ensemble
dont tous les éléments ont, d'après lui, la même date.

Le principal rôle joué par les systèmes dont il vient d'être
question est de rattacher entre eux presque tous les volcans
en activité; mais ces volcans ne se sont pas allumés en même
temps; il en est même qui ne datent que de quelques années
ou de quelques siècles. Toutefois le premier moment, où les
files de volcans qui jalonnent ces trois systèmes se sont établies, coïncide évidemment avec celui où les plus anciens
de ces volcans ont fait éruption. Or les plus anciens volcans
à cratère datent du commencement de l'ère jovienne. Nous
voyons, dans cette circonstance, un motif de plus pour admettre l'identité de « l'axe volcanique méditerranéen » et du
système des « Alpes Principales ».

Selon nous, vers le début de l'ère jovienne, un système ternaire, formé par la réunion des systèmes simples des « Alpes

Principales », du « Ténare » et des « Andes » se serait dessiné à
la surface du globe. Ce système aurait été essentiellement stratigraphique. Les volcans, à mesure de leur apparition, se seraient établis le long des fractures préexistantes, mais surtout le
long des fractures qui, récemment formées, auraient livré un
passage plus facile aux masses éruptives. Ces trois systèmes
auraient pris ainsi peu à peu le caractère que nous avons reconnu en eux, lorsque nous avons dit qu'ils étaient principalement jalonnés par des files de volcans.

XXXVII. — Système du Mont Ventoux.

Le système des « Alpes Principales » et celui du « Ténare » ne
sont pas les derniers qui aient surgi à la surface du globe. Les
considérations suivantes me semblent démontrer l'existence
d'un système postérieur aux deux systèmes que je viens de
nommer.

En 1857, j'ai mentionné une ligne stratigraphique qui, partant du Mont Ventoux, se dirige parallèlement au Rhône depuis
Avignon jusqu'à l'embouchure du Gard, marque la direction
générale de la protubérance de terrain qui, de ce dernier point
jusqu'aux environs d'Aigues-Mortes, s'élève entre la vaste
plaine alluviale arrosée par le Rhône autour de son delta et
celle que parcourt la petite rivière du Vistre ; puis elle coïncide
avec le littoral entre l'embouchure du Vidourle et celle de
l'Hérault, en suivant la plage étroite et sablonneuse placée
entre la mer et cette suite d'étangs salés dont le plus considérable est l'étang de Thau. Pendant cette partie de son trajet, la
ligne dont il est ici question rencontre la montagne de Cette et
la montagne volcanique de Saint Loup, près d'Agde, toutes les
deux remarquables par leur isolement. Elle passe ensuite, au

sud de Narbonne, par la montagne de la Clape et se dirige parallèlement à la limite nord ouest des alluvions modernes du Roussillon. Cette ligne me paraît s'être établie après le diluvium alpin et avant les alluvions modernes. La montagne d'Agde présente à sa base le terrain quaternaire en bancs inclinés; celle de Cette offre des brèches osseuses dont le remplissage n'a pu s'effectuer qu'autant que les couches qui les contiennent n'avaient pas encore été portées, lors de l'époque diluvienne, au dessus du niveau de la Méditerranée. En outre, la protubérance de terrain, qui s'étend d'Aigues-Mortes à l'embouchure du Gard, est partout recouverte par le diluvium alpin, tandis qu'à sa base se développent les alluvions modernes. Enfin, la ligne dont il s'agit indique d'une manière assez exacte la direction des terrains d'alluvion moderne des départements de Vaucluse, du Gard, de l'Hérault et de l'Aude.

XXXVIII. — Système des Açores.

La ligne dont je viens de parler est très bien dessinée et son âge me paraît aussi nettement indiqué que sa direction; je l'ai considérée comme dénotant l'existence d'un système que j'ai désigné sous le nom de système du « Mont Ventoux ». Toutefois, n'ayant pas encore eu l'occasion de retrouver d'autres lignes qui lui soient parallèles et qui se présentent dans les mêmes conditions d'âge, j'aurais peut être renoncé à admettre l'existence de ce système, si cette ligne ne me semblait recevoir une certaine importance de ses relations d'âge et de direction avec le système formulé par M. Elie de Beaumont sous le nom de système des « Açores ».

Le grand cercle primitif I'''H' passe à 3 degrés seulement de Montpellier. Une parallèle menée par Montpellier à ce grand

cercle y est orientée à l'E. 35° 37'N. Cette orientation diffère très
peu de l'orientation observée N. 36° E. pour qu'il soit naturel,
surtout lorsque l'on tient compte de la manière approximative
dont celle-ci a été déterminée, d'adopter le grand cercle primitif I'" H' pour grand cercle de comparaison du système du
« Mont Ventoux ». Or, ce grand cercle primitif est perpendiculaire au dodécaédrique régulier H"' H"" choisi par M. Elie
de Beaumont pour le système des « Açores. » Nous avons donc
ici deux systèmes perpendiculaires. Quant à leur âge, je dirai
que M. Elie de Beaumont considère le système des « Açores »
comme étant très moderne. On peut, jusqu'à preuve contraire,
admettre le synchronisme des systèmes du « Mont Ventoux »
et des « Açores », et, si l'on tient compte de ce que j'ai dit
relativement à l'âge du premier de ces deux systèmes, les considérer comme ayant surgi pendant l'ère jovienne. Par suite de
la date récente de leur apparition, ils devraient, comme les
systèmes qui les ont immédiatement précédés, rattacher entre
eux des centres volcaniques ; je crois qu'en effet il en est ainsi.
Afin de ne pas trop insister à ce sujet, je me bornerai à faire
remarquer que le grand cercle de comparaison du système du
« Mont Ventoux » rencontre Lisbonne, célèbre par son tremblement de terre, et le groupe volcanique de Madère. Le grand
cercle de comparaison du système des « Açores » rencontre
aussi ce groupe volcanique, passe très près des îles également
volcaniques des Açores et de l'archipel des îles Sandwich.

Applications numériques (V. page 447).

L'orientation du système des Ballons est à *Remda*, (lat. 50° 46′ 3″ N. : Long. 8° 53′ 31″ E.) : N. 71° 32′ 51″ O. On demande quelle est l'orientation de ce système au *cap de Creus*, (lat. 42° 17′ 0″ N. : Long. 0° 53′ 31″ E.)?

La latitude moyenne est 46° 31′ 31″; le rapport correspondant est 0,727; l'angle au pôle est 8°. La différence des angles alternes internes sera donc égale à 0°,727 × 8 = 5°,816, c'est-à-dire 5° 49′ 12″.

Excès sphérique : b = 850 kil. V = 70°. ε = 5′ 15″

Le *cap de Creus* étant situé à l'ouest de *Remda*, l'orientation devra obliquer vers le sud en passant par l'ouest. La direction du système des Ballons transportée de *Remda* au *cap de Creus* y deviendra

N. 71° 32′ 51″ + 5° 49′ 12″ — 5′ 15″ O.

ou N. 77° 16′ 48″ O. ou O. 12° 43′ 12″ N.

Mener par le *Binger-Loch* une parallèle à une ligne orientée à *Hyères* à l'E. 22° 30′ N.

Hyères. . .	Lat. 43° 7′ N.		Long. 5° 47′ 40″ E.
Binger-Loch.	Lat. 49° 55′ N.		Long. 5° 30′ 0″ E.
	Lat. moy. 46° 31′ N.		Angle au pôle : 1° 42′ 20″
	Rapport : 0, 727.	Dif. des ang. alt. int. : 1° 15′ 51″.	

Excès sphérique : b = 772 kil. V = 57° 30′. ε = 12′.

Orientation transportée à *Hyères* : E. 22° 30′ — 1° 42′ 20″ — 12′ N. ou E. 20° 5′ 40″ N.

CHAPITRE V.

Structure du réseau pentagonal. — Grands cercles dont il se compose : cercles primitifs, octaédriques, dodécaédriques réguliers, dodécaédriques rhomboïdaux ; cercles auxiliaires. — Pentagone européen. — Tableaux de stratigraphie systématique. — Direction, âge relatif et grands cercles de comparaison des principaux systèmes de montagnes. — Relations entre la topographie générale et la stratigraphie systématique. — Mode de groupement des lignes stratigraphiques. — Forme géométrique ou symbole des chaînes de montagnes et des principaux accidents de terrain. — Configuration générale des Pyrénées.

Structure de chaque pentagone du réseau pentagonal; pentagone européen. — *Quinze* grands cercles, convenablement placés à la surface de la sphère terrestre, (voir tome 1, page 1, page 228), s'y rencontrent *cinq* par *cinq*, en *douze* points. Chacun de ces *douze* points est le centre d'un pentagone régulier dessiné par *cinq* autres de ces grands cercles. La surface de la sphère comprend *douze* de ces pentagones et ces *douze* pentagones offrent la disposition suivante.

Si, par le centre d'un pentagone quelconque, on mène un diamètre à travers la sphère, ce diamètre ira passer par le centre d'un autre pentagone placé aux antipodes du premier. Ces deux pentagones, situés à chaque extrémité d'un même diamètre, pourront être désignés sous le nom de pentagones *polaires;* ils seront placés dans une situation inverse, de sorte que les côtés de l'un correspondront aux angles de l'autre.

L'espace compris entre les deux pentagones polaires sera occupé par les dix autres pentagones, que l'on pourra distinguer sous le nom de pentagones *équatoriaux*. Ceux-ci se partageront en deux séries, dont chacune comprendra cinq pentagones. Dans chaque série, chaque pentagone aura un côté de commun avec le pentagone polaire correspondant. Pour les lecteurs qui ont quelques notions de cristallographie, je dirai que cette disposition générale des pentagones réguliers enveloppant complétement la sphère correspond rigoureusement au dodécaèdre pentagonal; pour saisir cette relation, il n'y a qu'à mener, par la pensée, d'abord les cordes des arcs formant les côtés des pentagones, et, ensuite, les plans déterminés dans chaque pentagone par ses cinq cordes. Tous les pentagones du réseau peuvent indistinctement jouer le rôle de pentagones polaires et équatoriaux; je n'emploie ces expressions que pour mieux dépeindre la disposition générale du réseau pentagonal.

Maintenant, considérons un seul des douze pentagones, celui, par exemple, dont le centre est à Remda et qui embrasse toute l'Europe, ainsi qu'une partie du Groënland, de l'Asie et de l'Afrique. Ce que nous dirons de ce pentagone sera également vrai pour tous les autres, du moins quant à la disposition des cercles qui se croisent dans leur intérieur.

Le point D, centre du pentagone européen, est situé près de Remda, en Saxe. (Lat. 50° 46' 4" N., et Long. 8° 53' 32" E.) De ce point D, partent dix arcs de grand cercle : cinq vont rencontrer les angles I, I', I'', I''', I'''' du pentagone et cinq autres vont passer par les points H, H', H'', H''', H'''' marquant les milieux des côtés du pentagone. Les grands cercles dont ces arcs font partie sont désignés par l'épithète de *primitifs*, dans la nomenclature qui a été établie par M. Elie de Beaumont. Cette désignation s'applique également aux grands cercles qui forment le périmètre du pentagone. Si l'on joint entre eux tous les points I et tous les points H, on forme, dans l'intérieur du pentagone, un réseau de lignes appartenant à des grands cercles qui se classent de la manière suivante : cercles *octaédriques, dodécaédriques réguliers* et *dodécaédriques rhomboïdaux*. (1) On peut, sur la figure 69, se rendre compte de la situation relative de ces lignes.

La symétrie pentagonale est bien le caractère essentiel du réseau que ces lignes constituent par leur entrecroisement. Si

(1) M. Elie de Beaumont a eu recours à ces expressions, pour désigner les grands cercles du réseau pentagonal, parce qu'elles constituent des locutions commodes et d'une valeur connue. En empruntant ces expressions à la cristallographie, il n'a voulu nullement donner à penser qu'il existe une relation quelconque entre les causes qui ont pour conséquence l'établissement du réseau terrestre et les forces mystérieuses qui président à l'édification des cristaux.

Parmi les six systèmes de la cristallographie, il en est un qui a pour forme fondamentale le cube : c'est le système *cubique* ou *régulier*. Le cube et tous les polyèdres qui en dérivent d'après les lois de la cristallographie peuvent être inscrits dans la sphère, et de là le nom de système *sphéroédrique* sous lequel le minéralogiste allemand Weiss a désigné le système régulier. Or, les grands cercles dont se compose le réseau pentagonal et les divers groupes qu'ils forment se coordonnent d'une manière parfaite aux faces et aux arêtes du cube et de tous les solides qui en dérivent. Je viens de dire comment l'ensemble des douze pentagones résultant du croisement des quinze grands cercles primitifs correspondait au dodécaèdre pentagonal. Ces quinze grands cercles forment en outre cinq systèmes trirectangulaires ajustés entre eux suivant les lois de la symétrie pentagonale et correspondant respectivement aux faces de cinq cubes inscrits dans la sphère ; chacun de ces cinq systèmes trirectangulaires est susceptible de se confondre avec les quatre autres, si on le fait tourner successivement autour de ses quatre diagonales de 44° 28' 39''. Les dix grands cercles icosaédriques ou octaédriques correspondent à la fois aux vingt faces d'un icosaèdre régulier et à celles de cinq octaèdres réguliers, un pour chaque système trirectangulaire. Dans la formation de ces cinq octaèdres, chaque cercle octaédrique est employé deux fois. Les six grands cercles dodécaédriques réguliers correspondent aux douze faces d'un dodécaèdre régulier unique, qui est en quelque sorte le résumé le plus simple de la symétrie pentagonale. Enfin, les trente grands cercles dodécaédriques rhomboïdaux se divisent en cinq groupes, dont chacun appartient à l'un des cinq systèmes trirectangulaires, et y représente un dodécaèdre rhomboïdal régulièrement adapté au cube et à l'octaèdre.

PENTAGONE EUROPÉEN. POSITION APPROXIMATIVE DE CHAQUE POINT.	LATITUDE.	LONGITUDE.	ORIENTATION d'un grand cercle primitif.
	° ′ ″	° ′ ″	° ′ ′
D. Près de Remda, en Saxe	50 46 5 N.	8 55 51 E.	N. 15 9 41 O.
I. Près de la Nouvelle-Zemble	75 47 1 N.	82 51 0 E.	N. 88 21 35 O.
I′. En Perse, près de Mesched	55 40 19 N.	57 1 5 E.	N. 50 52 51 O.
I″. Dans le Soudan, près du lac Tsad	15 39 6 N.	17 4 55 E.	N. 8 52 5 O.
I‴. Au S.-O. des îles Canaries	24 58 10 N.	25 57 45 O.	N. 56 52 51 E.
I⁗. Dans le détroit de Davis	60 5 59 N.	58 5 52 O.	N. 75 51 10 E.
H. Dans le Groënland	79 19 11 N.	51 20 32 O.	N. 50 59 28 O.
H′. Au pied oriental de l'Oural	56 11 51 N.	62 51 20 E.	N. 15 25 22 E.
H″. En Arabie, au N.-O. de Médine	26 11 51 N.	55 12 19 E.	N. 52 15 57 O.
H‴. Dans le grand désert de Sahara	20 58 17 N.	5 42 9 O.	N. 15 12 28 E.
H⁗. Au N.-O. des Açores	45 25 21 N.	57 14 5 O.	N. 60 8 14 E.
T. En Finlande, près de Vasa	62 55 46 N.	20 5 49 E.	N. 52 15 58 E.
T′. Près d'Olviopol, sur le Bug	47 52 7 N.	28 50 46 E.	N. 69 57 54 O.
T″. En Sicile, cime de l'Etna	57 45 40 N.	12 41 10 E.	N. 10 29 44 O.
T‴. En Espagne, à l'O.-N.-O. de Burgos . . .	42 44 24 N.	6 58 6 O.	N. 47 28 5 E.
T⁗. Près des îles Hébrides	58 5 28 N.	10 18 25 O.	N. 64 51 32 O.
a. En Norwège, près du Sogne-Fiord	61 12 25 N.	5 48 15 E.	N. 17 25 50 O.
a′. En Lithuanie, près de Dissna	55 18 51 N.	25 16 26 E.	N. 71 58 17 E.
a″. En Turquie, au sud de Nissa	45 5 55 N.	20 5 59 E.	N. 40 56 55 O.
a‴. Entre Minorque et la Sardaigne	40 59 14 N.	5 25 4 E.	N. 15 52 46 E.
a⁗. Près du Land's-End du Cornouailles . . .	50 25 47 N.	8 10 18 O.	N. 81 56 50 E.
b. Près de la Nouvelle-Zemble	72 27 21 N.	44 2 60 E.	N. 54 51 29 E.
b′. Dans le Daghestan, près de Derbend . . .	41 59 11 N.	45 45 57 E.	N. 57 58 45 O.
b″. Dans le grand désert de Sahara	24 40 12 N.	15 19 55 E.	N. 9 7 6 O.
b‴. Près de l'île de Porto-Santo	55 7 26 N.	18 17 55 O.	N. 40 18 28 E.
b⁗. Au S. du Groënland	61 22 50 N.	56 2 16 O.	N. 87 11 10 O.

les grands cercles primitifs servent à former le pentagone principal que nous avons en vue, les octaédriques inscrivent à leur tour, dans l'intérieur de ce pentagone principal, un second pentagone dont les angles coïncident avec les points H marquant le milieu de chaque côté du pentagone principal, et dont les milieux des côtés b, b', b'', b''', b'''', se trouvent respectivement placés vis à vis des angles de ce pentagone principal, sur un des primitifs qui passent par le point D.

Les dodécaédriques réguliers découpent, au milieu du grand pentagone, un petit pentagone semblablement placé à celui-ci. Ce petit pentagone a ses angles T, T', T'', T''', T'''', et le milieu de chacun de ses côtés a, a', a'', a''', a'''', placés sur un des cercles primitifs qui se croisent au centre du grand pentagone.

D'après ce qui précède, on voit que 35 grands cercles interviennent dans l'établissement du réseau de chaque pentagone : dix *primitifs*, cinq *octaédriques*, cinq *dodécaédriques réguliers*, quinze *dodécaédriques rhomboïdaux*. Le nombre des grands cercles dont se compose le réseau pentagonal qui enveloppe le globe terrestre tout entier est moins considérable qu'on ne pourrait le supposer, parce que chacun d'eux appartient à plusieurs pentagones à la fois. Ce réseau comprend 61 grands cercles qui se partagent en quatre catégories :

Grands cercles primitifs.	15
Octaédriques (ou icosaédriques).	10
Dodécaédriques réguliers.	6
Dodécaédriques rhomboïdaux.	30

Les 61 grands cercles, dits *principaux*, sont évidemment en nombre insuffisant pour qu'il soit possible de retrouver parmi eux des représentants pour tous les systèmes de montagnes qui ont été ou qui seront signalés à la surface du globe ; le réseau qu'ils constituent est à trop grandes mailles pour pouvoir s'a-

dapter à tous les accidents stratigraphiques de l'écorce terrestre·
« Reconnaître, dit M. Elie de Beaumont, que le réseau pentagonal, réduit à ses cercles principaux, était insuffisant et qu'il
fallait y ajouter des cercles *auxiliaires*, c'était admettre simplement qu'il n'est pas plus possible à la géologie de représenter
tous les systèmes de montagnes avec les cercles principaux
seulement du réseau pentagonal, qu'il ne l'est à la cristallographie de représenter toutes les facettes du système cristallin
régulier avec les seules faces du cube, de l'octaèdre et du dodécaèdre rhomboïdal. Pour représenter tous les systèmes de
montagnes, il faut rendre le réseau pentagonal aussi flexible
que la cristallographie a su le devenir, au moyen de ses décroissements variés, sans se départir en rien de la rigueur de
ses principes. Les cercles auxiliaires du réseau pentagonal représenteront les décroissements dont la base diffère de l'unité.
Les cercles auxiliaires doivent être choisis parmi ceux qui,
sans être complétement déterminés, comme les cercles principaux, par les conditions qui les rattachent au réseau, y sont
liés par une seule condition qui laisse une seconde condition
à établir *ad libitum* pour fixer complétement leur position. »

Utilité pratique du réseau pentagonal. — J'ai exposé les raisons
qui doivent nous faire admettre que le réseau pentagonal a une
existence réelle. Il me reste à signaler aux personnes qui
persisteraient à voir dans ce réseau une conception toute théorique, et sans relation aucune avec la structure de l'écorce terrestre, son utilité pratique dans les études de stratigraphie.
Les points de repère qu'il fournit aident à suivre la trace d'une
ligne stratigraphique à la surface du globe, à transporter une
direction d'un point à un autre, et, en un mot, à résoudre un
grand nombre de questions de stratigraphie systématique. J'ai

placé à la page 518 un tableau indiquant, en longitude et en latitude, la situation des principaux points du pentagone européen et la direction d'un des grands cercles primitifs qui passent par ces points. En même temps, j'ai inscrit dans le tableau ci-joint les valeurs des angles formés par les grands cercles d'un même pentagone.

VALEUR DES ANGLES DU RÉSEAU PENTAGONAL.

AUTOUR DU POINT D.

HDI, IDH', etc.	36° 0' 0"

AUTOUR DES POINTS a.

HaH', etc.	90° 0' 0"

AUTOUR DES POINTS T.

H"TI'	55° 15' 52"
I'TH'	55° 15' 52"
H'TI	54° 44' 8"
ITH	54° 44' 8"

AUTOUR DES POINTS b.

HbI, etc.	90° 0' 0"

AUTOUR DES POINTS H.

I"HH'''	20° 54' 18"
H'''HI'''	24° 5' 41"
I'''HH''''	15° 16' 57"
H''''HI''''	51° 45' 5"

AUTOUR DES POINTS I.

H'IH"	22° 14' 20"
H"II"	15° 51' 21"
I"IH'''	22° 14' 20"

La figure 69 montre la disposition générale des cercles principaux qui s'entrecroisent dans un pentagone quelconque. Le pentagone dessiné sur cette figure offre l'orientation qui ap-

SYSTÈMES de MONTAGNES.	GRANDS CERCLES DE COMPARAISON.		
	NOTATION.	LATITUDE.	DISTANCE POLAIRE.
Lands' End. . . . Eridan.	Primitif I' H'''	2° 59' 19'' E	39° 45' 58''
Ballons	Auxil. D (T)	14 24 48 O	36 54 59
Pyrénées. . . .	Oct. H'' H'''	24 18 40 O	45 52 36
Jemtland. . . .	»	» » » »	» » »
Alpes Maritimes. .	»	» » » »	» » »
Thuringerwald. .	Prim. H'' I'''	39 14 56 O	28 35 14
Morbihan. . . .	Aux. T'' I'''	51 2 29 O	26 26 17
Oural. . . .	Aux. I' (T)	146 15 20 E	4 6 28
Mont Serrat. . .	Aux. b I'''	59 20 31 O	29 55 40
Açores	Dod. rég. H''' H'''	75 27 49 O	59 43 36
Margeride . . .	»	» » » »	» » »
Longmynd . . .	Aux. T (a)	70 29 33 E	18 16 55
Mont Viso . . .	Aux I' (T)	68 52 59 O	15 48 1
Vendée	Aux. T''' (b)	75 54 51 O	14 25 28
Ténare	Prim. H I'	70 50 30 O	8 6 48
Forez.	Aux. (D) a'''	76 58 42 O	11 1 55
Corse. . . .	Aux. D (T)	98 52 30 E	0 17 10
N. de l'Angleterre.	Aux. D (H)	95 8 26 E	3 3 29
Vallée du Rhône .	»	» » » »	» » »
Vercors. . . .	Aux. (T) a	88 55 51 E	5 33 3
Vosges	Dod. rh. H' I'	99 22 52 E	28 16 51
Kiöl	»	» » » »	» » »
Rhin.	Prim. I H'''	80 49 29 E	14 12 58
Alpes Occidentales	Aux. D (c)	75 50 50 E	19 4 18
Mont Seny . . .	Aux. D (H)	65 5 24 E	24 25 50
Arendal. . . .	»	» » » »	» » »
Côte d'Or. . . .	Aux. D (a)	55 56 22 E	29 58 49
Mont Ventoux . .	Prim. H' I'''	46 52 13 E	32 47 58
Hundsrück . . .	Aux T (c)	43 26 23 E	34 46 52
Vallée du Doubs. .	»	» » » »	» » »
Érymanthe . . .	Aux. a'' T'	45 11 51 E	40 57 29
Sancerrois . . .	Aux. T' (b)	55 50 27 E	41 55 7
Alpes Principales .	Aux. b''' a''	28 1 11 E	46 57 41
Axe méditerranéen	Dod. rh. I' I'''	29 31 5 E	51 1 5
Finistère. . . .	Aux. D (T)	20 9 46 E	58 41 13
Pays-Bas. . . .	Aux. D (a)	11 13 27 E	59 12 35
Tatra.	Aux. (T) (b)	11 55 50 E	42 43 8

partient au pentagone européen, c'est-à-dire que le méridien qui passe par le centre D se dirige verticalement par rapport à la figure, et fait avec un primitif HI'', du côté de l'est, un angle de 13° 9' 44''. En même temps, un des côtés du pentagone est tourné vers le nord et l'angle opposé l'est vers le sud, ainsi que cela s'observe pour le pentagone européen. La figure 69 a été établie à une trop petite échelle pour qu'il m'ait été possible d'y joindre le tracé géographique de la partie de la surface du globe correspondant à ce pentagone. Mais, à l'aide du tableau dressé par M. Elie de Beaumont, le lecteur pourra reproduire le tracé de ce pentagone sur une carte quelconque. Les lignes de la figure 69 sont droites parce que le pentagone qui s'y trouve dessiné est en projection gnomonique sur l'horizon de son centre; reportées sur les cartes ordinaires, ces lignes droites se transformeraient en courbes.

Principaux systèmes de montagnes actuellement connus en Europe; âge, direction et grand cercle de comparaison de chacun d'eux. — Les tableaux des pages suivantes présentent la liste des principaux systèmes de montagnes actuellement connus en Europe. Quoique cette liste comprenne 38 systèmes de montagnes, elle ne doit pas être considérée comme complète; de nouvelles recherches ne tarderont pas à démontrer l'existence d'autres systèmes stratigraphiques. Quelques personnes pourront craindre que cet accroissement dans le nombre des systèmes de montagnes n'amène une grande complication dans les études stratigraphiques; mais il faut se rappeler que chaque région ne présente qu'un nombre de systèmes d'autant plus restreint que cette région est moins étendue. D'ailleurs, parmi les systèmes de montagnes dont un pays porte l'empreinte, il en est toujours quelques uns qui jouent un rôle prépondérant, et dont

ORIENTATION DES SYSTÈMES DE MONTAGNES

PAR RAPPORT AU MONT-BLANC. (V. page 525.)

Land's End . . . . . O. 1° 30' N.	Nord de l'Angleterre. N. 1° 30' E.
Eridan . . . . O. 1° 30' N.	Vallée du Rhône. . N. 1° 30' E.
?	Vercors . . . . N. 8° 0' E.
Ballons . . . . . . O. 15° 0' N.	Vosges . . . . N. 15° 0' E.
Pyrénées . . . . . . O. 18° 0' N.	?
?	Kiol. . . . . N. 18° 30' E.
?	Rhin . . . . N. 19° 30' E.
Jemtland . . . . . . O. 25° 30' N.	?
Alpes Maritimes . . O. 27° 45' N.	Alpes Occidentales. N. 27° 45' E.
Thuringerwald . . . O. 37° 30' N.	Mont Seny . . . . . N. 37° 30' E.
Morbihan . . . . . . N. 43° 45' O.	Arendal. . . . . . . E. 43° 45' N.
Oural . . . . N. 43° 0' O.	?
?	Côte d'Or . . . . . E. 44° 0' N.
Mont Serrat . . . . N. 38° 30' O.	?
Açores . . . . N. 34° 30' O.	Mont Ventoux . . . E. 34° 30' N.
Margeride . . . . . N. 31° 0' O.	Hundsrück . . . . . E. 31° 0' N.
	Vallée du Doubs. . E. 30° 0' N.
Longmynd . . . . . N. 29° 45' O.	?
?	Erymanthe . . . . . E. 29° 30' N.
Mont Viso . . . . . N. 22° 45' O.	?
?	Sancerrois. . . . . . E. 22° 45' N.
Vendée . . . . . . N. 16° 45' O.	?
?	Alpes Principales. . E. 16° 0' N.
Ténare . . . . . . N. 15° 30' O.	Axe méditerranéen. E. 15° 30' N.
Forez . . . . N. 13° 45' O.	?
?	Finistère . . . . . . E. 12° 15' N.
?	Pays-Bas . . . . . . E. 8° 0' N.
?	Tatra . . . . E. 5° 30' N.
Corse . . . . N. 2° 45' O.	?

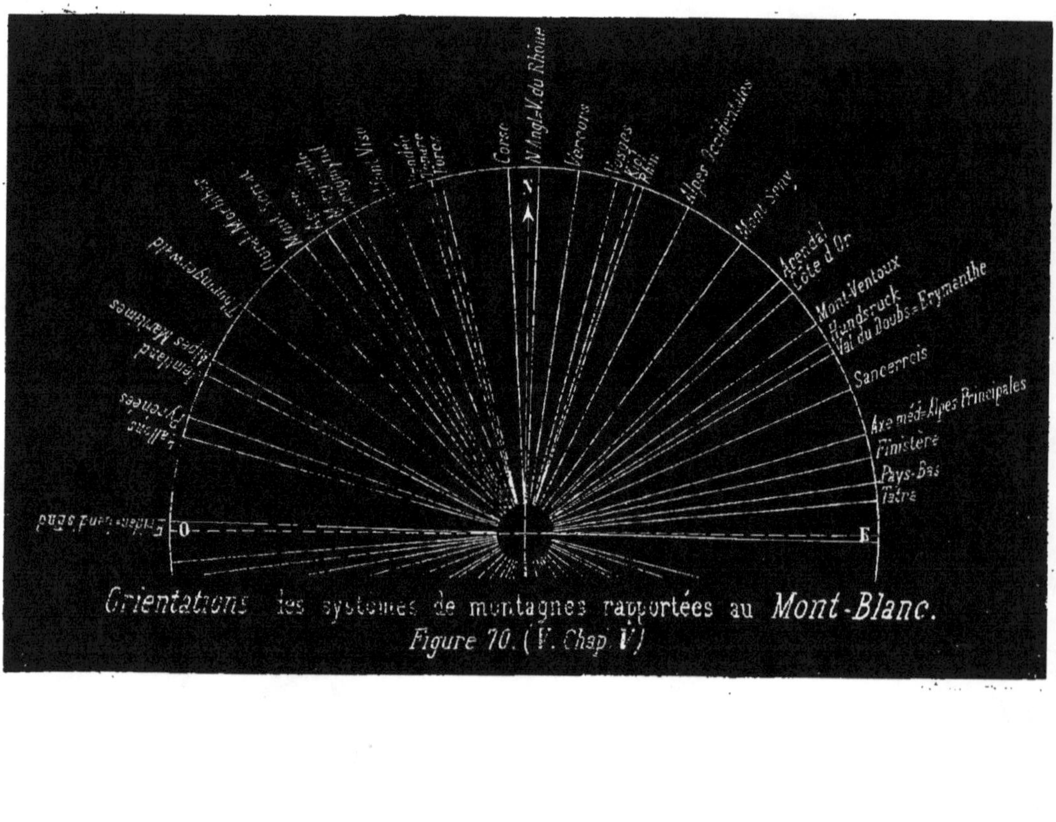

Orientations les systèmes de montagnes rapportées au *Mont-Blanc*.
Figure 70. (V. Chap. V)

l'emploi est souvent suffisant pour résumer la constitution stratigraphique et topographique d'un pays.

Le tableau de la page 526 nous montre les systèmes de montagnes rangés d'après leur ordre chronologique. Entre les noms des systèmes consécutifs se trouve l'indication des dépôts qui se sont effectués après l'apparition du système le plus ancien et avant celle du système le plus récent. Pour plusieurs systèmes, cette indication est provisoire et reste susceptible de recevoir les modifications dont de futures observations démontreront la nécessité. Une même parenthèse réunit les systèmes perpendiculaires et contemporains.

Le tableau de la page 524 indique quelle est l'orientation de chaque système, par rapport au MONT BLANC : lat. 45° 49' 59" N.; long. 4° 31' 45" E. — Le Mont Blanc est le point le plus central et le plus élevé de l'Europe. — Les orientations indiquées dans ce tableau sont exprimées en degrés et en quarts de degré; je les ai reproduites dans une rose des directions. (Voir figure 70, page 524.)

Ce tableau est divisé en deux parties : dans la partie droite se trouvent les systèmes dont l'orientation est comprise entre l'ouest et le nord; dans la seconde, sont placés les systèmes dont l'orientation est comprise entre le nord et l'est. Des deux côtés, les systèmes de montagnes sont rangés dans l'ordre où ils se présentent, lorsqu'on parcourt la rose des directions en allant de l'ouest à l'est. Les systèmes contemporains et perpendiculaires sont inscrits vis à vis l'un de l'autre.

Le tableau de la page 522 est celui des grands cercles de comparaison tels qu'ils ont été adoptés par M. Elie de Beaumont après l'établissement du réseau pentagonal. Dans une première colonne, se trouve la notation de chaque grand cercle de comparaison, c'est-à-dire la désignation de la caté-

ORDRE CHRONOLOGIQUE

des Systèmes de Montagnes.

———

Alluvions modernes; terrain jovien supérieur.

(SYSTÈME DES AÇORES. — SYSTÈME DU MONT VENTOUX.)

Alluvions anciennes; terrain jovien inférieur.

(SYSTÈME DU TÉNARE. — AXE VOLCANIQUE MÉDITERRANÉEN.)

SYSTÈME DES ALPES PRINCIPALES.

Sables subapennins d'Asti. — Pliocène supérieur.

SYSTÈME DU MONT SERRAT.

Marnes bleues subapennines. — Pliocène inférieur.

(SYSTÈME DES ALPES OCCIDENTALES. — SYSTÈME DES ALPES MARITIMES.)

Terrain miocène supérieur (*sahélien* de M. Pomel).

SYSTÈME DE L'ERYMANTHE.

Terrain miocène moyen.

SYSTÈME DU VERCORS.

SYSTÈME DU SANCERROIS.

Terrain miocène inférieur.

SYSTÈME DU TATRA.

Grès de Fontainebleau.

SYSTÈME DE LA CORSE.

(SYSTÈME DE LA VALLÉE DU RHONE. — SYSTÈME DE L'ERIDAN.)

Terrain nummulitique méditerranéen.

SYSTÈME DES PYRÉNÉES.

Calcaire pisolitique. — Craie blanche.

SYSTÈME DU MONT VISO.

Craie chloritée. — Gault. — Grès vert. — Terrain néocomien.

SYSTÈME DE LA COTE D'OR.

Terrain oolitique supérieur.

SYSTÈME DE L'OURAL.

Cornbrash. — Forest-marble. — Grande oolite.

SYSTÈME DE LA VALLÉE DU DOUBS.

Couches infra-oolitiques. — Lias.

(SYSTÈME DU MONT SENY. — SYSTÈME DU THURINGERWALD.)
Terrain triasique.

SYSTÈME DU RHIN.

Grès vosgien.

SYSTÈME DES PAYS-BAS.

Terrain permien. — Nouveau grès rouge.

(SYSTÈME DU NORD DE L'ANGLETERRE. — SYSTÈME DU
LAND'S END.)
Terrain houiller proprement dit.

SYSTÈME DU FOREZ.

Mill-stone grit. — Anthracite de la Loire.

(SYSTÈME DES BALLONS. — SYSTÈME DES VOSGES.)
Calcaire carbonifère. — Terrain dévonien.

(SYSTÈME DU HUNDSRUCK. — SYSTÈME DE LA MARGERIDE.)
Terrain silurien supérieur.

SYSTÈME DU JEMTLAND.

Terrain silurien inférieur.

SYSTÈME DU LONGMYND.

(SYSTÈME D'ARENDAL. — SYSTÈME DU MORBIHAN.)
Terrain cumbrien.

SYSTÈME DES KIOL.

SYSTÈME DU FINISTÈRE.

SYSTÈME DE LA VENDÉE.

Schistes azoïques. — Gneiss.

gorie à laquelle ce grand cercle appartient et les lettres correspondant à deux des points principaux du réseau pentagonal
par où il passe. J'ai mis entre parenthèse ceux de ces points
qui sont situés en dehors du pentagone européen.

La position d'un grand cercle est fixée sur le globe, lorsque
l'on donne la longitude du méridien auquel il est perpendiculaire et la latitude du point où il rencontre ce méridien. Dans
les deux dernières colonnes, j'ai inscrit, en m'aidant d'un travail récent de M. Elie de Beaumont, les longitudes des méridiens auxquels les grands cercles de comparaison sont perpendiculaires, et la distance polaire du point où s'effectue l'intersection orthogonale de ce grand cercle avec un méridien. Cette
indication pourra être utile à ceux de mes lecteurs qui vou-
draient se livrer à des recherches de stratigraphie systématique.

Relations entre la topographie et la stratigraphie systématique. —
Afin de donner une idée des liens étroits qui rattachent la
topographie et la stratigraphie systématique, je vais d'abord
emprunter à la *Notice sur les systèmes de montagnes* quelques
passages que j'ai déjà cités et dont la place se trouve naturellement ici : « Les systèmes de montagnes sont à la fois les
traits les plus délicats et les plus généraux du relief de la surface du globe ; ils sont à la fois la quintessence de la topographie et les traces les plus caractéristiques des bouleversements
que la surface du globe a éprouvés et le lien mutuel entre le
jeu quotidien des éléments déterminé par le relief actuel du
sol et les événements passés qui ont façonné ce relief....... La
surface du globe, malgré son irrégularité apparente, n'est pas
dessinée au hasard comme les courbes de fantaisie d'un jardin
anglais, mais elle a beaucoup plus d'analogie avec nos parcs à
la française, tels que ceux de Versailles et de Saint-Cloud, dont

l'ordonnance générale se rapporte à des lignes droites, connexes entre elles, et où les lignes sinueuses ne se montrent que dans les détails. Ce qui rend l'analogie plus complète encore, c'est que les lignes droites, ou, pour mieux dire, les arcs de grands cercles auxquels se coordonne la configuration extérieure du globe terrestre, semblent converger vers des espèces d'étoiles ou de ronds points, comme les allées des Champs Elysées, et se coupent très souvent à angle droit, à 45°, ou de manière que l'une des lignes partage en parties égales ou aliquotes l'angle formé par deux autres. » (Elie de Beaumont.)

Le cachet particulier offert par la constitution topographique d'une contrée dépend non seulement de l'orientation des lignes qui la traversent, mais aussi et surtout du mode dont ces lignes se groupent entre elles.

Quelquefois, deux lignes se rencontrent à angle droit. — Dans certains cas, ce sont deux lignes anticlinales, comme on l'observe pour le massif des Vosges dont la forme géométrique est celle d'un T renversé. — Dans d'autres cas, ce sont deux lignes synclinales comme celles qui marquent la direction du Rhône, l'une en amont, l'autre en aval de Martigny. Un exemple, pris sur une plus grande échelle, de cette rencontre de deux lignes synclinales, nous est fourni par les deux longues vallées du Rhône et du Pô dont les directions générales sont perpendiculaires l'une à l'autre.

« D'autres fois, des chaînons de date et d'orientations diverses, se sont ajustés de manière à former des espèces de *caustiques* qui représentent les axes de certaines chaînes de montagnes recourbées, telles que les Alpes, le Jura, les Wealds du Sussex, les Andes depuis le détroit de Magellan jusqu'à l'île de la Trinité, etc. Quelquefois même des chaînons appartenant à différents systèmes se sont placés et combinés de manière à former une enceinte continue comme celle de la Bohême. Le jeu réciproque des compartiments, on pourrait presque dire des *assules*, dans lesquelles les cercles du réseau pentagonal divisent l'enveloppe solide de la terre (à l'instar du test presque sphérique de certains échinodermes), a probablement influé sur ces dispositions remarquables. » (Elie de Beaumont.)

Sur d'autres points, on voit les lignes stratigraphiques s'ajouter les unes aux autres de manière à former une ligne en zigzag dont les divers éléments ne s'éloignent pas d'une ligne magistrale qui les relie et les coordonne entre elles. C'est ce qui a lieu pour beaucoup de cours d'eau. Le Rhône, depuis son embouchure jusqu'à Lyon, et la Saône, depuis Lyon jusqu'à Châlon, présentent des tronçons de ligne orientés dans le sens de divers systèmes ; mais une seule ligne, précisément dirigée dans le sens du méridien, traverse et prend en enfilade tous ces tronçons.

Deux lignes courant parallèlement l'une à l'autre, et rattachées entre elles par une troisième ligne, forment le trait le plus saillant de la chaîne des Pyrénées et de la chaîne des Vosges.

Je signalerai encore la disposition particulière résultant de diverses lignes qui convergent vers le même centre de manière à donner au groupe montagneux où elles se rencontrent la forme étoilée. Aux environs de Vire, dans la basse Normandie, les lignes qui s'y donnent rendez-vous en grand nombre affectent une disposition rayonnante.

Je ferai observer enfin que les lignes stratigraphiques tendent non seulement à se grouper dans les régions occupées par les centres de soulèvement, mais aussi, ce qui est plus digne d'attention, à se croiser sur certains points privilégiés où l'action orogénique, plusieurs fois manifestée, a donné naissance aux accidents topographiques les plus remarquables, tels que les volcans ou les hautes montagnes, et a disloqué les régions où la stratification se montre très tourmentée. On peut désigner ces points, qui sont autant de jalons, sous le nom de points *stratigraphiques*.

Structure stratigraphique de la région des Pyrénées. — Comme exemple de l'application des principes de stratigraphie systématique à l'étude d'une région naturelle, j'ai tracé, dans la figure 57, l'esquisse de la structure des Pyrénées.

Figure 57, page 409. — Une ligne menée par le cap de Creus et orientée dans le sens du système des «Ballons», c'est-à-dire à l'O. 12° N. environ, marque la direction générale de la chaîne des Pyrénées sur toute son étendue. Deux autres lignes menées parallèlement l'une à l'autre, dans le sens du système des «Pyrénées», et coupant le méridien du pic Nethou sous un angle de 15° 30′ environ, coïncident avec les deux chaînes secondaires dont se compose l'ensemble des Pyrénées. Ces deux lignes peuvent recevoir le nom de la montagne la plus élevée placée sur le trajet de chacune d'elles. La ligne du pic Nethou, point culminant de toute la chaîne, commence à l'est de la vallée d'Aran, rencontre le pic Nethou et le Vignemale, passe très près du mont Perdu et du pic du Midi d'Ossau et se termine, à la hauteur de Pampelune, vers le point où la chaîne des Pyrénées, obliquant un peu vers le sud, change de nom. La ligne du pic du Midi de Bigorre commence sur le point où s'élève cette montagne, et se dirige vers le golfe de Rosas en passant très près du point culminant du Canigou. Le Val d'Aran se trouve placé dans la région où commencent la ligne du pic Nethou et celle du pic du Midi. Une carte, dressée à une plus grande échelle que celle qui se trouve à la page 409, nous aurait permis de montrer comment chacune des deux lignes orientées dans le sens du système des Pyrénées rattache entre elles d'autres lignes offrant des orientations différentes et bien moins importantes sous le rapport de leur étendue. Parmi ces lignes de troisième ordre, je signalerai celle du chaînon des Albères qui produit, dans la chaîne des Pyrénées, une déviation vers le nord, de même que la chaîne cantabrique produit une déviation vers le sud. Enfin, les diverses lignes s'adaptant à la chaîne des Pyrénées sont coupées par d'autres lignes transversales dont les plus saillantes sont indiquées sur la figure 57. Deux lignes orientées dans le sens du système des « Vosges », et par conséquent perpendiculaires à la ligne orientée dans le sens du système des « Ballons », marquent vers l'est et vers l'ouest la limite de la région pyrénéenne. Deux autres lignes dirigées vers le N. 2° O. partagent le versant nord de cette région en trois bassins hydrographiques : celui de l'Adour, celui de la Garonne et celui de l'Aude ; la ligne qui sépare ces deux derniers bassins dessine en outre la zone de partage entre les eaux qui vont vers l'Océan et celles qui vont vers la Méditerranée. Enfin, la figure 57 montre deux autres lignes transversales par rapport à la chaîne des Pyrénées et se rattachant au système du « Mont Seny » : l'une passe par le pic Nethou et l'autre par le Mont Seny lui même.

Dans les chapitres précédents, j'ai eu l'occasion de parler de toutes les lignes stratigraphiques que je viens de mentionner ; j'ai signalé déjà le rôle qu'elles jouent soit en dehors, soit en dedans de la région pyrénéenne. Je me bornerai à faire remarquer encore que la figure 57 offre des exemples de la tendance qu'ont les lignes stratigraphiques à converger vers les mêmes points.

LIVRE NEUVIÈME.

STRUCTURE INTÉRIEURE

ET CONFIGURATION DE L'ÉCORCE TERRESTRE.

CHAPITRE I.

VARIATIONS DANS LE DEGRÉ D'INCLINAISON, L'ALLURE ET LA SITUATION RELATIVE DES STRATES.

Considérations préliminaires; objet de ce neuvième livre. — Stratification; stratigraphie. — Inclinaison et direction des couches. — Concordance ou discordance de stratification; discordance d'isolement, discordance d'érosion. — Variations dans le degré d'inclinaison; couches horizontales, inclinées, verticales, renversées; couches en éventail. — Flexion et courbure des couches; couches en bateau, en voûte, en dôme, en C, en S, en fer à cheval. — Brisement des couches; couches en V droit, renversé ou de côté : couches en Z et en zigzag. — Causes qui impriment aux strates leurs diverses inflexions. — Expériences de J. Hall. — Effondrements et tassements du sol.

Considérations préliminaires; objet de ce neuvième livre. — Si, pour résumer ce que nous avons dit au sujet de la structure intérieure de l'enveloppe solide du globe, nous ne portons pas notre pensée au delà de cette partie de l'écorce terrestre soumise à l'observation directe, nous la voyons d'abord divisée en deux grandes zones dont il n'est pas nécessaire de rappeler le mode de formation ou la situation relative : la zone *cristalline* ou *azoïque* et la zone *sédimentaire* ou *fossilifère*. Celle-ci se divise à son tour en strates excessivement nombreuses et super-posées les unes aux autres. En outre, des fentes ou fissures, très variables sous le rapport de leurs dimensions, parcourent l'écorce terrestre dans tous les sens, mais surtout dans des directions qui se rapprochent plus ou moins de la verticale ; on a vu comment ces fissures forment un réseau au moyen duquel s'effectue la circulation inter-corticale soit des matières issues de la pyrosphère, soit de l'eau provenant de la surface du globe. Enfin, vers la partie supérieure de l'écorce terrestre, on cons-tate l'existence de cavités variables d'étendue et de forme, tan-tôt séparées, tantôt communiquant entre elles ; les dimensions de ces cavités nous paraissent quelquefois considérables, mais, comparées à celles de l'écorce terrestre, elles sont assez faibles pour qu'il nous ait été permis de dire, d'une manière relative, que cette écorce forme une masse compacte et dépourvue de solutions de continuité.

Je vais maintenant compléter l'étude de la structure inté-rieure du globe, en ajoutant de nouveaux détails à ceux que j'ai déjà consignés dans cet ouvrage au sujet des failles, des grottes et des cavernes. Je décrirai toutes les inflexions que présentent les strates et je dirai comment, après avoir été primitivement horizontales, un grand nombre d'entre elles se montrent dans toutes les situations possibles par rapport à l'horizon. J'examinerai en même temps quelle est la disposi-tion générale des terrains ou grandes masses dont se compose la zone sédimentaire.

Après cette dissection de l'enveloppe solide du globe, je serai

naturellement amené à m'occuper de sa configuration extérieure. Dans cette étude, j'aurai soin de ne pas trop pénétrer
dans les détails qui appartiennent plutôt à la géographie physique qu'à la géologie proprement dite. Je m'efforcerai de
mettre en évidence les nombreuses relations qui existent entre
la structure interne de l'écorce terrestre et sa constitution topographique. Ces relations sont du même ordre que celles que
l'on constate entre le squelette d'un animal et sa forme extérieure.

Dans ce neuvième livre, et notamment lorsque je m'occupe-
rai de la circulation souterraine de l'eau, j'aurai l'occasion de
signaler quelques unes des principales applications de la géologie.

stratification; stratigraphie. — J'ai déjà défini ce qu'il fallait
entendre par *couche*, *banc*, *lit*, *strate*; j'ai décrit le phénomène qui préside à la formation de toute la zone sédimentaire en général, et de chaque strate en particulier; j'ai dit
comment, en vertu des circonstances mêmes dont sa formation était accompagnée, une strate variait dans sa composition, dans son aspect, et dans son épaisseur (voir tome 1,
pages 209 et suivantes); enfin, dans un des chapitres précédents,
j'ai sommairement indiqué quelles sont les forces que la
nature met en jeu pour faire perdre aux strates leur horizontalité primitive, les disloquer et leur imprimer les inflexions
qu'elles présentent. Après l'étude des causes doit venir celle
des effets. Je vais maintenant m'occuper de ce qui, à proprement parler, constitue la *stratification,* c'est-à-dire l'allure des
strates et la disposition qu'elles offrent quand on les considère
isolément ou dans leur situation relative. La *stratigraphie* est
la partie de la géologie qui s'occupe de la stratification; par

extension, on peut même dire que c'est la partie de cette science qui traite de la structure de l'écorce terrestre. Elle est dite *systématique*, lorsqu'elle est mise en relation avec les lois et les faits généraux dont l'ensemble constitue la théorie des systèmes de soulèvement.

Inclinaison et direction des strates. — Considérons une des deux surfaces planes qui limitent une strate, la face supérieure, par exemple. La face inférieure étant parallèle à la face supérieure, ce que nous dirons de l'une, au point de vue géométrique, sera vrai pour l'autre. Nous supposerons cette surface ni verticale, ni horizontale et se présentant, par conséquent, comme un plan incliné, ou comme un toit à pente régulière.

On sait que, dans un plan incliné, on appelle *ligne de plus grande pente*, celle que suit un corps qui se meut le long de ce plan en obéissant à la pesanteur. Dans un toit à pente régulière et couvert de tuiles courbes, cette ligne est une des rigoles le long desquelles l'eau prend son écoulement. Outre cette ligne de plus grande pente, une strate en présente une autre qui doit attirer notre attention ; c'est celle qui résulte de l'intersection du plan de la strate avec le plan horizontal. Cette ligne correspond, si l'on veut, à la ligne de faîte d'un toit, lorsque celle-ci est horizontale, ou à sa gouttière, quand celle-ci se trouve située dans un plan horizontal.

La ligne que nous venons de considérer en dernier lieu coupe perpendiculairement la ligne de plus grande pente ; elle marque la *direction* de la couche. Cette direction se mesure par l'angle dessiné par cette ligne soit avec le méridien, soit avec la ligne E.-O., suivant qu'elle est plus rapprochée de l'un ou de l'autre.

L'angle d'inclinaison ou *degré de la pente* d'une strate est l'angle formé par la ligne de plus grande pente avec le plan horizontal. Mais, pour indiquer d'une manière précise l'inclinaison d'une couche, il faut encore mentionner quel est le point de l'horizon vers lequel s'effectue son *pendage*. Il faut dire, par exemple, si elle est inclinée vers le N.-E., ou vers l'O. 20° S., etc.

La direction d'une couche est donnée par son inclinaison; en d'autres termes, toutes les strates inclinées vers le même point de l'horizon ont la même direction, quel que soit le degré de leur pente. Mais la détermination de la direction d'une strate n'amène pas nécessairement la connaissance de son inclinaison, parce qu'une strate dont la direction est, par exemple, E.-O. peut s'incliner vers le sud ou vers le nord, ce qui revient à dire qu'un toit peut posséder deux versants.

Ordinairement on n'a pas besoin, dans la pratique, de mesurer avec précision le degré du plongement d'une strate; un peu d'habitude permet au géologue d'apprécier, avec une approximation suffisante, et sans l'emploi d'aucun instrument, l'angle d'inclinaison d'une couche. Lorsque les strates se montrent par leur tranche, c'est-à-dire dans les coupes artificielles ou naturelles, on peut avoir recours au procédé suivant. On dispose les deux mains de la manière indiquée dans la figure 72, où on les voit former une équerre ou un angle droit. On les élève à la hauteur de l'œil, de sorte que l'une soit dans le plan horizontal et l'autre dans le plan vertical. Les deux mains étant placées de façon que la couche dont on veut connaître approximativement le degré d'inclinaison passe par leur point de contact, on dessine par la pensée une ligne que représente, dans la figure 72, un trait ponctué et qui divise en deux parties égales l'angle droit donné par les deux mains. Il ne reste plus qu'à rechercher si la couche coïncide avec cette ligne bissectrice ou si elle se place au dessus ou au dessous d'elle ; dans ce dernier cas, on apprécie le rapport des deux angles formés par la couche soit avec une des deux mains, soit avec la ligne bissectrice.

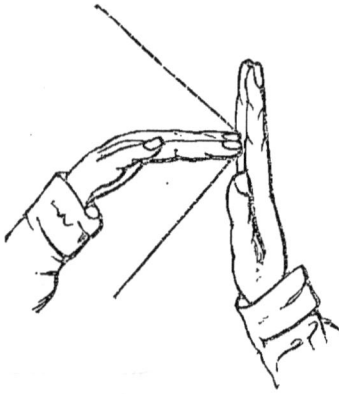

Fig. 72.

Les instruments dont on se sert pour mesurer l'angle d'inclinaison des strates se ramènent, quant à leur disposition générale, à l'appareil que nous avons vu nos deux mains nous fournir. On y joint un rapporteur ou un quart de cercle gradué. Ce rapporteur permet d'évaluer exactement l'angle formé par une strate, — tantôt avec la ligne horizontale, ce qui donne l'angle d'inclinaison proprement dit, — tantôt avec la ligne verticale, ce qui donne le complément de l'angle d'inclinaison et, par suite, cet angle lui même. Dans les instruments où l'on fait intervenir la ligne horizontale, il existe, à côté du rapporteur, un niveau à bulle d'air ; dans ceux où la verticale est prise pour point de départ, celle-ci est représentée par un fil à plomb. Tout instrument destiné à la mesure des angles d'inclinaison porte le nom de *clinomètre;* (χλιυη, lit ; μετρον, mètre). Le plus en usage parmi les géologues est le clinomètre avec fil à plomb ; ce clinomètre, dont je vais indiquer la disposition, ne forme avec la boussole qu'un seul et même objet très portatif.

Soient, figure 73 : HH', une ligne horizontale ; PH, la ligne de plus grande pente d'une strate ; PHH', l'angle d'inclinaison de cette strate. Plaçons le long de PH une équerre munie d'un fil à plomb et disposée de la manière indiquée dans la figure.

Ce fil à plomb formera, avec le côté droit de l'équerre contre lequel il sera situé, un angle *a,* qui sera précisément égal

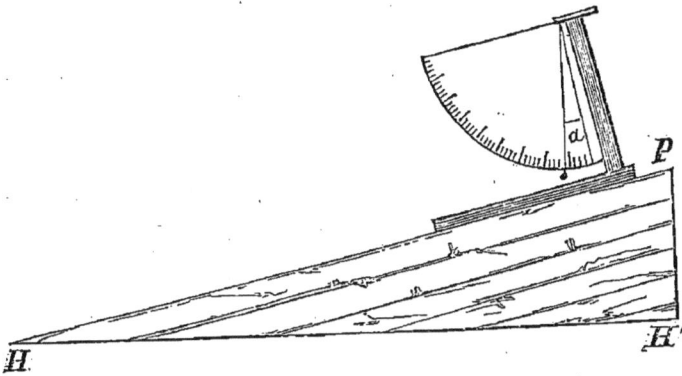

Fig. 73.

à PHH'. Il n'y aura donc pour connaître l'angle PHH' qu'à lire, sur le rapporteur, la valeur de l'angle *a.* Si l'angle *a* est nul, le fil à plomb coïncidera avec le zéro du rapporteur, et la couche sera horizontale ; à mesure que l'inclinaison de la strate augmentera, l'angle *a* croîtra également et le fil à plomb s'éloignera du zéro du rapporteur ; enfin, lorsque la strate se montrera dans une situation tout à fait verticale, ce fil à plomb coïncidera avec l'autre côté du rapporteur, et l'angle *a* sera de 90°. Dans la figure 73, l'angle d'inclinaison est à peu près de 12°.

Dans la boussole de géologue, le fil à plomb consiste en un perpendicule fixé au même pivot qui supporte l'aiguille. Un taquet, que l'on tire à volonté, permet de placer la boussole de manière qu'elle soit verticale et que le perpendicule, quand la strate dont on veut mesurer l'inclinaison est horizontale, tombe sur le milieu d'un demi cercle gradué, tracé sur le fond de la boussole. Le milieu de ce demi cercle coïn cide avec le zéro d'une double graduation qui embrasse, des deux côtés de ce zéro, un quart de cercle et va, par conséquent, jusqu'à 90 degrés.

Quel que soit le procédé que l'on emploie pour mesurer l'angle d'inclinaison d'une strate, il faut se mettre en garde contre diverses chances d'erreur. On doit, par exemple, éviter de prendre pour des joints de stratification les fissures, quelquefois parallèles entre elles et très rapprochées les unes des autres, qui divisent une roche dans un sens plus ou moins transversal par rapport à celui de la stratification [1]. Il faut en outre s'assurer si la ligne, dont on mesure l'inclinaison, est bien la ligne de plus grande pente. Lorsqu'on se trouve sur la surface d'une strate mise à découvert, on doit, avant de placer la boussole, rechercher avec soin quelle est la direction de la ligne de plus grande pente, ou, en d'autres termes, de celle dans le sens de laquelle l'eau prend son écoulement.

Dans une coupe, il faut encore agir avec plus de précaution. Le plan, plus ou moins vertical, qui détermine cette coupe, et qui met en évidence les joints de stratification, peut ne pas être mené par une ligne de plus grande pente. Alors on aura devant soi une ligne dont l'emploi conduira à un résultat d'autant plus erroné que le plan de la coupe fera un angle plus grand avec la ligne de plus grande pente. Lorsque cet angle sera maximum, c'est-à-dire égal à 90 degrés, les couches, quelle que soit leur inclinaison, paraîtront horizontales. Pour nous expliquer comment ce dernier effet peut se produire, posons à plat sur une table un livre relié. Les feuillets, qui représenteront les strates, seront

---

(1) Il faut aussi se rappeler que, dans les roches schisteuses, la schistosité ne se dirige pas toujours dans le sens de la stratification. (Voir tome I, page 513.)

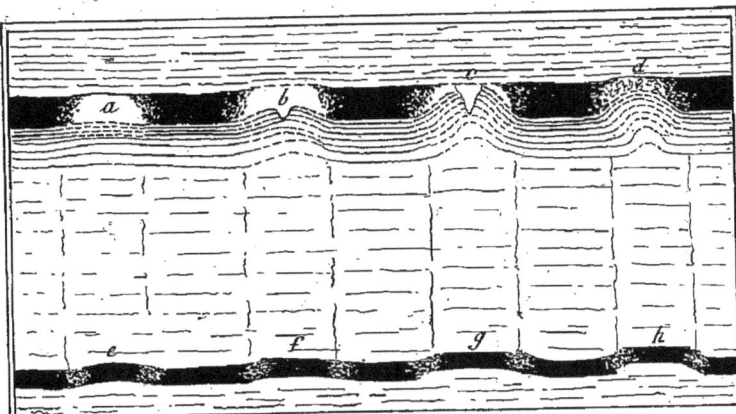

Fig. 94. — (V. page 550.) Echelle: $\frac{1}{500}$.
Exemples de Creeps à Vallsend (Newcastle)

Fig. 95. — (V. page 556.). Déformation des bancs de houille.

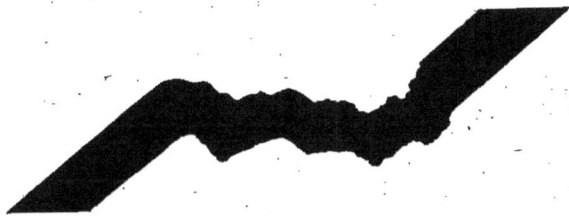

Fig. 96. — (V. page 556). Déformation des bancs de houille.

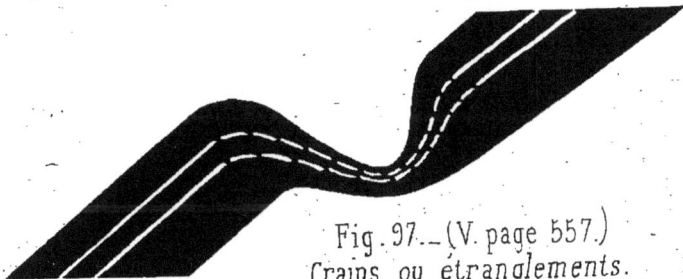

Fig. 97. — (V. page 557.)
Crains ou étranglements.

Lith. Guyard, Besançon.

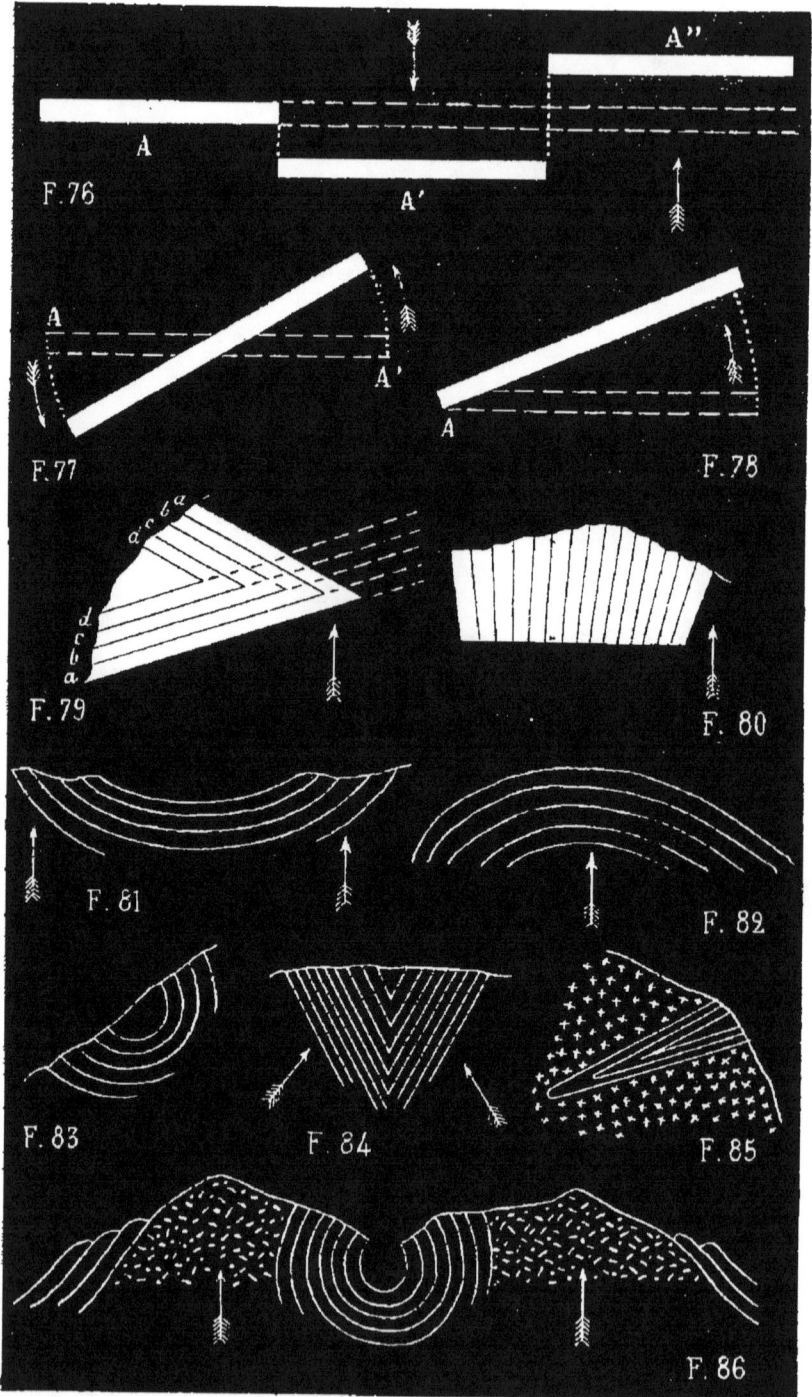

F.76

A''

A

A'

F.77

A

A'

F.78

A

F.79

a c b a

d c b a

F.80

F.81

F.82

F.83

F.84

F.85

F.86

F.87

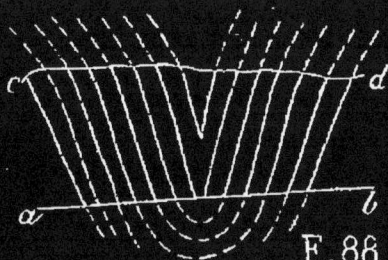

F.88

F.89

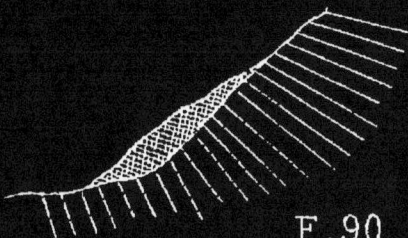

F.90

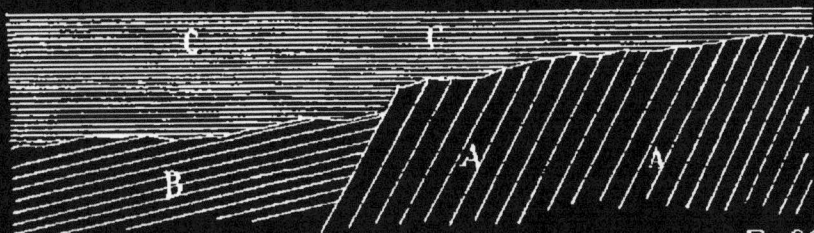

F.91

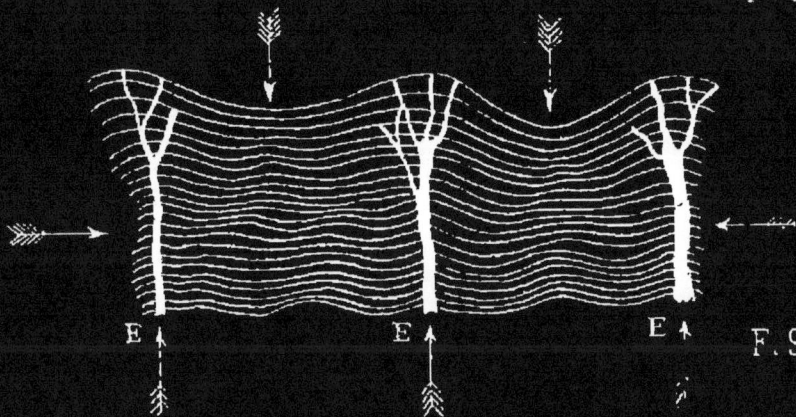

F.92

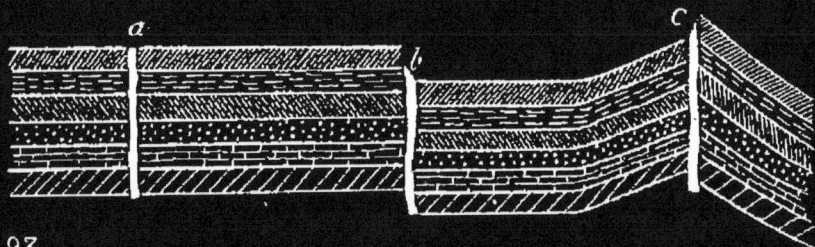

F.93

parallèles entre eux et horizontaux. Imprimons au livre un mouvement de rotation autour de son dos ; les feuillets ne cesseront pas d'être placés dans une situation horizontale, si nous les regardons par la tranche opposée au dos, tandis que, vus par les deux autres tranches, ils se montreront aussi fortement inclinés qu'on le voudra.

Variations dans le degré d'inclinaison des strates ; couches horizontales, inclinées, renversées ; en éventail. — L'horizontalité d'une strate n'indique pas nécessairement que cette strate n'ait pas subi, depuis sa formation, l'influence d'actions dynamiques ; sa situation même au dessus du niveau de l'océan témoigne qu'elle a obéi à une impulsion de bas en haut. Une même strate A, tout en restant constamment parallèle à elle même, peut s'être abaissée en A' et soulevée en A'', ainsi qu'on le voit dans la figure 76, où deux lignes ponctuées indiquent la situation primitive de la strate actuellement disloquée. Une couche *inclinée* est celle dont le plan de stratification fait avec le plan horizontal un angle quelconque, supérieur à 0° et inférieur à 90°. Une couche dont le plan de stratification forme un angle droit avec le plan horizontal est dite *verticale*.

Une strate inclinée ou verticale a obéi, en venant se placer dans la situation où elle se trouve, à deux forces verticales agissant aux points A et A' (fig. 77), l'une de bas en haut, l'autre de haut en bas. On peut admettre aussi qu'elle a subi une seule de ces deux impulsions, et qu'elle a obéi à un mouvement de rotation, s'effectuant autour d'un des points A ou A' (fig. 78), immobile et faisant fonction de charnière.

Dans un cas ou dans l'autre, la strate a pu dépasser la verticale et prendre une position renversée. Lorsque plusieurs couches offrent ce genre de stratification, leur ordre de succession est interverti. C'est là une chance d'erreur contre laquelle le géologue doit se mettre en garde et qui a été plusieurs fois l'origine d'opinions fausses introduites dans la science. Les couches a, b, c, d, ... (fig. 79), qui d'abord se succèdent dans un ordre régulier, se replient ensuite sur elles mêmes et reparaissent plus haut dans un ordre inverse. La couche a ferme la série au lieu de l'ouvrir; elle se superpose à la couche b au lieu de la supporter; elle paraît être, dans l'ensemble dont elle fait partie, la couche la plus récente, tandis qu'elle est la plus ancienne. Evidemment, l'observateur qui étudierait les strates dans la partie où elles sont reployées, sans les avoir aperçues sur le point où leur ordre de succession n'est pas interverti, pourrait être induit en erreur, à moins que quelque anomalie dans le répartition des fossiles ne vînt éveiller ses soupçons. Il est surtout très facile de se tromper lorsque les éboulis ou la terre végétale dérobent à la vue les affleurements des strates sur le point où leur ordre de superposition n'a pas été troublé. Je mentionnerai, dans un des chapitres suivants, plusieurs exemples de terrains entiers dont l'ordre de succession se trouve interverti.

Ordinairement les strates voisines obéissent simultanément aux impulsions subies par l'une d'entre elles; lorsque ces impulsions ont produit leur effet, toutes les strates offrent la même inclinaison et la même direction. Evidemment, en m'exprimant ainsi, je n'ai en vue que les strates qui n'ont éprouvé ni rupture ni ploiement. Lorsque des strates, qui ont conservé leur direction rectiligne, varient dans leur degré d'inclinaison, leur stratification est dite en *éventail*. La stratification en éventail est le résultat, tantôt d'un simple renversement des couches (fig. 80), tantôt d'une dénudation exercée sur la partie superficielle d'un ensemble de strates préalablement contournées ; dans la figure 88 , tout ce qui est au dessous de la ligne *ab* n'est pas visible et ce qui est au dessus de la ligne *cd* a été érodé.

Dans les terrains d'alluvion et dans les formations marines ou lacustres d'époque récente, une faible inclinaison des strates n'est pas toujours la conséquence d'une action dynamique postérieure au dépôt de ces strates ; elle résulte quelquefois des circonstances mêmes dans lesquelles ces strates se sont déposées. On conçoit, en effet, que les matériaux transportés par les courants fluviatiles dans les vallées, ou par les courants marins près du littoral, tendent à se déposer de manière à former un talus, dont la pente, d'ailleurs très faible, est dirigée dans le sens du courant qui les a charriés.

Inflexions et contournements des strates ; couches en fond de bateau, en dôme, en C droit ou renversé, en s. — Dans la stratification en *fond de bateau* (fig. 81), les strates sont recourbées en arc dont le rayon est plus ou moins grand et dont la convexité est dirigée vers le centre de la terre.

Dans la stratification en *dôme* ou en *voûte* (fig. 82), les couches sont également arquées comme dans la stratification en fond de bateau, mais la convexité est dirigée vers le ciel.

Dans les couches en C (fig. 83), la convexité peut être dirigée dans tous les sens ; en d'autres termes, le C est tantôt droit, tantôt diversement couché sur le côté. En outre, les strates présentent une courbure plus prononcée que dans la stratification en fond de bateau ou en dôme.

Quelquefois (fig. 86) les deux branches du C s'inclinent l'une vers l'autre, comme si elles tendaient à se toucher et à former un cercle complet. Ce mode de stratification, dont les Alpes offrent des exemples sur une large échelle, peut être désigné sous le nom de stratification en *fer de cheval*. C'est une disposition analogue à celle que l'on désigne sous le nom de stratification en U ou en *auge*.

Des strates (fig. 87) alternativement recourbées dans différentes directions et n'offrant pas de solution de continuité sont dites en S ou *ondulées*. Ce mode de stratification s'observe fréquemment dans les terrains schisteux.

Les arcs dessinés par les strates offrant les diverses inflexions qui viennent d'être mentionnées varient beaucoup sous le rapport de leur étendue, de leur régularité et de la longueur de leur rayon de courbure. Pour les strates en C, par exemple, la longueur du rayon de courbure qui, dans quelques cas, dépasse à peine un ou deux mètres, peut atteindre plusieurs kilomètres et même plusieurs lieues, si l'on en juge par ce qui se passe dans les Alpes. Quant aux strates en voûte ou en fond de bateau, elles ont pu ne s'infléchir que vers leurs extrémités et conserver leur horizontalité primitive dans leur partie centrale.

Brisement et plissement des strates : couches en V, en z. — Dans les couches arquées ou recourbées, il n'existe pas ordinairement de ruptures. Mais, par suite soit du manque de souplesse dans les strates soumises à l'influence des actions dynamiques, soit des circonstances dans lesquelles ces actions dynamiques se sont exercées, les strates se sont quelquefois rompues et repliées sur elles mêmes. Alors, au lieu des strates en C, on a (fig. 84), des strates en *chevron* ou en V, qui peut être droit, de côté ou renversé ; au lieu des strates en S, on observe (fig. 89) des strates en Z ou en *zigzag*. Le terrain houiller présente souvent une stratification en zigzag.

La désignation de strates *en coin* s'applique plus spécialement au cas où les deux branches du V sont très rapprochées l'une de l'autre et engagées dans un terrain de nature différente, dans une masse granitique, par exemple. La figure 85 représente cette disposition qui s'observe assez fréquemment dans les Alpes.

Concordance de stratification; discordances de stratification, d'érosion, d'isolement. — Deux terrains, en contact immédiat, sont dits en

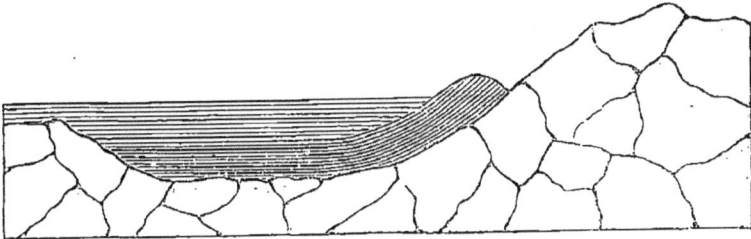

Fig. 74.

stratification *concordante*, lorsque toutes les strates de l'un, déjà parallèles entre elles, se montrent également parallèles à toutes les strates de l'autre. Dans le cas contraire, ils sont dits en stratification *discordante;* tel est le cas des terrains A et B, fig. 75, et des terrains A, B et C, fig. 94. La figure 56, page 376, et la figure 74 font voir comment deux terrains peuvent être en stratification concordante sur certains points, en stratification discordante sur d'autres.

Toute concordance de stratification entre les terrains A et B témoigne que, sur le point où cette concordance existe, et pendant le dépôt de ces deux terrains, il ne s'est produit aucun mouvement dans le sol. Une discordance de stratification indique, au contraire, qu'après le dépôt de A et avant celu de B, les strates de A ont été dérangées de leur horizontalité primitive. Si les deux terrains en stratification discordante se suivent immédiatement dans l'échelle géologique, il faut en conclure qu'il n'y a eu aucune interruption entre le dépôt du terrain A et le dépôt du terrain B. Il peut alors se présenter deux cas. Si le terrain B est constamment supporté par le terrain A, on a ainsi la preuve que l'action sédimentaire n'a pas cessé de se manifester sur toute l'étendue de la zone où la discordance de stratification s'observe ; il y a eu dislocation, mais non émergement des strates. Si le terrain A est à découvert sur un espace plus ou moins grand, c'est l'indice que le phénomène de la sédimentation, tout en ne subissant pas d'interruption, s'est continué, pour le dépôt du terrain B, dans un bassin de forme différente.

Un changement insensible dans la direction des strates, analogue à celui dont la stratification en éventail est le résultat, peut quelquefois faire admettre à tort l'existence d'une discordance de stratification entre les diverses parties d'un même terrain. Pour n'en montrer qu'un exemple, j'ai représenté dans la figure 90, des strates qui, d'abord verticales au pied d'un talus, deviennent de moins en moins inclinées et finissent par être horizontales à une certaine élévation. Si des éboulis cachent l'espace où le changement d'inclinaison s'effectue d'une manière insensible, on pourra être conduit à admettre, entre les points A et B d'un même terrain, une discordance de stratification qui ne sera qu'apparente.

Les discordances de stratification ne constituent pas le seul moyen que le géologue ait à sa disposition pour retrouver les traces des changements qui se sont accomplis entre le dépôt de deux terrains d'âges différents. La ligne de séparation entre deux terrains B et C, figure 75, présente quelquefois certaines particularités qui indiquent que le terrain B, avant de servir de substratum au terrain C, a été émergé pendant un temps plus ou moins long et soumis à l'influence des agents atmosphériques. Dans ce cas, il y a, entre les terrains

· Fig. 75.

B et C, une discordance *d'érosion*, laquelle n'est nullement incompatible avec une discordance de stratification.

Enfin, un terrain C, fig. 94, en concordance ou en discordance de stratification avec le terrain B sur un certain point, peut ailleurs se trouver superposé à un terrain A distinct du terrain B. On dit alors qu'il existe, entre les terrains B et C, une discordance *d'isolement*, résultant des changements opérés, après le dépôt du terrain B, dans la forme des bassins où ce terrain a été reçu.

Causes qui impriment aux strates leurs diverses inflexions. — Ces causes sont surtout, et d'une manière générale, les actions dynamiques dont l'étude a fait l'objet du livre VII. Je n'ai d'autre but, en revenant sur ce sujet, que de consigner ici quelques remarques qui n'ont pu trouver place dans les chapitres antérieurs.

J. Hall, pour expliquer comment les couches ont dû se courber et se replier sur elles mêmes de manière à prendre une allure ondulée, avait recours à l'expérience suivante. Il superposait les uns aux autres de petits lits d'argile ou des morceaux de drap de diverses couleurs. Au dessus de ces lits taillés en rectangles égaux, il posait un livre chargé d'un poids suffisant. Puis il exerçait contre les lits une pression latérale au moyen de deux livres placés parallèlement l'un à l'autre. Il voyait, à mesure que la pression augmentait, les lits former des ondulations ou des plis de plus en plus prononcés.

Pour retrouver l'application de cette expérience dans la nature, il n'y a qu'à se représenter une fissure dans laquelle la matière éruptive est en voie de pénétrer. Deux forces verticales, mais de sens opposé, agissent dans ces fissures : l'une résulte de l'impulsion qui tend à porter la matière éruptive vers la surface du globe; l'autre est le poids de cette matière éruptive. Une pression considérable s'exerce contre les parois de la fissure; les masses stratifiées, situées près de ces parois, ne pouvant se déplacer à cause de la pression exercée sur elles par les autres masses qu'elles supportent, subissent un plissement. Les conditions de l'expérience de J. Hall seront encore mieux reproduites si l'on admet une masse stratifiée soumise, de part et d'autre, à la pression provenant de deux fissures voisines; ces deux fissures représenteront les deux livres verticaux et parallèles l'un à l'autre; les strates correspondront aux lits d'argile, et le poids supporté par celles-ci sera fourni, dans la nature, par les masses qui recouvrent ces strates. Au poids de ces masses s'ajoutera celui de la mer elle même, si le phénomène s'accomplit au fond de l'océan.

On aurait tort de croire que la cause, qui a contourné les couches, a toujours été une force latérale agissant dans les conditions imaginées par J. Hall. Supposons, à travers l'écorce terrestre, une fissure que la matière éruptive mettra à profit pour venir soulever les strates sans se montrer à la surface du globe; ces strates pourront se recourber, même à une distance considérable du point atteint par la matière éruptive, cette distance étant d'ailleurs mesurée dans le sens que la matière éruptive tendait à suivre. Supposons ensuite une série de fissures très rapprochées les unes des autres, nous aurons, par exemple, des strates recourbées en C diversement couchés suivant le point où on les observera, et dont l'ensemble nous donnera l'image d'une stratification ondulée ou en S. Les C tournés en haut correspondront aux fissures et les C tournés en bas seront placés dans les intervalles compris entre ces fissures.

La figure 92 donne une idée du mode dont ont opéré, dans un grand nombre de cas, les actions dynamiques qui impriment aux strates leur allure. Les flèches dirigées de haut en bas représentent la pesanteur; celles qui sont dirigées de bas en haut correspondent aux forces dont le point de départ est dans la pyrosphère; quant aux flèches horizontales, elles indiquent la direction des pressions résultant soit de la poussée des parties dont l'écorce terrestre se compose, soit de la force d'expansion des masses éruptives E, E. Sous l'influence de ces pressions latérales, les strates se sont fortement contournées entre les masses éruptives; plus haut, elles se sont simplement recourbées en forme de voûte ou de dôme placés sur le prolongement de ces masses éruptives.

Le même effet pourra quelquefois résulter de la structure de l'écorce terrestre que nous savons être divisée, dans le sens vertical, en fragments prismatiques placés les uns contre les autres. Si, par suite des mouvements de la pyrosphère, ces fragments obéissent à des impulsions dirigées de haut en bas pour les uns et de bas en haut pour les autres, la masse stratifiée qu'ils supportent tendra à les accompagner dans leur déplacement. Les strates, obligées de s'allonger dans le sens horizontal, s'étireront en vertu de leur ductilité et prendront une allure ondulée.

Influence des tassements du sol sur l'allure des strates. — Les tassements du sol peuvent aussi imprimer aux strates des courbures plus ou moins prononcées. « Il est certain », dit sir Lyell, « que des couches susceptibles d'être pliées peuvent, lorsqu'il existe des degrés inégaux d'affaissement, se plisser plus ou moins, et paraître tout à fait comme si la pression se fût exercée subitement par un effort latéral. Lorsqu'on exploite un lit de houille, on laisse, par intervalle, des piliers de houille pour supporter le toit. Dans la figure 94, qui est une coupe prise à Wallsend (Newcastle), les galeries sont représentées par des espaces blancs, tandis que les parties voisines, plus foncées, indiquent des portions de lits de houille primitifs laissés comme étais; des lits d'argile sableuse ou de schiste argileux constituent le plancher de la mine. Lorsque les étais deviennent trop faibles, ils sont pressés par le poids des roches susjacentes (qui n'ont pas moins de 192 mètres d'épaisseur) sur le schiste argileux qui est au dessous, et celui-ci, par suite de cette compression, cède, et s'ouvre d'espace en espace. Il arrive ordinairement que le toit est composé de schiste argileux dur, ou quelquefois de grès, roches qui cèdent moins que les fondations, qui souvent consistent en argile; et, même dans les endroits où les sous-couches argileuses étaient d'abord consistantes, elles s'amollissent bientôt et passent à un état plastique dès qu'elles sont exposées au contact de l'air et de l'eau dans la mine. Le premier symptôme de ce que les mineurs anglais appellent un *creep* est une légère courbure, qui apparaît sur le fond de chaque galerie, comme on voit en *a;* dès ce moment, le plancher continuant à hausser, commence à s'ouvrir, en même temps qu'une fente longitudinale se produit en *b;* puis les bords de la rupture atteignent le toit, comme on le voit en *c;* en dernier lieu, les lits exhaussés

ferment la galerie entière, et les bords de la rupture, le long
de la crête, s'unissent de nouveau, et présentent une surface
plane au sommet, comme on voit en *d*. Sur ces entrefaites, la
houille des étais a éclaté et s'est fendue par pression. On remarque également qu'au dessous des *creeps a, b, c, d*, une
couche inférieure appelée *houille métal*, d'un mètre d'épaisseur, s'est fendue aux points *e, f, g, h*; elle a haussé du même
coup, en montrant ainsi que le mouvement ascensionnel
occasionné par l'exploitation de la houille principale s'est
propagé à travers les 16 mètres de lits argileux dont l'épaisseur sépare les deux lits de houille. Le même déplacement s'est
fait sentir vers le bas, à une profondeur de plus de 45 mètres, à travers des lits argileux qui sont au dessous de la
houille métal; mais il devient de moins en moins prononcé et
finit par être imperceptible [1] ». (Lyell, *Manuel de géologie.*)

Influence que les cavités souterraines exercent sur l'allure des strates.
— Les détails dans lesquels je suis entré relativement aux
effondrements des cavités souterraines (tome II, page 427)
expliquent le mode de formation de quelques ploiements que
présentent des couches calcaires placées au dessus de couches

[1] Voici un autre exemple des effets qui peuvent se manifester lorsque
des masses plus ou moins plastiques sont soumises, dans certaines circonstances, à des pressions inégales. Lors de la construction du chemin de fer
de Versailles, rive gauche, un remblai considérable avait été établi sur le
prolongement du viaduc de Val de Fleury. A peine eut-on commencé à
amonceler les terres, qu'il se manifesta un mouvement extraordinaire dans
le terrain environnant. Deux refoulements eurent pour conséquence le soulèvement du sol jusqu'à une hauteur de 8 à 10 mètres; la route fut interceptée
et plusieurs maisons, qui se trouvaient sur le sol exhaussé, furent renversées. On reconnut que la cause de ce mouvement devait être attribuée
à l'existence d'une couche argileuse, mêlée de sable, qui, détrempée par les
pluies de l'année précédente, était devenue fluide, et avait été déplacée par la
charge du remblai.

marneuses. « Il est facile de comprendre que celles-ci, étant entraînées, les couches superposées, privées de ce point d'appui, doivent tendre à s'enfoncer, et si, dans ce cas, l'excavation est trop exiguë pour se prêter à un éboulement complet, il se produit du moins un pli des couches dont le résultat sera de former une concavité sans rupture notable. L'intensité de l'effet étant variable en raison de la grandeur de l'ablation, il arrive de voir les courbures passer à l'état de véritables chutes auprès de quelques cassures plus larges que les autres. Enfin il n'est pas indispensable de faire intervenir la présence des marnes ou des argiles dans le sous-sol pour expliquer ces mouvements des calcaires. Il suffit que ceux-ci soient rendus très attaquables par leur état de porosité ou de fissuration, car alors les eaux pluviales chargées de l'acide carbonique qu'elles trouvent condensé dans la terre végétale superposée, transsudent entre les divers feuillets, et, en vertu d'une énergie dissolvante accrue par celle de cet agent, elles peuvent donner naissance aux vides qui provoquent à la longue des tassements dont les plis des couches sont une des conséquences. » (Fournet.)

Les dislocations des strates produites par les effondrements des cavités souterraines et leurs inflexions déterminées à la suite de refoulements latéraux rappellent les hypothèses émises par Deluc, Saussure, Boucheporn, etc., sur le mode de formation des montagnes. (Voir livre VII, chap. V.) Ces savants se sont trompés, non sur la nature ou l'existence, mais sur l'énergie des actions qu'ils invoquaient pour expliquer l'apparition des montagnes.

CHAPITRE II.

Accidents stratigraphiques. — Lorsqu'on ne tient compte que des circonstances dans lesquelles les strates se sont déposées, on se les représente comme étant parfaitement horizontales, parallèles entre elles et rangées d'après leur ordre de formation, la plus ancienne se plaçant à la base de la série qu'elles constituent : chacune d'elles est considérée comme possédant, dans toute son étendue, la même allure et la même épaisseur. Mais, en réalité, il en est rarement ainsi. On peut désigner sous le nom d'*accidents stratigraphiques* les modifications graves apportées à cet état primitif des choses. Dans le chapitre précédent, j'ai déjà mentionné quelques accidents stratigraphiques, car on peut considérer comme tels les couches fortement plissées ou contournées, les strates redressées jusqu'à la verticale et, à plus forte raison, celles qui ont été renversées sur elles mêmes. Je vais, dans ce chapitre, porter mon attention sur les autres accidents qui affectent les masses stratifiées et principalement sur les failles, les plus importants d'entre eux.

Changements dans la forme et l'épaisseur des strates après leur dépôt. — Postérieurement à leur dépôt, les strates peuvent subir une diminution d'épaisseur ou un changement de forme par suite de diverses causes, dont la principale est la pression exercée par les masses qu'elles supportent.

C'est surtout dans les couches de combustible que ces déformations ont été étudiées. « Il existe pour les houilles une structure normale, *plateuse*, et dans laquelle les principaux délits, dépendant de la stratification, sont recoupés par deux systèmes de fissures perpendiculaires, attribuées au retrait. Cette structure normale existe surtout dans les couches qui, postérieurement à leur dépôt, n'ont subi que peu de perturbations. Lorsque ces mêmes couches ont éprouvé des dérangements, elles présentent des clivages curvilignes; les morceaux ont des formes arrondies et se détachent en petits feuillets courbes, comme si la matière, encore douée de ductilité, avait éprouvé une sorte de pétrissage; à l'abattage, ces morceaux tombent presque entièrement en menu. Ces altérations du tissu normal de la houille se retrouvent dans les roches stratifiées avec elle; les barres, les lits de gore, les nerfs argileux sont eux mêmes fragmentaires, brisés et froissés, de manière à présenter, de même que les roches du toit et du mur, une multitude de surfaces convexes ou concaves, striées, polies et brillantes, que les mineurs appellent des *miroirs*. La structure brouillée est constante et très prononcée dans les couches fortement accidentées. Certains combustibles des mines de Languin, aux environs de Nort (Loire Inférieure), ont ce caractère au plus haut degré; ils sont à l'état de poussière terne et ressemblent tellement à du noir animal qu'on est obligé de les expédier en sacs. Les couches de ces combustibles sont tellement accidentées par des crains, qu'elles se trouvent réduites à l'état d'amas lenticulaires, dont la continuité en direction dépasse rarement 25 à 30 mètres, et qui se suivent dans des plans de stratification inclinés de 60 à 75 degrés. Le bassin de Saône et Loire présente également quelques exemples intéressants de la solidarité qui existe entre la plupart des accidents et la structure anormale de houille. Sur la lisière méridionale, vers le Monceau et Blanzy, le terrain, incliné de 12 à 20 degrés, présente des couches bien réglées dans leur puissance, et qui, bien que découpées par des failles nombreuses, ont conservé des allures assez régulières dans leur ensemble; aussi, dans toute cette partie du bassin, la structure de la houille est-elle normale et essentiellement stratifiée. Sur le pendage opposé, vers Toulon, sur l'Arroux, les couches, violemment redressées sous des angles de 60 à 80 degrés, sont à tel point criblées de crains, qu'elles ne sont plus représentées que par une série de masses lenticulaires ou sphéroïdales en chapelet, dont l'exploitation a dû être abandonnée; aussi, toutes ces houilles sont-elles menues, et présentent-elles une structure brouillée. »

« Les couches de lignite des environs de Marseille peuvent être citées, parmi les couches de combustibles, comme celles qui présentent les caractères les plus nets et les plus réguliers. Les calcaires qui alternent avec ces lignites contrastent tellement avec eux par tous leurs caractères minéralogiques, qu'ils font ressortir toutes les irrégularités avec une netteté qu'on ne

retrouve pas dans les autres terrains carbonifères ; d'un autre
côté, les couches de lignite sont si bien stratifiées qu'on peut
souvent y distinguer une lumière suspendue à l'extrémité des
descenderies de 200 mètres de longueur. Dans les mines d'Au-
riol, une des couches principales, puissante de 1^m, 20, et ordinairement très régulière, éprouve des refoulements dont la
figure 95 donne un tracé exact. La couche est froissée de manière à présenter, sur une longueur d'environ 15 mètres, des
déformations auxquelles la matière charbonneuse s'est parfaitement prêtée. Le lignite fragmentaire remplit exactement
toutes les anfractuosités du toit et du mur, ce qui démontre
que, dans cet état brisé, et sous l'influence des pressions énergiques auxquelles il a été soumis, il jouissait d'une véritable
malléabilité. Ces phénomènes de déformation des couches
existent surtout dans les plis dont la figure 96 présente un
exemple. Ici, le double pli qui a interrompu le pendage régulier justifie, en quelque sorte, le mouvement de froissage que
la couche a éprouvé, et sa puissance un peu diminuée indique,
en même temps, un étirage de la matière charbonneuse. »
(A. Burat, *De la Houille*.)

Supposons qu'un banc de houille ait été soumis, sur un point
isolé, à une pression énergique. Sur ce point, le combustible
tendra à glisser entre le toit et le mur qui le serreront comme
dans un étau ; en vertu d'une sorte de ductilité, sans doute
analogue à celle qui permet à un glacier de se mouvoir, il se
déplacera et se transportera sur les points voisins où la pression
sera moindre. Le combustible disparaîtra ainsi, en totalité ou
en partie, du point où la pression s'exerce, et, sur ce point, il
se produira un étranglement que les mineurs appellent *couf-
flée, étreinte* ou *crain* : le toit et le mur ne seront plus séparés que par une trace charbonneuse. Tout autour du crain,

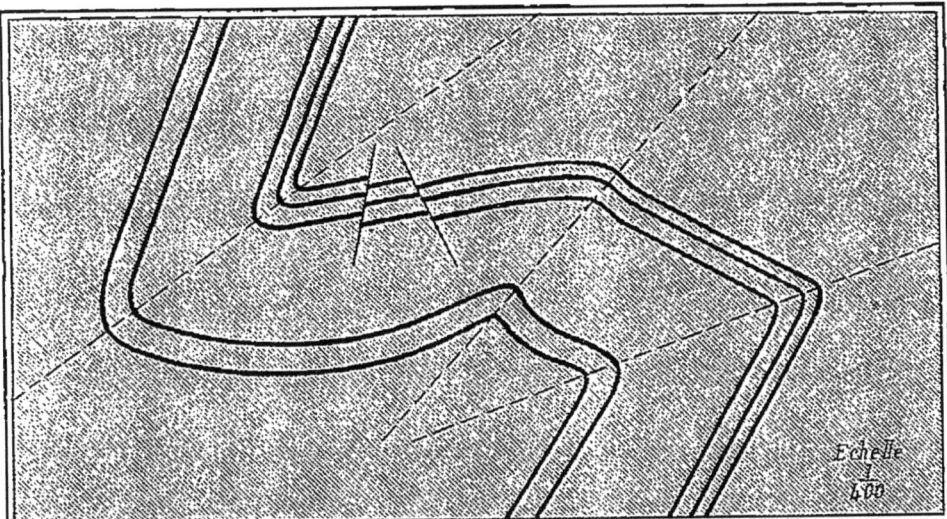

Fig. 98.—(V. page 571). Coupe dans le terrain houiller près de Mons

Echelle 1/400

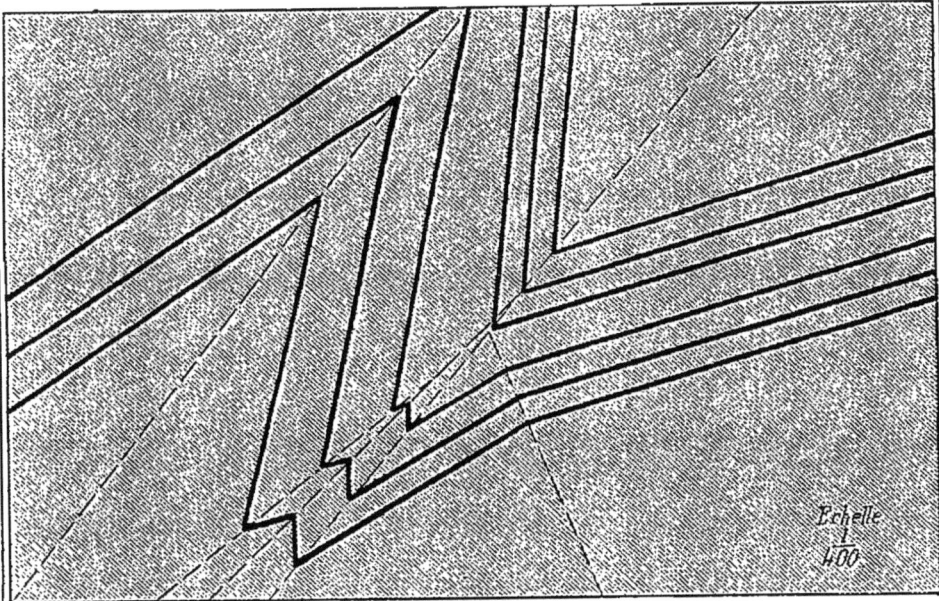

Fig. 99.—(V. page 571). Coupe dans le terrain houiller près de Charleroy.

Echelle 1/400

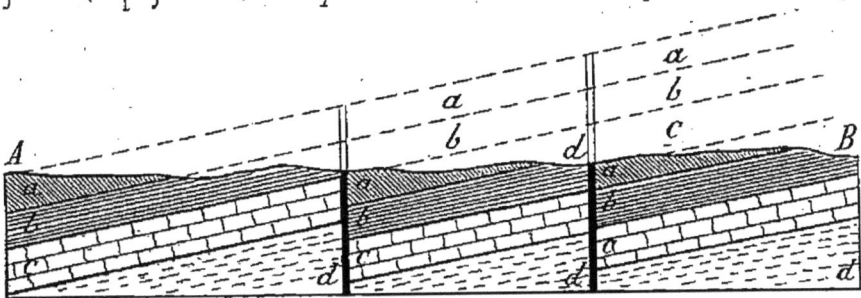

Fig. 100.—(V. page 564)

Critique, 1903 PCB

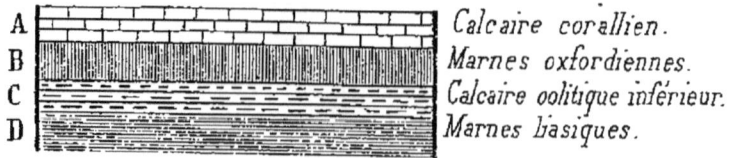

Fig. 101
(V. page 565)

A	Calcaire corallien.
B	Marnes oxfordiennes.
C	Calcaire oolitique inférieur.
D	Marnes liasiques.

Voûtes coralliennes.

Fig. 102.

Fig. 103.

Crêt Corallien

Talus

Combe oxfordienne.

Talus

Crêt Corallien

Fig. 104.

Epaulement

Voûte oolitique

Epaulement

Fig. 105.

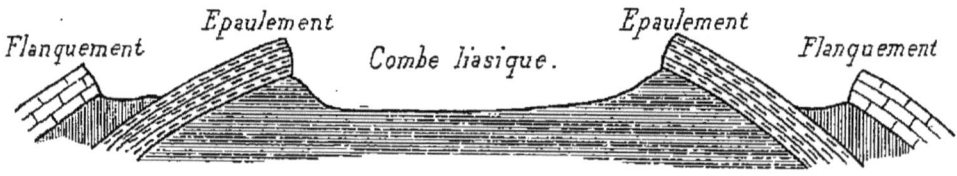

Flanquement

Epaulement

Combe liasique.

Epaulement

Flanquement

Fig. 106.

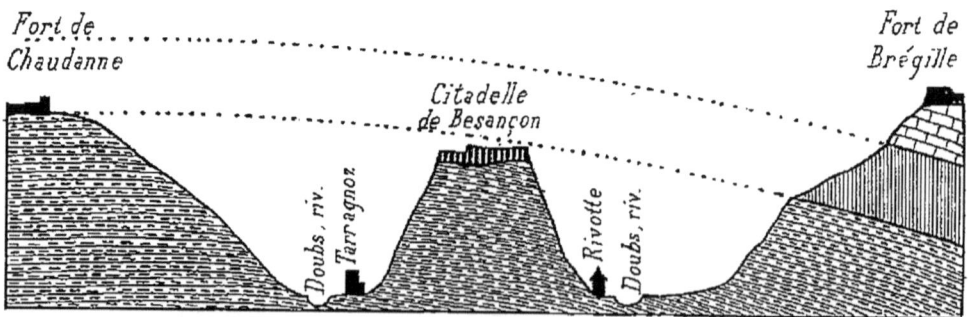

Fort de Chaudanne

Citadelle de Besançon

Fort de Brégille

Doubs, riv.

Tarragnoz

Rivotte

Doubs, riv.

Fig. 107. (V. page 586). — Cluses. de Rivotte et de Tarragnoz à Besançon.

Lith. Guyard, Besançon.

le combustible accumulé formera un renflement ou amas lenticulaire. On conçoit que la pression puisse s'exercer aussi non sur un point isolé, mais sur une zone plus ou moins étendue. La figure 97 est la représentation d'un des nombreux étranglements de la couche supérieure de Monceau (Saône et Loire); cette couche, de 12 mètres de puissance, est divisée en trois parties par deux bancs d'argile schisteuse qui, brusquement infléchis, sont brisés; leurs fragments se montrent dispersés dans la houille menue qui forme la partie étranglée.

S'il existe une série de renflements et de crains rapprochés les uns des autres, la couche de combustible prend l'allure dite en *chapelet*. Cette allure peut être ainsi tantôt le résultat des circonstances dans lesquelles le dépôt d'une couche s'est effectué, tantôt la conséquence des actions dynamiques auxquelles un banc de combustible a été soumis postérieurement à sa formation. La relation, qui existe entre la texture brouillée du combustible et les circonstances de son gisement, peut nous aider à rattacher à sa véritable cause l'allure en chapelet de certaines couches. Nous verrons aussi que, dans les cas où l'allure en chapelet date du dépôt même du combustible, elle possède certains caractères qui ne permettent pas de se tromper sur son origine.

Près des affleurements, les couches de combustible se montrent tout à fait amincies; quelquefois une traînée, dont la couleur noirâtre tranche avec la nuance plus claire des parties voisines, est, à la surface du sol, le seul indice d'un banc de combustible qui, à une faible profondeur, acquiert une grande puissance. La disparition du combustible provient en majeure partie de son oxydation lente au contact de l'atmosphère; mais il est probable que la pression, exercée sur le banc de combustible par les strates qu'il supporte, doit contribuer à sa disparition en le poussant vers le point où il affleure et peut se déplacer librement.

Les phénomènes que nous venons de décrire à propos des combustibles doivent se manifester à un plus haut degré pour les roches qui, telles que les marnes, les argiles et les sables, jouissent d'une certaine malléabilité, souvent accrue par l'eau dont elles sont imbibées. Par conséquent, lorsque l'on voit deux couches calcaires, séparées par un lit marneux, se toucher un peu plus loin, il ne faut pas trop se hâter de conclure que ce banc de marne n'a jamais existé entre les deux couches calcaires actuellement en contact; peut-être des circonstances, de la nature de celles qui viennent d'être décrites, l'ont-elles en partie détruit. La disparition des argiles, des marnes et des sables est facilitée par les fissures dont les roches sédimentaires sont criblées; elle s'effectue d'une manière très rapide près de la surface du sol; aussi, sur les points où l'on voit les couches affleurer, les strates marneuses ne se montrent pas avec leur épaisseur normale; c'est un fait dont les géologues doivent tenir compte lorsqu'ils relèvent des coupes naturelles.

Failles. — Sous l'influence des diverses causes que j'ai successivement mentionnées, des *fentes* ou *fissures*, offrant toutes les dimensions, se sont établies à travers l'écorce terrestre.

Parmi ces causes, je dois rappeler celles dont l'existence ne saurait être contestée et que le géologue peut invoquer au besoin. Telles sont : les actions dynamiques, plus ou moins violentes, qui ont leur point de départ dans la pyrosphère; les forces résultant de la pression que les masses dont l'écorce terrestre se compose exercent les unes sur les autres en tendant à se fracturer mutuellement; les actions moléculaires, le dessèchement, les variations de température, amenant des changements dans le volume des roches et, par suite, des mouvements de retrait ; le crevassement du sol produit pendant les secousses séismiques ; les effondrements qui se manifestent lorsque les cavités accidentellement formées dans l'intérieur de l'écorce terrestre acquièrent de grandes dimensions.

Ces fentes ou fissures reçoivent également les noms de *cassures*, *ruptures*, *fractures*, etc., lorsqu'elles n'ont qu'une faible étendue. Mais, dès qu'elles prennent un développement considérable, elles jouent un rôle important dans la constitution stratigraphique et topographique de chaque contrée ; on leur donne alors la désignation de *failles*, en anglais *fault*, de l'allemand *fall*, chute, affaissement, parce que l'un des côtés de la faille est ordinairement plus bas que l'autre. (Voir figure 93, page 548.)

Dimensions des failles ; failles simples, failles composées. — Les bords d'une faille sont plus ou moins écartés l'un de l'autre ; la distance qui les sépare, quelquefois inappréciable, peut atteindre jusqu'à 25 mètres et plus.

Les dimensions des failles dans le sens de la longueur varient également ; quelques unes ont à peine quelques centaines de mètres, tandis que d'autres atteignent un développement de plusieurs lieues. En Irlande et en Angleterre, on a reconnu des lignes de fracture s'étendant sans interruption sur des longueurs de 100 kilomètres ; j'ai eu l'occasion de parler de failles qui, sur le continent, ne le cèdent pas, sous le rapport de leur importance, à celles que l'on a signalées dans les Iles Britanniques. (Voir tome I, page 259.)

Les failles les plus étendues dans le sens vertical ou, en d'autres termes, les plus profondes, sont évidemment celles qui traversent l'écorce terrestre de part en part. Ces failles se rattachent, d'une manière plus ou moins intime, au réseau pentagonal et doivent être mises au nombre des lignes stratigraphiques. Entre ces failles magistrales et les fentes peu profondes, tous les intermédiaires peuvent s'observer.

Dans certaines régions fortement disloquées, les failles sont parfois très rapprochées; quelques centaines de mètres à peine les séparent. Quelle que soit leur étendue dans le sens horizontal, on ne saurait admettre qu'elles se prolongent toutes jusqu'à la partie inférieure de l'écorce terrestre. La figure 43, page 128, permet de se convaincre *de visu* combien il est peu probable que deux ou plusieurs failles, séparées par des intervalles de cinq cents mètres, par exemple, puissent se prolonger jusqu'à la pyrosphère en conservant leur parallélisme. Par conséquent, il faut supposer que deux ou plusieurs failles très voisines les unes des autres doivent se rencontrer à une faible profondeur, tantôt pour rester définitivement confondues, tantôt pour se séparer de nouveau. S'il était permis de les suivre jusqu'à une distance considérable de la surface du sol, on les verrait former une espèce de lacis, dont l'ensemble peut se désigner sous le nom de *faille composée*, par opposition aux *failles simples*, qui se montrent isolées ou séparées d'autres failles par une distance assez grande. Je n'entends parler ici que des failles de premier ordre et non de ces cassures qui, dans certains terrains, et notamment dans le terrain houiller, sont très nombreuses et s'interrompent mutuellement de manière à n'offrir qu'une faible étendue.

Inclinaison et direction des failles; mode de remplissage. — Sous le rapport de leur direction et de leur âge, les failles principales sont soumises aux mêmes lois que les filons et que les lignes stratigraphiques.

Une faille se présente ordinairement sous la forme d'une cassure plane, dessinant avec la verticale un angle qui varie entre 0° et 45° : les failles complétement verticales ou s'éloignant de plus de 45° de la verticale sont rares.

Le remplissage d'une faille s'est effectué de diverses manières. D'abord, de haut en bas, par l'accumulation des matériaux détachés des roches encaissantes ou de la surface du sol. Les eaux, en venant de l'intérieur de l'écorce terrestre chargées de diverses substances, ont pu aussi laisser, dans les failles, des dépôts geysériens qui en ont fait d'immenses filons. Enfin, des roches éruptives ont pu être injectées dans des failles qui se sont ainsi transformées en dykes d'une grande dimension.

Dénivellation et glissement des deux côtés d'une même faille. — Ordinairement, les parties correspondantes d'une même faille, c'est à dire celles qui étaient contiguës avant sa formation, ne se maintiennent pas à la même hauteur. Ses deux côtés glissent l'un contre l'autre, soit que l'un s'abaisse ou que l'autre s'exhausse, soit que ces deux mouvements se produisent à la fois. La différence de niveau peut atteindre jusqu'à 500 mètres. Il en résulte que l'un des bords s'élève, à la surface du sol, d'une quantité égale à la dénivellation, à moins que les agents d'érosion n'aient fait disparaître le bord saillant.

Dans une faille inclinée, le côté supérieur est descendu par rapport au côté inférieur, comme si, l'une des portions du terrain formant un plan incliné immobile, l'autre portion avait glissé sur lui en vertu de la pesanteur : c'est une règle que les mineurs formulent en disant que c'est *le toit qui a glissé sur le mur*.

Les parois des failles portent des traces de leur frottement mutuel ; elles se montrent sillonnées de stries et de cannelures, comme la surface d'un rocher sur lequel un glacier a passé ; elles sont polies et brillantes, d'où le nom de *miroirs* qu'on leur donne quelquefois. On les appelle aussi des *surfaces de glissement*, en anglais *slickensides*. En outre, les débris tombés dans la faille sont broyés et présentent également des traces de polissage. Tantôt les stries sont parallèles et continues ; elles indiquent que le glissement a eu lieu d'un seul coup ; tantôt elles sont irrégulières, discontinues ; le glissement s'est alors opéré à plusieurs reprises dont le nombre est égal à celui des changements de direction dans les stries.

Si l'on suit la trace d'une faille, on remarque que la dénivellation n'est pas la même sur toute son étendue. On observe, par exemple, qu'une strate, séparée de celle dont elle faisait primitivement partie par une distance de quelques mètres à peine, s'en éloigne de plus en plus dans le sens vertical, jusqu'à ce qu'elle en soit séparée par un intervalle de plusieurs centaines de mètres ; plus loin elle s'en rapproche de nouveau pour s'en éloigner une seconde fois. Dans ce phénomène des failles, il faut donc distinguer : premièrement, l'opération qui a eu pour résultat la *coupure* de l'écorce terrestre, résultat que l'on peut comparer à l'effet produit par un coup de canif à travers des feuilles de papier superposées, et, deuxièmement, l'action qui a exhaussé ou abaissé les parties ainsi disjointes.

Comment les failles peuvent induire en erreur le mineur et le géologue. — Les failles ont presque toujours pour résultat de porter à des niveaux différents des strates qui se trouvaient primitivement sur le prolongement les unes des autres. Si une ou plusieurs couches ainsi séparées sont formées de matières exploitées, minerai de fer, combustible, etc., le mineur, placé en présence de roches sans valeur, voit ses travaux interrompus; il lui faut, pour retrouver les strates exploitables, pratiquer une galerie le long de la faille, en s'appuyant, dans ses recherches, sur la loi qui vient d'être mentionnée, loi qui lui indique dans quel sens cette galerie doit être établie.

Supposons que les phénomènes d'érosion aient détruit le bord saillant d'une faille et nivelé le sol sur l'emplacement occupé par elle. Si les terrains, situés l'un à côté de l'autre à la surface du sol, offrent une composition pétrologique semblable, tout en étant différents par leurs fossiles, c'est à dire par l'époque de leur formation, le géologue pourra être conduit, s'il n'y prend garde, à assimiler deux formations distinctes. La même chance d'erreur existera pour lui si, dans une coupe naturelle passant à travers une faille, les mêmes circonstances apparaissent. C'est ainsi que, sur la route de Besançon au village de Morre, on voit une faille mettre en contact les marnes de l'étage kimméridien inférieur avec celles de l'étage portlandien; ces deux assises marneuses ne diffèrent nullement quant à leur aspect, et le géologue les identifierait si un simple examen ne lui montrait, comme fossiles caractéristiques, dans les unes, l'*Astarta minima*, et, dans les autres, l'*Exogyra virgula*.

Il est un autre cas où les failles peuvent induire en erreur le mineur et le géologue; c'est lorsque, plus ou moins rapprochées les unes des autres, elles ramènent plusieurs fois de suite à la surface du sol la couche qu'elles ont d'abord disloquée. On conçoit que, dans ce cas, le mineur et le géologue, en prenant pour des couches distinctes les divers lambeaux d'une même couche ainsi ramenés au jour, soient exposés à donner au terrain qu'ils étudient une plus grande puissance que celle qu'il a réellement. Ce terrain peut, par exemple, ne renfermer qu'un seul banc de combustible. Le mineur n'en sera pas moins exposé à s'exagérer la richesse de ce terrain et à croire

à l'existence de plusieurs bancs exploitables. De même que
dans les cas précédents, les chances d'erreur seront encore plus
grandes, si les phénomènes d'érosion, après avoir raboté le
bord saillant de chaque faille, ont complétement nivelé le sol,
ainsi qu'on le voit dans la figure 100; la ligne AB y représente
la surface du sol et des traits ponctués y indiquent l'emplacement primitif des strates avant l'apparition des failles et l'intervention des agents d'érosion.

Influence des failles sur la stratification et les cavités souterraines. —
Les strates, dont les tranches forment les bords d'une faille,
sont ordinairement plus ou moins inclinées, quelquefois vers
l'intérieur, plus souvent vers l'extérieur de cette faille. Dans
quelques cas, les strates sont redressées jusqu'à la verticale
et même renversées. Il est aisé de se rendre compte de ce
redressement, si l'on examine avec attention ce qui doit se
passer lorsque les deux côtés de la faille glissent l'un contre
l'autre. Le côté qui obéit à une impulsion de bas en haut peut
quelquefois entraîner des lambeaux du côté opposé, et celui-
ci, à son tour, en s'abaissant, peut laisser après lui une partie
des strates dont il se compose. Ce phénomène est encore
susceptible de recevoir l'explication suivante, qui a l'avantage
de mieux s'adapter au cas où les strates sont redressées de part
et d'autre. Au moment où s'effectue la dénivellation de ses
deux côtés, il y a, en réalité, le long d'une faille, deux systèmes de forces en jeu. L'une d'elles, dirigée dans le sens de la
verticale, n'est autre que l'impulsion même qui détermine
cette dénivellation. L'autre résulte de la pression que les masses
voisines de cette faille exercent contre elle en vertu de leur
propre poids. C'est par suite de cette pression que les crevasses
produites pendant un tremblement de terre se referment, ainsi

que nous l'avons vu, immédiatement après que les secousses ont cessé. Ces deux forces sont dirigées normalement l'une à l'autre, et se composent en une seule force qui tend à redresser les strates contre lesquelles elle agit.

Quant à l'influence des failles sur les cavités souterraines, je me bornerai à rappeler que l'origine première de ces cavités est surtout due aux dislocations des strates. Aussi, est-ce dans le voisinage des failles que ces cavités doivent se montrer les plus vastes et les plus nombreuses.

Voûtes; combes, flanquements, talus, crêts; épaulements; cluses, ruz, cirques, etc. — Sous l'influence des actions dynamiques, qui opèrent comme dans la formation des cônes et des cratères de soulèvement (voir livre V, chap. v), les strates prennent une courbure de plus en plus prononcée; puis, lorsque leur limite d'élasticité se trouve dépassée, elles subissent des déchirures qui, sans être des failles proprement dites, n'en peuvent pas moins offrir des dimensions considérables dans le sens de la longueur, de la profondeur et de la largeur.

Figure 101, page 557. Soient A, B, C, D, quatre assises horizontales, superposées les unes aux autres et alternativement calcaires et marneuses. Supposons qu'une force dirigée de bas en haut et possédant une énergie de plus en plus grande, s'exerce contre elles. Il se produira des accidents stratigraphiques et topographiques semblables à ceux qui impriment un cachet particulier aux contrées dont le sol est formé de terrain jurassique. Ces accidents se montrent avec une grande netteté dans le Jura. Thurmann, qui les a étudiés avec soin, leur a imposé des désignations que je vais mentionner et qui, pour la plupart, sont empruntées au langage des habitants de ce pays. Pour rendre plus facile l'exposition des faits

sur lesquels j'appellerai l'attention du lecteur, j'admettrai
que A et C correspondent respectivement au terrain corallien
et à l'oolite inférieure qui, dans le Jura, sont en majeure
partie calcaires; B et D représenteront le terrain oxfordien
inférieur et le lias dont la constitution pétrographique est,
dans ce pays, essentiellement marneuse.

Fig. 102. — Les strates, primitivement horizontales, acquièrent d'abord une faible courbure. L'assise supérieure D forme à
la surface du sol un bombement qui correspond au ploiement
des assises sous-jacentes. On a une *voûte corallienne*.

Fig. 103. — Une deuxième impulsion amène une convexité
plus grande dans la courbure des strates. Une déchirure ou
crevasse, d'autant plus prononcée que cette impulsion a été
plus énergique, se manifeste dans l'assise D. Cette crevasse, de
plus en plus agrandie par les agents atmosphériques, pourra,
sans l'intervention des forces intérieures, devenir une gorge
ou un ravin aux parois verticales.

Fig. 104. — La persistance dans l'impulsion intérieure a pour
effet de mettre à découvert l'assise marneuse C, appartenant au
terrain oxfordien. On a une *combe oxfordienne* plus ou moins
ravinée par les eaux pluviales. A droite et à gauche se dressent
deux *épaulements*, se composant chacun : 1° d'une partie faiblement inclinée ou *talus* formé par les marnes de l'assise C ;
2° d'un *abrupte* ou *crêt corallien*, ou partie verticale, correspondant à l'assise calcaire D.

Fig. 105. — Après une nouvelle impulsion, la courbure des
strates devient plus forte. Les deux flanquements sont écartés
l'un de l'autre par suite soit de cet accroissement de courbure,
soit de l'influence des agents atmosphériques. Probablement,
une autre circonstance concourt au même but ; c'est le déplacement latéral des assises marneuses et des assises calcaires assez

indépendantes pour glisser les unes sur les autres, surtout lorsque l'eau dont elles sont pénétrées a mouillé leurs surfaces de contact. Alors on a une *voûte oolitique*, avec deux épaulements, formés d'un talus oxfordien et d'un crêt corallien.

Fig. 106. — Cette voûte oolitique est ensuite déchirée et crevassée, puis les marnes de l'assise A se montrent à leur tour. On a une *combe liasique*, avec épaulements oolitiques; puis, à droite et à gauche, des *flanquements* formés d'un talus oxfordien avec crêt corallien.

Il est inutile de pousser plus loin l'examen de ce qui se passerait dans le cas où les forces intérieures amèneraient au jour d'autres assises alternativement marneuses et calcaires. Evidemment, si nous prenions pour terme de comparaison ce qui s'observe dans le Jura, les marnes irisées apparaîtraient au dessous des marnes du lias pour former avec elles une *combe keuper-liasique*, au milieu de laquelle on verrait plus tard surgir une *voûte conchylienne*, constituée par le muschelkalk. Les voûtes conchyliennes sont très rares; Thurmann cite la Rothiflühe, au dessus de Soleure, comme présentant l'origine d'un soulèvement de cet ordre. Le muschelkalk peut être accompagné par le calcaire à gryphées, lorsque celui-ci est assez puissant pour jouer un rôle important dans le phénomène qui attire notre attention.

Je viens d'indiquer quel est le dernier résultat de cette action dynamique régulièrement exercée contre des assises primitivement horizontales. Cette action présente des *arrêts de développement* correspondant à autant de formes orographiques distinctes. Ces formes orographiques constituent des protubérances allongées, dont les diverses parties dessinent à la surface du sol des zones ellipsoïdales. Les crêts sont comme des *circonvallations* qui, en se joignant aux deux extrémités d'une dépression, donnent origine à des *cirques* ou amphithéâtres rocheux plus ou moins bien accusés et quelquefois d'une grande beauté.

Des fentes ou coupures profondes parcourent ces protubérances dans un sens perpendiculaire à leur grand axe. On les désigne sous le nom de *ruz*, lorsqu'elles ne se montrent que sur un des côtés de la protubérance. On les appelle des *cluses* lorsqu'elles traversent la protubérance toute entière et, par conséquent, joignent entre eux deux épaulements ou deux flanquements; la figure 107 (voir la note de la page 587) montre les deux cluses formées par le Doubs, lorsqu'il contourne Besançon et la citadelle qui domine cette ville. Un val est la dépression longitudinale comprise entre deux soulèvements parallèles; il est produit par l'inflexion des couches qui passent d'une voûte à l'autre sans se rompre.

« Les cluses offrent au géologue les observations les plus intéressantes. En traversant leurs pittoresques défilés, il trouve réunis, dans un espace très limité, tous les accidents que nous avons décrits, et, dans leur ensemble, facile à saisir, il fera l'application de la théorie que nous avons ébauchée. Il verra se relever, se redresser sous mille formes variées et toujours hardies, les strates coralliennes, tantôt élancées en pics décharnés, ou isolées en feuillets verticaux, tantôt suspendues en massifs surplombants, creusés de nombreuses cavernes. Il les verra recouvrir entièrement d'un cintre immense la voûte concentrique des couches oolitiques inférieures, ou seulement en revêtir les flancs arrondis, en dominant de leurs âpres escarpements le thalweg sinueux et incliné de la combe oxfordienne; il touchera du doigt les voussures avec tous les détails du ploiement et les effets de la résistance; il pourra en compter les couches superposées, et mesurer d'un regard leur énorme puissance; en un mot, il reconnaîtra le profil du soulèvement dessiné avec une netteté parfaite. » (Thurmann.)

Variations dans l'allure des strates suivant les terrains. — Les strates du terrain paléozoïque ont rarement conservé leur horizontalité primitive et c'est, au contraire, dans le terrain tertiaire que l'on trouve le plus fréquemment des exemples de stratification horizontale. Sous ce rapport, les terrains jurassique et crétacé offrent des caractères intermédiaires; leurs strates, moins disloquées que celles du terrain paléozoïque, le sont bien plus que celles du terrain tertiaire. Par conséquent, les terrains sédimentaires ont une stratification d'autant plus tourmentée qu'ils sont plus anciens. Pour eux, en effet, les chances de rupture et de dislocation ont été d'autant plus nombreuses qu'ils datent d'une époque plus reculée. Remarquons en outre que, lors du dépôt des terrains anciens, l'écorce terrestre avait un peu moins d'épaisseur qu'aujourd'hui; les strates obéissaient avec plus de facilité aux impulsions dont le point de départ était dans la pyrosphère. Rappelons-nous enfin que les dislocations des terrains sédimentaires sont fréquemment le résultat de l'apparition des roches éruptives; or, nous avons vu que ce dernier phénomène s'est de plus en plus localisé.

La tendance qu'ont toujours eue les forces intérieures à se manifester sur certains points plutôt que sur d'autres, explique également pourquoi, dans certaines régions, les terrains, quel que soit leur âge, présentent une stratification très tourmentée; c'est ce que l'on constate pour le massif alpin.

L'aspect offert par la stratification d'un terrain dépend aussi de diverses circonstances que je ne pourrais mentionner sans entrer dans des détails trop minutieux : je me bornerai à dire quelques mots de l'influence exercée par la nature des roches dont un terrain se compose.

Le terrain azoïque, presque en totalité constitué par des schistes ou des roches schistoïdes, a fréquemment une stratifition ondulée. Les feuillets dont ces roches sont formées ont dû, en glissant les uns sur les autres, leur communiquer une plus grande souplesse. Quant à la régularité des ondulations, elle s'explique en partie par l'uniformité même de la composition des terrains schisteux, dans le cas où ils se montrent exclusivement composés de roches schisteuses, sans mélange d'argiles, de grès ou de calcaires. Près de Saint Abb's Head, sur la côte orientale de l'Ecosse, on voit des ondulations affecter un schiste bleuâtre et se prolonger depuis le sommet jusqu'à la base d'escarpements qui ont de 60 à 90 mètres de hauteur ; on compte, dans un espace d'environ huit kilomètres, seize courbures distinctes.

Les actions dynamiques, qui ont opéré avec une si grande énergie sur le terrain strato-cristallin, ont également exercé leur influence sur les formations qui appartiennent à la partie inférieure de l'échelle géologique. Mais ces formations ne sont pas constituées par des roches aussi souples que les schistes ; elles se montrent composées en majeure partie d'assises puissantes de grès ou de calcaire, et, par conséquent, de roches aptes à opposer une résistance plus grande aux forces qui tendent à les disloquer ou à les contourner ; cette résistance a également augmenté en raison de l'épaisseur sans cesse croissante de la zone stratifiée, c'est à dire de la masse sur laquelle les forces intérieures ont dû agir à chaque époque. Lorsqu'on cherche à se former une idée générale de la stratification du terrain paléozoïque, on voit d'abord que les couches, contournées sur certains points, ont conservé ailleurs leur rigidité et se montrent plissées dans tous les sens ; elles sont fréquemment redressées jusqu'à la verticale et offrent des exemples de stratification en éventail, exemples d'autant plus multipliés que les phénomènes d'érosion ont souvent enlevé la partie extérieure des arcs formés par les strates contournées. Quant aux failles, elles sont ordinairement très rapprochées les unes des autres, varient beaucoup sous le rapport de leur étendue, et s'entrecroisent dans tous les sens. Les travaux, nécessités pour l'exploitation des combustibles, ont permis d'étudier avec soin les accidents stratigraphiques qui, nombreux et variés, affectent le terrain houiller. Les figures 98 et 99, page 556, sont destinées à donner une idée de ces accidents qui permettent de comparer quelques strates des formations anciennes à des feuilles de papier qui auraient été déchirées, contournées, plissées et, pour ainsi dire, froissées sur toute leur étendue.

Dans le terrain jurassique, les strates sont quelquefois contournées, mais moins que dans les terrains azoïque et paléozoïque ; rarement, elles montrent les plissements si communs dans certains bassins houillers. Les failles sont moins nombreuses, mais elles acquièrent de plus grandes dimensions. La stratification possède un caractère particulier résultant des alternances de roches calcaires et de roches marneuses ; c'est surtout à la surface du sol que ce caractère est nettement accusé. Les assises marneuses, très malléables surtout lorsqu'elles sont pénétrées d'eau, ont pu communiquer une partie de leur plasticité aux assises calcaires avec lesquelles elles alternent. J'ai déjà dit comment les assises marneuses étaient sujettes à disparaître et comment elles pouvaient laisser après elles des vides propres à déterminer des accidents stratigraphiques d'un ordre particulier.

L'allure générale des strates du terrain jurassique se retrouve dans quelques formations qui, quoique moins anciennes, lui ressemblent par leur constitution géognostique. Tels sont le terrain crétacé inférieur et le terrain nummulitique du midi de l'Europe. Mais, à mesure que les terrains appartiennent à un degré plus élevé de l'échelle géologique, on voit les accidents stratigraphiques qui ont attiré notre attention, se montrer de moins en moins nombreux. Ce changement provient surtout, ainsi que je viens de le dire, de la moindre ancienneté des terrains. Mais, dans ces modifications insensibles apportées à l'allure des strates les moins anciennes, il faut aussi tenir compte de l'accroissement de l'épaisseur de l'écorce terrestre. Les strates, séparées du siége des principales forces qui agissent sur elles par une masse de plus en plus puissante, ont été de plus en plus à l'abri de leur action ; du moins, elles ont subi cette action dans des conditions différentes et telles que les effets des forces intérieures, tout en se manifestant dans des régions de moins en moins étendues, s'y sont développées dans de plus larges proportions, ainsi qu'on l'observe pour le massif alpin. Ce qui prouve que les terrains modernes ont pu ressentir d'une manière énergique l'influence des forces intérieures, c'est la grande altitude à laquelle quelquefois ils ont été portés. En Suisse, au Mont Righi, le terrain miocène se trouve à une hauteur de 1500 mètres environ au dessus du niveau de la mer, et, dans les Pyrénées, le Mont Perdu, dont l'altitude est de 3351 mètres, est entièrement formé de terrain nummulitique.

Les figures 108, 109 et 110 sont trois diagrammes destinés à représenter respectivement l'allure générale de la stratification des terrains paléozoïque, jurassique et tertiaire ; ces trois diagrammes peuvent également donner une idée de la configuration du sol pour chacun de ces trois terrains.

Fig. 110. (V. page 572). — Stratification du terrain tertiaire.

Fig. 109. (V. page 572). — Stratification du terrain jurassique.

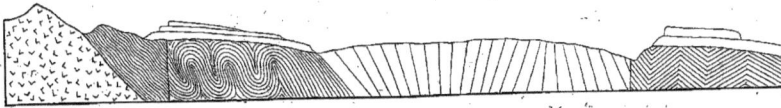

Fig. 108. (V. page 572). — Stratification du terrain paléozoïque.

Tome 2, pag. XXX 610

Tome 2 / supplément 612

Fig. 112. (V. page 586)

CARTE

des environs

DE BESANÇON

Echelle : $\frac{1}{80\,000}$

Portlandien.

Kimméridjen.

Séquanien.

Corallien.

Oxfordien.

Oolite inférieure.

Avanne

Doubs. riv.

BESANÇON

F. Chaudanne

C

F. Bregille

D

Beure

Faille.

Cluse

Pont de Secours

Plissement

Faille.

F. de Trois Chatels

Ch. de Montfaucon

Faille.

F

c

Pugey

Ruz

c

c

Chapelle des Buis

Morre

Ruz

Montfaucon

B

N

Besançon.

Citadelle.

Pont de Secours.

Trois Chatels.

Faille.

Chapelle des Buis

Faille.

Combe liasique

Lias.

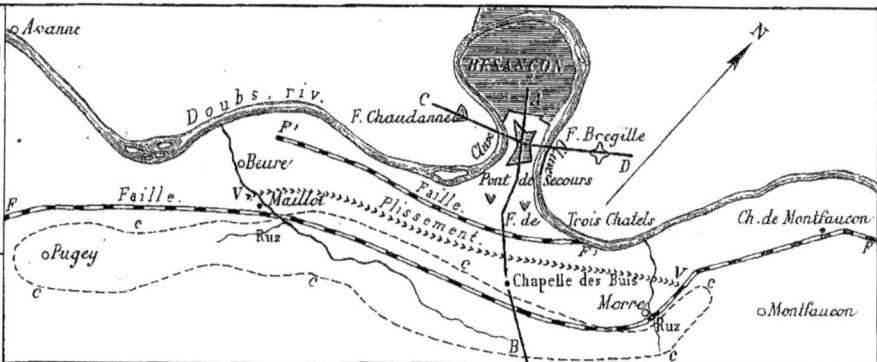

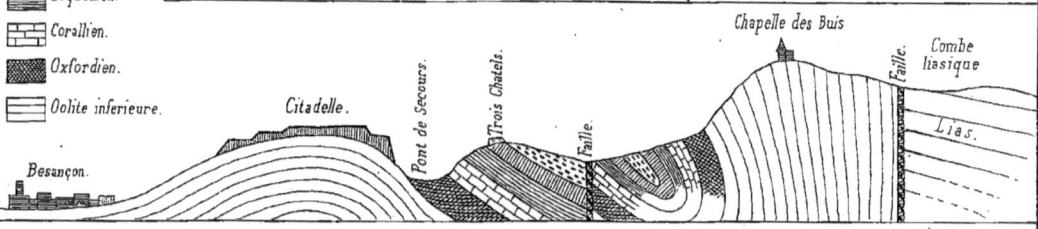

Fig. 111. — (V. page 584). — Coupe de Besançon à la Chapelle des Buis.

Lith. Guyard, Besançon.

CHAPITRE III.

Les matières minérales dont se compose l'écorce terrestre sont disposées avec ordre et continuité; remarques de M. Elie de Beaumont à ce sujet. — Solutions de continuité dans les terrains appartenant à une même époque ou à un même bassin géogénique; outliers. — Limites des anciennes mers; ablation des terrains à la suite des phénomènes d'érosion. — Exceptions apparentes que certaines contrées, telles que le Jura et les Alpes, présentent aux lois de la paléontologie stratigraphique. — Environs de Besançon. — Col des Encombres; Petit-Cœur. — Mélange apparent des plantes du terrain houiller et des fossiles du lias.

Les masses minérales dont se compose l'écorce terrestre sont disposées avec ordre et continuité : remarques de M. Elie de Beaumont à ce sujet. — « L'ensemble des masses minérales forme un édifice souterrain, dont les différentes parties sont disposées avec méthode, et dont il est nécessaire de connaître la structure avec détail pour être à même d'apprécier exactement ce qu'il peut renfermer dans son intérieur et même ce qu'il présente à sa surface.

» La géographie considère la surface du globe d'une manière purement extérieure ; elle s'occupe des formes de cette surface, des populations qui l'habitent, des constructions, des richesses de tout genre accumulées par elles, des industries et des arts qu'elles ont créés. Elle considère également la distribution de ces populations en nations, en empires, en provinces, mais quelquefois sans remarquer assez que leurs

57

limites primitives ont presque toujours été en rapport avec les formes et la nature du sol. — La géographie physique, négligeant en grande partie ce qui est relatif aux hommes, à leurs industries, à leurs divisions, concentre son attention sur les formes de la surface, sur les faits hydrographiques, météorologiques, climatologiques, auxquels ces formes donnent naissance ; sur les conséquences que ces faits entraînent relativement à la distribution naturelle des animaux et des végétaux : mais presque jamais elle ne cherche à pénétrer au dessous de la terre végétale.

» Cette limite, que la géographie a rarement franchie, n'est pas déterminée par la nature des choses ; elle empêche même de saisir un grand nombre de rapports remarquables. Si les géographes se sont imposé cette limite, on doit l'attribuer en grande partie au défaut de données suffisantes, et, peut être, aussi, à la fausse idée que la composition de l'écorce terrestre présente de très nombreux accidents, dont la multiplicité viendrait encore ajouter à la complication, déjà trop grande, du relief de la surface du globe.

» L'étude de la constitution de l'écorce du globe terrestre, réduite à la considération des masses principales et véritablement importantes, nous la présente, au contraire, comme composée de pièces d'une assez grande étendue, dont chacune offre un certain degré d'homogénéité. Cette vérité est même acquise à la science depuis longtemps et a été très bien exprimée par Monnet, dans la *Description minéralogique de la France*, ouvrage dont un fragment a été publié en 1780 et qui est resté incomplet : « Le mot *pays*, dit-il, est, dans le » langage des naturalistes, très significatif, et présente à l'es- » prit une toute autre idée que celle qu'on y attache dans le » langage ordinaire. Il désigne un ordre tout particulier de

» terrain dans une certaine étendue. On se tromperait fort si on
» croyait que tout est confondu dans notre globe, et cette ma-
» nière de s'exprimer qu'ont adoptée les naturalistes prouve le
» contraire. Ceux qui voyageront en naturalistes verront qu'il
» est tout à fait dans l'ordre de dire : *pays à craie, pays à*
» *marbre, pays à ardoise*, etc.; car ils verront que, pendant
» telle ou telle étendue, le fond du terrain est formé de telle
» ou telle matière, et que, s'il y a quelque variété pendant
» une certaine étendue, ou quelque matière particulière, le
» fond du terrain est caractérisé constamment par l'une ou
» l'autre des matières qui y est prédominante. »

« Les contours de chacun de ces *pays*, d'une composition
spéciale, sont ordinairement assez faciles à saisir, parce que
chacune des matières minérales qui constituent les différents
compartiments de l'écorce terrestre imprime généralement à
la partie correspondante de la surface des caractères particuliers : d'où il résulte que leurs limites respectives se décèlent
extérieurement par des circonstances plus ou moins frappantes,
que l'œil saisit avec facilité dès que l'esprit est prévenu. »
(Elie de Beaumont, *Introduction à la description géologique
de la France.*)

Les pays, dont le sol n'est formé que d'un seul et même
élément minéralogique, constituent au plus haut degré des
régions naturelles. Ils ont reçu des noms que les révolutions
politiques et les remaniements administratifs n'ont pu faire
disparaître; on peut citer comme exemples la Beauce, la Brie,
la Sologne, la Bresse, etc. Toutefois, même sans sortir du
domaine de la géologie, on peut dire qu'une composition
minéralogique uniforme n'est pas le seul élément propre à
imprimer à une région quelconque un caractère net et
tranché. Il est des pays où la composition du sol varie, mais

varie de la même manière; c'est ainsi que le voyageur, qui parcourt le Jura, rencontre successivement des roches marneuses et calcaires, mais ces roches, si différentes par l'aspect qu'elles impriment à la végétation et à la configuration du sol, alternent à chaque instant et alternent de la même manière. Le cachet d'unité que présentent ces pays à composition pétrographique complexe, provient de ce que les assises qu'on y observe ont été formées pendant la même période, et, depuis leur formation, ont été soumises aux mêmes vicissitudes. On peut dire que toutes ces assises appartiennent à un seul et même terrain, ce dernier mot étant pris dans un sens chronologique. Ce terrain est comparable à un outil ou à un instrument quelconques dans la composition duquel entreraient des substances de natures différentes.

Tous ces terrains, tantôt uniformes, tantôt hétérogènes sous le rapport de leur composition minéralogique, sont placés, à la surface du sol, les uns à côté des autres; nous verrons, dans le chapitre suivant, que leur disposition offre ordinairement quelque chose de régulier et de symétrique; leur agencement général ressemble à une mosaïque ou, selon l'heureuse expression de M. Elie de Beaumont, à une marqueterie. En outre, ils pénètrent plus ou moins profondément dans l'intérieur de l'écorce terrestre. Leur arrangement, à la surface et dans l'intérieur du globe, est soumis à des lois invariables; ces lois ne sont violées que dans des cas exceptionnels qui se produisent, ainsi que nous le dirons à la fin de ce chapitre, lorsque les dislocations de l'écorce terrestre ont été très violentes. Pour compléter la comparaison précédente, j'ajouterai que, dans ces cas, les pièces dont la marqueterie se compose ont chevauché les unes sur les autres; le sol qui supporte la mosaïque s'est fissuré et certaines parties de cette mosaïque ont été déplacées;

toutefois, le dessin primitif n'a pas été complétement détruit et peut être rétabli par la pensée.

» Les substances minérales qui composent l'écorce du globe terrestre n'y sont pas confondues pêle-mêle, mais s'y trouvent enchaînées les unes aux autres; et les différents compartiments, à peu près homogènes, qu'on y remarque, les *pays* de natures différentes que l'on y observe, se lient et s'enchaînent entre eux, suivant des lois régulières, plus simples en grand qu'en petit, susceptibles d'être saisies dans leur ensemble et d'être exposées, relativement à chaque contrée, d'une manière d'autant plus facile à suivre qu'elle sera plus abrégée, qu'elle descendra moins dans les détails locaux, qu'elle s'en tiendra davantage, si l'on peut s'exprimer ainsi, à l'intention générale de la nature dans la distribution des substances minérales, et souvent à la continuité de leurs masses plus encore qu'à leur homogénéité. La circonscription des parties composées de granite, de grès, de calcaire, n'est pas le seul objet ni même l'objet le plus essentiel qu'on se propose de faire connaître sur des cartes géologiques; on cherche à y représenter, d'une manière plus intime encore, la structure du sol, en y exprimant le *cours souterrain des couches* d'un bout du pays à l'autre. Une carte qui n'exprimerait que les détails de la composition minéralogique pourrait laisser complétement en dehors cette donnée importante; car une couche, quoique parfaitement continue, varie quelquefois de composition d'un point à un autre, en passant, par exemple, du calcaire à la marne ou au silex, de manière à devoir être figurée en différents points par différents signes minéralogiques. Cependant cette couche est d'un seul jet; elle a été formée en même temps dans toute sa longueur, et sa continuité, dans les points où elle offre des variations de composition, présente un fait de la plus grande importance pour la structure de la contrée. De la connaissance bien acquise de ces relations de continuité, dépend celle de l'ordre dans lequel se sont formées les masses minérales qui composent le sol, et de tous les phénomènes géologiques dont il peut conserver l'empreinte. Le contour de ces masses continues sur de grandes étendues s'identifie avec les principaux accidents topographiques de la surface. Ces accidents les décèlent et les mettent, pour ainsi dire, en relief. » (Elie de Beaumont, *idem*.)

Le principe de la disposition régulière et de la continuité des masses dont se compose l'écorce terrestre est une des bases essentielles de la géologie. C'est ce principe qui, en même temps, a rendu possibles les applications de cette science à l'industrie humaine; il a conduit à deviner, au dessous de la craie des environs de Douai et de Valenciennes, l'existence des bancs de houille exploités en Belgique; il a permis de reconnaître la possibilité d'obtenir, par le forage, des eaux jaillissantes à Paris et dans le bassin parisien. Ce principe avait été entrevu, dès 1746, par Guettard, lorsqu'il constatait que les terrains de la France septentrionale forment de grandes bandes continues disposées par rapport à Paris d'une manière concentrique et se retrouvant de l'autre côté de la Manche après une apparente interruption. Buffon, qui, par la nature de son génie, si opposé à celui de Linné, se trouvait toujours éloigné des idées susceptibles de conduire à une classification rationnelle des choses, méconnaissait la justesse des observations de Guettard. Il disait, dans ses *Epoques de la nature :* « Quand on ne voit que superficiellement la surface de nos continents, on tombe dans l'erreur en la divisant en bandes sablonneuses, marneuses, schisteuses, etc.; car toutes ces bandes ne sont que des déblais superficiels, qui ne prouvent

rien et qui ne font que masquer la nature et nous tromper sur
la vraie théorie de la terre. »

**Solutions de continuité dans les terrains appartenant à une même
époque ou à un même bassin géogénique.** — Lors des premiers temps
géologiques, il n'y avait autour du globe qu'un seul océan ;
aussi, le terrain correspondant à la première période de l'histoire géologique de la terre, c'est à dire le terrain strato cristallin, forme-t-il une enveloppe continue, n'offrant d'autres
interruptions que celles que l'on observe sur les points qui ont
été soumis à l'influence des agents d'érosion. Peu à peu, ainsi
que nous l'avons dit (tome I, page 552), à l'océan sans rivage
des temps primitifs, ont succédé des mers distinctes, mais
communiquant librement entre elles ; puis, des mers de plus
en plus circonscrites et, enfin, des bassins restreints et nettement limités. Cette disposition en bassins est très évidente
pour les formations tertiaires marines, et l'on peut suivre pas à
pas les rivages des mers où ces formations se sont déposées ;
elle se retrouve encore dans les terrains lacustres de toutes les
époques et même dans le terrain houiller, dont les diverses
parties ont été reçues dans des dépressions marécageuses semblables à celles où la tourbe se forme aujourd'hui.

Les changements, successivement apportés dans la forme et
l'étendue des bassins géogéniques, expliquent pourquoi chaque
terrain correspondant à une époque déterminée ne constitue
pas une enveloppe non interrompue autour du globe. A côté
de cette cause originelle de la séparation des terrains en masses
distinctes, s'en placent deux autres qui ont opéré postérieurement au dépôt de chaque formation et qui ont agi tantôt
isolément, tantôt d'une manière concomittante : ces deux causes
sont les mouvements du sol et les phénomènes d'érosion.

Si le sol subit une impulsion de bas en haut, l'écorce terrestre peut se déchirer; des strates, formant jadis une seule et
même masse, sont disjointes et rejetées à droite et à gauche de
la montagne ou de la protubérance de terrain nouvellement
produites. Si l'impulsion, cause première de cette solution de
continuité, est peu énergique, les masses séparées par elle se
trouveront à une faible distance l'une de l'autre. Si cette impulsion se manifeste sur une large échelle et détermine, non
pas une simple montagne, mais tout un massif montagneux,
les terrains rejetés au pied de la chaîne laisseront dans son
intérieur des lambeaux qui témoigneront de leur ancienne
continuité. Mais, dans un cas et dans l'autre, les agents d'érosion, conviés en quelque sorte à leur œuvre destructive par le
soulèvement du sol, agrandiront de plus en plus l'intervalle
compris entre les masses disjointes; ils pourront même à la
longue faire disparaître les lambeaux du terrain disloqué qui
étaient restés sur la crête de la chaîne de montagnes au moment de sa formation. Le terrain nummulitique, dont le dépôt a été immédiatement suivi du dernier soulèvement des
Pyrénées, se montre non seulement dans les régions qui entourent cette chaîne, mais il recouvre en outre quelques uns
de ses sommets; les lambeaux de terrain nummulitique qui
entrent dans la composition des Pyrénées et dont le *Cylindre*,
la *Brèche de Roland*, etc., sont exclusivement formés, pourront à la longue être détruits par les agents atmosphériques;
tout témoignage de la continuité première des dépôts nummu-
litiques qui se développent au sud et au nord de la chaîne des
Pyrénées aura dès lors cessé d'exister.

Si le sol éprouve une impulsion de haut en bas, et si la mer
envahit la zone en voie de s'affaisser, de nouveaux dépôts
viendront recouvrir ceux qui étaient antérieurement formés.

Supposons qu'un émergement se produise plus tard sur toute l'étendue de cette zone ; des terrains, qui jadis constituaient un même ensemble, se trouveront séparés en deux ou plusieurs masses distinctes, mais, dans la plupart des cas, les solutions de continuité ne seront qu'apparentes ; ces masses se rattacheront les unes aux autres par des strates sous-jacentes. C'est ainsi que les assises jurassiques, qui se développent au pied occidental des Vosges, plongent, dans le bassin de Paris, au dessous des formations plus récentes, et reparaissent sur toute l'étendue de la lisière orientale du massif breton , après une interruption apparente.

Quelquefois, pourtant, l'affaissement du sol, lorsqu'il est accompagné d'une arrivée lente ou soudaine des eaux entraîne à sa suite la dénudation des terrains et leur séparation en masses distinctes. La formation de la Manche et du Pas de Calais a eu pour point de départ un affaissement du sol, mais les courants et les marées élargissent de plus en plus la dépression qui sépare l'Angleterre du continent et contribuent, en même temps que l'affaissement du sol , à séparer des terrains qui formaient primitivement une même masse. Je crois inutile de reproduire ici les détails que j'ai consignés relativement aux phénomènes d'érosion, dans le premier volume de cet ouvrage, et notamment, aux pages 318 et suivantes.

En anglais, on donne le nom d'*outlier* aux lambeaux de terrain détachés de la masse principale dont ils faisaient primitivement partie.

Limites des anciennes mers; ablation de terrains à la suite des phénomènes d'érosion. — Sur chaque point de la surface du globe, un seul terrain se montre à découvert; il dérobe à notre vue les dépôts plus anciens que lui. Une des applications les plus

importantes de la géologie est de nous mettre à même de deviner quelles sont les strates qui entrent dans la composition du
sol de chaque contrée, et dans quel ordre elles se succèdent
jusqu'à une profondeur où il ne nous est pas permis de pénétrer. Quant aux terrains plus récents que celui qui est à découvert dans une région donnée, leur absence doit s'expliquer,
ainsi que nous venons de le voir, tantôt en admettant que
cette région était émergée lorsque ces terrains se sont déposés, tantôt en supposant que des phénomènes d'érosion plus
ou moins énergiques ont fait disparaitre les terrains qui man-
quent. Mais il n'est pas toujours aisé de reconnaître quelle
est, pour chaque cas, l'explication à laquelle il faut donner la
préférence.

Dans une même formation géogénique, ce sont les parties
centrales qui ont le plus de chances de résister à l'influence
dénudatrice des agents extérieurs; diverses circonstances, que
je vais énumérer, concourent à produire ce résultat.

Par suite de la configuration d'un bassin géogénique, configuration telle que la profondeur de ce bassin croît en raison
de l'éloignement des côtes, les masses stratifiées qu'il reçoit
dans un même moment sont toujours plus puissantes dans sa
partie centrale que près de son littoral. Lorsque toute une
même formation géogénique est émergée, c'est sa partie centrale qui, plus puissante, résiste le plus longtemps, à conditions égales, à l'influence dénudatrice des agents extérieurs.
Elle y résiste d'autant mieux qu'elle est formée de matériaux
d'une désagrégation moins facile que ceux qui entrent dans la
composition des roches du littoral. — Remarquons en outre
que la surface qui limite la totalité des dépôts reçus dans un
même bassin n'est pas horizontale; elle se relève d'une manière plus ou moins prononcée vers ses bords; si ce bassin

vient à subir une impulsion d'ensemble dirigée de bas en haut, les dépôts situés près du littoral sont émergés les premiers et les premiers soumis à l'action destructive des agents atmosphériques. D'ailleurs, en vertu de la tendance que les actions dynamiques qui s'exercent contre l'écorce terrestre ont à déterminer des mouvements de bascule, il arrive fréquemment que les dépôts littoraux se trouvent seuls soulevés au dessus du niveau de l'océan, tandis que les dépôts pélagiens du même bassin, portés à une plus grande profondeur, se recouvrent d'autres dépôts destinés à les protéger contre l'influence des agents extérieurs.

C'est donc sur les dépôts situés près des bords de chaque bassin que les ablations de terrain s'effectuent le plus rapidement et sont les plus considérables. De là de graves difficultés pour le géologue qui, dans l'étude d'une région plus ou moins étendue, cherche à tracer les anciennes limites des terrains qui se présentent à son observation, ou qui veut, d'une manière plus générale, retrouver les rivages des anciennes mers où ces terrains ont été déposés.

J'ai déjà signalé (tome I, page 551) quelques unes des indications qui peuvent être mises à profit dans la recherche de l'emplacement des anciennes mers. Lorsque ces indications font défaut, l'observateur doit avoir recours à sa sagacité et n'apporter, dans ses appréciations, aucune idée préconçue ou systématique. Il doit se mettre en garde contre une double tendance, également exagérée, à laquelle obéissent les géologues. Les uns accordent aux agents d'érosion un pouvoir pour ainsi dire illimité et sont ainsi amenés à donner aux divers terrains et, par suite, aux mers qui les ont reçus, une extension indéfinie. D'autres, au contraire, faisant la part de ces agents beaucoup trop faible, sont portés à considérer chaque masse sédimentaire isolée comme s'étant déposée dans un bassin indépendant, ou comme ayant formé une île au milieu de la mer où ont été reçus les dépôts plus modernes dont elle est entourée.

Exceptions apparentes aux lois de la paléontologie stratigraphique; exemples pris dans le Jura. — Certaines contrées n'offrent d'autres accidents stratigraphiques que des failles; les couches horizontales ou faiblement inclinées sont seulement portées à des niveaux différents. Sur d'autres points, on ne constate pas l'existence de failles, mais les strates se montrent plus ou moins infléchies, plissées ou recourbées. Enfin, les failles et les autres accidents stratigraphiques sont quelquefois rapprochés les uns des autres; les couches offrent alors, dans leur allure, le plus grand degré de complication. Les couches, dans ce cas, apparaissent tellement tourmentées que leur ordre de succession est parfois interverti, et, si les phénomènes qui leur ont imprimé leur allure irrégulière se sont manifestés sur une grande échelle, le géologue se trouve en présence de difficultés que des observations très minutieuses et très multipliées lui permettent seules de surmonter.

La coupe reproduite à la page 573, fig. 111, passe par Besançon et se dirige vers la Chapelle des Buis (1). Elle montre à droite la belle voûte oolitique qui supporte la citadelle de Besançon et qui est entamée des deux côtés par les deux cluses que j'ai mentionnées, page 568. Sur les dernières strates fortement

(1) Cette coupe a été étudiée pour la première fois, en 1842, par mon ami M. Ch. Grenier, professeur à la Faculté des sciences de Besançon. Plus tard, elle a de nouveau attiré l'attention de M. Pidancet, en 1850, et de M. Studer, en 1853.

redressées de cette voûte oolitique, s'appuient les marnes oxfordiennes formant la combe du *Pont de Secours*. Au dessus de ces marnes s'élève un crêt corallien. Puis viennent, en se succédant dans un ordre régulier et en offrant une stratification de moins en moins inclinée, les assises de l'oolite inférieure désignées par les géologues de la Franche-Comté sous les noms de *marnes à astartes, calcaire à astartes, marnes à ptérocères, calcaire à ptérocères, marnes à exogyres, calcaire à exogyres ;* les assises à astartes, à ptérocères et à exogyres correspondent respectivement aux terrains séquanien ou kimméridien inférieur, kimméridien proprement dit et portlandien des auteurs. Au dessus de la dernière assise portlandienne, on remarque un poudingue dont l'âge n'a pas encore été déterminé et qui occupe le fond d'une dépression placée à mi-chemin du *Pont de Secours* à la Chapelle des Buis. De l'autre côté de cette dépression, une faille ramène à la surface du sol les marnes et le calcaire à astartes, puis les marnes et le calcaire à ptérocères. Si l'on suit le sentier qui conduit à la Chapelle des Buis, on trouve toute la série des terrains depuis les marnes et le calcaire à ptérocères jusqu'au calcaire à gryphées qui apparaît, en couches verticales, au delà de la Chapelle des Buis. Après ce calcaire à gryphées, une nouvelle faille ramène les marnes supraliasiques, l'oolite inférieure, etc. Entre les deux failles indiquées sur la figure, les strates, d'abord presque horizontales, se montrent tout à coup renversées sur elles mêmes, de sorte que les plus récentes supportent les plus anciennes. Cette disposition ne peut être que la conséquence d'un plissement général de tous les terrains. Si l'on marche parallèlement à la direction des failles, soit vers Morre, soit vers Beurre, on retrouve, près de chacun de ces villages, les effets de ce plissement. Avant d'entrer à Morre, on marche d'abord sur les strates faiblement inclinées du terrain portlandien, puis on voit tout à coup les strates devenir plus ou moins verticales et prendre une allure tourmentée. Un examen attentif démontre que ces strates affectent la forme d'un V, dont une des branches à peu près horizontale est formée par le terrain portlandien, tandis que l'autre, à peu près verticale, est constituée par les assises des terrains kimméridien, séquanien, corallien, oxfordien et oolitique inférieur. En sortant du village de Beurre par le chemin qui conduit à la cascade du *Bout du Monde*, on voit les couches du terrain corallien, qui ont d'abord une inclinaison de 15 degrés, se renverser sur elles mêmes et former un V dont les deux branches, à quelque distance de là, renferment les marnes à astartes ; les eaux de la cascade coulent sur la branche du V qui est redressée. (1)

(1) Dans la figure 112, page 573, j'ai esquissé une carte des environs de Besançon. La direction de la coupe décrite dans ce paragraphe y est indiquée par la ligne AB. Une ligne ponctuée *c, c, c,* marque la limite d'une combe liasique qui se développe, sans solution de continuité, de Montfaucon à Pugey. Les eaux de cette combe se rendent dans le Doubs par deux ruz, désignés sous les noms du *Bout du Monde* et du *Trou d'Enfer,* et placés, l'un près de Beurre et l'autre près de Morre. Deux lignes F F, F' F' suivent le trajet des deux failles dont il est question dans ce paragraphe. La ligne VV marque la direction du plissement que tout démontre avoir été la conséquence de l'apparition de ces deux failles et qui est compris entre elles. Ce plissement se prolonge sans interruption, sur une étendue de cinq à six kilomètres, du *Bout du Monde* au *Trou d'Enfer*. L'étage portlandien ne se montre que d'un côté de la faille que l'on rencontre après Trois Chatels ; en outre, les terrains mis en contact dans l'intérieur du V formé par le plissement des strates, ne sont pas toujours les mêmes. Ces faits démontrent que les environs de Besançon et, probablement tout le Jura, avaient subi de puissantes dénudations, lorsque les mouvements du sol qui viennent d'attirer notre attention se sont produits. La ligne CD marque la direction dans laquelle a été tracé le diagramme de la figure 107, page 557 ; ce diagramme coupe, dans le sens transversal, les cluses de Rivotte et de Tarragnoz, deux faubourgs de Besançon ; des traits ponctués y représentent la partie des terrains oxfordien et corallien qui a été enlevée par voie d'érosion.

C'est à propos d'accidents stratigraphiques existant dans le Jura et semblables à celui dont je viens de rappeler un exemple, que M. Lory, professeur de géologie à la Faculté des sciences de Grenoble, écrivait les remarques suivantes. « On trouve dans les plus petites chaînes du Jura tous ces accidents de structure orographique dont quelques géologues semblent vouloir contester l'existence dans les Alpes. Nulle part ces accidents ne sont plus nombreux et plus faciles à étudier que dans les environs de Besançon, où plusieurs grandes failles se combinent avec des ploiements énergiques des couches ; seulement dans ces localités, ces accidents affectent un ensemble d'étages dont l'épaisseur totale est tout au plus de 800 mètres, et donnent lieu à des reliefs qui ne dépassent guère 2 ou 300 mètres au dessus de la vallée du Doubs. Dans le massif de la Chartreuse, l'épaisseur totale des terrains disloqués est environ cinq fois plus grande, et les saillies du relief au dessus de la vallée de l'Isère sont plus fortes dans le même rapport. Enfin, dans les Alpes centrales, l'épaisseur totale des terrains disloqués est encore bien plus considérable, et, par suite, les accidents sont sur une échelle bien plus gigantesque, dix fois plus grande, par exemple, que dans les petites montagnes de Besançon. Il devient extrêmement difficile d'étudier en détail et d'embrasser dans leur ensemble ces masses énormes de terrains dont la coupe, en couches très inclinées, occupe plusieurs lieues de largeur, et ces difficultés d'exploration, jointes à la rareté des fossiles, aux ressemblances fréquentes des roches, d'un terrain à l'autre, et aux variations d'aspect de celles d'un même étage, rendront encore pendant longtemps douteux bien des points importants de la structure des Alpes ; mais croyons-le fermement pour l'avenir de la science ; ce ne sont pas les lois générales de la succession des terrains et des fossiles qui sont en défaut dans ces montagnes ; ce sont tout simplement nos moyens d'observation trop bornés qui nous laissent souvent impuissants en présence de masses aussi colossales. »

Exemples pris dans les Alpes ; col des Encombres, Petit-Cœur ; mélange apparent des fossiles du lias et des plantes du terrain houiller. — Les failles, les superpositions anormales d'étages, les renverse- ments et les replis d'assises se montrent, auprès de Besan- çon, dans des circonstances telles qu'il n'est pas possible de nier leur existence ; il est permis, pour ainsi dire, de les tou- cher du doigt. Mais, dans le massif alpin, ces accidents strati- graphiques se manifestent dans de si larges proportions que beaucoup de géologues se sont refusé jusqu'à présent à les admettre. Il en est résulté de longues discussions, à peine terminées, sur la nature des terrains dont le massif alpin se compose et sur leur véritable ordre de succession. Dans cette région, qui a été l'objet des recherches et des méditations de la plupart des géologues éminents de notre siècle, non seule- ment on a fait la part trop grande aux actions métamor- phiques, mais on a cru aussi trouver des exceptions aux lois fondamentales de la paléontologie stratigraphique.

« C'est en 1828, c'est à dire à l'époque où s'était déjà répan- due la croyance à la loi de la répartition des fossiles dans les étages qui leur sont spéciaux, que M. Elie de Beaumont signala un fait en contradiction apparente avec cette loi géné- rale. Dans la partie de la Savoie appelée la Tarentaise, à Petit- Cœur, près de Moutiers, il découvrit une couche à bélemnites du lias intercalée dans des assises avec végétaux de la période houillère. Depuis 1828 jusqu'à l'époque actuelle, un débat très vif s'est établi au sujet de cette exception aux lois de la

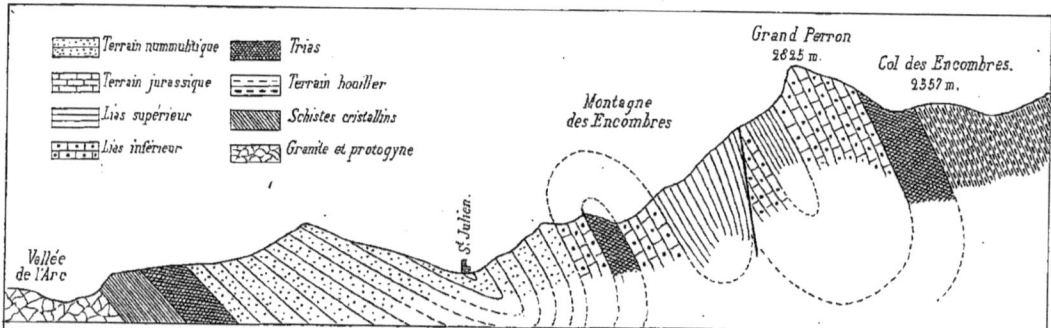

Légende :

Terrain nummulitique · Trias
Terrain jurassique · Terrain houiller
Lias supérieur · Schistes cristallins
Lias inférieur · Granite et protogyne

Vallée de l'Arc — St Julien — Montagne des Encombres — Grand Perron 2825 m. — Col des Encombres. 2357 m.

Fig. 113.—(V. page 590).— Coupe du massif des Encombres d'après M. Lory.

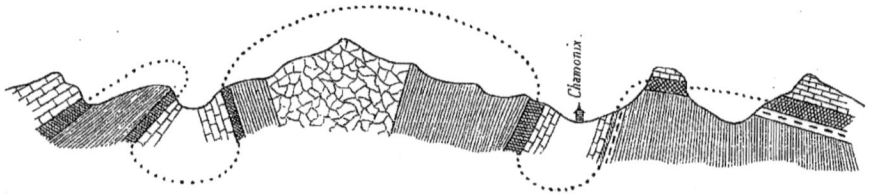

Chamonix

Fig. 114.—(V. page 590).— Coupe du massif du Mont Blanc, d'après M. Favre.

stratigraphie paléontologique. Des géologues ont soutenu, avec M. Elie de Beaumont, que l'alternance des bancs à bélemnites du lias et des bancs à plantes houillères est une preuve que les lois paléontologiques n'ont pas le caractère d'universalité qui leur a été assigné. Les bélemnites, selon eux, autrefois considérées comme spéciales aux périodes jurassique et crétacée, ont pu vivre dans des mers dont les rivages voyaient se développer des végétaux dont jusqu'à ce jour on avait cru l'existence bornée à la période houillère. Parmi les auteurs qui ont adopté cette manière de voir, les uns ont rapporté au terrain jurassique l'ensemble de la formation comprenant les assises avec bélemnites et les assises avec empreintes végétales, les autres l'ont rattaché au terrain houiller, selon qu'ils accordaient une importance plus grande aux espèces de plantes ou à celles de mollusques. A côté de cette manière de voir, est venu se placer l'hypothèse des mouvements du sol, que Voltz proposa en 1830. Il imagina un système de plissement susceptible d'amener des intercalations semblables à celles de Petit-Cœur. M. Favre, en 1841, a développé d'une manière remarquable l'idée d'un plissement, qui a été soutenue par MM. L. de Buch, Studer, Lory, etc. » (A. Gaudry.)

En 1864, la Société géologique, ramenée pour la troisième fois dans la région des Alpes, a de nouveau porté son attention sur ces alternances de strates, les unes avec bélemnites liasiques, les autres avec fougères. M. Studer, en se faisant, comme président, l'interprète des géologues qui avaient assisté à la session de Saint Jean de Maurienne, a prononcé les paroles suivantes, contenant, selon nous, la solution définitive d'un problème qui a si vivement préoccupé les savants : « 1° Les observations faites par la Société paraissent devoir mettre fin à la discussion engagée depuis si longtemps sur l'âge des *grès à*

anthracite des Alpes. La Société a vu, en Maurienne et dans les
Hautes Alpes, que ce terrain ressemble complétement au *ter-*
rain houiller normal par son *facies* et par ses *fossiles*, et
qu'il n'est point réellement superposé au *lias*. Les apparences
de *superposition* aux calcaires *liasiques* du massif des Encombres, tant de fois citées comme argument principal de l'opinion qui rapportait les *grès à anthracite* au système *juras-*
sique, tombent d'elles mêmes et deviennent purement illu-
soires devant l'étude stratigraphique et paléontologique, qui
vient de démontrer, sans la moindre incertitude, que le *lias*
de ce massif était plusieurs fois *replié* et en définitive *renversé*
sur lui même, et qu'ainsi il ne pouvait pas plonger sous le
grès à anthracite; 2° au point de vue de la science générale,
les observations de la Société ont mis hors de doute la réalité
des *renversements,* des *replis* de terrains sur eux mêmes, que
plusieurs géologues prétendaient être purement hypothétiques;
elles ont prouvé la *parfaite concordance de la paléontologie*
avec la stratigraphie, une fois qu'on est parvenu à débrouiller
toutes les complications que peut présenter celle-ci. La coupe
du massif des Encombres deviendra un exemple classique à
l'appui de cette concordance. »

Le lecteur trouvera, à la page 589, deux coupes, l'une du
massif des Encombres, l'autre du massif du Mont Blanc; la
première (fig. 113) a été dressée par M. Lory, et l'autre (fig.
114) a été dessinée par M. Favre.

CHAPITRE IV.

Division de la surface du globe en pays de plaines et en régions montagneuses. — Structure des pays de plaines et des plateaux; exemple :
le bassin parisien. — Structure d'une chaîne de montagnes. — Axes
géographique, orographique, stratigraphique, éruptif, géognostique;
axe de soulèvement.— Structure d'un massif montagneux; exemples :
les Vosges, le Jura, les Alpes, le plateau central, le massif breton. —
Configuration des régions montagneuses; versants, ligne de faîte ou
ligne anticlinale. — Configuration des pays de plaines; thalweg ou
ligne synclinale; cônes de déjection. — Influence de la constitution
géologique de chaque contrée sur son histoire et le caractère de ses
habitants.

**Division de la surface du globe en pays de plaines et en régions
montagneuses.** — Lorsqu'on étudie la disposition générale des
terrains sédimentaires, on est conduit à distinguer, à la surface
du globe, les contrées où les strates ont conservé plus ou moins
leur horizontalité primitive et celles où la stratification est plus
ou moins tourmentée. Cette distinction correspond, mais non
d'une manière rigoureuse, à celle de pays de montagnes et de
pays de plaines ou de plateaux. Il est, en effet, des contrées,
le massif breton, par exemple, qui méritent à peine le nom
de pays montagneux et dans lesquelles l'arrangement des
strates accuse une action intérieure d'une grande énergie.
D'autres régions, au contraire, considérées comme des contrées montagneuses ou, tout au moins, comme des plateaux,

ont été, à l'origine, de véritables plaines qu'un mouvement
d'ensemble a portées à une grande altitude, sans modifier leur
modelé et sans amener aucun changement dans l'allure de
leurs strates. La confusion résulte ici de l'habitude où l'on est de
prendre le niveau de la mer pour point de départ dans l'étude
du relief du globe. Supposons que la France et les contrées
voisines subissent un mouvement d'ensemble à la suite duquel
elles se trouveront portées à une altitude de 500 mètres, ou
bien, ce qui revient au même, supposons que le niveau de
l'océan s'abaisse de la même quantité. Nous donnerons alors
le nom de plateau au bassin parisien, et le massif breton,
élevé de près de mille mètres au dessus du niveau de la mer,
prendra l'aspect d'une région montagneuse, telle que les
Vosges. C'est également en nous plaçant à un point de vue
général que nous avons employé, comme désignant la même
chose, les expressions « massif montagneux » et « centre de
soulèvement », bien qu'il existe des centres de soulèvement
actuellement placés, en totalité ou en majeure partie, sous
les eaux. (Voir tome I, page 234.)

Rarement, on constate une ligne de démarcation très nette
entre une région montagneuse et une région de plaines; il
existe ordinairement entre l'une et l'autre une zone intermédiaire où l'on voit les strates, d'abord horizontales, se montrer
de plus en plus inclinées ou disloquées, et prendre ensuite
l'allure tourmentée qu'elles ont dans les montagnes. Afin de
faire disparaître ce que la distinction qui a été établie au commencement de ce paragraphe pourrait avoir de trop absolu,
remarquons en outre que les pays de plaines peuvent accidentellement offrir sur des points restreints la structure et la configuration des régions montagneuses. C'est ainsi que le *pays
de Bray* surgit comme une île au milieu du bassin parisien;

il forme un dôme elliptique et très surbaissé qui s'étend de Nouailles, près de Beauvais, à Bures, près de Neufchâtel; ce dôme est formé par les strates du terrain jurassique qui se relèvent au milieu des couches horizontales du terrain tertiaire. D'un autre côté, les massifs montagneux peuvent renfermer des plaines plus ou moins étendues, telles que la Limagne, qui est, pour ainsi dire, enclavée dans le plateau central de la France. On peut même, lorsqu'on jette un coup d'œil sur une carte physique d'Europe, être amené à considérer les Alpes et toutes les chaînes de montagnes du centre de l'Europe comme un seul massif montagneux et à l'opposer, soit à la vaste plaine de la Russie méridionale, soit à toute la région comprenant la Belgique, la Hollande, la Prusse et le nord de l'Allemagne, le Danemark, la Pologne et la Russie septentrionale jusqu'aux monts Ourals.

structure générale des pays non montagneux. — Dans les pays de plaines et de plateaux, les failles et les dislocations du sol apparaissent en petit nombre relativement à ce qui se passe dans les pays de montagnes. Les strates sont fréquemment horizontales ou peu inclinées. Les impulsions souterraines n'ont exercé qu'une faible influence sur la configuration du sol dont le modelé a été surtout l'œuvre des agents extérieurs d'érosion.

Un des meilleurs exemples des contrées que je réunis sous le nom de pays de plaines est le bassin parisien, dont j'ai déjà parlé, d'abord à propos des centres de sédimentation, puis de la composition générale des bassins géogéniques. (Voir tome I, pages 235 et 609.) Pour se faire une idée exacte de la disposition de ce bassin, il faut se le représenter comme formé d'une série de cuvettes dont chacune correspond à un terrain. Ces cuvettes n'ont pas toutes le même diamètre;

les plus grandes, correspondant aux terrains les plus anciens, sont au dessous ; les plus petites, correspondant aux terrains les plus récents, sont au dessus. Cette disposition se dessine avec la plus grande netteté dans la partie orientale du bassin parisien ; elle a pour conséquence d'amener successivement à la surface du sol le bord de chaque cuvette, qui forme ainsi une ligne à peu près circulaire. Toutes ces lignes sont disposées concentriquement par rapport à un même point qui est Paris. Les différentes assises dont se compose le bord de chaque terrain « ont été usées inégalement par les révolutions du globe ; et, suivant leurs degrés de dureté, elles forment comme une série de moulures concentriques les unes aux autres. De là une série de crêtes saillantes formées par les extrémités des couches les plus solides. Ces crêtes tournent parallèlement les unes aux autres autour de Paris, qui est leur centre commun. Les rivières qui, comme l'Yonne, la Seine, la Marne, l'Aisne, l'Oise, convergent vers le centre du bassin parisien, traversent les crêtes successives dans des défilés que les révolutions du globe ont ouverts pour elles. Ces mêmes crêtes forment les lignes naturelles de défense de notre territoire, et les opérations stratégiques de toutes les armées qui l'ont attaqué ou défendu s'y sont toujours coordonnées par la force même des choses. Paris est placé au milieu d'une sextuple circonvallation opposée aux incursions de l'Europe, et traversée par les vallées convergentes des rivières principales. Vers le nord ouest, les terrains cessent de saillir à la surface ; aussi ne trouve-t-on plus dans cette direction les mêmes lignes naturelles de défense. Mais depuis longtemps on a senti la nécessité d'y suppléer par des moyens artificiels, et on a renforcé, par une triple ligne de places fortes, cette partie faible de nos frontières. » (Elie de Beaumont.)

La disposition des assises qui, dans le bassin parisien, se recouvrent les unes les autres indique suffisamment que leur émersion s'est effectuée à plusieurs reprises et, pour ainsi dire, par saccades. En vertu de cette disposition, représentée dans la figure 115, les terrains se montrent à la surface du sol par zones concentriques et rangés d'après leur ordre chronologique. Ils occupent, dans le sens horizontal, une étendue d'autant plus faible qu'ils sont plus récents. A chaque point où affleurent deux terrains voisins, aux points a, b, c, par exemple, il n'y a pas nécessairement discordance de stratification à cause du faible degré de la pente que les strates ont acquise, lorsque, après chaque oscillation du sol, elles se sont un peu relevées pour former les nouvelles limites du bassin. Comment constater, entre deux couches en contact immédiat, une discordance de stratification, si la plus ancienne n'offrait, au moment où le dépôt de la seconde allait s'effectuer, qu'une pente d'un millième ? Pourtant, cette pente suffit pour déterminer, entre deux points d'une même strate placés à 250 kilomètres l'un de l'autre, une différence de niveau de 250 mètres, et cette différence de niveau est à son tour suffisante pour amener l'émergement d'un de ces points.

Supposons maintenant que le soulèvement du bassin parisien ne se fût effectué qu'après le dépôt de tous les terrains qui l'ont insensiblement comblé ; supposons aussi que ce soulèvement se fût opéré d'un seul coup. Les terrains reçus dans ce bassin offriraient alors la disposition indiquée dans la figure 116, où l'on voit les plus anciens d'entre eux se dérober complétement à l'observation parce qu'ils ne se montrent pas sur les bords du bassin ; ceux qui auraient été atteints par les agents d'érosion, et par conséquent les plus superficiels, pourraient seuls être étudiés. En outre, contrairement à ce qui s'observe dans le bassin parisien, tel qu'il est, ce seraient les terrains les plus récents qui occuperaient le plus d'étendue dans le sens horizontal. La disposition qui vient d'être décrite existe notamment pour l'ensemble des assises qui ont été reçues dans la partie de la dépression bressane comprise entre Lyon et Dijon. (Voir tome I, page 611 et figure 32, page 601.) Un terrain de transport, datant de l'ère jovienne, recouvre presque tous les autres terrains de la période tertiaire qui ont été déposés dans cette dépression, et ce n'est qu'à la faveur des vallées d'érosion que l'on peut apercevoir, sur quelques points, le terrain pliocène placé au dessous du terrain de transport.

Les strates des pays de plaines ne conservent pas leur allure irrégulière jusqu'à une profondeur indéterminée; elles reposent sur des couches dont l'allure est plus ou moins tourmentée, qui émergent sur la limite des bassins et entrent seules dans la composition des montagnes voisines.

Structure d'une chaîne de montagnes; axes géographique, orographique, stratigraphique, géognostique, éruptif, de soulèvement. — Prenons d'abord le cas le plus simple, celui d'une chaîne isolée, de peu d'étendue et soulevée à la suite d'une seule et même impulsion. Ordinairement, dans une chaîne isolée, l'axe est formé par la roche éruptive dont l'apparition a déterminé son soulèvement, et, à défaut de roche éruptive, par le plus ancien des terrains stratifiés dont elle se compose. Les autres terrains se rangent, par ordre d'âge, des deux côtés de la chaîne de montagnes, le plus ancien étant le plus rapproché de son axe. Chacun d'eux est disposé de manière à présenter vers l'axe la tranche de ses couches redressées, qui dessinent ainsi des crêtes plus ou moins parallèles à la direction moyenne de cet axe. A mesure que l'on s'éloigne de la partie centrale de la chaîne, on voit diminuer son altitude et le degré d'inclinaison de ses strates.

Désignons sous le nom d'axe *médian* ou d'axe *géographique* la ligne qui passe par la partie centrale d'une chaîne se présentant dans les conditions qui viennent d'être admises. D'après le point de vue où nous nous sommes placé, cet axe géographique sera, en même temps, un axe *orographique*, car il joindra entre eux les points culminants et marquera la zone de partage des eaux; un axe *stratigraphique*, puisque les strates, considérées dans leur degré d'inclinaison, seront disposées de part et d'autre d'une manière symétrique; un axe *éruptif*, car les phénomènes d'éruption se seront manifestés de préférence sur toute son étendue; un axe *géognostique*, puisque les terrains se coordonneront, dans leur répartition générale, par rapport à lui; enfin, un axe de *soulèvement* : il dessinera, en effet, la direction de la zone au dessous de laquelle les forces intérieures auront eu, pour ainsi dire, leur point d'application.

Cette idée de la structure d'une chaîne de montagnes est, avant tout, une conception théorique qui, fréquemment, ne se trouve réalisée que dans une certaine mesure. Elle est la déduction naturelle de la connaissance que nous avons du mode d'action des forces intérieures et de la disposition première des masses stratifiées sur lesquelles ces forces s'exercent. Mais, tantôt au moment même où une chaîne de montagnes surgit, tantôt à une époque postérieure, divers phénomènes interviennent qui impriment à cette chaîne une structure différente de celle qu'elle présenterait si les choses se passaient aussi simplement que ce qu'on vient de l'indiquer. L'action dynamique elle même, cause première du surgissement d'une chaîne de montagnes, ne se développe pas toujours dans des

circonstances identiques. Il en résulte que toutes les chaînes
de montagnes, bien que présentant, dans leur structure, des
traits généraux communs, se distinguent les unes des autres
par divers caractères, de sorte que l'unité de plan ne s'oppose
pas à la variété infinie des détails. L'axe éruptif peut se placer
à une certaine distance de l'axe géographique et quelquefois
au pied de la chaîne. L'axe orographique ou de plus grande
altitude ne coïncide pas toujours avec l'axe de soulèvement.
Quelle que soit la situation de ce dernier, les points culminants
d'une chaîne de montagnes ne sont pas toujours occupés par
les roches éruptives dont l'apparition a coïncidé avec le surgissement de cette chaîne. Les roches stratifiées les plus anciennes surplombent fréquemment au dessus de ces roches
éruptives et marquent l'axe orographique ; de même, dans un
cratère de soulèvement, les strates qui forment les bords de ce
cratère sont portées à une plus grande élévation que la masse
éruptive qui en occupe le centre.

Structure d'un massif montagneux. — Considérons maintenant
non pas une chaîne isolée, mais un massif formé par la réunion de plusieurs chaînes se croisant de diverses manières et
différant par leur âge ainsi que par leur direction. La disposition qui vient d'être indiquée persistera dans son ensemble,
surtout vers les bords de ce massif. En se dirigeant vers sa
partie centrale, l'observateur rencontrera des terrains de plus
en plus anciens ; il verra l'altitude de chaque point aller en
augmentant et les strates se montrer de plus en plus redressées, contournées et ployées sur elles mêmes. Mais, dans la
plupart des cas, un coup d'œil jeté sur la carte lui prouvera
que les divers axes ne coïncident pas avec l'axe géographique.
En même temps, il reconnaîtra que les terrains, dans la région

intérieure d'un groupe montagneux, sont fréquemment disposés sans ordre apparent et tellement bouleversés, que la série régulière des strates est intervertie sur de grandes distances.

La structure particulière à chaque massif montagneux dépend de son étendue, de la nature des roches dont il se compose, et de la manière dont s'y produisent les exceptions à la disposition générale qui a été décrite dans le paragraphe précédent. Il dépend aussi du nombre des axes de soulèvement existant dans un même massif et de la manière dont ils s'entrecroisent. Pour mieux dépeindre l'ensemble des circonstances qui impriment à chaque région montagneuse un cachet spécial, je vais citer quelques exemples.

J'ai dit, tome 1, page 260, comment les Vosges, qui ne formaient d'abord qu'une seule et même masse avec les montagnes de la Forêt Noire, en avaient été séparées, vers le commencement de la période triasique, à la suite de l'effondrement qui avait produit la vallée du Rhin. Les axes géographique, géognostique, etc., qui, avant cet événement, se trouvaient dans la région occupée par cette vallée, ont alors subi un déplacement qui explique pourquoi les axes de divers ordres qu'on peut distinguer dans les Vosges ne coïncident pas avec l'axe géographique. Ce déplacement nous dit aussi pourquoi ces axes se trouvent dans une position excentrique par rapport au massif auquel ils se rattachent. Ils sont, en effet, bien plus rapprochés de son bord oriental que du bord occidental, et c'est par suite de la situation même de l'axe orographique que la pente du massif des Vosges est plus rapide du côté de l'Alsace que du côté de la Lorraine.

On a vu que le Jura s'était produit à la suite d'un mouvement d'ensemble qui, vers le commencement de la période tertiaire, avait affecté, d'une manière à peu près uniforme,

tout l'espace compris entre la Suisse et la plaine bressane
(tome I, page 260, et figure 32, page 601). Ce mode de formation du Jura explique suffisamment l'absence d'un axe de
soulèvement dans ce massif; l'absence d'un axe de soulèvement entraîne avec elle celle d'un axe stratigraphique. Lorsque,
sur la carte géologique de la France, on observe quelle est, dans
le Jura, la répartition générale des terrains, on voit le trias
et les formations les plus anciennes dominer ou ne se montrer
que dans la partie occidentale, tandis que le terrain néocomien et les formations les plus récentes atteignent tout leur
développement vers la partie orientale. On peut dire que
l'axe géognostique coïncide avec la longue falaise qui, de
Lagnieu, sur les bords du Rhône, aux environs de Besançon,
forme la limite occidentale du Jura. Ce fait trouve sa raison
d'être dans cette circonstance que les Alpes n'ont atteint toute
leur élévation qu'à une époque relativement moderne, tandis
qu'antérieurement à la période tertiaire les forces intérieures se
sont manifestées de préférence dans la région qui se développe
au nord ouest du Jura. Au moment où ce massif montagneux
a surgi, les terrains dont il se compose se coordonnaient
par rapport à un axe de soulèvement qui rattachait les Vosges
au Morvan et qui était jalonné par le petit pointement granitique de la montagne de la Serre située entre Dole et Gray.
Les conditions dans lesquelles s'est opéré le soulèvement du
Jura n'ont pu détruire la première disposition des terrains,
puisque ce soulèvement a été le résultat d'un mouvement
d'ensemble nullement coordonné à un axe quelconque. Quant
à l'axe orographique du Jura, il suit les crêtes les plus élevées
et coïncide, par conséquent, avec le bord oriental de tout le
massif. Ce fait est en relation, ainsi que nous le verrons dans
le paragraphe suivant, avec le voisinage des Alpes qui, à une

époque récente, sont devenues un centre de commotion d'une grande puissance.

Le plateau central de la France, considéré comme un seul massif montagneux, a pour caractère essentiel sa forme approximativement arrondie. Les mouvements du sol, la stratification des terrains placés sur son pourtour, la disposition de ces terrains y sont coordonnés par rapport à une région centrale, jouant le rôle de centre géographique et de centre éruptif; cette région est celle qui comprend les terrains volcaniques de l'Auvergne.

Dans le massif breton, il existe deux axes principaux de soulèvement qui, à partir de l'île d'Ouessant s'écartent l'un de l'autre pour se diriger dans le sens des deux lignes de côte qui limitent la Bretagne; ils dessinent ainsi un angle dans lequel l'axe géographique se trouve renfermé.

Configuration des régions montagneuses. — On peut se figurer une chaîne de montagnes sous la forme d'un prisme triangulaire posé sur une de ses faces. Les deux autres faces laissées à découvert représentent les deux *flancs* ou *versants* de la chaîne, et leur intersection détermine une arête supérieure qui en est la *crête* ou la *ligne de faîte*. Cette ligne (*divortia aquarum*) marque la zone de partage des eaux; elle est également désignée sous le nom de *ligne anticlinale* (αντι, contre : κλινη, lit). Un massif montagneux, à forme plus ou moins arrondie ou polygonale, peut être représenté par un cône ou par une pyramide à plusieurs faces : les versants de ce massif correspondent alors à la surface du cône ou aux faces de la pyramide; la ligne de faîte se réduit à un point culminant qui est le sommet de ce cône ou de cette pyramide.

Cette représentation géométrique du modelé d'une chaîne ou d'un massif de montagnes a pour but de rendre plus précise la définition des termes qui viennent d'être employés. Je n'ai pas besoin d'ajouter qu'elle ne se trouve jamais parfaitement réalisée dans la nature. D'abord, les versants d'une chaîne de montagnes, au lieu de constituer des surfaces planes comme les côtés d'un prisme, offrent des irrégularités produites par des crêtes de second ordre qui se ramifient à leur tour. Ces crêtes de second et de troisième ordre limitent les vallées transversales et longitudinales dont une chaîne de montagnes est accompagnée. Quant à la crête principale, au lieu d'être parfaitement droite comme l'arête d'un prisme, elle dessine une ligne courbe ou brisée. En outre, elle ne se maintient pas partout à la même hauteur; elle s'infléchit sur les points où existent les dépressions que l'on met à profit pour passer d'un côté à l'autre d'une chaîne. Ces dépressions reçoivent selon les pays des désignations diverses: dans la partie occidentale des Pyrénées, on leur donne le nom de *ports*, tandis que, sur d'autres points de cette chaîne et dans les Alpes, on les appelle des *cols*. La ligne de faîte est quelquefois remplacée par un plateau plus ou moins étendu, ainsi qu'on l'observe dans la chaîne scandinave.

L'inclinaison des versants est beaucoup moins forte qu'on ne pourrait le supposer; elle dépasse rarement 6°. Elle varie d'une chaîne à l'autre, et n'est jamais la même pour les deux versants d'une même chaîne. Les Vosges ont une pente de 2° 30' vers le Rhin et s'inclinent doucement vers la Lorraine; dans les Pyrénées, la pente moyenne est de 2° 30' vers le nord et de 3° 30' vers le sud. Dans l'Europe occidentale, l'inclinaison des versants est plus forte vers le sud que vers le nord et vers l'est que vers l'ouest. Les chaînes groupées

autour des Alpes dirigent vers elles leur versant abrupte :
ce massif montagneux paraît avoir été le centre de commotions qui, en se propageant dans tous les sens, ont disloqué
autour de lui l'enveloppe solide du globe. Les Alpes ont joué,
par rapport aux montagnes voisines, le rôle qui est rempli
dans une même chaîne par son axe de soulèvement. Les
chaînes de montagnes placées autour d'une mer, la Méditerranée, par exemple, dirigent vers elle leur versant qui est le
plus fortement incliné ; la configuration du sol rappelle alors
l'idée d'un immense cratère de soulèvement. L'écorce terrestre,
en s'affaissant sur elle même pour amener la formation d'un
bassin maritime, semble avoir déterminé, dans la masse
pyrosphérique environnante, un mouvement ondulatoire qui
s'est propagé dans des conditions telles que les diverses parties
de la croûte du globe ont subi un mouvement de bascule ; et,
dans ce mouvement de bascule, c'est la partie la plus voisine
du centre de commotion qui a été redressée.

Dans l'étude hypsométrique d'une chaîne de montagnes,
on doit distinguer l'altitude moyenne des points culminants,
l'altitude moyenne des dépressions ou passages, et l'altitude
moyenne générale. L'aspect particulier de chaque chaîne
dépend en partie de la différence qui existe entre l'altitude
moyenne des sommets et l'altitude moyenne des cols ou
passages ; plus cette différence est considérable, et plus le
profil de la crête dessine une ligne brisée. « L'arête orientale
du Jura, vue de l'intérieur de la Suisse, se montre à l'horizon comme un mur noirâtre dont le faîte est à peine acci-
denté ; au sud du lac de Joux, la moyenne des sommets
donne 1600^m, celle des cols, 1400^m ; au nord de ce lac, on a
1300^m pour les sommets et 1000^m pour les cols. La hauteur
moyenne des sommets pyrénéens peut être évaluée à 3000^m

entre la source de l'Aude et celle de la Bidassoa; celle des cols ou ports est d'environ 2400ᵐ; les échancrures produites par les cols sont peu importantes comparativement à la hauteur de la chaîne. Dans les Alpes, ces mêmes dépressions sont beaucoup plus considérables, et il résulte de là que le passage des cols des Pyrénées est en général plus difficile que celui des cols de la Suisse. Les Alpes, dans leur partie française, fournissent en moyenne des sommets de 3000ᵐ et des cols de 2000ᵐ. » (A. Bravais, *Patria*.)

Configuration des pays de plaines, des bassins et des grandes vallées. — Si, ainsi que nous venons de le faire pour les régions montagneuses, nous essayons de représenter les pays de plaines et les grandes vallées par une construction géométrique, nous tracerons d'abord deux lignes *ab*, *cd*, correspondant aux versants qui les limitent. Ces deux lignes, en convergeant l'une vers l'autre, dessineront un angle rentrant, dans lequel une région basse se trouvera comprise. Tantôt (fig. 117) la convergence de ces deux lignes est réelle, c'est à dire que les strates qui leur correspondent vont se rencontrer à une distance plus ou moins grande de la surface du sol; tantôt (fig. 118) cette convergence est en quelque sorte virtuelle, en ce sens que les strates *ab*, *cd*, après avoir offert une inclinaison plus ou moins grande vers la plaine, deviennent à peu près horizontales. La partie correspondant à la plaine est, dans tous les cas, représentée par une ligne horizontale, parce que, même lorsque les lignes *ab*, *cd*, convergent réellement l'une vers l'autre, l'espace compris dans l'angle rentrant qu'elles dessinent est toujours comblé par les terrains de sédiment ou de transport. On conçoit, du reste, que la longueur de cette ligne horizontale mesurée entre les deux versants puisse varier contome 9, suppl. 604

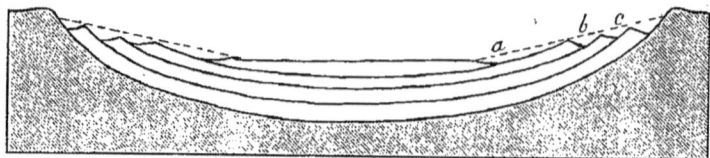

Fig. 115. _ (V. page 595)

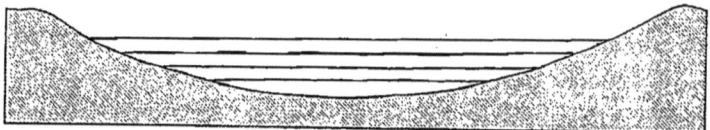

Fig. 116. _ (V. page 595)

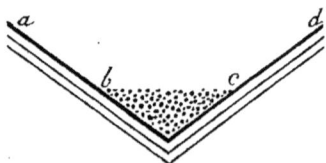

Fig. 117. _ (V. page 604)

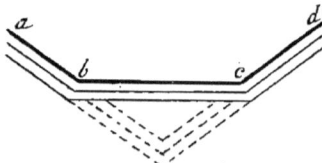

Fig. 118. _ (V. page 604)

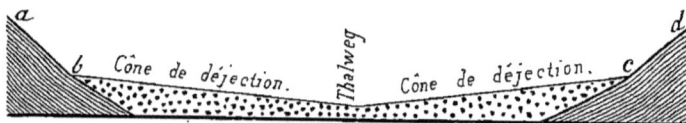

Cône de déjection. Thalweg Cône de déjection.

Fig. 119. _ (V. page 606)

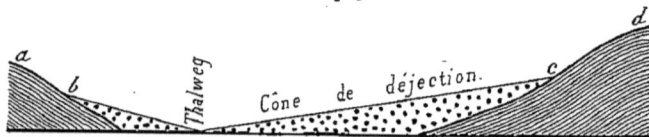

Thalweg Cône de déjection.

Fig. 120. _ (V. page 606)

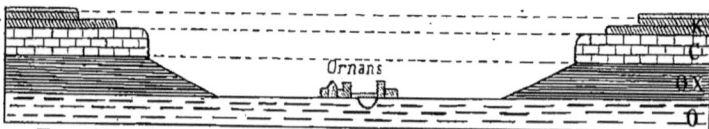

Ornans

Fig. 121. _ (V. page 629). _ Vallée d'érosion de la Loue à Ornans.

Lith. Guyard, Besançon.

sidérablement non seulement d'une vallée à l'autre, mais aussi dans la même vallée. Une vallée offre fréquemment de distance en distance des étranglements et se décompose en bassins placés les uns à la suite des autres.

Dans une vallée ou dans un bassin, on distingue une zone de moindre altitude par laquelle les eaux prennent leur écoulement et que l'on appelle *ligne synclinale* (συν, ensemble; κλινη, lit), ou *thalweg*, en allemand « chemin de la vallée ».

Voyons à présent comment la configuration géométrique dont il vient d'être question se trouve modifiée dans la nature.

La ligne qui se dirige d'un versant à l'autre est rarement tout à fait horizontale. Les cours d'eau qui, des montagnes voisines, débouchent dans les vallées entraînent avec eux un grand nombre de débris. Ces débris, abandonnés par les courants qui les charrient à mesure que ceux-ci perdent de leur force, donnent origine à des dépôts dont l'épaisseur va en diminuant des bords de la vallée vers sa partie centrale. Leur masse forme un *cône de déjection* dont le sommet est précisément placé au point où le cours d'eau qui l'édifie débouche dans la vallée. Il en résulte que le profil transversal de celle-ci, au lieu d'offrir entre les deux versants qui la limitent une ligne rigoureusement horizontale, dessine deux lignes doucement inclinées l'une vers l'autre. Ces deux lignes déterminent par leur rencontre le point par où passe le thalweg.

Lorsque les cours d'eau, qui débouchent dans une vallée, possèdent, de part et d'autre, la même importance, les cônes de déjection qu'ils édifient ont, en moyenne, les mêmes dimensions. Il en résulte que les lignes qui dessinent la configuration de la vallée se coordonnent entre elles d'une manière symétrique. Les deux lignes qui se dirigent vers le thalweg

59

ont la même inclinaison, et ce thalweg se trouve placé à égale distance des bords de la vallée. C'est ainsi que le Rhin, entre Bâle et Mayence, coule à peu près à égale distance des montagnes qui limitent son bassin. (Voir fig. 119.)

Mais, si les affluents du cours d'eau qui suit la ligne synclinale d'une vallée sont plus importants sur une de ses rives que sur l'autre, les débris que ces affluents charrient s'avancent progressivement et obligent le cours d'eau principal à obliquer du côté opposé à celui d'où ils proviennent. Les rivières, qui descendent du versant occidental des Alpes et du Jura, sont bien plus puissantes que celles qui viennent de l'arête montagneuse comprise entre le Morvan et les Cévennes; aussi la Saône et le Rhône ont-ils tracé leur lit au pied de cette arête qui fait, pour ainsi dire, fonction de gouttière par rapport aux rivières qui descendent des Alpes et du Jura. De même, la Garonne est refoulée loin des Pyrénées par les cours d'eau qui descendent de cette chaîne de montagnes et ont déposé autour d'eux un vaste et puissant terrain de transport. (Voir fig. 120.)

Dans les remarques précédentes, j'ai eu surtout en vue les vallées proprement dites, c'est à dire les dépressions à forme plus ou moins allongée, comme les chaînes de montagnes qui les accompagnent. Quelquefois, ainsi qu'on l'observe pour le bassin hydrographique de la Seine, une région basse affecte, comme certains massifs montagneux, une forme arrondie ou polygonale. Je n'ai pas besoin d'insister sur les modifications que cette forme apporte à la configuration générale du sol; on conçoit, par exemple, que les cours d'eau doivent tendre à se diriger vers un point plus ou moins central pour se rendre ensuite vers l'océan par la même voie, s'ils trouvent une issue.

Influence de la constitution générale du sol sur la civilisation — La constitution topographique et géologique de chaque contrée exerce, concurremment avec le climat, une influence décisive sur le caractère national et l'histoire de ses habitants. Pour mettre ce fait en évidence, je vais essayer de démontrer comment les caractères essentiels de la nation française, c'est à dire son unité et son homogénéité, s'expliquent : 1° par la situation même de la France ; 2° par son étendue moyenne ; 3° par sa forme ramassée; 4° par sa configuration ; 5° par l'uniformité de son climat, que rend plus complète la configuration du sol.

1° La France, par suite de sa situation au milieu d'autres pays, a dû fréquemment se mettre en lutte avec eux. Là est, en partie, le secret de l'esprit militaire de ses habitants et du peu de popularité que les idées de fédéralisme ont toujours eue parmi nous.

2° « La forme extérieurement articulée des continents et les découpures nombreuses de leurs rivages exercent une influence salutaire sur les climats, sur le commerce et jusque sur les progrès généraux de la civilisation. » Humboldt, en s'exprimant ainsi, faisait sans doute allusion à l'Italie et à la Grèce. Mais si, dans les contrées dont la forme est très découpée, la civilisation a toujours tendu à prendre un grand développement, de nombreux obstacles se sont opposés à l'établissement d'une unité complète, surtout aux époques où n'existait pas l'expérience des temps passés et où les communications n'étaient pas aussi faciles que de nos jours. Si l'on trace autour de la France des lignes droites marquant la direction générale de ses frontières, on voit ces lignes dessiner un carré, un pentagone ou un hexagone, et mettre en évidence la forme compacte, ramassée de ce pays. Cette forme est une des causes qui coopèrent avec le plus d'énergie à maintenir son unité.

3° Le maintien de cette unité est également favorisé par l'étendue moyenne de la France. Un pays resserré dans des limites trop étroites ne possède pas toujours des moyens suffisants de défense contre ses voisins. D'un autre côté, s'il est trop vaste, les différences dans les races, le climat et la constitution topographique des diverses provinces dont se compose un empire, amènent tôt ou tard son démembrement.

4° La configuration de la France est telle que de faciles communications rattachent les unes aux autres toutes les diverses parties de son territoire. Le plateau central de la France, au lieu de se souder aux autres massifs montagneux qui l'entourent, en est séparé par des dépressions qui ont été mises à profit pour l'établissement des canaux, des routes et des chemins de fer.

5° « C'est la réunion des terres élevées du midi avec les plaines du nord qui présente ce caractère d'homogénéité de climat dont toute la France ressent l'influence, et qui fait que la nation française est une des grandes réunions d'hommes d'une complexion analogue. L'unité de la France est due, en grande partie, à ce que le noyau montagneux du midi, à cause de son élévation, est beaucoup plus froid, proportionnellement à sa latitude, que le bassin du nord ; d'où il résulte que, abstraction faite de la Gascogne et du littoral de la Méditerranée, le sol de la France présente, jusqu'à un certain point, dans tous les départements, la même température moyenne. Si les relations de hauteur dont nous venons de parler étaient renversées, si les terres basses du nord de la France étaient portées au centre et que les terres élevées du centre fussent portées au nord, la France serait partagée entre deux nations presque distinctes, comme la Grande Bretagne entre les Anglais et les Ecossais. » (Elie de Beaumont.)

C'est également par la disposition du sol de la France qu'on peut expliquer d'autres traits de notre caractère national et le rôle que notre pays est appelé à remplir. « La position qu'occupe, par rapport au cantonnement des populations européennes, la partie incertaine de nos frontières, mérite peut-être quelque attention. Les limites les mieux arrêtées de la France, celles de sa partie méridionale, la séparent des nations qui ont le plus de rapports naturels avec elle, à cause de l'origine latine ou celtique de leur civilisation et de leurs langues; et peut-être que si ces barrières n'eussent pas existé, les Français, les Espagnols et les Italiens ne formeraient qu'une seule nation. Au contraire, les parties où les limites naturelles de la France sont les plus vagues sont celles où elle confine avec les peuples d'origine germanique, dont le contraste avec nous remonte à leurs anciennes migrations, bien plus qu'il ne dépend du territoire qu'ils habitent aujourd'hui. Cette disposition de son sol, par rapport à celui des nations voisines, rend la France essentiellement propre à jouer parmi elles le rôle principal, à une époque où l'un des premiers besoins de la civilisation est d'effacer les barrières qui séparent les nations germaniques et latines, et de fondre en une seule nation européenne les races de Japhet et de Sem qui se partagent le territoire de l'Europe.

» Les deux parties principales de la France, le dôme de l'Auvergne et le bassin de Paris, quoique circulaires l'une et l'autre, présentent des structures diamétralement contraires. Dans chacune d'elles les parties sont coordonnées à un centre, mais ce centre joue dans l'une et dans l'autre un rôle complétement différent. Ces deux pôles de notre sol, s'ils ne sont pas situés aux deux extrémités d'un même diamètre, exercent en revanche, autour d'eux, des influences exactement contraires : l'un est en creux et attractif ; l'autre, en relief et répulsif. Le pôle en creux vers lequel tout converge, c'est Paris, centre de population et de civilisation. Le Cantal, placé vers le centre de la partie méridionale, représente assez bien le pôle saillant et répulsif. Tout semble fuir en divergeant de ce centre élevé, qui ne reçoit du ciel qui le surmonte que la neige qui le couvre pendant plusieurs mois de l'année. Il domine tout ce qui l'entoure, et ses vallées divergentes versent les eaux dans toutes les directions. Les routes s'en échappent en rayonnant comme les rivières qui y prennent leur source. Il repousse jusqu'à ses habitants qui, pendant une partie de l'année, émigrent vers des climats moins sévères. L'un de nos deux pôles est devenu la capitale de la France et du monde civilisé, l'autre est resté un pays pauvre et désert. Comme Athènes et Sparte dans la Grèce, l'un réunit autour de lui les richesses de la nature, de l'industrie et de la pensée ; l'autre, fier et sauvage, au milieu de son âpre cortége, est resté le centre des vertus simples et antiques, et, fécond malgré sa pauvreté, il renouvelle sans cesse la population des plaines par des essaims vigoureux et fortement empreints de notre ancien caractère national. » (Elie de Beaumont, *Explication de la carte géologique de la France.*)

Les limites dans lesquelles je suis obligé de me renfermer ne me permettent pas de prolonger ces considérations qui nous fournissent un exemple remarquable des nombreux rapports rattachant la géologie à toutes les branches des connaissances humaines. Je me bornerai à reproduire les lignes suivantes qui nous montrent que les relations existant entre les mœurs d'un peuple et le sol qu'il habite n'avaient pas échappé au génie de Cuvier. « La Lombardie, » disait-il dans l'éloge de

Werner, » n'élève que des maisons de briques, à côté de la Ligurie qui se couvre de palais de marbre. Les carrières de travertin ont fait de Rome la plus belle ville du monde ancien ; celles de calcaire grossier et de gypse font de Paris l'une des plus agréables du monde moderne. Mais Michel-Ange et Le Bramante n'auraient pu bâtir à Paris dans le même style qu'à Rome, parce qu'ils n'y auraient pas trouvé la même pierre ; et cette influence du sol local s'étend à des choses bien autrement élevées. — A l'abri des petites chaînes calcaires, inégales, ramifiées, abondantes en sources, qui coupent l'Italie et la Grèce ; dans ces charmants vallons, riches de tous les produits de la nature vivante, germent la philosophie et les arts : c'est là que l'espèce humaine a vu naître les génies dont elle s'honore le plus, tandis que les vastes plaines sablonneuses de la Tartarie et de l'Afrique retinrent toujours leurs habitants à l'état de pasteurs errants et farouches ; et, même dans les pays où les lois, le langage, sont les mêmes, un voyageur exercé devine par les habitudes du peuple, par les apparences de ses demeures, de ses vêtements, la constitution du sol de chaque canton, comme, d'après cette constitution, le minéralogiste philosophe devine les mœurs et le degré d'aisance et d'instruction. Nos départements granitiques produisent, sur tous les usages de la vie, d'autres effets que les calcaires : on ne se logera, on ne se nourrira, le peuple, on peut le dire, ne pensera jamais en Limousin ou en Basse Bretagne, comme en Champagne ou en Normandie. Il n'est pas jusqu'aux résultats de la conscription qui n'aient été différents, et différents d'une manière fixe, sur les différents sols. »

Utilité des études de géographie physique pour le géologue. — Une partie quelconque de la surface du globe constituant nécessai-

rement une région de plaines ou une contrée montagneuse,
il en résulte que les considérations qui ont fait l'objet de ce
chapitre nous ont permis de nous livrer une autre fois à une
dissection de l'écorce terrestre. En rapprochant ces considérations de celles qui ont trouvé place dans le courant de cet
ouvrage, et notamment dans le livre deuxième, le lecteur
pourra se faire une idée exacte de la structure et de la configuration du globe. Je ne crois pas devoir insister davantage à
ce sujet.

L'étude des diverses formes que présentent les mers ou les
continents et celle de la configuration des terres émergées ou
du sol sous marin sont de la plus haute importance pour le
géologue qui, par la direction imprimée à ses travaux, se
trouve fréquemment amené à rechercher quel a pu être, pendant chacune des époques géologiques, l'état de la surface du
globe. Mais les détails se rattachant à ces études ne sauraient
trouver place dans un cours de géologie; c'est dans les ouvrages et les traités de géographie qu'ils doivent être cherchés.
Dans ce chapitre, je me suis borné, en formulant quelques
considérations sommaires, à donner des exemples des relations
plus ou moins directes qui existent entre la géologie et la
géographie physique.

CHAPITRE V.

Identité de la structure de l'écorce terrestre sous toutes les latitudes. —
La structure et la configuration de l'écorce terrestre sont le
résultat complexe de tous les phénomènes qui ont été successivement décrits depuis le commencement de cet ouvrage. Ces
phénomènes, surtout ceux qui ont leur siége dans l'intérieur
ou au dessous de la croûte du globe, présentent, sous toutes
les latitudes, le même mode de développement. Par conséquent, il ne faut pas s'étonner si la constitution topographique
du globe et la structure interne de son écorce ne varient pas,
comme la flore, la faune et le climat, d'une latitude à l'autre ;
elles sont les mêmes sous l'équateur et sous les pôles, dans
l'ancien et dans le nouveau monde.

Parmi les éléments dont l'ensemble harmonieux constitue
le paysage, il en est un qui ne varie pas ou qui, du moins,

varie partout de la même manière : c'est le sol. Il forme, pour ainsi dire, la trame du tapis végétal qui recouvre la surface du globe. Ce qui change pour le voyageur transporté dans des régions éloignées les unes des autres, c'est surtout l'aspect du ciel et les formes végétales. « Sous toutes les zones, » dit Humboldt, « on rencontre les mêmes roches ; le trachyte, le basalte, les porphyres schisteux et la dolomie, forment partout des groupes d'une physionomie uniforme. Les crêtes de diorite de l'Amérique méridionale et du Mexique ressemblent à celles des monts Fichtel en Germanie ; partout le basalte constitue des cônes tronqués ; partout le porphyre trappéen se présente sous la forme de masses bizarres, et le granite en dômes arrondis. De même que la nature des roches, c'est à dire le mélange des espèces minérales simples qui se réunissent pour former le granite, le gneiss et le micaschiste, ou le trachyte, le basalte et la dolérite, est complétement indépendante de nos climats actuels et reste identique sous toutes les latitudes, de même nous voyons partout les mêmes lois présider à l'ordre de superposition des couches dont se compose l'écorce terrestre, à leurs pénétrations mutuelles, et aux effets de leur soulèvement. C'est surtout à l'aspect des volcans que l'on est frappé de cette identité générale de forme et de structure. Lorsque le navigateur, éloigné de sa patrie, est parvenu sous d'autres cieux où des étoiles inconnues ont remplacé les constellations accoutumées, il voit, dans les îles des mers lointaines, des palmiers, des arbustes nouveaux pour lui, et les formes étranges d'une flore exotique ; mais la nature inorganique lui offre encore des sites qui lui rappellent les dômes arrondis des montagnes de l'Auvergne, les cratères de soulèvement des Canaries ou des Açores, le Vésuve et les fissures éruptives de l'Islande. »

Influence exercée par la nature des terrains sur la configuration du sol. — On a vu (tome 1, page 268) que les causes qui déterminent le relief d'une contrée sont : 1° la nature des terrains dont cette contrée se compose; 2° les agents atmosphériques; 3° les mouvements du sol. Aux considérations dans lesquelles je suis entré à ce sujet, je vais ajouter d'abord quelques détails sur le rôle passif joué par la nature pétrologique et par la disposition des masses sur lesquelles les forces intérieures et les agents atmosphériques exercent leur action.

En examinant la part qui, dans l'aspect d'une contrée, revient à la nature de son sol, il faut distinguer deux cas : celui où la masse soumise à l'influence des agents atmosphériques est homogène sous le rapport de sa composition pétrologique, et celui où cette masse est formée de roches différentes par leur composition ou leur origine.

Une masse, homogène quant à sa composition pétrologique, peut l'être aussi quant à sa dureté et à sa texture; d'où il résulte que les agents extérieurs opèrent sur elle d'une manière uniforme. — Si cette masse est une roche tendre, facilement désagrégeable, le sol prend des formes mamelonnées; il présente des pentes très douces, et les cours d'eau dessinent des lignes sinueuses et mollement arrondies. C'est ce que l'on observe dans les terrains argileux, tels que les marnes du lias, les marnes oxfordiennes et les argiles du lehm; c'est ce que l'on retrouve dans certains pays granitiques, tels que le Limousin, et dans certaines montagnes, également granitiques, telles que les ballons des Vosges. Le sable, dans les pays dépourvus de terre végétale comme le désert de Sahara, est amoncelé en dunes arrondies sujettes à se déplacer comme les dunes qui bordent l'océan. — Si la roche est résistante, elle présente presque constamment des fentes que les agents d'érosion creusent de plus en plus. C'est ainsi que se produisent les ravins profonds, à parois verticales, qui accidentent les contrées jurassiques; c'est également ainsi que les bancs calcaires qui recouvrent les plateaux ou couronnent le sommet des montagnes de ces contrées se montrent divisés, par des fissures verticales, en masses prismatiques de toutes les dimensions.

Si une roche, homogène quant à sa composition pétrologique, offre des parties d'inégale résistance à l'action des agents atmosphériques, les parties facilement désagrégeables sont les premières entraînées et laissent en place les parties les plus résistantes. Evidemment, la configuration du sol dépend alors de celle des parties qui ont persisté et reste, comme elles, complétement soumise au hasard. Parmi les roches qui se prêtent le mieux à recevoir les formes bizarres et variées auxquelles je fais allusion, se trouvent quelques calcaires, les granites et surtout les dolomies.

Les roches dolomitiques entrent pour une part importante dans la composition du terrain jurassique du versant méridional des Alpes, du midi de la France et de l'Algérie. Le grand développement de ces roches imprime quelquefois au paysage de ces contrées un aspect particulier; en même temps, il établit une différence, sous le rapport de la configuration du sol, entre les régions jurassiques du midi et celles du nord de l'Europe. Les puissantes assises de dolomie qui, dans certaines localités, se montrent à la surface du sol, prennent, sous l'influence des agents atmosphériques, les formes les plus bizarres. Ces formes rappellent vaguement celles de colonnes, d'obélisques, d'arceaux, de tours en partie écroulées, d'édifices renversés, etc. Le voyageur, qui aperçoit de loin ces rochers dolomitiques, ou qui se dirigent à travers les couloirs qu'ils laissent entre eux, croit voir une ville en ruines. Lorsque ces rochers sont placés sur le flanc ou sur le sommet d'une montagne, leur ensemble prend l'aspect d'une forteresse démantelée. Les localités où les roches offrent ces formes si pittoresques et si accidentées sont nombreuses dans le sud ouest de la France ; je citerai notamment la partie du Larzac désignée sous le nom de *la Salvage* et les environs du village de Mourèze, près de Clermont (Hérault).

Examinons maintenant le cas où des roches de différentes natures, les unes facilement destructibles par les agents atmosphériques, les autres, plus résistantes, alternent une ou plusieurs fois. Les roches facilement destructibles sont les marnes, les argiles, les sables, les grès très friables; les roches résistantes sont les grès compactes, les calcaires et quelquefois les roches volcaniques, trapp, trachyte, basalte, qui se sont répandues en nappes sur les roches sédimentaires.

Si les assises ainsi rapprochées se montrent verticales ou plus ou moins redressées, celles qui sont facilement destructibles par les agents atmosphériques disparaissent et laissent en place les assises plus résistantes qui se dressent comme des murailles; c'est ainsi que des filons et des dykes de trapp ou de basalte se prolongent à de grandes distances en faisant saillie au dessus du sol.

Supposons que les assises que nous avons en vue soient horizontales ou faiblement inclinées. Nous avons à rechercher ce qui se passe sur les points où, par suite des phénomènes d'érosion ou des dislocations du sol, elles montrent leurs tranches ; ce n'est que sur ces points qu'il est permis de les observer, puisque partout ailleurs, elles sont recouvertes par la plus récente d'entre elles. Les assises alternantes qui offrent la même constitution pétrogénique acquièrent la forme qu'elles prendraient si elles étaient isolées. Les roches facilement désagrégeables se disposent en pentes très douces, tandis que les roches plus résistantes montrent des escarpements verticaux. Le profil dessiné par deux assises de natures différentes donne une ligne faiblement inclinée surmontée d'une ligne droite. Les dimensions de ces deux lignes varient beaucoup, depuis celles qui sont fournies par des strates ayant à peine quelques décimètres d'épaisseur jusqu'à celles qui résultent de la superposition de deux masses assez puissantes pour constituer des montagnes. Des alternances répétées de ces assises produisent quelquefois l'image d'un escalier. De là le nom de *trapp* que l'on donne en Suède à une espèce de roche éruptive alternant en nappes horizontales avec des strates sédimentaires.

Les roches éruptives déterminent des accidents topographiques qui doivent leur caractère particulier à diverses circonstances, telles que la plus grande résistance opposée par elles à l'influence des agents atmosphériques, l'absence de stratification dans les masses qu'elles constituent et le contraste qui existe entre leur allure et celle des roches sédimentaires qui les accompagnent. Les roches volcaniques sont en outre remarquables par leur tendance à se diviser en prismes accolés les uns aux autres et formant quelquefois des étages superposés. Les accidents topographiques auxquels ces roches donnent origine sont trop connus pour que je m'arrête à les décrire. Qu'il me suffise de rappeler, comme exemples, la célèbre *grotte de Fingal*, dans l'île de Staffa, sur la côte occidentale de l'Ecosse; la *grotte des fromages*, sur la route de Trèves à Coblentz, à Bertrich-Baden, qui doit son nom à la forme arrondie des fragments de basalte empilés les uns sur les autres; les *chaussées de géants*, formées, en Irlande, dans le Vivarais, etc., par des prismes basaltiques tronqués sur le même niveau et régulièrement rangés les uns à côté des autres sur un espace plus ou moins considérable, etc.

Accidents topographiques résultant de l'effondrement des cavités souterraines. — « Jusqu'à présent, on a accordé assez peu d'attention aux effondrements que provoquent çà et là les actions dissolvantes ou délayantes des eaux [1]. Cependant en étudiant pas à pas les phénomènes, je suis arrivé à voir que le rôle de ces eaux est infiniment plus important qu'on ne l'a supposé. Non seulement il faut attribuer à ces agents occultes la formation des ouvertures coniques et béantes désignées dans nos provinces sous les noms de *gouffres*, de *gouilles*, de *gours*, de *pots*, de *puits naturels*, de *bétoirs*, de *bois-tout*, d'*anselmoirs* et de *scialets*, mais encore il faut recourir à leur influence pour comprendre l'établissement de quelques lacs, les inflexions des diverses assises, et même le creusé de plusieurs vallées. » (Fournet.)

Après avoir ainsi mentionné les effets de l'action érosive des eaux souterraines, M. Fournet signale quelques exemples récents d'affaissements ou de tassements du sol. Il étudie ensuite plusieurs contrées pour y retrouver la trace d'événements semblables accomplis à des époques anciennes. Il considère « comme étant le résultat de simples effondrements certaines mares que l'on rencontre dans la Bresse. Ces mares sont à forme arrondie ; elles n'ont pas de profondeur connue et leur diamètre varie de quelques mètres à plusieurs dizaines de mètres. Le sol de ces mares n'a aucune relation avec le terrain environnant : elles sont remplies d'une boue noire renfermant des

(1) Voir tome II, pages 427 et 551, et, *posteà*, page 629.

arbres couchés horizontalement les uns sur les autres; ces
arbres ont toujours leur pied à la circonférence de la mare et
leur tête au centre et paraissent avoir été naturellement renversés comme si le sol leur avait peu à peu manqué à partir
du centre de la mare.

» Les plateaux du Vercors sont composés d'une immense
nappe de calcaire néocomien reposant sur un système encore
plus puissant d'assises marneuses et par conséquent délayables.
C'est sur la nappe supérieure que l'on trouve de distance en
distance une série de scialets à divers degrés d'avancement.
Dans certains cas, ils se présentent avec la forme ordinaire
d'une fracture, c'est à dire avec des parois planes à peu près
verticales, et limitées carrément aux deux bouts. Leur largeur
est variable entre 1 et 3 mètres, et leur longueur s'élève
de 5 à 6 mètres; c'est là l'état rudimentaire du phénomène.
Ces scialets peuvent d'ailleurs être obstrués à une certaine
profondeur, ou bien ils présentent un gouffre d'une étendue
inconnue; il en est dont l'extrémité n'a pas été rencontrée
même avec une sonde de 120 mètres. Dans d'autres cas, on
voit à la surface du sol un enfoncement circulaire ou cratériforme et aboutissant à une fracture anguleuse du genre des
précédentes. On peut donc descendre jusqu'à cette crevasse,
mais au delà vient un gouffre sans fond connu, et dans lequel
il serait dangereux de se laisser couler. Il arrive encore que
le trou cratériforme est complétement obstrué au fond et,
dans ce cas, il prend plus particulièrement le nom de *pot*. Le
diamètre de ces pots, qui varie de 10 à 30 mètres, permet d'en
cultiver quelquefois l'intérieur. Il est même à remarquer que
sur les hauts plateaux, tels que celui de Fondurle, là où la
végétation forestière cesse vers la base du Montuet, probablement bien plutôt à cause de la violence des vents qu'à cause

Fig. 124

Fig. 125

Fig. 126

(V. page 659)

(V. page 659)

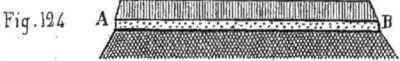

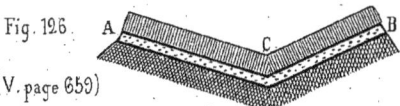

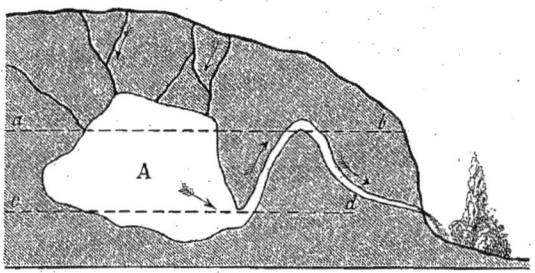

Fig. 123 . — (V. page 657) . — Source intermittente.

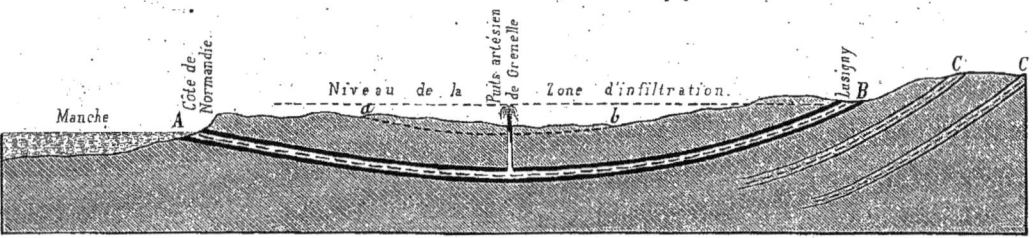

Manche

Côte de Normandie

Niveau de la Zone d'infiltration.

Puits artésien de Grenelle

Lusigny

Fig. 122 . (V. page 653) . — Système des eaux artésiennes du bassin de Paris.

a b: première nappe (terrain tertiaire) . — *AB*: deuxième nappe (grès vert) . — *C*: nappes encore non atteintes .

Lith. Onyard, Besançon.

Poems, pph 8° l

de la température, ces pots servent de refuge à divers végétaux et sous arbrisseaux. On est donc agréablement surpris, quand sur ces vastes solitudes aux herbes rudes, parmi lesquelles rampent quelques rares genévriers rabougris, on trouve ces serres chaudes naturelles tapissées de framboisiers, d'ancolies et autres fleurs dont la vigoureuse végétation serait un sujet d'admiration même dans un beau jardin. Ces pots et ces scialets s'établissent de préférence là où il y a une crevasse. Ainsi sur le plateau de Lente, les roches néocomiennes sont traversées par un système de failles faisant suite à la vallée du Cholet et tendant vers le plateau de Fondurle. C'est sur leur étendue que sont alignés les principaux pots et scialets. — Dans les Alpes, du côté de Laybach et de Trieste, de vastes surfaces reposent également sur un sol sous miné, montrant aussi leurs pots qui sont désignés sous le nom de *dollina*. L'humus est rare sur ce plateau, l'impétuosité des vents y arrête la végétation naissante ; mais ne pénétrant pas dans les dollinas, chacune d'elles est occupée par une plantation naturelle ou artificielle. Plusieurs sont labourées, cultivées, et même environnées de murs pour les protéger. »

A chaque pas que l'observateur fait dans le Jura ou dans une contrée jurassique, il aperçoit les effets des effondrements du sol. Tantôt il rencontre des cavités plus ou moins profondes, quelquefois exactement circulaires et dont les parois sont formées par les affleurements de strates horizontales disposées en gradins ; l'aspect de ces cavités justifie parfaitement l'épithète de *cratériformes* qu'on leur a donnée. Tantôt il remarque des dépressions d'une grande étendue et dont la circonférence est quelquefois de plusieurs lieues ; on les a désignées, dans certains cas, sous les noms de *bassins fermés ;* en effet, leur disposition est telle que les eaux pluviales et celles des sources

ne peuvent franchir l'enceinte qui les limite; ces eaux disparaissent à travers les fissures du sol. (Voir tome I, page 348.)
Les cavités cratériformes dont il vient d'être question prennent le nom de cirques ou d'amphithéâtres lorsqu'elles atteignent de grandes dimensions; ordinairement elles présentent
une fissure qui se continue par une gorge profonde offrant
tous les caractères d'une vallée d'effondrement. Enfin, ce sont
ces effondrements souterrains qui, dans le Jura, occasionnent
les ondulations du sol que leur disposition générale ne permet
pas d'attribuer à l'action dénudatrice de courants superficiels.
Les effondrements souterrains ont dû également jouer un
rôle important dans la formation des cirques qui servent ordinairement de berceau aux glaciers et qui se montrent parfois
à l'origine des vallées des montagnes. Les vallées qui partent
des Ballons d'Alsace et de Servance commencent par des cirques. Un des plus beaux cirques connus est celui d'Anzasca,
au pied du Mont Rose; c'est un bassin presque circulaire, de
deux lieues de diamètre et dont les parois s'élèvent verticalement à deux mille mètres de hauteur. C'est encore par des
cirques de ce genre que commencent, dans les Pyrénées, la
vallée du Gave de Pau, au pied des tours de Marboré d'une
part, et, au pied de la tour des Aiguillons de l'autre.

**Influence exercée par l'eau, considérée comme agent atmosphérique,
sur la configuration du sol.** — De tous les agents atmosphériques,
l'eau est certainement celui qui opère avec le plus d'énergie
pour imprimer au sol la configuration qui le caractérise sur
chaque point de la surface du globe. Mais son influence varie
suivant l'état où elle se trouve et les circonstances dans lesquelles elle agit.

L'eau, à l'état de vapeur ou de pluie, exerce, comme les

autres agents atmosphériques, une action lente et continue que j'ai sommairement décrite. (Voir tome I, page 307 et suivantes.)

Dans les deux chapitres où il a été question des phénomènes glaciaires, on a vu également quelle était l'influence de l'eau sur le modelé du sol, lorsqu'elle opérait à l'état de glace des glaciers. J'ajouterai que, d'après M. G. de Mortillet, la puissance d'affouillement des anciens glaciers a été jusqu'à labourer profondément les sols meubles ; c'est ainsi que les glaciers auraient produit les lacs des montagnes en déblayant les bassins de toutes les alluvions dont ils étaient remplis. Cette puissance d'affouillement a pu aussi, dans certains cas, dénuder assez profondément des roches tendres ; c'est ce qui aurait donné naissance aux lacs d'érosion de la plaine. Enfin, parfois elle a entamé des roches dures, mais toujours dans des proportions fort restreintes ; c'est ce qui aurait formé les petits lacs d'érosion des montagnes. Je dois rappeler que l'opinion émise par M. G. de Mortillet a été attaquée par plusieurs géologues.

A l'état d'eau courante, ruisseau, rivière ou fleuve, l'eau a tracé à la surface du sol de profonds sillons qui ont formé les vallées d'érosion et tous les accidents topographiques dont celles-ci sont quelquefois accompagnées, les terrasses parallèles, par exemple.

Enfin, c'est l'eau presque toujours agitée de l'océan qui donne origine à tous les accidents topographiques dont l'ensemble constitue l'appareil littoral. (Voir livre III, chap. v.) C'est elle aussi qui imprime aux falaises un aspect en relation avec la nature et la disposition des roches dont ces falaises sont composées.

Sur les côtes de diverses contrées, comme la Bretagne et

les Iles Britanniques, les roches granitiques, usées par les vagues pendant la longue série des siècles, ont pris les formes les plus singulières; tels sont les rochers découpés en aiguilles, et entourés par les eaux de l'océan que l'on désigne en Angleterre sous le nom de *drongs*, et dont un exemple remarquable existe entre Papa Stour et Hillswick Ness. Un groupe plus singulier encore se remarque au sud d'Hillswick Ness; vu de différents points, il offre autant de formes diverses, et a été comparé à une petite flotte dont les vaisseaux auraient leurs voiles déployées. Mais, dans ce cas et dans des cas analogues, ces formes bizarres résultent en partie de la pénétration de roches sédimentaires par des roches éruptives. On peut supposer, ajoute sir Lyell en mentionnant les faits précédents, que l'île d'Hillswick Ness, d'après l'inégale décomposition des roches de gneiss et de micaschiste, traversées en tous sens par des veines de porphyre feldspathique dont cette île se compose, ne présentera plus, par la suite des temps, qu'un semblable amas de débris.

Formes des montagnes. — Les considérations que nous venons d'émettre relativement à la configuration du sol sont également applicables aux diverses formes qu'offrent les montagnes et les fortes saillies de terrain. Les formes des montagnes dépendent de la nature des roches dont elles se composent et, lorsque ces roches sont stratifiées, de la disposition des strates.

Une roche facilement désagrégeable et à texture homogène détermine des montagnes à forme arrondie, telles que les *ballons* des Vosges.

Une roche résistante, non stratifiée et à texture hétérogène, donne naissance à des montagnes semblables à des pyramides très élancées ou à d'immenses obélisques. Les montagnes ayant cet aspect se montrent fréquemment dans la partie centrale des Alpes, où elles reçoivent le nom *d'aiguilles*; telles sont *l'aiguille de Charmoz, l'aiguille de Dru, l'aiguille verte*, etc., qui s'élèvent autour du Mont Blanc et rendent les environs de Chamounix si pittoresques.

Plusieurs sommets aigus placés les uns à la suite des autres produisent la forme dentelée, qui se manifeste dans les mêmes circonstances que pour les aiguilles. Cette forme peut aussi s'observer lorsque de puissantes assises de grès ou de calcaire ont été redressées jusqu'à la verticale, puis disloquées et inégalement usées par les agents atmosphériques vers leur partie saillante. Un des exemples les plus remarquables de montagnes dentelées est le Mont Serrat, en Catalogne, qui doit son nom (*Mons Serratus*) à sa crête découpée en scie. Cette crête est constituée par un poudingue appartenant au terrain nummulitique et dont les éléments sont fortement cimentés entre eux; ce poudingue se montre en strates puissantes de plus de quarante mètres, à peu près horizontales, mais divisées dans le sens vertical par de nombreuses fissures; les agents atmosphériques creusent sans cesse ces fissures et donnent ainsi origine à des blocs irréguliers, séparés par de profondes échancrures.

« Les formes que l'on désigne par les noms de *tour*, de *cylindre*, sont toujours dues à des couches fracturées, séparées, par un soulèvement ou par des dégradations, des parties avec lesquelles elles formaient jadis un tout continu. Ainsi les massifs cylindriques ou rectangulaires, à parois verticales, des *tours du Marboré, du Cylindre, du Cirque de Gavarnie, de la Brèche de Roland*, qui constituent, à la crête des hautes Pyrénées, comme un magnifique hors d'œuvre, doivent leurs formes exceptionnelles à cette circonstance que ces cimes sont composées de calcaires en couches assez épaisses et très sujettes à se fissurer dans un sens perpendiculaire à la stratification. Ces couches, violemment transportées de la plaine à ces grandes hauteurs, ont conservé des parties horizontales dont l'effet combiné avec celui des fissures verticales a donné lieu au facies rectangulaire et insolite qui domine dans cette haute région. » (Leymerie.)

Les masses, plus ou moins prismatiques et horizontales, que les forces intérieures ont portées à une certaine élévation pour en faire des montagnes, acquièrent dans quelques contrées des dimensions considérables. C'est ce que l'on observe dans la partie orientale des Vosges où quelques escarpements rocheux, entaillés dans le grès rouge, atteignent de 300 à 400 mètres d'élévation. Le Grand Donon (altitude : 1013 mètres) contraste par son aspect avec les montagnes granitiques de la partie sud des Vosges ; son sommet se termine par une grande dalle horizontale de grès rouge qui lui imprime une forme complétement tabulaire. C'est cette forme qui a valu le nom qu'elle porte à la montagne de *la Table,* au cap de Bonne Espérance, et qui l'a fait comparer à un autel gigantesque. La forme tabulaire se retrouve dans les montagnes peu élevées, constituées par des strates horizontales et modelées par les agents d'érosion. (Voir tome I, page 325.) Elle existe également dans les montagnes qui, tout en offrant une constitution géognostique quelconque, sont recouvertes d'une nappe de basalte, déterminant, ainsi qu'on l'observe en Auvergne, une espèce de chapiteau.

Une masse prismatique, établie dans les conditions qui viennent d'être indiquées, a pu, en obéissant aux forces intérieures, éprouver un mouvement de bascule. La partie redressée constitue alors une montagne de forme conique désignée, suivant les pays, sous les noms de *pic*, de *dent*, etc. Si le mouvement de bascule n'a pas été très prononcé, le cône est irrégulier, en ce sens qu'un des côtés est très incliné, tandis que l'autre offre une pente très douce. Cette forme en cône irrégulier, que l'on observe fréquemment dans le terrain jurassique, et quelquefois dans le terrain crétacé inférieur du midi de la France et de l'Europe (*Pic de Saint Loup*, près de Montpellier, *Mont Ventoux*, en Provence), peut aussi être due à la manière dont les strates ont été redressées.

La forme conique apparaît également dans les montagnes qui sont constituées par des strates horizontales et qui ont été modelées par les agents d'érosion. Mais c'est surtout dans les montagnes volcaniques que cette forme se montre le plus fréquemment et devient caractéristique; c'est dans les volcans à cratère de soulèvement, aussi bien que dans les volcans à cratère d'éruption, qu'elle présente le plus de régularité. (Voir livre V, chap. v.)

Vallées orographiques et vallées de dénudation. — D'une manière générale, on peut dire qu'une vallée est une dépression de forme allongée, plus ou moins nettement limitée par des chaînes de montagnes ou des saillies de terrain et ordinairement arrosée par un ou plusieurs cours d'eau. Mais ces dépressions varient, sous le rapport de leur étendue, depuis les plus petits ravins ou même les simples fossés jusqu'à ces larges bassins, tels que la vallée du Rhône, que parcourent un fleuve et un grand nombre de rivières. Je n'aurai en vue, dans ce paragraphe, que les vallées d'une faible dimension, ayant tout au plus un ou deux kilomètres de largeur.

Ces vallées peuvent se classer en *vallées orographiques*, *vallées de dénudation* et *vallées d'effondrement*.

Les vallées *orographiques* sont ainsi nommées parce qu'elles trouvent leur raison d'être dans les mêmes phénomènes qui ont déterminé l'apparition des chaînes de montagnes et des principales protubérances de terrain. Les unes sont des *vallées de ploiement*, c'est à dire des dépressions résultant de la simple courbure des strates, qui s'infléchissent et passent, sans se rompre, d'une chaîne de montagnes à la chaîne voisine; les figures 15, 16 et 81 montrent des exemples de vallées de ploiement. Les autres sont des *vallées de fracture, de déchirement* ou *de dislocation;* elles proviennent d'un déchirement du sol ou d'une faille que les eaux ont de plus en plus élargie et creusée. Dans la nomenclature proposée par Thurmann (voir *antè*, page 565), les vals correspondent aux vallées de ploiement, et les cluses ainsi que les ruz aux vallées de fracture; les combes ont en quelque sorte un caractère mixte.

Les vallées de *dénudation* ou d'*érosion superficielle* sont exclusivement l'ouvrage des eaux. Celles qui offrent au plus haut degré ce caractère existent dans les régions où la configuration du sol ne porte nullement l'empreinte des forces intérieures. Il en est ainsi notamment pour les vallées de la Seine et des rivières qui arrosent les environs de Paris. Les cours d'eau, qui coulent sur des terrains de transport, si faciles à se désagréger, ont presque toujours leur lit établi au fond de vallées d'érosion.

Les vallées de dénudation dominent dans les régions basses, tandis que les vallées résultant des dislocations du sol existent surtout dans les montagnes. Le même cours d'eau, après avoir parcouru une vallée de fracture dans une région montagneuse, coule, dès qu'il arrive dans la plaine, au milieu d'une vallée d'érosion qu'il s'est lui même creusée. En d'autres termes, les vallées d'érosion sont ordinairement placées sur le prolongement des vallées orographiques.

Pourtant, on aurait tort de croire que, dans les régions basses, les forces intérieures n'ont jamais coopéré à la formation des vallées. Le Rhône, au dessous de Lyon, coule le long d'une faille dont l'existence ne peut être mise en doute et qui a dû exercer une influence sur sa direction. Il suit en même temps une arête montagneuse très prononcée qui a toujours posé une limite à son déplacement vers l'ouest, déplacement déterminé par les cônes de déjection gigantesques édifiés par les courants qui descendent du versant occidental des Alpes.

Dans les régions de montagnes, les vallées ont été primitivement le résultat des dislocations du sol, puis elles ont été élargies et creusées à la suite de phénomènes de dénudation. Celles dont le modelé ne porte pas, à un degré quelconque, les traces de l'intervention des agents d'érosion sont très rares. Mais, sur les massifs montagneux qui présentent des plateaux ou des parties à surface plus ou moins horizontale, l'influence des agents d'érosion apparaît d'une manière plus évidente. Le Larzac et les plateaux désignés dans les départements de l'Hérault et de l'Aveyron sous le nom de *causses* constituent des massifs de terrain jurassique en strates horizontales ou faiblement inclinées. Ces plateaux sont séparés les uns des autres par des gorges profondes ; il faut souvent deux heures pour franchir la distance qui existe entre deux plateaux voisins. Ces gorges ont pu être à l'origine des fentes ou des déchirures que les cours d'eau ont ensuite creusées et creusent de plus en plus.

Le Jura nous montre, dans la fissure si profonde et si accidentée où coule le Doubs, un des meilleurs types de vallée orographique. Mais il nous fournit aussi un exemple remarquable d'une vallée que l'on peut considérer comme l'œuvre exclusive des eaux ; cette vallée est, pendant une partie de son trajet, celle de la Loue, un des affluents du Doubs. Dans le voisinage de sa source, la Loue franchit une de ces vallées d'effondrement dont il sera question dans le paragraphe suivant. Puis elle coule à travers une gorge très pittoresque à laquelle on ne peut refuser le caractère d'une vallée de fracture, lorsque l'on remarque l'allure si tourmentée des strates qui encaissent cette gorge. Mais, de Mouthier à Ornans et au delà, cette rivière serpente à travers une dépression que tout démontre être l'ouvrage exclusif des eaux. Au dessous de la terre végétale et du terrain de transport, on aperçoit (figure 121, page 605) dans le fond de cette vallée l'oolite inférieure O qui, grâce à ses assises calcaires, a été à peine entamée par les agents d'érosion. A droite et à gauche s'élèvent des talus constitués par les marnes oxfordiennes OX, et ces marnes oxfordiennes sont surmontées de crêts coralliens C. Des deux côtés de la vallée, les strates des terrains oxfordien et corallien se montrent parfaitement horizontales et se maintiennent au même niveau avec une régularité remarquable. Sur les plateaux se placent en retrait, à droite et à gauche, les assises du terrain kimméridien K. (1)

Vallées d'effondrement ou d'érosion souterraine. — « Certaines vallées présentent des caractères assez exceptionnels pour qu'il soit impossible de les faire entrer dans les groupes des vallées de dislocation et des vallées d'érosion superficielle.

(1) La dénudation qui a produit la vallée de la Loue date probablement de l'époque où les glaciers alpins, atteignant la crête du Jura, déversaient des masses d'eau considérables sur son versant occidental.

Limitées latéralement dans les pays calcaires par des parois très abruptes, elles sont de plus terminées brusquement vers le haut par une sorte de cirque escarpé, sans issue, auquel les montagnards donnent assez ordinairement le nom très expressif de *Bout du Monde*. Ici donc les formes adoucies de la rapure superficielle font défaut; et d'un autre côté on ne comprend pas comment l'effet d'une dislocation se serait trouvé instantanément amorti au point de s'arrêter contre un haut plateau sans échancrure sensible. Il faut ajouter que l'amphithéâtre de ces sortes de vallées est muni d'une source volumineuse du genre de celles que l'on peut désigner sous le nom de fontaines vauclusiennes.

» La vallée du Cholet, près de Saint Jean en Royans, est spécialement dans ce cas. Elle est très étroite, d'une largeur à peu près constante sur toute son étendue, profondément entaillée dans les marnes et dominée à droite et à gauche par les grands précipices des épaisses assises néocomiennes; enfin vers la moitié environ de la hauteur de son amphithéâtre terminal on voit sortir d'une grotte la source du Cholet qui en arrose le fond. Or, ce Cholet reçoit lui même ses eaux par divers scialets pour la plupart rangés le long d'un pli ou d'une fracture formant la concavité du plateau de Lente. Dès lors, pourquoi ne pas admettre que cette rivière souterraine, en creusant son lit mystérieux sous la voûte calcaire, a fait naître les effondrements du plateau, et qu'en se rapprochant davantage de la plaine, elle a augmenté son œuvre de destruction en raison de l'augmentation progressive du volume de ses eaux. Sapant ainsi un à un les piliers de son dôme, elle en a provoqué l'éboulement, et la vallée s'est trouvée ébauchée. — Comme celle du Cholet, la vallée du Dorain à Poligny est terminée brusquement par un amphithéâtre sous le nom de

Culée de Vaux. De même la Seille à Baume coule au fond d'un précipice entre des montagnes immenses, entre d'arides rochers, qui ne laissent apercevoir que la voûte des cieux. Ce vallon se termine également en fer à cheval, d'une hauteur et d'un aplomb dont l'aspect excite une secrète mais invincible horreur. Les diverses sources de la Seille s'échappent en masses volumineuses de la branche droite quand on est en face de la Culée. Pour sortir par l'amont de cette gorge, on a dû pratiquer dans une scissure que l'on nomme *les Echelles*, des degrés rapides que les ânes et les mulets peuvent seuls escalader. Enfin la Culée de Gizia, près de Cousance, est également l'image de celle de Vaux, quoiqu'elle soit plus large et plus éclairée; mais, comme elle, on la voit terminée par une paroi verticale de deux cents mètres de hauteur. Un petit torrent intarissable s'écoule hors des talus d'éboulement placés au pied de ce mur coupé d'aplomb, et dans lequel on n'aurait pas même pour y monter la ressource des joints que l'on trouve dans une muraille ordinaire. Il a donc fallu ciseler dans la roche et sur la gauche de la culée un sentier par lequel on peut passer à cheval pour aller à Saint Julien et à Gigny.

» Sachant par expérience avec quelle rapidité les faits se développent quand une fois l'éveil est décidément donné et que la science est assez mûre pour les comprendre, je dois espérer de voir ces vallées d'effondrement par érosion souterraine entrer définitivement dans le domaine de la géologie. Je suppose même qu'une étude plus approfondie de leurs caractères permettra d'y rattacher une foule d'autres dépressions dont les injures du temps auront enlevé la fraicheur native au point de les faire confondre avec les vallées d'érosion superficielle. On s'expliquerait ainsi la position de ces concavités au sujet desquelles on est toujours invinciblement amené à se demander : Pourquoi sont-elles là ? tellement elles sont en dehors des règles géologiques admises jusqu'à présent. »

Dernières remarques; géologie pittoresque. — « Ces curieux rapports entre la constitution géognostique et la forme des masses rocheuses, » dit M. Leymerie, dans ses *Eléments de géologie*, « avaient été entrevus par d'anciens géologues ; mais c'est Dolomieu qui le premier appela sur eux l'attention d'une manière spéciale. Ils mériteraient d'être étudiés à part, et l'ensemble des considérations qui se rapportent à ce point de vue serait très propre à servir de base à une application de la géologie qui serait au paysage ce qu'est l'anatomie à la représentation de l'homme et qu'on pourrait désigner par le nom de *géologie pittoresque.* »

Je regrette que la nature de cet ouvrage ne me permette pas de donner plus de place à l'examen des relations qui existent entre la constitution géognostique ou stratigraphique du sol et le modelé du globe (1). Pour démontrer tout l'intérêt que peut offrir un pareil examen, je dirai avec l'éminent géologue anglais John Phillips :

« La description des grandes et belles combinaisons produites par la nature (combinaisons qui, pendant longtemps, ont attiré dans les vallées et les montagnes du Yorkshire les paysagistes et les amateurs du pittoresque), ne fait pas partie d'un traité de géologie ; toutefois, quelques considérations sur la manière dont l'aspect de chaque contrée varie en même

---

(1) J'ai dû ne reproduire que quelques traits, pris au hasard, du vaste tableau que j'avais devant moi. D'ailleurs certains faits, qui auraient pu trouver place dans ce chapitre, ont été déjà mentionnés dans le courant du livre III et surtout dans son deuxième chapitre.

temps que sa constitution géognostique peuvent y trouver place. Il n'est pas inutile de démontrer que les principaux caractères de tout paysage se trouvent en relation immédiate avec les phénomènes géologiques. Les effets qui résultent des différences de hauteur dépendent des convulsions souterraines et de l'action énergique des cours d'eau superficiels. Il faut rattacher aux mêmes causes l'infinie variété d'aspects que montre un groupe montagneux; les plus petits détails qu'un promontoire présente à notre attention, le profil d'une montagne, le caractère particulier d'une cascade, dépendent principalement de la composition et de la structure des roches, ainsi que de l'ordre dans lequel elles se succèdent. L'attrait d'un beau paysage est-il diminué parce que la connaissance des forces secrètes qui lui ont donné une existence est devenue familière au géologue? A coup sûr, l'homme qui doit être le plus sensible au charme de la nature est celui qui, tout en jouissant du plaisir de contempler le monde qui l'entoure, se sent irrésistiblement conduit à rattacher le modelé de la surface de la terre aux grands changements survenus dans la constitution intérieure et extérieure de notre planète. Il découvre le lien qui rattache le présent au passé. Dans les révolutions qui se sont succédées à la surface du globe, il voit, non un accident sans raison d'être, mais les diverses parties d'un vaste plan parfaitement adapté à la nature intellectuelle et morale de l'homme. »

CHAPITRE VI.

Circulation générale de l'eau. — Introduction de l'eau dans l'intérieur de
l'écorce terrestre. — Roches perméables; roches perméables en petit,
roches perméables en grand. — Circulation souterraine de l'eau;
nappes aquifères. — Sources temporaires, sources permanentes; influence des saisons sur le débit des sources. — Influence de la nature
et de la disposition des terrains sur le régime et le point de jaillissement des sources.

Circulation générale de l'eau. — J'ai déjà parlé plusieurs fois de
la circulation de l'eau dans la partie périphérique du globe.
J'ai dit comment chaque molécule d'eau, après s'être éloignée
de l'océan, son point de départ, revenait vers lui comme vers un
réceptacle commun. Le phénomène général de la circulation
de l'eau présente plusieurs cas particuliers correspondant chacun à l'un des milieux où l'eau, sous l'influence de diverses
causes, se meut et voyage, tantôt à l'état liquide, tantôt à
l'état de vapeur. On peut distinguer :

a) Une circulation *océanienne*, résultant des divers mouvements auxquels les eaux de l'océan sont soumises. (Voir liv. IV,
chap. v.)

b) Une circulation *atmosphérique*, dont l'étude est du ressort
de la météorologie.

c) Une circulation *superficielle*, qui se trouve rattachée par

des rapports étroits à la configuration du globe et dont il a été
dit quelques mots. (Voir tome I, page 315.)

d) Une circulation *profonde*, dont j'ai parlé au commencement de ce volume.

e) Une circulation *souterraine*, qu'il faut distinguer avec
soin de la circulation profonde. Je vais, dans ce chapitre, m'occuper de la circulation de l'eau à travers la partie de l'écorce
terrestre la plus rapprochée de la surface du globe. Cette
étude offre le plus haut intérêt, soit que l'on recherche ses
applications à l'industrie ou à l'agriculture, soit que l'on se
place à un point de vue purement scientifique. En venant à la
suite des considérations qui ont fait l'objet des chapitres précédents, elle aura l'avantage de développer, pour le lecteur,
la connaissance de la structure de l'écorce terrestre. C'est ainsi
que l'étude du système circulatoire d'un animal est naturellement accompagnée de l'observation des muscles et des organes entre lesquels la circulation du sang s'effectue.

Introduction de l'eau dans l'intérieur de l'écorce terrestre.—L'eau,
provenant des pluies ou de la fonte des neiges, se divise en
trois parties : l'une est reprise par l'évaporation et retourne
vers l'atmosphère ; l'autre, à l'état d'*eaux sauvages*, va grossir
les ruisseaux, les rivières et les fleuves ; enfin, une troisième
partie s'infiltre dans le sol, et circule dans l'intérieur de l'écorce
terrestre jusqu'à ce qu'elle s'en échappe sous forme de source
ou qu'elle pénètre à une profondeur assez grande pour lui
permettre de passer à l'état de vapeur ; dans ce dernier cas,
son retour s'effectue par l'intermédiaire des sources thermales
ou des conduits volcaniques.

Certaines sources sont alimentées par l'eau qui est contenue
dans l'atmosphère à l'état de nuage ou de vapeur et qui pé-

nètre dans le sol avant d'avoir pu se transformer en pluie. Ce phénomène se manifeste surtout vers le sommet des montagnes qui exercent, comme on le sait, une action attractive sur la vapeur d'eau renfermée dans l'atmosphère et la condense autour d'elles. Il permet de s'expliquer comment certaines sources sont placées au sommet de montagnes isolées et dans des conditions telles qu'on ne peut avoir recours, pour se rendre compte de leur alimentation, à l'idée de courants de vapeur venant de l'intérieur de l'écorce terrestre. On a observé, dans des dunes, des sources qui tarissent lorsque la saison est sèche et qui recommencent à couler, lorsque le temps devient humide. Si des dunes, dit Bergmann, attirent l'humidité de l'air et la résolvent en eau, que ne peuvent faire à cet égard les hautes montagnes?

La végétation exerce également une grande influence sur l'alimentation des sources. Les arbres des forêts, les herbes des prairies et les mousses des tourbières attirent et condensent, sous forme de rosée ou autrement, la vapeur d'eau contenue dans l'atmosphère. En même temps, ils s'opposent à l'évaporation de l'eau qui a pénétré dans le sol. Bergmann rapporte qu'il ne pleut jamais dans l'île de Saint Thomas, mais que, dans le milieu de cette île, il y a une grande montagne couverte de forêts, qui est continuellement entourée de nuages, et d'où découlent des ruisseaux qui fertilisent le pays. On a constaté qu'il existe dans l'île de l'Ascension, au bas d'une montagne, une belle source qui s'est tarie par l'effet du déboisement et a retrouvé ses eaux quand la montagne a été reboisée.

L'influence de la végétation sur le régime hydrographique souterrain nous explique pourquoi le déboisement et le défrichement ont ordinairement pour conséquence la diminution

41

dans le nombre des sources et dans la quantité d'eau fournie par celles qui ne sont pas taries. Parmi les observations qui démontrent cette influence, je me bornerai à rappeler le fait suivant qui est mentionné dans un mémoire de M. Boussingault. La vallée d'Aragua, province de Venezuela, est bornée de toutes parts par des montagnes ou des collines ; les rivières qui y coulent n'ont point d'issue vers l'océan, et, en se réunissant, donnent naissance au lac de Tacarigua. La ville de Nueva-Valencia a été bâtie, en 1755, à une demi lieue de ce lac. En 1800, elle en était éloignée de 2700 toises, et Humboldt attribuait la retraite des eaux aux défrichements qui avaient été faits dans la vallée. En abattant les arbres qui couvrent la cime et le flanc des montagnes, les hommes, disait-il, sous tous les climats, préparent aux générations futures deux calamités à la fois, un manque de combustible et une disette d'eau. En 1822, M. Boussingault apprenait des habitants que les eaux du lac avaient éprouvé une hausse très sensible ; des terres, jadis cultivées, étaient alors sous les eaux. Dans l'espace de vingt deux ans, la vallée avait été le théâtre de luttes sanglantes durant la guerre de l'indépendance ; la population avait été décimée, les terres étaient restées incultes, et les forêts, qui croissent avec une si prodigieuse rapidité sous les tropiques, avaient fini par occuper une grande partie du pays.

Le sol de certaines contrées calcaires présente des ouvertures qui les ont fait comparer à un crible. Ces ouvertures, dit M. Fournet, sont cylindriques ou coniques, béantes de diverses manières, plus ou moins obstruées et désignées dans nos provinces, suivant leurs rôles, sous les noms de : *abîme, gouffre, goule, gouille, gour, pot, trou, creux, puits naturel, bétoir, bois-tout, entonnoir, anselmoir, emposieu, avens, scialet, embuc, fondrière, ragagés et garagaï.* (Voir tome I, page 314.)

Dans ces gouffres, des cours d'eau, permanents ou formés après une pluie abondante, disparaissent entièrement. On trouve dans presque toutes les rivières des remous qui rendent la navigation dangereuse, absorbent les corps étrangers entraînés par le courant et sont dûs à autant de cavités autour desquelles l'eau tourbillonne avant de s'y introduire. Mises à sec, les places de ces remous offriraient sans nul doute la plus grande analogie avec les puits de sable et de gravier, nommés *bétoirs* en Normandie, et dans lesquels se perdent en partie l'Itou, la Rille et plusieurs autres rivières. Cette rapide absorption de l'eau par le sol s'observe surtout dans les bassins fermés des pays calcaires. Dans la Morée, où ces bassins existent en grand nombre, les gouffres par où les eaux s'échappent portent le nom de *Katavothron,* tandis que l'on appelle *Kephalovrysi* les ouvertures par où les eaux reparaissent. (Voir tome I, page 348.)

Roches imperméables; roches perméables en petit; roches perméables en grand. — La nature des roches exerce une influence prépondérante sur la manière dont les eaux pénètrent dans l'intérieur du globe, y circulent et s'en échappent en donnant origine au phénomène des sources. Au point de vue hydrographique, on peut diviser les roches en *roches imperméables, roches perméables en petit* et *roches perméables en grand.*

Les roches imperméables sont surtout les marnes et les argiles. Elles s'opposent à l'introduction de l'eau dans l'intérieur de l'écorce terrestre et à sa circulation souterraine. C'est la nature argileuse de leur sol qui rend certaines contrées, telles que la Bresse et la Sologne, humides, malsaines et impropres à la culture. Dans un pays, dont le sol est argileux et offre une pente faible ou nulle, on conçoit que l'eau pluviale, ne pouvant être absorbée par ce sol imperméable ni prendre son écoulement à sa surface, ne disparaisse que très lentement par voie d'évaporation et détermine, en restant stagnante, la formation de mares, d'étangs et de marais.

Les roches perméables en petit présentent des vides nombreux qui leur permettent de se pénétrer d'eau dans toute leur masse avec une grande facilité. Dans les roches perméables en petit, l'eau circule, comme à travers une éponge, tantôt en vertu de la capillarité, tantôt par suite de son propre poids ou de la pression exercée sur elle par l'eau qui tend également à s'infiltrer dans le terrain déjà imbibé. Parmi les roches que l'on peut considérer comme étant perméables en petit, je citerai : les schistes, où l'eau circule entre les feuillets dont la roche se compose, tout en ne pénétrant qu'avec difficulté dans la substance même des feuillets ; les sables, les grès et les roches possédant une texture analogue ; les conglomérats, surtout lorsque leurs éléments ne sont pas cimentés ; les roches employées comme pierre à filtrer ; quelques trachytes, les cendres et les scories volcaniques, etc.

Parmi les roches perméables en grand, il faut placer quelques granites, certain grès à grain serré, les basaltes et surtout les calcaires. Ces roches, par suite de leur texture très compacte, se laissent difficilement imbiber par l'eau ; mais elles présentent fréquemment des fentes ou cavités où l'eau pénètre et circule avec facilité.

Une masse perméable, superposée à une masse imperméable, forme une *nappe aquifère* où l'eau peut circuler librement lorsqu'elle trouve une issue, et où, dans le cas contraire, elle s'accumule en quantité plus ou moins considérable.

Il ne faut pas confondre le degré de perméabilité d'une

roche avec son degré d'hygrospicité; pour en être convaincu, il suffit de jeter un coup d'œil sur le tableau suivant où se trouve indiqué le degré d'hygrospicité de quelques substances qui entrent dans la composition de l'écorce terrestre. Ce tableau a été dressé, par Thurmann, en prenant 100 grammes de chaque roche, et en pesant chaque échantillon, d'abord sec, puis après une immersion de cinq minutes dans l'eau; il indique pour chaque roche l'augmentation de poids après l'expérience et, par conséquent, la quantité d'eau absorbée.

Granite feuille morte des Vosges, non altéré	0,00
Basaltes non altérés de l'Albe et du Kaisertuhl.	0,00
Calcaire portlandien compacte conchoïdal.	0,00
Trachyte verdâtre subterreux du Kaisertuhl.	0,57
Calcaire oolitique (Dalle nacrée) du Jura bernois.	0,55
Grauwacke presque compacte des Vosges	0,90
Calcaire conchylien marno-compacte du Jura argovien.	1,20
Schistes liasiques divers, moyenne.	1,58
Calcaires d'eau douce divers des vallées du Jura, moyenne.	2,20
Granite un peu altéré, des Vosges.	5,00
Grès vosgiens divers des Vosges et du Schwarzwald, moy.	4,54
Argilophyre des Vosges.	4,76
Granites plus altérés, des Vosges.	5,50
Mollasses diverses du bassin Suisse, moyenne.	6,00
Grès bigarrés divers des Vosges, moyenne.	7,00
Calcaire crayeux à Nérinées du Jura bernois.	7,50
Limons (lehm) d'Alsace, moyenne.	7,50
Argile pure de Limoges (Saint-Yrieix).	11,94
Pegmatite très kaolinique de Limoges (Saint-Yrieix).	15,50
Marnes oxfordiennes diverses du Jura.	15,50
Craie blanche de Champagne.	20,00
Kaolin pur de Limoges (Saint-Yrieix).	50,00

On voit que les roches que nous avons considérées comme

perméables en grand ou en petit sont celles qui absorbent le moins d'eau, tandis que celles que nous avons appelées imperméables ont, si l'on peut s'exprimer ainsi, une grande affinité pour elle. Il est aisé de se rendre compte de ce fait en apparence paradoxal, si l'on se rappelle que les roches perméables ne laissent circuler l'eau dans leur intérieur qu'à la faveur des vides qu'elles présentent et qui permettent de les comparer à des tamis ou à des cribles; les autres, au contraire, absorbent rapidement l'eau par l'intermédiaire de tubes capillaires, et c'est pour cela qu'elles happent à la langue; une fois que les molécules d'eau ont pénétré dans ces tubes capillaires, elles ne s'en dégagent qu'avec difficulté; en obstruant les conduits formés par ces tubes, elles s'opposent à ce que d'autres molécules de liquide viennent les remplacer; elles rendent par conséquent impossible toute circulation de l'eau dans les roches imperméables.

Circulation souterraine de l'eau. — Je n'ai pas besoin d'insister sur la manière différente dont l'eau circule à travers une roche perméable en petit et une roche perméable en grand. Dans le sable, par exemple, elle pénètre partout et s'infiltre entre tous les grains dont la roche se compose. Dans une roche perméable en grand, l'eau se meut à la faveur des fissures et des cavités qui existe dans cette roche.

En se plaçant les unes à la suite des autres et en livrant passage à des cours d'eau, ces cavités se transforment en rivières souterraines, soumises au même régime que les rivières superficielles. Lorsque ces canaux souterrains aboutissent à la surface du sol, l'eau qu'ils contiennent jaillit avec abondance, ainsi qu'on l'observe dans les pays calcaires. Les sources, dans ces pays, ne sont fréquemment que le point où une rivière, après un trajet souterrain plus ou moins long, se met à couler à la surface du sol. Quelquefois, elle rencontre une autre crevasse où elle disparaît de nouveau. « La célèbre caverne d'Adelsberg, dans la Carniole, qu'on présume être longue de près de deux lieues, paraît être parcourue, dans une grande partie de sa longueur, par la rivière Poyk ou Piuka, qui s'y précipite à travers des bancs calcaires disloqués, et présente dans son cours souterrain plusieurs ponts naturels suspendus à de grandes hauteurs au dessus de ses eaux. Elle reprend momentanément un cours superficiel pour redevenir bientôt souterraine, puis reparaître au jour pour former la Laybach, qui s'engloutit à son tour près de la ville du même nom, dans la caverne de Reifnitz. L'Iesero, qui sort du lac de Zirchnitz, traverse aussi une caverne où il serait pendant quelque temps navigable, sans les cascades de son cours irrégulier à travers les anfractuosités des roches calcaires. » (J. Desnoyers.) Tous les pays offrent des exemples nombreux de rivières qui disparaissent définitivement ou momentanément au dessous du sol. Si l'on suppose que les parois des cavernes, où une même rivière disparaît à plusieurs reprises, s'affaissent peu à peu par suite des érosions exercées par cette rivière, on pourra se faire une idée du mode de formation des vallées d'effondrement.

Ces cavités, en prenant de vastes dimensions, servent quelquefois de réceptacles à de véritables lacs souterrains. Celles de la Balme, près de Lyon, et de Darcy, aux environs de Montbard, par exemple, renferment des lacs sur lesquels on peut se promener en bateau. Les grottes si nombreuses des Alpes calcaires de la Carniole et de la Dalmatie sont également munies de lacs souterrains, et c'est dans les eaux de deux de ces cavernes, celles de Zeiknitz et d'Adelsberg, que vit le singulier batracien appelé par les zoologistes *Proteus anguinus*. Dans les célèbres grottes de Mammouth (Kentucky), que j'ai citées à cause de leur grande étendue (tome I, page 342), existe un lac intérieur mis en communication avec une petite rivière ; celle-ci va sans doute se réunir par des canaux souterrains au Green-River qui contourne la montagne où sont situées les grottes. Dans cette rivière souterraine, vivent des poissons dont les yeux sont complétement oblitérés et qui appartiennent au genre *Cyprinodon*, ainsi que des batraciens du genre *Siredon* formé aux dépens du genre *Proteus*.

Dans quelques sondages, l'existence des cavités intérieures aquifères a été dénotée par la chute subite de la sonde, immédiatement suivie du jaillissement de l'eau. Diverses circonstances ont permis même de constater que ces cavités pouvaient servir de conduit à de vrais courants. On a reconnu quelquefois une forte pression latérale contre la sonde. A Riemke, près de Bochum, en Westphalie, l'eau d'un puits artésien amena plusieurs petits poissons dont quelques uns avaient un décimètre de longueur ; les courants superficiels les plus rapprochés de ce puits se trouvaient à quelques lieues. Lorsque le sondage, pratiqué à Tours en 1830, eut traversé le terrain de craie, les eaux amenèrent tout à coup de la profondeur de 109 mètres une grande quantité de sable fin accompagné de coquilles et de débris de végétaux, parmi lesquels le naturaliste Dujardin reconnut des morceaux d'épines, longs de quelques centimètres, noircis par leur séjour dans l'eau, des tiges et des racines encore blanches de plantes marécageuses, des graines de plusieurs espèces dans un état de conservation qui ne permettait pas de supposer qu'elles eussent séjourné plus de trois à quatre mois dans l'eau. On remarqua, parmi ces graines, celles d'une plante qui croît dans les marais (*Ga-*

lium uliginosum); et, parmi les coquilles, une espèce d'eau
douce (*Planorbis marginatus*), ainsi que quelques espèces
terrestres (*Helix rotunda*, *Helix striata*).

**Sources temporaires, sources permanentes; influence des saisons sur
leur débit.** — Les sources sont les points où l'eau, après un trajet
souterrain plus ou moins long, trouve une issue naturelle et
revient à la surface du globe. Les sources peuvent jaillir au
fond de l'océan aussi bien que sur le sol émergé. Il existe,
dans le golfe de la Spezzia, à 50 mètres du rivage, une source
qui s'élève du fond de la mer en formant un mamelon de
25 mètres de diamètre, sur 3 à 4 décimètres de hauteur; au
centre de ce mamelon, on voit un grand nombre de jets verticaux, très distincts quand la mer est calme. Humboldt cite,
sur la côte méridionale de Cuba, à deux ou trois lieues de la
terre, des sources d'eau douce sortant au milieu de l'eau salée, et probablement par l'effet de la pression hydrostatique.
Leur éruption se fait avec tant de force, que l'approche de ces
lieux fameux est dangereuse pour les petites embarcations, à
cause des lames qui sont très larges et se croisent en clapotant.
Les navires côtiers approchent quelquefois de ces sources pour
y puiser de l'eau, qui est d'autant plus douce qu'on la puise à
une plus grande profondeur. M. de Villeneuve-Flayosc, auteur
de la *Carte géologique de Provence*, a calculé que les sources
sous marines, apparaissant le long du littoral compris entre
Perpignan, Gênes et la Spezzia, apportent à la mer 50 mètres
cubes par seconde, c'est à dire à peu près le tiers de ce que
donne la Seine à l'étiage.

Les sources varient beaucoup sous le rapport de leur
importance. Il existe tous les intermédiaires possibles entre les
simples suintements qui se produisent sur certains points après

une pluie un peu abondante et les sources qui alimentent à elles seules de véritables rivières ou font aller des moulins et des usines.

Comme exemples de sources ayant un débit considérable, je mentionnerai celle du Loiret qui donne 33 mètres cubes par minute. Le débit de la source de la Loue, rivière qui passe par Ornans et se jette dans le Doubs, est de 27 mètres cubes par minute, et celui de la fontaine de Sirod (Ain) de 37 mètres cubes dans le même temps. Daubuisson prétend avoir vu, au pied de l'escarpement calcaire qui borde le Lot, en face de Cahors, une source donnant 120 mètres cubes par minute. D'après M. de Villeneuve-Flayosc, le débit de la fontaine de Vaucluse, réputée comme étant la plus belle source de France, serait de 780 mètres cubes par minute; mais cette appréciation paraît exagérée.

Il n'existe pas de sources dont le débit soit rigoureusement toujours le même. L'influence des saisons se fait plus ou moins sentir sur elles. Ce n'est que dans des cas exceptionnels qu'elles ont un débit constant dont la régularité ne peut s'expliquer qu'en supposant, dans les conduits qui les alimentent, une disposition spéciale.

Sous les rapports de la durée de leur écoulement, les sources se divisent en sources *permanentes*, sources *intermittentes* et sources *temporaires*. Les sources permanentes jaillissent pendant toute l'année. J'expliquerai tout à l'heure quel est le mécanisme en vertu duquel les sources intermittentes proprement dites fonctionnent. Quant aux sources temporaires, elles n'apparaissent qu'après les saisons pluvieuses ou lors de la fonte des neiges; elles tarissent peu de temps après avoir commencé à couler. « Le jaillissement de plusieurs sources exigeant des chutes d'eau calamiteuses, leur apparition temporaire est regardée comme un funeste présage pour les récoltes. De là les noms de *fontaine de disette, fontaine de famine, font-famineuse, fontaine de malheur, fouën de carestié, fontaine de cher temps, bramafan (crie la faim)*, sous lesquels on les désigne dans nos provinces. » (Fournet.)

Parmi les nombreux exemples de sources temporaires que l'on trouve dans les pays calcaires, je me bornerai à citer le *Puits de la Brême*, à 3 ou 4 kilomètres d'Ornans (Doubs). C'est un gouffre dont on ne connaît ni la profondeur, ni la direction, et que l'on voit rarement à sec; l'eau s'y maintient souvent au dessous du bord du puits qui tantôt absorbe la petite rivière qui coule dans le ravin où il se trouve, tantôt, après des pluies considérables, vomit des eaux qui donnent naissance à un torrent limoneux, capable de faire rouler des pierres d'un assez grand volume.

Influence de la nature et de la disposition du sol sur le régime et le point de jaillissement des sources. — Les sources se trouvent sur les points où les nappes aquifères affleurent à la surface du sol. Elles existent au dessus des assises marneuses et argileuses, ou, plutôt, dans les couches perméables que ces assises supportent. Dans chaque contrée, ces assises correspondent à ce qu'on appelle les *niveaux d'eau*. Si l'apparition d'une couche marneuse ou argileuse permet de prévoir la rencontre d'une source, d'un autre côté, la rencontre d'une source aide à reconnaître l'existence d'une assise marneuse ou argileuse qui, quelquefois cachée par la végétation, les éboulis ou la terre végétale, pourrait échapper à l'attention de l'observateur.

On conçoit que les failles doivent aussi exercer une influence considérable sur le mode de répartition des sources. Elles fonctionnent, dans l'intérieur de l'écorce terrestre, comme des conduits collecteurs, destinés à recevoir l'eau qui s'échappe des nappes aquifères, et c'est ordinairement sur le trajet des failles que se trouvent les sources les plus importantes.

Evidemment, le débit d'une source dépend avant tout de l'étendue des réservoirs qui l'alimentent; il varie aussi avec la nature du sol. Dans les pays à roches perméables en petit, les sources peuvent être très nombreuses, mais elles sont rarement très abondantes. Dans les pays calcaires, et, par conséquent, à roches perméables en grand, les sources sont assez rares, mais très volumineuses; elles appartiennent au groupe que l'on peut, à l'exemple de M. Fournet, distinguer par l'épithète de *vauclusiennes*. Ces sources, qui ont un débit si considérable, sont, ainsi que je l'ai dit, les points où des rivières souterraines trouvent une issue.

Les sources sont très rares auprès des volcans éteints ou en activité. Cette absence de sources s'explique par la nature du sol, presque en totalité constitué par des scories et des cendres volcaniques, roches qui absorbent l'eau avec avidité. Quant aux laves et aux basaltes, ces roches, quelle que soit leur compacité, sont fréquemment fissurées ou fracturées; elles se comportent comme des roches perméables en grand. Les eaux pluviales pénètrent à travers le sol jusqu'à ce qu'elles se perdent dans les cavités qui existent dans les massifs volcaniques. Quelquefois les eaux rencontrent le sol sur lequel les laves et les basaltes se sont épanchés; si ce sol est plus ou moins imperméable, elles prennent leur écoulement à la faveur des vides qui séparent les masses volcaniques des roches sous jacentes et qu'elles élargissent de plus en plus. Elles jaillissent, souvent avec abondance, sur les points où les nappes de basalte s'arrêtent. Les sources, établies dans ces conditions, sont communes dans l'Eifel, et, en Auvergne, sur les bords de la Limagne. Le plateau granitique, qui supporte le groupe des volcans des Monts Dômes, est complétement dépourvu de sources; mais si, après avoir parcouru ce plateau, on descend vers Clermont par la fraîche vallée de Fontanat, où l'on observe plusieurs coulées de lave, on voit des eaux abondantes jaillir de tous côtés et déterminer le développement d'une riche végétation.

Comme exemple d'application de la connaissance géologique du sol à l'étude du régime souterrain des eaux, je citerai la source du Lizon, près de Nans sous Sainte Anne, dans le département du Doubs. « Le ruisseau de Joues a sa source dans le terrain oxfordien, à l'est du village de Montmarlon, puis il prend le nom de Lizon (du haut) et vient se perdre, lors des basses eaux, dans un entonnoir situé auprès du village de Dournon. Lorsque les eaux sont un peu fortes, cet entonnoir ne suffisant plus, l'excédant disparaît dans un second entonnoir situé un peu au delà. Enfin, lors des crues, le torrent dépasse le second entonnoir et se rend, sous le nom de *Bief de Laizine*, dans le ruisseau qui, un peu en aval, forme la cascade du *Pont du Diable*, complétement à sec pendant les grandes chaleurs. Lorsque le ruisseau du *Pont du Diable* renferme peu d'air, il disparaît dans un entonnoir près de Migette. Mais, à la suite de quelques jours de pluie, cet entonnoir devient insuffisant; le ruisseau poursuit sa route et se jette d'une hauteur de plus de 80 mètres dans le gouffre nommé *Puits Billard* qui correspond, par un conduit souterrain de 400 mètres de longueur, avec la grotte d'où s'échappe la source du Lizon (du bas). Dans les grandes crues, la masse des eaux tombant dans le *Puits Billard* est un torrent furieux, et pourtant cet entonnoir le reçoit en entier pour le conduire à cette source, qui s'échappe en nappe d'une ouverture ayant environ 10ᵐ de largeur sur 5ᵐ de hauteur. Dès que le débit de cette source dépasse une certaine limite, la *grotte Sarrazine*, située à une faible distance, donne de l'eau qui forme une cascade et qui est en quelque sorte le trop plein de la source du Lizon. Celle-ci est en partie alimentée par les eaux disparaissant dans les entonnoirs qui ont été mentionnés; ces entonnoirs sont échelonnés le long d'une faille à l'extrémité de laquelle se trouve la source du Lizon; cette faille recueille les eaux qui coulent non seulement à la surface du sol, mais aussi dans les cavités situées à diverses profondeurs. » (H. Résal, *Statistique géologique du Doubs*.)

CHAPITRE VII.

Puits artésiens et fontaines jaillissantes; conditions favorables pour
l'établissement d'un puits artésien. — Fontaines intermittentes; influence des gaz sur le jaillissement de certaines sources. — Influence
des marées sur le régime des sources voisines du littoral. — Recherche des eaux souterraines. — Circulation souterraine des substances
à l'état gazeux; sources d'hydrogène carboné, d'acide carbonique et
d'air atmosphérique.

Puits artésiens; fontaines jaillissantes; puits absorbants. — Dans
quelques contrées, en creusant des puits ou en pratiquant des
sondages, on voit fréquemment l'eau faire tout à coup irrup-
tion, déborder quelquefois et même jaillir jusqu'à une certaine
élévation. C'est ce phénomène que l'on désigne sous le nom
de *puits artésien* ou de *fontaine jaillissante*.

Pour expliquer le jaillissement de l'eau dans les puits artésiens, on a eu quelquefois recours à l'hypothèse d'une pression
exercée sur les nappes aquifères par les masses qu'elles supportent. Mais cette hypothèse n'est pas admissible, car la cause
qu'elle invoque aurait dû s'opposer à l'introduction de l'eau
dans les nappes aquifères. C'est en vain que, pour la rendre
probable, on supposerait que l'eau alimentant les puits artésiens a été introduite dans l'écorce terrestre par une cause
accidentelle ou indéterminée. Le jaillissement des sources artésiennes est un phénomène constant qui suppose une cause

toujours active; il faut donc que le courant d'eau qui s'échappe par l'orifice d'un puits artésien communique, sur un point plus ou moins éloigné, avec un réservoir d'alimentation.

Le mécanisme, en vertu duquel un puits artésien et une fontaine jaillissante fonctionnent, est tout simplement celui que l'on observe dans un siphon renversé. Ce mécanisme est l'application du principe de physique en vertu duquel tout liquide contenu dans des vases communiquants tend à s'élever partout au même niveau (1). En d'autres termes, un puits artésien n'est autre chose que la branche verticale d'un siphon dont l'autre branche, très peu inclinée, a son ouverture à une grande distance. Les frottements éprouvés par l'eau pendant son trajet souterrain s'opposent à ce qu'elle atteigne en jaillissant une altitude égale à celle de son point de départ.

Pour qu'il y ait à peu près certitude de succès dans l'établissement d'un puits artésien, il faut que la sonde puisse rencontrer une nappe aquifère nettement limitée en haut et en bas par des couches imperméables; il faut en outre que cette nappe se relève de plus en plus de manière à n'atteindre la surface du sol que dans une contrée placée à une altitude supérieure à celle du point où le sondage est établi. L'eau jaillissante s'élève au dessus du sol d'autant plus haut que le point où s'alimente la nappe aquifère est plus élevé relativement au point où se trouve l'orifice du puits artésien.

Les conditions favorables à l'établissement de puits artésiens sont parfaitement réalisées dans la majeure partie du bassin parisien et notamment sur l'emplacement qu'occupe Paris. (Voir fig. 122, page 620.) Cette capitale repose sur une assise

(1) Cette explication des puits artésiens, dit Daubuisson, n'est pas nouvelle; elle se présente si naturellement à l'esprit, que, dès 1691, Bernardini Ramazzini l'avait appliquée aux fontaines jaillissantes de Modène.

de terrain tertiaire qui, en moyenne, n'a guère plus de 50 mètres d'épaisseur, mais qui, autour de Paris, atteint une plus grande puissance, lorsqu'elle n'a pas été dénudée par les agents d'érosion. La partie de cette assise correspondant au terrain tertiaire inférieur se développe au nord et à l'est de Paris; elle est formée d'alternances d'argile et de grès déterminant des nappes aquifères qui, sur certains points, ont fourni des eaux jaillissantes, et ont motivé, antérieurement au forage du puits de Grenelle, l'établissement de puits artésiens de peu d'importance, tels que ceux de Saint Ouen, de Saint Denis et de Stains.

Au dessous de cette nappe de terrain tertiaire, se développe une masse appartenant à la craie blanche et offrant une puissance de 400 à 500 mètres; cette masse recouvre à son tour une assise marno-argileuse, épaisse de 50 mètres et appartenant également au terrain crétacé supérieur; cette assise est superposée aux sables du gault et du grès vert, qui forment la nappe aquifère où s'alimentent les puits artésiens de Grenelle, de Passy, de Tours, et de tout le bassin parisien. Par suite de la structure de ce bassin, l'ensemble des assises du grès vert constitue une immense cuvette remplie d'eau et dont les bords, en atteignant la surface du sol, dessinent une zone courbe (voir *antè*, page 593), qui entoure Paris et ne s'interrompt que sur les bords de la Manche. Sur les points où, en affleurant, il forme les surfaces d'absorption qui reçoivent les eaux pluviales, le grès se trouve porté à une altitude qui est au minimum de 90ᵐ à Réthel, de 138ᵐ à Sainte Menehould, de 101ᵐ à Vitry le Français, de 110ᵐ auprès de Troyes, et de 122ᵐ auprès de Joigny. Il y a donc possibilité d'obtenir des eaux jaillissantes au moyen de forages pour toutes les localités du bassin de la Seine dont l'altitude est inférieure à celle de la zone d'affleurement du grès vert; les points où ont été établis

42

les deux puits artésiens de Paris sont dans ce cas, puisque l'altitude du sol est respectivement de 36^m,6 et de 53^m,2 sur les emplacements où ont été forés les puits de Grenelle et de Passy. Toutefois, l'eau n'atteint pas en jaillissant la même altitude que la zone d'où elle provient ; elle perd une partie de sa force ascensionnelle par son frottement contre les parois du tube de sondage et entre les grains de sable de la nappe perméable à travers laquelle s'effectue son trajet souterrain. Aussi, l'altitude de la gerbe n'est-elle que de 72^m,8 pour le puits de Grenelle, et de 77^m,5 pour celui de Passy.

La nappe d'alimentation formée par le grès vert passe au dessous de Paris à une profondeur de 500 mètres environ ; l'extrémité du tube dans la première assise aquifère est à 510^m,9 au dessous du niveau de la mer pour le puits de Grenelle, et à 526^m,8 pour le puits de Passy ; dans celui-ci, le tube a été prolongé jusqu'à une profondeur de 533^m,3 où il atteint une deuxième assise aquifère. Cette nappe d'alimentation se relève, dans la direction de la Manche, où on la voit atteindre le niveau de l'océan et alimenter quelques unes des sources qui jaillissent sur le bord de la mer. On la retrouve vers le nord du bassin parisien, et c'est elle qui rend si difficile l'exploitation du combustible dans le terrain houiller de la Belgique et de la France septentrionale. De ce côté, elle se rapproche de la surface du sol et l'eau qu'elle renferme s'élève même à travers les fissures de la craie blanche.

Dans l'Artois, des sondages très peu profonds suffisent pour obtenir des eaux jaillissantes ; quelques localités de cette province possèdent même des sources jaillissantes naturelles. Aussi les puits artésiens sont-ils connus depuis longtemps dans cette province, et de là le nom sous lequel on les désigne. (1)

---

(1) Le plus ancien puits artésien en France date de 1126 ; il existe dans le couvent des Chartreux, à Lillers, en Artois.

Les circonstances favorables à l'établissement d'un puits artésien dépendent avant tout de la disposition en strates qu'offrent les terrains sédimentaires ; un sondage pratiqué dans un terrain cristallin ou dans une masse éruptive ne peut avoir aucune chance de réussite, à moins que, par le plus grand des hasards, il ne rencontre quelque fissure remplie d'un filet d'eau ascensionnel. Ces circonstances sont également en relation avec la disposition des strates, et, par suite, soit avec la configuration du sol, soit avec l'âge des terrains. Dans les pays de montagnes et dans les terrains anciens, les strates sont trop disloquées pour que la disposition en siphon non interrompu, indispensable pour l'existence d'eaux jaillissantes, ait des chances de se réaliser. Mais, à mesure que l'on descend vers la plaine et que l'on rencontre des terrains appartenant à une époque moins ancienne, les chances de succès pour l'établissement des puits artésiens vont en augmentant. Les couches prennent de plus en plus une allure régulière et finissent par acquérir la stratification en fond de bateau à laquelle l'existence des puits artésiens se trouve intimement liée.

Dans quelques localités, le sol est imperméable et tend à retenir les eaux ; mais si, à une certaine profondeur, se trouve une couche perméable, on peut, au moyen de puits ou de forages, mettre en communication le sol avec cette couche perméable et donner un libre écoulement aux eaux. Ces forages constituent des *puits absorbants* qui sont, comme on le voit, l'inverse des puits artésiens.

Influence des marées sur le régime des sources. — On sait que dans les fleuves tributaires des mers sujettes aux marées, le niveau de l'eau s'exhausse et s'abaisse deux fois par jour jusqu'à une certaine distance de leur embouchure. Cet effet, qui est dû soit au flot qui remonte pendant le flux, soit à l'eau du fleuve dont le courant se trouve ralenti, doit se produire dans les cours d'eau souterrains mis en communication avec l'océan. De nombreuses observations, dont je vais citer un exemple, ne permettent pas de douter qu'il en soit ainsi. La facilité avec laquelle l'eau peut pénétrer les sols meubles, dit sir Lyell, se manifeste avec la plus grande évidence par l'effet des marées que l'on observe dans la Tamise, entre Richmond et Londres. Là, le fleuve coule sur un lit de gravier recouvrant l'argile ; la couche supérieure, qui est poreuse, se trouve alternativement imprégnée d'eau de la Tamise quand la marée s'élève, et mise à sec, jusqu'à la distance de plusieurs centaines de pieds des bords de ce fleuve, quand la marée s'abaisse, de sorte que les puits qui se trouvent dans cette étendue éprouvent régulièrement le flux et le reflux.

L'influence que les marées exercent sur les sources et les puits artésiens ne consiste pas toujours dans une simple infiltration des eaux obéissant à un mouvement de va et vient. Lorsque, au moment du flux, le niveau de l'océan s'élève, la pression exercée sur le sol sous marin devient plus considérable ; cette pression, ainsi accrue, doit se propager dans les eaux souterraines mises en communication plus ou moins directe avec le fond de l'océan.

M. Rivière a vu au Givre, canton de Moutiers-les-Maux-Faîts (Vendée), dans un pré, une source qui coule avec abondance lors des hautes marées, mais qui tarit complétement à l'époque des basses marées. M. Robert a reconnu sur la côte occidentale de l'Islande des sources d'eau douce qui montent et descendent suivant le flux et le reflux de la mer ; il y a même, dans le district de Skoja-Fiordur, des sources thermales dont les orifices sont toujours à sec à l'époque des plus basses marées. A Noyelle sur Mer (Somme), comme à Fulhans (Angleterre), le niveau des puits artésiens monte et baisse avec le flux et le reflux.

Les effets produits par les marées sur le régime des sources et des puits se font sentir, sur les points les plus rapprochés du littoral, presque en même temps que la cause dont ils proviennent; mais à une certaine distance des côtes, l'influence des marées doit mettre un temps variable à se propager. D'après des expériences faites en 1842, en a reconnu une relation entre les marées et les variations constatées soit dans la dépense du puits artésien de l'hôpital militaire de Lille, soit dans la hauteur à laquelle s'élève l'eau, lorsqu'on interrompt l'écoulement. En comparant l'heure de la pleine mer entre Dunkerque et Calais, et l'heure à laquelle avait lieu le maximum de la dépense du puits, on a reconnu que l'effet produit par la marée met 8 heures à se transmettre jusqu'à Lille.

Sources intermittentes. — Il est aisé de se faire une idée exacte du mécanisme en vertu duquel ces sources fonctionnent. Soient A,A..., fig. 123, une ou plusieurs cavités communiquant entre elles. Les formes et les dimensions de ces cavités sont susceptibles de varier beaucoup; mais, pour qu'il y ait intermittence dans le jaillissement de l'eau, les deux conditions suivantes sont nécessaires. 1° Le conduit destiné à porter les eaux de ces cavités au point où jaillit la source doit être disposé en siphon; 2° la quantité d'eau reçue dans un moment donné, par la cavité d'alimentation, doit être plus faible que celle qui s'échappe, par le conduit d'écoulement, pendant le même temps. La figure 123 montre deux lignes ponctuées correspondant aux deux niveaux où l'eau se trouve placée; dans l'intérieur de la cavité, au commencement et à la fin du phénomène. Lorsque le niveau de l'eau atteint la ligne *ab*, le

siphon est amorcé et le jaillissement commence. A partir de
ce moment, le niveau de l'eau s'abaisse dans le réservoir, et
lorsqu'il coïncide avec la ligne *cd*, le jaillissement est interrompu. Pour que l'écoulement de l'eau recommence, il faut
que le niveau de l'eau revienne en *ab*.

La durée de l'écoulement dépend de l'étendue des cavités
comprises entre les lignes *ab* et *cd*. Evidemment le niveau de
l'eau ne peut jamais dépasser la ligne *ab* et toute l'eau, qui se
trouve au dessous de la ligne *cd*, ne peut s'écouler par le siphon.
La durée de l'écoulement dépend aussi de la différence entre la
quantité d'eau reçue dans le réservoir et la quantité d'eau
rejetée par le conduit pendant le même temps; plus cette différence est petite et plus la durée de l'écoulement est grande.
Lorsque cette différence est égale à zéro, de même que lorsque
la quantité d'eau qui arrive est plus grande que la quantité
d'eau qui s'en va, la source devient permanente.

Les sources intermittentes ne doivent pas être confondues
avec les sources temporaires qui ne fonctionnent qu'après une
pluie abondante et ne coulent que pendant un temps plus ou
moins limité. Leur mécanisme est également différent de celui
qui a été décrit comme fonctionnant dans le phénomène des
geysers. Comme exemple de l'influence que les gaz, en s'accumulant dans des cavités mises en communication avec les courants souterrains, peuvent exercer sur l'intermittence des
sources, je citerai le fait suivant. En 1839, un puits d'extraction, de 90 mètres de profondeur, ayant été creusé à la mine
de Pranal, près de Pontgibaud, puis abandonné, on voyait,
tous les mois, l'eau contenue dans le puits éprouver un léger
frémissement qui se terminait, au bout de quelques heures,
par une très forte et très bruyante agitation de toute la masse.
L'acide carbonique commençait à se dégager en très grande

abondance, puis venait une éruption d'eau considérable qui ne cessait que lorsque le puits s'était vidé jusqu'à une profondeur de 10 à 15 mètres. La *Fontaine Ronde*, sur la route de Pontarlier à Jougne, laisse s'échapper, au moment où le jet intermittent arrive, de l'acide carbonique qui rend l'eau bouillonnante. Mais c'est à tort qu'on a attribué l'intermittence de cette source à la présence de l'acide carbonique; celui-ci ne se dégage pas en quantité suffisante pour autoriser à penser qu'il est à lui seul la cause du phénomène.

Recherche des eaux souterraines. — Cette recherche doit être précédée d'une étude consciencieuse de la structure du pays où l'on se propose de trouver des sources ou d'établir des puits. Elle est basée sur le principe suivant : les eaux souterraines, en coulant sur les roches imperméables qui forment la limite inférieure des nappes aquifères, obéissent aux mêmes lois que les eaux superficielles lorsque celles-ci coulent à la surface du sol : les unes et les autres tendent à prendre leur écoulement dans le sens de la plus grande pente.

Représentons-nous une nappe aquifère sous la forme d'un parallélogramme dont la coupe nous donnera une zone AB (fig. 124, page 620), intercalée entre deux masses imperméables indiquées dans la figure par des lignes verticales pour la masse supérieure, et par des lignes croisées pour la masse inférieure. L'eau se répartira uniformément sur toute l'étendue de la nappe aquifère; en effet, il n'y aura pas de raison pour qu'elle se dirige dans un sens plutôt que dans un autre. Les puits destinés à s'alimenter dans cette nappe pourront être creusés sur un point quelconque avec une égale chance de succès. Partout où la nappe aquifère sera mise à découvert, aux points A et B par exemple, des sources pourront exister.

Si l'eau ne coule pas uniformément sur toute l'étendue de la partie de la nappe aquifère mise à découvert, c'est parce que le contact avec l'air extérieur n'est pas immédiat; la terre végétale et la végétation s'opposent ordinairement à la libre sortie de l'eau. Celle-ci s'échappe de préférence par les points où les fissures qui parcourent la nappe aquifère en faisant fonction de conduit collecteur atteignent la surface du sol.

Supposons (fig. 125) la nappe aquifère inclinée du côté de B. Évidemment, l'eau prendra son écoulement dans le même sens et la chance de l'atteindre en creusant un puits sera d'autant plus grande que ce puits se trouvera plus rapproché du point B. Au point A il n'y aura pas de sources; il pourra s'en montrer accidentellement entre les points B et A, mais c'est surtout au point B qu'elles seront nombreuses et abondantes.

Si deux nappes aquifères (fig. 126) s'inclinent l'une vers l'autre, c'est évidemment le long de la ligne synclinale formée par leur rencontre au point C que l'on devra rechercher l'eau. Si cette ligne synclinale est en pente, les chances de rencontrer l'eau seront plus grandes sur les points les plus bas; elles croîtront encore au confluent de deux lignes synclinales établies dans les conditions qui viennent d'être indiquées.

Enfin, si la nappe aquifère a la forme d'une cuvette, les eaux souterraines, de même que les eaux superficielles, se dirigeront vers le fond de cette cuvette. Un exemple de cette disposition nous est fourni, sur une grande échelle, par le bassin parisien où l'on voit l'eau des nappes artésiennes se diriger dans le même sens que les rivières.

J'ai dit que la recherche des eaux souterraines avait pour point de départ l'étude de la constitution géologique de la contrée où cette recherche doit être effectuée. Cette étude est destinée à faire connaître le nombre des nappes aquifères, leur profondeur et leur disposition générale. Elle offre d'autant plus de difficultés que, dans le pays que l'on a en vue, les strates sont plus contournées et disloquées; l'observation de ce qui se passe à la surface du sol nous donne alors des renseignements moins précis sur ce qui existe à une grande profondeur; en même temps, les cours d'eau souterrains ont une direction plus incertaine et plus irrégulière. Aussi, l'abbé Paramelle, qui a été le premier à établir la recherche des eaux souterraines sur des principes déduits de la géologie, était-il moins heureux dans ses indications lorsque la structure géologique du pays où il était appelé offrait une complication plus grande que d'habitude.

Circulation souterraine des substances à l'état gazeux. — L'écorce terrestre est encore le siége d'une circulation de substances à l'état gazeux qui tendent, non à se diriger vers le centre de la terre, en vertu de la pesanteur, mais à monter vers la surface du globe, grâce à leur faible densité. Les substances qui alimentent principalement cette circulation souterraine sont la vapeur d'eau, l'hydrogène carboné, l'acide carbonique et l'air atmosphérique. Rarement ces substances arrivent isolément à la surface du sol. Mais, si elles ne donnent origine au phénomène des sources de gaz que dans des cas exceptionnels, c'est parce qu'à mesure qu'elles se rapprochent de la surface du globe, elles se mélangent aux courants d'eau souterrains. Certaines sources thermales doivent leur température élevée au mélange de leur eau avec la vapeur d'eau venant des profondeurs de l'écorce terrestre. Quant à l'acide carbonique, c'est son absorption par certains courants d'eau souterrains qui donne naissance au phénomène des sources gazeuses.

Si nous recherchons comment s'alimentent les courants

souterrains de substances à l'état gazeux, nous voyons la
vapeur d'eau se former dans les profondeurs de l'écorce
terrestre, et l'acide carbonique ainsi que l'hydrogène carboné se dégager à la suite des réactions nombreuses qui s'opèrent dans la pyrosphère et la croûte du globe. Quant à l'air
atmosphérique, il est introduit dans le sol par deux procédés
distincts que je vais indiquer.

L'air s'infiltre dans le sol à la faveur de l'eau dans laquelle
il est dissous. Mais il y pénètre également lorsqu'un courant
d'eau disparaît d'une manière plus ou moins brusque dans
l'intérieur de l'écorce terrestre ; il se passe alors une action
semblable à celle qui est mise en jeu dans les machines souf-
flantes des forges catalanes [1]. On sait d'ailleurs que tout courant
d'eau, superficiel ou souterrain, entraîne toujours avec lui une
partie de l'air avec lequel il se trouve en contact. La manière
dont l'air, après avoir été entraîné par l'eau, s'en sépare dans
la soufflerie des forges catalanes explique comment il peut
aussi se séparer des courants d'eau souterrains. Ceux-ci,
de même que les courants superficiels, forment quelquefois
des cascades ; l'air est alors mis en liberté et va s'accumuler
dans des réservoirs distincts, d'où il s'échappe avec plus ou
moins de force lorsqu'il trouve une issue.

L'air froid qui pénètre, en hiver, dans les cavités souterraines tend à s'y maintenir, en été, si les ouvertures par où ces
cavités communiquent avec la surface du sol sont placées vers

---

(1) Dans les forges catalanes, la soufflerie se compose d'un bassin supérieur
que remplit l'eau amenée d'une source voisine. Au fond de ce bassin, est pratiquée l'ouverture d'un tuyau en bois où l'eau se précipite en entraînant avec
elle l'air qui pénètre dans le tuyau par des trous inclinés appelés *aspirateurs*.
L'eau tombe ensuite dans une caisse inférieure et s'y brise contre une ban-
quette ; elle s'écoule par une ouverture inférieure, tandis que l'air s'échappe
par un autre conduit pour se diriger vers le foyer.

leur partie supérieure; l'air contenu dans ces cavités est en effet plus dense que l'air extérieur. De là le phénomène des caves froides et celui des glacières naturelles dont il a été question dans le volume précédent. Si ces cavités, qui se sont approvisionnées d'air froid pendant l'hiver, ont leurs ouvertures pratiquées vers leur partie inférieure, il s'établit alors un courant d'autant plus sensible et plus persistant que ces cavités sont plus vastes; l'air froid, en vertu de sa plus grande densité, tend à se dégager et à céder la place à l'air plus chaud de l'atmosphère; en hiver, ce courant change de direction et rentre dans l'intérieur de la grotte.

Quelquefois une disposition particulière vient activer le courant d'air froid qui s'échappe de certaines fissures placées sur le flanc ou au pied d'une montagne. Si ces fissures, en se dirigeant dans la masse même de cette montagne, atteignent son sommet, elles établissent alors une communication entre l'air, plus froid et par conséquent plus dense, qui entoure ce sommet et l'air, plus chaud et par conséquent plus léger, de la vallée. Un courant descend à travers ces fissures, et avec d'autant plus de force que la différence de température entre l'air du sommet de la montagne et celui de la vallée est plus grande.

Parmi les contrées où s'observent ces phénomènes des *sources d'air*, je mentionnerai d'abord le Larzac, plateau dont j'ai déjà indiqué la configuration (voir *antè*, page 624, et figure 28, tome I, page 568). Les couches calcaires qui le composent presque en totalité sont très fissurées et constituent un crible à travers lequel l'air et l'eau passent librement. L'air est presque constamment moins chaud sur le Larzac que dans les vallées qui le limitent et dont la profondeur atteint parfois 300 mètres; il en résulte une différence de densité suffisante pour déterminer le déplacement de cet air à travers les fissures souterraines. Autour du plateau, il existe tout à la fois des sources d'eau et des sources d'air; quelquefois les deux courants sont superposés dans le même conduit; d'autres fois, ils sont confondus et s'échappent par la même issue; il en est ainsi pour les sources qui, comme celle de la Durzon, près de Nant d'Aveyron, laissent s'échapper un grand nombre de bulles d'air. Les caves employées pour la fabrication du fromage au village de Roquefort, placé sur le flanc occidental du Larzac, doivent leur propriété au courant d'air sec et froid qui les traverse en été. D'après sir Lyell, les roches volcaniques d'Olot (Catalogne) possèdent souvent une structure caverneuse semblable à celle de certaines laves de l'Etna; et, sur plusieurs points de la colline de Batet, aux environs de la ville, le son que rend le sol, lorsqu'on le frappe, est comme celui que ferait entendre dans une même circonstance un souterrain voûté. A la base de cette dernière colline, on remarque les embouchures de cavités souterraines, au nombre de douze, appelées par les gens du pays *bufadors;* de ces embouchures s'échappe, pendant l'été, un air froid; mais, en hiver, le courant est à peine sensible. En amont de Borgo Franco, au dessus d'Ivrée, on observe une ancienne moraine formant une accumulation de blocs anguleux, épaisse de 20 à 30 mètres. Cette accumulation s'élève jusqu'à la hauteur de 200 à 300 mètres, le long des flancs de la montagne. L'air emprisonné dans ces blocs étant, en été, à une température plus basse que l'air extérieur, un vent froid s'échappe sans cesse de la base de ces amas. Aux endroits où ce courant est le plus sensible, les propriétaires du pays ont construit des caves appelées *balmettes,* dans lesquelles ils conservent leurs vins. (Martins.)

TABLE.

hyperstène, bronzite; diallages. — Groupe de la chlorite, du talc, de la stéatite et de la serpentine. — Epidote, pinite, amphigène, grenat, péridot. — Zéolites.

LIVRE SIXIÈME.

Phénomènes géologiques dont le siége est dans l'intérieur de l'écorce terrestre (suite),
action géysérienne ; émanations gazeuses ; métamorphisme.

LIVRE SEPTIÈME.

Actions dynamiques qui s'exercent sur l'écorce terrestre.

blements de terre et l'état de l'atmosphère, les saisons, la constitution topographique, la nature du sol, etc. — Influence des tremblements de terre sur l'homme et la civilisation.

LIVRE HUITIÈME.

Stratigraphie systématique; systèmes de montagnes.

TABLE 673

LIVRE NEUVIÈME.
Structure intérieure et configuration de l'écorce terrestre.

rains, de l'alternance des roches, de la disposition des strates sur la configuration du sol. — Effets variant avec la nature des agents atmosphériques. — Accidents topographiques résultant de l'effondrement des cavités souterraines. — Formes des montagnes. — Formes des vallées; vallées de dislocation et de ploiement, vallées de dénudation ou d'érosion superficielle, vallées d'effondrement ou d'érosion souterraine. — Dernières remarques; géologie pittoresque.

Circulation générale de l'eau.— Introduction de l'eau dans l'intérieur de l'écorce terrestre.— Roches perméables; roches perméables en petit, roches perméables en grand. — Circulation souterraine de l'eau; nappes aquifères. — Sources temporaires, sources permanentes; influence des saisons sur le débit des sources. — Influence de la nature et de la disposition des terrains sur le régime et le point de jaillissement des sources.

Puits artésiens et fontaines jaillissantes; conditions favorables pour l'établissement d'un puits artésien. — Fontaines intermittentes; influence du gaz sur le jaillissement de certaines sources. — Influence des marées sur le régime des sources voisines du littoral. — Recherche des eaux souterraines. — Circulation souterraine des substances à l'état gazeux; sources d'hydrogène carboné, d'acide carbonique et d'air atmosphérique.

FIN DE LA TABLE DU TOME DEUXIÈME.

ERRATA.

TOME PRÉMIER.

Page 140, ligne 20, au lieu de : *augmentant*, lisez : *diminuant*.

Page 388, ligne 13, au lieu de : *anticlinale*, lisez : *synclinale*.

Page 430, ligne 11, en commençant par le bas, au lieu de : *de 200 mètres*, lisez : *indéterminée*.

Page 550, ligne 2, en commençant par le bas, au lieu de : 668, lisez : 584.

TOME DEUXIÈME.

Page 246, ligne 1 de la note, au lieu de : 177, lisez : 192.

Page 322, ligne 3, au lieu de : 52, lisez : 51.

Page 406. — Dans la figure 58, les fissures, au lieu d'être représentées par des lignes bleues, sont indiquées par des lignes ponctuées.

Page 497, au lieu de : *Land's en*, lisez : *Land's End*.